Modern MECHANISMS
現代機構學

顏鴻森
吳隆庸・黃文敏・吳益彰・藍兆杰

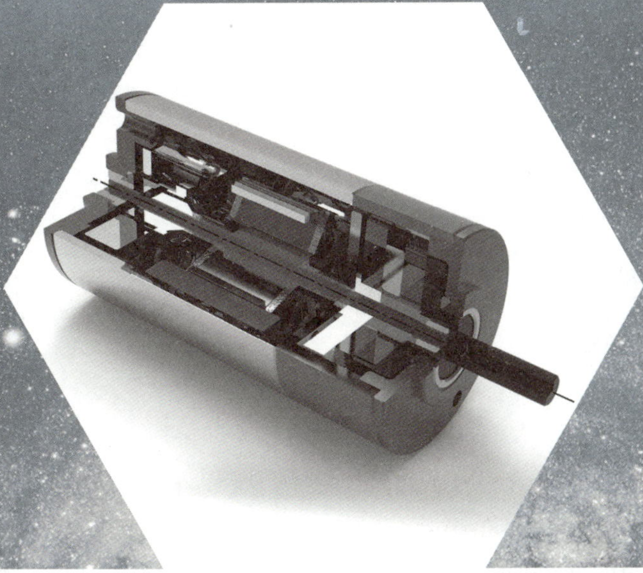

東華書局

國家圖書館出版品預行編目資料

現代機構學 = Modern mechanisms / 顏鴻森等著.
-- 1 版. -- 臺北市：臺灣東華, 2020.09

472 面; 17x23 公分

ISBN 978-986-5522-04-9 (平裝)

1. 機構學

446.01　　　　　　　　　　　　109010298

現代機構學　Modern Mechanisms

著　　者	顏鴻森、吳隆庸、黃文敏、吳益彰、藍兆杰
發 行 人	陳錦煌
出 版 者	臺灣東華書局股份有限公司
	臺北市重慶南路一段一四七號三樓
	電話：(02) 2311-4027
	傳眞：(02) 2311-6615
	郵撥：00064813
	網址：www.tunghua.com.tw
直營門市	臺北市重慶南路一段一四七號一樓
	電話：(02) 2371-9320

2026 25 24 23 22　BH　7 6 5 4 3

ISBN　　978-986-5522-04-9

版權所有　‧　翻印必究

序
PREFACE

17 世紀末期第一次工業革命啟動後，機械工程與科學快速發展，蒸汽機成為機器的主要動力源，並促使機構學 (Mechanism) 在 16 世紀科學革命的力學基礎上，成為獨立的機械學科。19 世紀的第二次工業革命後，內燃機、電動機 (馬達) 逐漸取代蒸汽機為動力源，驅動連桿、凸輪、齒輪、及其它機構，來達成機器輸出件所需求的運動狀態，即位移、速度、加速度等。學理上，機構學是研究剛體相對運動的幾何學，不涉及機件的質量與受力議題。

1980 年任教大學以來，我的教研專長一直是機構學與機構設計，如飛機起落架、摩托車懸吊系統、工具機自動換刀裝置、古代指南車等的機構設計。基於「大學教授不寫教科書、那誰寫」的自我期許，有了撰寫一本現代化、生活化、實用化、及本土化教科書的動機與目標。就這樣，1997 年由臺灣東華書局出版了《機構學》專著，於 1999 年再版；2006 年，邀請吳隆庸教授大幅改寫凸輪機構專章，發行第三版，並於 2014 年發行第四版迄今。其後，因緣際會與幾經轉折，將第四版修正為「MECHANISMS-Theory and Applications」專著，於 2016 年由 McGraw-Hill Education 出版。

20 世紀中葉，基於可控制機器運動的數值控制伺服機構，以及電腦數控機床的相繼問世，機器的功能逐漸自動化、彈性化。20 世紀晚期的機器，已是機械、電機、電腦、電子、光學、控制、通訊、網路合體；21 世紀的現代，智慧機器更結合大數據分析、人工智慧演算，朝工業 4.0 脈動前進，並逐漸出現創新裝置，簡化、取代傳統的機構；如伺服馬達、編碼器、位置感測元件等的使用，簡少了傳統機構的需求，有些馬達的功能，更可直接產生輸出端所需的運動。據此，2000 年初，即有改寫《機構學》內容的思維，然不預期的於 2000-2016 年期間，計有長達近 13 年受邀擔任校內外 6 項專兼任行政職務，因而心有餘力不足的未能如願。2016 年進入教授延長服務階段後，下定決心摒除外務，享受宅男教授職涯、專心寫作，開始將《機構學》改寫成此《現代機構學》專著，達成教科書內容現代化的初衷。除邀請吳益彰教授撰寫「電機機構」專章外，亦邀請黃文敏、藍兆杰兩位教授，分別撰寫「機構設計」、「機器動力學」簡介專章，以為受教學子後續修讀此兩門課的基礎。

此書乃是根據作者群 20-40 年來在國內外大學、研究機構、及工業界之教學、研究、與產學合作的歷驗，考慮臺灣機械工程及相關領域之教授與學生的授課與學習環境規劃撰寫而成，內容分為 11 章。第 01 章緒言，介紹機構與機器的定義、設計步驟、及相關課程。第 02 章機構的構造，介紹常用的機件與接頭，機構的組成、簡圖符號、運動鏈與倒置機構、及機構構造，並說明機構的自由度和拘束運動，以為機構合成、運動分析的依據。第 03 章機構的運動，介紹機構中機件與重要點之運動的基本概念、運動分類、位移、速度、加速度等，以為後續章節運動分析說明的依據。第 04 章連桿機構，介紹其定義、構造、作用原理、功能、及應用，包括機械手臂。第 05 章和第 06 章介紹連桿機構的運動分析，以解析法 (向量迴路法) 為主、圖解法為輔。第 07 章簡介連桿機構的合成，包括構造合成以及函數演生、耦桿導引、路徑演生機構的尺寸合成。第 08 章凸輪機構，介紹其基本分類、名詞定義、運動曲線、設計步驟、解析法輪廓設計，以及間歇運動機構。第 09 章齒輪機構，介紹齒輪元件的基本分類、名詞定義、傳動原理，以及輪系機構的類型、速比分析、設計應用，包括油電混合傳動系統。第 10 章動力分析，簡介動力分析，包括接頭作用力、搖撼力、及搖撼力矩。第 11 章電機機構，介紹永磁式電動機的基本概念、構造分類、作動原理、運動形式、特性常數、靜態轉矩特性，以接棒傳統機構為現代機構。此書適合大專院校機械工程相關科系機構學或機動學的課程，可以三至四個學分開授，有 * 記號的章節，可視授課時數與學生背景取捨。另，先修課程為大一物理與微積分以及靜力學。

　　為輔助基本原理的講授，計有 87 個範例與 263 幅插圖，包括應用於腳踏車、摩托車、汽車、飛機、工具機等產業的案例。各章之後，附有 143 題難易程度與份量不同的習題，配合瞭解教材內容，並盡量合乎生活化與實用化的目標。再者，除介紹現代機構外，也引述古代的機構，鑑古證今；亦使用 1920 年代的骨董機構教學實體模型、及其作動影片與電腦動畫來輔助教學，舊為今用。此外，為協助授課教師的教學準備，撰寫了教學手冊，內容包括授課內容與進度、SCILAB 電腦作業、習題解答、試題題庫、及教學投影片底稿。

　　此書的問世，承吳隆庸、黃文敏、吳益彰、藍兆杰四位共同作者，在百忙中排除萬難投入，特此致謝。此外，諸多學者專家的寶貴意見，上銀科技提供的機械手臂照片，陳昱睿、顏子宴等研究生的協助與校稿，以及臺灣東華書局的全力支持與配合，皆是本書順利出版不可或缺的要素，併此致謝。

序
PREFACE

　　這些年來，有些學者專家認為機構學是門夕陽學科；若從基本面來闡釋機構的本質，即不論是傳統的連桿、凸輪、齒輪機構，或是現代的伺服馬達、電子凸輪，只要能產生機器所需運動狀態的裝置即是機構，此疑慮就不存在了。就這樣，此書作者群攜手合作，與時俱進踏出了一步新的嘗試，將傳統機構學大幅改版，成為一門適應現代機器設計與科技發展需求的現代機構學。相信此書可為開授與學習現代化機構學或機動學教科書的一種選擇，亦對在機械工業從事機構與機器設計工程人員有所助益。

　　萬事起頭難，此老學門開新花專著的內涵，仍有諸多待充實之處，尚祈各界讀者先進賜予指教。

顏鴻森
2020 年 08 月 07 日
于成功大學機械系
臺南市

目錄 CONTENTS

序 Preface iii
目錄 Contents vii

Chapter 01 緒言 INTRODUCTION ... 1

01-01	機構與機器定義 Definitions of Mechanisms and Machines	1
01-02	機構與機器設計步驟 Procedures of Mechanism and Machine Design	3
01-03	機構與機器設計課程 Courses on Mechanism and Machine Design	5
01-04	現代機構學內容 Scope of the Text	7
	習題 Problems	7

Chapter 02 機構的構造 STRUCTURE OF MECHANISMS ... 9

02-01	機件 Machine Members	9
02-02	接頭與運動對 Joints and Kinematic Pairs	10
02-03	機構 Mechanism	13
02-04	簡圖符號 Schematic Representations	14
02-05	運動鏈與倒置機構 Kinematic Chains and Inversion Mechanisms	18
02-06	機構構造 Structure of Mechanism	20
02-07	自由度 Degrees of Freedom	24
	02-07-1　平面機構 Planar mechanism	24
	02-07-2　空間機構 Spatial mechanism	27
02-08	拘束運動 Constrained Motion	30
	習題 Problems	36

Chapter 03 機構的運動
MOTION OF MECHANISMS — 37

- 03-01 基本概念 Fundamental Concepts — 37
  - 03-01-1 運動與路徑 Motion and path — 37
  - 03-01-2 平移與旋轉 Translation and rotation — 38
  - 03-01-3 循環與週期 Cycle and period — 38
- 03-02 運動分類 Classification of Motion — 39
  - 03-02-1 路徑形式 Types of path — 39
  - 03-02-2 運動斷續性 Continuity of motion — 40
- 03-03 質點線運動 Rectilinear Motion of Particles — 40
  - 03-03-1 線位移 Linear displacement — 40
  - 03-03-2 線速度 Linear velocity — 41
  - 03-03-3 線加速度 Linear acceleration — 43
  - 03-03-4 線急跳度 Linear jerk — 43
- 03-04 機件角運動 Angular Motion of Members — 44
  - 03-04-1 角位移 Angular displacement — 45
  - 03-04-2 角速度 Angular velocity — 45
  - 03-04-3 角加速度 Angular acceleration — 48
- 03-05 切線與法線加速度 Tangential and Normal Accelerations — 48
- 習題 Problems — 50

Chapter 04 連桿機構
LINKAGE MECHANISMS — 51

- 04-01 四連桿組 Four-bar Linkages — 51
  - 04-01-1 名稱與符號 Terminology and symbols — 53
  - 04-01-2 四連桿組類型 Types of four-bar linkages — 54
  - 04-01-3 極限 (肘節) 與死點位置 Limit (toggle) and dead center positions — 58
  - 04-01-4 傳力角 Transmission angle — 60
  - 04-01-5 變構點機構 Change point mechanism — 62

	04-01-6	耦桿點曲線 Coupler curves	63
04-02	具滑件四連桿機構 Four-Bar Linkage Mechanisms with Sliders		64
	04-02-1	單滑件 Single slider	66
	04-02-2	雙滑件 Double sliders	71
04-03	複合連桿機構 Complex Linkage Mechanisms		73
	04-03-1	六連桿機構 Six-bar linkage mechanism	74
	04-03-2	八連桿機構 Eight-bar linkage mechanism	75
	04-03-3	大於八桿桿機構 Linkage mechanisms with more than 8 links	77
04-04	球面機構 Spherical Mechanisms		78
	04-04-1	球面四連桿組 Spherical four-bar linkage	78
	04-04-2	萬向接頭 Universal joint	79
04-05	機械手臂 Robotic Manipulators		81
	04-05-1	串聯式 Serial type	82
	04-05-2	並聯式 Parallel type	85
	04-05-3	末端執行器 End-effector	85
	習題 Problems		87

Chapter 05

運動分析——圖解法
GRAPHICAL KINEMATIC ANALYSIS   89

05-01	位置分析 Position Analysis		89
05-02	瞬心法 Instant Center Method		92
	05-02-1	瞬心 Instant centers	92
	05-02-2	三心定理 Theorem of three centros	93
	05-02-3	瞬心求法 Determination of instant centers	94
	05-02-4	瞬心法速度分析 Velocity analysis by instant centers	98
	05-02-5	機械利益 Mechanical advantage	102
05-03	相對速度法 Relative Velocity Method		104
	05-03-1	一桿上兩點 Two points on a common link	104
	05-03-2	滾動件接觸點 Contact points of rolling elements	106

	05-03-3	兩桿重合點 Coincident points on separate links	107
05-04		相對加速度法 Relative Acceleration Method	108
	05-04-1	一桿上兩點 Two points on a common link	108
	05-04-2	滾動件接觸點 Contact points of rolling elements	110
	05-04-3	兩桿重合點 Coincident points on separate links	112
	習題 Problems		116

Chapter 06 運動分析──解析法
ANALYTICAL KINEMATIC ANALYSIS — 127

06-01		向量迴路法 Vector Loop Method	127
	06-01-1	向量迴路法步驟 Procedure of vector loop method	127
	06-01-2	坐標系建立 Choice of coordinate system	129
	06-01-3	向量定義 Definition of vectors	129
	06-01-4	向量迴路方程式 Vector loop equations	131
	06-01-5	滾動接觸方程式 Rolling contact equations	134
06-02		位移方程式解 Solutions of Displacement Equations	138
	06-02-1	閉合解 Closed-form solution	138
	06-02-2	數值解 Numerical solution	148
06-03		計算機輔助位置分析 Computer-Aided Position Analysis	159
06-04		速度分析 Velocity Analysis	166
06-05		加速度分析 Acceleration Analysis	171
	習題 Problems		179

Chapter 07 連桿機構合成
SYNTHESIS OF LINKAGE MECHANISMS — 187

07-01		構造合成 Structural Synthesis	187
	07-01-1	構造合成步驟 Procedure of structural synthesis	187
	07-01-2	運動鏈數目合成 Number synthesis of kinematic chains	194
07-02		函數演生機構尺寸合成 Dimensional Synthesis of Function Generators	199

目錄
CONTENTS

07-03	耦桿導引機構尺寸合成	
	Dimensional Synthesis of Coupler Guiding Mechanisms	204
	07-03-1 兩個指定位置 Two finitely separate positions	206
	07-03-2 三個指定位置 Three finitely separate positions	207
07-04	路徑演生機構尺寸合成 Dimensional Synthesis of Path Generators	211
	07-04-1 指定精確點 With prescribed precision points	211
	07-04-2 指定精確點與時序	
	With prescribed precision points and timing	214
	習題 Problems	218

Chapter 08 凸輪機構
CAM MECHANISMS — 223

08-01	基本分類 Classification of Cams and Followers	224
	08-01-1 運動空間 Motion space	225
	08-01-2 從動件 Followers	225
	08-01-3 凸輪 Cams	227
08-02	名詞定義 Nomenclature	230
08-03	凸輪運動曲線 Motion Curves of Cams	232
	08-03-1 基本概念 Fundamental concepts	232
	08-03-2 運動曲線種類 Types of motion curves	235
	08-03-3 運動曲線特徵值 Characteristic values of motion curves	252
	08-03-4 運動曲線合成方法 Generation of motion curves	254
08-04	凸輪設計 Cam Design	256
	08-04-1 設計步驟 Design procedure	257
	08-04-2 設計限制 Design constraints	258
08-05	盤形凸輪輪廓曲線設計 Profile Design of Disk Cams	261
	08-05-1 平移式徑向刃狀從動件	
	With a radially translating knife-edge follower	261
	08-05-2 平移式徑向滾子從動件	
	With a radially translating roller follower	263

08-05-3　平移式偏位滾子從動件
　　　　　With an offset translating roller follower　　267
08-05-4　平移式平面從動件 With a translating flat-face follower　272
08-05-5　搖擺式滾子從動件 With an oscillating roller follower　274
08-05-6　搖擺式平面從動件 With an oscillating flat-face follower　277
08-05-7*　輪廓曲線設計-包絡線法
　　　　　Profile design based on theory of envelop　　279
08-05-8*　曲率分析 Curvature analysis　282

08-06　間歇運動機構 Intermittent Motion Mechanisms　285
08-06-1　棘輪機構 Ratchet mechanisms　285
08-06-2　日內瓦機構 Geneva mechanism　288
08-06-3　平行分度凸輪 Parallel indexing cam　289
08-06-4　滾子齒輪凸輪 Roller-gear cam / Ferguson indexing　289

習題 Problems　291

Chapter 09 齒輪機構
GEAR MECHANISMS　295

09-01　齒輪分類 Classification of Gears　295
09-01-1　平行軸齒輪 Gears with parallel shafts　296
09-01-2　相交軸齒輪 Gears with intersecting shafts　299
09-01-3　交錯軸齒輪 Gears with skew shafts　301

09-02　名詞定義 Nomenclature　303
09-03　齒輪嚙合基本定律 Fundamentals Law of Gearing　310
09-04　齒形曲線 Tooth Profiles　312
09-04-1　漸開線齒形 Involute gear teeth　312
09-04-2　漸開線齒輪傳動 Tooth action of involute gears　314

09-05　齒輪系 Gear Trains　318
09-06　齒輪系分類 Classification of Gear Trains　319
09-06-1　普通齒輪系 Ordinary gear trains　319
09-06-2　行星齒輪系 Planetary gear trains　321

09-07　齒輪系速比 Velocity Ratio of Gear Trains　323

09-08	普通齒輪系速比 Velocity Ratio of Ordinary Gear Trains	324
09-09	行星齒輪系速比 Velocity Ratio of Planetary Gear Trains	329
09-10	具二個輸入行星齒輪系速比 Velocity Ratio of Planetary Gear Trains with Two Inputs	339
09-11	行星傘齒輪系速比 Velocity Ratio of Planetary Bevel Gear Trains	344
09-12	油電混合車齒輪系 Gear Trains of Hybrid Vehicles	349
	習題 Problems	358

Chapter 10 動力分析 DYNAMIC FORCE ANALYSIS — 363

10-01	基本概念 Fundamental Concepts	363
10-02	接頭作用力 Forces on Joints	366
10-03	動力分析步驟 Procedure of Dynamic Force Analysis	367
10-04	旋轉運動機件 Rotating Members	367
10-05	四連桿組 Four-Bar Linkages	369
10-06	滑件曲柄機構 Slider-Crank Mechanisms	373
	10-06-1 逆向動力分析 Inverse dynamic analysis	373
	10-06-2 順向動力分析 Forward dynamic analysis	377
	習題 Problems	381

Chapter 11 電機機構──永磁式電動機 ELECTRICAL MECHANISMS — 389

11-01	基本概念 Fundamental Concepts	389
11-02	構造分類 Classification of Structure	392
11-03	作動原理 Principle of Motors	397
11-04	運動形式 Types of Motion	400
	11-04-1 平面運動 Planar motion	402
	11-04-2 螺旋運動 Helical motion	408
	11-04-3 球面運動 Spherical motion	408
	11-04-4 其它運動 Other motion	409

	11-05	特性常數 Characteristic Constants	410
		11-05-1　轉矩常數 Torque constant	410
		11-05-2　反電動勢常數 Back-EMF constant	411
	11-06	靜態轉矩特性 Characteristics of Static Torque	414
		習題 Problems	417

參考書目 REFERENCES	419
習題簡答 PARTIAL ANSWERS TO SELECTED PROBLEMS	421
中文索引 CHINESE INDEX	427
英文索引 ENGLISH INDEX	441

01 緒言
INTRODUCTION

機構的功能為產生機械所需的運動，如機器人手臂、飛機起落架、車輛變速器、古代指南車等的運動，是組成機器的必要單元，機構設計則為機器設計的基礎。

本章介紹機構與機器的定義、機構與機器設計的步驟、機構與機器設計的相關課程、以及本書的內容。

01-01 機構與機器定義
Definitions of Mechanisms and Machines

將機件以特定的接頭和方式組合，使其中一個或數個機件的運動，依照這個組合所形成的限制，迫使其它機件產生確定的相對運動，這個組合稱為**機構** (Mechanism)。**機器** (Machine) 則是按照一定的工作目的，由一個或數個機構組合而成，賦予輸入能量及加上控制系統，來產生有效的機械功 (或轉換機械能)，以為吾人所用者。每個機構與機器都有一個稱為**機架** (Frame) 的結構件，是由一個或數個機件連結而成的過度拘束組合，用來導引某些機件的運動、傳遞力量、及承受負荷。再者，由機件與接頭所構成的組合，若為過度拘束，則機件間無相對運動，稱為**結構** (Structure)。

由上述定義可知，機構的特性在於機件運動的傳遞和轉換，而機器則是藉由機構的運動來傳力作功 (或轉換能量)。基本上，任何機件都有質量，運動時含有能量，因此機構的運動都有能量的變換，但是否成為機器，視其輸出能量是否有預期的功用而定。圖 01-01 銷栓制栓鎖 (Pin-tumbler lock) 的開啟，其主要功能在於產生預期的確定動作，雖然運動過程中，牽涉到力量的作用，也有少許能量消耗於機件間的摩擦，但是並無有效的功作為輸出，可視之為機構而不是機器。又如機械式鐘錶，其目的是使時針、分針、秒針產生確定的相對運動，除了因摩擦所耗用的能量外，並不作有效的功，亦視為機構。另外，橋樑是一種結構，工具機的機床是機架、也是一種結構，皆用來承受與傳遞力量。

1

現代機構學
MODERN MECHANISMS

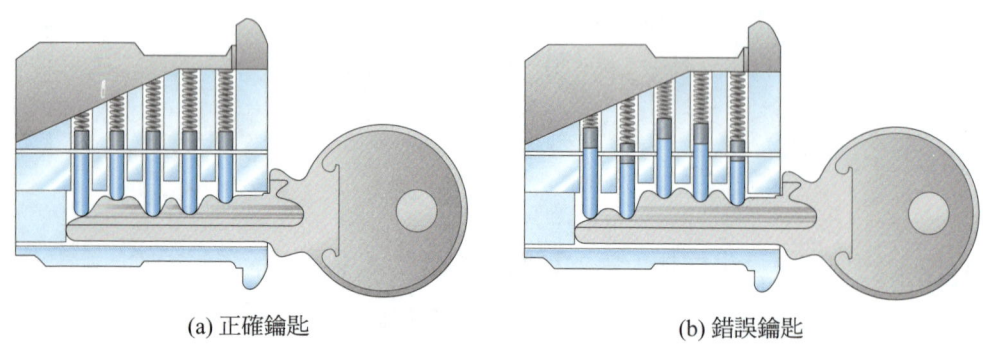

(a) 正確鑰匙　　　　　　　　　(b) 錯誤鑰匙

圖 01-01　機構-銷栓制栓鎖

　　工具機、起重機、發電機、壓縮機等，用來將機械能轉換成有用的功，是機器，通稱為工作機 (Working machine)。再者，蒸汽機、內燃機、電動機 (俗稱馬達) 等等，用以將其它形式的能量 (如風力、熱力、水力、電力等) 轉換為機械能，則是稱為原動機 (Prime mover) 的機器，亦是一般機器的動力來源。圖 01-02 為骨董汽車模型的動力系統，用來傳力作功，是機器。另，機器應有適當的控制系統，如人力控制、液氣壓控制、電機控制、電子控制、電腦控制、網路控制等，以有效的產生所需要的運動及作功。

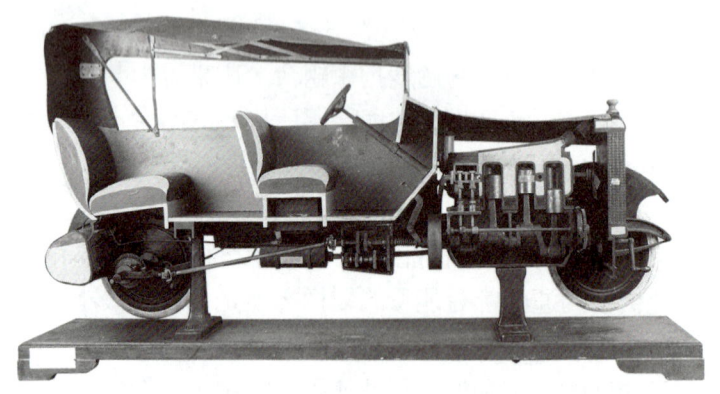

圖 01-02　機器-骨董汽車動力系統

　　任何機器，只要其輸入足以產生運動效果、但並無有效的功輸出時，就成了機構；因此，有關機器運動的研究，可當作機構來處理。圖 01-03 表示了機

構與機器的組成及它們之間的關係。

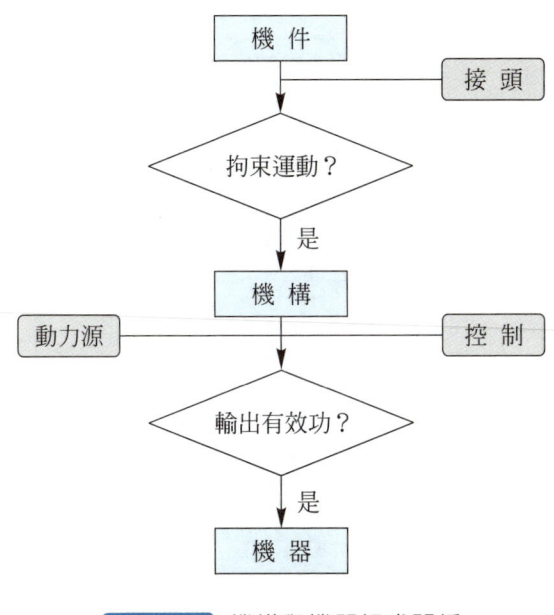

圖 01-03　機構與機器組成關係

01-02　機構與機器設計步驟
Procedures of Mechanism and Machine Design

機構與機器的設計，可分為以下幾個步驟，圖 01-04。

一、確定工作目的

設計機器的首要步驟，在於確定所擬設計機器之目的為何、使用條件為何、能量輸入形式為何，以及最後發生運動的機件應該產生何種運動、克服多大負荷、用何種方式輸出多少的有效功等。設計者必須將以上的種種，完整且有條理的敘述下來成為設計規範 (Design specifications)，以為功能設計的依據。

二、創思機構構造

當機器的輸出功能與輸入方式確定後，下個設計步驟是根據其機構的特性以及設計需求和限制，構想出用以組成這個機構的機構構造，使這個組合產生

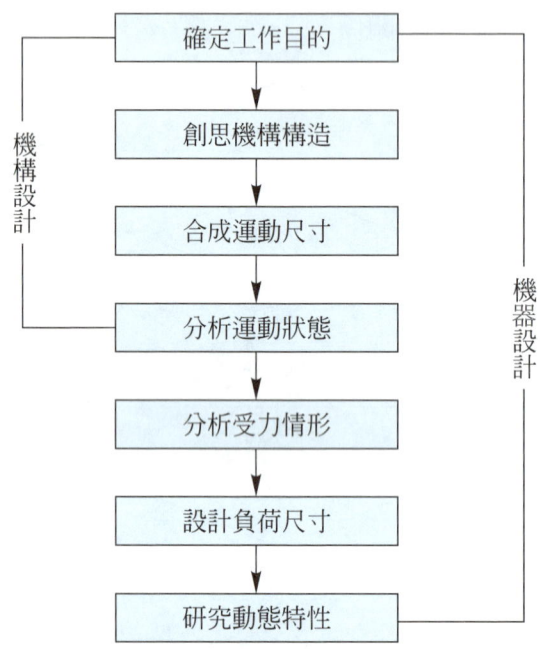

圖 01-04 機構與機器設計步驟

拘束運動。

三、合成運動尺寸

　　這個步驟的目的，在於合成機構每個機件之接頭間的幾何尺寸，使輸入機件在給予的運動狀態(位移、速度、加速度)下，迫使輸出機件產生所需的運動狀態。這個階段的重點，在於機件的幾何關係與相對運動，而不考慮機件的外形、質量、及受力情形。

四、分析運動狀態

　　這個步驟利用運動學 (Kinematics) 原理，驗證上個步驟所合成的機構，其輸入與輸出的運動關係是否合乎所求，並得到運動機件的角加速度及重要點的線性加速度，以為動力分析的依據。

五、分析受力情形

　　這個步驟利用靜力學 (Statics) 原理，在已知的靜態負荷下，求得機件的每個接頭在任一位置所受的靜態力量，並求出輸入機件的輸入力與力矩大小。

六、設計負荷尺寸

這個步驟利用材料力學 (Strength of Materials) 原理，在已知靜態受力情形下，選用機件材料，以決定機件的形狀大小，使其有足夠之強度、剛性、及穩定性來安全的承受力量負荷。

七、研究動態特性

這個步驟研究機件質量與運動所引起的動力問題，包括動態負荷、慣性力、搖撼力與搖撼力矩、動平衡、及動態反應等。整個階段必須重新確定上個步驟所決定的負荷尺寸是否安全。

以上機器設計 (Machine design) 七個步驟中的前四項，是機構設計 (Mechanism design) 的步驟。此外，每個設計步驟皆非各自獨立；若任一個步驟所得結果無法滿足設計上的功能要求，必須修正前面步驟的設計結果。另，完整的機器設計還包括動力源選用、控制設計、工業設計、材料選用與處理、熱流效應考慮、及組裝與測試等。

01-03 機構與機器設計課程
Courses on Mechanism and Machine Design

以研究機構與機器為對象的科學，一般稱之為「機構與機器原理」(Mechanism and Machine Theory)，亦稱為「機械原理」。在大學院校機械工程科系中，有關機械原理課程的講授，可分為以下三部分：

一、機構運動學 (Kinematics of Mechanism)

研究機構的組成、自由度與可動度，探討機件與系統的種類、功能、特性，以及分析運動機件和重要點的位移、速度、及加速度等。

二、機器動力學 (Dynamics of Machinery)

研究機器於運動過程中，作用在機件上負荷的大小、能量的轉換、機械效率的多寡、慣性力的平衡、及動態反應等問題。

三、機器元件設計 (Design of Machine Elements)

研究機器在受到外力的作用下，機件的負荷尺寸應為多少，以具備足夠的

強度、剛性、及穩定性,並探討機器的結構設計與安全。

就解決問題的性質而言,機構學可分為分析 (Analysis) 與合成 (Synthesis) 兩大類。前者包括機構的**構造分析** (Structural analysis) 與**運動分析** (Kinematic analysis),是分析既有機構的可動性與運動狀態;後者包括機構的**構造合成** (Structural synthesis) 與**運動合成** (Kinematic synthesis),是指依照機構可動性與運動上的要求,設計出合乎所求之機構的組成構造與幾何尺寸。基本上,有關連桿機構合成的課程是在研究所中開授,大學院校僅涉及分析的內容,本書以專章 (第 07 章) 簡介連桿機構合成。機器動力學課程的開授,必須有機構學與動力學課程為基礎,本書亦以專章 (第 10 章) 簡介動力分析;而機器元件設計課程的開授,則必須有靜力學、材料力學、機械材料、圖學、及機械畫等課程為基礎。圖 01-05 表示有關機構與機器設計課程和其它機械專業課程間的關聯性。

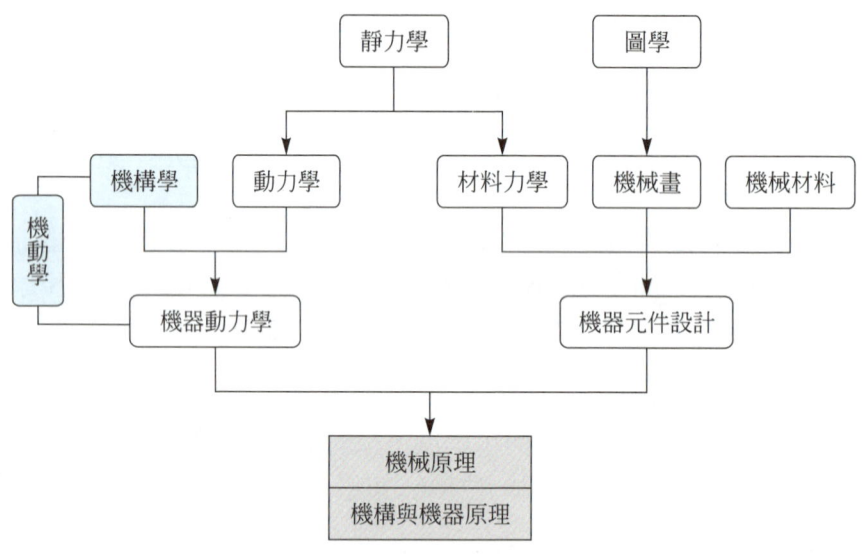

圖 01-05 機構與機器設計課程

在機械領域中,「機動學」是個課程名稱,可為「機構運動學」的簡稱,亦可為「機器動力學」的簡稱。嚴謹言之,**機動學**是機構運動學與機器動力學的通稱,所對應的英文是 Mechanism, Kinematics of Mechanism, and Dynamics of

Machinery。再者，Machine 和 Mechanical 兩個英文名詞，一般皆通譯為機械；為避免混淆起見，**Machine** 宜譯為**機器**，而 **Mechanical** 則宜譯為**機械**。如此「機器設計」是指 Machine Design；而「機械設計」則是 Mechanical Design，乃是「機械工程設計」(Mechanical Engineering Design) 的簡稱。

01-04　現代機構學內容 Scope of the Text

機構的功能為產生必要的機械運動。傳統的設計，是經由連桿、凸輪、齒輪、及其它機構，來獲得所需的運動輸出。1970 年代以來，有些電動機的功能，可直接產生輸出端所需的運動；廣義言之，亦是機構學的範疇。另，進入 21 世紀後，機械朝智慧化的工業 4.0 目標發展，加以伺服馬達、編碼器、位置感測元件等的普遍使用，簡化了傳統機構的需求，尤其是連桿機構。

《現代機構學》(*Modern Mechanisms*)，以著者所撰《機構學》(*Mechanisms*) 一書為本，減少傳統機構內容及圖解法運動分析篇幅，增加機構合成、機器動力、及電機機構專章，與時俱進的開創「現代機構學/機動學」之路，計 11 章，包括緒言、機構構造、機構運動、連桿機構、運動分析 (圖解法、解析法)、連桿機構合成、凸輪機構、齒輪機構、動力分析、及電機機構等主題，適合大學院校機械工程相關學系或學程，有關機構學或機動學課程教學之用，可以 3 至 4 個學分授課。

習題 Problems

01-01　試解釋機構與機器的異同。
01-02　試列舉 3 個機構實例，並說明其功能。
01-03　試列舉 3 個機器實例，並說明其組成與功能。
01-04　試列舉 2 個結構實例，並說明其功能。
01-05　以傳統抽水馬桶的沖水機構為例，試說明其設計步驟。
01-06　以自行車的外變速器為例，試說明其設計步驟。
01-07　以摩托車的前懸吊系統為例，試說明其設計步驟。
01-08　以汽車引擎蓋的開啟裝置為例，試說明其設計步驟。
01-09　試舉 1 個機電整合的機構實例，說明其組成與功能。

02 機構的構造
STRUCTURE OF MECHANISMS

機構乃是由機件與接頭依特定的方式組合而成。分析機構的首要步驟是判認其構造，其次是確定機構的拘束運動。

本章介紹常用的機件與接頭，機構的組成、簡圖符號、運動鏈與倒置機構、及構造，並說明機構的自由度和拘束運動，以為機構合成、運動分析的依據。

02-01 機件 Machine Members

機件 (Machine member) 乃是具有阻抗性的物體，為組成機構與機器所需的要件，其種類、功能、特性多所不同。

機件依是否有運動來區分，可為靜止機件 (Stationary member) 與運動機件 (Moving member) 兩類。靜止不動的機件稱作靜止機件，用來支托或約束其它機件、承受負荷、傳遞力量、引導其它機件活動，例如機架、結構件、固定導路、…等即是。機件依抗力特性來區分，可以是剛性件 (Rigid member)，如連桿、滑件、滾子、凸輪、齒輪、摩擦輪、軸、…等；可以是撓性件 (Flexible member)，如皮帶、繩索、鏈條、…等；也可以是壓縮件 (Compression member)，如彈簧、傳動氣體與液體。

本節說明用以組成機構之主要剛性機件的種類、功能、及特性。

連桿

連桿 (Link) 是種剛性機件，用來分開接頭，並且傳遞運動與力量，可根據與其附隨 (Incidency) 的接頭數目加以分類。具有 1 個接頭的連桿為**單接頭桿** (Singular link)，有 2 個接頭的連桿為**雙接頭桿** (Binary link)，有 3 個接頭的連桿為**參接頭桿** (Ternary link)，有 4 個接頭的連桿為**肆接頭桿** (Quaternary link)，具有 j 個接頭的連桿，則稱為 j 接頭桿 (j-link)。廣義言之，所有的運動剛性機件都可通稱為連桿。

滑件

滑件 (Slider) 是一種與直線或曲線導件作相對滑動接觸的連桿，如內燃機引擎中的活塞。

滾子

滾子 (Roller) 是一種圓柱形或球形的連桿，用來與其鄰接 (Adjacency) 機件作相對的滾動運動，如行李箱的輪子。

凸輪

凸輪 (Cam) 是一種形狀不規則的連桿，一般用來當作主動件以傳遞特定的運動給從動件，如內燃機引擎中的閥門機構。凸輪的種類很多，將在第 08 章介紹。

齒輪

齒輪 (Gear) 也是一種連桿，靠著輪齒的連續嚙合，將旋轉或直線運動確定地傳遞至與其鄰接的齒輪，如車輛的差動傳動 (差速器)。齒輪的種類亦很多，將在第 09 章介紹。

02-02　接頭與運動對 Joints and Kinematic Pairs

為使機件有所作用，機件和機件之間必須以特定的方式連接。一機件與另一機件直接接觸的部分，稱為**成運動對元件** (Pairing element)。一個**運動對** (Kinematic pair)，乃是由兩個直接接觸機件的成運動對元件配連而成，通常以**接頭** (Joint) 稱之。

運動對可根據其自由度、運動方式、及接觸方式加以分類，茲說明如下：

01. **自由度** (Degrees of freedom) 是指定義運動對中一個成運動對元件與另一個成運動對元件之相對位置所需的獨立坐標數。一個不受拘束的成運動對元件，可以有沿三個互相垂直軸的平移自由度以及依序對三個不同轉軸的旋轉自由度，共 6 個自由度；與另一個成運動對元件配連成運動對後，因受拘束而損失一個或多個自由度。因此，一個運動對最多只能有 5 個自由度，最少也得有 1 個自由度。有關自由度與拘束運動的概念，將在第 02-07 節介紹。

Chapter 02 機構的構造
STRUCTURE OF MECHANISMS

02. **運動方式** (Type of motion) 是指運動對中一個成運動對元件上之一點相對於另一個成運動對元件的運動，不外乎直線 (或曲線) 運動、平面 (或曲面) 運動、或空間運動。有關機件的運動方式，將在第 03 章介紹。
03. **接觸方式** (Type of contact) 是指運動對中兩個成運動對元件互相接觸的方式，不外乎點接觸、線接觸、或面接觸。

以下說明主要運動對的種類，包括其自由度數、運動方式、及接觸方式。

旋轉對

旋轉對 (Revolute pair, turning pair) 所屬兩個成運動對元件間的相對運動，是對於旋轉軸的轉動。圖 02-01(a) 為一個典型的旋轉對，具有 1 個自由度，是圓弧運動與面接觸。

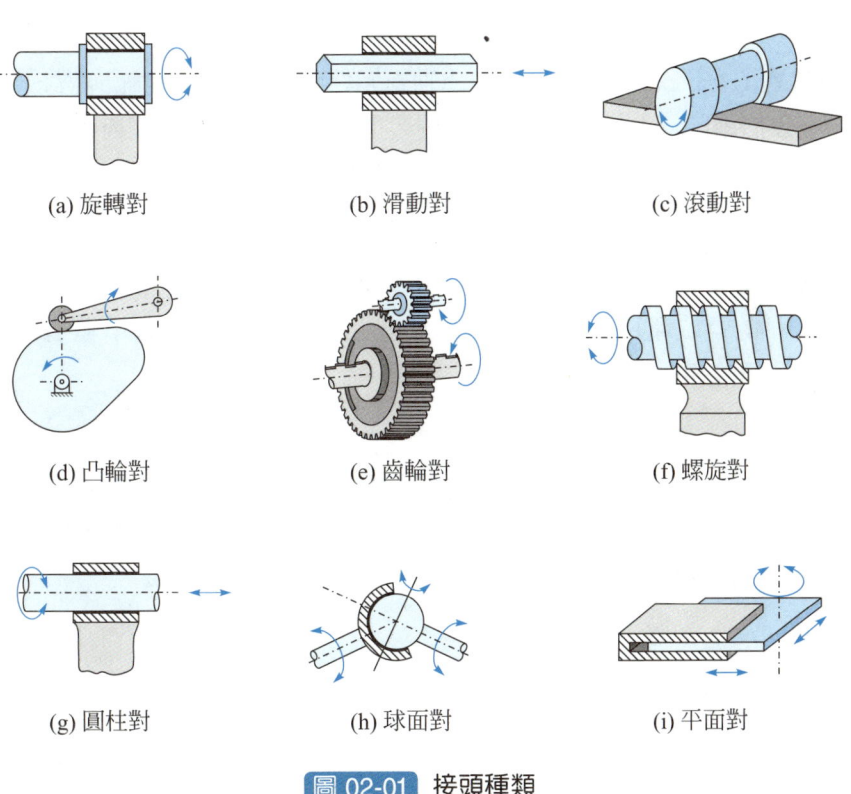

(a) 旋轉對　　(b) 滑動對　　(c) 滾動對

(d) 凸輪對　　(e) 齒輪對　　(f) 螺旋對

(g) 圓柱對　　(h) 球面對　　(i) 平面對

圖 02-01　接頭種類

滑動對

滑動對 (Prismatic pair, sliding pair) 所屬兩個成運動對元件間的相對運動，是對於滑行面的滑動。圖 02-01(b) 為一個典型的滑動對，有 1 個自由度，是直線運動與面接觸。

滾動對

滾動對 (Rolling pair) 所屬兩個成運動對元件間的相對運動，是不帶滑動的純滾動。圖 02-01(c) 為一個典型的滾動對，有 1 個自由度，是擺線運動與線接觸。

凸輪對

凸輪對 (Cam pair) 所屬兩個成運動對元件的相對運動，是滑動與滾動的組合。圖 02-01(d) 為一個典型的凸輪對，有 2 個自由度，是曲面運動與線接觸。

齒輪對

齒輪對 (Gear pair) 所屬兩個成運動對元件間的相對運動和凸輪對一樣，是滑動與滾動的組合。圖 02-01(e) 為一個典型的齒輪對，有 2 個自由度，是曲面運動與線接觸。

螺旋對

螺旋對 (Helical pair, screw pair) 所屬兩個成運動對元件間的相對運動，是對於旋轉軸的螺旋運動。圖 02-01(f) 為一個典型的螺旋對，有 1 個自由度，是曲線運動與面接觸。

圓柱對

圓柱對 (Cylindrical pair) 所屬兩個成運動對元件間的相對運動，是對於旋轉軸的轉動及平行於此軸之移動的組合。圖 02-01(g) 為一個典型的圓柱對，有 2 個自由度，是曲面運動與面接觸。

球面對

球面對 (Spherical pair) 所屬兩個成運動對元件間的相對運動，是對於球心的轉動。圖 02-01(h) 為一個典型的球面對，有 3 個自由度，是球面運動與面接觸。

Chapter 02　機構的構造
STRUCTURE OF MECHANISMS

平面對

　平面對 (Flat pair, planar pair) 所屬兩個成運動對元件間的相對運動，是平面運動。圖 02-01(i) 為一個典型的平面對，有 3 個自由度，是平面運動與面接觸。

02-03　**機構** Mechanism

　將第 02-01 節介紹的機件及第 02-02 節介紹的接頭以特定的方式組合，使其中一個或數個機件之運動依照該組合所形成的規律，迫使其它機件各產生一種可以確定預期的運動，並且有個機件為機架用以支托或約束各運動件固定不動的部分，這個組合為**機構** (Mechanism)，如第 01-01 節所述。若機構中所有的機件皆為連桿，且所有的接頭皆為旋轉對，則這個機構特稱為**連桿組** (Linkage)。

　機構可根據其運動空間分為平面機構與空間機構。機構的機件運動時，若其上每一點與某一特定平面的距離恆為一定，則這個機構稱為**平面機構** (Planar mechanism)。圖 02-02 為一種內燃機的引擎機構，由汽缸 (亦為機架) (機件 1)、曲柄 (機件 2)、連接桿 (機件 3)、活塞 (機件 4) 等 4 根機件組成，汽缸與活塞間的接頭為滑動對，活塞與連接桿、連接桿與曲柄、以及曲柄與機架間的接頭皆為旋轉對；由於這個機構每一機件的運動皆為平面運動，而且這些運動平面皆互相平行，因此為平面機構。

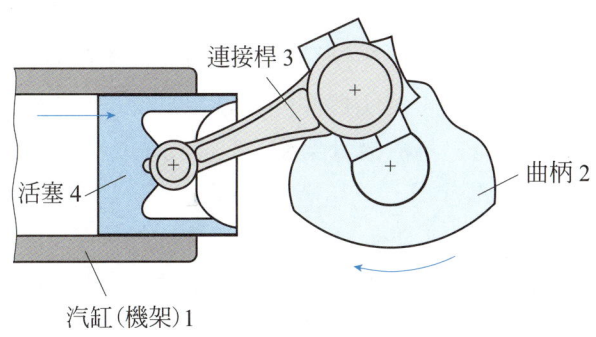

圖 02-02　引擎機構 [例 02-05]

機構的機件運動時，若其上有一點的運動路徑為空間曲線，則這個機構即為**空間機構** (Spatial mechanism)。圖 02-03 為一種伐木用動力鋸的機構，由 5 根機件與 5 個接頭組成。動作由曲柄桿 (機件 2) 的旋轉，經旋轉桿 (機件 3) 與擺動桿 (機件 4)，傳遞至作直線往復運動的鋸片桿 (機件 5)。機架 (機件 1，未標示) 與曲柄桿間的接頭為旋轉對，曲柄桿與旋轉桿間的接頭亦為旋轉對，旋轉桿與擺動桿間的接頭為圓柱對，擺動桿與鋸片桿間的接頭為旋轉對，鋸片桿與機架間的相對運動為直線滑動；很明顯的，此機構為空間機構。

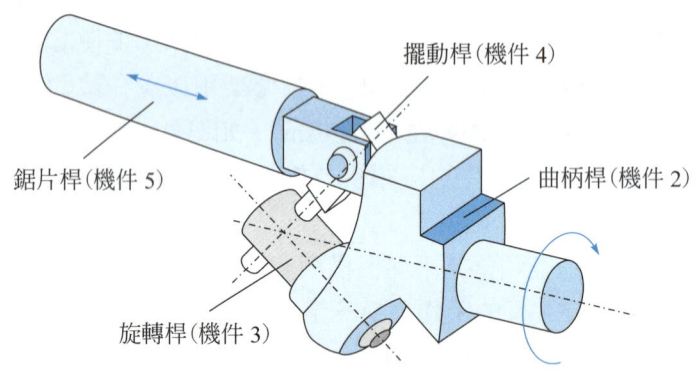

圖 02-03　動力鋸機構【習題 02-03】

02-04　簡圖符號 Schematic Representations

分析機構的構造與運動狀態時，常需要用**簡圖符號** (Schematic representation) 來說明機件間的鄰接關係與相對位置，如果使用實體或組合圖來進行，會因實體或圖面的複雜性，使分析工作難以有效的進行。因此在機構學中，通常只用簡單的圖形，來說明機件間的鄰接關係與相對位置。依據這種目的所繪出的機構圖形，稱之為**機構骨架圖** (Skeleton) 或**機構簡圖**。

機構簡圖的繪製有兩種方式，一為構造簡圖，另一為運動簡圖，端視使用目的而定。**構造簡圖** (Structural sketch) 在於表示機構的構造，只要清楚地表示出機件與接頭間的附隨關係即可，而不在乎各個機件的幾何尺寸大小。**運動簡圖** (Kinematic sketch) 則是依照實體或組合圖的尺寸，以一定的比例畫出其幾何運動的相對位置關係，用來表示各機件的尺寸及接頭的位置。

機構簡圖的繪製，應盡量使用簡單線條與符號來代替實體的機件與接頭，

Chapter 02　機構的構造
STRUCTURE OF MECHANISMS

與分析機構構造或運動狀態無關的資料，如軸、鍵、銷、軸承、螺絲尺寸線、剖面線、…等，不予表示出來。簡圖符號的制定，無一定的法則，只要清楚地表示出機構的構造或運動關係即可。

以下介紹常用的簡圖符號：

01. 機件以阿拉伯數字賦予代號，如 1、2、3、…等。
02. 與 j 個接頭相附隨的連桿，以一個內部具色網、頂點為內部塗黑之小圓的 j 邊多邊形表示之。單接頭桿的簡圖符號如圖 02-04(a) 所示，雙接頭桿如圖 02-04(b) 所示，參接頭桿如圖 02-04(c) 所示，肆接頭桿則如圖 02-04(d) 所示。
03. 滑件的簡圖符號如圖 02-04(e) 所示。
04. 滾子的簡圖符號如圖 02-04(f) 所示。

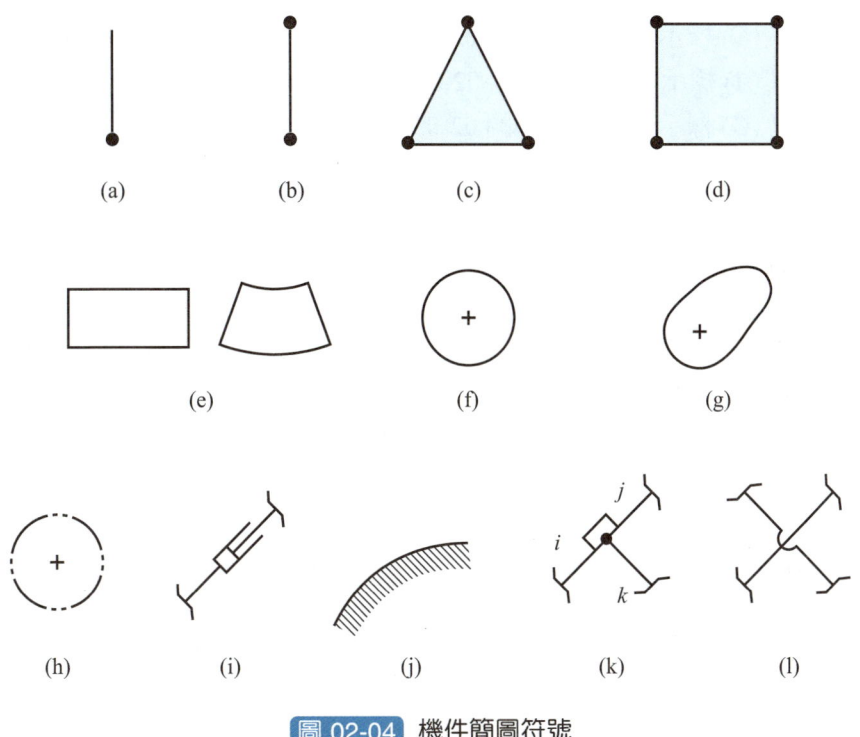

圖 02-04　機件簡圖符號

05. 凸輪的簡圖符號如圖 02-04(g) 所示。
06. 齒輪的簡圖符號如圖 02-04(h) 所示。
07. 氣、液壓缸的簡圖符號如圖 02-04(i) 所示。
08. 固定機件 (機架) 恆以阿拉伯數字 "1" 為代號，其簡圖表示為在其下方作平行斜線，圖 02-04(j)。
09. 圖 02-04(k) 代表機件 i 和機件 j 為同一機件，而機件 k 為與其相鄰接的另一機件。
10. 若兩個不鄰接的機件在圖面上交叉，則在交叉處將底部機件畫成斷線並以半圓連接之，圖 02-04(l)。
11. 接頭一般以小寫的英文字母賦予名稱，如 a、b、c、…等；有時則以大寫英文字母賦予名稱，以方便說明。
12. 旋轉對以 (R) 標示，其空間與平面的簡圖如圖 02-05(a) 所示。
13. 滑動對以 (P) 標示，其空間與平面的簡圖如圖 02-05(b) 所示。
14. 滾動對以 (O) 標示，其簡圖如圖 02-05(c) 所示。
15. 凸輪對以 (A) 標示，其簡圖如圖 02-05(d) 所示。
16. 齒輪對以 (G) 標示，其簡圖如圖 02-05(e) 所示。
17. 螺旋對以 (H) 標示，其簡圖如圖 02-05(f) 所示。
18. 圓柱對以 (C) 標示，其簡圖如圖 02-05(g) 所示。
19. 球面對以 (S) 標示，其簡圖如圖 02-05(h) 所示。
20. 平面對以 (F) 標示，其簡圖如圖 02-05(i) 所示。
21. 與 n 根連桿附隨的旋轉對，以 $n-1$ 個小同心圓表示之。圖 02-05(j) 為與 3 根連桿附隨的旋轉對。
22. 未指明種類的接頭稱為**一般化接頭** (Generalized joint)，以內部塗黑小圓表示，圖 02-05(k)。
23. 固定樞軸的名稱，以小寫 (有時大寫) 英文字母加上阿拉伯數字 "0" 為其右下標稱之，如 a_0，其簡圖表示為在屬於機架的成運動對元件下作平行斜線。以旋轉對為例，如圖 02-05(l) 所示。

Chapter 02　機構的構造
STRUCTURE OF MECHANISMS

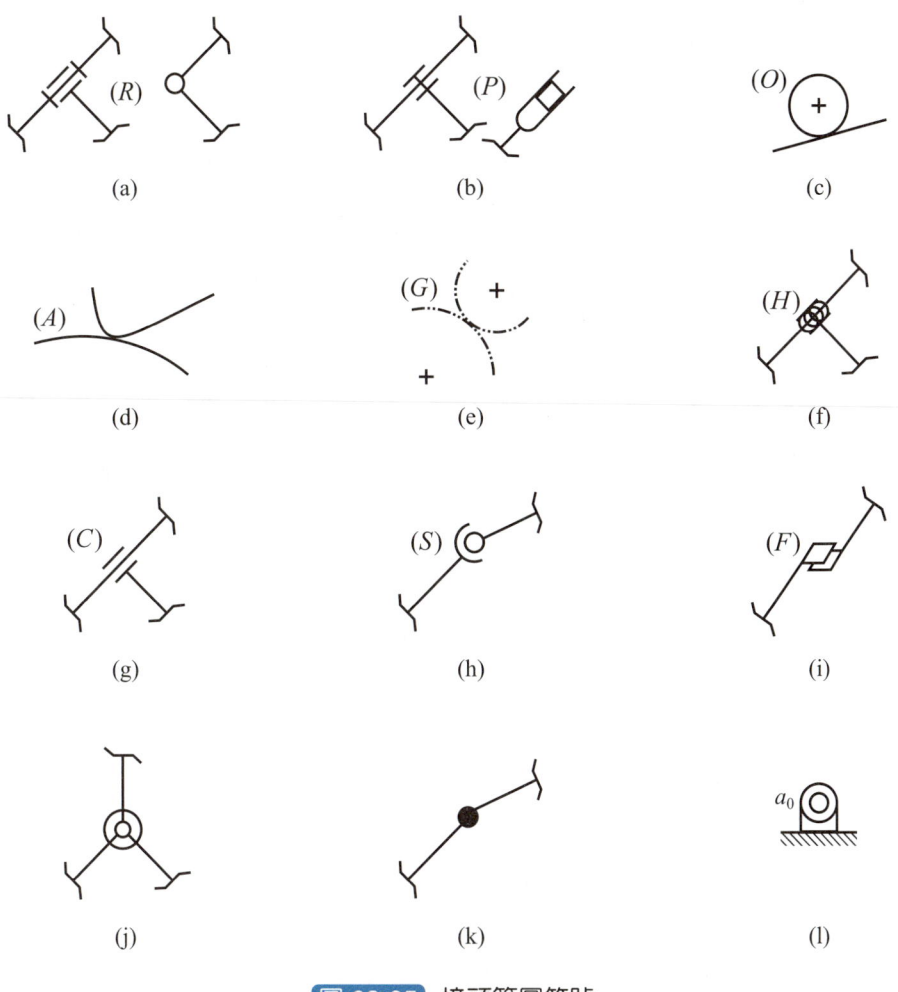

圖 02-05　接頭簡圖符號

　　圖 02-02 的內燃機引擎機構，其運動簡圖如圖 02-06(a) 所示，構造簡圖如圖 02-06(b) 所示；若所有接頭皆一般化為以內部塗黑的小圓表示，則構造簡圖可更簡化，圖 02-06(c)。圖 02-03 的動力鋸機構，其構造簡圖如圖 02-07(a) 所示；若所有的接頭都為一般化接頭，則如圖 02-07(b) 所示。

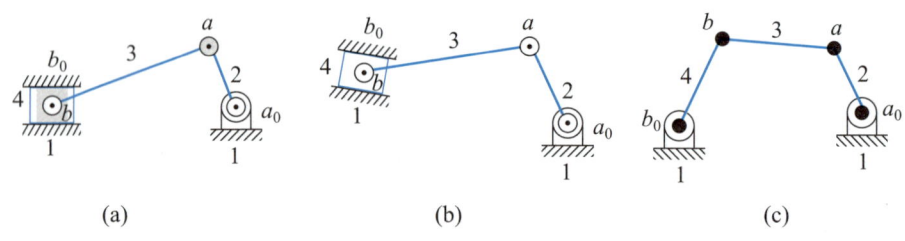

圖 02-06 引擎機構簡圖 [例 02-01] [例 02-05]

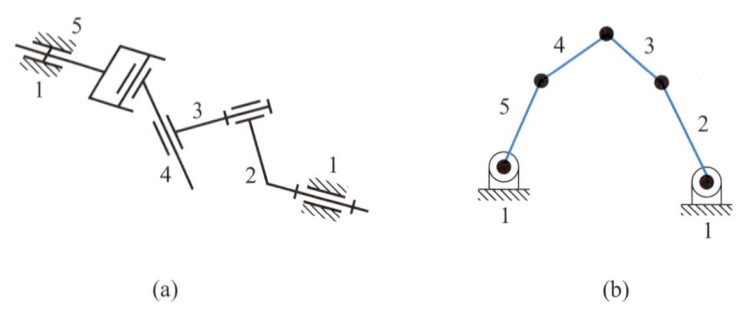

圖 02-07 動力鋸機構簡圖 [例 02-02]

02-05　運動鏈與倒置機構
Kinematic Chains and Inversion Mechanisms

機構簡圖是用圖形符號來說明機件間的鄰接關係及相對位置，以方便分析工作的有效進行。對於不同的機件，有不同的表示方法；對不同的接頭，亦有不同的表示方式。

將數根連桿以接頭加以連接，即組成所謂的**連桿-鏈** (Link-chain)，或簡稱為**鏈** (Chain)。若鏈中的每根連桿均與至少兩個其它連桿互相鄰接，該鏈形成一個或數個封閉的迴路，則稱其為**封閉鏈** (Closed chain)。不封閉的連接鏈，稱為**開放鏈** (Open chain)。一般機構，絕大多數屬封閉鏈；少數機構為開放鏈，如串聯式機械手臂。

在機構設計過程中，為能有系統的進行機構構造分析與合成，常將機構簡

Chapter 02　機構的構造
STRUCTURE OF MECHANISMS

圖進一步簡化為**運動鏈** (Kinematic chain)，其步驟如下：

一、將一根與 j 個接頭附隨的機件，以 j 邊形表示之。
二、將一個與 n 根桿件附隨的一般化接頭，以內部塗黑的小圓表示之。
三、將固定桿 (即機架) 放開，即沒有固定桿存在。

以圖 02-06 的引擎機構簡圖為例，所對應的運動鏈如圖 02-08 所示，為一個 4 桿 4 接頭的運動鏈；另以圖 02-07 的動力鋸機構簡圖為例，其運動鏈如圖 02-09 所示，為一個 5 桿 5 接頭的運動鏈。

圖 02-08　引擎機構運動鏈　　　　圖 02-09　動力鋸機構運動鏈

具 N 根機件與 J 個接頭的運動鏈，稱為 (N, J) 運動鏈。有關 (N, J) 運動鏈圖譜之合成的研究，即到底有幾個不同構造的運動鏈具有 N 根機件與 J 個接頭，稱為**數目合成** (Number synthesis)，將在第 07-01-2 節介紹。具 6 根機件與 7 個接頭的 (6, 7) 運動鏈有 2 個，如圖 02-10(a) 和 (b) 所示。

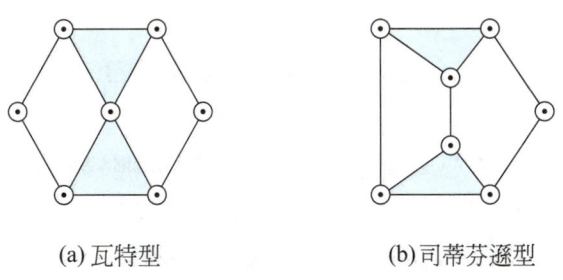

(a) 瓦特型　　　　(b) 司蒂芬遜型

圖 02-10　(6, 7) 運動鏈圖譜

再者，機構中一定有根機件為固定桿，即機架。選擇運動鏈中不同的桿件為固定桿，可衍生出不同的機構，稱為**運動倒置** (Kinematic inversion)；具相同

運動鏈、但不同固定桿的機構，互稱為**倒置機構** (Inversion mechanism)。若將圖 02-10 的 2 個 (6, 7) 運動鏈中任一根機件指定為機架，可獲得 5 個不同構造的倒置機構，圖 02-11(a)-(e)。

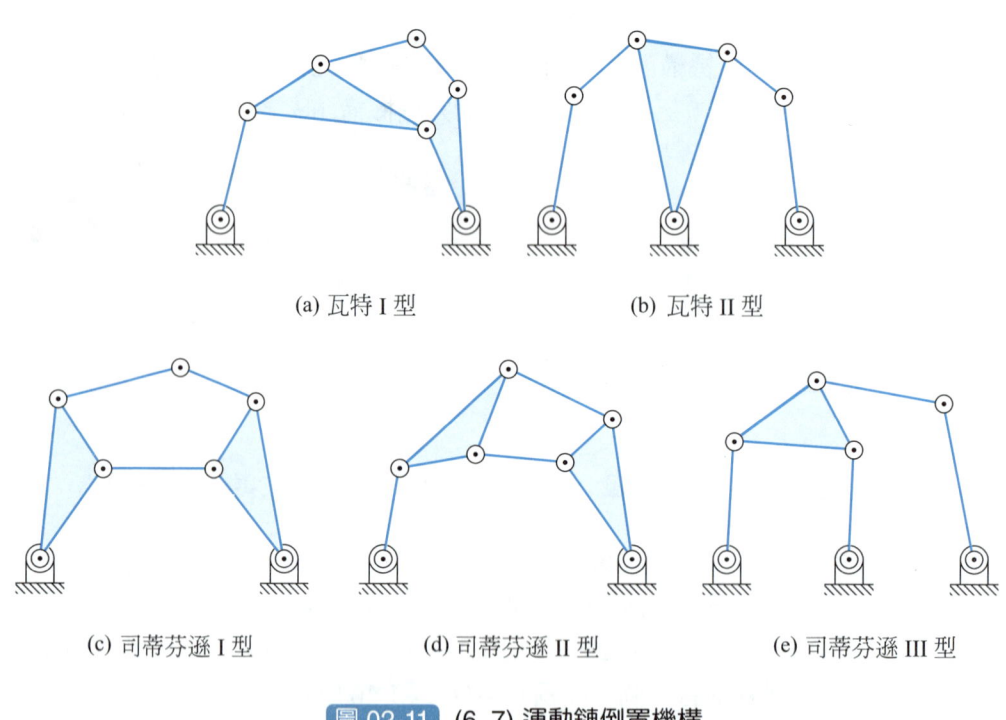

(a) 瓦特 I 型　　(b) 瓦特 II 型

(c) 司蒂芬遜 I 型　　(d) 司蒂芬遜 II 型　　(e) 司蒂芬遜 III 型

圖 02-11　(6, 7) 運動鏈倒置機構

02-06　機構構造 Structure of Mechanism

分析既有機構的首要步驟為判認其構造。**機構構造** (Structure of Mechanism) 是指其機件與接頭的種類和數目、以及機件和接頭間的鄰接與附隨關係。有些機構的機件與接頭很特殊，難以直接觀察出其類型，必須深入瞭解運動功能後，才能做出正確的判認；如此，機構分析工作的進行才有意義。

機構的構造可以**機構構造矩陣** (Mechanism structure matrix, *MSM*) 表示之。具有 N 根機件之機構的構造矩陣，為一個 $N \times N$ 的方矩陣，其對角元素 $a_{ii} = NT$ 表示機件 i 的類型。若機件 i 與機件 k 相鄰接，則右上角非對角線元

素 $a_{ik} = JT(i<k)$ 表示附隨於機件 i 與機件 k 的接頭類型，左下角非對角線元素 $a_{ki} = JN$ 表示該接頭的標號。若有數個元素的接頭標號相同，表示該接頭是複接頭。若機件 i 與機件 k 不鄰接，則 $a_{ik} = a_{ki} = 0$。

以下舉例說明之。

例 02-01　引擎機構，圖 02-06(a)。

此機構為平面機構，有 4 根機件 (1、2、3、4)，分別是機架 (K_F，機件 1)、曲柄 (K_{L1}，機件 2)、連接桿 (K_{L2}，機件 3)、及滑件 (K_P，機件 4)，有 4 個單接頭 (a_0、a、b、b_0)，包括 3 個旋轉對 (a_0、a、b) 與 1 個滑動對 (b_0)。

機構構造矩陣 MSM 為：

$$MSM = \begin{bmatrix} K_F & R & 0 & P \\ a_0 & K_{L1} & R & 0 \\ 0 & a & K_{L2} & R \\ b_0 & 0 & b & K_P \end{bmatrix}$$

其運動鏈如圖 02-12 所示，為一 (4, 4) 運動鏈。

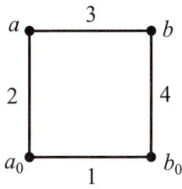

圖 02-12　引擎機構運動鏈 [例 02-01]

例 02-02　動力鋸機構，圖 02-07(a)。

此機構為空間機構，有 5 根機件 (1、2、3、4、5)，分別是機架 (K_F，機件 1)、3 根連桿 (K_{L1}，機件 2；K_{L2}，機件 3；K_{L3}，機件 4)、及 1 個滑件 (K_P，機件 5)，有 5 個單接頭 (a_0、b、c、d、e_0)，包括 3 個旋轉對 (a_0、b、d)、1 個圓柱對 (c)、及 1 個滑動對 (a_0)。

機構構造矩陣 MSM 為：

$$MSM = \begin{bmatrix} K_F & R & 0 & 0 & P \\ a_0 & K_{L1} & R & 0 & 0 \\ 0 & b & K_{L2} & C & 0 \\ 0 & 0 & c & K_{L3} & R \\ e_0 & 0 & 0 & d & K_P \end{bmatrix}$$

其運動鏈如圖 02-13 所示，為一 (5, 5) 運動鏈。

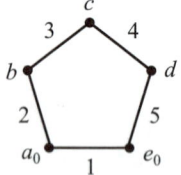

圖 02-13 動力鋸機構運動鏈 [例 02-02]

▼
例 02-03 凸輪-滾子-致動器機構，圖 02-14(a)。

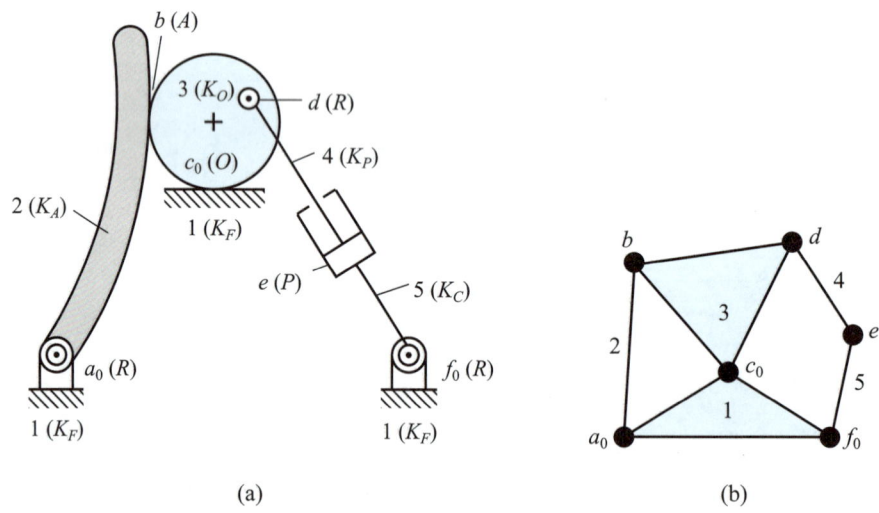

(a)　　　　　　　　　　　(b)

圖 02-14 凸輪-滾子-致動器機構 [例 02-03]【習題 02-14】

Chapter 02　機構的構造
STRUCTURE OF MECHANISMS

　　此機構為平面機構，有 5 根機件 (1、2、3、4、5)，分別是機架 (K_F，機件 1)、凸輪 (K_A，機件 2)、滾子 (K_O，機件 3)、活塞 (K_P，機件 4)、及氣壓缸 (K_C，機件 5)；其中，凸輪、活塞、及氣壓缸是雙接頭機件，機架與滾子是參接頭機件。此機構有 6 個雙接頭 (a_0、b、c_0、d、e、f_0)，分別為 3 個旋轉對 (a_0、d、f_0)、1 個滑動對 (e)、1 個滾動對 (c_0)、及 1 個凸輪對 (b)。

　　機構構造矩陣 MSM 為：

$$MSM = \begin{bmatrix} K_F & R & O & 0 & R \\ a_0 & K_A & A & 0 & 0 \\ c_0 & b & K_O & R & 0 \\ 0 & 0 & d & K_P & P \\ f_0 & 0 & 0 & e & K_C \end{bmatrix}$$

其運動鏈如圖 02-14(b) 所示，為一 (5, 6) 運動鏈。

例 02-04　汽車懸吊機構，圖 02-15(a)。

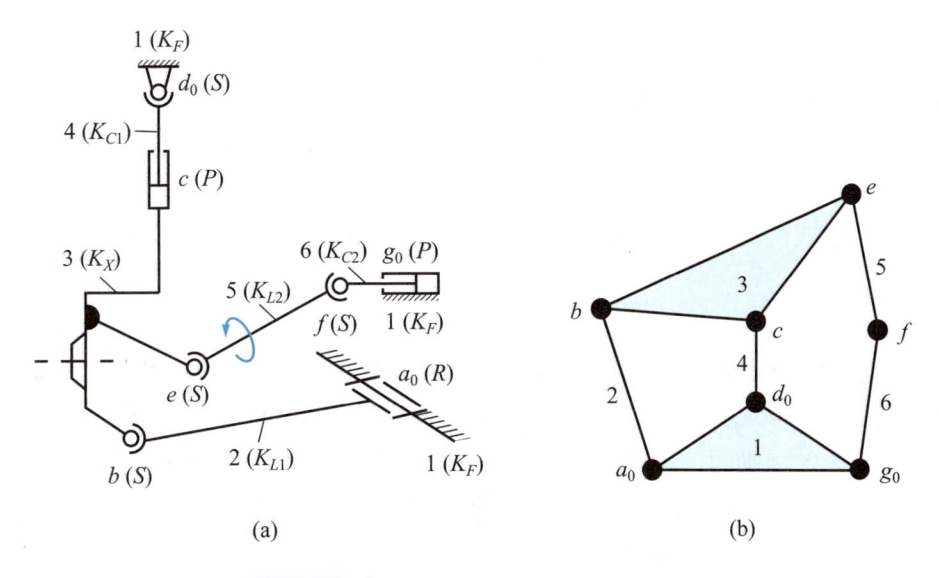

圖 02-15　汽車懸吊機構 [例 02-04] [例 02-11]

此機構為空間機構，有 6 根機件 (1、2、3、4、5、6)，分別是機架 (K_F，機件 1)、2 根連桿 (K_{L1}，機件 2；K_{L2}，機件 5)、2 個液壓缸 (K_{C1}，機件 4；K_{C2}，機件 6)、及 1 個輪軸聯結桿 (K_X，機件 3)。此機構有 7 個接頭 (a_0、b、c、d_0、e、f、g_0)，皆為單接頭；其中，接頭 a_0 為旋轉對，接頭 b、d_0、e、f 是球面對，接頭 c 和 g_0 則是滑動對。

機構構造矩陣 MSM 為：

$$MSM = \begin{bmatrix} K_F & R & 0 & S & 0 & P \\ a_0 & K_{L1} & S & 0 & 0 & 0 \\ 0 & b & K_X & P & S & 0 \\ d_0 & 0 & c & K_{C1} & 0 & 0 \\ 0 & 0 & e & 0 & K_{L2} & S \\ g_0 & 0 & 0 & 0 & f & K_{C2} \end{bmatrix}$$

其運動鏈如圖 02-15(b) 所示，為一 (6, 7) 運動鏈。

02-07　自由度 Degrees of Freedom

機構的**自由度** (Degrees of freedom)，是定義每一機件位置所需的最少獨立參數。因為機構是將機件以接頭連接而成，其自由度是在機件未連接與固定前的總自由度，扣除所有接頭的拘束度 (Degrees of constraint)，再扣除機架的自由度。

以下根據機構的運動空間，分別說明平面機構與空間機構的自由度。

02-07-1　平面機構 Planar mechanism

對平面機構而言，每根可動機件有 3 個自由度，其中 2 個自由度為沿兩互相垂直軸的平移，另 1 個自由度為繞任意一點的旋轉。平面機構的接頭，不外乎是旋轉對、滑動對、滾動對、凸輪對、及齒輪對。由於一個平面接頭的拘束度是 3 減去該接頭的自由度，旋轉對的拘束度為 2，滑動對的拘束度為 2，滾動對的拘束度亦為 2，凸輪對的拘束度為 1，齒輪對的拘束度亦為 1。

具有 N 根機件平面機構的自由度 F_p，可由下列公式求出：

Chapter 02 機構的構造
STRUCTURE OF MECHANISMS

$$F_p = 3(N-1) - \Sigma J_i C_{pi} \qquad (02\text{-}01)$$

其中，J_i 是 i 型接頭的數目，C_{pi} 則是 i 型接頭的拘束度。式 (02-01) 乃所謂的**平面機構自由度判別準則** (Grubler-Kutzbach criteria)，用以計算其自由度 (F_p)。如果考慮平面接頭的類型，則式 (02-01) 可表示為：

$$F_p = 3(N-1) - 2(J_R + J_P + J_O) - (J_A + J_G) \qquad (02\text{-}02)$$

其中，J_R 為旋轉對接頭數目，J_P 為滑動對接頭數目，J_O 為滾動對接頭數目，J_A 為凸輪對接頭數目，J_G 則為齒輪對接頭的數目。

以下舉例說明之。

例 02-05 試求圖 02-02 引擎機構的自由度。

這是個具有 4 根機件 (桿 1、2、3、4) 與 4 個接頭 (接頭 a_0、b_0、a、b) 的平面機構，圖 02-06。接頭 a_0、a、b 皆為旋轉對，$J_R = 3$；接頭 b_0 為滑動對，$J_P = 1$。根據式 (02-02)，此機構的自由度為：

$$\begin{aligned} F_p &= 3(N-1) - 2(J_R + J_P) \\ &= 3(4-1) - 2(3+1) \\ &= 1 \end{aligned}$$

例 02-06 圖 02-16(a) 為川崎 Uni-trak 摩托車的後懸吊機構，圖 02-16(b) 為其機構簡圖，試求此機構的自由度。

這個平面機構有 6 根連桿 (桿 1、2、3、4、5、6) 與 7 個接頭 (接頭 a_0、b_0、c_0、a、b、c、d)，其中接頭 b 為滑動對，其餘接頭皆為旋轉對；因此，$N = 6$，$J_R = 6$，$J_P = 1$。根據式 (02-02)，此機構的自由度為：

$$\begin{aligned} F_p &= 3(N-1) - 2(J_R + J_P) \\ &= 3(6-1) - 2(6+1) \\ &= 1 \end{aligned}$$

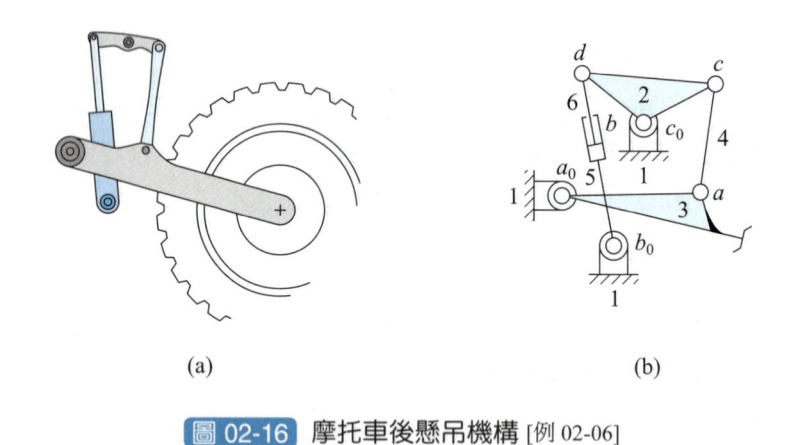

(a)   (b)

圖 02-16 摩托車後懸吊機構 [例 02-06]

例 02-07 試求圖 02-17 飛機前起落架收放機構的自由度。

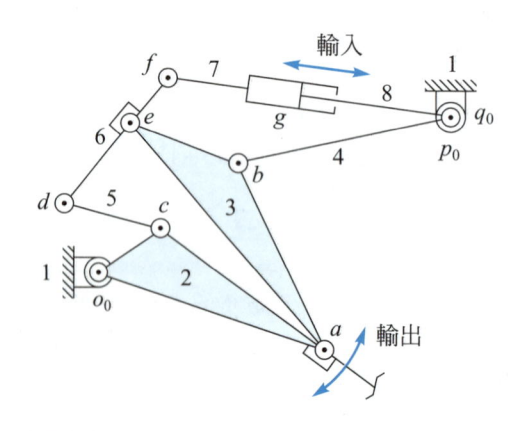

圖 02-17 飛機前起落架收放機構 [例 02-07]

這個平面機構有 8 根連桿 (桿 1、2、3、4、5、6、7、8) 與 10 個接頭 (接頭 o_0、p_0、q_0、a、b、c、d、e、f、g)，接頭 g 為滑動對，其餘接頭皆為旋轉對；因此，$N = 8$，$J_R = 9$，$J_P = 1$。根據式 (02-02)，此機構的自由度為：

$$\begin{aligned} F_p &= 3(N-1) - 2(J_R + J_P) \\ &= 3(8-1) - 2(9+1) \\ &= 1 \end{aligned}$$

Chapter 02　機構的構造
STRUCTURE OF MECHANISMS

值得注意的是，與桿 1、桿 4、及桿 8 附隨的接頭為複接頭，它與 3 根連桿附隨，必須以 2 個旋轉對 (p_0 和 q_0) 視之。

例 02-08　圖 02-18 為一種挖土機，試求其機構相對於駕駛座 (桿 1) 的自由度。

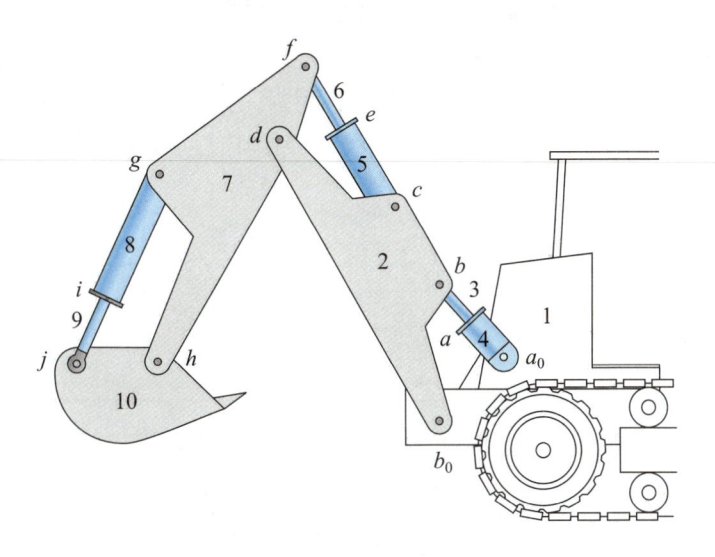

圖 02-18　挖土機機構 [例 02-08]

這個機構為平面機構，有 10 根連桿 (桿 1、2、3、4、5、6、7、8、9、10) 與 12 個接頭 (接頭 a_0、b_0、a、b、c、d、e、f、g、h、i、j)，桿 1 為固定桿 (即機身)，接頭 a、e、i 為滑動對，其餘接頭皆為旋轉對；因此，$N = 10$，$J_R = 9$，$J_P = 3$。根據式 (02-02)，此機構的自由度為：

$$\begin{aligned}F_p &= 3(N-1) - 2(J_R + J_P) \\ &= 3(10-1) - 2(9+3) \\ &= 3\end{aligned}$$

02-07-2　空間機構 Spatial mechanism

對空間機構而言，每根可動機件有 6 個自由度，其中 3 個自由度為沿三互相垂直軸的平移，另 3 個自由度為依序對三個不同轉軸的旋轉。因此，用以計

算空間機構自由度 (F_s) 的**自由度判別準則** (Grubler-Kutzbach criteria)，可表示如下：

$$F_s = 6(N-1) - \Sigma J_i C_{si} \qquad (02\text{-}03)$$

其中，N 為機件總數，J_i 是 i 型接頭的數目，而 C_{si} 則是 i 型接頭的拘束度。

由於一個空間接頭的拘束度是 6 減去該接頭的自由度，旋轉對的拘束度是 5（即 $C_{sR} = 5$），滑動對的拘束度是 5（即 $C_{sP} = 5$），螺旋對的拘束度也是 5（即 $C_{sH} = 5$），圓柱對的拘束度是 4（即 $C_{sC} = 4$），球面對的拘束度是 3（即 $C_{sS} = 3$），平面對的拘束度也是 3（即 $C_{sF} = 3$）。若空間機構只使用上述 6 種接頭，則式 (02-03) 可表示為：

$$F_s = 6(N-1) - 5(J_R + J_P + J_H) - 4J_C - 3(J_S + J_F) \qquad (02\text{-}04)$$

以下舉例說明之。

例 02-09　試求圖 02-19 之 *RSSR* 空間四連桿機構的自由度。

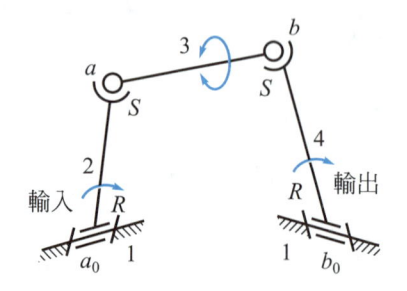

圖 02-19　*RSSR* 空間四連桿機構 [例 02-09]

這個機構具有 4 根連桿（桿 1、2、3、4）與 4 個接頭（接頭 a_0、b_0、a、b），接頭 a_0 和 b_0 為旋轉對，接頭 a 和 b 為球面對；因此，$N = 4$，$J_R = 2$，$J_S = 2$。根據式 (02-04)，此機構的自由度為：

$$\begin{aligned}F_s &= 6(N-1) - 5J_R - 3J_S \\ &= 6(4-1) - 5(2) - 3(2) \\ &= 2\end{aligned}$$

Chapter 02 機構的構造
STRUCTURE OF MECHANISMS

例 02-10 試求圖 02-20 之 *RRSC* 空間四連桿機構的自由度。

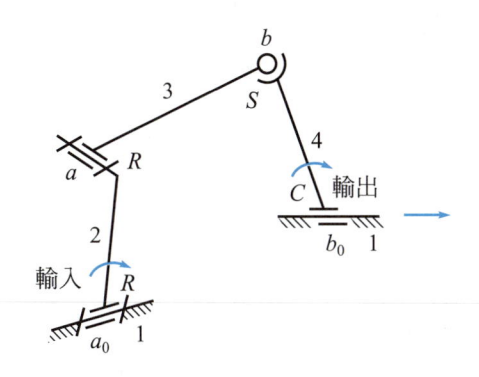

圖 02-20 *RRSC* 空間四連桿機構 [例 02-10]

這個機構有 4 根連桿 (桿 1、2、3、4) 與 4 個接頭 (接頭 a_0、b_0、a、b)，接頭 a_0 和 a 為旋轉對，接頭 b_0 為圓柱對，接頭 b 為球面對；因此，$N = 4$，$J_R = 2$，$J_C = 1$，$J_S = 1$。根據式 (02-04)，此機構的自由度為：

$$F_s = 6(N-1) - 5J_R - 4J_C - 3J_S$$
$$= 6(4-1) - 5(2) - 4(1) - 3(1)$$
$$= 1$$

例 02-11 試求圖 02-15(a) 汽車懸吊機構的自由度。

這個空間機構有 6 根連桿 (桿 1、2、3、4、5、6) 與 7 個接頭 (接頭 a_0、d_0、g_0、b、c、e、f)，接頭 a_0 為旋轉對，接頭 c 與 g_0 為滑動對，接頭 b、d_0、e、f 為球面對；因此，$N = 6$，$J_R = 1$，$J_P = 2$，$J_S = 4$。根據式 (02-04)，此機構的自由度為：

$$F_s = 6(N-1) - 5(J_R + J_P) - 3J_S$$
$$= 6(6-1) - 5(1+2) - 3(4)$$
$$= 3$$

02-08 拘束運動 Constrained Motion

機構設計之初，設計者必須根據工程目的來決定這個機構所需具有的獨立輸入 (Independent input) 數目。機構若要達成設計上的要求，其運動必須受到拘束。所謂**拘束運動** (Constrained motion) 乃是機構受到應有獨立輸入的運動條件驅動時，其所有機件皆會產生確定且可預期的運動。由於機構之自由度是使該機構產生拘束運動所需的獨立輸入數，因此自由度之概念乃是通常用來分析機構運動拘束程度的依據。

當機構的自由度與其獨立輸入數目相同時，其運動是受拘束的。圖 02-21 的平面四連桿組，有 1 個自由度，且桿 2 是唯一的輸入，因此這個機構之運動是受拘束的；換言之，桿 2 在任何位置 (θ_2) 時，桿 3 位置 (θ_3) 與桿 4 位置 (θ_4) 是確定的。又如圖 02-17 的起落架收放機構，有 1 個自由度，且液壓筒 (桿 7 與桿 8) 是唯一的輸入，因此這個機構之運動是受拘束的。再如圖 02-18 的挖土機機構，有 3 個自由度，且有 3 個獨立的輸入，即 3 個液壓筒 (桿 3 和桿 4、桿 5 和桿 6、桿 8 和桿 9)，因此這個機構的運動也是受拘束的。

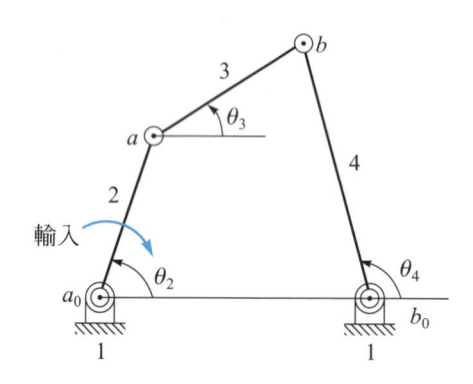

圖 02-21 平面四連桿組

以下舉例說明之。

例 02-12 圖 02-22 為一種飛機水平尾翼操縱機構的簡圖；其中，輸入 I (桿 2) 為操縱桿輸入，輸入 II (桿 12) 為襟翼輸入，輸入 III (桿 7 與桿 14) 為

穩定增效器輸入，桿 8 則為輸出桿。試討論這個機構在各種不同輸入組合狀況下的自由度。

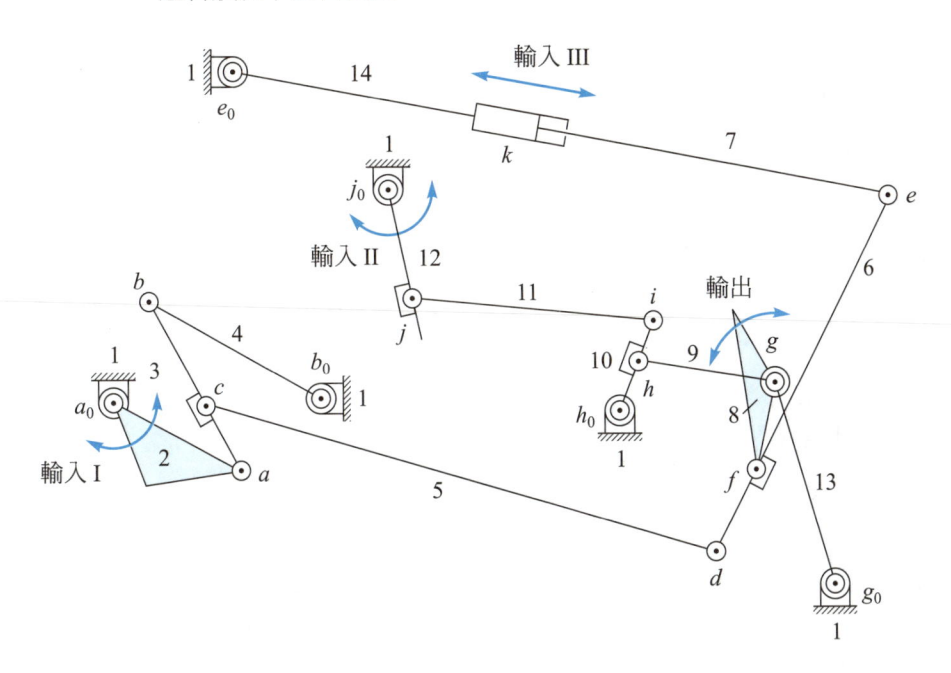

圖 02-22 飛機水平尾翼操縱機構 [例 02-12]

這個機構為平面機構，有 14 根連桿 (桿 1、2、3、4、5、6、7、8、9、10、11、12、13、14) 與 17 個接頭 (接頭 a_0、b_0、e_0、g_0、h_0、j_0、a、b、c、d、e、f、g、h、i、j、k)；除接頭 k 為滑動對外，其餘皆為旋轉對，而接頭 g 為與桿 8、桿 9、及桿 13 附隨的複接頭。

由於襟翼輸入 (輸入 II) 與穩定增效器輸入 (輸入 III) 並不是隨時都在作用；當襟翼輸入不作用時，桿 9、桿 10、桿 11、桿 12、及桿 13 均不動而形同結構，接頭 g 成為固定樞軸；當穩定增效器輸入不作用時，桿 7 與桿 14 可視同一個定長的桿件。因此，這個機構依情況的不同，輸入有四種組合，以下分別說明其自由度：

01. 三個輸入同時作用

這個情況，此機構有 14 根桿件、17 個旋轉對、及 1 個滑動對；因此，$N = 14$，$J_R = 17$，$J_P = 1$。根據式 (02-02)，其自由度為：

$$F_p = 3(N-1) - 2(J_R + J_P)$$
$$= 3(14-1) - 2(17+1)$$
$$= 3$$

02. 僅操縱桿輸入與襟翼輸入作用

這個情況，此機構有 13 根桿件及 17 個旋轉對；因此，$N = 13$，$J_R = 17$。根據式 (02-02)，其自由度為：

$$F_p = 3(N-1) - 2J_R$$
$$= 3(13-1) - 2(17)$$
$$= 2$$

03. 僅操縱桿輸入與穩定增效器輸入作用

這個情況，此機構有 9 根桿件、10 個旋轉對、及 1 個滑動對；因此，$N = 9$，$J_R = 10$，$J_P = 1$。根據式 (02-02)，其自由度為：

$$F_p = 3(N-1) - 2(J_R + J_P)$$
$$= 3(9-1) - 2(10+1)$$
$$= 2$$

04. 僅操縱桿輸入作用

這個情況，此機構有 8 根桿件及 10 個旋轉對；因此，$N = 8$，$J_R = 10$。根據式 (02-02)，其自由度為：

$$F_p = 3(N-1) - 2J_R$$
$$= 3(8-1) - 2(10)$$
$$= 1$$

例 02-13　圖 02-23(a) 為一種六軸機械臂，圖 02-23(b) 為機構簡圖，試求其自由度。

這是個空間機構，有 5 根連桿 (桿 1、2、3、4、5) 與 4 個接頭 (a_0、a、b、c)，接頭 a_0、a、b 為旋轉對，接頭 c 為球面對；因此，$N = 5$，$J_R = 3$，$J_S = 1$。根據式

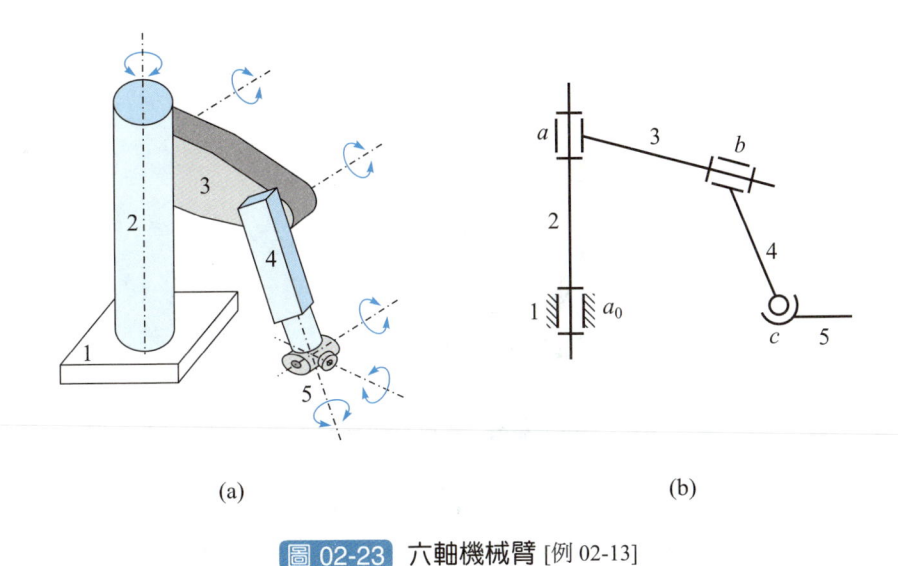

Chapter 02　機構的構造
STRUCTURE OF MECHANISMS

(a)　　　　　　　　　　　　(b)

圖 02-23 六軸機械臂 [例 02-13]

(02-04)，其自由度為：

$$F_s = 6(N-1) - 5J_R - 3J_S$$
$$= 6(5-1) - 5(3) - 3(1)$$
$$= 6$$

表示這個機構必須有 6 個獨立的動力源輸入，才能產生拘束運動。

機構的自由度大於獨立輸入時，是一個**無拘束機構** (Unconstrained mechanism)，亦即輸入機件位置確定後，其它動件的位置無法確定。圖 02-24 為一個具有 2 個自由度的平面五連桿組，若桿 2 是唯一的輸入，則成為一個無拘束機構；因為當桿 2 的位置 (θ_2) 確定後，桿 3、桿 4、及桿 5 的位置不是唯一的。如果桿 5 也是輸入桿，則這個機構具有 2 個獨立輸入，成為拘束運動機構；即當桿 2 與桿 5 的位置 (θ_2 和 θ_5) 確定後，桿 3 與桿 4 的位置亦因之而確定。

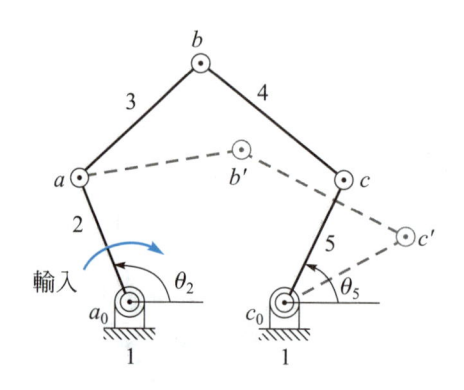

圖 02-24　平面五連桿組

當機構的自由度小於 1 時，它是一個不可動的**過度拘束機構** (Overconstrained mechanism)，亦稱為**結構** (Structure)，受到外力作用時，其機件無法產生相對運動，所有機件如同一個單一機架。另，過度拘束機構所對應的運動鏈，稱為**呆鏈** (Rigid chain)。自由度等於零的結構，稱為**靜定結構** (Statically determinate structure)，例如圖 02-25 為一個自由度為零的平面五桿靜定結構。自由度小於零的結構，具有多餘拘束 (Redundant constraint)，稱為**超靜定結構** (Statically indeterminate structure)，例如圖 02-26 為一個自由度是 –1 的平面四桿超靜定結構。

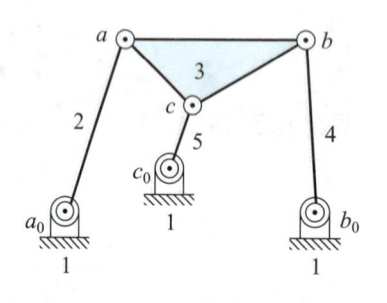

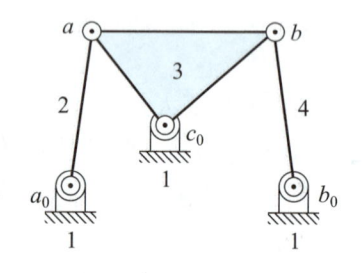

圖 02-25　平面五桿靜定結構　　　圖 02-26　平面四桿超靜定結構

理論上，不受拘束的機構沒有工程用途，但實際上有些自由度大於獨立輸入數之機構仍然有應用的價值。這是因為這些機構有多餘自由度 (Redundant degrees of freedom) 的存在，這些多餘自由度並不影響機構的輸入與輸出關係。例如圖 02-21 的 RSSR 空間四連桿機構有 2 個自由度，桿 2 為輸入件，桿 4 為

Chapter 02　機構的構造
STRUCTURE OF MECHANISMS

輸出件，應是個無拘束機構；但桿 3 可繞著軸 $a\text{-}b$ 自轉，這個多餘的自由度並不影響桿 2 和桿 4 之輸入與輸出的相對運動關係，因此這個機構仍是可用的。又如圖 02-16 的汽車懸吊機構有 3 個自由度，其輸入是經由車輪傳至機件 3 的運動、以及經由方向盤傳至機件 6 的運動，有 2 個獨立輸入，亦應該是一個無拘束機構；但由於桿 5 繞著軸 $e\text{-}f$ 之自轉乃是 1 個多餘的自由度，不影響經由輸入桿傳至其它機件的運動，因此這個機構也是可用的。

　　機構的自由度乃是根據式 (02-01) 或式 (02-03) 求出，亦即只需要知道機件的總數、接頭的類型、以及每類接頭的數目，即可算出自由度數。原則上，自由度小於獨立輸入數的機構不具拘束運動；但是，有不少此類機構，由於具有特殊的連桿長度與幾何關係，仍具拘束運動。具有這種特性的機構，稱為**矛盾過度拘束機構** (Paradoxical over-constrained mechanism)。

　　基本上，所有的平面機構乃是空間機構的特例。以圖 02-21 平面四連桿組為例，它是空間四連桿機構的特例；根據空間機構自由度的判定式，式 (02-04)，其自由度為 -2，應是具多餘拘束度的結構。但因為它的 4 個旋轉對之旋轉軸皆互相平行的幾何關係，其運動是拘束的。又如圖 02-25 的平面五連桿組，是一個自由度為零的靜定結構，若其機件桿長與接頭位置如圖 02-27 所示，形成兩組串聯的平行四邊形連桿組，則成為一個運動受拘束的機構。

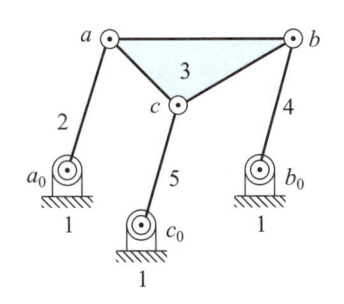

圖 02-27　平面五桿矛盾過度拘束機構

　　總而言之，機構的自由度 (F) 若等於獨立輸入數 (I)，則是具拘束運動的機構；但這僅是用來判定拘束運動的必要條件，而非充要條件。有很多具有特殊桿長與幾何關係的機構，雖不合乎自由度判定式，但仍具有拘束運動。機構是否具有拘束運動，雖無法完全利用式 (02-01) 或式 (02-03) 求出其自由度來確定，然由於此自由度判定式的使用簡單，仍為多數人所採用。

習題 Problems

- **02-01** 試列舉一部自行車中的所有機件。
- **02-02** 試從日常生活用品中列舉 5 種旋轉對的應用。
- **02-03** 試從日常生活用品中列舉 3 種滑動對的應用。
- **02-04** 試說明一個球與一個圓筒相接觸的運動對特性。
- **02-05** 試構想出一個自由度為 4 的運動對。
- **02-06** 試構想出一個自由度為 5 的運動對。
- **02-07** 試找出一個具有 6 根機件以上的平面機構，說明它的機構構造，寫出機構構造矩陣，並繪出其運動簡圖與運動鏈。
- **02-08** 試找出一個具有 3 根機件以上的空間機構，說明它的機構構造，寫出機構構造矩陣，並繪出其運動簡圖與運動鏈。
- **02-09** 試繪出一部具三段變速自行車變速機構的機構簡圖與運動鏈。
- **02-10** 試分析圖 02-14 所示平面機構的自由度。
- **02-11** 試分析圖 02-03 所示空間機構的自由度，並說明這個機構的運動是否受拘束。
- **02-12** 試找出一個具有 2 個以上之獨立輸入的平面機構，說明其機構構造，繪出運動簡圖，並分析其自由度。
- **02-13** 試找出一個具有 1 個以上之獨立輸入的空間機構，說明其機構構造，繪出運動簡圖，並分析其自由度。
- **02-14** 試找出一個具有多餘自由度的平面機構，並分析其自由度。
- **02-15** 試找出一個具有多餘自由度的空間機構，並分析其自由度。
- **02-16** 試找出一個矛盾過度拘束平面機構，並分析其自由度。
- **02-17** 試找出一個矛盾過度拘束空間機構，並分析其自由度。

03 機構的運動
MOTION OF MECHANISMS

機構的功能，是產生合乎工作目的之拘束運動，即用來達成預期的確定運動。隨著電動機的發展，有些輸出運動，可由電動機直接產生。

本章介紹機構中機件與重要參考點之運動的基本概念、運動分類、位移、速度、及加速度等，以為後續章節運動分析說明的依據。

03-01　基本概念 Fundamental Concepts

由於機構學是一種運動幾何學 (Motion geometry)，並不考慮機件的粗細、質量、及受力，因此抽象的以線段或多邊形來代表機件。對於作平面運動的機件而言，可在其上任選一直線來代表機件的位置與運動；對於作空間運動的機件而言，可在其上任選不共線三點所構成的平面來代表機件的位置與運動。

要瞭解機件的運動，必須先描述其位置。機件的**位置** (Position)，是其相對於一個參考系統的所在地，一般以直角坐標系 (Cartesian rectangular coordinate system) 為參考系統。

03-01-1　運動與路徑 Motion and path

機件的位置若有所改變，則稱為**運動** (Motion)；運動時，其上一點所經的動路，稱為**路徑** (Path)。

運動有絕對運動與相對運動之分。一物體 (機件) 相對於另一靜止不動物體 (機件) 的運動關係，稱為**絕對運動** (Absolute motion)；若兩物體的絕對運動不同，則這兩物體有**相對運動** (Relative motion)。在描述物體的運動時，一般將地球視為靜止的；機構中的機架 (固定桿)，即是固定在地球的不動桿。因此，機構中所有的運動機件，相對於機架而言都是絕對運動。為方便起見，常將絕對運動簡稱為**運動**。

03-01-2　平移與旋轉 Translation and rotation

機件運動時，若各點的路徑均相同，則稱此機件做**平移運動** (Translational motion)。若各點的路徑為直線，則為**直線運動** (Rectilinear motion)；若各點的路徑為曲線，則為**曲線運動** (Curvilinear motion)。

機件運動時，若其上有一直線的位置不變，而其它不在此線上的點，各以該線上某點為圓心作圓周路徑運動，則稱此機件做**旋轉運動** (Rotational motion)。

一般的機構，其輸入件與輸出件大多做平移運動或者旋轉運動，其它的運動機件則大多兼具平移與旋轉運動。圖 03-01 的滑件曲柄機構，機件 1 為機架、機件 2 為曲柄、機件 3 為連接桿、機件 4 為滑件。曲柄上所有點之路徑都是以固定樞軸 a_0 為圓心的圓弧，因此曲柄的運動是旋轉運動；滑件上所有點之路徑皆為同向的平行直線，因此滑件的運動是直線運動；而連接桿由位置 a_1b_1 至位置 a_2b_2 的運動，可視為由位置 a_1b_1 平移至位置 $a'b_2$，再由位置 $a'b_2$ 繞點 b_2 旋轉至位置 a_2b_2 的合成，因此連接桿兼具平移與旋轉運動。

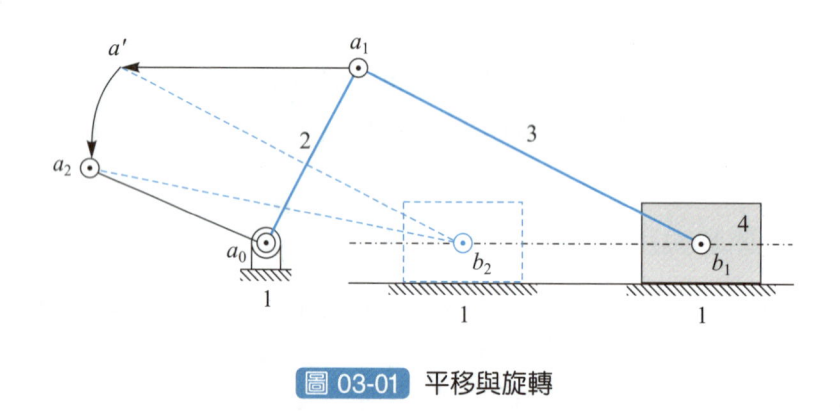

圖 03-01　平移與旋轉

機器的動力源，大多為電動機、內燃機、氣液壓缸。若輸入桿的動力來自內燃機或一般電動機，則其運動為旋轉；若來自氣液壓缸式線型電動機，則為平移。

03-01-3　循環與週期 Cycle and period

機件上各點的路徑若為封閉曲線，當機構的輸入件連續運動時，點的

路徑會產生重複封閉曲線；每產生一次重複封閉曲線的運動，稱為一個**循環** (Cycle)。

機構完成一個循環所需的時間，稱為**週期** (Period)。以電動機或內燃機為動力源的機構，大都產生週期性的運動；例如立式電扇，左右搖擺一次為一循環，所需的時間即是週期，為具週期運動的機構。若機件上各點的路徑為敞開曲線，則機構的運動不具週期性；以打開窗戶的動作為例，窗戶上各點的路徑不是封閉曲線，其運動不具週期性。

03-02　運動分類 Classification of Motion

基於工程設計需求，機構的運動，可依機件上之點的路徑所處空間加以分類，亦可依運動的斷續特性分類，以下分別說明之。

03-02-1　路徑形式 Types of path

依動點的路徑形式，可分為以下四類：

一、平面運動

若機件上各點的路徑，恆與一固定平面保持一定的距離，則為**平面運動** (Planar motion)。圖 02-02 引擎的滑件曲柄機構，其運動即為平面運動。

二、螺旋運動

若機件上各點的路徑，係繞一定的軸線旋轉、且沿此軸線方向平移，則為**螺旋運動** (Helical motion, screw motion)。例如螺帽與螺栓的運動，即為螺旋運動。

三、球面運動

若機件上各點的路徑，恆繞同一點旋轉，則為**球面運動** (Spherical motion)。例如裝在天花板上能做 360º 旋轉的骨董電扇，圖 04-30(c)，其運動即為球面運動。

四、其它曲面運動

若機件上各點的路徑，不是平面運動、螺旋運動、或球面運動，則屬此類運動。圖 02-03 動力鋸機構的旋轉桿，其上之點的路徑即為空間曲面運動。

03-02-2 運動斷續性 Continuity of motion

依機件運動的斷續性，可分為以下四類：

一、連續運動

機件在運動循環中，並無停止或反向的現象者，稱為**連續運動** (Continuous motion)。例如引擎機構中的曲柄，在運轉過程中皆為連續且同向的運動，一般馬達的轉軸亦是。

二、間歇運動

機件在運動循環中，有部分時段是靜止不動者，稱為**間歇運動** (Intermittent motion)。例如電梯的門，打開之後會暫停一段時間後再關閉，這種運動屬間歇運動。

三、往復運動

作平移運動的機件在運動循環中，其方向來回改變者，稱為**往復運動** (Reciprocating motion)。例如打孔機的衝頭，在一次打孔過程中，衝頭作來回的直線運動，屬往復運動，線型馬達的滑軌亦是。

四、搖擺運動

作旋轉運動的機件在運動循環中，運動方向來回改變者，稱為**搖擺運動** (Oscillating motion)。例如洗衣機轉軸的運動，是不停的正轉與反轉，屬搖擺運動。

03-03 質點線運動 Rectilinear Motion of Particles

質點的位置若有變化，則產生具有不同特性的運動，包括線位移、線速度、線加速度、及線急跳度，以下分別說明之。

03-03-1 線位移 Linear displacement

質點的**線位移** (Linear displacement)，是指該點位置的改變量。

設原點為 O 的固定直角坐標系 X-Y-Z，有一質點 P，其路徑為 c-c，圖 03-02，則點 P 的位置向量 (Position vector) $\bar{R}$ 或 $\bar{R}_P$ 可表示為：

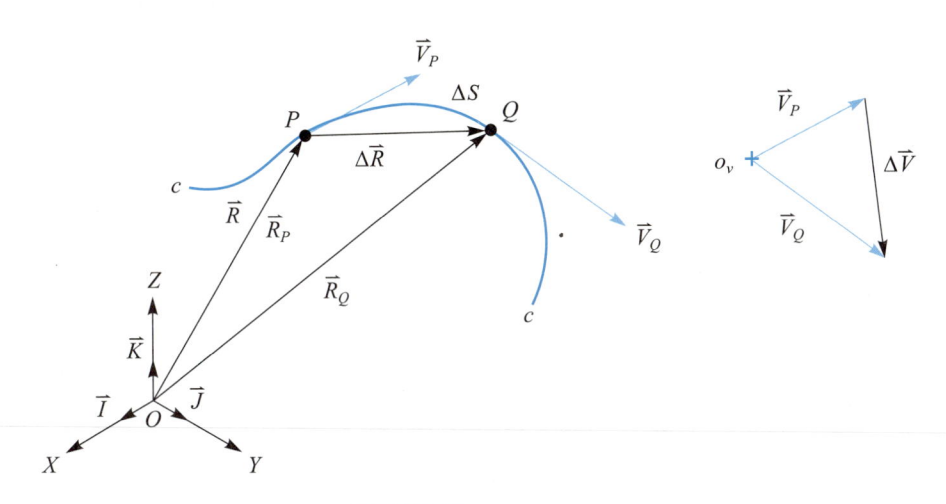

Chapter 03　機構的運動
MOTION OF MECHANISMS

圖 03-02　質點的運動

$$\vec{R} = \vec{R}_P = \overrightarrow{OP} = R_X \vec{I} + R_Y \vec{J} + R_Z \vec{K} \qquad (03\text{-}01)$$

其中，$\vec{I}$、$\vec{J}$、$\vec{K}$ 分別為軸 X、Y、Z 的單位向量，R_x、R_y、R_z 分別為 $\vec{R}$ 或 $\vec{R}_P$ 在軸 X、Y、Z 上的分量。

若在 Δt 時間內，質點由位置 P 運動至位置 Q，而 $\vec{R}_Q = \overrightarrow{OQ}$ 表示 Q 的位置向量，則該質點的線位移 $\Delta \vec{R}$ 為：

$$\Delta \vec{R} = \vec{R}_Q - \vec{R}_P \qquad (03\text{-}02)$$

$\Delta \vec{R}$ 為一向量，通常簡稱為**位移** (Displacement)。質點的位移，僅由兩點的位置決定，與兩點間路徑之形式及所取的坐標系無關。

由 P 沿路徑至 Q 的**距離** (Distance) 為 ΔS，是純量，與路徑的形式有關，通常和位移 $\Delta \vec{R}$ 的大小不相等。

位移與距離通常以公里 (km)、公尺 (m)、公分 (cm)、公釐 (mm) 為單位。

03-03-2　線速度 Linear velocity

線速度 (Linear velocity) 乃是 (線) 位移對時間的變化率，以**速度** (Velocity) 簡稱之，通常以每小時公里 (km/hr)、每秒公尺 (m/sec)、每秒公分 (cm/sec) 為單位。

速度是向量，有大小、有方向；但在某些情況下，速度的方向保持不變或

者只問速度的大小而不問其方向，則稱為**速率** (Speed)。

根據上述說明，質點在 Δt 時間內由位置 P 運動至位置 Q 時，其**平均 (線) 速率** (Average linear speed) v_{av} 的定義為：

$$v_{av} = \frac{\Delta S}{\Delta t} \tag{03-03}$$

平均 (線) 速度 (Average linear velocity) $\vec{V}_{av}$ 的定義為：

$$\vec{V}_{av} = \frac{\Delta \vec{R}}{\Delta t} \tag{03-04}$$

大小為 $\Delta R / \Delta t$，方向與 $\Delta \vec{R}$ 同。

若質點由位置 P 至位置 Q 的運動量為無窮小，即時間 Δt 趨近於零，則根據微分學的導數概念，可定義在位置 P 的**瞬時 (線) 速率** (Instantaneous linear speed) v 為：

$$v = \lim_{\Delta t \to 0} \left(\frac{\Delta S}{\Delta t} \right) = \frac{dS}{dt} = \dot{S} \tag{03-05}$$

瞬時 (線) 速度 (Instantaneous linear velocity) $\vec{V}$ 為：

$$\vec{V} = \lim_{\Delta t \to 0} \left(\frac{\Delta \vec{R}}{\Delta t} \right) = \frac{d\vec{R}}{dt} = \dot{\vec{R}} \tag{03-06}$$

當質點的位置由 Q 逼向 P 至極近時，$d\vec{R}$ 的方向就是 P 的切線方向，此時，其瞬時線速度 (簡稱為**速度**) 方向就是沿質點路徑的切線方向。再者，因 dS 和 dR 甚為接近，故有下列關係：

$$V = \frac{dR}{dt} = \frac{dS}{dt} = \dot{S} = v \tag{03-07}$$

若坐標系統為固定坐標系，則質點的速度 $\vec{V}$，可直接將點 P 的位置向量，式 (03-01)，對時間微分求得如下：

$$\vec{V} = \frac{d\vec{R}}{dt} = \dot{\vec{R}} = \left(\frac{dR_x}{dt} \right) \vec{I} + \left(\frac{dR_y}{dt} \right) \vec{J} + \left(\frac{dR_z}{dt} \right) \vec{K}$$
$$= \dot{R}_x \vec{I} + \dot{R}_y \vec{J} + \dot{R}_z \vec{K} \tag{03-08}$$

03-03-3　線加速度 Linear acceleration

線加速度 (Linear acceleration) 乃是 (線) 速度對時間的變化率，以**加速度** (Acceleration) 簡稱之，通常以每秒每秒公尺 (m/sec^2)、每秒每秒公分 (cm/sec^2) 為單位。

若質點在 Δt 時間內，由位置 P 運動至位置 Q，且在 P 的速度為 $\vec{V}_P$、在 Q 的速度為 $\vec{V}_Q$，其速度差 $\Delta \vec{V}$ 為 (圖 03-02)：

$$\Delta \vec{V} = \vec{V}_Q - \vec{V}_P \tag{03-09}$$

則**平均線加速度** (Average linear acceleration) $\vec{A}_{av}$，簡稱為**平均加速度**，定義為：

$$\vec{A}_{av} = \frac{\Delta \vec{V}}{\Delta t} \tag{03-10}$$

當 Δt 為無窮小時，得質點在位置 P 的**瞬時線加速度** (Instantaneous linear acceleration) $\vec{A}$，簡稱為**加速度**，其定義為：

$$\vec{A} = \lim_{\Delta t \to 0} \left(\frac{\Delta \vec{V}}{\Delta t} \right) = \frac{d\vec{V}}{dt} = \frac{d^2\vec{R}}{dt^2} = \dot{\vec{V}} = \ddot{\vec{R}} \tag{03-11}$$

若坐標系統為固定坐標系，則質點的加速度 $\vec{A}$，可直接將式 (03-08) 對時間微分求得如下：

$$\vec{A} = \frac{d\vec{V}}{dt} = \dot{\vec{V}} = \ddot{\vec{R}} = \left(\frac{d\dot{R}_x}{dt} \right) \vec{I} + \left(\frac{d\dot{R}_y}{dt} \right) \vec{J} + \left(\frac{d\dot{R}_z}{dt} \right) \vec{K}$$

$$= \ddot{R}_x \vec{I} + \ddot{R}_y \vec{J} + \ddot{R}_z \vec{K} \tag{03-12}$$

03-03-4　線急跳度 Linear jerk

線急跳度 (Linear jerk) 乃是線加速度對時間的變化率，以**急跳度** (Jerk) 簡稱之。

瞬時 (線) 急跳度 (Instantaneous linear jerk) $\vec{J}_e$，亦簡稱為**急跳度**，其定義為：

$$\vec{J}_e = \lim_{\Delta t \to 0} \left(\frac{\Delta \vec{A}}{\Delta t} \right) = \frac{d\vec{A}}{dt} = \dot{\vec{A}} = \ddot{\vec{V}} = \dddot{\vec{R}} \tag{03-13}$$

同理，若坐標系統為固定坐標系，則質點的急跳度 $\vec{J}_e$，可直接將式 (03-12) 對時間微分求得如下：

$$\vec{J}_e = \frac{d\vec{A}}{dt} = \dot{\vec{A}} = \ddot{\vec{V}} = \dddot{\vec{R}} = \left(\frac{d\ddot{R}_x}{dt}\right)\vec{I} + \left(\frac{d\ddot{R}_y}{dt}\right)\vec{J} + \left(\frac{d\ddot{R}_z}{dt}\right)\vec{K}$$

$$= \dddot{R}_x \vec{I} + \dddot{R}_y \vec{J} + \dddot{R}_z \vec{K} \tag{03-14}$$

以下舉例說明之。

例 03-01

機構中有一點，在固定的直角坐標系下，其路徑對時間 t 的參數方程式，在 X、Y、Z 軸方向的分量分別為 $R_x = 5t^3$、$R_y = 4\sin(2t)$、$R_z = e^{-t}$，試求其位置向量、速度、加速度、及急跳度。

01. 根據式 (03-01)，位置向量 $\vec{R}$ 為：

$$\vec{R} = 5t^3 \vec{I} + 4\sin(2t)\vec{J} + e^{-t}\vec{K}$$

02. 根據式 (03-08)，速度方程式 $\vec{V}$ 為：

$$\vec{V} = \dot{\vec{R}} = 15t^2 \vec{I} + 8\cos(2t)\vec{J} - e^{-t}\vec{K}$$

03. 根據式 (03-12)，加速度方程式 $\vec{A}$ 為：

$$\vec{A} = \dot{\vec{V}} = \ddot{\vec{R}} = 30t\vec{I} - 16\sin(2t)\vec{J} + e^{-t}\vec{K}$$

04. 根據式 (03-14)，急跳度方程式 $\vec{J}$ 為：

$$\vec{J}_e = \dot{\vec{A}} = \ddot{\vec{V}} = \dddot{\vec{R}} = 30\vec{I} - 32\cos(2t)\vec{J} - e^{-t}\vec{K}$$

03-04　機件角運動 Angular Motion of Members

機件的角位置若有變化，則產生角運動，有角位移、角速度、及角加速度等，以下以直線代表機件分別說明之。

03-04-1 角位移 Angular displacement

一直線的**角位移** (Angular displacement),是指該線方向的改變量。

就平面運動而言,直線之角位移乃是該直線在兩位置間的角度變化量,方向為將該線由初始位置旋轉至與終了位置平行的方向,大小為該線在兩個位置間的夾角,通常以度 (°)、分 (′)、秒 (″)、或**弳** (Radian,弧度) 為單位。

設有一直線 ℓ,由位置 ℓ_i 運動到位置 ℓ_j,圖 03-03。若 θ_i 和 θ_j 分別為 ℓ_i 和 ℓ_j 與 X 軸的夾角,則線 ℓ 的角位移 $\Delta\theta$ 為:

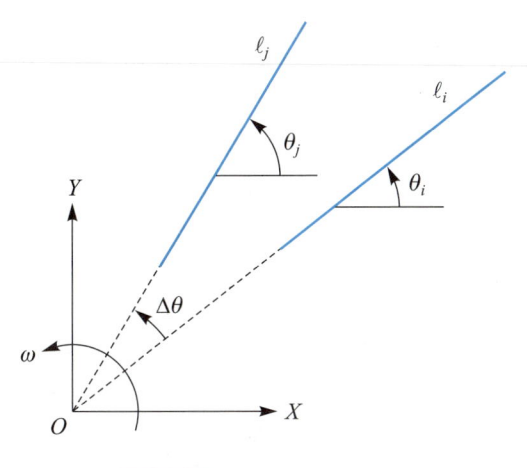

圖 03-03 角位移與角速度

$$\Delta\theta = \theta_j - \theta_i \tag{03-15}$$

方向為將 ℓ_i 反時針繞與 XY 平面垂直之軸旋轉至與 ℓ_j 平行的方向。

由於機件上任何一條與旋轉軸垂直直線的角位移皆相等,因此機件的角位移可以其上任一條適當直線的角位移來代表。

03-04-2 角速度 Angular velocity

角速度 (Angular velocity) 乃是角位移對時間的變化率。

若直線 ℓ 於時間 Δt 內由位置 ℓ_i 運動至位置 ℓ_j,角位移為 $\Delta\theta$,圖 03-03,則定義**平均角速率** (Average angular speed) ω_{av} 為:

$$\omega_{av} = \frac{\Delta\theta}{\Delta t} \tag{03-16}$$

定義線 ℓ 在位置 ℓ_i 的**瞬時角速度** (Instantaneous angular velocity) $\bar{\omega}$，簡稱**角速度**，為：

$$\bar{\omega} = \lim_{\Delta t=0} \frac{\Delta\bar{\theta}}{\Delta t} = \frac{d\bar{\theta}}{dt} = \dot{\bar{\theta}} \tag{03-17}$$

在固定直角坐標系 X-Y-Z 中可表示為：

$$\bar{\omega} = \omega_x \bar{I} + \omega_y \bar{J} + \omega_z \bar{K} \tag{03-18}$$

機件的角速度，通常以每秒弳度 (rad/sec)、每分鐘轉速 (rpm, revolution per minute) 為單位。由於一個圓的周長有 2π 弳度 (弧度)，因此機件每分鐘的轉速若為 n 轉，則以每秒弳度為單位的角速度 ω 可表示為：

$$\omega = \frac{2\pi n}{60} (\text{rad/sec}) = \frac{\pi n}{30} (\text{rad/sec}) \tag{03-19}$$

角速度的方向，以右手定則 (Right hand rule) 決定之，反時針方向為正，順時針方向為負。

在固定坐標系統下，若機件以角速度 $\bar{\omega}$ 繞一固定軸旋轉 (即無平移運動)，P 為其上的一點，位置向量為 $\bar{R}$，與轉軸的角度為 λ，圖 03-04，則點 P 的路徑是以 $R\sin\lambda$ 為半徑繞該軸旋轉的圓弧，其速率 v 為：

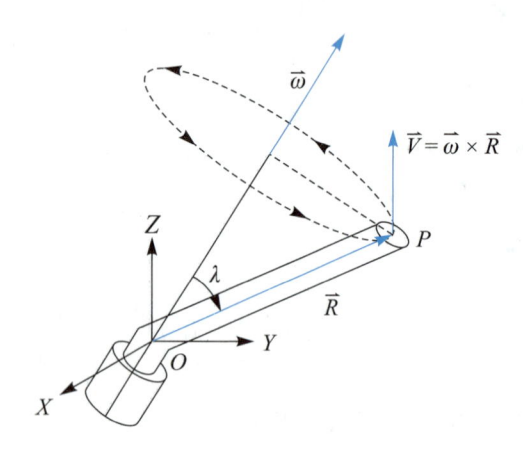

圖 03-04 機件對固定軸的運動

Chapter 03 機構的運動
MOTION OF MECHANISMS

$$v = \omega R \sin \lambda \tag{03-20}$$

因此，點 P 的速度 $\vec{V}$，與角速度 $\vec{\omega}$ 及位置向量 $\vec{R}$ 的關係可表示為：

$$\vec{V} = \dot{\vec{R}} = \vec{\omega} \times \vec{R} \tag{03-21}$$

據此，若機件內，通過旋轉軸的一點，如點 O，定義一直角坐標系，單位向量為 $\vec{i}$、$\vec{j}$、$\vec{k}$，則此坐標系各單位向量因旋轉而產生的時間變化率為：

$$\dot{\vec{i}} = \vec{\omega} \times \vec{i} \tag{03-22}$$

$$\dot{\vec{j}} = \vec{\omega} \times \vec{j} \tag{03-23}$$

$$\dot{\vec{k}} = \vec{\omega} \times \vec{k} \tag{03-24}$$

若機件在 XY 平面上運動，旋轉軸為 Z 軸，則 $\lambda = 90°$，代入式 (03-20) 可得：

$$v = V = \omega R \tag{03-25}$$

以下舉例說明之。

例 03-02 有一用來切削金屬平面的銑床 (Milling machine)，其作旋轉切削運動銑刀的直徑為 100 mm，試問銑刀的轉速 (rpm) 必須為多少，才能產生 500 cm/sec 的切削速度。

01. 線速率 $V = 500$ cm/sec，旋轉半徑 $R = 100/2$ mm $= 50$ mm $= 5$ cm，根據式 (03-25) 可求得角速率 ω 為：

$$\begin{aligned} \omega &= \frac{v}{R} \\ &= \frac{500 \text{ cm/sec}}{5 \text{ cm}} \\ &= 100 \text{ rad/sec} \end{aligned}$$

02. 根據式 (03-19)，可求得轉速 n 為：

$$n = \frac{30\omega}{\pi}$$
$$= \frac{30 \times 100}{3.14}$$
$$= 955 \text{ rpm}$$

03-04-3　角加速度 Angular acceleration

角加速度 (Angular acceleration) $\vec{\alpha}$，乃是角速度 $\vec{\omega}$ 對時間 t 的變化率，可表示為：

$$\vec{\alpha} = \frac{d\vec{\omega}}{dt} = \dot{\vec{\omega}} = \ddot{\vec{\theta}} \qquad (03\text{-}26)$$

在固定直角坐標系統 X-Y-Z 中可表示為：

$$\vec{\alpha} = \alpha_x \vec{I} + \alpha_y \vec{J} + \alpha_z \vec{K} \qquad (03\text{-}27)$$

機件的角加速度，通常以每秒每秒弳度 (rad/sec^2) 為單位，其方向以右手定則決定之。

03-05　切線與法線加速度
Tangential and Normal Accelerations

機構中常有機件繞著固定軸或點運動，其加速度可利用第 03-04 節的方法分析求得；但有時利用直角坐標系會感到不方便，使用質點在其路徑的切線與法線方向來表示，有其便利之處。

若機件在某一瞬間繞著某個固定點旋轉，角速度為 $\vec{\omega}$，角加速度為 $\vec{\alpha}$，其上點 P 的位置向量為 $\vec{R}$，則根據定義與式 (03-21)，點 P 的 (線) 加速度 $\vec{A}$ 為：

$$\begin{aligned}\vec{A} = \dot{\vec{V}} &= \frac{d(\vec{\omega} \times \vec{R})}{dt} \\ &= \dot{\vec{\omega}} \times \vec{R} + \vec{\omega} \times \dot{\vec{R}} \\ &= \vec{\alpha} \times \vec{R} + \vec{\omega} \times (\vec{\omega} \times \vec{R}) \end{aligned} \qquad (03\text{-}28)$$

Chapter 03　機構的運動
MOTION OF MECHANISMS

其中，$\vec{\alpha} \times \vec{R}$ 為點 P 的**切線加速度** (Tangential acceleration) $\vec{A}^t$，方向為點 P 路徑的切線方向；$\vec{\omega} \times (\vec{\omega} \times \vec{R})$ 為點 P 的**法線加速度** (Normal acceleration) $\vec{A}^n$，方向為點 P 路徑的法線方向，由點 P 至瞬時旋轉中心點 O，圖 03-05。

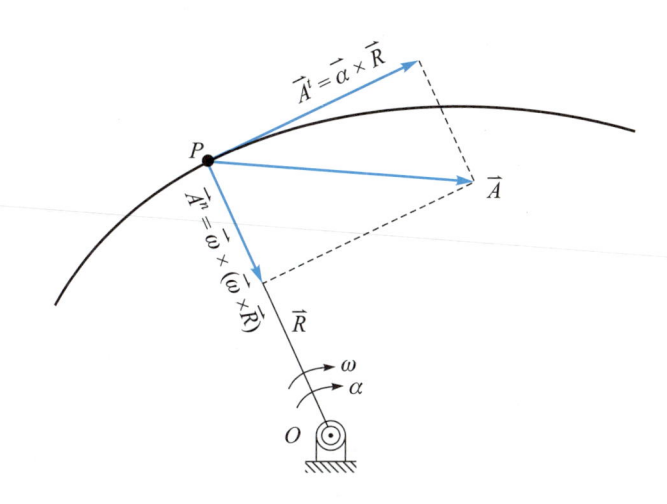

圖 03-05 切線與法線加速度 [例 03-03]

以下舉例說明之。

例 03-03　有一長度為 $PO = 5$ cm 的曲柄，在圖 03-05 所示位置以 100 rad/sec (順時針方向) 的角速度與 7,500 rad/sec² (順時針方向) 的角加速度運動，試求曲柄端點 P 的 (瞬時線) 加速度。

01. 點 P 的切線加速度 A^t 為：

$$A^t = \alpha R$$
$$= (-7{,}500 \text{ rad/sec}^2)(0.05 \text{ m})$$
$$= -375 \text{ m/sec}^2 (方向與 PO 垂直，向右上)$$

02. 點 P 的法線加速度 A^n 為：

$$A^n = \omega^2 R$$
$$= (100 \text{ rad/sec})^2 (0.05 \text{ m})$$
$$= 500 \text{ m/sec}^2 (方向由 P 至 O)$$

03. 因此，點 P 的加速度 A 為：

$$A = \sqrt{(A^t)^2 + (A^n)^2}$$
$$= \sqrt{(-375)^2 + (500)^2}$$
$$= 625 \text{ m/sec}^2 \text{ (方向如圖 03-05 所示)}$$

習題 Problems

03-01 機構中機件的運動，有些是平移運動，有些是旋轉運動，有些是兼具平移與旋轉運動，試各舉一實例說明之。

03-02 機構的運動，有些具週期性、有些不具週期性，試各舉一實例說明之。

03-03 機構中質點的運動，其路徑形式有平面運動、螺旋運動、球面運動、及其它曲面運動，試各舉一實例說明之。

03-04 機構中機件的運動，依運動斷續性，有連續運動、間歇運動、往復運動、及搖擺運動，試各舉一實例說明之。

03-05 從宿舍到教室，無論是走路或是利用交通工具，試問兩地間的距離與位移各為多少？平均速度為多少？要如何搭配適當的交通工具 (包括走路)，所需時間才會最少？

03-06 機構中有一點，在固定直角坐標系下，其位置向量為 $\vec{R} = 2t^3\vec{I} + 3\sin(4t)\vec{J} + 4\cos(5t)\vec{K}$，$t$ 為時間，長度單位為公分，試求其速度 $\vec{V}$、加速度 $\vec{A}$、及急跳度 $\vec{J}_e$ 的通式，並繪出 R-t、V-t、A-t、及 J-t 之圖，$t = 1$ 至 10 秒，$\Delta t = 1$ 秒。

03-07 利用車床 (Lathe) 加工出直徑為 400 mm 的鋼棒，若切削速率為 2 cm/sec，試問鋼棒的轉速 (rpm) 應為多少？

03-08 有輛汽車以 50 km/hr 的等速率在一個半徑為 20 m 的彎道行駛，試求此車的加速度及其在切線與法線方向的分量。

04 連桿機構
LINKAGE MECHANISMS

連桿機構 (Linkage mechanism) 乃是皆由連桿與滑件組成的機構，主要功能為運動型態與方向的轉換、運動狀態 (位移、速度、加速度) 的對應、剛體位置的導引、以及運動路徑的產生，在工程上的應用，不勝枚舉。基本上，連桿機構依路徑所處的空間分類，可概分為平面連桿機構與空間連桿機構；依構造分類，則可分為由單迴路構成的簡單連桿機構及由多迴路構成的複合連桿機構。

自古以來，連桿機構廣泛運用於各類機械中。西元 31 年，東漢官員杜詩即利用水力於冶鐵的鼓風設備。圖 04-01(a) 為《農書》中臥輪式水排 (Water-driven wind box) 的插圖，圖 04-01(b) 為復原的三維模型，其傳動機構是由繩索滑輪機構、空間曲柄搖桿機構、及平面雙搖桿機構組成個的複合連桿機構。

本章介紹連桿機構的定義、構造、作用原理、功能、及應用。連桿機構的構造與運動分析，可根據第 02 章 (機構的構造) 與第 05-06 章 (運動分析) 的內容來進行；其機械構造與尺寸合成，則可利用第 07 章 (連桿機構合成) 的內容為之。

04-01　四連桿組 Four-bar Linkages

廣義言之，**四連桿組** (Four-bar linkage) 是由 4 根連桿與 4 個接頭所組成的簡單機構。若 4 個接頭皆為旋轉對，且軸線互相平行，稱為**平面四連桿組** (Planar four-bar linkage)；若 4 個接頭皆為旋轉對，且軸線交於一點，稱為**球面四連桿組** (Spherical four-bar linkage)；若 4 個接頭皆為旋轉對，且軸線不平行亦不相交，則稱為**空間四連桿組** (Spatial four-bar linkage)。四連桿組是最簡單的連桿機構，亦是組成複合連桿機構的基本單元。一般而言，若無特別說明，四連桿組 (或機構) 乃是指平面四連桿組 (或機構)。

本節說明平面四連桿組的特性。

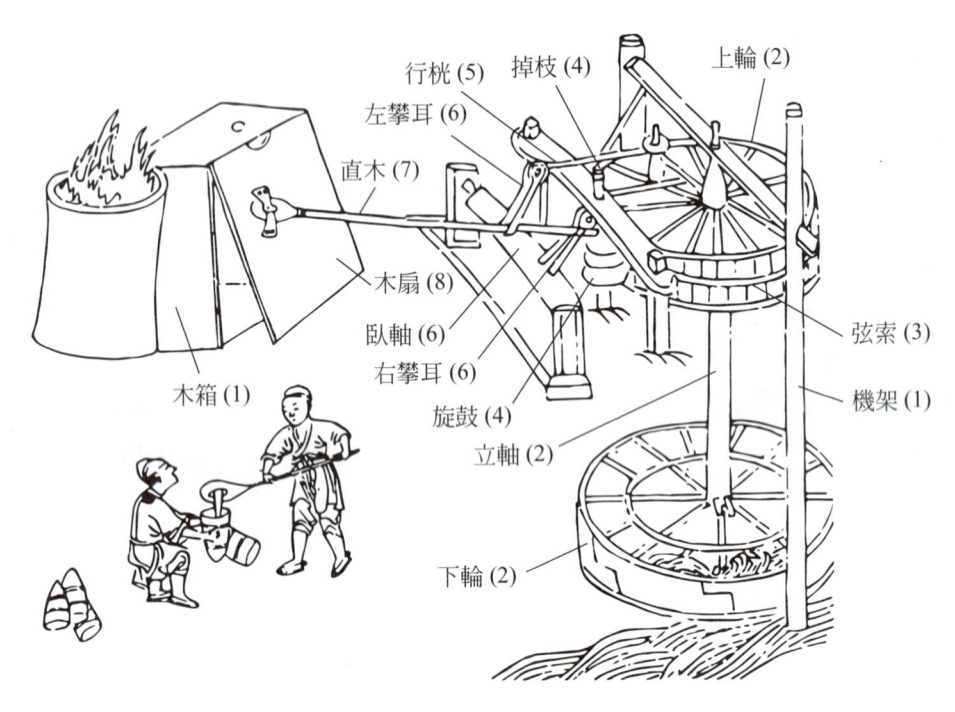

現代機構學
MODERN MECHANISMS

(a) 插圖《農書》

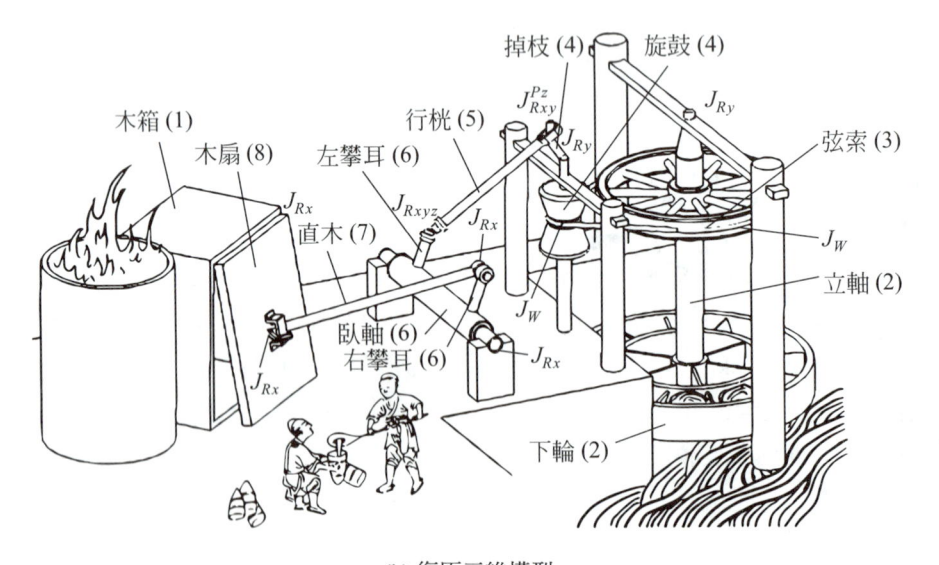

(b) 復原三維模型

圖 04-01　臥輪式水排

Chapter 04　連桿機構
LINKAGE MECHANISMS

04-01-1　名稱與符號 Terminology and symbols

平面四連桿組各桿件與接頭的名稱與簡圖符號如圖 04-02 所示。**固定桿** (Fixed link) 是固定於機架上的機件，恆以桿 1 稱之。**主動桿** (Driving link) 或**輸入桿** (Input link) 是接受動力源用以驅動其它連桿的機件，一般以桿 2 稱之。**從動桿** (Driven link) 或**輸出桿** (Output link) 是受主動桿影響而致動的機件，以桿 3、桿 4 稱之；其中，桿 3 同時與桿 2 和桿 4 鄰接，運動時無固定的旋轉中心，又稱為**連接桿** (Connecting link) 或者**耦桿** (Coupler link)。與桿 2 和桿 1 以及桿 4 和桿 1 附隨的接頭為**固定樞軸** (Fixed pivot)，分別以 a_0 和 b_0 表示之；與桿 2 和桿 3 以及桿 4 和桿 3 附隨的接頭為**運動樞軸** (Moving pivot)，分別以 a 和 b 表示之。具固定樞軸的連桿，若相對於固定桿能作 360º 的旋轉，稱為**曲柄** (Crank)；反之，則稱為**搖桿** (Rocker, lever)。

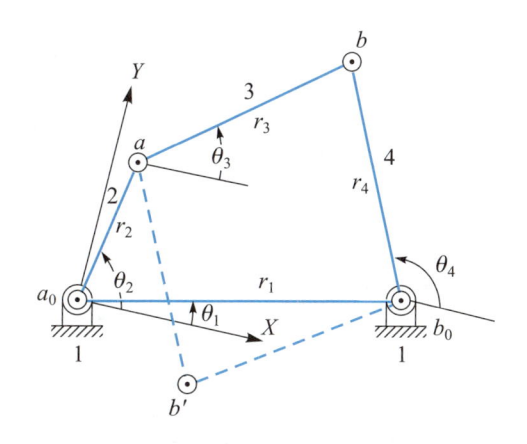

圖 04-02　平面四連桿組

為方便說明各桿的長度與位置，茲定義以 a_0 為坐標原點的直角坐標系統 X-Y，圖 04-02。令 $r_1 = a_0b_0$，則桿 1 的桿長為 r_1，位置為 θ_1；$r_2 = a_0a$，則桿 2 的桿長為 r_2，位置為 θ_2；$r_3 = ab$，則桿 3 的桿長為 r_3，位置為 θ_3；$r_4 = b_0b$，則桿 4 的桿長為 r_4，位置為 θ_4；其中，θ_i 以正 X 軸反時針方向量至各桿所對應的向量為正。

若已知 r_1、r_2、r_3、r_4、θ_2，且取 $\theta_1 = 0º$，則 θ_4、θ_3 值可利用餘弦定理，求出其閉合解的形式之一如下：

$$\theta_4 = \cos^{-1}\left[\frac{r_1 - r_2\cos\theta_2}{\sqrt{r_1^2 + r_2^2 - 2r_1r_2\cos\theta_2}}\right]$$
$$+ \cos^{-1}\left[\frac{-r_1^2 - r_2^2 + r_3^2 - r_4^2 + 2r_1r_2\cos\theta_2}{2r_4\sqrt{r_1^2 + r_2^2 - 2r_1r_2\cos\theta_2}}\right] \quad (04\text{-}01)$$

$$\theta_3 = \cos^{-1}\left[\frac{1}{r_3}(r_1 - r_2\cos\theta_2 + r_4\cos\theta_4)\right] \quad (04\text{-}02)$$

四連桿組在已知 4 個桿長的情況下，有兩種可能的**組合位置** (Assembly position)，一種為 a_0abb_0，另一種為 $a_0ab'b_0$，圖 04-02。

04-01-2　四連桿組類型 Types of four-bar linkages

設計機構的初始階段，動力源 (馬達、致動器、引擎) 給予輸入桿的運動形式為何，以及輸出桿應產生何種運動，是相當重要的設計條件。以下介紹**葛氏定則**，用以判定四連桿組中的桿件，是可做 360° 的旋轉，還是僅能做小於 360° 的搖擺，包括曲柄搖桿機構、雙曲柄機構、雙搖桿機構、及參搖桿機構。

葛氏機構

對於四連桿運動鏈而言，令最短桿的桿長為 r_s，最長桿的桿長為 r_ℓ，其餘兩桿的桿長為 r_p 和 r_q。若桿長的關係滿足下式：

$$r_s + r_\ell \le r_p + r_q \quad (04\text{-}03)$$

則至少有一桿能做 360° 的旋轉，此即所謂的**葛氏定則** (Grashof law)。滿足式 (04-03) 的運動鏈 (或連桿組)，稱為**葛氏運動鏈 (或機構)**(Grashof chain or mechanism)；否則稱為**非葛氏運動鏈 (或機構)**(Non-Grashof chain or mechanism)，無任何桿件可做 360° 的旋轉。

圖 04-03(a) 為一滿足式 (04-03) 的葛氏運動鏈，選擇不同的桿為固定桿所衍生出的 4 種倒置機構，分別如圖 04-03(b)、(c)、(d) 所示，並可依據最短桿功能之不同而有以下三種不同的運動分類：

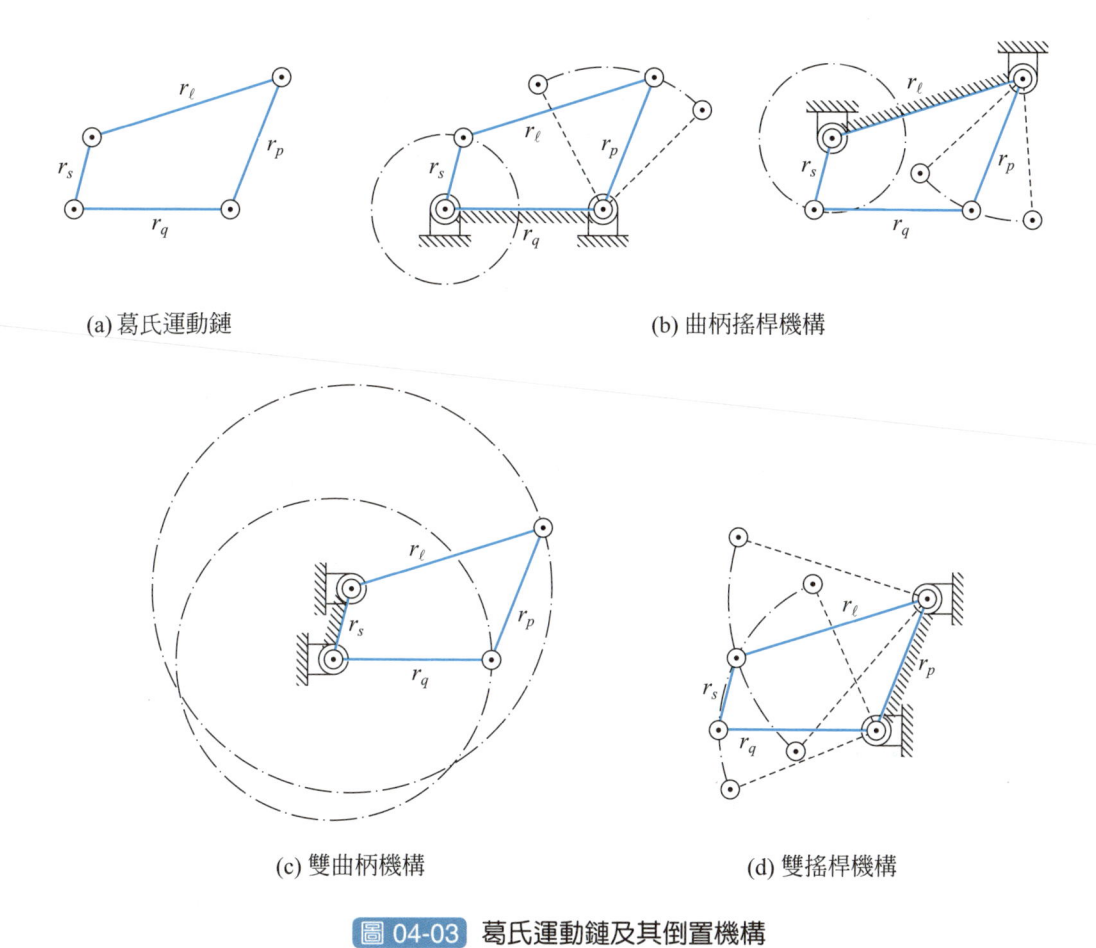

Chapter 04　連桿機構
LINKAGE MECHANISMS

(a) 葛氏運動鏈

(b) 曲柄搖桿機構

(c) 雙曲柄機構

(d) 雙搖桿機構

圖 04-03　葛氏運動鏈及其倒置機構

01. 若最短桿為輸入桿，則此機構為**曲柄搖桿機構** (Crank-rocker mechanism)；輸入桿可作 360° 的旋轉運動，而輸出桿僅為搖擺運動，圖 04-03(b)。
02. 若最短桿為固定桿，則為**雙曲柄機構** (Double crank mechanism)，又稱為**牽桿機構** (Drag link mechanism)；輸入桿與輸出桿皆可做 360° 的旋轉運動，圖 04-03(c)。
03. 若非以上兩種情形，則為**雙搖桿機構** (Double rocker mechanism)；輸入桿與輸出桿皆僅能做小於 360° 的搖擺運動，連接桿則可做 360° 的旋轉運動，圖 04-03(d)。

非葛氏機構

對於非葛氏運動鏈而言，圖 04-04(a) 的桿長關係為：

$$r_s + r_\ell > r_p + r_q \tag{04-04}$$

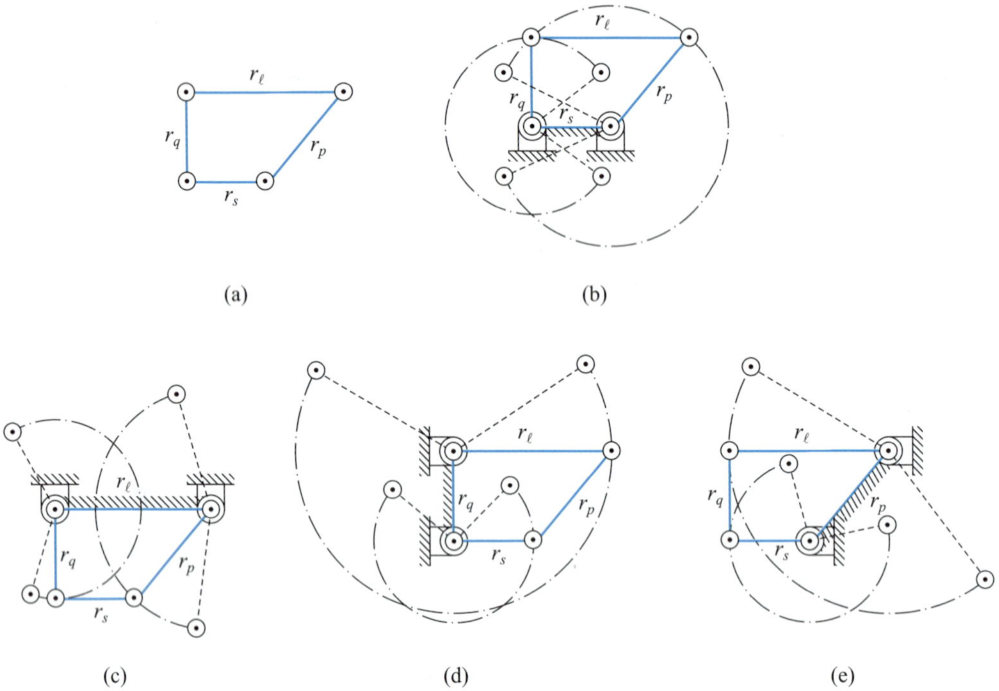

圖 04-04 非葛氏運動鏈及其倒置機構

所衍生出的 4 個倒置機構，分別如圖 04-04(b)、(c)、(d)、(e) 所示。由於所有的可動桿皆僅能做小於 360° 的搖擺運動，因此這類機構稱為**參搖桿機構** (Triple rocker mechanism)。

以下舉例說明之。

例 04-01 有個四連桿組，桿 2、桿 3、桿 4 的桿長分別為 $r_2 = 12$、$r_3 = 18$、$r_4 = 24$，若此四連桿組為：(a) 曲柄搖桿機構，(b) 參搖桿機構，試分別求固定桿 r_1 的範圍。

Chapter 04　連桿機構
LINKAGE MECHANISMS

(a) 若四連桿組為曲柄搖桿機構，則桿 2 為最短桿、且桿長必須滿足葛氏定則：

01. 若桿 1 為最長桿，即 $r_\ell = r_1$，則最短桿為 $r_s = r_2$，由葛氏定則可得：

$$r_2 + r_1 \leq r_3 + r_4$$
$$12 + r_1 \leq 18 + 24$$

即
$$r_1 \leq 30$$

02. 若桿 1 為最短桿，則此四連桿組不可能為曲柄搖桿機構，因此桿 1 不可為最短桿。

03. 若桿 1 不是最長桿、也不是最短桿，即 $r_p = r_1$，則最短桿為 $r_s = r_2$、最長桿為 $r_\ell = r_4$，由葛氏定則可得：

$$r_2 + r_4 \leq r_1 + r_3$$
$$12 + 24 \leq r_1 + 18$$

即
$$r_1 \geq 18$$

04. 綜合上述，r_1 的範圍為：$18 \leq r_1 \leq 30$。

(b) 若四連桿組為參搖桿機構，則不需滿足葛氏定則：

01. 若桿 1 為最長桿，即 $r_\ell = r_1$，則最短桿為 $r_s = r_2$，由葛氏定則可得：

$$r_2 + r_1 > r_3 + r_4$$
$$12 + r_1 > 18 + 24$$

即
$$r_1 > 30$$

02. 若桿 1 為最短桿，即 $r_s = r_1$，則最長桿為 $r_\ell = r_4$，由葛氏定則可得：

$$r_1 + r_4 > r_2 + r_3$$
$$r_1 + 24 > 12 + 18$$

即
$$6 < r_1$$

03. 若桿 1 不是最長桿、也不是最短桿，即 $r_p = r_1$，則最短桿為 $r_s = r_2$、最長桿為 $r_\ell = r_4$，由葛氏定則可得：

$$r_2 + r_4 > r_1 + r_3$$
$$12 + 24 > r_1 + 18$$

即 $r_1 < 18$

04. 桿 1 之桿長不能大於其它三個桿件的桿長之和，即 $r_1 < 12 + 18 + 24 = 54$，否則四連桿組無法組裝。

05. 綜合上述，r_1 的範圍為：$30 < r_1 < 54$ 或 $6 < r_1 < 18$。

04-01-3 極限 (肘節) 與死點位置
Limit (toggle) and dead center positions

欲設計四連桿組，以便輸入桿與輸出桿 (或連接桿) 的位置能相對應時，設計者必須查驗此機構是否能連續運動通過這些位置，而極限位置與死點位置乃是查驗此特性的要點。

當四連桿組的主動桿 (桿 2) 與連接桿 (桿 3) 成一直線時，其輸出桿位於**極限位置** (Limit position)。圖 04-05 的曲柄搖桿機構，在 $a_0a_1b_0$ 和 $a_0a_2b_0$ 兩位置時，輸出桿 (桿 4) 在極限位置 (θ_{41}、θ_{42})。當輸入桿作 360° 旋轉時，輸出桿即在此兩極限位置間作搖擺運動。由三角函數的第二餘弦定理，可求得輸出桿的極限位置 θ_{41} 和 θ_{42} 分別為：

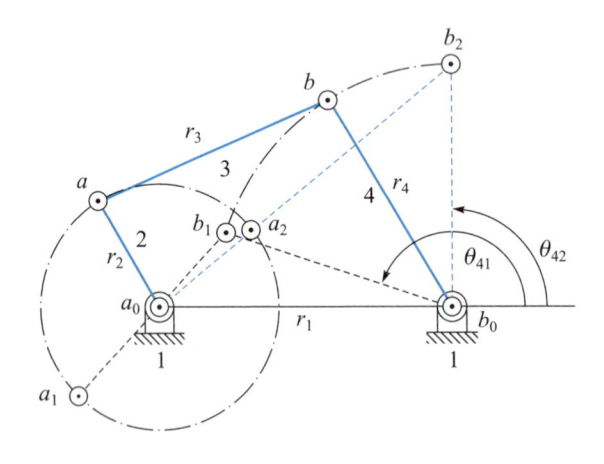

圖 04-05 極限位置與死點位置

Chapter 04 連桿機構
LINKAGE MECHANISMS

$$\theta_{41} = \cos^{-1}\left[\frac{(r_2-r_3)^2 - r_1^2 - r_4^2}{2r_1r_4}\right] \tag{04-05}$$

$$\theta_{42} = \cos^{-1}\left[\frac{(r_2+r_3)^2 - r_1^2 - r_4^2}{2r_1r_4}\right] \tag{04-06}$$

若將圖 04-05 的曲柄搖桿機構反過來應用，即以搖桿 (桿 4) 為主動桿，則當連接桿 (桿 3) 與輸出桿 (桿 2) 共線時，即在 $a_0a_1b_1b_0$ 和 $a_0a_2b_2b_0$ 位置時，桿 3 作用於桿 2 的力量通過 a_0，力矩效應為零，無法驅動輸出桿旋轉，機構在此位置不能運動，如同結構一般，稱此機構位於**死點位置** (Dead center position)。若欲維持機構於死點位置的可動性，必須朝輸出桿所欲運動的方向施加外力，以越過死點位置。

極限位置又稱為**肘節位置** (Toggle position)，在此位置僅需極小之輸入扭矩即可產生極大的輸出扭矩，**機械利益** (Mechanical advantage, *MA*)，即輸出扭矩與輸入扭矩的比值為無窮大，此稱為**肘節效應** (Toggle effect)。具有肘節效應的機構稱為**肘節機構** (Toggle mechanism)，使用於需要在短距離內產生極大力量的場合，如肘節夾鉗、碎石機、衝壓機、鉚釘機等。

機構在死點位置時，某些桿件相對於機架具有瞬時靜止的特性；若選擇這些靜止桿為輸入桿，並以死點機構的輸入桿為輸出桿，則輸出桿將產生極大的力量。圖 04-06 說明肘節效應原理，加在接頭 a 之力 F_a 係用以克服接頭的反作用力 F_b；若忽略摩擦力作用，由靜力平衡的原理可知，桿 2 與桿 3 共線時，即 $\beta = 0$ 時，F_b 為無窮大。

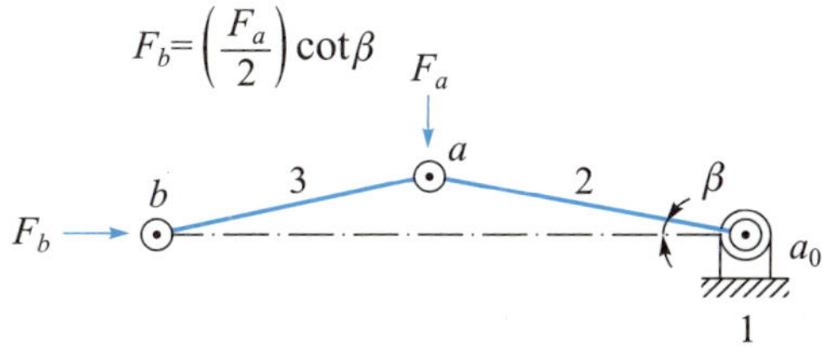

$$F_b = \left(\frac{F_a}{2}\right)\cot\beta$$

圖 04-06 肘節作用

圖 04-07 為 4 種不同型態的四連桿型肘節夾 (Toggle clamp)，圖 04-07(b) 和

(c) 以連接桿 (桿 3) 為輸入桿，圖 04-07(d) 的輸出桿則為滑件 (桿 4)。連桿型夾緊裝置的特點在於操作簡單，且夾緊點若選在超過兩共線桿件的中心線，可不使用其它方式即能發揮自鎖機能。

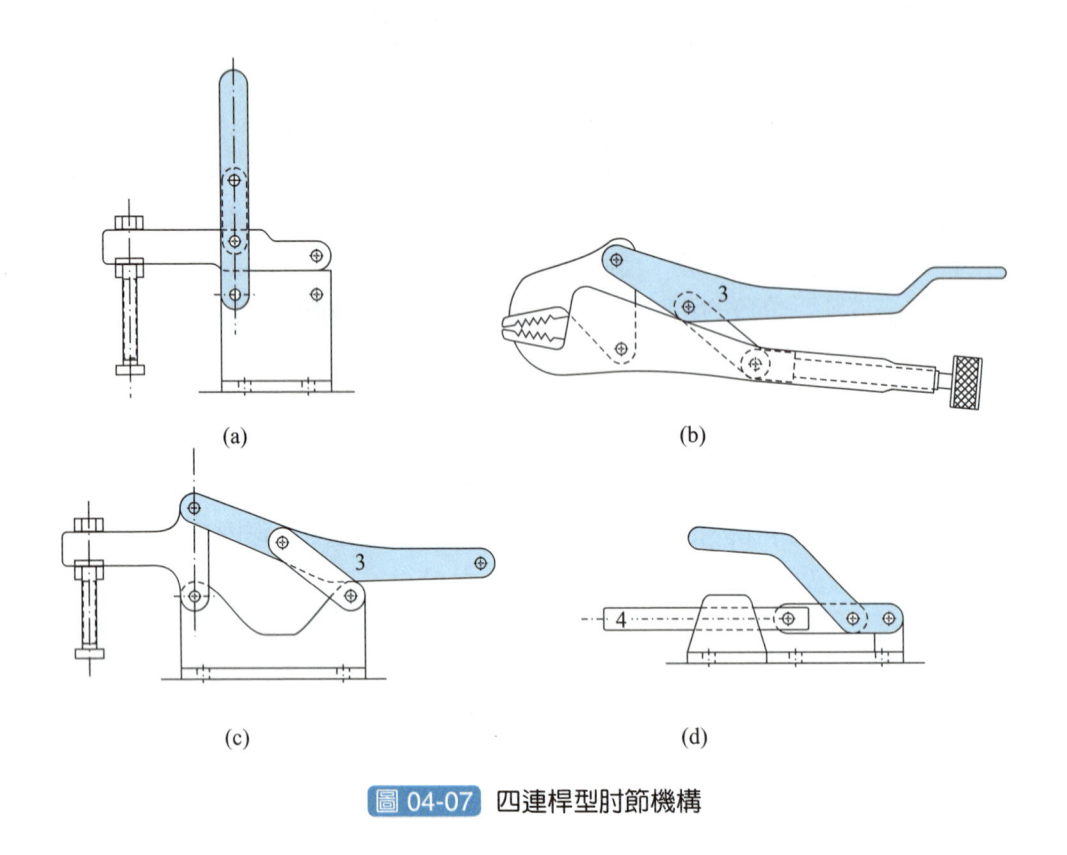

圖 04-07　四連桿型肘節機構

04-01-4　傳力角 Transmission angle

對於四連桿組而言，圖 04-08(a)，t_a 為運動樞軸 b 相對於運動樞軸 a 的運動方向，t_b 為輸出桿 (桿 4) 受驅動點 (即運動樞軸 b) 的運動方向，則 t_a 和 t_b 之夾角即為這個機構的**傳力角** (Transmission angle)，一般以 μ 表示；再者，傳力角亦等於此機構連接桿與輸出桿間的夾角。

傳力角之大小隨著機構的運動而改變。傳力角為 90º 時，傳力效果最好；為 0º 或 180º，即死點位置時，機械利益為零，力量無法傳遞。利用三角函數的第二餘弦定理可得：

Chapter 04　連桿機構
LINKAGE MECHANISMS

(a)

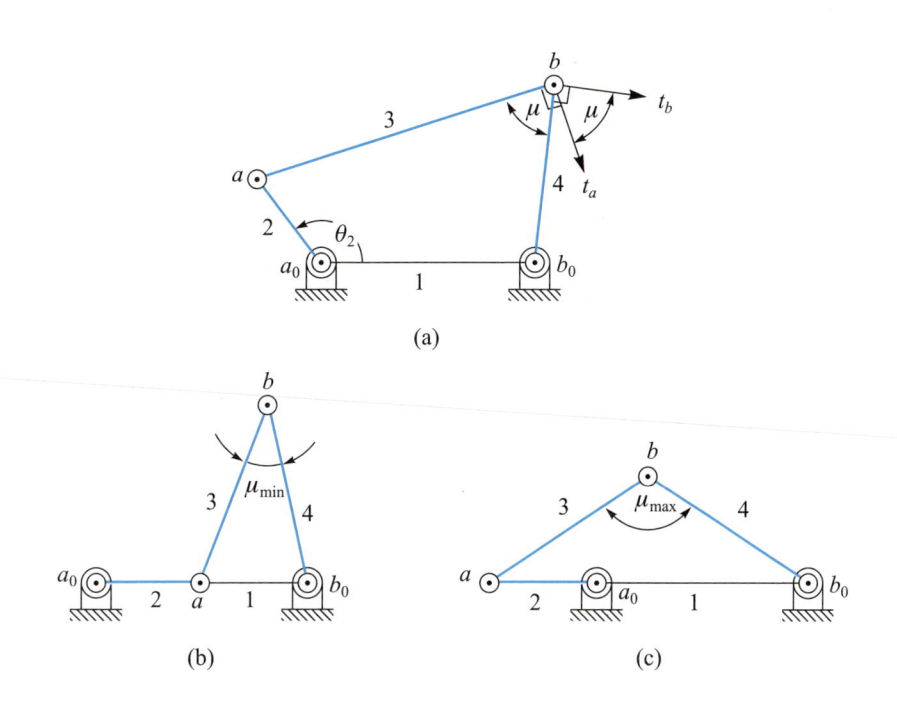

(b)　(c)

圖 04-08　傳力角及其極限位置

$$r_1^2 + r_2^2 - 2r_1r_2 \cos\theta_2 = r_3^2 + r_4^2 - 2r_3r_4 \cos\mu \tag{04-07}$$

由式 (04-07) 可得傳力角 μ 為：

$$\mu = \cos^{-1}\left[\frac{-r_1^2 - r_2^2 + r_3^2 + r_4^2 + 2r_1r_2 \cos\theta_2}{2r_3r_4}\right] \tag{04-08}$$

將式 (04-08) 對輸入角 θ_2 微分可得：

$$2r_1r_2 \sin\theta_2 = 2r_3r_4 \sin\mu \frac{d\mu}{d\theta_2} \tag{04-09}$$

即

$$\frac{d\mu}{d\theta_2} = \frac{r_1r_2 \sin\theta_2}{r_3r_4 \sin\mu} \tag{04-10}$$

當 $\dfrac{d\mu}{d\theta_2} = 0$ 時，即 $\theta_2 = 0°$ 或 $180°$，傳力角 μ 有極值 (最大或最小)。因此，曲

柄搖桿機構或雙曲柄機構之傳力角在輸入桿的位置為 $\theta_2 = 0°$ 時最小，即輸入桿與固定桿重合時的傳力角最小，圖 04-08(b)；在輸入桿的位置為 $\theta_2 = 180°$ 時最大，即輸入桿與固定桿成一直線時的傳力角最大，圖 04-08(c)。

應用時，若四連桿組的轉速愈高或負荷愈大，則其傳力角愈接近 90° 愈佳。

04-01-5　變構點機構 Change point mechanism

機構的運動桿件，一般都會在特定範圍內做拘束運動，但有些由特殊桿長組成之機構在某些特定的狀態，桿件的運動有多種可能。對於這種桿件運動不明確的狀態，稱為**變構點** (Change point) 或稱這種構形為**不定構形** (Uncertainty configuration)，而具有這種特性的機構則稱為**變構點機構** (Change point mechanism)。

變構點機構為葛氏機構的特殊情形，其存在的必要條件為：

$$r_s + r_\ell = r_p + r_q \tag{04-11}$$

當所有的連桿位於一直線位置時，即是變構點構形。圖 04-09(a) 為一種變構點機構，$a_0 a'b'b_0$ 位置即是變構點構形，傳力角為 180°，亦是死點位置。

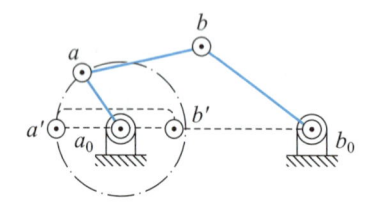

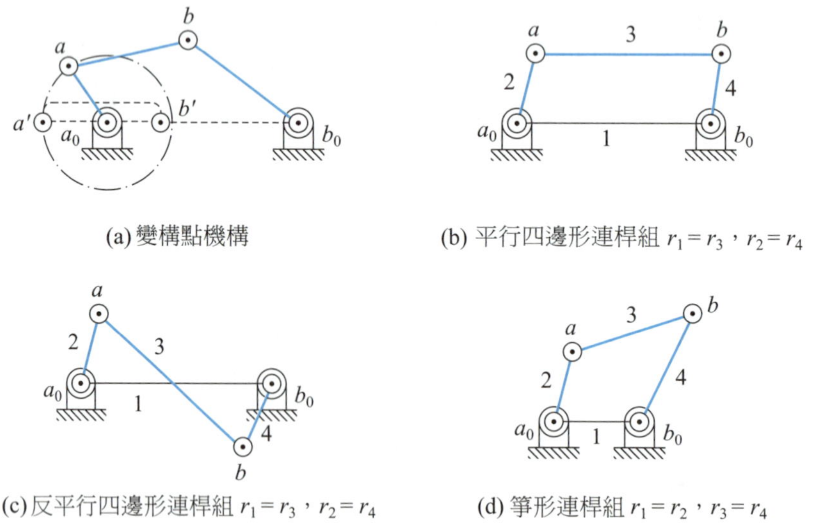

(a) 變構點機構

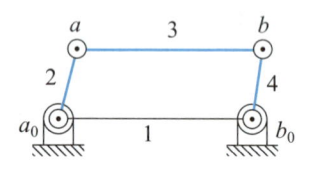

(b) 平行四邊形連桿組 $r_1 = r_3$，$r_2 = r_4$

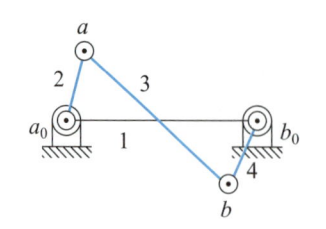

(c) 反平行四邊形連桿組 $r_1 = r_3$，$r_2 = r_4$

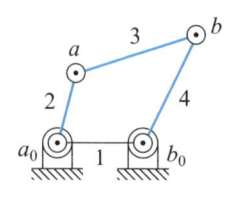

(d) 箏形連桿組 $r_1 = r_2$，$r_3 = r_4$

圖 04-09 變構點機構

Chapter 04　連桿機構
LINKAGE MECHANISMS

變構點機構的桿長關係有兩種特殊情形，一種為對邊等長，另一種為鄰邊等長。對邊等長者，有**平行四邊形連桿組** (Parallelogram linkage) 與**反平行四邊形連桿組** (Anti-parallelogram linkage)，圖 04-09(b) 和 (c)；鄰邊等長者稱為**箏形連桿組** (Kite linkage)，或稱為**等腰雙曲柄連桿組** (Isosceles double crank linkage)，圖 04-09(d)。

04-01-6　耦桿點曲線 Coupler curves

四連桿組耦桿上的點稱為**耦桿點** (Coupler point)，一般以點 c 表示，圖 04-10；其路徑稱為**耦桿點曲線** (Coupler curve)，其代數方程式為如下的六次曲線：

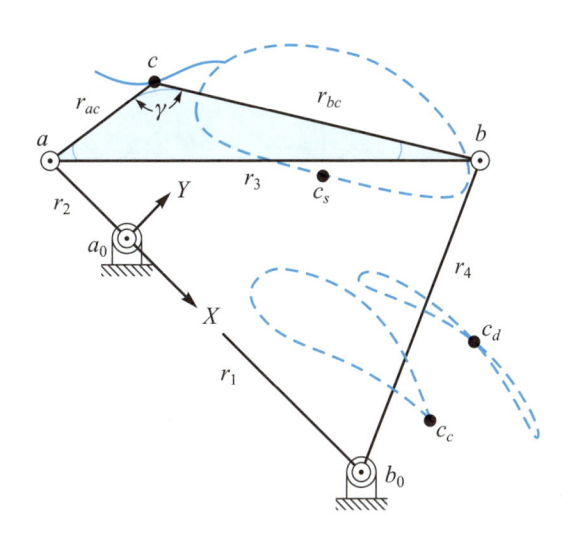

圖 04-10　耦桿點曲線

$$r_{bc}^2[(x-r_1)^2+y^2](x^2+y^2+r_{ac}^2-r_2^2)^2$$
$$-2r_{ac}r_{bc}[(x^2+y^2-r_1x)\cos\gamma+r_1y\sin\gamma](x^2+y^2+r_{ac}^2-r_2^2)$$
$$[(x-r_1)^2+y^2+r_{bc}^2-r_4^2]+r_{ac}^2(x^2+y^2)[(x-r_1)^2+y^2+r_{bc}^2-r_4^2]^2$$
$$-4r_{ac}^2r_{bc}^2[(x^2+y^2-r_1x)\sin\gamma-r_1y\cos\gamma]^2=0 \qquad (04\text{-}12)$$

不同的桿長與不同的耦桿點，會產生不同種類與形狀的耦桿點曲線。圖 04-10 的四連桿組，耦桿點 c_c 的曲線有**尖點** (Cusp)，即具有兩個不同切線的

點；耦桿點 c_d 的曲線有**雙重點** (Double point)；耦桿點 c_s 的曲率半徑為無窮大，可產生近似**直線** (Straight line) 運動；亦有耦桿點曲線之部分區段的曲率半徑幾乎不變，可產生近乎**圓弧** (Circular arc) 運動。

直線運動機構 (Straight line motion mechanism) 係指機構的耦桿點，不須藉由直線導槽的引導，而能在一直線上運動者，所產生的直線可分為正確直線 (Exact straight line) 與近似直線 (Approximate straight line) 兩類。**瓦特直線機構** (Watt's straight line mechanism) 是個平面四連桿組，圖 04-11，若桿長的比例為 $ac:bc = b_0b:a_0a$，則點 c 的 8 字形耦桿點曲線有兩段近似直線。1782 年，英國工業革命初期的**瓦特** (James Watt，1736-1819 年)，利用此直線運動特性，將點 c 連接雙作用蒸汽引擎汽缸的活塞桿，提升了蒸汽機的效率。

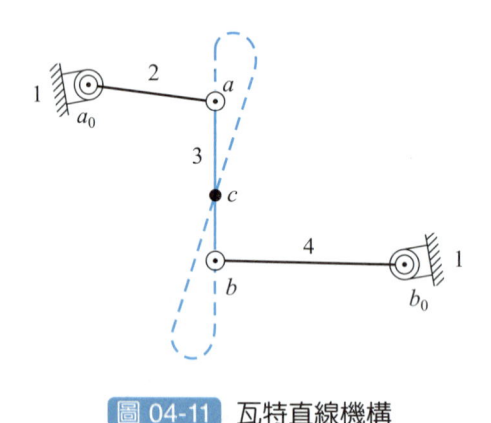

圖 04-11 瓦特直線機構

另，早期有不少的工程應用，是利用耦桿點曲線的類型來進行將於第 07-04 節介紹的**路徑演生機構**。

04-02　具滑件四連桿機構
Four-Bar Linkage Mechanisms with Sliders

第 04-01 節所述的平面四連桿組，其接頭皆為旋轉對；若運動鏈中含有滑動對，則形成**具滑件四連桿機構** (Four-bar linkage mechanisms with sliders)。滑件可在圓弧導槽內滑動，亦可在直線導槽內滑動。

圖 04-12(a) 為曲柄搖桿機構，若將桿 4 以一個圓弧滑件取代，且這個滑件

Chapter 04　連桿機構
LINKAGE MECHANISMS

在以 b_0 為曲率中心的圓弧導槽內滑動，所得機構的運動特性與原機構完全一樣。此具單滑件的四連桿機構，可視為由曲柄搖桿機構蛻變而成；就運動學而言，稱此兩者為**等效機構** (Equivalent mechanism)，而稱桿 4 為滑件的**等效連桿** (Equivalent link)。當導槽的曲率半徑為無窮大時，接頭 b 的路徑為直線，圓弧導槽成為直線導槽，其等效連桿的桿長為無窮大，圖 04-12(b)。

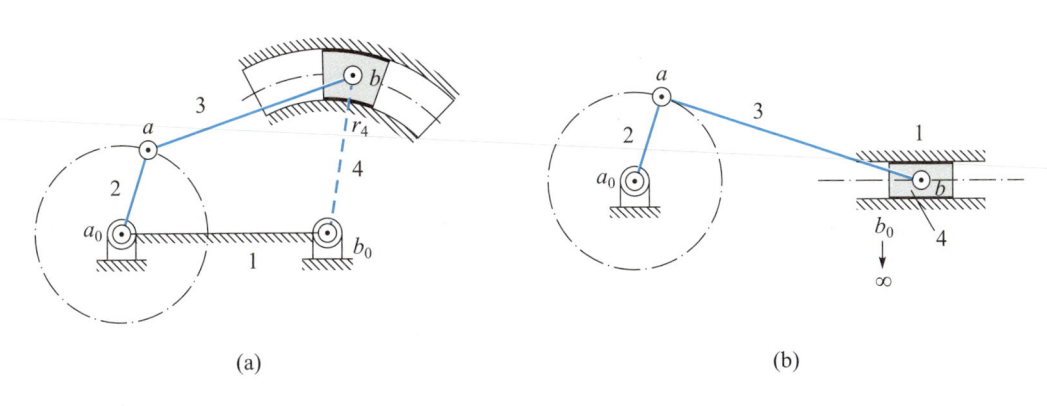

圖 04-12　等效機構

具滑件的四連桿機構，可依所含滑動對的數目區分為單滑件機構、雙滑件機構、參滑件機構、及肆滑件機構。若以 R 表示旋轉對、P 表示滑動對，則理論上具滑件的四連桿運動鏈有 $RRRP$、$PRRP$、$RPRP$、$RPPP$、及 $PPPP$ 等五種類型，圖 04-13(a)-(e)。

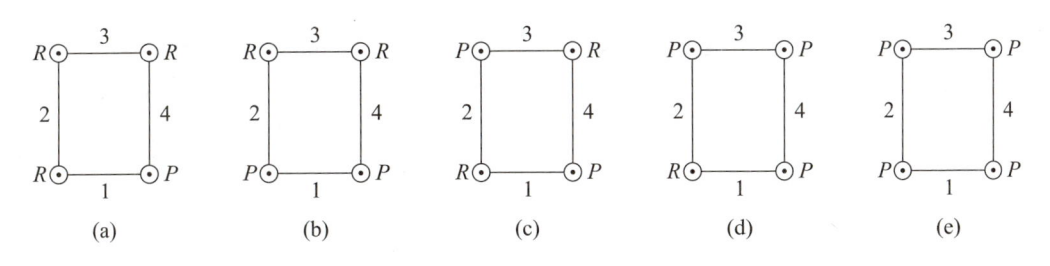

圖 04-13　具滑件的四連桿運動鏈類型

以下依滑動對的數目，介紹各種具有滑件的四連桿運動鏈及其倒置機構。

04-02-1　單滑件 Single slider

具有 1 個滑動對與 3 個旋轉對的四連桿運動鏈，稱為**單滑件四連桿運動鏈** (Four-bar kinematic chains with single slider)，以 *RRRP* 表示，圖 04-13(a)；若取不同的桿件為機架，可獲得 4 個倒置機構，圖 04-14(a)-(d)。

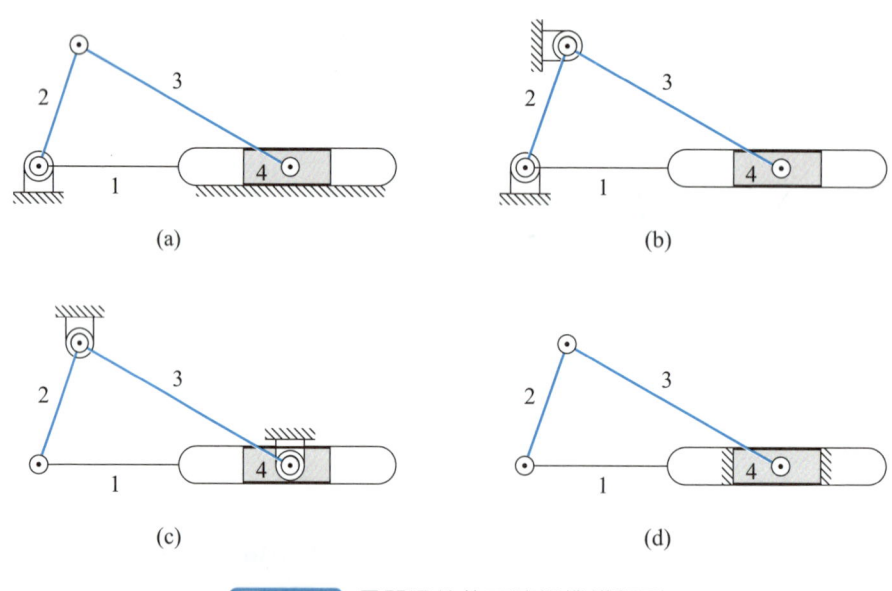

圖 04-14　具單滑件的四連桿機構類型

圖 04-14(a) 類型

圖 04-15 為傳統的**滑件曲柄機構** (Slider-crank mechanism)，乃圖 04-14(a) 的機構，其中圖 04-15(a) 不具**偏位量** (Offset)，即 $e = 0$；圖 04-15(b) 具偏位量，$e \neq 0$。另，圖 04-15(c) 為利用一偏心圓盤當作曲柄的滑件曲柄機構模型。

滑件在極限位置時，兩極限位置間的距離 s 稱為**行程**或**衝程** (Stroke)。

以下舉例說明之。

▼

例 04-02　有個偏位滑件曲柄機構，曲柄長為 200 mm、連桿長為 600 mm、偏位量為 50 mm，試計算：

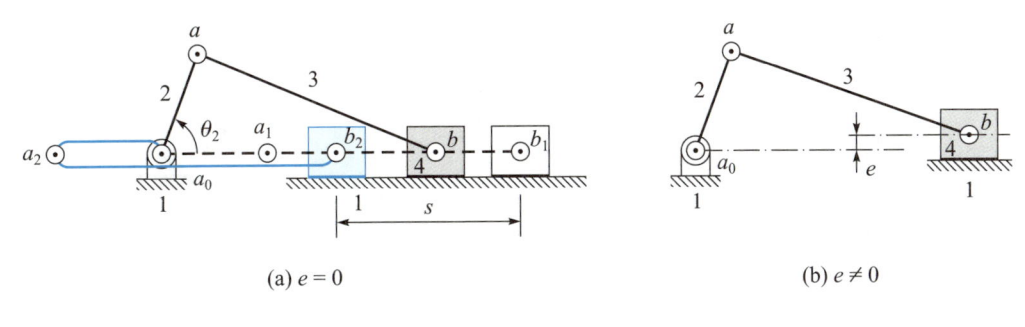

Chapter 04　連桿機構
LINKAGE MECHANISMS

(a) $e = 0$

(b) $e \neq 0$

(c) 模型

圖 04-15 滑件曲柄機構

  (a) 出滑件的行程 (s)，
  (b) 滑件曲柄機構的最大與最小傳力角 (μ)。

01. 滑件的行程 (s) 為：

$$s = \sqrt{(600+200)^2 - 50^2} - \sqrt{(600-200)^2 - 50^2} = 401.57 \text{ mm}$$

02. 滑件之等效連桿的桿長為無窮大，即繞著位於無窮遠的樞軸旋轉。此機構的傳力角，在輸入桿的位置為 270° 時最小，在輸入桿的位置為 90° 時最大，圖 04-16(a) 和 (b)，即：

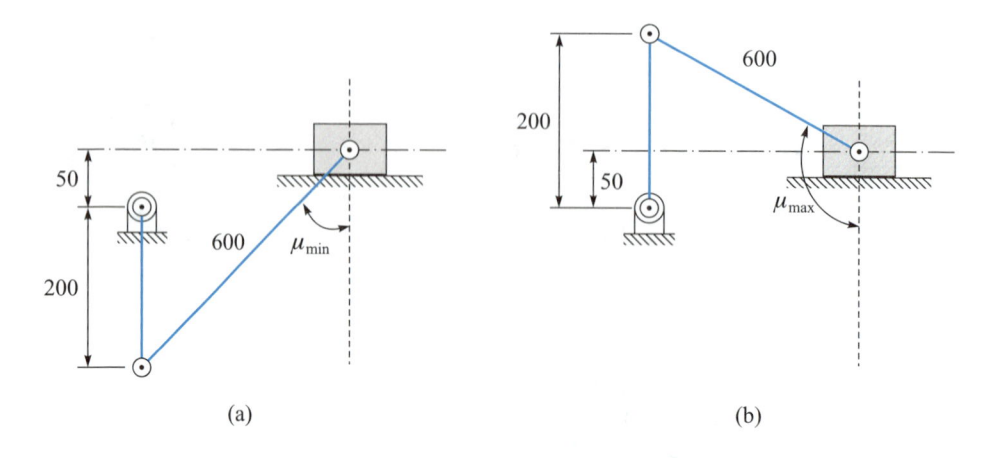

現代機構學
MODERN MECHANISMS

(a) (b)

圖 04-16 偏位滑件曲柄機構的最大與最小傳力角 [例 04-02]

$$\mu_{\min} = 90° - \sin^{-1}\left(\frac{200+50}{600}\right) = 65.38°$$

$$\mu_{\max} = 90° + \sin^{-1}\left(\frac{200-50}{600}\right) = 104.48°$$

　　圖 04-15(a) 的滑件曲柄機構，若曲柄 (桿 2) 為輸入桿，模具附在輸出滑件 (桿 4) 上，則成為連桿式沖床 (Press)；當桿 2 與桿 3 幾近共線位置 (即極限位置或肘節位置) 時，可產生極大的機械利益將胚料沖壓成型。圖 04-15(a) 機構的另一種應用為壓縮機 (Compressor)，曲柄 (桿 2) 由馬達帶動，利用滑件 (桿 4) 的往復運動來將氣體擠壓。

　　傳統的引擎機構為圖 04-15(b) 的滑件曲柄機構，以滑件 (桿 4) 為輸入桿、曲柄 (桿 2) 為輸出桿，當滑件 (即活塞) 與導槽 (即氣缸) 承受燃料燃燒的爆炸力後，即推動連接桿 (桿 3) 帶動曲柄 (桿 2) 旋轉，並輸出扭矩。另，一般用於引擎的滑件曲柄機構，皆具些微的偏位量。

圖 04-14(b) 類型

　　圖 04-14(b) 的滑件曲柄機構，有用在早期螺旋槳飛機的引擎上者，亦有用在工具機以產生急回效果者。

　　用於工具機的**偏位滑件曲柄機構** (Offset slider-crank mechanism)，其驅動曲

Chapter 04 連桿機構
LINKAGE MECHANISMS

柄以等角速度旋轉時,能提供作往復運動的切削刀具一個慢的工作衝程以及一個快的返回衝程,用來節省工作時間。切削行程與返回行程所需的時間比值,稱為**時間比** (Time ratio),其值恆大於 1。圖 04-17 的偏位滑件曲柄機構,當曲柄 (桿 2) 與連接桿 (桿 3) 共線時,滑件 (桿 4) 在兩端極限位置,衝程 $c_1 \to c_2$ 為工作衝程,而 $c_2 \to c_1$ 則為返回衝程,時間比為 ϕ_W/ϕ_R。

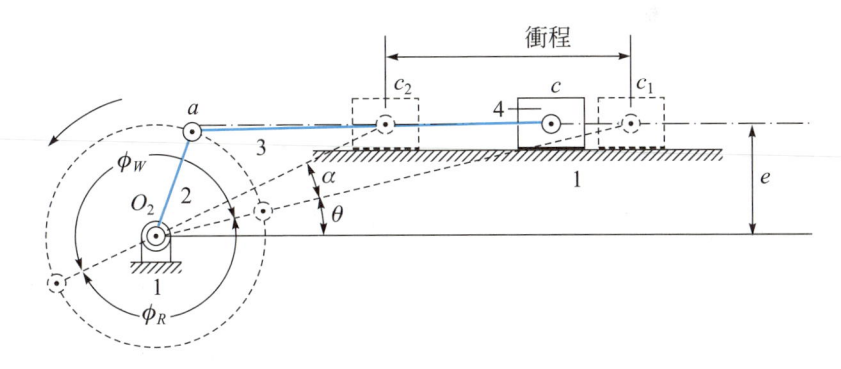

圖 04-17 偏位滑件曲柄急回機構 [例 04-03]

以下舉例說明之。

例 04-03
圖 04-17 的偏位滑件曲柄急回機構,時間比為 13/11,衝程為 10 cm,偏位量為 $5\sqrt{3}$ cm,試計算曲柄與連接桿的長度。

01. 由時間比與圖 04-17 可得:

$$\frac{\phi_W}{\phi_R} = \frac{180° + \alpha}{180° - \alpha} = \frac{13}{11} \tag{04-13}$$

由式 (04-13) 可解得 $\alpha = 15°$。

02. 由餘弦定理可得:

$$(r_3 + r_2)^2 + (r_3 - r_2)^2 - 2(r_3 + r_2)(r_3 - r_2)\cos\alpha = 10^2 \tag{04-14}$$

即

$$(2 - 2\cos\alpha)r_3^2 + (2 + 2\cos\alpha)r_2^2 = 100 \tag{04-15}$$

將 $\alpha = 15°$ 代入式 (04-15) 可得:

$$0.068r_3^2 + 3.93r_2^2 = 100 \tag{04-16}$$

03. 由正弦定理可得：

$$\frac{10}{\sin \alpha} = \frac{r_3 - r_2}{\sin \theta} \quad (04\text{-}17)$$

即
$$\sin \theta = \frac{r_3 - r_2}{10} \sin \alpha \quad (04\text{-}18)$$

04. 偏位量與桿長的關係可表示為：

$$(r_3 + r_2) \sin \theta = 5\sqrt{3} \quad (04\text{-}19)$$

將式 (04-18) 代入式 (04-19) 可得：

$$r_3^2 - r_2^2 = 334.6 \quad (04\text{-}20)$$

05. 聯立解式 (04-16) 和式 (04-20)，可得連接桿與曲柄的長度分別為：$r_3 = 18.81$ cm，$r_2 = 4.39$ cm。

圖 04-14(c) 類型

圖 04-14(c) 的滑件曲柄機構，有應用於隨車移動的油壓缸式吊車者，亦有早期應用於玩具的搖缸引擎 (Rocking cylinder engine) 機構。圖 04-18 汽缸 (桿 4) 的搖擺，使蒸汽得以經由機架 (桿 3) 上的通口自動推入或排出汽缸，而無需使用閥門與閥門機構。

圖 04-14(d) 類型

圖 04-19 為圖 04-14(d) 的應用機構，乃是一種手搖泵 (Hand pump)，桿 2

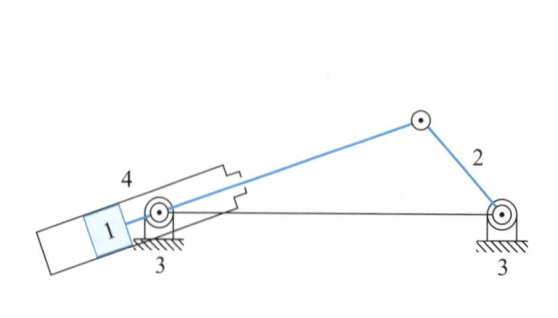

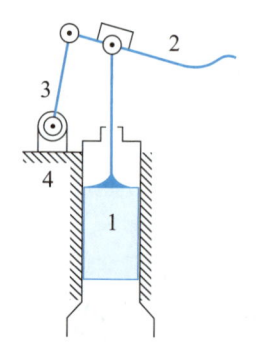

圖 04-18　搖缸引擎機構　　　　圖 04-19　手搖泵機構

延伸形成泵的手柄，桿 4 為固定桿，桿 1 則為活塞用以打水。

04-02-2 雙滑件 Double sliders

具有 2 個滑動對與 2 個旋轉對的四連桿運動鏈，稱為**雙滑件四連桿運動鏈** (Four-bar kinematic chains with double sliders)，依運動對之連接次序有 PRRP 和 RPRP 兩種不同的運動鏈，圖 04-13(b)-(c)。再者，在各種倒置機構中，因導槽形狀 (直線或圓弧) 與導槽夾角的不同，又有不同型式的變化。

若選擇圖 04-13(b) 之 PRRP 型雙滑件四連桿運動鏈的桿 1 為固定桿，且導槽的夾角 $\phi = 90°$，則形成圖 04-20 的**橢圓規** (Elliptic trammel)，乃是繪製橢圓的儀器，桿 3 任一點 c 的路徑為橢圓；若點 c 位於 a 和 b 兩個旋轉對的中間 (即點 c')，則其路徑為正圓。

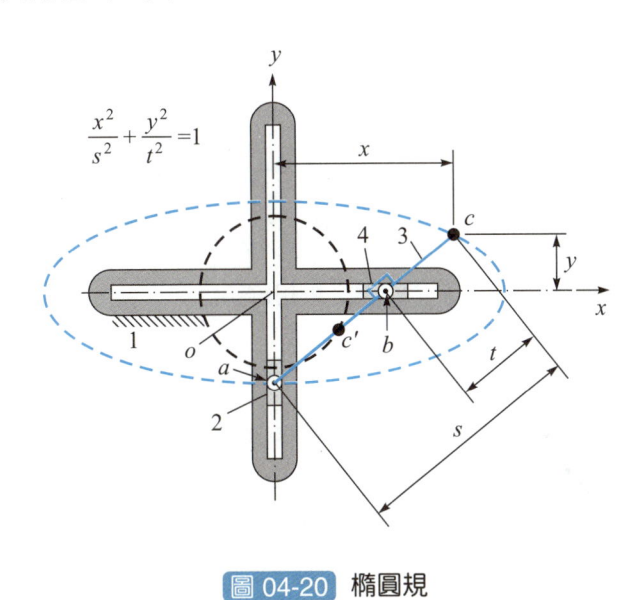

圖 04-20　橢圓規

若選擇圖 04-13(b) 之 PRRP 型雙滑件四連桿運動鏈的桿 3 為固定桿，則所形成的機構可為製橢圓用夾頭 (Elliptic chuck)；亦可為**歐丹聯結器** (Oldham coupling)，用來做平行但不共線軸間的傳動，其互相嵌合滑動的鍵槽均為直線形，圖 04-21(a)；圖 04-21(b) 為其機構簡圖。由於桿 2 與桿 4 夾一定角度 β，即 $\theta_4 = \theta_2 + \beta$，且桿 1 在桿 2 與桿 4 上滑動，各桿件間僅作相對的滑動，故輸入軸 (桿 2)、輸出軸 (桿 4)、及中間的浮盤 (桿 1) 的角速度均相同，作等角速

(a)

(b)

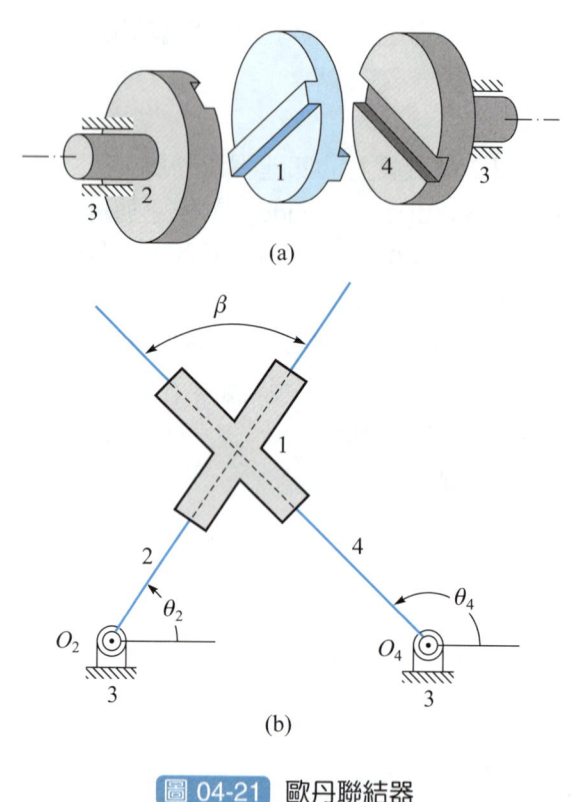

圖 04-21　歐丹聯結器

度運動。

　　若選擇圖 04-13(b) 之 PRRP 型雙滑件四連桿運動鏈的桿 2 為固定桿，所得的機構稱為**蘇格蘭軛** (Scotch yoke)，圖 04-22，相當於連接桿為無限長的滑件曲柄機構。輸入桿 (桿 3) 以等角速度旋轉時，滑件 (桿 1) 作簡諧運動 (Simple harmonic motion)。此機構用於模擬簡諧振動的試驗機中。

　　圖 04-13(c) 之 RPRP 型雙滑件四連桿運動鏈，以固定桿 1 所得的機構較為有名。圖 04-23 為一種船用操舵機構，稱為**拉普森滑行裝置** (Rapson slide)；方向舵安置在十字頭上 (圖上未示出)，桿 2 為操作桿或舵柄，滑件 4 經由滑件 3 的傳遞，致使方向舵偏轉。舵柄偏轉較大時，此機構能自動提供一較大的槓桿作用，克服波浪作用在舵上的較大扭矩，而作轉向運動。

Chapter 04　連桿機構
LINKAGE MECHANISMS

(a)　　　　　　　　　(b)

圖 04-22 蘇格蘭軛【習題 06-12】

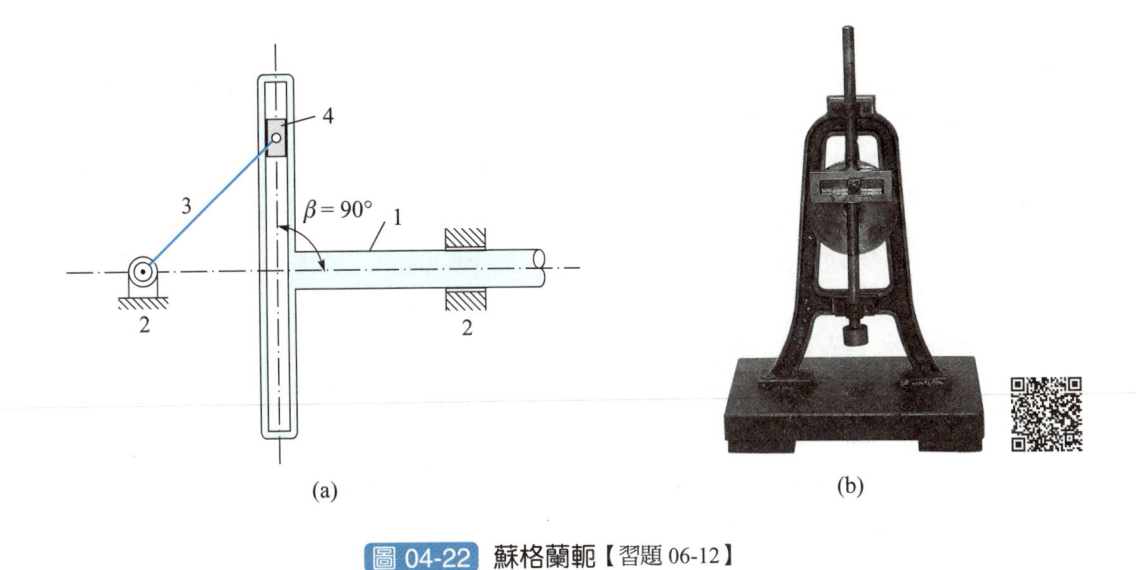

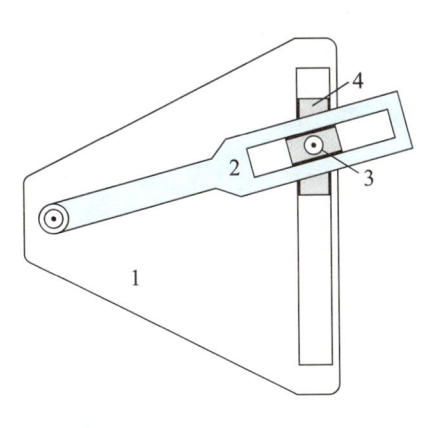

圖 04-23 拉普森滑行裝置

04-03　複合連桿機構 Complex Linkage Mechanisms

複合連桿機構 (Complex linkage mechanism) 通常包含四連桿機構或由多組四連桿機構連接而成，故亦稱為**多迴路機構** (Multi-loop mechanism)。

04-03-1　六連桿機構 Six-bar linkage mechanism

六連桿機構 (Six-bar linkage mechanism) 乃是具有 6 根機件的機構，為僅次於四連桿機構的重要單自由度連桿機構。當四連桿機構不克滿足應用上的需求時，或在應用上須有較大的彈性以便與其它連桿或機件相配合時，較直接的選擇就是使用六連桿機構。具單自由度的六連桿機構有 7 個接頭，基於圖 02-11(a)-(b) 的 2 個 (6, 7) 運動鏈，可得 5 個不同構的六連桿機構，圖 02-12(a)-(e)。

圖 04-24 為瓦特 II 型六連桿組在櫥櫃鉸鏈機構的應用。圖 04-25(b) 為一種碎石機示意圖，是由 2 組四連桿組串聯而成的六連桿型肘節機構；桿 2 達到行程的最高位置時，桿 2 與桿 3 共線形成肘節效應，同時桿 4 與桿 5 共線亦形成肘節效應。利用此同時發生的兩組肘節效應，可產生極大力量以壓碎石塊。以上 2 種六連桿組的 7 個接頭，都是旋轉對。

(a)

(b)

圖 04-24　六連桿櫥櫃鉸鏈機構

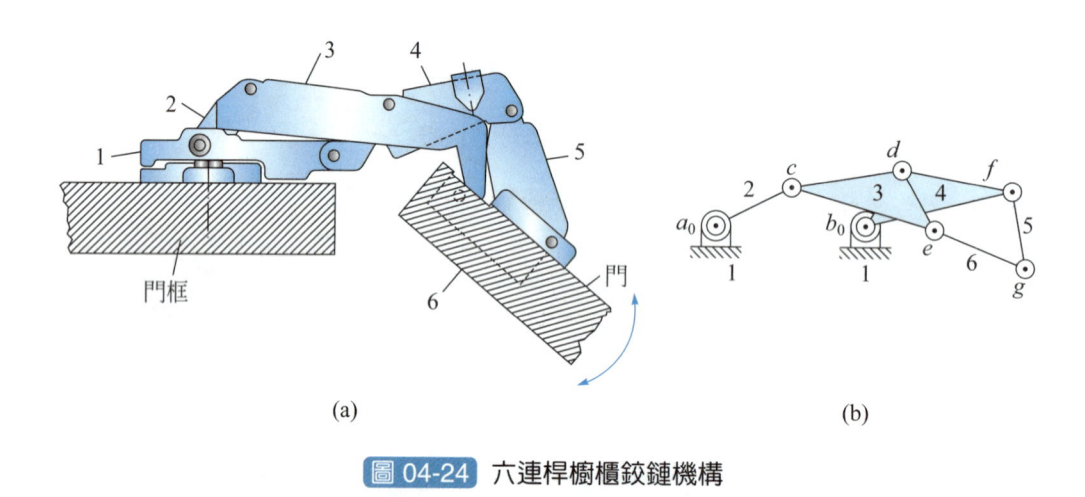

圖 02-16 和圖 04-26 分別為六連桿機構在摩托車後懸吊機構及窗戶開啟裝置上的應用，有 6 個旋轉對、1 個滑行對。

圖 04-27 的**惠氏急回機構** (Whitworth quick-return mechanism)，是具有 5 個旋轉對、2 個滑行對的六連桿機構；曲柄 (桿 2) 以等角速度作完整的順時針方向旋轉運動時，滑件 (桿 6) 的衝程 $c_1 \to c_2$ 為工作衝程，而 $c_2 \to c_1$ 為返回衝程，時間比為 ϕ_W/ϕ_R。

Chapter 04　連桿機構
LINKAGE MECHANISMS

(a) 機構模型　　　　　　　　　(b) 碎石機應用

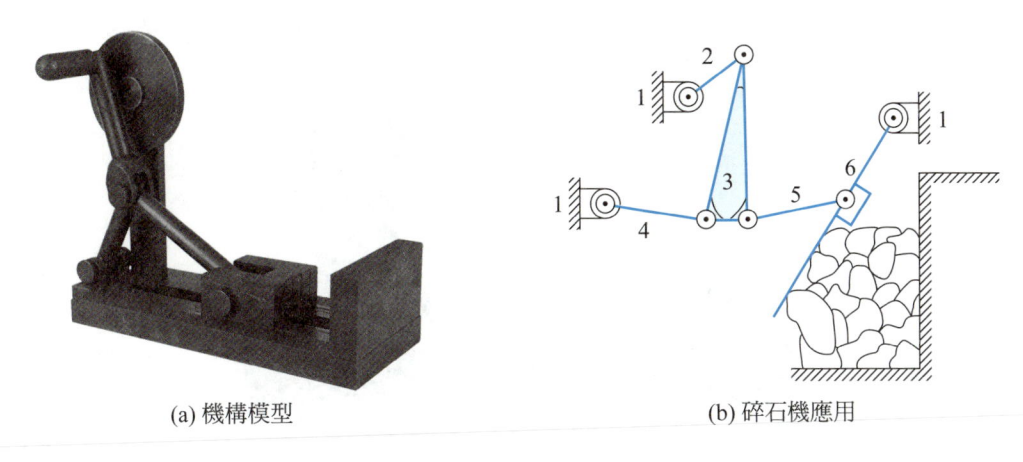

圖 04-25　六連桿型肘節機構

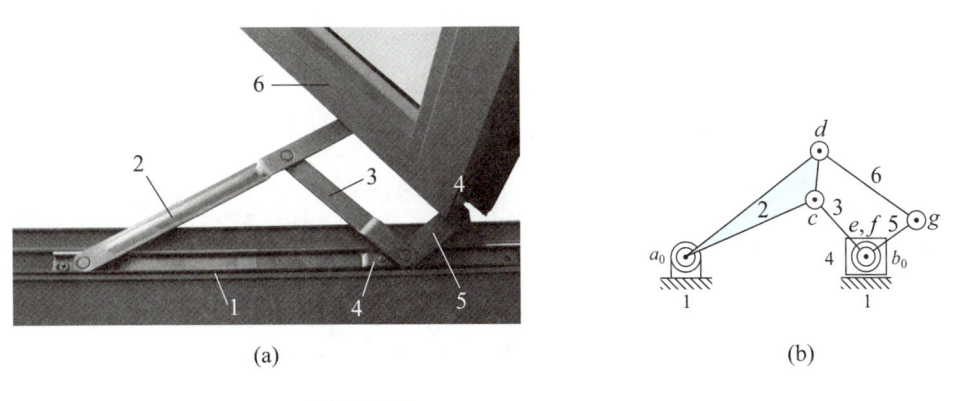

(a)　　　　　　　　　　(b)

圖 04-26　六連桿窗戶開啟機構

04-03-2　八連桿機構 Eight-bar linkage mechanism

具單自由度的**八連桿機構** (Eight-bar linkage mechanism) 有 10 個接頭，若接頭皆為旋轉對，則 (8, 10) 運動鏈有 16 種，若選取不同運動鏈的不同桿件為固定桿，可得到 71 種可供應用的**八連桿組** (Eight-bar linkage)。

圖 04-28(a) 為一種八連桿型肘節機構，10 個接頭都是旋轉對；作用時，桿 2 與桿 3 共線、且桿 6 與桿 7 共線，具雙重肘節效應。圖 04-28(b) 為具三重肘

(a) 機構模型

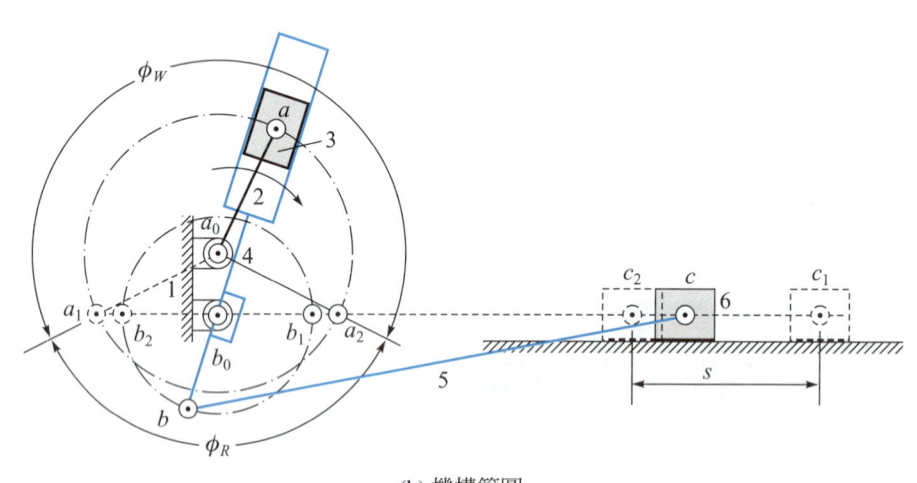

(b) 機構簡圖

圖 04-27　惠氏急回機構

節效應的八連桿型肘節機構；作用時，桿 2 與桿 3 共線、桿 4 與桿 5 共線、且桿 6 與桿 7 共線。

另，圖 02-17 的飛機前起落架收放機構，則是一種具單滑件的八連桿機構。

Chapter 04　連桿機構
LINKAGE MECHANISMS

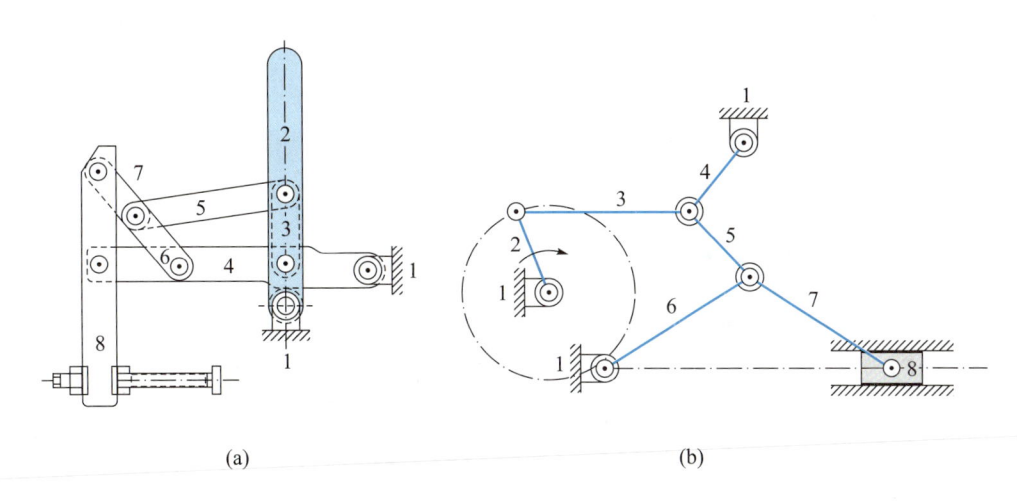

圖 04-28　八連桿型肘節機構

04-03-3　大於八桿的連桿機構
Linkage mechanisms with more than 8 links

　　大於八桿的多自由度連桿機構，常因工程上的需要而散見於各種設計中。圖 02-18 的挖土機機構，是一個具有 3 個自由度的十一桿機構，有 9 個旋轉對、3 個滑行對；圖 02-22 的飛機水平尾翼操縱機構，則是一個具有 3 個自由度的十四桿機構，有 17 個旋轉對、1 個滑行對。此外，圖 04-29 為一種四條腿的步行機器馬，每條腿皆是一個具 10 個旋轉對的八桿連桿組，整個機構的總桿數高達 28 桿。

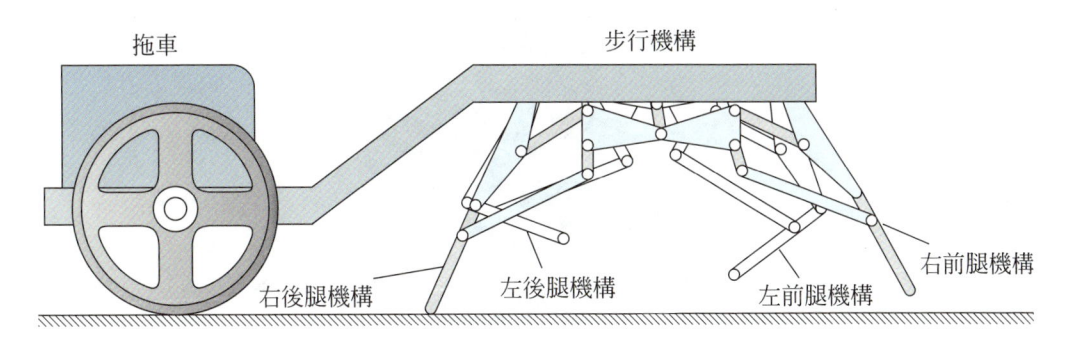

圖 04-29　機器馬機構

04-04　球面機構 Spherical Mechanisms

球面機構 (Spherical mechanism) 為一種特殊的空間機構，本節介紹球面四連桿組及其衍生的機構。

04-04-1　球面四連桿組 Spherical four-bar linkage

球面四連桿組 (Spherical four-bar linkage) 為一個具有 4 個旋轉對的空間四連桿機構，旋轉對軸線交於圓球的球心，且連桿均位於圓球的大圓弧線 (Great circle line)，圖 04-30(a)。此種機構運動時，桿上每一點之路徑距球心的距離恆

(a)

(b)

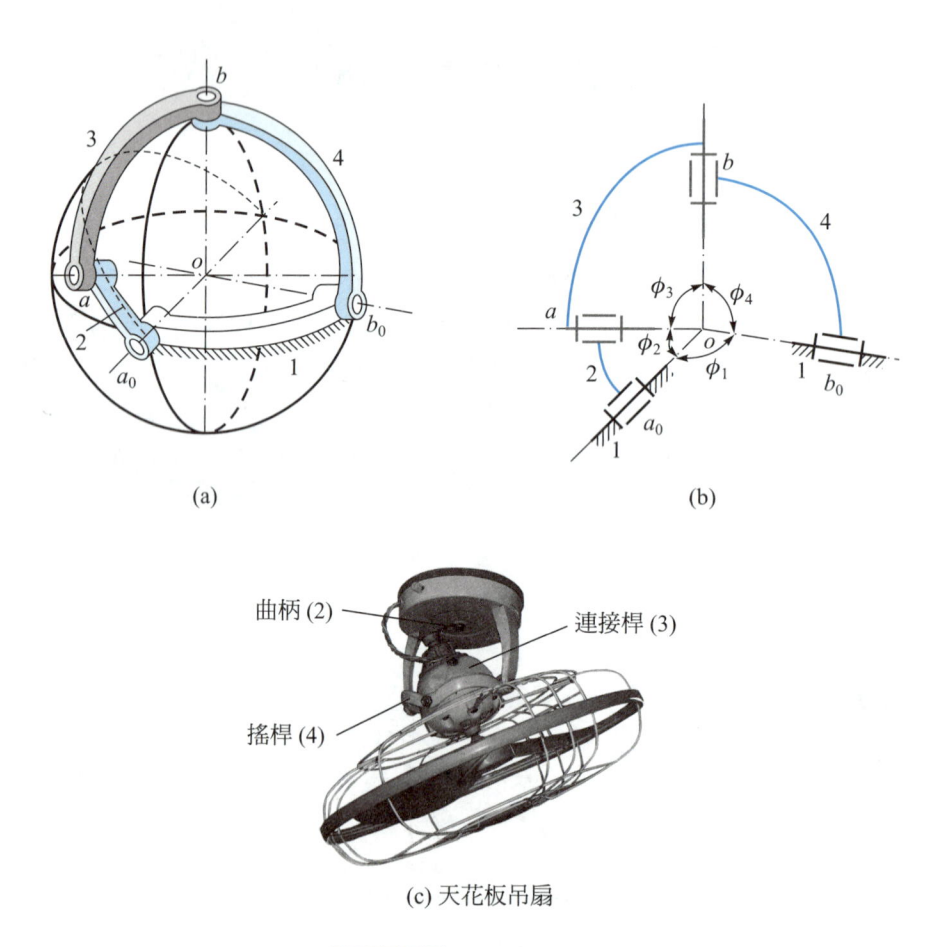

曲柄 (2)
連接桿 (3)
搖桿 (4)

(c) 天花板吊扇

圖 04-30　球面四連桿組

Chapter 04　連桿機構
LINKAGE MECHANISMS

為一定，此稱為**球面運動** (Spherical motion)。描述球面四連桿組時，通常以大圓弧線球心角來取代球面上的桿長，如圖 04-30(b) 的 ϕ_1、ϕ_2、ϕ_3、ϕ_4，這些球心角在機構運動時恆為定值。

此空間機構，具有 4 根連桿 (桿 1、2、3、4) 與 4 個旋轉接頭 (a_0、a、b、b_0)，即 $N=4$，$J_R=4$。根據空間機構自由度判別準則，式 (02-04)，球面四連桿組的自由度為 –2，即：

$$F_s = 6(N-1) - 5J_R$$
$$= 6(4-1) - 5(4)$$
$$= -2$$

應是一個具多餘拘束度的結構；但由於其 4 個旋轉對的軸線交於球心，具特殊幾何尺寸，是一個運動受拘束的矛盾過度拘束機構。

平面四連桿組所有的運動型式，在球面四連桿組中均有其對應的型式。若以圖 04-30(b) 中最短的桿 2 為輸入曲柄，繞軸線 a_0o 作完整的旋轉運動，則點 b 之路徑為球面上的一個圓弧，而桿 4 作搖擺運動，故為空間的曲柄搖桿機構。圖 04-30(c) 為早期用於天花板的一種旋轉電扇機構，亦為球面四連桿組，馬達與轉扇整體固定在連接桿 (桿 3) 上為輸入桿；桿 2 作 360° 的旋轉，桿 4 僅為搖擺運動，也是空間曲柄搖桿機構。

04-04-2　**萬向接頭** Universal joint

球面四連桿組的另一種應用，為英國虎克 (Robert Hooke，1635-1703 年) 所發明的**十字接頭** (Hooke's joint)，圖 04-31，由作為主動件與從動件的兩個軛及一個十字形連接桿組成，用以傳輸相交軸線的運動，俗稱為**萬向接頭** (Universal joint)。輸入桿 (桿 2) 與輸出桿 (桿 4) 以旋轉對 a 和 b 分別與桿 3 鄰接，且接頭 a 與接頭 b 的軸線互相垂直。此外，接頭 a_0 與接頭 a 的軸線垂直，接頭 b_0 與接頭 b 的軸線垂直；此三組垂直的軸線，構成了萬向接頭的特色。由 4 根軸線交於固定點 o 可知，萬向接頭為球面四連桿組的特例。

若以 θ_2 表示輸入軸的角位移，θ_4 表示輸出軸的角位移，β 表示輸入軸與輸出軸間的夾角，且初始位置為桿 4 的軛在軸線 2 與軸線 4 所決定的平面時，則 θ_2 和 θ_4 的關係為：

現代機構學
MODERN MECHANISMS

$\tan \theta_4 = \tan \theta_2 / \cos \beta$

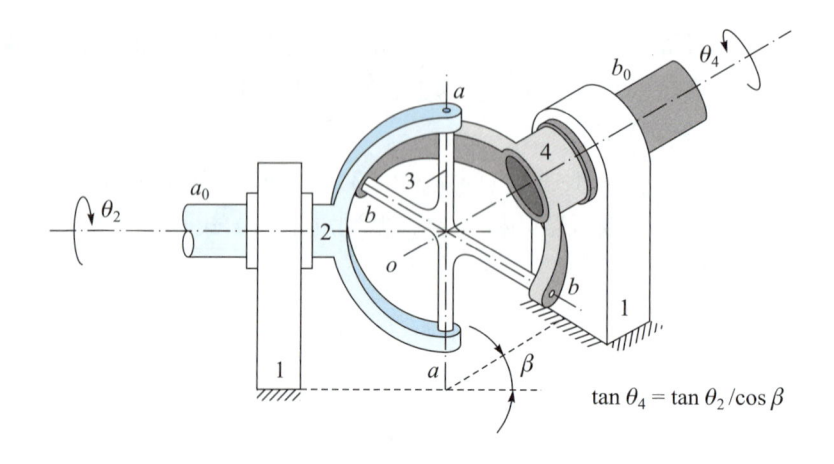

圖 04-31 萬向接頭

$$\theta_4 = \tan^{-1}\left(\frac{\tan \theta_2}{\cos \beta}\right) \qquad (04\text{-}21)$$

令 ω_2 和 ω_4 分別為輸入軸與輸出軸的角速度，且 ω_2 為固定值，將式 (04-21) 對時間微分可得：

$$\omega_4 = \left(\frac{\cos \beta}{1 - \sin^2 \beta \cos^2 \theta_2}\right)\omega_2 \qquad (04\text{-}22)$$

由於角度 β 為定值，輸出軸與輸入軸的角速度比值不為定值，而是波動式的變化。令 α_4 為輸出軸角加速度，將式 (04-22) 對時間微分可得：

$$\alpha_4 = -\left(\frac{\sin^2 \beta \cos \beta \sin 2\theta_2}{(1 - \sin^2 \beta \cos^2 \theta_2)^2}\right)\omega_2^2 \qquad (04\text{-}23)$$

由式 (04-22) 和式 (04-23) 可知，當角度 β 變大時，輸出軸角速度的波動較大，產生的角加速度亦較大，導致慣性力增大而容易造成振動現象。因此，應用於主動桿角速度較快且傳輸功率較大的場合，角度 β 以不超過 30º 為宜；若大於 45º，整個機構可能鎖死而使運動無法傳遞。

若萬向接頭的輸入軸為等角速度，則其輸出軸為變角速度，此特性動限制了其應用。利用兩組萬向接頭連接而成的**雙十字接頭** (Double Hooke's joint)，圖 04-32，若滿足兩組間的夾角相等 ($\beta_2 = \beta_4$)，且當軛 A 在軸線 2 與軸線 3 所

決定的平面時，軛 B 在軸線 3 與軸線 4 所決定的平面上，則桿 4 可得到定角速度的輸出。

(a)

(b)

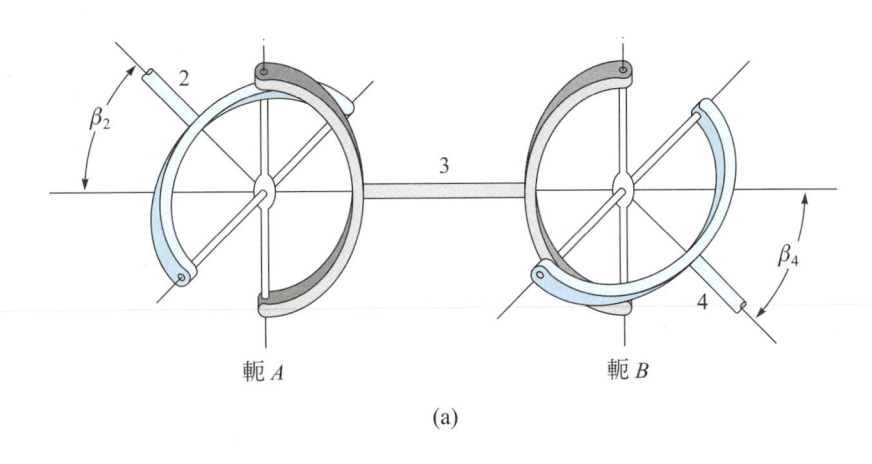

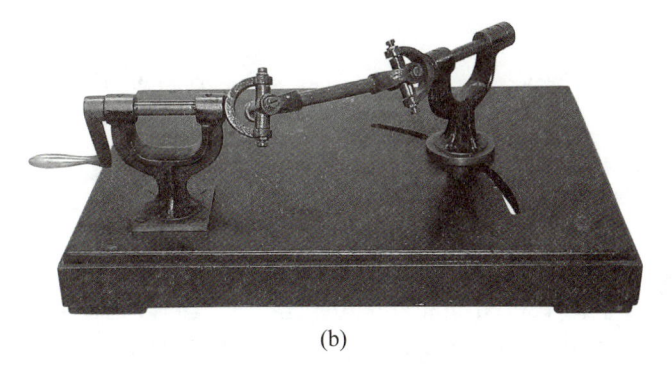

圖 04-32 雙十字接頭

04-05 機械手臂 Robotic Manipulators

　　傳統機構的設計，如連桿機構，是用來執行單一任務。**機器人** (Robot) 是可程式設計、可靈活執行多種任務的機器，其基本組成包括機械手臂、致動器與減速機、控制系統，以及其它與機器人直接作用的任何設備；主要類型有用來取放、焊接、噴漆、組裝的工業機器人 (Industrial robot)，亦有醫療機器人 (Medical robot)、服務機器人 (Service robot)、仿人機器人 (Humanoid robot) 等等。

工業用**機械手臂** (Robotic manipulator) 的設計，在於定位及定向接連機械手臂和工件的**末端執行器** (End-effector)，依構造可分為開放鏈的串聯式機械手臂及封閉鏈的並聯式機械手臂，圖04-33(a) 和 (b) 分別為其構造簡圖。大多數的機械手臂具有 3 至 6 個自由度，每個獨立的自由度分別需要一個獨立的動力源來驅動，如馬達、液壓或氣壓致動器。另有減速機，主要為諧波減速機 (Harmonic drive)、擺線減速機 (Cycloidal drive)、及行星齒輪 (Planetary gear train) 減速機。

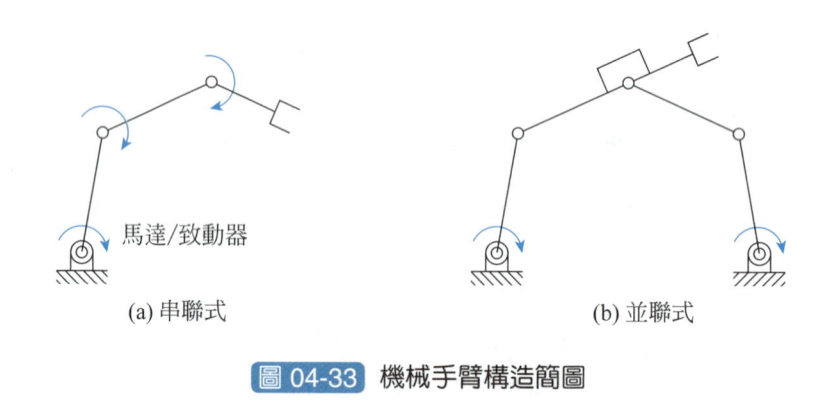

(a) 串聯式　　　　　　　　　(b) 並聯式

圖 04-33 機械手臂構造簡圖

04-05-1　串聯式 Serial type

串聯式機械手臂 (Serial manipulator) 是一種具有多自由度的開放鏈連桿機構，一端固定在機架上，開放端的單接頭桿可自由移動，並經由末端執行器來工作。

由於旋轉接頭 (R) 與滑動接頭 (P) 相對容易驅動，通常使用於機械手臂中。就串聯式機械手臂的前 3 個自由度而言，理論上使用旋轉接頭與滑動接頭的構形有如下 8 種：RRR、RRP、RPR、PRR、RPP、PRP、PPR、PPP，圖 04-34(a)-(i)，其中圖 04-34(b) 和 (c) 同屬 RRP 構形。

工程應用上，主要有如下類型：

直角坐標機器人

直角坐標機器人 (Cartesian robot) 具 3 個滑動接頭 (P)，屬 PPP 構形，圖 04-34 (i)。提供 3 個自由度皆為 1 的平移運動，主要用於取放物件，致動器通常為線型馬達。此機構較簡單，不需要複雜的演算法就能控制各馬達到達要的

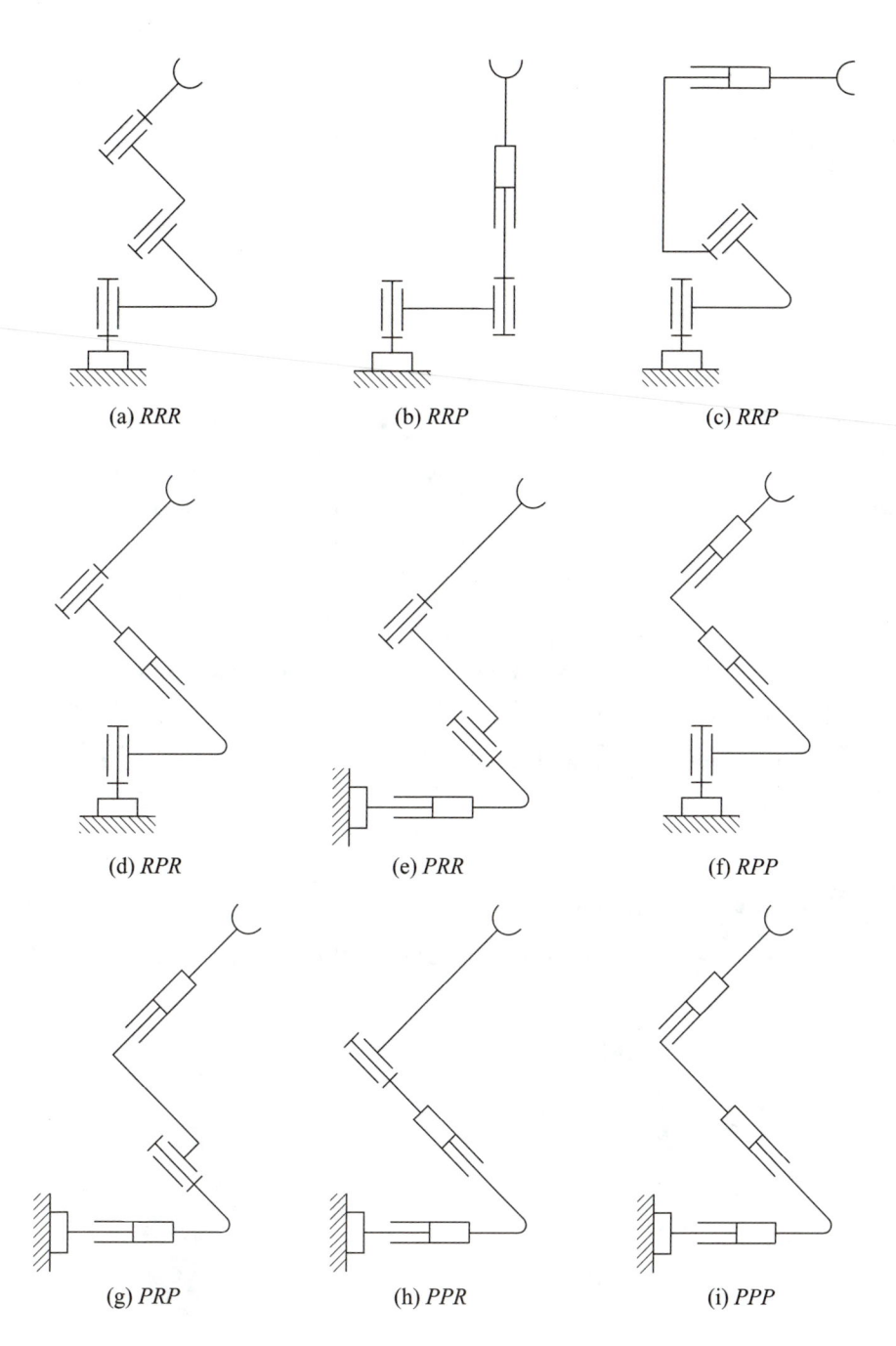

Chapter 04　連桿機構
LINKAGE MECHANISMS

(a) *RRR*　　(b) *RRP*　　(c) *RRP*

(d) *RPR*　　(e) *PRR*　　(f) *RPP*

(g) *PRP*　　(h) *PPR*　　(i) *PPP*

圖 04-34　串聯式機械手臂構形

位置。

圓柱坐標機器人

圓柱坐標機器人 (Cylindrical robot) 具 2 個滑動接頭 (P)、1 個旋轉接頭 (R)，屬 RPP、PRP 構形，圖 04-34(f) 和 (g)。提供 3 個自由度的運動，包括 2 個自由度為 1 的平移運動、1 個自由度為 1 的旋轉運動，主要用於組裝、點焊，以及工具機、壓鑄機產業。

極坐標機器人

極坐標機器人 (Polar robot) 具 2 個旋轉接頭 (R)、1 個滑動接頭 (P)，基本上為 RRP 構形，圖 04-34(c)。提供 3 個自由度的運動，包括 2 個自由度為 1 的旋轉運動、1 個自由度為1的平移運動，主要用於點焊、電弧焊，以及工具機、壓鑄機產業。

水平多關節機器人

水平多關節機器人 (SCARA robot / Selective compliance assembly robot arm) 提供 4 個自由度的運動，包括 3 個自由度為 1 的旋轉運動、1 個自由度為 1 的平移運動，圖 04-35(a)，負載小、速度快，主要用於快速分揀、精密裝配 3C 行業，以及食品產業。

多關節型機器人

多關節型機器人 (Articulated robot) 較常見的有六軸機器人，提供高達 6 個自由度的運動，包括 3 個自由度為 1 的旋轉運動、1 個自由度為 3 的球面運

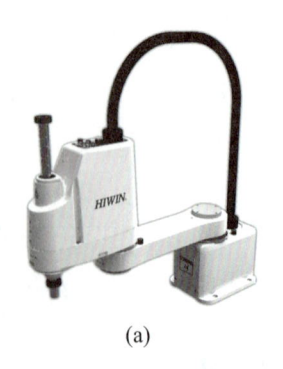

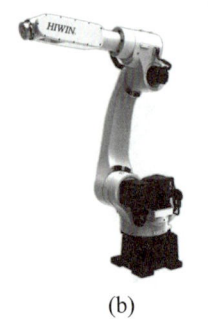

(a)　　　　　　　　　　　(b)

圖 04-35　串聯式機器人 [上銀科技]

動，圖 04-35(b)，可讓末端執行器以較多的角度或路徑到達目標點位置。

04-05-2　並聯式 Parallel type

並聯式機械手臂 (Parallel manipulator) 為由 6 個線性致動器或馬達組成的封閉鏈空間機構，以 6 個自由度來定位與定向末端執行器，主要有具線性致動器的史都華平台 (Stewart platform)，以及由馬達致動的三角機器人 (Delta robot)，圖 04-36。

圖 04-36　並聯式機器人-三角機器人 [上銀科技]

04-05-3　末端執行器 End-effector

末端執行器的設計非常多元化，其夾持方式可為機械式、電動式、或真空吸取，用來執行特定的任務。

圖 04-37 為一種用於夾持圓形工件的機械式末端執行器，夾爪由 2 個對稱的連桿機構組成，每個機構具有 6 個機件 (桿 1、2、3、4、5、6)，1 個滑動接頭 (接頭 a_0) 和 6 個旋轉對 (接頭 b_0、c、d、e、f、g)。致動器 (未顯示) 通過該機構驅動輸入件 (桿 2) 到輸出點 P。圖 04-38 機器手臂末端執行器的作動方式為電動夾持。

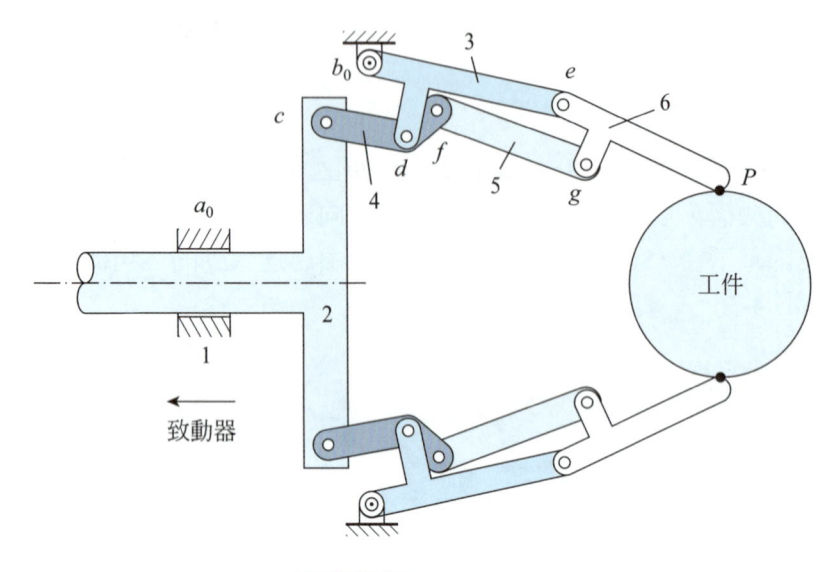

現代機構學
MODERN MECHANISMS

圖 04-37　機器人夾爪

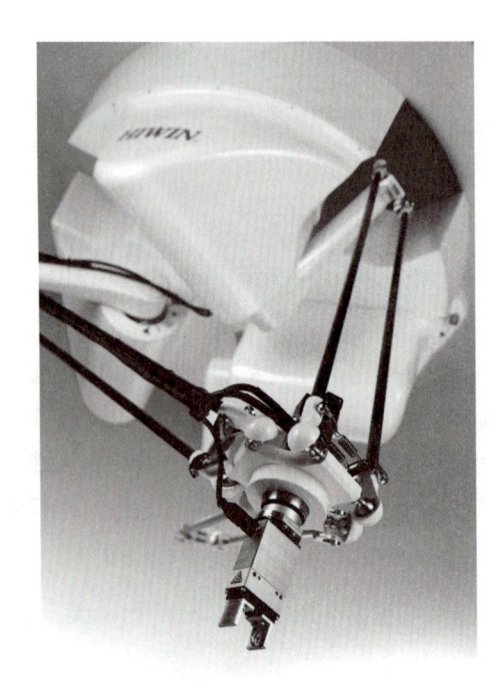

圖 04-38　電動夾爪 [上銀科技]

Chapter 04　連桿機構
LINKAGE MECHANISMS

習題 Problems

04-01 試針對下列不同類型的四連桿組，各舉出一種應用實例，量出桿長，並且利用葛氏定則驗證之：
(a) 曲柄搖桿機構，
(b) 雙曲柄機構，
(c) 雙搖桿機構，
(d) 參搖桿機構。

04-02 有個四連桿組，桿長分別為 5 cm、2 cm、4 cm、4 cm，試問：
(a) 若分別將各桿固定，將形成何種運動類型的機構；
(b) 與固定桿鄰接桿的運動範圍為何。

04-03 有個四連桿組，桿 1、桿 2、桿 4 的長度分別為 300 cm、100 cm、280 cm，試求出耦桿 3 的長度範圍，使其為曲柄搖桿機構。

04-04 承續【習題 04-03】，試表示出曲柄搖桿機構的極限位置，並求出搖桿的運動範圍。

04-05 承續【習題 04-03】，試求出曲柄搖桿機構的最大與最小傳力角。

04-06 承續【習題 04-03】，試求出耦桿 3 的長度，使其為變構點機構。

04-07 試自行選定一個曲柄搖桿機構的桿長，發展一套耦桿點曲線動畫模擬的計算機程式，找出產生具有下列特性之耦桿點曲線的耦桿點位置：
(a) 尖點，
(b) 雙重點，
(c) 直線，
(d) 圓弧。

04-08 對於滑件曲柄機構而言，試：
(a) 定義傳力角，
(b) 找出具最大傳力角與最小傳力角的位置，
(c) 求其衝程的閉合解。

04-09 試設計一衝程為 100 mm 的牽桿機構，且去程與回程的時間比接近 2 比 1。

04-10 試找出具正確直線運動與近似直線運動的機構各一種，註明尺寸，並繪出耦桿點曲線。

04-11 試舉出一種肘節機構的應用實例，繪出運動簡圖，並說明作用原理。

04-12 利用十字接頭來傳動兩相交軸時，此兩軸能否等速運轉？若能等速運轉，試說明理由；若不能等速運轉，應如何配置才能使十字接頭能傳動兩等速軸？

04-13 試從廠商型錄中找出一個自由度至少為 5 的工業型機器人，說明它的機構構造，寫出機構構造矩陣，並繪出其運動鏈。

05 運動分析——圖解法
GRAPHICAL KINEMATIC ANALYSIS

從機構與機器設計的步驟 (第 01-02 節) 言之，運動分析是分析機構的運動狀態 (位移、速度、加速度)，以驗證上個步驟 (合成運動尺寸) 所合成出來的機構是否合乎所求，並求得機構中機件的角加速度及重要點的加速度，以為動力分析之用。

機構的運動分析可概分為圖解法與解析法，本章介紹圖解法。

05-01 位置分析 Position Analysis

分析機構運動狀態的首要步驟，是經由已知機構的構造、機件桿長、及輸入桿的位置，利用適當的方法，求得特定機件與參考點的位置，此即**位置分析** (Position analysis)，用以驗證機構輸出機件或參考點與輸入機件間的位置關係是否合乎設計要求，並為進行速度分析與加速度分析的依據。

圖解法 (Graphical method) 位置分析是利用作圖技巧與工具，求出機構的輸入件在某特定位置時，其它機件或參考點的對應位置。

以下舉例說明之。

▼

例 05-01 有個四連桿組 a_0abb_0，桿長 $r_1 = a_0b_0$ (桿 1)、$r_2 = a_0a$ (桿 2)、$r_3 = ab$ (桿 3)、及 $r_4 = b_0b$ (桿 4) 為已知，圖 05-01(a)。若桿 2 相對於桿 1 的角度為 θ_2 (由桿 1 反時針方向量至桿 2)，試利用圖解法求出桿 3 與桿 4 相對於桿 1 的位置。

01. 選擇適當的位置為固定樞軸 a_0，圖 05-01(b)。
02. 通過 a_0 畫直線 ℓ_1；以 a_0 為圓心，r_1 為半徑畫弧，交 ℓ_1 於固定樞軸 b_0。
03. 通過 a_0 畫另一直線 ℓ_2，與 ℓ_1 成 θ_2 角度 (由 ℓ_1 反時針方向量至 ℓ_2)；以 a_0 為圓心，r_2 為半徑畫弧，交 ℓ_2 於運動樞軸 a。
04. 分別以 a 為圓心 r_3 為半徑、b_0 為圓心 r_4 為半徑畫弧，兩弧交點即為運動樞軸 b

圖 05-01 四連桿組 [例 05-01]

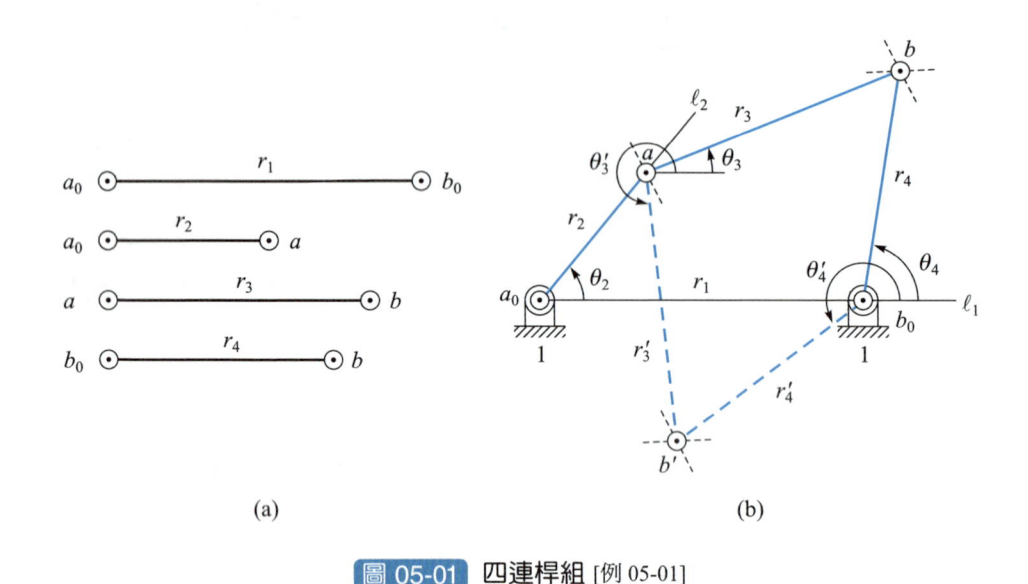

的位置。

05. 利用量角器即可量得桿 3 相對於桿 1 的位置 (θ_3) 及桿 4 相對於桿 1 的位置 (θ_4)。

機構中的四連桿迴路，若相鄰兩桿的位置為已知，則另外兩桿有兩種不同的組合位置，設計者必須根據使用狀況，選擇一種組合位置來應用。圖 05-01(b) 中的桿 3 有 $r_3(\theta_3)$ 和 $r'_3(\theta'_3)$ 二個組合位置，桿 4 亦有 $r_4(\theta_4)$ 和 $r'_4(\theta'_4)$ 二個組合位置，即有 a_0abb_0 和 $a_0a'b'b_0$ 二個位置。

例 05-02

有個六連桿組，其桿長為已知，圖 05-02(a)。若桿 2 為輸入桿 (即 θ_2 已知)，試利用圖解法求桿 6 的位置 (即 θ_6)。

01. 選擇適當的位置為固定樞軸 a_0、b_0、c_0，圖 05-02(b)。
02. 比照 [例 05-01] 求得運動樞軸 a 和 b 的位置，a_0b_0 和 a_0a 間的角度為 θ_2 (由 a_0b_0 反時針方向量至 a_0a)。
03. 分別以 a 為圓心 ad 為半徑、b 為圓心 bd 為半徑畫弧，兩弧交點即為桿 3 之另一個運動樞軸 d 的位置。

Chapter 05　運動分析──圖解法
GRAPHICAL KINEMATIC ANALYSIS

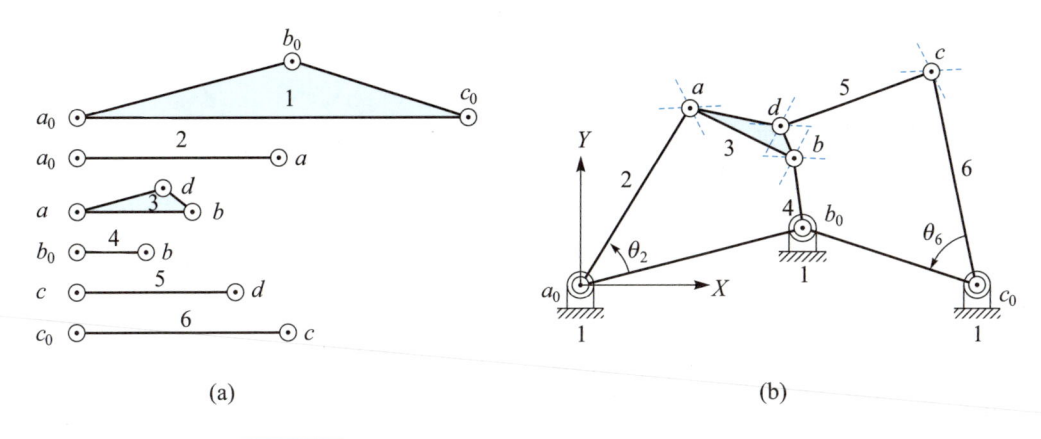

(a)　　　　　　　　(b)

圖 05-02　六連桿組 [例 05-02] [例 06-09]【習題 06-03】

04. 分別以 d 為圓心 dc 為半徑、c_0 為圓心 c_0c 為半徑畫弧，兩弧交點即為與桿 5 和桿 6 附隨的運動樞軸 c。
05. 利用量角器量得桿 6 相對於 c_0b_0 的位置，即 θ_6 (由 c_0c 反時針方向量至 b_0c_0)。

　　雖然利用圖解法可以直接找出機構在某一位置時，其它機件相對於參考機件的位置；但若要求得機構在不同位置所有桿件間的相對位置，則整個圖解過程必須重新來過，相當不方便，此為圖解法的缺點之一。利用圖解法來分析機構的位置，對於位置與角度精確度要求高的應用而言，難以適用，此為圖解法的缺點之二。再者，由於圖解法是在平面的紙上作圖為之，不是用來分析空間機構的好方法，此為圖解法的缺點之三。此外，以 [例 05-02] 為例，若桿 6 是輸入件 (即 θ_6 為已知)，則因桿 6 在五桿迴路 ($c_0cdbb_0c_0$) 內，無法由已知桿長 (c_0c、cd、bd、b_0b、b_0c_0) 與輸入桿位置 (θ_6) 直接求出運動樞軸 d 和 b 的位置，桿 2 的位置 (即 θ_2) 無法直接求得，因此圖解法無法完全直接用來分析機構的運動，此為圖解法的缺點之四。

　　有關機構的運動分析，雖然很少用圖解法來解題，但可用來驗證利用其它方法進行位置分析結果的正確性。

05-02　瞬心法 Instant Center Method

機構的**速度分析** (Velocity analysis)，是根據已知輸入機件之速度及已完成的位置分析，藉由適當的方法，來求得輸出機件之角速度及特定點的線速度。速度在機構與機器設計扮演一個重要的角色，有相當多的應用，如加速度分析、動力分析、運動能量、摩擦力方向、運動的相對路徑、等值質量或慣性矩、虛功原理、動量守恆原理、機械利益、…等，皆需要速度分析。分析機構桿件與點之速度的方法不少，本節與第 05-03 節分別介紹瞬心法與相對速度法。

利用**瞬心法** (Instant center method) 來進行機構的速度分析，是首先求得機構中兩桿的瞬心，再經瞬心由一桿的已知速度求得另外一桿的未知速度。由於瞬心法是種圖解法，加上瞬心的概念無法直接用來進行加速度分析，因此利用瞬心法來進行機構的速度分析，大多是驗證利用其它方法進行速度分析結果的正確性。

以下介紹瞬心的定義、瞬心的求法、及如何利用瞬心來進行速度分析。

05-02-1　瞬心 Instant centers

機構中的任意 2 個機件 (i 和 j) 在任一時刻皆有個共同點，且這個共同點在兩機件上的線速度相同，這個共同點稱為此兩機件的**瞬心** (Instant center, instantaneous center, centro)，以 I_{ij} 表示之。

兩個機件 (i 和 j) 若與 1 個旋轉對附隨，則在任一瞬間，桿 i (或桿 j) 相對於桿 j (或桿 i) 的運動為繞此旋轉對軸心的轉動；由於旋轉軸軸心為桿 i 與桿 j 上的共通點，且桿 i 與桿 j 在軸心上無相對速度，因此旋轉對的軸心即為桿 i 與桿 j 的瞬心。

兩個機件 (i 和 j) 若與 1 個滑動對附隨，則在任一瞬間，桿 i (或桿 j) 相對於 j (或桿 i) 的運動，為平行於滑行面的平移運動，而桿 i (或桿 j) 相對於桿 j (或桿 i) 的瞬心 I_{ij} (或 I_{ji})，為位於桿 i (或 j) 上任一點相對於桿 j (或桿 i) 之路徑的曲率中心。

兩個機件 (i 和 j) 若與 1 個滾動對附隨，則這個滾動對 (桿 i 與桿 j) 的接觸點即為瞬心。

兩個機件若與其它種類的運動對附隨，則此兩機件的瞬心可經由瞬心的定

Chapter 05　運動分析——圖解法
GRAPHICAL KINEMATIC ANALYSIS

義及上述情況間接求得。

05-02-2　三心定理 Theorem of three centros

機構中的瞬心，可利用如下的**三心定理** (Theorem of three centros) 或稱**甘乃迪定理** (Kennedy's theorem) 決定之：任意 3 個機件做相對平面運動時，有 3 個瞬心，且這 3 個瞬心必在一直線上。

設桿 i、桿 j、及桿 k 為 3 個作相對平面運動的機件，圖 05-03。桿 i 與桿 k 的瞬心為 I_{ik}、桿 j 與桿 k 的瞬心為 I_{jk}，若桿 i 與桿 j 的瞬心不在 I_{ik} 和 I_{jk} 的連線上，而在點 P，則在這個瞬間，桿 i 上點 P 的運動方向與 PI_{ik} 垂直，而桿 j 上點 P 的運動方向與 PI_{jk} 垂直，由於這兩個方向不同，所以點 P 在桿 i 與桿 j 上的速度不同，不是桿 i 與桿 j 的瞬心。因此，唯有桿 i 與桿 j 的瞬心 I_{ij} 在 I_{ik} 和 I_{jk} 的連線上，即 3 個機件的 3 個瞬心在一直線上，才能合乎瞬心的定義。

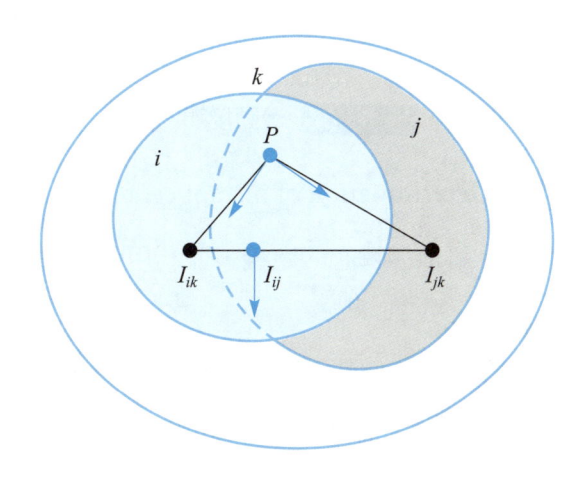

圖 05-03　三心定理

圖 05-04 是個三桿機構，桿 1 為固定桿，分別以旋轉對和桿 2 與桿 3 附隨，即 a_0 和 b_0 為固定樞軸。若桿 2 和桿 3 以凸輪對附隨於接觸點 P，則點 P 在桿 2 之速度 V_{P2} 於公法線上的分量 V_{P2}^n，必須等於點 P 在桿 3 之速度 V_{P3} 於公法線上的分量 V_{P3}^n，否則桿 2 與桿 3 將產生分離不接觸或機件壓合的現象。再者，由於點 P 不在 a_0 和 b_0 的連線上，V_{P2} 在公切線之分量 V_{P2}^t 以及 V_{P3} 在公切線的分量 V_{P3}^t 皆不相等，而產生相對滑動運動。所以，桿 2 與桿 3 在接觸點

P 的相對運動，為沿著公切線方向的相對滑動，且相對旋轉中心 (即瞬心 I_{23}) 必須在公法線上。由於 a_0 為瞬心 I_{12}，b_0 為瞬心 I_{13}，根據三心定理，I_{23} 必須在 I_{12} 和 I_{13} 的連線上；因此，瞬心 I_{23} 位於通過接觸點 P 的公法線以及瞬心 I_{12} 和 I_{13} 連線的交點上。

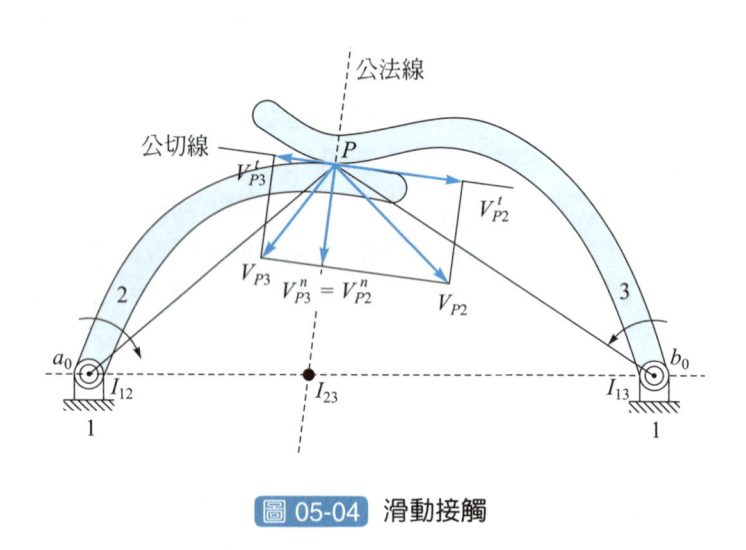

圖 05-04 滑動接觸

05-02-3 瞬心求法 Determination of instant centers

機構中的瞬心位置，可依據瞬心的定義，並利用圖解法與三心定理求得，其步驟如下：

一、將機構中所有的機件以阿拉伯數字編號，桿 i 與桿 j 的瞬心以 I_{ij} 表示之。

二、計算瞬心數目，並列出所有瞬心。一個具有 N 根機件的機構，有 $\dfrac{N(N-1)}{2}$ 個瞬心。

三、畫大小適當的輔助圓，在圓周上標示點 1、點 2、點 3、⋯、點 N，代表有 N 根機件。

四、利用觀察法找出明顯的瞬心，如旋轉對、滑動對、滾動對、凸輪對等。

五、若桿 i 與桿 j 的瞬心為已知，則在輔助圓上的點 i 與點 j 間畫一實線，其它未知瞬心則以虛線畫之。

六、根據三心定理並配合輔助圓上的已知實線，決定未知瞬心 (即虛線) 的位置。

Chapter 05　運動分析——圖解法
GRAPHICAL KINEMATIC ANALYSIS

以下舉例說明之。

例 05-03　有個四連桿組，圖 05-05，試求此機構在這個位置的瞬心位置。

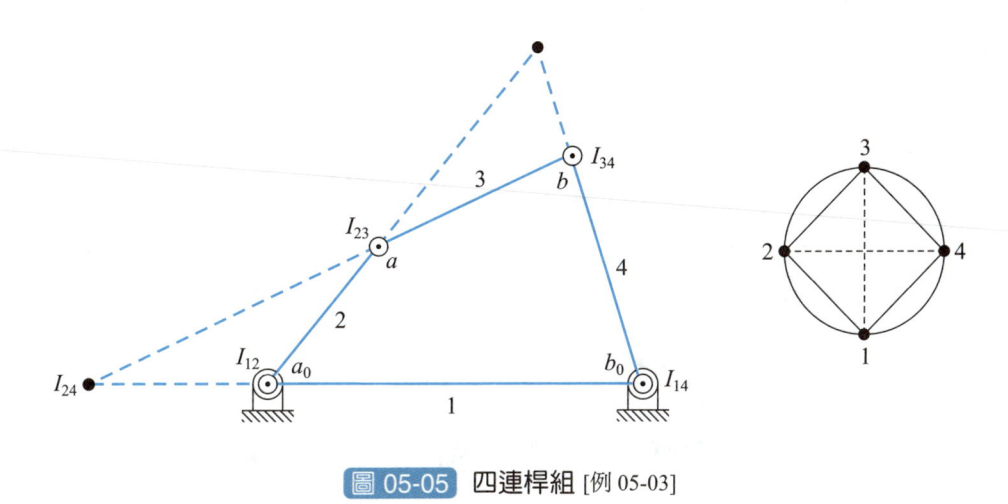

圖 05-05　四連桿組 [例 05-03]

01. 將機構的機件以 1、2、3、4 編號。
02. 此機構有 4 個機件，因此有 $\dfrac{4(4-1)}{2}=6$ 個瞬心，分別是瞬心 I_{12}、I_{13}、I_{14}、I_{23}、I_{24}、I_{34}。
03. 畫輔助圖，並在其上標示點 1、點 2、點 3、點 4。
04. 固定樞軸 a_0 和 b_0 以及運動樞軸 a 和 b 分別是瞬心 I_{12}、I_{14}、I_{23}、I_{34}。
05. 在輔助圓點 1 與點 2、點 1 與點 4、點 2 與點 3、以及點 3 與點 4 間各畫一實線，在點 1 與點 3 以及點 2 與點 4 間各畫一虛線。
06. 根據三心定理，瞬心 I_{12}、I_{13}、I_{23} 必須在一條直線上，且瞬心 I_{13}、I_{14}、I_{34} 也必須在一條直線上，即輔助圓上虛線瞬心 I_{13} 的位置，在瞬心 I_{12} 和 I_{23} 的連線及瞬心 I_{14} 和 I_{34} 的連線交點上。因此，瞬心 I_{12} 和 I_{23} 的連線以及瞬心 I_{14} 和 I_{34} 的連線之交點，即可求出瞬心 I_{13} 的位置。
07. 同理，瞬心 I_{24} 在瞬心 I_{12} 和 I_{14} 的連線以及瞬心 I_{23} 和 I_{34} 的連線之交點上。因此，瞬心 I_{12} 和 I_{14} 的連線以及瞬心 I_{23} 和 I_{34} 的連線之交點，可求出瞬心 I_{24} 的位置。

例 05-04　有個滑件曲柄機構，圖 05-06，試求此機構在這個位置的瞬心位置。

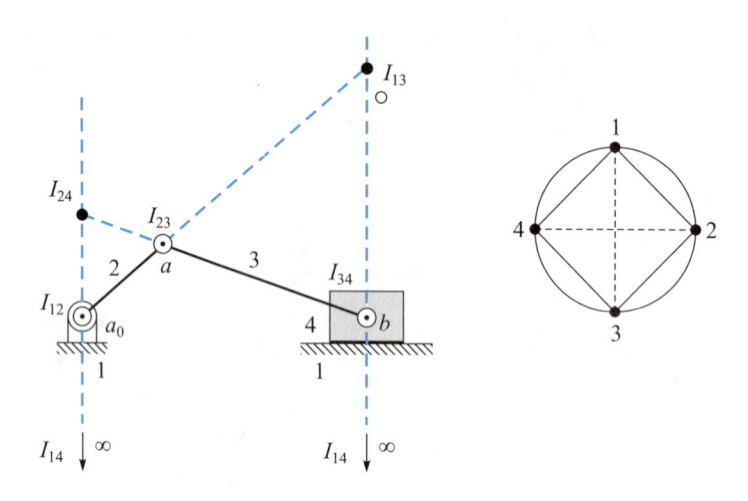

圖 05-06　滑件曲柄機構 [例 05-04]

01. 將機構的機件以 1、2、3、4 編號。

02. 此機構有 4 個機件，因此有 $\dfrac{4(4-1)}{2}=6$ 個瞬心，分別是瞬心 I_{12}、I_{13}、I_{14}、I_{23}、I_{24}、I_{34}。

03. 畫輔助圖，並在其上標示點 1、點 2、點 3、點 4。

04. 固定樞軸 a_0 及運動樞軸 a 和 b 分別是瞬心 I_{12}、I_{23}、I_{34}。滑件 4 相對於固定桿 1 為平移運動，其瞬心位於滑件 4 相對於固定桿 1 之動路的曲率中心。因其動路為一直線，曲率中心位於無窮遠處，即瞬心 I_{14} 位於垂直於滑行面的無窮遠處。

05. 在輔助圖點 1 與點 2、點 1 與點 4、點 2 與點 3、以及點 3 與點 4 間各畫一實線，在點 1 與點 3 以及點 2 與點 4 間各畫一虛線。

06. 根據三心定理，瞬心 I_{12}、I_{13}、I_{23} 必須在一條直線上，且瞬心 I_{13}、I_{14}、I_{34} 也必須在一條直線上，即輔助圖上之虛線瞬心 I_{13} 的位置，在瞬心 I_{12} 和 I_{23} 的連線以及瞬心 I_{14} 和 I_{34} 的連線之交點上。因此，瞬心 I_{12} 和 I_{23} 的連線以及瞬心 I_{14} 和 I_{34} 的連線之交點，即可求出瞬心 I_{13} 的位置。

07. 同理，瞬心 I_{24} 在瞬心 I_{12} 和 I_{14} 的連線以及瞬心 I_{23} 和 I_{34} 的連線之交點上。此時，通過瞬心 I_{12} 畫一條線與滑件動路垂直，代表瞬心 I_{12} 和 I_{14} 的連線，此連線

Chapter 05　運動分析──圖解法
GRAPHICAL KINEMATIC ANALYSIS

與瞬心 I_{23} 和 I_{34} 的連線之交點，可求出瞬心 I_{24} 的位置。

▼

例 05-05　有個四連桿機構，圖 05-07，試求此機構在這個位置的瞬心位置。

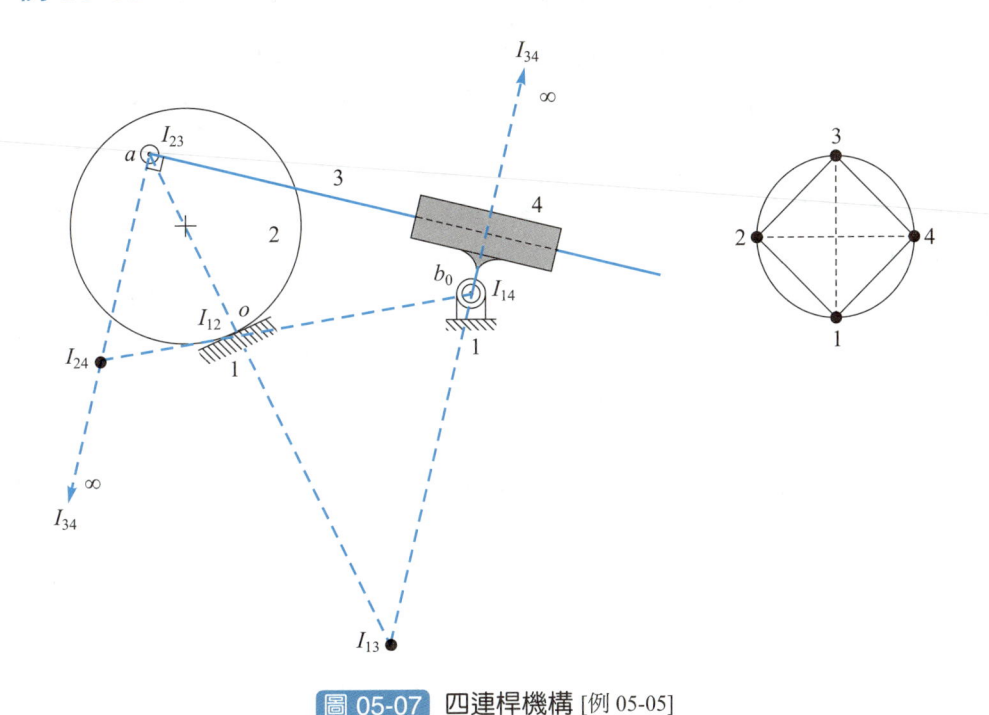

圖 05-07　四連桿機構 [例 05-05]

01. 將機構的機件以 1、2、3、4 編號。
02. 此機構有 4 個機件，因此有 I_{12}、I_{13}、I_{14}、I_{23}、I_{24}、I_{34} 等 6 個瞬心。
03. 畫輔助圓，並在其上標示點 1、點 2、點 3、點 4。
04. 固定樞軸 b_0 與運動樞軸 a 分別是瞬心 I_{14} 和 I_{23}；桿 3 與桿 4 為相對滑動且角速度相等，因此瞬心 I_{34} 在相對滑動方向之垂直線的無窮遠處；桿 2 與桿 1 為滾動接觸，因此接觸點 o 為瞬心 I_{12}。
05. 在輔助圓點 1 與點 2、點 1 與點 4、點 2 與點 3、以及點 3 與點 4 間各畫一實線，在點 1 與點 3 以及點 2 與點 4 間各畫一虛線。
06. 根據三心定理並且配合輔助圓可知，瞬心 I_{13} 在瞬心 I_{12} 和 I_{23} 之連線以及通過瞬心 I_{14} 且垂直於桿 3 直線的交線上。

07. 同理，瞬心 I_{24} 在瞬心 I_{12} 和 I_{14} 之連線以及通過瞬心 I_{23} 且垂直於桿 3 直線的交線上。

05-02-4 瞬心法速度分析 Velocity analysis by instant centers

機構中，若任一桿之角速度或其上任何一點的線速度已知，可用瞬心法求得其它各桿之角速度或者其上任何一點的速度，以下介紹**瞬心法速度分析** (Velocity analysis by instant centers) 的步驟：

一、求速度已知機件 i 與速度未知機件 j 的瞬心 I_{ij}。
二、求已知機件與機架的瞬心 I_{i1} 以及未知機件 j 與機架 1 的瞬心 I_{j1}。
三、由已知機件之角速度 ω_i 以及 I_{i1} 的位置，求出兩機件共同點 I_{ij} 的速度 V_{ij}。
四、由所求得共同點之速度 V_{ij} 以及 I_{j1} 的位置，求出未知機件在此瞬間的角速度 ω_j，並據此求出其上之點的速度。

以下舉例說明之。

例 05-06 有個四連桿組，圖 05-08，若桿 2 的角速度 ω_2 已知，試利用瞬心法求桿 3 耦桿點 c 的速度 V_c。

01. 由於速度已知機件為桿 2，速度未知機件為桿 3，因此先找出瞬心 I_{23} (即運動樞軸 a)。
02. 接著找出已知機件 (桿 2) 與機架的瞬心 I_{12} (即固定樞軸 a_0)，以及未知機件 (桿 3) 與機架的瞬心 I_{13}。
03. 由於 I_{23} 是桿 2 的一點，且在此瞬間桿 2 以角速度 ω_2 繞瞬心 I_{12} 轉動，因此 I_{23} 的速度 V_{23} 為：

$$V_{23} = \omega_2(I_{23}I_{12}) \tag{05-01}$$

其中，$I_{23}I_{12}$ 為瞬心 I_{23} 和瞬心 I_{12} 間的距離。

04. 由於 I_{23} 亦是桿 3 的一點，且在此瞬間桿 3 以角速度 ω_3 繞瞬心 I_{13} 轉動，因此可得：

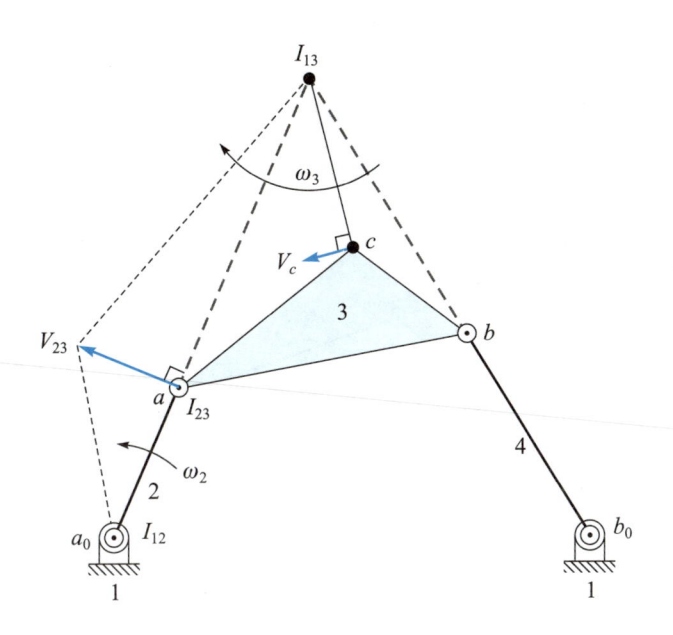

Chapter 05　運動分析——圖解法
GRAPHICAL KINEMATIC ANALYSIS

圖 05-08　四連桿組 [例 05-06]

$$V_{23} = \omega_3(I_{23}I_{13}) \tag{05-02}$$

其中，$I_{23}I_{13}$ 為瞬心 I_{23} 與瞬心 I_{13} 間的距離。因此，桿 3 的角速度 ω_3 可以表示為：

$$\omega_3 = \frac{I_{23}I_{12}}{I_{23}I_{13}}\omega_2 \tag{05-03}$$

其中，$I_{23}I_{12}$ 和 $I_{23}I_{13}$ 可由圖中用尺直接量取，即可計算出桿 3 的角速度 ω_3。若 $\omega_2 = 10$ rad/sec，由圖中用尺直接量得 $I_{23}I_{12} = 22$ mm、$I_{23}I_{13} = 45$ mm，則桿 3 的角速度 ω_3 為：

$$\omega_3 = \frac{22}{45} \times 10 = 4.89 \text{ rad/sec}$$

05. 由於點 c 是桿 3 的一點，在此瞬間點其速度 V_c 為：

$$V_c = \omega_3(cI_{13})$$

例 05-07 有個滑件曲柄機構，圖 05-09，若桿 2 的角速度 ω_2 已知，試利用瞬心法求桿 4 點 b 的速度 V_b。

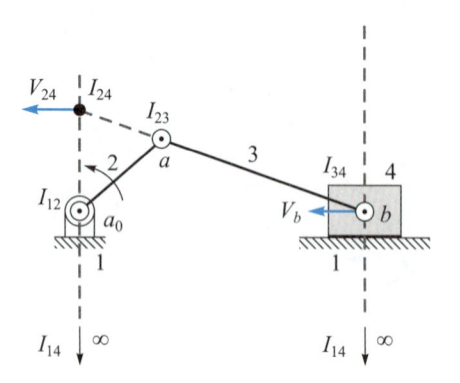

圖 05-09 滑件曲柄機構 [例 05-07]

01. 首先找出瞬心 I_{12}、I_{14}、I_{23}、I_{34} 的位置。
02. 接著利用三心定理找出瞬心 I_{24} 的位置。
03. 由於瞬心 I_{24} 是桿 2 的一點，且在此瞬間桿 2 以角速度 ω_2 繞瞬心 I_{12} 轉動，因此瞬心 I_{24} 的速度 V_{24} 為：

$$V_{24} = \omega_2(I_{12}I_{24}) \tag{05-04}$$

其中，$I_{12}I_{24}$ 為瞬心 I_{12} 與瞬心 I_{24} 間的距離。

04. 由於瞬心 I_{24} 亦是桿 4 的一點，且在此瞬間桿 4 僅有平移滑動，桿 4 各點的速度均相同，因此可得：

$$V_b = V_{24} = \omega_2(I_{12}I_{24}) \tag{05-05}$$

例 05-08 有個四連桿機構，圖 05-10，若桿 2 的角速度 ω_2 已知，試利用瞬心法求桿 4 的角速度 ω_4。

01. 首先找出瞬心 I_{12}、I_{14}、I_{23}、I_{34} 的位置。
02. 接著利用三心定理找出瞬心 I_{24} 的位置。

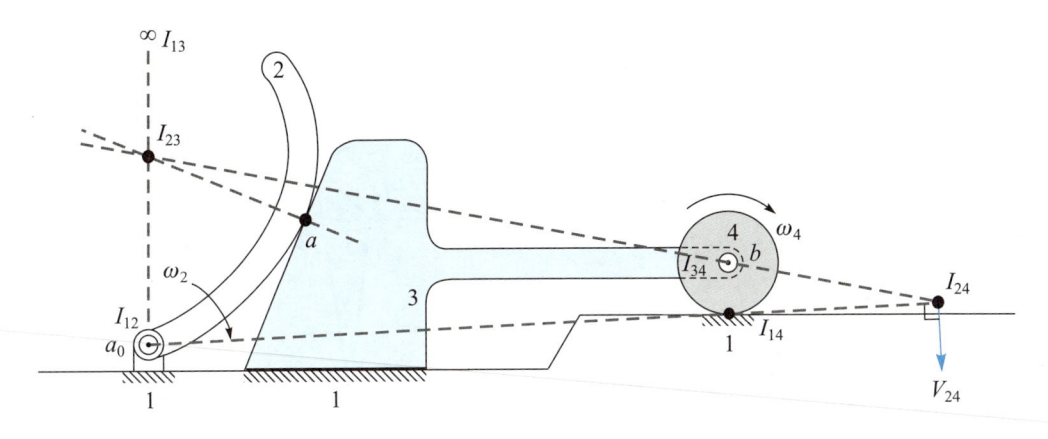

Chapter 05　運動分析──圖解法
GRAPHICAL KINEMATIC ANALYSIS

圖 05-10　四連桿機構 [例 05-08]

03. 由於瞬心 I_{24} 是桿 2 的一點，也是桿 4 的一點，且在此瞬間桿 2 繞瞬心 I_{12} 轉動、桿 4 繞瞬心 I_{14} 轉動，因此可得瞬心 I_{24} 的線速度 V_{24} 為：

$$V_{24} = \omega_2(I_{24}I_{12}) = \omega_4(I_{24}I_{14}) \tag{05-06}$$

其中，$I_{24}I_{12}$ 和 $I_{24}I_{14}$ 分別為瞬心 I_{24} 至瞬心 I_{12} 和瞬心 I_{14} 的距離。

04. 因此，桿 4 的角速度 ω_4 可以表示為：

$$\omega_4 = \frac{I_{24}I_{12}}{I_{24}I_{14}} \omega_2 \tag{05-07}$$

其中，$I_{24}I_{12}$ 和 $I_{24}I_{14}$ 可由圖中用尺直接量取，即可計算出桿 4 的角速度 ω_4。

05. 若 $\omega_2 = 10$ rad/sec，由圖中用尺直接量得 $I_{24}I_{12} = 108$ mm、$I_{24}I_{14} = 29$ mm，則桿 4 的角速度 ω_4 為：

$$\omega_4 = \frac{108}{29} \times 10 = 37.24 \text{ rad/sec}$$

▼
例 05-09
有個六連桿機構，圖 05-11，若桿 2 的角速度 ω_2 已知，試利用瞬心法求桿 6 的角速度 ω_6。

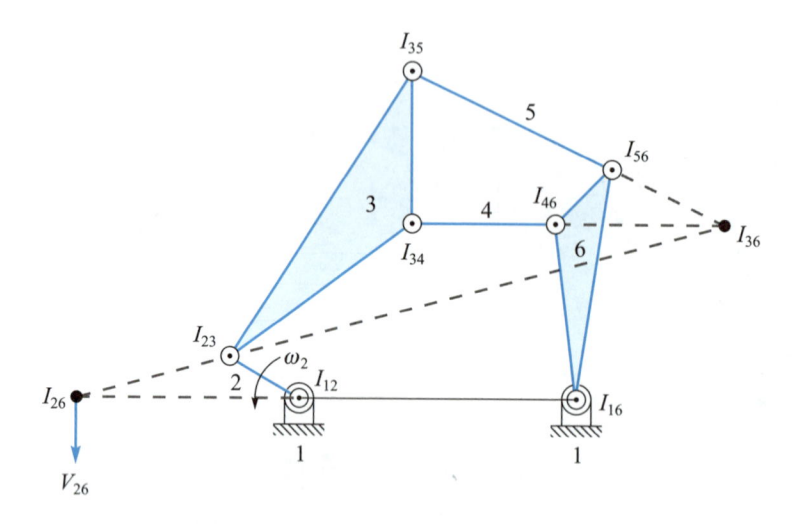

圖 05-11 六連桿機構 [例 05-09]

01. 首先找出瞬心 I_{12}、I_{16}、I_{23}、I_{34}、I_{35}、I_{46}、I_{56} 的位置。
02. 接著利用三心定理找出瞬心 I_{36} 的位置。
03. 最後利用三心定理找出瞬心 I_{26} 的位置。
04. 由於瞬心 I_{26} 是桿 2 的一點，也是桿 6 的一點，且在此瞬間桿 2 繞瞬心 I_{12} 轉動、桿 6 繞瞬心 I_{16} 轉動，因此可得瞬心 I_{26} 的速度 V_{26} 為：

$$V_{26} = \omega_2(I_{12}I_{26}) = \omega_6(I_{16}I_{26}) \tag{05-08}$$

其中，$I_{12}I_{26}$ 和 $I_{16}I_{26}$ 分別為瞬心 I_{26} 至瞬心 I_{12} 和瞬心 I_{26} 的距離。

05. 因此，桿 6 的角速度 ω_6 可求得如下：

$$\omega_6 = \frac{I_{12}I_{26}}{I_{16}I_{26}}\omega_2 \tag{05-09}$$

05-02-5　機械利益 Mechanical advantage

對於機械系統而言，其**效率** (Efficiency, E) 為輸出功率 P_o 與輸入功率 P_i 的比值，即：

$$E = \frac{P_o}{P_i} \tag{05-10}$$

Chapter 05　運動分析──圖解法
GRAPHICAL KINEMATIC ANALYSIS

對於旋轉機械系統而言，輸出功率 P_o 與輸入功率 P_i 可表示為：

$$P_o = T_o \omega_o \qquad (05\text{-}11)$$

$$P_i = T_i \omega_i \qquad (05\text{-}12)$$

其中，T_o 和 T_i 分別為輸出扭矩與輸入扭矩，ω_o 和 ω_i 分別為輸出角速度與輸入角速度。假設系統在動力傳遞過程中的能量損失為零，即其效率為百分之百，則

$$T_o \omega_o = T_i \omega_i \qquad (05\text{-}13)$$

機械利益 (Mechanical advantage, MA) 的定義為輸出扭矩 T_o 與輸入扭矩 T_i 的比值。因此，由式 (05-13) 可得：

$$MA = \frac{T_o}{T_i} = \frac{\omega_i}{\omega_o} \qquad (05\text{-}14)$$

由於利用瞬心法可以很快得到輸入角速度與輸出角速度的比值，因此常利用瞬心法來計算機構在某一個位置的機械利益。以圖 05-12 的四連桿組為例，其機械利益為：

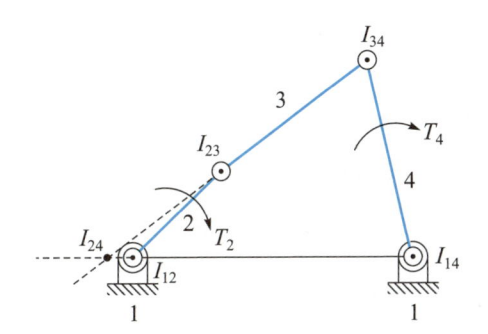

圖 05-12　四連桿組-機械利益與瞬心

$$MA = \frac{T_4}{T_2} = \frac{\omega_2}{\omega_4} = \frac{I_{14} I_{24}}{I_{12} I_{24}} \qquad (05\text{-}15)$$

當此機構在接近桿 4 的極限位置時，桿 2 與桿 3 接近共線，瞬心 I_{24} 與瞬心 I_{12} 幾乎重合，即瞬心 I_{24} 與瞬心 I_{12} 間的距離趨近於零，其機械利益趨近於

無窮大。

05-03 相對速度法 Relative Velocity Method

利用瞬心法，雖可直接求得特定機件之角速度或其上重要參考點的速度，但卻無法直接用來進行加速度分析。本節介紹如何以**相對速度法** (Relative velocity method)，配合圖解**速度多邊形** (Velocity polygon) 的作圖技巧，來進行機構的速度分析。

以下依一桿上的兩點、滾動件的接觸點、及兩桿的重合點介紹相對速度法。

05-03-1 一桿上兩點 Two points on a common link

以相對速度概念來進行機構的速度分析，常作速度多邊形來輔助。設機構中有個機件在某一瞬間繞固定樞軸 o 以角速度 ω 轉動，則這個機件點 a 的速度 $\vec{V}_a$ 為：

$$\vec{V}_a = \vec{\omega} \times \overline{oa} \tag{05-16}$$

方向與 oa 垂直。點 b 的速度 $\vec{V}_b$ 為：

$$\vec{V}_b = \vec{\omega} \times \overline{ob} \tag{05-17}$$

方向與 ob 垂直。點 b 相對於點 a 的速度 $\vec{V}_{ba}$ 為：

$$\vec{V}_{ba} = \vec{V}_b - \vec{V}_a \tag{05-18}$$

方向與 ba 垂直，圖 05-13。可作速度多邊形如下：

01. 在適當位置取點 o_v 為速度多邊形的參考點。
02. 通過 o_v 畫一線與 V_a 平行，在其上取點 a_v，使 $o_v a_v$ 方向與 V_a 同向、大小與 V_a 成適當比例 k_v。
03. 通過 o_v 畫一線與 V_b 平行，在其上取點 b_v，使 $o_v b_v$ 方向與 V_b 同向、大小與 V_b 亦成適當比例 k_v。

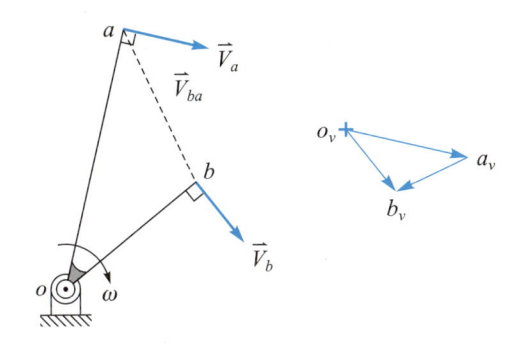

Chapter 05　運動分析──圖解法
GRAPHICAL KINEMATIC ANALYSIS

圖 05-13　相對速度

04. 量取 $b_v a_v$ 長度，則相對速度 V_{ba} 的大小為此長度乘上比例 k_v，方向為點 a_v 至點 b_v 的方向。

以下舉例說明之。

例 05-10　有個滑件曲柄機構，$a_0 a = 10$ cm、$ab = 30$ cm，當 $\theta_2 = 60°$ 時，$\theta_3 = -16.78°$，圖 05-14，若曲柄的角速度 $\omega_2 = 100$ rad/sec（反時針方向），試利用相對速度法求連接桿之角速度 ω_3 以及滑件的速度 V_4。

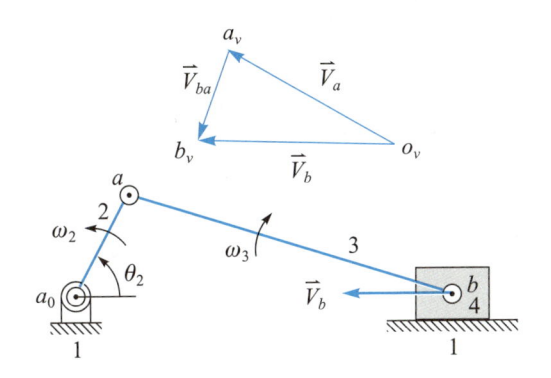

圖 05-14　滑件曲柄機構 [例 05-10] [例 06-11] [例 06-15]

01. 點 a 的速度 $V_a = \omega_2(a_0 a) = 100 \times 10 = 1,000$ cm/sec，方向與 $a_0 a$ 垂直。
02. 桿 3 點 a 與點 b 的相對速度方程式為：

$$\vec{V}_b = \vec{V}_a + \vec{V}_{ba}$$
$$D\checkmark \quad D\checkmark \quad D\checkmark$$
$$M? \quad M\checkmark \quad M?$$

其中，$\vec{V}_a$ 的方向 (D) 與大小 (M) 為已知，$\vec{V}_b$ 的方向與 a_0b 平行、大小未知，$\vec{V}_{ba}$ 的方向與 ba 垂直、大小未知。

03. 取 o_v 為速度多邊形的參考點，作三角形 $o_v a_v b_v$，並取速度比例 $k_v = 400$，即 1 cm = 400 cm/sec，使 $o_v a_v = \dfrac{1,000}{400} = 2.5$ cm。由於 $o_v a_v$ 和 $\vec{V}_a$ 同向，$o_v b_v$ 和 $\vec{V}_b$ 同向、且 $a_v b_v$ 和 $\vec{V}_{ba}$ 同向，可定出點 b_v。量得 $o_v b_v = 2.5$ cm，$a_v b_v = 1.31$ cm。

04. 桿 3 點 b 相對於點 a 的速度大小 $V_{ba} = k_v \times a_v b_v = 400 \times 1.31 = 524$ cm/sec，因此桿 3 的角速度 $\omega_3 = \dfrac{V_{ba}}{ba} = \dfrac{524}{30} = 17.5$ rad/sec，順時針方向。

05. 由於點 b 為滑件的一點，因此滑件速度 $V_4 = V_b = k_v \times o_v b_v = 400 \times 2.5 = 1,000$ cm/sec，方向為由點 b 至點 a_0。

05-03-2　滾動件接觸點 Contact points of rolling elements

若滾子 (桿 2) 在平面 (桿 1) 上滾動，圖 05-15，這個瞬間桿 2 為繞滾子與平面的接觸點 o 旋轉。此時滾子中心點 b 的速度 $\vec{V}_b$ 為：

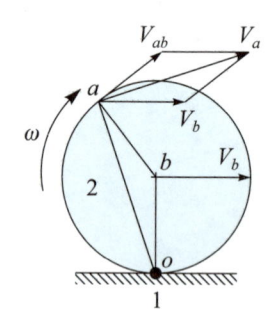

圖 05-15　滾動件接觸點

$$\vec{V}_b = \vec{\omega} \times \overline{ob} \tag{05-19}$$

其方向與 $\overline{ob}$ 垂直；其中 $\overline{ob}$ 為滾子半徑，ω 為滾子角速度。滾子上任一點 a 相

Chapter 05　運動分析──圖解法
GRAPHICAL KINEMATIC ANALYSIS

對於中心點 b 的速度 $\vec{V}_{ab}$ 為：

$$\vec{V}_{ba} = \vec{V}_b - \vec{V}_a \tag{05-20}$$

方向與 $\overline{ba}$ 垂直。此時，滾子點 a 的絕對速度 $\vec{V}_a$ 可表示為：

$$\vec{V}_a = \vec{V}_b + \vec{V}_{ab} = \vec{\omega} \times (\overline{ob} + \overline{ba}) \tag{05-21}$$

如圖 05-15 所示。若滾子點 a 剛好落在接觸點 o，則 $\vec{V}_{ab}$ 的大小與 $\vec{V}_b$ 剛好相等，但方向相反，因此接觸點 o 的絕對速度為零。

05-03-3　兩桿重合點 Coincident points on separate links

以下以具兩桿重合點的四連桿機構為例，說明如何利用相對速度法求得輸出桿的角速度。

例 05-11　有個四連桿機構，圖 05-16，若滾子 (機件 2) 的角速度 ω_2 為已知，試利用相對速度法求搖臂 (機件 4) 的角速度 ω_4。

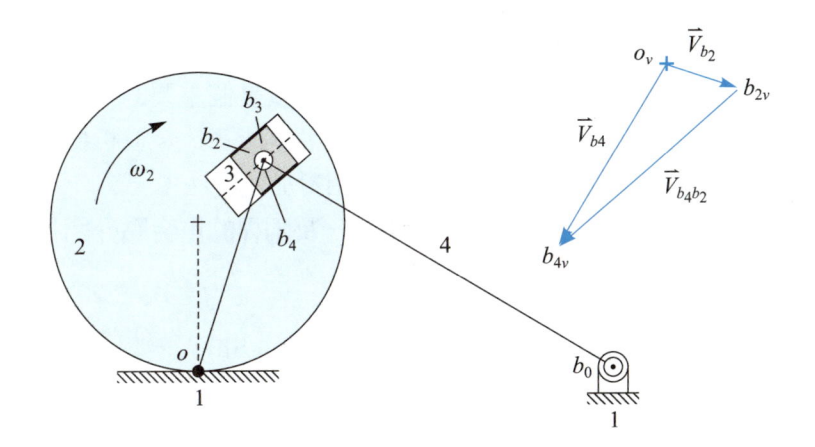

圖 05-16　四連桿機構 [例 05-11]

01. 點 b_2 為滾子 (機件 2) 的一點，與運動樞軸 $b_3 = b_4$ 重合，其速度 $V_{b_2} = \omega_2 (ob_2)$，方向與 ob_2 垂直。
02. 點 b_3 為滑件 (機件 3) 的一點，與搖臂 (機件 4) 的點 b_4 重合，為運動樞軸。因

此，$\vec{V}_{b_3} = \vec{V}_{b_4}$。

03. 在點 b，點 b_4 相對於點 b_2 之運動為沿著滑槽方向的滑動，因此點 b_4 相對於點的速度方程式為：

$$\vec{V}_{b_4} = \vec{V}_{b_2} + \vec{V}_{b_4 b_2}$$
$$D\surd \quad D\surd \quad \quad D\surd$$
$$M? \quad M\surd \quad \quad M?$$

其中，$\vec{V}_{b_2}$ 的方向 (D) 與大小 (M) 為已知，$\vec{V}_{b_4 b_2}$ 的方向為已知、大小未知，$\vec{V}_{b_4}$ 的方向垂直於 $b_o b_4$、大小未知。

04. 作速度多邊形 $o_v b_{2v} b_{4v}$，可求得點 b_4 的速度 $\vec{V}_{b_4}$。

05. 因此，搖臂的角速度 $\omega_4 = \dfrac{V_{b_4}}{b_o b_4}$，反時針方向。

05-04　相對加速度法 Relative Acceleration Method

　　機構的**加速度分析** (Acceleration analysis)，是根據已知輸入機件之加速度以及已完成的位置分析與速度分析，藉由適當的方法，來求得輸出件之角加速度及重要點的線加速度。設計高速機器時，加速度是個重要的特性，因為機件的慣性力與線加速度成正比、慣性力矩與角加速度成正比。分析機構各桿件與點之加速度的方法有多種，本節介紹圖解的相對加速度法。

　　以下依一桿上的兩點、滾動件的接觸點、及兩桿的重合點介紹相對加速度法。

05-04-1　一桿上兩點 Two points on a common link

　　設 a 和 b 為機件 i 的兩點，點 a 的加速度 $\vec{A}_a$ 為已知，r_{ba} 為點 b 與點 a 間的長度、α_i 為桿 i 的角加速度，則點 b 的加速度 $\vec{A}_b$ 可表示為：

$$\vec{A}_b = \vec{A}_a + \vec{A}_{ba} \tag{05-22}$$

其中，$\vec{A}_{ba}$ 為點 b 相對於點 a 的加速度。因為每個加速度項 $\vec{A}$，可分解成在法線方向的分量 $\vec{A}^n$ 以及在切線方向的分量 $\vec{A}^t$，式 (05-22) 可表示為：

Chapter 05　運動分析──圖解法
GRAPHICAL KINEMATIC ANALYSIS

$$\vec{A}_b^n + \vec{A}_b^t = \vec{A}_a^n + \vec{A}_a^t + \vec{A}_{ba}^n + \vec{A}_{ba}^t \tag{05-23}$$

其中，

$$A_{ba}^n = \frac{V_{ba}^2}{r_{ba}} = r_{ba}\omega_i^2 \tag{05-24}$$

$$A_{ba}^t = r_{ba}\alpha_i \tag{05-25}$$

由於桿 i 的角速度 ω_i 或點 b 相對於點 a 的速度 $\vec{V}_{ba}$ 已在速度分析中求得，若式 (05-22) 或式 (05-23) 中加速度 $\vec{A}_a$ 的大小與方向已知，即可求得桿 i 的角加速度 α_i 以及點 b 的加速度 $\vec{A}_b$。解題的技巧可比照速度分析中速度多邊形的概念，選參考點 o_A，定適當的比例 k_A，作**加速度多邊形** (Acceleration polygon)，以圖解法為之，此即為**相對加速度法** (Relative acceleration method)。

以下舉例說明之。

例 05-12　有個滑件曲柄機構，$a_0a = 10$ cm、$ab = 30$ cm，當 $\theta_2 = 60°$ 時，$\theta_3 = -16.78°$，圖 05-17，若曲柄 (機件 2) 以等角速度 $\omega_2 = 100$ rad/sec 旋轉 (反時針方向)，試利用相對加速度法求連接桿 (機件 3) 的角加速度 α_3 以及滑件 (機件 4) 的加速度 A_4。

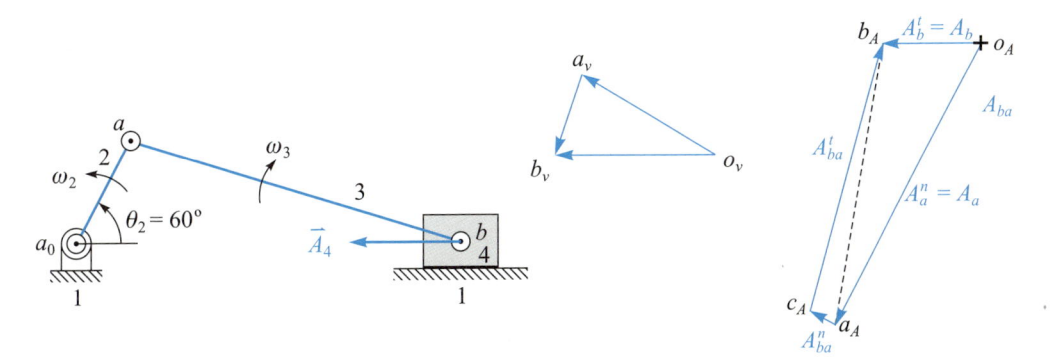

圖 05-17　滑件曲柄機構 [例 05-12]

01. 根據速度分析 [例 05-10] 可知：

$$\vec{V}_b = \vec{V}_a + \vec{V}_{ba} \tag{05-26}$$

其中，V_{ba} = 524 cm/sec，ω_3 = 17.5 rad/sec，方向如圖所示。

02. 根據式 (05-23)，點 b 的加速度可表示為：

$$\vec{A}_b^n + \vec{A}_b^t = \vec{A}_a^n + \vec{A}_a^t + \vec{A}_{ba}^n + \vec{A}_{ba}^t \tag{05-27}$$

$$\begin{array}{cccccc} D\surd & D\surd & D\surd & D\surd & D\surd & D\surd \\ M\surd & M? & M\surd & M\surd & M\surd & M? \end{array}$$

點 a 的法線加速度 $A_a^n = (a_0a)\omega_2^2 = (10)(100)^2 = 100,000$ cm/sec^2 (方向由 a 至 a_0)，切線加速度 $A_a^t = (a_0a)\alpha_2 = (10)(0) = 0$；由於點 b 亦為滑件 4 的一點，因此點 b 的法線加速度 $A_b^n = \dfrac{V_b^2}{\infty} = 0$，切線加速度 A_b^t 大小未知、方向與滑件運動方向一致；點 b 相對於點 a 的法線加速度 $A_{ba}^n = (ab)\omega_3^2 = (30)(17.5)^2 = 9,187.5$ cm/sec^2、方向由 b 至 a，而切線加速度 A_{ba}^t 大小未知、方向與 ba 垂直。

03. 取 o_A 為加速度多邊形的參考點，作四邊形 $o_Aa_Ac_Ab_A$，並取比例 $k_A = 25,000$，即 1 cm = 25,000 cm/sec^2，使 o_Aa_A = 4.0 cm、方向與 A_a^n 相同，a_Ac_A = 0.36 cm、方向與 A_{ba}^n 相同，c_Ab_A 和 A_{ba}^t 同向，o_Ab_A 和 A_b^t 同向，則可定出點 b_A。量得 c_Ab_A = 3.6 cm，o_Ab_A = 1.3 cm。

04. 點 b 對於點 a 之切線加速度的大小 $A_{ba}^t = k_A \times c_Ab_A = 25,000 \times 3.6 = 90,000$ cm/sec^2，因此桿 3 的角加速度 $\alpha_3 = \dfrac{A_{ba}^t}{ab} = \dfrac{90,000}{30} = 3,000$ rad/sec^2 (反時針方向)。

05. 由於點 b 亦在滑件上，所以滑件的線性加速度 $A_4 = A_b = A_b^t = k_A \times o_Ab_A = 25,000 \times 1.3 = 32,500$ cm/sec^2 (方向向左)。

05-04-2 滾動件接觸點 Contact points of rolling elements

若機構中有個機件 j 相對於另一機件 i 作滾動運動，則機件 i 任一點的加速度，可按照第 05-04-1 節所述原理分析。由於兩個作相對滾動的機件，必然以某種曲線或曲面在接觸點接觸，因此必須先求出此曲線或曲面在接觸點之曲率中心的加速度，再利用相對加速度原理求出滾動件上所感興趣點的加速度。

以下舉例說明之。

▼

例 05-13 有個半徑為 R_2 的滾子 (機件 2)，中心為點 O_2，相對於曲面半徑為

Chapter 05　運動分析──圖解法
GRAPHICAL KINEMATIC ANALYSIS

R_1、中心為點 O_1 的機架 (機件 1) 作滾動運動，接觸點為 P，圖 05-18。若滾子的角速度 ω_2 與角加速度 α_2 為已知，試利用相對加速度法求點 P 的加速度。

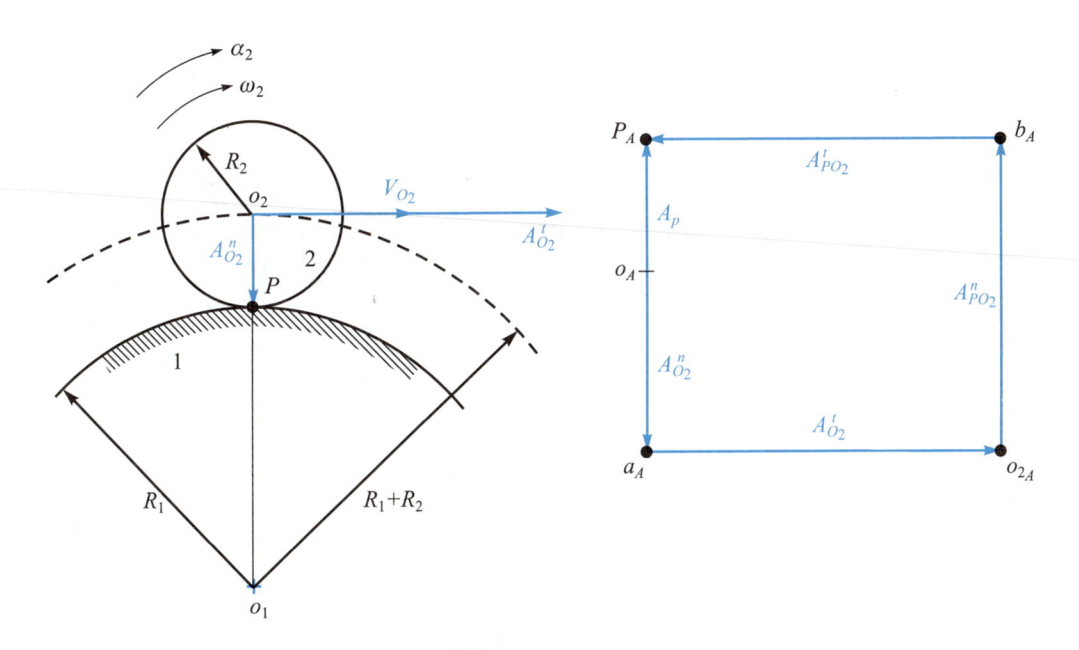

圖 05-18 滾動接觸 [例 05-13]

01. 由於接觸點 P 為桿 2 相對於桿 1 的瞬心 I_{12}，而桿 1 為固定桿，因此點 P 的速度為零，即 $V_P = 0$。點 O_2 的速度 $V_{O_2} = R_2\omega_2$，方向與 O_2P 垂直。
02. 根據式 (05-22) 與式 (05-23)，點 P 的加速度 $\vec{A}_P$ 可表示為：

$$\vec{A}_P = \vec{A}^n_{O_2} + \vec{A}^t_{O_2} + \vec{A}^n_{PO_2} + \vec{A}^t_{PO_2} \tag{05-28}$$

$$\begin{array}{ccccc} D? & D\checkmark & D\checkmark & D\checkmark & D\checkmark \\ M? & M\checkmark & M\checkmark & M\checkmark & M\checkmark \end{array}$$

由於點 O_2 路徑的曲率半徑為 $R_1 + R_2$，點 O_2 的法線加速度為 $A^n_{O_2} = \dfrac{V^2_{O_2}}{R_1 + R_2} = \dfrac{R^2_2}{R_1 + R_2}\omega^2_2$，方向由 O_2 至 O_1；再者，由於點 O_2 繞點 P 旋轉，因此其切線加速度 $A^t_{O_2} = R_2\alpha_2$，方向與 V_{O_2} 同。點 P 相對於點 O_2 的法線加速度為 $A^n_{PO_2} = R_2\omega^2_2$，

方向由 P 至 O_2；而切線加速度為 $A^t_{PO_2} = R_2\alpha_2$，與 $A^t_{O_2}$ 大小相等方向相反。

03. 選參考點 O_A，作加速度多邊形 $o_A a_A o_{2A} b_A P_A$，圖可得點 P 的加速度 $A_P = \dfrac{R_1 R_2}{R_1 + R_2} \omega_2^2$，方向由 P 至 O_2。

05-04-3　兩桿重合點 Coincident points on separate links

當機構中機件 j 的一點 P_j，沿著繞點 o 作旋轉運動機件 i 的動路運動時，點 P_j 相對於機件 i 點 P_i 的加速度，除法線加速度與切線加速度外，另具有**科氏加速度** (Coriolis acceleration)。點 P_j 相對於點 P_i 的加速度關係可表示為，圖 05-19：

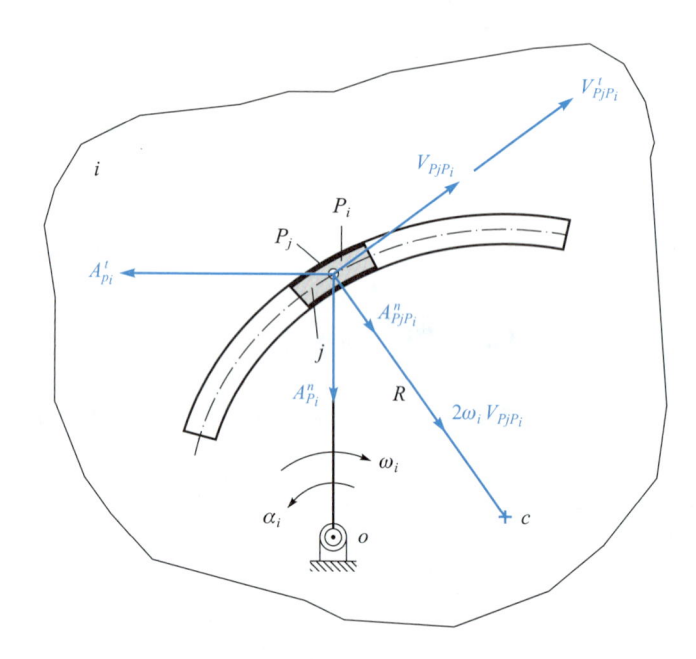

圖 05-19　科氏加速度

$$\vec{A}_{P_j} = \vec{A}_{P_i} + \vec{A}_{P_j P_i} \tag{05-29}$$

或

$$\vec{A}^n_{P_j} + \vec{A}^t_{P_j} = \vec{A}^n_{P_i} + \vec{A}^t_{P_i} + \vec{A}^n_{P_j P_i} + \vec{A}^t_{P_j P_i} + 2\vec{\omega}_i \times \vec{V}_{P_j P_i} \tag{05-30}$$

Chapter 05 運動分析──圖解法
GRAPHICAL KINEMATIC ANALYSIS

其中

$$A^n_{P_i} = \frac{V^2_{P_i}}{oP_i} = (oP_i)\omega^2_i \text{ (方向由 } P_i \text{ 至 } o)\tag{05-31}$$

$$A^t_{P_i} = (oP_i)\alpha_i \text{ (方向與 } P_i o \text{ 垂直)}\tag{05-32}$$

$$A^n_{P_jP_i} = \frac{V^2_{P_jP_i}}{cP_i} = (cP_i)\omega^2_{ji} \text{ (方向為動路在點 } P_i \text{ 的法線方向)}\tag{05-33}$$

$$A^t_{P_jP_i} = (cP_i)\alpha_{ji} \text{ (方向為路徑在點 } P_i \text{ 的切線方向)}\tag{05-34}$$

$$2\omega_i V_{P_jP_i} = \text{科氏加速度 (方向為 } \vec{\omega}_i \times \vec{V}_{P_jP_i})\tag{05-35}$$

點 c 為路徑在點 P 的曲率中心,而此路徑 (在桿 i 上) 對固定樞軸旋轉,ω_i 為桿 i 的角速度,α_i 為桿 i 的角加速度,V_{P_i} 為點 P 在桿 i 的速度,$V_{P_jP_i}$ 為點 P 在桿 j 相對於桿 i 的速度,ω_{ji} 為點 P 在桿 j 相對於點 i 的角速度,α_{ji} 則為相對角加速度。

以下舉例說明之。

例 05-14 有個急回機構為倒置型滑件曲柄機構,圖 05-20,桿 2 為輸入桿,繞固定樞軸 o_2 旋轉,點 P 為運動樞軸、與桿 2 和桿 3 附隨,桿 3 為滑件、在桿 4 上滑動,桿 4 則繞固定樞軸 o_4 旋轉。若 $o_2o_4 = 3.0$ cm,$Po_2 = 7.0$ cm,$Po_4 = 8.9$ cm,且當桿 2 位於 $\theta_2 = 120°$ 時,角速度 $\omega_2 = 100$ rpm (反時針方向),角加速度 $\alpha_2 = 0$,試求桿 4 的角加速度 α_4。

01. 點 P 為輸入桿 2 與滑件 3 的運動樞軸,在桿 2 稱為 P_2 點,在桿 3 稱為 P_3 點,而在桿 4 與點 P 重合的點稱為 P_4 點。
02. 點 P_2 相對於點 P_4 的速度關係為:

$$\vec{V}_{P_4} = \vec{V}_{P_2} + \vec{V}_{P_4P_2}\tag{05-36}$$

其中,$\omega_2 = 100$ rpm $= 100\times 2\pi/60 = 10.46$ rad/sec,$V_{P_2} = (P_2o_2)\omega_2 = 7\times 10.46 = 73.2$ cm/sec (方向與 P_2o_2 垂直),$V_{P_4} = (P_4o_4)\omega_4$ (方向與 P_4o_4 垂直),$V_{P_4P_2}$ 的方向

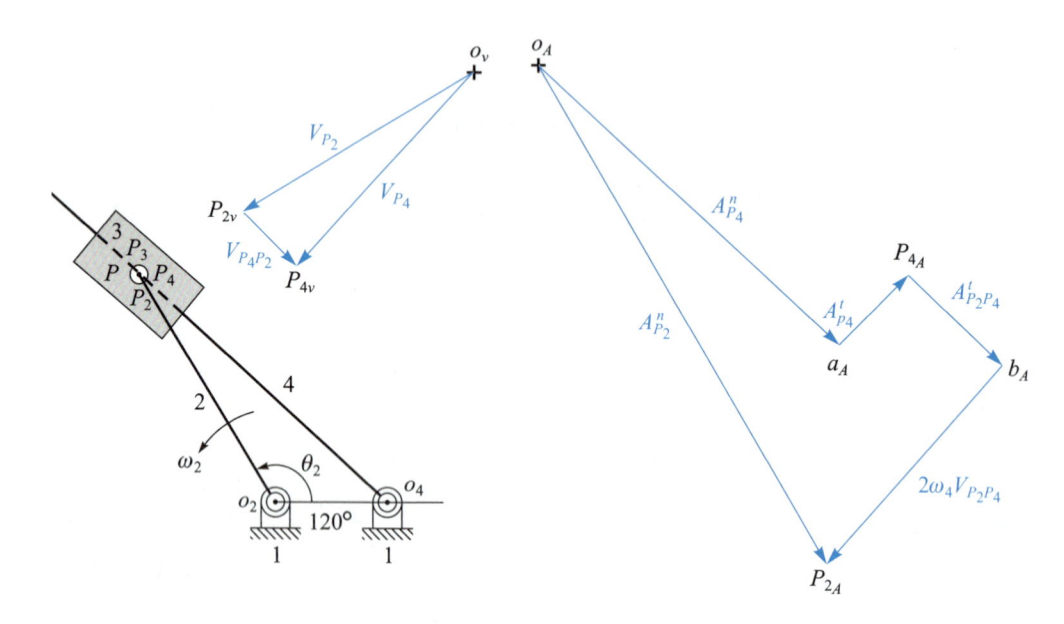

現代機構學
MODERN MECHANISMS

圖 05-20 急回機構 [例 05-14] [例 06-16]

與 P_4o_4 平行。因此，選參考點 o_v，作速度多邊形 $o_vP_{4v}P_{2v}$，定比例 $k_v = 20$ cm/sec，可求得 $V_{P_4} = 70$ cm/sec (方向朝左下)，$V_{P_4P_2} = 22$ cm/sec (方向朝右下)。而

$$\omega_4 = \frac{V_{P_4}}{P_4o_4} = \frac{70}{8.9} = 7.86 \text{ rad/sec (反時針方向)}。$$

03. 根據式 (05-30)，點 P_2 相對於點 P_4 的加速度關係為：

$$\vec{A}^n_{P_2} + \vec{A}^t_{P_2} = \vec{A}^n_{P_4} + \vec{A}^t_{P_4} + \vec{A}^n_{P_2P_4} + \vec{A}^t_{P_2P_4} + 2\vec{\omega}_4 \times \vec{V}_{P_2P_4} \tag{05-37}$$

D√ D√ D√ D√ D√ D√ D√
M√ M√ M√ M? M√ M? M√

其中，$A^n_{P_2} = (P_2o_2)\omega_2^2 = 7.0 \times (10.46)^2 = 766$ cm/sec² (方向由 P_2 至 o_2)，$A^t_{P_2} = 7.0 \times 0 = 0$；$A^n_{P_4} = (P_4o_4)\omega_4^2 = 8.9 \times (7.86)^2 = 550$ cm/sec² (方向由 P_4 至 o_4)，$A^t_{P_4} = (P_4o_4)\alpha_4$ (方向與 P_4o_4 垂直)。因為點 P_2 與點 P_4 作相對直線運動，$A^n_{P_2P_4} = 0$，$A^t_{P_2P_4} = (P_4o_4)\alpha_{24}$ (方向與 P_4o_4 平行)。$2\omega_4V_{P_2P_4} = 2 \times 7.86 \times 22 = 346$ cm/sec² (方向垂直 P_4o_4，向左下)。

04. 取 o_A 為加速度多邊形的參考點，作加速度多邊形，並取比例 $k_A = 100$ cm/sec²，

Chapter 05 運動分析──圖解法
GRAPHICAL KINEMATIC ANALYSIS

使 $o_A a_A = \dfrac{A^n_{P_A}}{k_A} = \dfrac{550}{100} = 5.5$ cm (方向與 $A^n_{P_4}$ 相同)，$o_A P_{2A} = \dfrac{A^n_{P_2}}{k_A} = \dfrac{766}{100} = 7.66$ cm (方向與 $A^n_{P_2}$ 相同)，$b_A P_{2A} = \dfrac{2\omega_4 V_{P_2 P_4}}{k_A} = \dfrac{346}{100} = 3.46$ cm (方向與 $\omega_4 V_{P_2 P_4}$ 相同)。通過點 a_A 畫一線平行於 $A^t_{P_4}$ 的方向，通過點 b_A 畫另一線平行於 $A^t_{P_2 P_4}$ 的方向，兩線的交點為 P_{4A}。量得 $a_A P_{4A} = 1.3$ cm、$b_A P_{4A} = 1.8$ cm。

05. 點 P_4 的切線方向加速度 $A^t_{P_4} = k_A \times a_A P_{4A} = 100 \times 1.3 = 130$ cm/sec^2。因此，$\alpha_4 = \dfrac{A^t_{P_4}}{Po_4} = \dfrac{130}{8.9} = 14.6$ rad/sec^2 (順時針方向)，加速度 $A^t_{P_2 P_4} = k_A \times b_A P_{4A} = 100 \times 1.7 = 170$ cm/sec^2 (向右下)。

例 05-15 有個具搖擺式滾子從動件的盤形凸輪 (第 08-05-5 節)，圖 05-21。凸輪 2 為主動件，繞固定樞軸 o_2 旋轉，角速度 ω_2 與角加速度 α_2 為已知；桿 3 為滾子，以旋轉對在點 P 和從動件 4 鄰接，並與凸輪直接接觸；桿 4 為從動件，繞固定樞軸 o_4 搖擺。令點 P 在桿 4 為 P_4，在桿 2 與 P_4 重合的點為 P_2，點 P_4 相對於點 P_2 的動路如圖的虛線所示，其曲率半徑為 $P_2 c$，而點 c 為凸輪輪廓曲線在接觸點的曲率中心。試求從動件的角加速度 α_4。

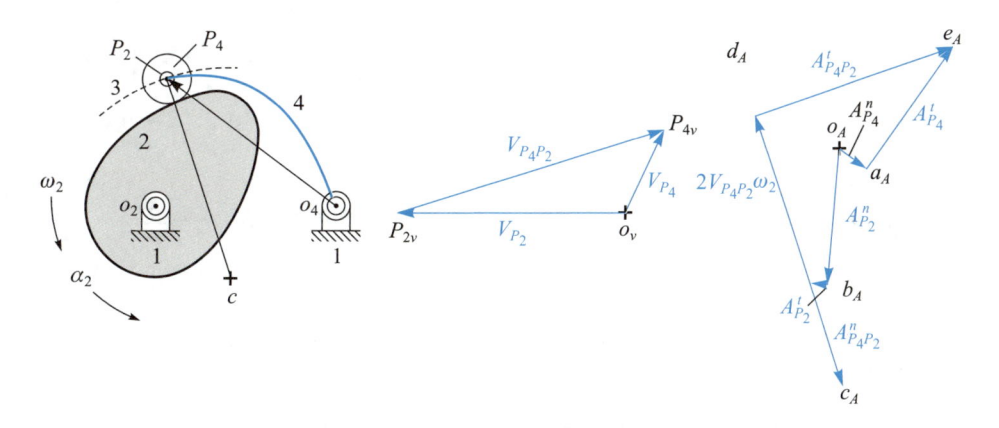

圖 05-21 盤形凸輪機構 [例 05-15]

01. 欲求桿 4 的角加速度 α_4，必須先求得點 P_4 的加速度；而欲求點 P_4 的加速度，則必須先進行速度分析以求得 ω_4 和 $V_{P_4P_2}$。

02. 點 P_4 與點 P_2 的相對速度關係為：

$$\vec{V}_{P_4} = \vec{V}_{P_2} + \vec{V}_{P_4P_2} \tag{05-38}$$

$$D\surd \quad D\surd \quad D\surd$$
$$M? \quad M\surd \quad M?$$

因為 $V_{P_2} = (P_2o_2)\omega_2$ 可求出，且 V_{P_2} 的方向與 P_2o_2 垂直 (向左)、V_{P_4} 的方向與 P_4o_4 垂直、$V_{P_4P_2}$ 的方向與 P_2c 垂直，利用作速度多邊形 $o_vP_{2v}P_{4v}$ (圖 05-21) 可得到 $V_{P_4P_2}$ 和 V_{P_4} 的大小，再由 $\omega_4 = \dfrac{V_{P_4}}{P_4o_4}$ 可得到 ω_4 的大小。

03. 點 P_4 與點 P_2 的相對加速度關係為：

$$\vec{A}^n_{P_4} + \vec{A}^t_{P_4} = \vec{A}^n_{P_2} + \vec{A}^t_{P_2} + \vec{A}^n_{P_4P_2} + \vec{A}^t_{P_4P_2} + 2\vec{\omega}_2 \times \vec{V}_{P_4P_2} \tag{05-39}$$

$$D\surd \quad D\surd \quad D\surd \quad D\surd \quad D\surd \quad D\surd \quad D\surd$$
$$M\surd \quad M? \quad M\surd \quad M\surd \quad M\surd \quad M? \quad M\surd$$

$A^n_{P_4}$ 的方向為由 P_4 至 o_4，$A^t_{P_4}$ 的方向與 P_4o_4 垂直，$A^n_{P_2}$ 的方向為由 P_2 至 o_2，$A^t_{P_2}$ 的方向與 P_2o_2 垂直 (向右)，$A^n_{P_4P_2}$ 的方向為由 P_2 至 c，$A^t_{P_4P_2}$ 的方向與 P_2c 垂直，$2\omega_2V_{P_4P_2}$ 的方向為由 c 至 P_2，即所有的方向皆為已知。再者，$A^n_{P_4} = (P_4o_4)\omega_4^2$、$A^n_{P_2} = (P_2o_2)\omega_2^2$、$A^t_{P_2} = (P_2o_2)\alpha_2$、$A^n_{P_4P_2} = \dfrac{V^2_{P_4P_2}}{P_2c}$、$2\omega_2V_{P_4P_2}$ 等的大小皆可求得；僅 $A^t_{P_4}$ 和 $A^t_{P_4P_2}$ 的大小未知。因此，可作加速度多邊形 $o_Aa_Ae_Ad_Ac_Ab_A$ (圖 05-21)，求得 $A^t_{P_4}$ 的大小。

04. 點 P_4 的切線方向加速度 $A^t_{P_4}$ 求得後，即可得桿 4 的角加速度 $\alpha_4 = \dfrac{A^t_{P_4}}{P_4o_4}$。

習題 Problems

05-01 有個四連桿組 a_0abb_0，桿長 $r_1 = a_0b_0 = 8.0$ cm (桿 1)、$r_2 = a_0a = 3.0$ (桿 2)、$r_3 = ab = 6.0$ cm (桿 3)、及 $r_4 = 7.0$ cm (桿 4) 為已知。若桿 2 相對於桿 1 的角度為 $\theta_2 = 60°$ (由桿 1 反時針方向量至桿 2)，試利用圖解法求出桿 3 與桿

Chapter 05　運動分析──圖解法
GRAPHICAL KINEMATIC ANALYSIS

4 相對於桿 1 的位置。

05-02　有個六連桿組,圖 P05-01, $a_0b_0 = 6.0$ cm, $b_0d_0 = 8.0$ cm, $a_0a = 3.0$ cm, $ab = 6.0$ cm, $b_0b = 6.0$ cm, $\angle bb_0c = 30°$, $b_0c = 4.0$ cm, $cd = 8.0$ cm, $d_0d = 7.0$ cm。若桿 2 為輸入桿,試利用圖解法分析:
(a) 分析桿 2 的運動範圍,
(b) 畫出 $\theta_2 - \theta_4$ 的關係圖,
(c) 畫出 $\theta_2 - \theta_6$ 的關係圖。

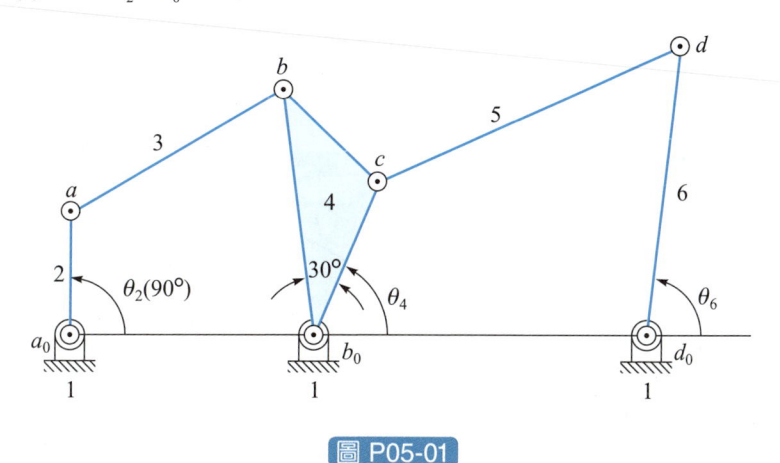

圖 P05-01

05-03　試求圖 P05-02 各四連桿機構的瞬心位置。

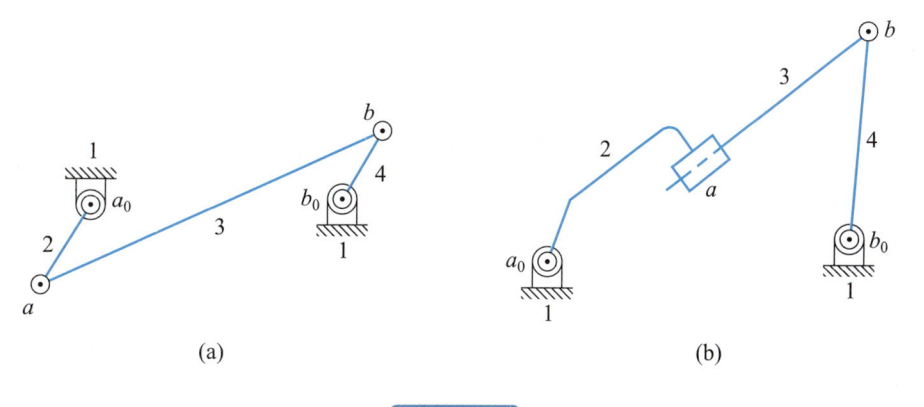

圖 P05-02

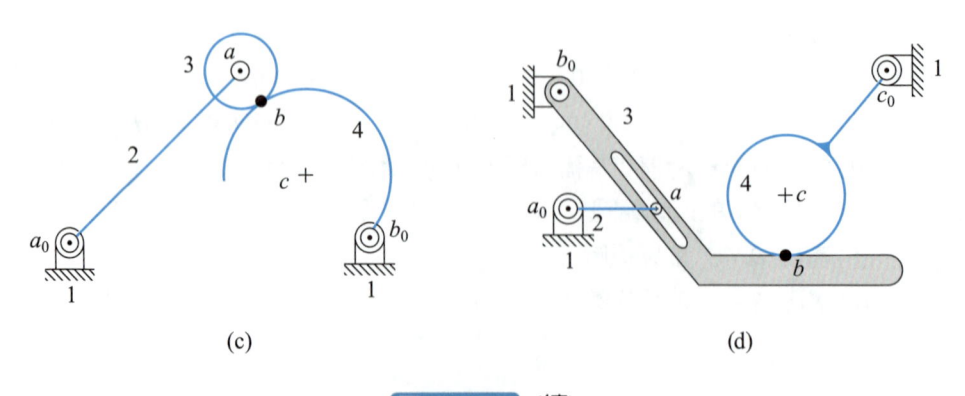

(c)　　　　　　　　　　　　　　　　(d)

圖 P05-02 (續)

05-04 試求圖 P05-03 各五連桿機構的瞬心位置。

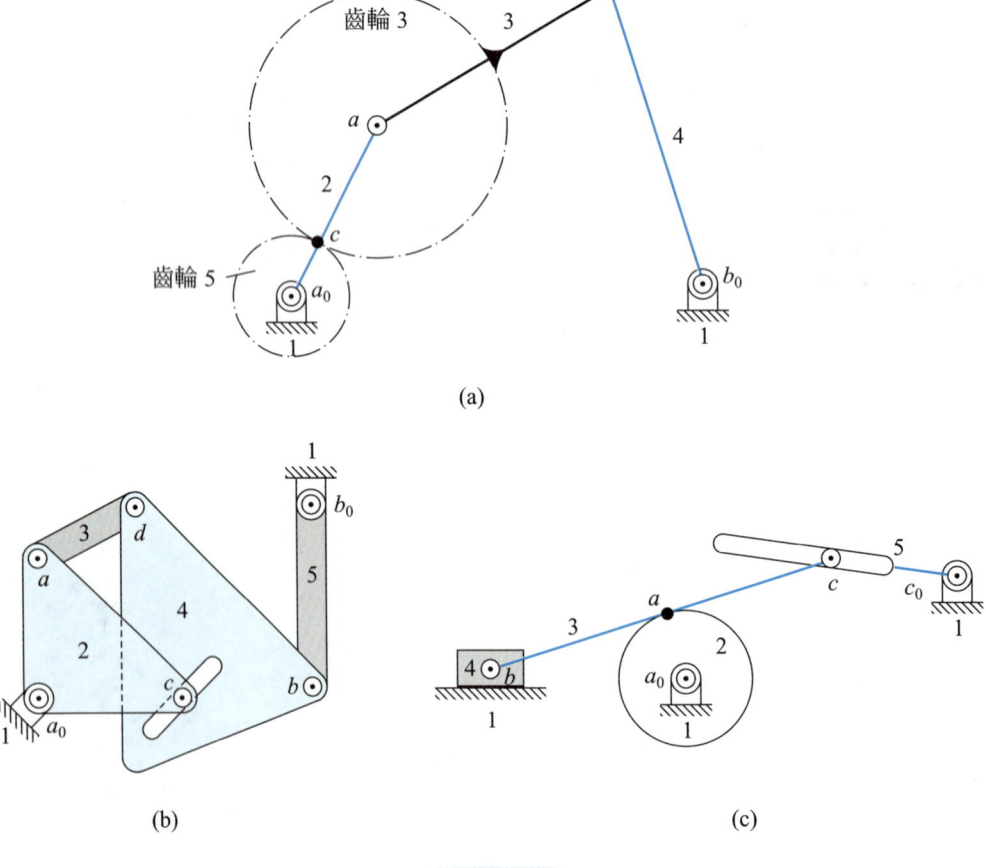

(a)

(b)　　　　　　　　　　　　　　　　(c)

圖 P05-03

Chapter 05　運動分析——圖解法
GRAPHICAL KINEMATIC ANALYSIS

05-05　試求圖 P05-04 各六連桿機構的瞬心位置。

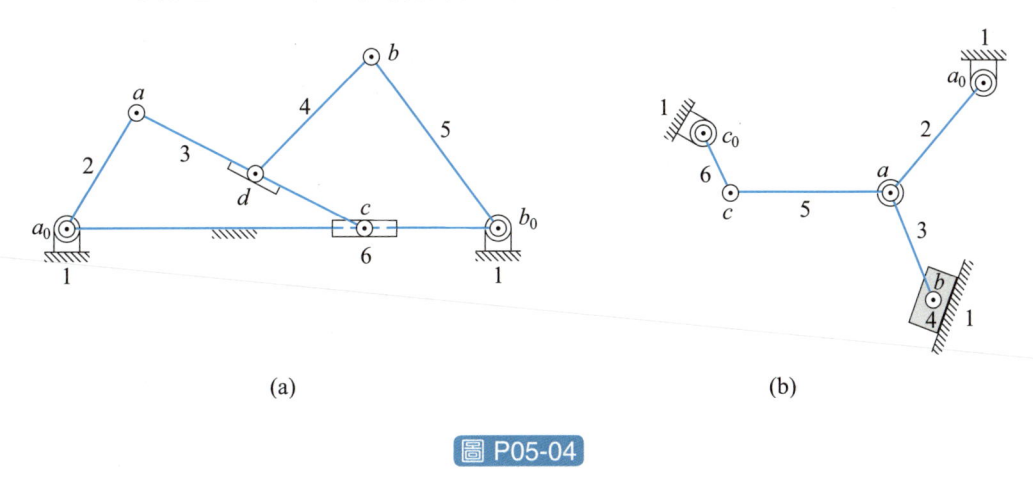

(a)　　　　(b)

圖 P05-04

05-06　圖 P05-05 的四連桿機構，桿 2 為輸入桿，角速度 $\omega_2 = 1$ rad/sec (順時針方向)，試利用瞬心法求桿 3 之角速度以及桿 4 點 c 的速度。

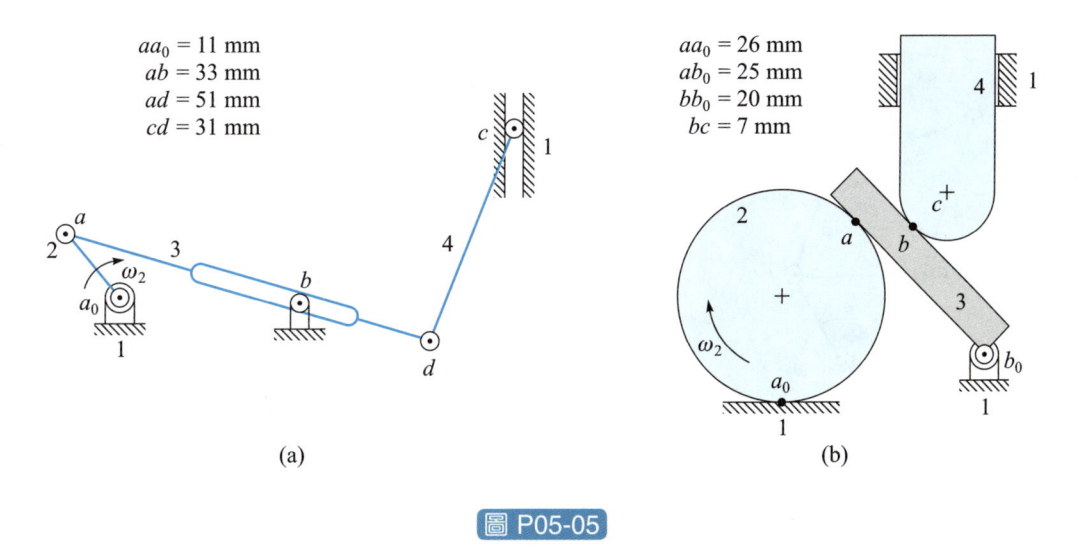

$aa_0 = 11$ mm
$ab = 33$ mm
$ad = 51$ mm
$cd = 31$ mm

$aa_0 = 26$ mm
$ab_0 = 25$ mm
$bb_0 = 20$ mm
$bc = 7$ mm

(a)　　　　(b)

圖 P05-05

05-07　圖 P05-06 的五連桿機構，桿 2 為輸入桿，角速度 $\omega_2 = 1$ rad/sec (順時針方向)，試利用瞬心法求點 c 的速度以及桿 5 的角速度。

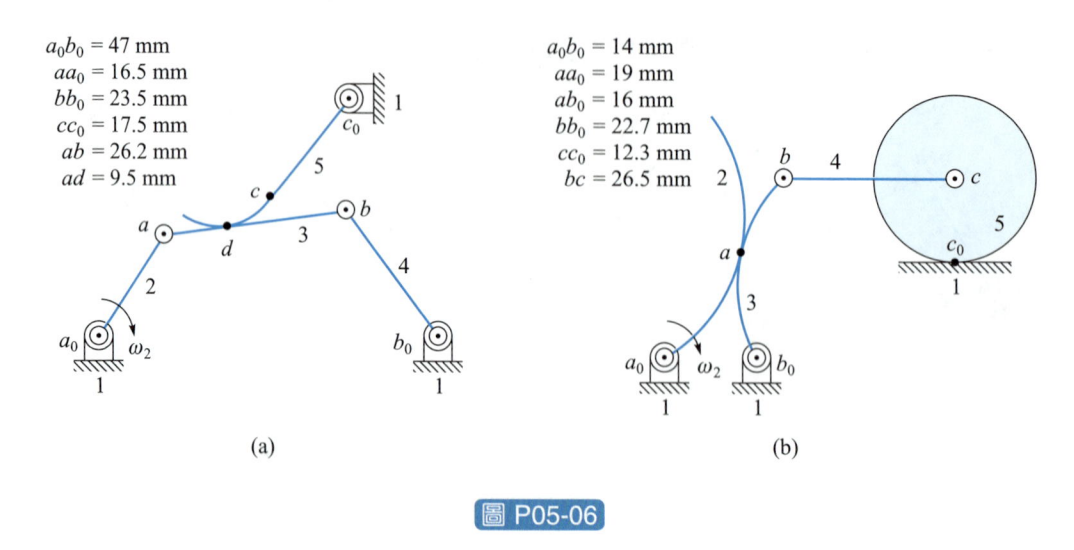

a_0b_0 = 47 mm
aa_0 = 16.5 mm
bb_0 = 23.5 mm
cc_0 = 17.5 mm
ab = 26.2 mm
ad = 9.5 mm

a_0b_0 = 14 mm
aa_0 = 19 mm
ab_0 = 16 mm
bb_0 = 22.7 mm
cc_0 = 12.3 mm
bc = 26.5 mm

(a)

(b)

圖 P05-06

05-08 圖 P05-07 的六連桿機構，試利用瞬心法求桿 6 與桿 2 的角速度比。(各機件尺寸自行量之)

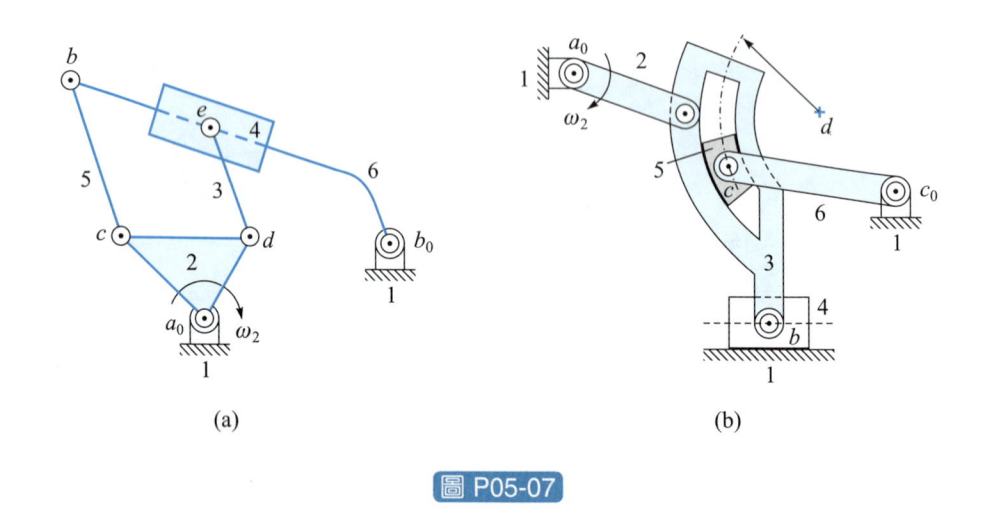

(a)

(b)

圖 P05-07

05-09 有個三連桿機構，圖 P05-08，桿 2 為輸入桿，角速度 ω_2 = 1 rad/sec (順時針方向)，試利用相對速度法求桿 3 的角速度。

Chapter 05　運動分析──圖解法
GRAPHICAL KINEMATIC ANALYSIS

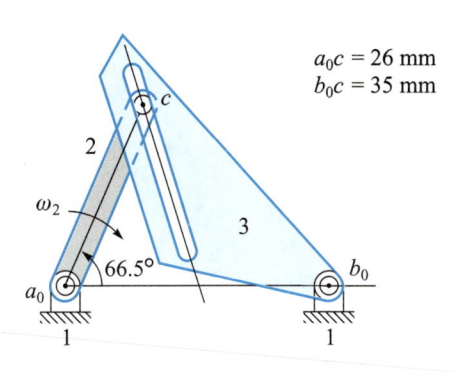

a_0c = 26 mm
b_0c = 35 mm

圖 P05-08

05-10　試利用相對速度法求圖 P05-05 四連桿機構點 c 的速度。

05-11　有個六連桿機構，圖 P05-09，桿 2 為輸入桿，角速度 ω_2 = 1 rad/sec (反時針方向)，試利用相對速度法求滑件 6 的速度。

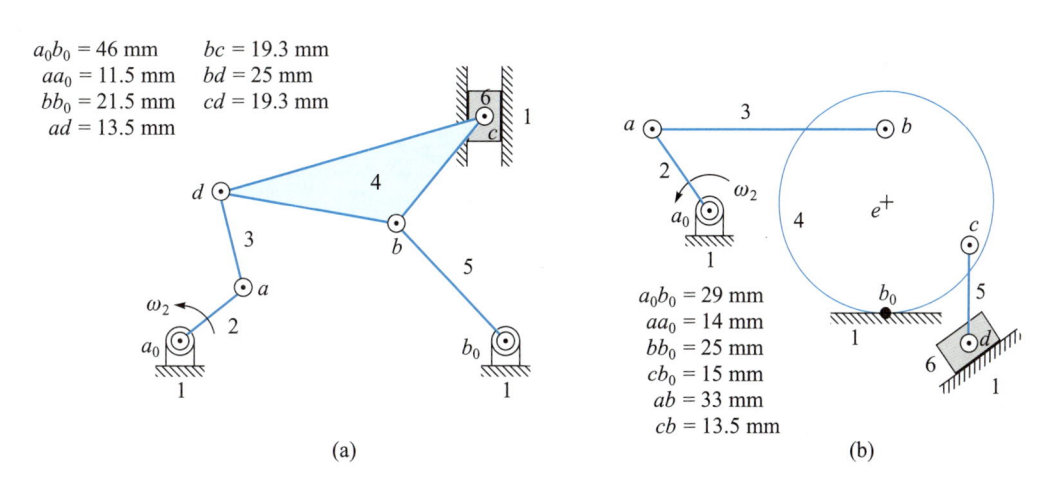

(a)
a_0b_0 = 46 mm　　bc = 19.3 mm
aa_0 = 11.5 mm　　bd = 25 mm
bb_0 = 21.5 mm　　cd = 19.3 mm
ad = 13.5 mm

(b)
a_0b_0 = 29 mm
aa_0 = 14 mm
bb_0 = 25 mm
cb_0 = 15 mm
ab = 33 mm
cb = 13.5 mm

圖 P05-09

05-12　圖 P05-10 的四連桿組，桿 2 為輸入桿，試利用相對加速度法，分別依以下兩種已知條件，求桿 3 點 c 的加速度以及桿 4 的角加速度：
(a) ω_2 = 10 rad/sec (反時針方向)，α_2 = 0；
(b) ω_2 = 10 rad/sec (順時針方向)，α_2 = 300 rad/sec^2 (順時針方向)。

(a) $a_0b_0 = 47$ mm, $aa_0 = 18$ mm, $bb_0 = 21$ mm, $ab = 42.5$ mm

(b) $a_0b_0 = 21$ mm, $aa_0 = 13.5$ mm, $bb_0 = 21$ mm, $ab = 40.5$ mm

圖 P05-10

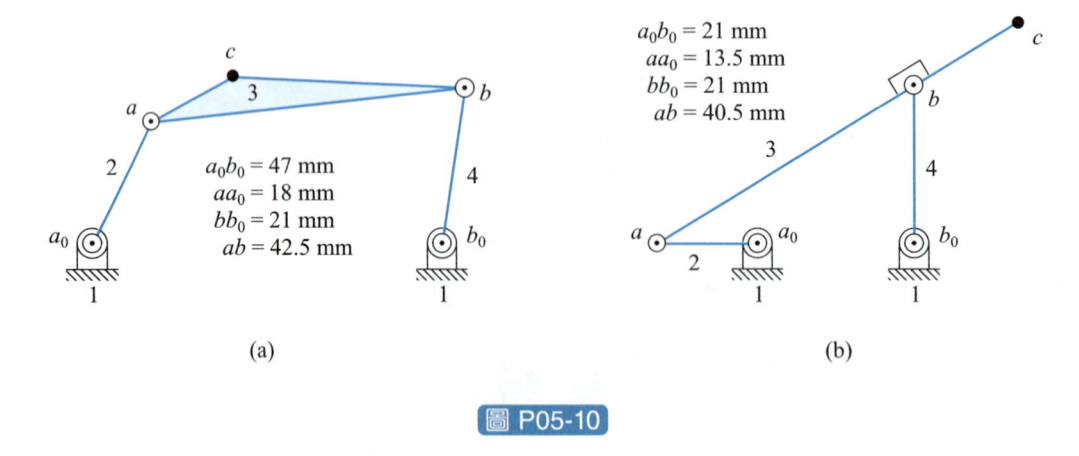

05-13　圖 P05-11 為具兩個滑件的四連桿機構，若桿 2 以等速度 $V_a = 20$ m/sec 向左運動，試利用相對加速度法求桿 3 上點 c 以及滑件 4 的加速度。

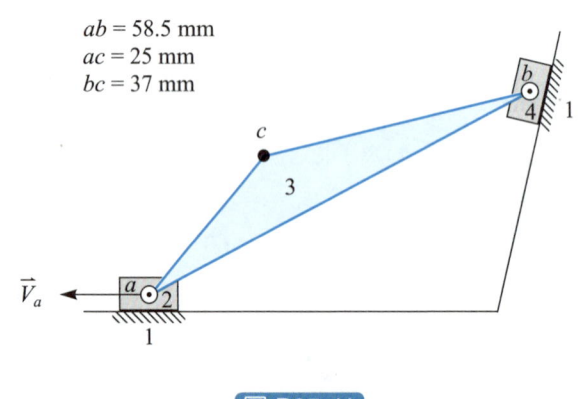

$ab = 58.5$ mm
$ac = 25$ mm
$bc = 37$ mm

圖 P05-11

05-14　有個具雙滑件的五連桿機構，圖 P05-12，若桿 2 為輸入桿，$\omega_2 = 1$ rad/sec (順時針方向)，試利用相對加速度法求桿 5 點 c 的加速度。

05-15　圖 P05-13 的機構中，桿 2 角速度 $\omega_2 = 1$ rad/sec (順時針方向)，角加速度 $\alpha_2 = 0$，試求點 c 的加速度。(尺寸單位：mm)

05-16　有個具滾子 (桿 4) 的四連桿機構，桿 2 為輸入桿，圖 P05-14，桿 2 為輸入桿，角速度 $\omega_2 = 10$ rad/sec (順時針方向)，角加速度 $\alpha_2 = 400$ rad/sec^2 (反時針方向)，試利用相對加速度法求桿 3 點 c 的加速度以及桿 4 的角加速度。

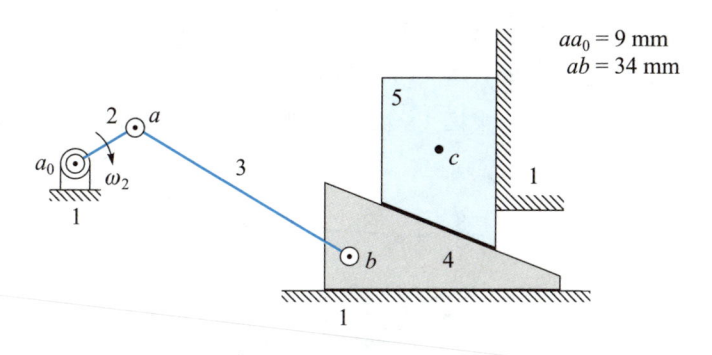

Chapter 05 運動分析——圖解法
GRAPHICAL KINEMATIC ANALYSIS

圖 P05-12

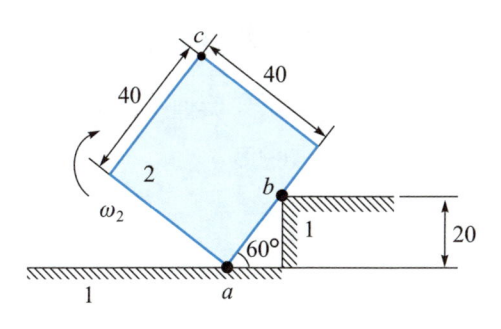

$aa_0 = 9$ mm
$ab = 34$ mm

圖 P05-13

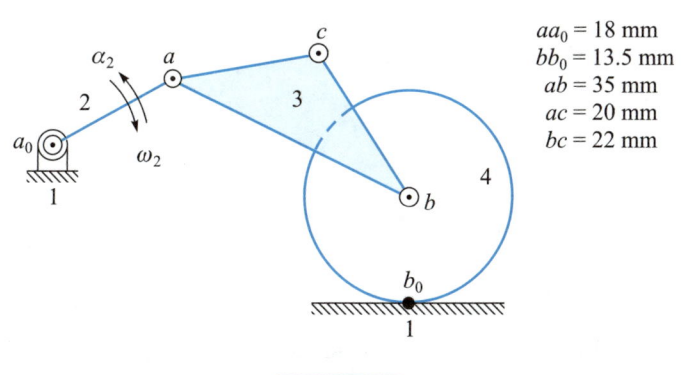

圖 P05-14

$aa_0 = 18$ mm
$bb_0 = 13.5$ mm
$ab = 35$ mm
$ac = 20$ mm
$bc = 22$ mm

05-17 有個具滑件 (桿 4) 與滾子 (桿 5) 的六連桿機構，圖 P05-15，桿 3 與桿 5 為滾動接觸，桿 2 為輸入桿，以等角速度 ω_2 = 10 rad/sec 旋轉 (反時針方向)，試利用相對加速度法求桿 3、桿 5、及桿 6 的角加速度。

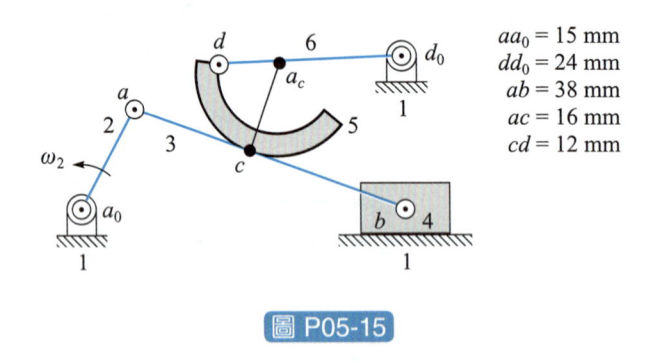

aa_0 = 15 mm
dd_0 = 24 mm
ab = 38 mm
ac = 16 mm
cd = 12 mm

圖 P05-15

05-18 有種四連桿轉向機構，圖 P05-16，若桿 2 的速度 V_2 = 0.4 cm/sec (向左)，試利用相對加速度法求點 c 的加速度。

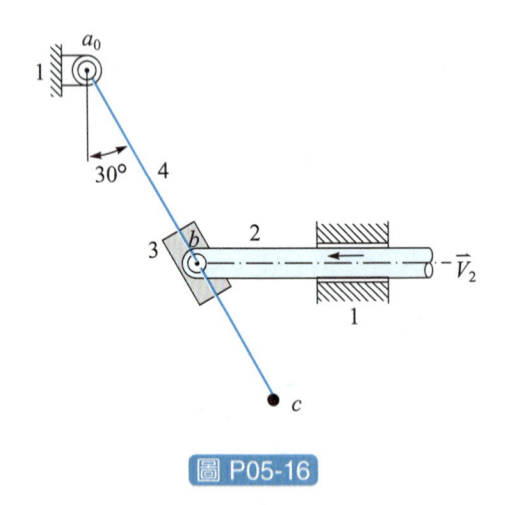

圖 P05-16

05-19 有個具平移式偏位滾子從動件的盤形凸輪機構 (第 08-05-3 節)，圖 P05-17，凸輪 2 以等角速度 ω_2 = 10 rad/sec 旋轉 (反時針方向)，試利用相對加速度法求從動件桿 4 的加速度。

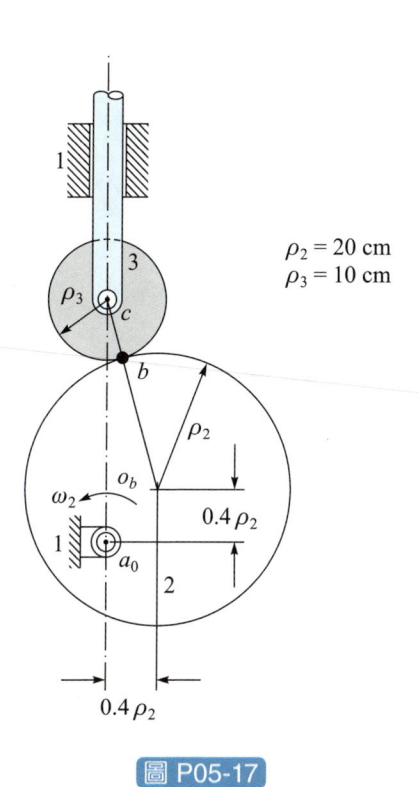

Chapter 05 運動分析──圖解法
GRAPHICAL KINEMATIC ANALYSIS

$\rho_2 = 20$ cm
$\rho_3 = 10$ cm

圖 P05-17

06 運動分析──解析法
ANALYTICAL KINEMATIC ANALYSIS

利用**解析法** (Analytical method) 來進行機構的運動分析，首先要推導其位移方程式，可利用複數法 (Complex number method)、向量法 (Vector method)、或矩陣法 (Matrix method) 來解題，本章介紹向量迴路法 (Vector loop method)。

06-01　向量迴路法 Vector Loop Method

向量迴路法可用來分析具各式接頭的平面機構，不論其為簡單機構、複合機構、單自由度機構、或是多自由度機構。向量迴路法可配合數值分析法與計算機來解題，可有系統的進行位置分析、速度分析、加速度分析、甚至動力分析，是分析平面機構運動特性的利器。再者，向量迴路法亦可用來分析空間機構，惟有關空間機構的運動分析，一般皆使用矩陣法。

06-01-1　向量迴路法步驟 Procedure of vector loop method

利用**向量迴路法**進行機構位置分析的步驟如下：

一、建立固定坐標系。
二、於各桿件上定義適當的向量 (包括長度與角位置)，使之形成**向量迴路** (Vector loop)。
三、針對每一獨立的向量迴路，寫出其所對應的**向量迴路方程式** (Vector loop equation)。
四、將每一向量迴路方程式分解成在坐標軸方向的分量方程式。
五、寫出必要的**限制方程式** (Constrained equation)，如滾動接觸方程式。
六、步驟四與步驟五所得的聯立方程式，即為機構的**位移方程式** (Displacement equation)。利用適當的方法解此聯立方程式，求得各桿件的位置。
七、利用步驟六所得到各桿件的位置，進行桿件質心或重要點的位置分析。

以下舉例說明之。

▼

例 06-01 有個四連桿組，圖 06-01，桿 2 為輸入桿，試利用向量迴路法進行桿 3、桿 4、以及桿 3 點 c 的位置分析。

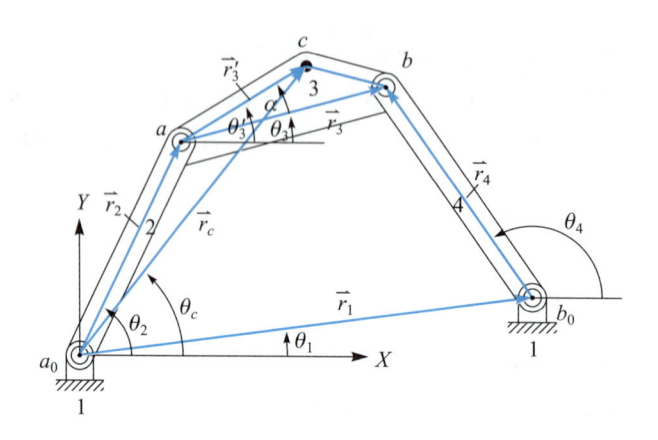

圖 06-01 四連桿組 [例 06-01] [例 06-04] [例 06-10] [例 06-14] [例 07-09]

01. 固定坐標系

以固定樞軸 a_0 為坐標原點，X 軸的正向，Y 軸的正向則由正 X 軸反時針方向旋轉 90° 而得。

02. 各桿向量

在各桿定義如下向量：$\vec{r}_1 = \overline{a_0 b_0}$，在桿 1 上，與正 X 軸成 θ_1 角度；$\vec{r}_2 = \overline{a_0 a}$，在桿 2 上，與正 X 軸成 θ_2 角度；$\vec{r}_3 = \overline{ab}$，在桿 3 上，與正 X 軸成 θ_3 角度；$\vec{r}_4 = \overline{b_0 b}$，在桿 4 上，與正 X 軸成 θ_4 角度；所有的角度，皆是由正 X 軸反時針方向量至該角度所對應的向量。

03. 向量迴路方程式

向量 $\vec{r}_1$、$\vec{r}_2$、$\vec{r}_3$、$\vec{r}_4$ 構成如下的向量迴路方程式：

$$-\vec{r}_1 + \vec{r}_2 + \vec{r}_3 - \vec{r}_4 = 0 \qquad (06\text{-}001)$$

04. 分量方程式

式 (06-001) 在 X 軸與 Y 軸上的分量方程式分別為：

Chapter 06　運動分析──解析法
ANALYTICAL KINEMATIC ANALYSIS

$$-r_1 \cos\theta_1 + r_2 \cos\theta_2 + r_3 \cos\theta_3 - r_4 \cos\theta_4 = 0 \qquad (06\text{-}002)$$

$$-r_1 \sin\theta_1 + r_2 \sin\theta_2 + r_3 \sin\theta_3 - r_4 \sin\theta_4 = 0 \qquad (06\text{-}003)$$

05. 限制方程式

　　本例無限制方程式。

06. 式 (06-002) 與式 (06-003) 中的變數為 θ_2、θ_3、θ_4，其中桿 2 的角位置 θ_2 為已知。聯立解式 (06-002) 與式 (06-003)，可求得桿 3 的位置 θ_3 以及桿 4 的位置 θ_4。

07. 定義向量 $\vec{r}_3' = \overline{ac}$，與正 X 軸成 θ_3' 角度、與 $\vec{r}_3$ 成 α 角度，即 $\theta_3' = \theta_3 + \alpha$，則桿 3 耦桿點 c 的位置向量 $\vec{r}_c$ 為：

$$\vec{r}_c = \vec{r}_2 + \vec{r}_3' \qquad (06\text{-}004)$$

將式 (06-004) 分成 X 軸與 Y 軸方向的分量，可求得點 c 之 X 和 Y 的坐標分別為：

$$\begin{aligned} X_c &= r_2 \cos\theta_2 + r_3' \cos\theta_3' \\ &= r_2 \cos\theta_2 + r_3' \cos(\theta_3 + \alpha) \end{aligned} \qquad (06\text{-}005)$$

$$\begin{aligned} Y_c &= r_2 \sin\theta_2 + r_3' \sin\theta_3' \\ &= r_2 \sin\theta_2 + r_3' \sin(\theta_3 + \alpha) \end{aligned} \qquad (06\text{-}006)$$

以下詳細說明利用向量迴路法來進行機構位置分析重要步驟的要義。

06-01-2　坐標系建立 Choice of coordinate system

　　基本上，坐標系的建立，即坐標原點與坐標軸的選定，並無一定規則，但常以輸入件的固定樞軸為坐標原點，以此選擇適當方向為 X 坐標軸的正向，再由其反時針旋轉 90º 定義 Y 坐標軸的正向，圖 06-01。

06-01-3　向量定義 Definition of vectors

　　在機件上定義向量，有以下兩個重要原則：

一、所定義向量的長度或角位置，須包括機構位置分析的所有變數，以得到完

整的結果。

二、根據所定義向量得到的位移方程式,其非線性程度應儘量予以減低 (使每個待求向量只有大小或只有方向未知),以期較易於求解。

以下舉例說明上述原則的要義。

圖 06-02 為偏位滑件曲柄機構,坐標系的建立如圖所示。若向量的定義如圖 06-02(a) 所示,其向量迴路方程式為:

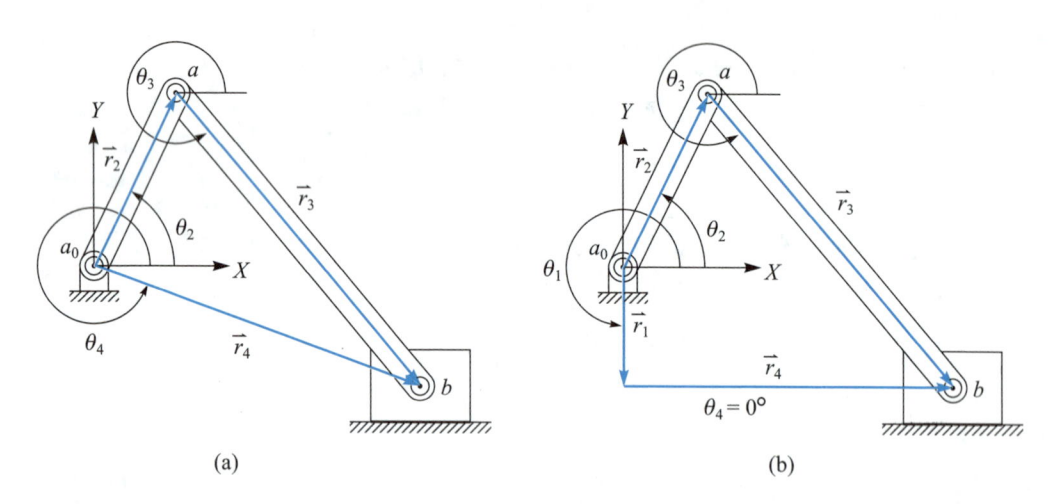

圖 06-02 偏位滑件曲柄機構的向量定義 [例 06-02] [例 06-07] [例 06-11] [例 06-15]【習題 06-02】

$$\vec{r_2} + \vec{r_3} - \vec{r_4} = 0 \tag{06-007}$$

X 軸與 Y 軸的分量方程式分別為:

$$r_2 \cos\theta_2 + r_3 \cos\theta_3 - r_4 \cos\theta_4 = 0 \tag{06-008}$$

$$r_2 \sin\theta_2 + r_3 \sin\theta_3 - r_4 \sin\theta_4 = 0 \tag{06-009}$$

桿 2 與桿 3 的長度 r_2 和 r_3 為已知常數,若桿 2 為輸入桿,即 θ_2 為已知,式 (06-008) 與式 (06-009) 中有 θ_3、θ_4、r_4 等 3 個未知變數,須再加 1 個拘束方程式才得以解之;再者,式 (06-008) 與式 (06-009) 中有 $r_4 \cos\theta_4$ 和 $r_4 \sin\theta_4$ 二項,非線性程度較高,較不易求解。若向量的定義如圖 06-02(b) 所示,其向量迴路

Chapter 06　運動分析──解析法
ANALYTICAL KINEMATIC ANALYSIS

方程式為：

$$\vec{r_2} + \vec{r_3} - \vec{r_4} - \vec{r_1} = 0 \tag{06-010}$$

因 $\theta_1 = 270°$、$\theta_4 = 0°$，X 軸與 Y 軸的分量方程式分別為：

$$r_2 \cos\theta_2 + r_3 \cos\theta_3 - r_4 = 0 \tag{06-011}$$

$$r_2 \sin\theta_2 + r_3 \sin\theta_3 + r_1 = 0 \tag{06-012}$$

式 (06-011) 與式 (06-012) 中只有 θ_3 和 r_4 二個未知變數，可聯立求解。雖然圖 06-02(b) 定義了 4 個向量，較圖 06-02(a) 所定義的 3 個向量多，但是式 (06-011) 與式 (06-012) 的非線性程度較式 (06-008) 和式 (06-009) 低，較易於求解。

當機構有桿件為作直線運動的滑件時，圖 06-03(a)，較佳的向量定義方式為圖左的情況，其中 m 為接頭 a 至接頭 b 相對於桿 3 運動方向的垂足，因此 r_3 為常數、θ_4 為變數、r_4 為變數，$\theta_4 = \theta_3 - 90°$ 為相依變數；若向量定義為圖右的情況，則 r_3 和 θ_3 都是變數，較不佳。當機構有圓銷在直線滑槽運動時，圖 06-03(b)，向量的選定與圖 06-03(a) 的情況相同。當機構有圓銷在圓弧槽運動時，圖 06-03(c)，向量的定義以圖左所示者較佳，其中 c 為圓銷中心 b 相對於桿 3 之圓弧運動路徑的圓心，而 r_3 和 r_3' 為常數，θ_3 和 θ_3' 為變數；若向量定義為圖右的情況，r_3 和 θ_3 皆為變數，是較不佳的選定。

當機構有滾子機件作相對滾動時，向量的定義如圖 06-04 所示。圖 06-04(a) 為 2 個滾子以外圓接觸時的向量定義，其中 m 和 n 分別是滾子 2 與滾子 3 的圓心，r_2、r_3、r_4 是常數，θ_2、θ_3、θ_4 是變數，但這三個角度必須滿足滾動接觸的限制方程式 (將在第 06-01-5 節介紹)；圖 06-04(b) 為滾子 2 的外圓及滾子 3 之內圓滾動接觸的向量定義，其中 m 和 n 分別是滾子 2 與滾子 3 的圓心，r_2、r_3、r_4 是常數，θ_2、θ_3、θ_4 是變數，且這三個角度亦必須滿足滾動接觸的限制方程式。

機構中若有齒輪對，其運動可視為以其節徑為直徑作純滾動的兩個摩擦輪。齒輪機構將在第 09 章介紹。

06-01-4　向量迴路方程式 Vector loop equations

各桿件選定適當的向量後，即可依所形成封閉迴路的向量，寫出獨立的**向量迴路方程式**。

(a) 具滑件接頭

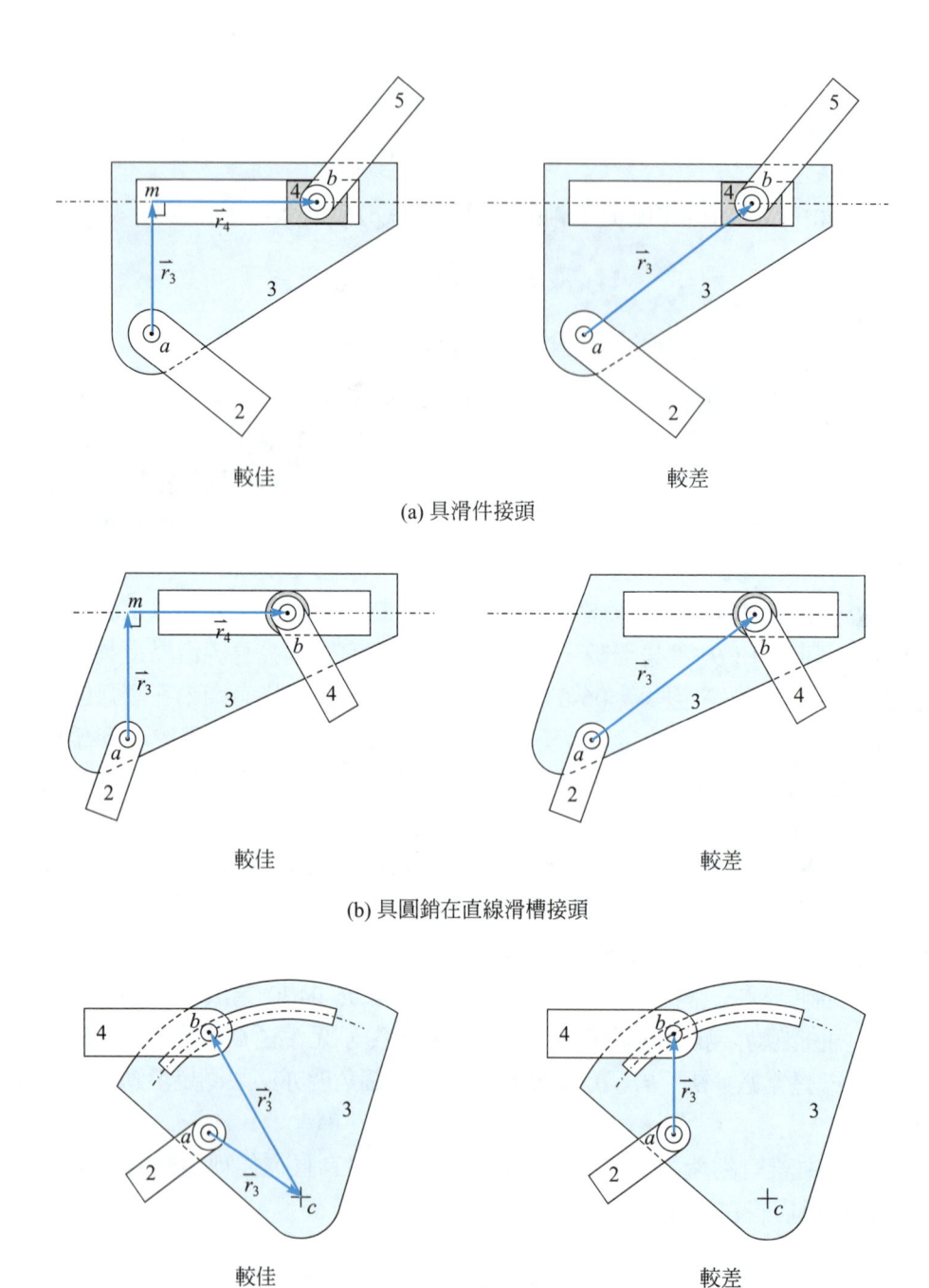

較佳　　　較差

(b) 具圓銷在直線滑槽接頭

較佳　　　較差

(c) 具圓銷在圓弧滑槽接頭

圖 06-03　具滑槽機構的向量定義

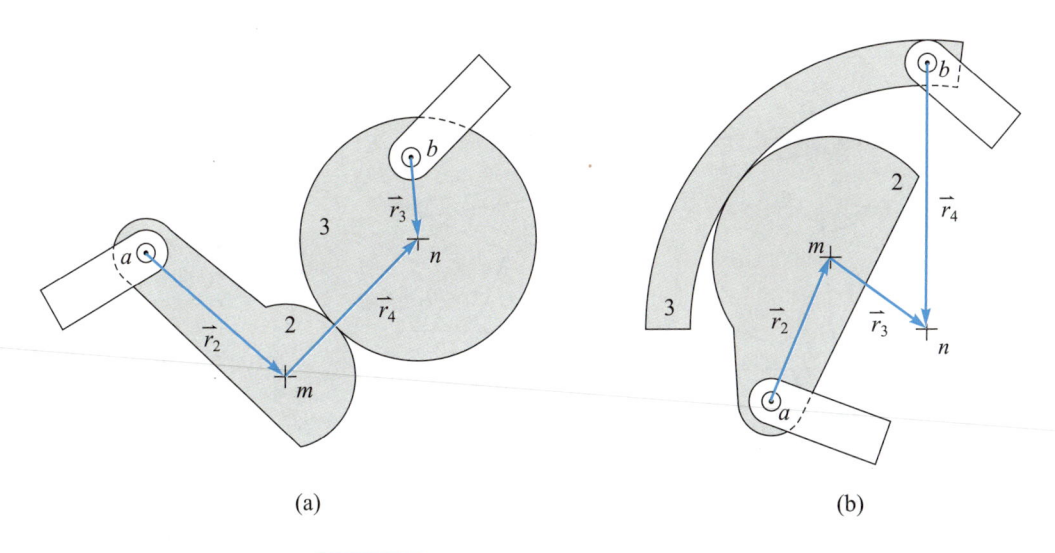

Chapter 06　運動分析──解析法
ANALYTICAL KINEMATIC ANALYSIS

圖 06-04 具滾動接觸機構的向量定義

對於單迴路的簡單機構而言，僅有一個獨立的向量迴路方程式；但是對於具多迴路的複合機構而言，其向量迴路方程式有多種寫法，且常會寫出相依的方程式，以致難以解題。

對複合機構而言，可經由如下的**歐拉定理** (Euler's Theorem) 來判斷其獨立迴路的數目，U：

$$U = J - N + 1 \qquad (06\text{-}013)$$

其中，J 是自由度為 1 的單接頭數目，N 為桿件數目。機構若有 U 個獨立迴路，應有 U 個獨立的向量迴路方程式。圖 06-05 的六連桿機構，坐標系與向量的定義如圖所示，桿數 $N = 6$ (機件 1、2、3、4、5、6)，接頭數 $J = 7$，包括 6 個旋轉對 (a_0、b_0、d_0、a、b、d) 與 1 個滑動對 (c，桿 3 和滑件 5)；因此，獨立迴路數 $U = 7 - 6 + 1 = 2$，故應有 2 個獨立向量迴路方程式。根據圖 06-05 所定義的向量，可以寫出如下 3 個向量迴路方程式：

$$\vec{r}_2 + \vec{r}_3 - \vec{r}_4 - \vec{r}_1 = 0 \qquad (06\text{-}014)$$

$$\vec{r}_2 + \vec{r}_3 + \vec{r}_7 + \vec{r}_5 - \vec{r}_6 - \vec{r}_8 = 0 \qquad (06\text{-}015)$$

$$\vec{r}_1 + \vec{r}_4 + \vec{r}_7 + \vec{r}_5 - \vec{r}_6 - \vec{r}_8 = 0 \qquad (06\text{-}016)$$

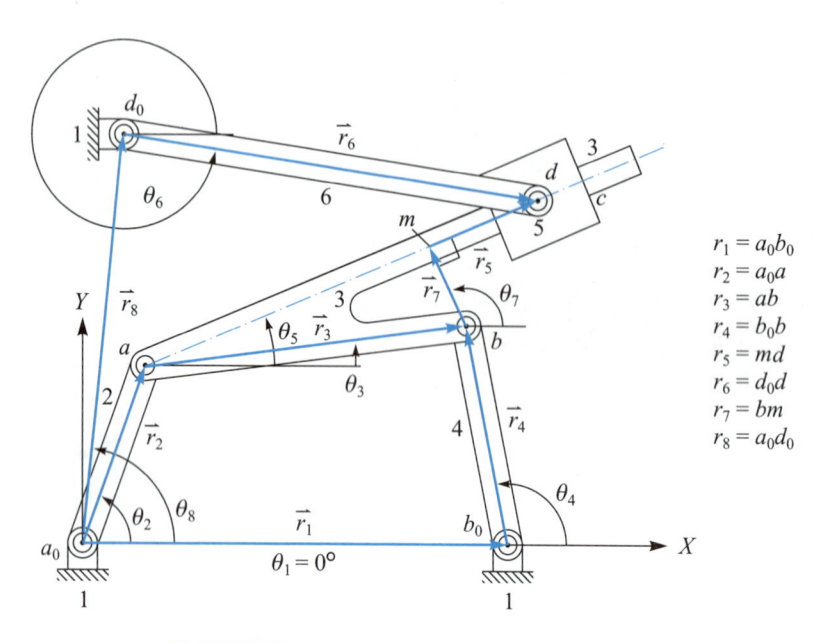

現代機構學
MODERN MECHANISMS

$r_1 = a_0b_0$
$r_2 = a_0a$
$r_3 = ab$
$r_4 = b_0b$
$r_5 = md$
$r_6 = d_0d$
$r_7 = bm$
$r_8 = a_0d_0$

圖 06-05　六連桿機構的向量迴路 [例 06-05]

其中，只有任意二式是獨立的向量迴路方程式。

想要分析機構的獨立向量迴路方程式列出後，接下來是將其分解成在坐標軸方向的分量方程式。若分量方程式數目等於獨立變數的數目，則有解；若否，必須加入適當的限制方程式才能解。再者，所解出的獨立變數，須能表示各機件的位置狀態，才可得到完整的分析結果。

06-01-5　滾動接觸方程式 Rolling contact equations

當所要分析的機構含有齒輪時，該齒輪可視為以其節圓作滾動接觸的摩擦輪 (Friction wheel)；而此類機構的運動分析，除了需要前述的向量迴路方程式外，尚需**滾動接觸方程式** (Rolling contact equation)，才能建立完整的分析模式。

以下分外圓 (外齒輪或摩擦輪) 與外圓 (外齒輪或摩擦輪)、外圓 (外齒輪或摩擦輪) 與內圓 (內齒輪或摩擦輪)、以及外圓 (外齒輪) 與直線 (齒條) 等三種狀況討論。

Chapter 06 運動分析──解析法
ANALYTICAL KINEMATIC ANALYSIS

外圓與外圓的滾動接觸

圖 06-06(a) 為一對以外圓接觸的齒輪，當齒輪 i 的軸樞 a_0 及齒輪 (或摩擦輪) j 的樞軸 b_0 均為固定軸樞時，其滾動接觸方程式為：

(a)

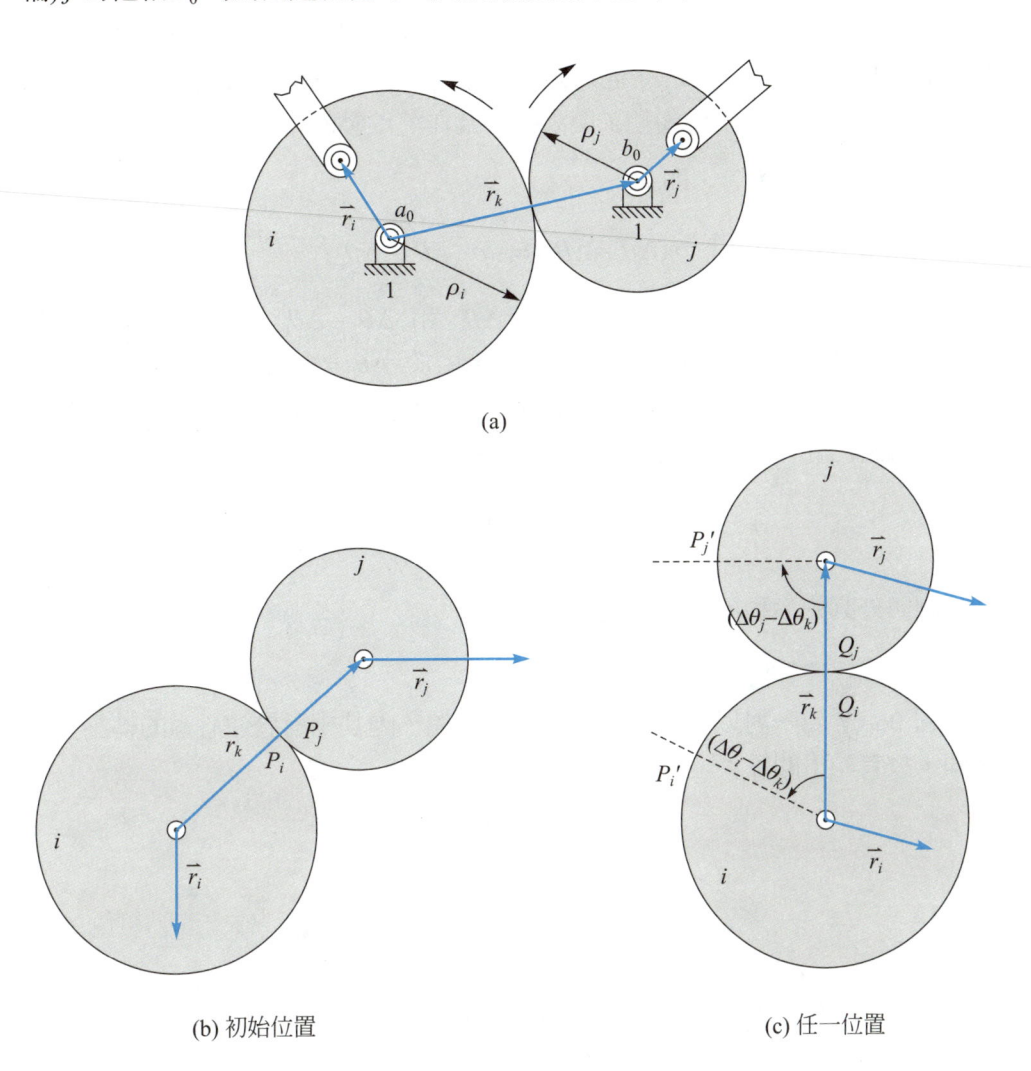

(b) 初始位置　　　　　　　(c) 任一位置

圖 06-06 外圓與外圓的滾動接觸

$$\rho_i \Delta \theta_i = -\rho_j \Delta \theta_j \qquad (06\text{-}017)$$

其中，ρ_i 和 ρ_j 分別為齒輪 i 與齒輪 j 的半徑，$\Delta \theta_i$ 和 $\Delta \theta_j$ 則分別為齒輪 i 與齒

輪 j 的角位移；由於齒輪的轉向相反，故式 (06-17) 中有一負號。若兩齒輪的樞軸為運動樞軸，在初始位置時兩輪的接觸點為 P (即 P_i 和 P_j)，圖 06-06(b)，則在經過相對運動後，兩者作了旋轉運動，其樞軸位置亦有所改變，接觸點成為 Q (即 Q_i 和 Q_j)，圖 06-06(c)。此時，初始位置接觸點分屬齒輪 i 與齒輪 j 的 P_i 和 P_j，分別移至 P_i' 和 P_j'，若所定義向量 $\vec{r}_i$、$\vec{r}_j$、$\vec{r}_k$ 運動前後的角位移分別為 $\Delta\theta_i$、$\Delta\theta_j$、$\Delta\theta_k$，則由於齒輪 i 與齒輪 j 為作純滾動的相對運動，其接觸弧長 $\widehat{Q_i P_i'}$ 和 $\widehat{Q_j P_j'}$ 應為相等，即：

$$\rho_i(\Delta\theta_i - \Delta\theta_k) = -\rho_j(\Delta\theta_j - \Delta\theta_k) \qquad (06\text{-}018)$$

此即為滾動接觸方程式；其中，$\Delta\theta_i - \Delta\theta_k$ 和 $\Delta\theta_j - \Delta\theta_k$ 分別為齒輪 i 與齒輪 j 相對於其連心線 (r_k) 所旋轉的角度。由於 $\Delta\theta_i = \theta_i - \theta_{i0}$、$\Delta\theta_j = \theta_j - \theta_{j0}$、$\Delta\theta_k = \theta_k - \theta_{k0}$，其中 θ_{i0}、θ_{j0}、θ_{k0} 分別為機構在初始組合位置時 $\vec{r}_i$、$\vec{r}_j$、$\vec{r}_k$ 的角位置，且為已知。因此，式 (06-18) 可改寫如下：

$$(\theta_i - \theta_{i0}) + \frac{\rho_j}{\rho_i}(\theta_j - \theta_{j0}) - \left(1 + \frac{\rho_j}{\rho_i}\right)(\theta_k - \theta_{k0}) = 0 \qquad (06\text{-}019)$$

為外圓與外圓的滾動接觸方程式。

外圓與內圓的滾動接觸

圖 06-07 為一對以外圓和內圓接觸的齒輪，因其相對於連心線的轉動方向相同，故有如下關係：

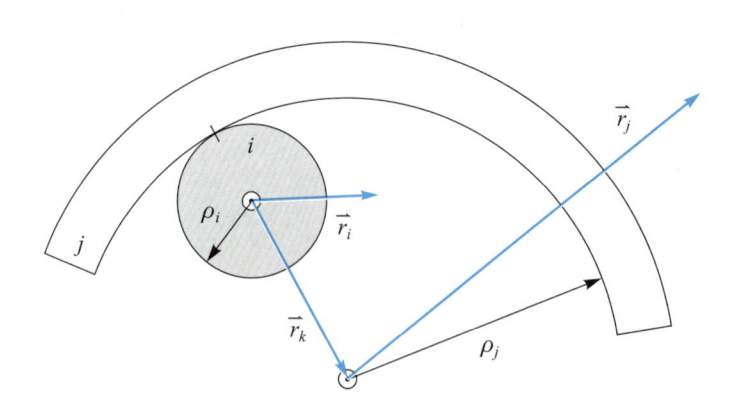

圖 06-07 外圓與內圓的滾動接觸

Chapter 06 運動分析──解析法
ANALYTICAL KINEMATIC ANALYSIS

$$\rho_i (\Delta\theta_i - \Delta\theta_k) = \rho_j (\Delta\theta_j - \Delta\theta_k) \tag{06-020}$$

因此，外圓與內圓滾動接觸的滾動方程式為：

$$(\theta_i - \theta_{i0}) - \frac{\rho_j}{\rho_i}(\theta_j - \theta_{j0}) - \left(1 - \frac{\rho_j}{\rho_i}\right)(\theta_k - \theta_{k0}) = 0 \tag{06-021}$$

外圓與直線的滾動接觸

若機構中兩相鄰機件為齒輪與齒條，相當於一外圓與一半徑為無窮大的直線作滾動接觸。圖 06-08(a) 為初始組合位置，$\vec{r}_j$ 為桿 j 由所選定點 b 至接觸點 P 所定義的向量，初始接觸點為 P (即 P_i 和 P_j)；再者，$\theta_k = \theta_j + 90°$。經相對運動後，其狀態如圖 06-08(b) 所示，此時原為接觸點而分屬桿 i 與桿 j 的 P_i 和 P_j 分別移至 P_i' 和 P_j'；若新的接觸點為 Q，則其間的接觸為滾動接觸，圓弧 $\overparen{P_i'Q}$ 與線段 $\overline{P_j'Q}$ 的長度應相等，故可得：

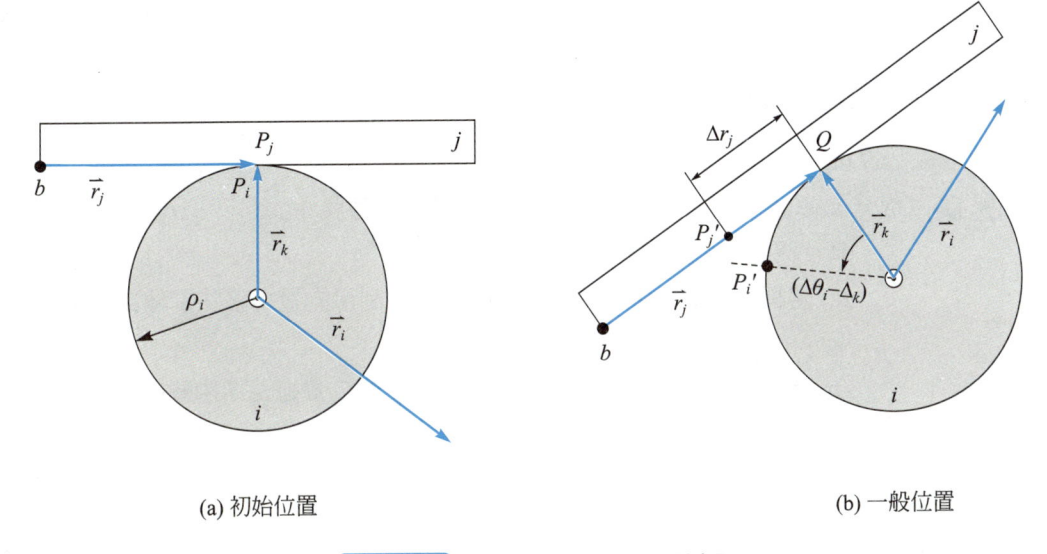

(a) 初始位置　　　　　　　　　　　　(b) 一般位置

圖 06-08　外圓與直線的滾動接觸

$$\rho_i(\Delta\theta_i - \Delta\theta_k) = \Delta r_j \tag{06-022}$$

因此，外圓與直線的滾動接觸方程式為：

$$(\theta_i - \theta_{i0}) - (\theta_k - \theta_{k0}) - \frac{r_j - r_{j0}}{\rho_i} = 0 \qquad (06\text{-}023)$$

其中，θ_{i0}、θ_{j0}、θ_{k0} 分別為該機構在初始組合位置時 $\vec{r}_i$、$\vec{r}_j$、$\vec{r}_k$ 的位置。

06-02　位移方程式解 Solutions of Displacement Equations

當機構獨立向量迴路方程式的分量方程式及限制式已列出，且這些方程式之數目等於未知變數的數目後，接下來的步驟便是解聯立方程式，求得所要的未知變數。解題的方法，基本上可分為閉合解法與數值分析法兩種，以下分別說明之。

06-02-1　閉合解 Closed-form solution

以**閉合解法** (Closed-form solution method) 分析機構的位置，必須以機構之已知設計常數 (如各桿桿長) 與變數 (如輸入桿角位移) 的顯函數或隱函數形態，推導出各桿未知 (角) 位移的表示式，如此可直接求得各桿位置分析的結果。

以下舉例說明之。

例 06-02　有個偏位滑件曲柄機構，圖 06-02(b)，桿長 r_1、r_2、r_3 為已知，且 $\theta_1 = 270°$、$\theta_4 = 0°$：

(a) 若桿 2 為輸入桿，即 θ_2 為已知，試利用向量迴路法求輸出桿 (桿 4) 位置 r_4 的閉合解；

(b) 若桿 4 為輸入桿，即 r_4 為已知，試利用向量迴路法求輸出桿 (桿 2) 位置 θ_2 的閉合解。

(a) 桿 2 為輸入桿

01. 建立固定坐標系 $X\text{-}Y$。
02. 定義各桿的向量 $\vec{r}_1$、$\vec{r}_2$、$\vec{r}_3$、$\vec{r}_4$。
03. 向量迴路方程式為：

$$\vec{r}_2 + \vec{r}_3 - \vec{r}_4 - \vec{r}_1 = 0 \qquad (06\text{-}024)$$

Chapter 06　運動分析──解析法
ANALYTICAL KINEMATIC ANALYSIS

04. 分量方程式為：

$$r_2 \cos\theta_2 + r_3 \cos\theta_3 - r_4 = 0 \qquad (06\text{-}025)$$

$$r_2 \sin\theta_2 + r_3 \sin\theta_3 + r_1 = 0 \qquad (06\text{-}026)$$

其中，θ_3 和 r_4 為未知變數。

05. 由式 (06-26) 解 θ_3 可得：

$$\theta_3 = \sin^{-1}\left(\frac{-r_1 - r_2 \sin\theta_2}{r_3}\right) \qquad (06\text{-}027)$$

將式 (06-27) 代入式 (06-25)，可得 r_4 的閉合解為：

$$r_4 = r_2 \cos\theta_2 + r_3 \cos\left[\sin^{-1}\left(\frac{-r_1 - r_2 \sin\theta_2}{r_3}\right)\right] \qquad (06\text{-}028)$$

(b) 桿 4 為輸入桿

01. 固定坐標系 X-Y 的建立，各桿向量 $\vec{r}_1 \cdot \vec{r}_2 \cdot \vec{r}_3 \cdot \vec{r}_4$ 的定義、向量迴路方程式、以及分量方程式均與 (a) 部分相同。

02. 若桿 4 為輸入桿，則分量方程式式 (06-025) 與式 (06-026) 中的 θ_2 和 θ_3 為未知變數，將分量方程式移項整理可得：

$$r_3 \cos\theta_3 = r_4 - r_2 \cos\theta_2 \qquad (06\text{-}029)$$

$$r_3 \sin\theta_3 = -r_1 - r_2 \sin\theta_2 \qquad (06\text{-}030)$$

03. 將式 (06-029) 與式 (06-030) 平方後相加，消去未知變數 θ_3，可得未知變數 θ_2 的方程式如下：

$$A \sin\theta_2 + B \cos\theta_2 = C \qquad (06\text{-}031)$$

其中

$$A = 2r_1 r_2 \qquad (06\text{-}032a)$$

$$B = -2r_2 r_4 \qquad (06\text{-}032b)$$

$$C = r_3^2 - r_1^2 - r_2^2 - r_4^2 \qquad (06\text{-}032c)$$

04. 由式 (06-031) 可求得輸出桿 (桿 2) 位置 θ_2 的閉合解如下：

$$\theta_2 = 2\tan^{-1}\left(\frac{A\pm\sqrt{A^2+B^2-C^2}}{B+C}\right) \tag{06-033}$$

其中，正負號分別代表兩種不同的組合位置。

05. 將式 (06-033) 所得結果代入式 (06-029) 與式 (06-030)，可解得 θ_3 為：

$$\theta_3 = \tan^{-1}\left(\frac{-r_1-r_2\sin\theta_2}{r_4-r_2\cos\theta_2}\right) \tag{06-034}$$

▼

例 06-03 有個具急回特性的牛頭刨床機構 (Crank-shaper mechanism)，圖 06-09，桿長 r_1、r_2、r_4、r_5、r_7 為已知。若桿 2 為輸入桿，即 θ_2 為已知，試利用向量迴路法推導出各桿件位置的閉合解。

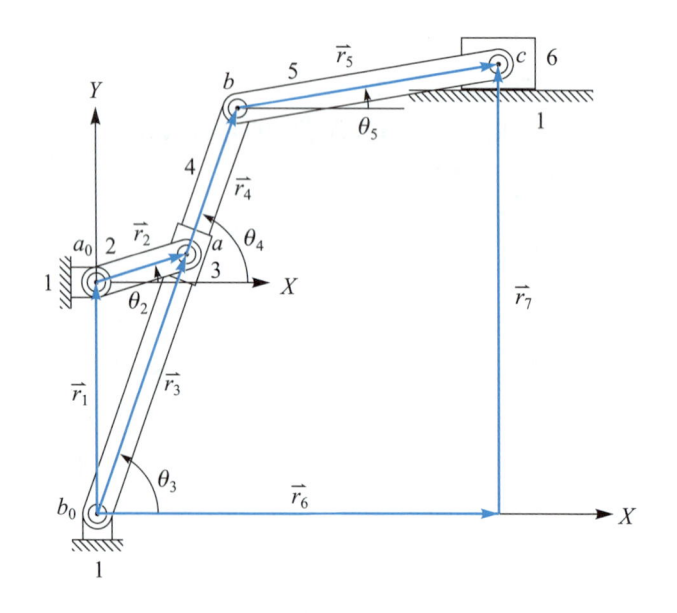

圖 06-09 牛頭刨床機構 [例 06-03]

01. 建立固定坐標系 X-Y；如此，$\theta_1 = 90°$、$\theta_6 = 0°$、$\theta_7 = 90°$。
02. 定義各桿向量 $\vec{r}_1 = \overline{b_0a_0}$、$\vec{r}_2 = \overline{a_0a}$、$\vec{r}_3 = \overline{b_0a}$、$\vec{r}_4 = \overline{b_0b}$、$\vec{r}_5 = \overline{bc}$、$\vec{r}_6$、$\vec{r}_7$。

Chapter 06　運動分析──解析法
ANALYTICAL KINEMATIC ANALYSIS

03. 向量迴路方程式為：

$$\vec{r}_1 + \vec{r}_2 - \vec{r}_3 = 0 \tag{06-035}$$

$$\vec{r}_4 + \vec{r}_5 - \vec{r}_6 - \vec{r}_7 = 0 \tag{06-036}$$

04. 分量方程式為：

$$r_1 \cos\theta_1 + r_2 \cos\theta_2 - r_3 \cos\theta_3 = 0 \tag{06-037}$$

$$r_1 \sin\theta_1 + r_2 \sin\theta_2 - r_3 \sin\theta_3 = 0 \tag{06-038}$$

$$r_4 \cos\theta_4 + r_5 \cos\theta_5 - r_6 \cos\theta_6 - r_7 \cos\theta_7 = 0 \tag{06-039}$$

$$r_4 \sin\theta_4 + r_5 \sin\theta_5 - r_6 \sin\theta_6 - r_7 \sin\theta_7 = 0 \tag{06-040}$$

其中，θ_3、θ_4、θ_5、r_3、r_6 為未知變數。

05. 因 $\theta_1 = 90°$，代入式 (06-037) 與式 (06-038)，移項整理可得：

$$r_3 \cos\theta_3 = r_2 \cos\theta_2 \tag{06-041}$$

$$r_3 \sin\theta_3 = r_1 + r_2 \sin\theta_2 \tag{06-042}$$

將式 (06-041) 與式 (06-042) 相除可得桿 3 的角度 θ_3 為：

$$\theta_3 = \tan^{-1}\left(\frac{r_1 + r_2 \sin\theta_2}{r_2 \cos\theta_2}\right) \tag{06-043}$$

將式 (06-043) 代入式 (06-041)，即可解得 r_3 為：

$$r_3 = \frac{r_2 \cos\theta_2}{\cos\left[\tan^{-1}\left(\dfrac{r_1 + r_2 \sin\theta_2}{r_2 \cos\theta_2}\right)\right]} \tag{06-044}$$

06. 因 $\theta_6 = 0°$、$\theta_7 = 90°$，且 $\theta_4 = \theta_3$，代入式 (06-039) 與式 (06-040)，整理可得：

$$r_4 \cos\theta_3 + r_5 \cos\theta_5 - r_6 = 0 \tag{06-045}$$

$$r_4 \sin\theta_3 + r_5 \sin\theta_5 - r_7 = 0 \tag{06-046}$$

由式 (06-046) 可解得 θ_5 為：

$$\theta_5 = \sin^{-1}\left(\frac{r_7 - r_4 \sin\theta_3}{r_5}\right) \tag{06-047}$$

將式 (06-047) 代入式 (06-045)，可得 r_6 的閉合解為：

$$r_6 = r_4 \cos\theta_3 + r_5 \cos\left[\sin^{-1}\left(\frac{r_7 - r_4 \sin\theta_3}{r_5}\right)\right] \tag{06-048}$$

▼

例 06-04 有個四連桿組，圖 06-01，桿長 r_1、r_2、r_3、r_4 為已知，且固定坐標系 X-Y 及各桿向量的定義如圖所示。若桿 2 為輸入桿，即 θ_2 為已知，且 $\theta_1 = 0°$，試利用向量迴路法求桿 3 與桿 4 位置 (即 θ_3 和 θ_4) 的閉合解。

01. 向量迴路方程式為：

$$\vec{r}_2 + \vec{r}_3 - \vec{r}_4 - \vec{r}_1 = 0 \tag{06-049}$$

02. 由於 $\theta_1 = 0°$，分量方程式為：

$$r_2 \cos\theta_2 + r_3 \cos\theta_3 - r_4 \cos\theta_4 - r_1 = 0 \tag{06-050}$$

$$r_2 \sin\theta_2 + r_3 \sin\theta_3 - r_4 \sin\theta_4 = 0 \tag{06-051}$$

其中，θ_3 和 θ_4 為未知變數。為方便求解，式 (06-050) 與式 (06-051) 可改寫如下：

$$r_3 \cos\theta_3 = r_1 + r_4 \cos\theta_4 - r_2 \cos\theta_2 \tag{06-052}$$

$$r_3 \sin\theta_3 = r_4 \sin\theta_4 - r_2 \sin\theta_2 \tag{06-053}$$

將式 (06-052) 與式 (06-053) 平方後相加，消去未知變數 θ_3，可得未知變數 θ_4 的方程式如下：

$$A\cos\theta_4 + B\sin\theta_4 = C \tag{06-054}$$

其中

$$A = 2r_4(r_1 - r_2 \cos\theta_2) \tag{06-055a}$$

Chapter 06 運動分析──解析法
ANALYTICAL KINEMATIC ANALYSIS

$$B = -2r_2 r_4 \sin\theta_2 \tag{06-055b}$$

$$C = (r_3^2 - r_4^2 - r_1^2 - r_2^2) + 2r_1 r_2 \cos\theta_2 \tag{06-055c}$$

03. 以下利用三角函數積化和差的方式求解式 (06-054)。將式 (06-054) 除以 $\sqrt{A^2 + B^2}$ 可得：

$$\frac{A}{\sqrt{A^2+B^2}}\cos\theta_4 + \frac{B}{\sqrt{A^2+B^2}}\sin\theta_4 = \frac{C}{\sqrt{A^2+B^2}} \tag{06-056}$$

若設 $\cos\phi = \dfrac{A}{\sqrt{A^2+B^2}}$、$\sin\phi = \dfrac{B}{\sqrt{A^2+B^2}}$，則式 (06-056) 可表示為：

$$\cos\phi\cos\theta_4 + \sin\phi\sin\theta_4 = \frac{C}{\sqrt{A^2+B^2}} \tag{06-057}$$

04. 因此，由式 (06-057) 可得 θ_4 的閉合解如下：

$$\theta_4 = \phi \pm \cos\left(\frac{C}{\sqrt{A^2+B^2}}\right) \tag{06-058}$$

其中，正負號分別代表兩種不同的組合位置。

05. 將式 (06-058) 所得結果代入式 (06-052) 與式 (06-053) 可解出 θ_3 為：

$$\theta_3 = \tan^{-1}\left(\frac{r_4 \sin\theta_4 - r_2 \sin\theta_2}{r_1 + r_4 \cos\theta_4 - r_2 \cos\theta_2}\right) \tag{06-059}$$

06. 若 $r_1 = 6$ cm、$r_2 = 2$ cm、$r_3 = 5$ cm、$r_4 = 5$ cm 為已知，且輸入桿 (桿 2) 為 $\theta_2 = 60°$，代入式 (06-055) 可得：

$$A = 2r_4(r_1 - r_2\cos\theta_2) = 2\times 5\times(6 - 2\times\cos 60°) = 50$$
$$B = -2r_2 r_4 \sin\theta_2 = -2\times 2\times 5\times \sin 60° = -17.32$$
$$C = (r_3^2 - r_4^2 - r_1^2 - r_2^2) + 2r_1 r_2 \cos\theta_2$$
$$= (5^2 - 5^2 - 6^2 - 2^2) + 2\times 6\times 2\times \cos 60° = -28$$

再者，因 $\cos\phi = \dfrac{A}{\sqrt{A^2+B^2}}$、且 $\sin\phi = \dfrac{B}{\sqrt{A^2+B^2}}$，可得：

$$\phi = \cos^{-1}\frac{A}{\sqrt{A^2+B^2}}$$

$$= \cos^{-1}\frac{50}{\sqrt{(50)^2+(-17.32)^2}} = +19.106° \text{ 或 } -19.106°$$

$$\phi = \sin^{-1}\frac{B}{\sqrt{A^2+B^2}}$$

$$= \sin^{-1}\frac{-17.32}{\sqrt{(50)^2+(-17.32)^2}} = -19.106° \text{ 或 } -160.894°$$

由上二式可得知 $\phi = -19.106°$。將結果再代入式 (06-058) 可得：

$$\theta_4 = \phi \pm \cos^{-1}\left(\frac{C}{\sqrt{A^2+B^2}}\right)$$

$$= -19.106° \pm \cos^{-1}\left(\frac{-28}{\sqrt{(50)^2+(-17.32)^2}}\right)$$

$$= -19.106° \pm 121.948° = 102.848° \text{ 或 } -141.048°$$

兩個答案分別代表兩種不同的組合位置。將 $\theta_4 = 102.848°$ 代入式 (06-059)，可得桿 3 的角位置 (θ_3) 為：

$$\theta_3 = \tan^{-1}\left(\frac{5\times\sin 102.848° - 2\times\sin 60°}{6+5\times\cos 102.848° - 2\times\cos 60°}\right)$$

$$= \tan^{-1}\left(\frac{3.14}{3.89}\right) = 38.91°$$

▼

例 06-05 有個六連桿機構，圖 06-05，桿長 r_1、r_2、r_3、r_4、r_6、r_7、r_8 為已知，且固定坐標系 X-Y 及各桿向量的定義如圖所示。若桿 2 為輸入桿，即 θ_2 為已知，試利用向量迴路法求桿 3、桿 4、桿 5、及桿 6 位置 (即 θ_3、θ_4、r_5、θ_6) 的閉合解。

01. 根據固定坐標系 X-Y 及各桿向量的定義，$\theta_1 = 0°$；$\vec{r}_3$ 和 $\vec{r}_7$ 間夾角為 α，即 $\theta_7 = \theta_3 + \alpha$；$\vec{r}_7$ 和 $\vec{r}_5$ 間夾角為 $90°$，即 $\theta_5 = \theta_7 - \frac{\pi}{2} = \theta_3 + \alpha - \frac{\pi}{2}$。

02. 由式 (06-014) 至式 (06-016) 的相依向量迴路方程式中，任取兩式為獨立向量迴路方程式；本例取式 (06-014) 與式 (06-015)。

Chapter 06　運動分析──解析法
ANALYTICAL KINEMATIC ANALYSIS

03. 分量方程式為：

$$r_2 \cos\theta_2 + r_3 \cos\theta_3 - r_4 \cos\theta_4 - r_1 = 0 \tag{06-060}$$

$$r_2 \sin\theta_2 + r_3 \sin\theta_3 - r_4 \sin\theta_4 = 0 \tag{06-061}$$

$$r_2 \cos\theta_2 + r_3 \cos\theta_3 + r_7 \cos\theta_7 + r_5 \cos\theta_5 - r_6 \cos\theta_6 - r_8 \cos\theta_8 = 0 \tag{06-062}$$

$$r_2 \sin\theta_2 + r_3 \sin\theta_3 + r_7 \sin\theta_7 + r_5 \sin\theta_5 - r_6 \sin\theta_6 - r_8 \sin\theta_8 = 0 \tag{06-063}$$

04. 式 (6-060) 與式 (6-061) 為四連桿子迴路的分量方程式，與 [例 06-04] 的式 (06-050) 與式 (06-051) 相同，可得 θ_3 和 θ_4 的閉合解，分別如式 (06-059) 與式 (06-058) 所示。

05. 由於 $\theta_7 = \theta_3 + \alpha$、$\theta_5 = \theta_7 - \dfrac{\pi}{2} = \theta_3 + \alpha - \dfrac{\pi}{2}$，$\theta_5$ 和 θ_7 可由 θ_3 的閉合解求得；因此，未知變數僅有 r_5 和 θ_6。

06. 移項整理分量方程式式 (06-062) 與式 (06-063) 可得：

$$r_6 \cos\theta_6 = r_2 \cos\theta_2 + r_3 \cos\theta_3 + r_7 \cos\theta_7 + r_5 \cos\theta_5 - r_8 \cos\theta_8 \tag{06-064}$$

$$r_6 \sin\theta_6 = r_2 \sin\theta_2 + r_3 \sin\theta_3 + r_7 \sin\theta_7 + r_5 \sin\theta_5 - r_8 \sin\theta_8 \tag{06-065}$$

07. 將式 (06-064) 與式 (06-065) 平方後相加，消去未知變數 θ_6，可得未知變數 r_5 的方程式如下：

$$r_5^2 + Ar_5 + B = 0 \tag{06-066}$$

其中

$$A = 2(r_2 \cos\theta_2 + r_3 \cos\theta_3 + r_7 \cos\theta_7 - r_8 \cos\theta_8) \cos\theta_5$$
$$+ 2(r_2 \sin\theta_2 + r_3 \sin\theta_3 + r_7 \sin\theta_7 - r_8 \sin\theta_8) \sin\theta_5 \tag{06-067a}$$

$$B = (r_2 \cos\theta_2 + r_3 \cos\theta_3 + r_7 \cos\theta_7 - r_8 \cos\theta_8)^2$$
$$+ (r_2 \sin\theta_2 + r_3 \sin\theta_3 + r_7 \sin\theta_7 - r_8 \sin\theta_8)^2 - r_6^2 \tag{06-067b}$$

08. 由式 (06-066) 可求得輸出桿 (桿 5) 位置 r_5 的閉合解如下：

$$r_5 = \dfrac{-A \pm \sqrt{A^2 - 4B}}{2} \tag{06-068}$$

其中，正負號分別代表兩種不同的組合位置。

09. 將式 (06-068) 所得結果代入式 (06-064) 與式 (06-065)，可解出 θ_6 為：

$$\theta_6 = \tan^{-1}\left(\frac{r_2 \sin\theta_2 + r_3 \sin\theta_3 + r_7 \sin\theta_7 + r_5 \sin\theta_5 - r_8 \sin\theta_8}{r_2 \cos\theta_2 + r_3 \cos\theta_3 + r_7 \cos\theta_7 + r_5 \cos\theta_5 - r_8 \cos\theta_8}\right) \quad (06\text{-}069)$$

另，本例取式 (06-014) 與式 (06-015)，推導得到所有桿件位置的閉合解。同理，由式 (06-014) 至式 (06-016) 的相依向量迴路方程式中，任取其它兩式為獨立向量迴路方程式，亦可得到所有桿件位置的閉合解。

例 06-06 有個齒輪五連桿機構，圖 06-10(a)。機件 2 為輸入齒輪，以 a_0 為固定樞軸；桿 3 亦以 a_0 為固定樞軸，a 為運動樞軸；機件 4 為齒輪，以 a 為軸心，並與機件 2 嚙合；桿 5 為輸出桿件，以 b_0 為固定樞軸，並以齒輪 4 的點 b 為運動樞軸；且 $\rho_2 = 12$、$\rho_4 = 24$、$a_0 b_0 = 50$、$a_0 a = 36$、$ab = 14$、$b_0 b = 50$。若圖 06-10(b) 位置為此機構的初始組合位置，且此時 $\theta_2 = 0°$（即 $\vec{r}_{2o}$ 和 $\vec{r}_1$ 重合），試利用向量迴路法進行位置分析，並求解 θ_3、θ_4、及 θ_5。

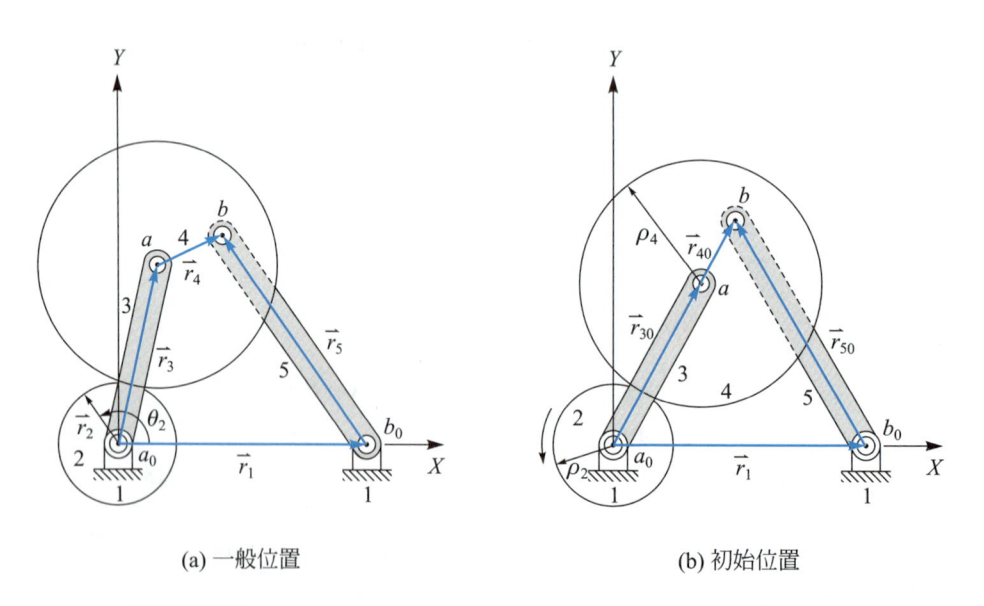

(a) 一般位置　　　　　　　(b) 初始位置

圖 06-10 齒輪五連桿機構 [例 06-06] [例 06-08] [例 06-12] [例 06-17]

Chapter 06　運動分析──解析法
ANALYTICAL KINEMATIC ANALYSIS

01. 建立固定坐標系 $X\text{-}Y$。
02. 定義各桿向量。
03. 向量迴路方程式為：

$$\vec{r}_3 + \vec{r}_4 - \vec{r}_5 - \vec{r}_1 = 0 \tag{06-070}$$

04. 分量方程式為：

$$r_3 \cos\theta_3 + r_4 \cos\theta_4 - r_5 \cos\theta_5 - r_1 = 0 \tag{06-071}$$

$$r_3 \sin\theta_3 + r_4 \sin\theta_4 - r_5 \sin\theta_5 = 0 \tag{06-072}$$

05. 由於在初始位置時，$\theta_3 = \theta_4 = \theta_{30}$、$\theta_5 = \theta_{50}$，式 (06-071) 與式 (06-072) 可表示為：

$$(r_3 + r_4)\cos\theta_{30} - r_5 \cos\theta_{50} = r_1 \tag{06-073}$$

$$(r_3 + r_4)\sin\theta_{30} - r_5 \sin\theta_{50} = 0 \tag{06-074}$$

將各桿尺寸 $r_1 = 50$、$r_3 = 36$、$r_4 = 14$、及 $r_5 = 50$ 代入式 (06-073) 與式 (06-074) 可得：

$$50\cos\theta_{30} - 50\cos\theta_{50} = 50 \tag{06-075}$$

$$50\sin\theta_{30} - 50\sin\theta_{50} = 0 \tag{06-076}$$

由圖 06-10(b) 與式 (06-076) 可知，$\theta_{50} = 180° - \theta_{30}$，因此由式 (06-075) 可解得：

$$\theta_{30} = 60°$$
$$\theta_{50} = 120°$$

06. 由於桿 2 與桿 4 是外圓與外圓的滾動接觸，根據式 (06-019)，桿 2、桿 3、及桿 4 間的滾動接觸方程式為：

$$(\theta_2 - \theta_{20}) + \frac{\rho_4}{\rho_2}(\theta_4 - \theta_{40}) - \left(1 + \frac{\rho_4}{\rho_2}\right)(\theta_3 - \theta_{30}) = 0 \tag{06-077}$$

其中，θ_{20} 為桿 2 在初始位置時的角度，本例取 $\theta_{20} = 0°$。

07. 將分量方程式，即式 (06-071)、式 (06-072)、及式 (06-077)，代入已知數據，可分別得到：

$$36\cos\theta_3 + 14\cos\theta_4 - 50\cos\theta_5 = 50 \tag{06-078}$$

$$36\sin\theta_3 + 14\sin\theta_4 - 50\sin\theta_5 = 0 \tag{06-079}$$

$$1.5\theta_3 - \theta_4 = 0.5\theta_2 + 30° \tag{06-080}$$

給定輸入值 θ_2，聯立解式 (06-078)、式 (06-079)、及式 (06-080)，即可得到 θ_3、θ_4、及 θ_5。

另，本例無法經由三角代數運算求出其閉合解。

閉合解法雖然可以直接求得各桿位置的分析結果，但此法僅適用於較簡單的機構。對大部分機構而言，其分量方程式與限制方程式多數具有相當的非線性程度，是難以求出其閉合解的，必須借助其它方式求解。

06-02-2　數值解 Numerical solution

利用向量迴路法所得到的分量方程式，即位移方程式，為非線性的聯立方程組，雖然其閉合解不易求得，但可採用**數值分析法** (Numerical analysis method) 解之，以下介紹**牛頓-拉福生法** (Newton-Raphson method)。

以圖 06-01 的四連桿組為例，若 $\theta_1 = 0°$，其向量迴路方程式為式 (06-050) 與式 (06-051)。

由於 r_1、r_2、r_3、r_4 為已知常數，θ_2 為已知變數，θ_3 和 θ_4 為未知變數，且以正弦和餘弦函數形式出現在式 (06-050) 與式 (06-051) 中，為解此非線性聯立方程式，令

$$F_1(\theta_3, \theta_4) = r_2\cos\theta_2 + r_3\cos\theta_3 - r_4\cos\theta_4 - r_1 \tag{06-081}$$

$$F_2(\theta_3, \theta_4) = r_2\sin\theta_2 + r_3\sin\theta_3 - r_4\sin\theta_4 \tag{06-082}$$

對於具 2 個變數的函數 $F(X, Y)$，若對 (X_0, Y_0) 作泰勒級數 (Taylor series) 展開，可得：

$$F(X, Y) = F(X_0, Y_0) + \frac{\partial F(X_0, Y_0)}{\partial X}(X - X_0) + \frac{\partial F(X_0, Y_0)}{\partial Y}(Y - Y_0)$$
$$+ \text{其它高次項} \tag{06-083}$$

若取其一次近似，而忽略所有高次項，可得：

Chapter 06 運動分析——解析法
ANALYTICAL KINEMATIC ANALYSIS

$$F(X, Y) = F(X_0, Y_0) + \frac{\partial F(X_0, Y_0)}{\partial X}(X - X_0) + \frac{\partial F(X_0, Y_0)}{\partial Y}(Y - Y_0) \quad (06\text{-}084)$$

如此,即得 $F(X, Y)$ 於 (X_0, Y_0) 的一次 (線性) 近似函數。

式 (06-084) 亦可表示為:

$$F(X, Y) - F(X_0, Y_0) = \frac{\partial F(X_0, Y_0)}{\partial X}(X - X_0) + \frac{\partial F(X_0, Y_0)}{\partial Y}(Y - Y_0) \quad (06\text{-}085)$$

此即為利用牛頓-拉福生法解非線性聯立方程式的主要方程式。

回到圖 06-01 的四連桿組 ($\theta_1 = 0°$)。當式 (06-081) 與式 (06-082) 之 F_1 和 F_2 的 (θ_3, θ_4) 為正確解時,$F_1 = F_2 = 0$;由於尚未得到其解,先設估計值 (θ_3', θ_4')。因為估計值非正確解,將之代入式 (06-081) 與式 (06-082) 時,會發生誤差。設誤差值分別為 ε_1 和 ε_2,則可得:

$$F_1(\theta_3', \theta_4') = r_2\cos\theta_2 + r_3\cos\theta_3' - r_4\cos\theta_4' - r_1 = \varepsilon_1 \quad (06\text{-}086)$$

$$F_2(\theta_3', \theta_4') = r_2\sin\theta_2 + r_3\sin\theta_3' - r_4\sin\theta_4' = \varepsilon_2 \quad (06\text{-}087)$$

將式 (06-086) 與式 (06-087) 分別對 (θ_3', θ_4') 作泰勒級數展開,且取一次近似,可得:

$$\frac{\partial F_1(\theta_3', \theta_4')}{\partial \theta_3'}(\theta_3 - \theta_3') + \frac{\partial F_1(\theta_3', \theta_4')}{\partial \theta_4'}(\theta_4 - \theta_4')$$
$$\cong F_1(\theta_3, \theta_4) - F_1(\theta_3', \theta_4') \quad (06\text{-}088)$$

$$\frac{\partial F_2(\theta_3', \theta_4')}{\partial \theta_3'}(\theta_3 - \theta_3') + \frac{\partial F_2(\theta_3', \theta_4')}{\partial \theta_4'}(\theta_4 - \theta_4')$$
$$\cong F_2(\theta_3, \theta_4) - F_2(\theta_3', \theta_4') \quad (06\text{-}089)$$

即

$$(-r_3\sin\theta_3')\Delta\theta_3 + (r_4\sin\theta_4')\Delta\theta_4 \cong 0 - \varepsilon_1 = -\varepsilon_1 \quad (06\text{-}090)$$

$$(r_3\cos\theta_3')\Delta\theta_3 + (-r_4\cos\theta_4')\Delta\theta_4 \cong 0 - \varepsilon_2 = -\varepsilon_2 \quad (06\text{-}091)$$

其中,$\Delta\theta_3 = \theta_3 - \theta_3'$,$\Delta\theta_4 = \theta_4 - \theta_4'$。如此,非線性聯立方程組式 (06-050) 與式 (06-051),轉換為一組以 $\Delta\theta_3$ 和 $\Delta\theta_4$ 為變數的線性聯立方程組,式 (06-090) 與

式 (06-091)，可容易求解。

依照前述，給予 θ_3 和 θ_4 估計值 θ_3' 和 θ_4'，可求得誤差修正值 $\Delta\theta_3$ 和 $\Delta\theta_4$。藉之修正估計值，可得新的估計值 θ_3' 和 θ_4' 如下：

$$\theta_{3\,(new)}' = \theta_3' + \Delta\theta_3 \qquad (06\text{-}092)$$

$$\theta_{4\,(new)}' = \theta_4' + \Delta\theta_4 \qquad (06\text{-}093)$$

再將新的估計值 θ_3' 和 θ_4' 代入式 (06-086) 與式 (06-087)，得到新的誤差值 ε_1 和 ε_2，再以新的估計值和誤差值 θ_3'、θ_4'、ε_1、ε_2 代入式 (06-090) 與式 (06-091)，求出修正值 $\Delta\theta_3$ 和 $\Delta\theta_4$，藉以修正二次估計值 θ_3' 和 θ_4'；如此反覆疊代，直到修正值 $\Delta\theta_3$ 和 $\Delta\theta_4$ 的絕對值均小於所要求精確度為止。

變數的初始估計值可由圖解法取得；即根據輸入桿的初始分析位置，以作圖解法畫出各桿的位置，再由圖中量取各變數之值為其初始估計值。解線性聯立方程組所得的修正值，若為角度時，則不論計算過程中所用的角度值為度 (Degree) 度量或弳 (Radian) 度量，因為使用計算機，所得的結果均為弳度量值；因此，若計算過程中使用度度量，須將角度修正值先轉換成度度量，藉以修正估計值。同時應注意的是，修正估計值應於判斷各修正值是否滿足精確度要求前為之；若次序顛倒，所得結果未作最後一次的修正，其精確度將不符所求。

各修正值的絕對值均小於要求精確度時，該位置的分析即完成，得到精確度合乎所求的近似解，可進行下個位置的分析。因此，可將輸入變數加上分析增量，再代入原模式進行分析；然而尚需一組變數估計值才得以為之，此組估計值可取剛求得 (即前一位置) 的結果。以數值分析疊代法 (牛頓-拉福生法即為其一) 求解時，初始估計值愈接近正確值愈容易收斂，否則可能發散或收斂至不正確的結果 (如其它的組合位置)。因此，用前一個位置的結果作為初始估計值時，為避免與正確解差異過大，可適當的選取增量以控制之；一般而言，若輸入變數為角位移，增量以不大於 $10°$ 為宜。至於精確度的要求，角度變數可取 $0.01°$，長度變數則可取 0.001 cm。根據經驗，若增量取 $5°$，而精確度要求如上述，則每個位置大約疊代 3 至 4 次即可收斂至符合精確度的要求。

圖 06-11 為利用上述牛頓-拉福生數值分析法進行機構位置分析的流程，以下舉例說明之。

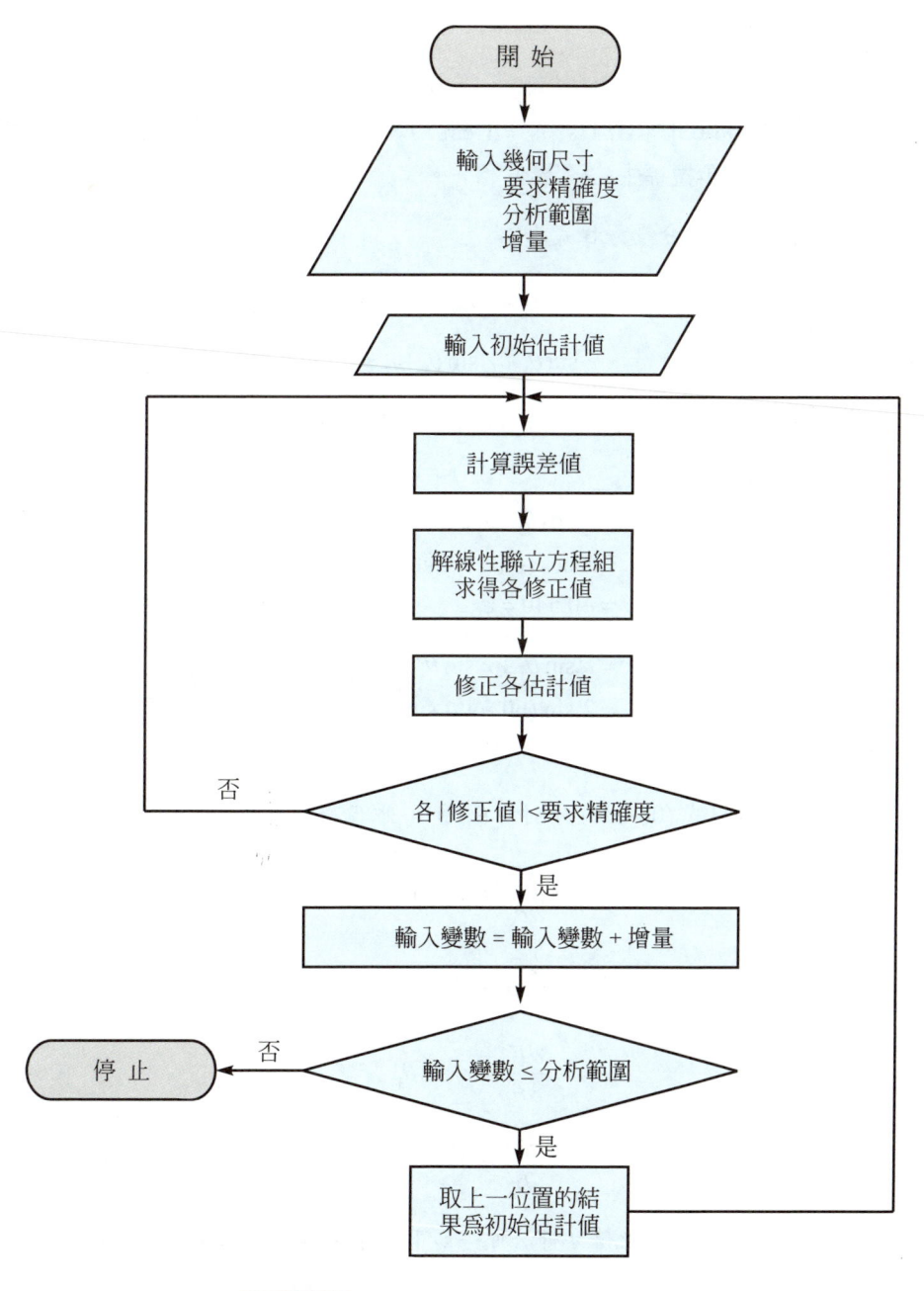

Chapter 06　運動分析──解析法
ANALYTICAL KINEMATIC ANALYSIS

圖 06-11　牛頓-拉福生數值分析法流程

例 06-07

有個偏位滑件曲柄機構，圖 06-02(b)，向量迴路的分量方程式已由 [例 06-02] 求出，若 $r_1 = 1$ cm、$r_2 = 2$ cm、$r_3 = 4$ cm、$\theta_2 = 60°$，試利用牛頓-拉福生法解出 θ_3 和 r_4。

01. 此機構的向量迴路分量方程式為：

$$r_2 \cos\theta_2 + r_3 \cos\theta_3 - r_4 = 0 \qquad (06\text{-}094)$$

$$r_2 \sin\theta_2 + r_3 \sin\theta_3 + r_1 = 0 \qquad (06\text{-}095)$$

02. 令 θ_3 的初始估計值 $\theta_3' = 330°$，r_4 的初始估計值 $r_4' = 5$ cm，則誤差值 ε_1 和 ε_2 分別為：

$$\begin{aligned} F_1 &= r_2 \cos\theta_2 + r_3 \cos\theta_3' - r_4' \\ &= 2\cos(60°) + 4\cos(330°) - 5 \\ &= -0.540 = \varepsilon_1 \end{aligned} \qquad (06\text{-}096)$$

$$\begin{aligned} F_2 &= r_2 \sin\theta_2 + r_3 \sin\theta_3' + r_1 \\ &= 2\sin(60°) + 4\sin(330°) + 1 \\ &= 0.732 = \varepsilon_2 \end{aligned} \qquad (06\text{-}097)$$

03. 將式 (06-096) 與式 (06-097) 分別對 θ_3' 和 r_4' 取偏微分可得：

$$\frac{\partial F_1}{\partial \theta_3'} = -r_3 \sin\theta_3' \qquad (06\text{-}098)$$

$$\frac{\partial F_1}{\partial r_4'} = -1 \qquad (06\text{-}099)$$

$$\frac{\partial F_2}{\partial \theta_3'} = r_3 \cos\theta_3' \qquad (06\text{-}100)$$

$$\frac{\partial F_2}{\partial r_4'} = 0 \qquad (06\text{-}101)$$

因此，由牛頓-拉福生數值分析法可得如下的線性聯立方程式：

$$\frac{\partial F_1}{\partial \theta_3'}\Delta\theta_3 + \frac{\partial F_1}{\partial r_4'}\Delta r_4 = -\varepsilon_1 \qquad (06\text{-}102)$$

Chapter 06　運動分析──解析法
ANALYTICAL KINEMATIC ANALYSIS

$$\frac{\partial F_2}{\partial \theta_3'}\Delta \theta_3 + \frac{\partial F_2}{\partial r_4'}\Delta r_4 = -\varepsilon_2 \tag{06-103}$$

將式 (06-098) 至式 (06-101) 代入式 (06-102) 與式 (06-103) 可得：

$$(-r_3 \sin \theta_3')\Delta \theta_3 + (-1)\Delta r_4 = -\varepsilon_1 \tag{06-104}$$

$$(r_3 \cos \theta_3')\Delta \theta_3 + (0)\Delta r_4 = -\varepsilon_2 \tag{06-105}$$

將已知數值及估計值代入式 (06-104) 與式 (06-105) 可得：

$$(2.00)\Delta \theta_3 + (-1)\Delta r_4 = 0.536 \tag{06-106}$$

$$(3.46)\Delta \theta_3 + (0)\Delta r_4 = -0.732 \tag{06-107}$$

解式 (06-106) 與式 (06-107) 可得：$\Delta \theta_3 = -0.211 \text{ (rad)} = -12.108°$，$\Delta r_4 = -0.9585$ cm。

04. 根據上述結果，可得第二次修正值為：$\theta_{3(new)}' = \theta_3' + \Delta \theta_3 = 330° - 12.108° = 317.892°$，$r_{4(new)}' = r_4' + \Delta r_4 = 5 - 0.9585 = 4.041$ cm。再利用式 (06-096) 與式 (06-097) 可得新的誤差值為：$\varepsilon_1 = -0.074$，$\varepsilon_2 = -0.050$。再代回式 (06-104) 與式 (06-105) 可解得新的修正值為：$\Delta \theta_3 = -0.017 \text{ (rad)} = -0.964°$，$\Delta r_4 = -0.119$ cm。

05. 根據上述結果，可得第三次估計值為：$\theta_{3(new)}' = 317.892° - 0.964° = 316.928°$，$r_{4(new)}' = 4.041 - 0.119 = 3.922$。

06. 重複上述運算步驟，詳細疊代過程數據如表 06-01 所列，經過 3 次疊代後達到精確度 $|\Delta \theta_3| \leq 0.01°$、$|\Delta r_4| \leq 0.001$ cm 為止。因此，由牛頓-拉福生法解出 θ_3 和 r_4 最後結果為：$\theta_3 = 316.92°$，$r_4 = 3.922$ cm。

表 06-01 偏位滑件曲柄連桿機構位置分析數值疊代過程 [例 06-07]

次數	θ_3' (deg)	r_4' (cm)	$\Delta \theta_3$ (rad)	$\Delta \theta_3$ (deg)	Δr_4 (cm)
1	330.000	5.000	−0.211	−12.108	−0.9585
2	317.892	4.041	−0.017	−0.964	−0.1191
3	316.928	3.922	0.000	−0.008	−0.0008
4	316.920	3.922			

例 06-08

有個齒輪五連桿機構，圖 06-10、[例 06-06]，當 $\theta_2 = 30°$ 時，試利用牛頓-拉福生法解 θ_3、θ_4、及 θ_5。

01. 此機構的向量迴路分量方程式為：

$$F_1 = 36\cos\theta_3 + 14\cos\theta_4 - 50\cos\theta_5 - 50 = 0 \qquad (06\text{-}108)$$

$$F_2 = 36\sin\theta_3 + 14\sin\theta_4 - 50\sin\theta_5 = 0 \qquad (06\text{-}109)$$

滾動接觸方程式為：

$$\theta_4 = 1.5\theta_3 - 0.5\theta_2 - 30° \qquad (06\text{-}110)$$

02. 各向量的初始組合角位置分別為：$\theta_{20} = 0°$，$\theta_{30} = 60°$，$\theta_{40} = 60°$，$\theta_{50} = 120°$。當 $\theta_{20} = 30°$ 時，設 θ_3 和 θ_5 的估計值分別為：$\theta_3' = 60°$，$\theta_5' = 120°$；將之代入式 (06-110) 可得 θ_4 的估計值為 $\theta_4' = 1.5(60°) - 0.5(30°) - 30° = 45°$。

03. 以牛頓-拉福生法求解時，各誤差值與微分值分別為：

$$F_1 = 36\cos\theta_3' + 14\cos\theta_4' - 50\cos\theta_5' - 50 = \varepsilon_1 \qquad (06\text{-}111)$$

$$F_2 = 36\sin\theta_3' + 14\sin\theta_4' - 50\sin\theta_5' = \varepsilon_2 \qquad (06\text{-}112)$$

$$\begin{aligned}\frac{\partial F_1}{\partial \theta_3'} &= -36\sin\theta_3' - 14\sin\theta_4'\left(\frac{\partial \theta_4'}{\partial \theta_3'}\right) \\ &= -36\sin\theta_3' - 21\sin\theta_4' \\ &= A \end{aligned} \qquad (06\text{-}113)$$

$$\begin{aligned}\frac{\partial F_1}{\partial \theta_5'} &= 50\sin\theta_5' \\ &= B \end{aligned} \qquad (06\text{-}114)$$

$$\begin{aligned}\frac{\partial F_2}{\partial \theta_3'} &= 36\cos\theta_3' + 14\cos\theta_4'\left(\frac{\partial \theta_4'}{\partial \theta_3'}\right) \\ &= 36\cos\theta_3' + 21\cos\theta_4' \\ &= C \end{aligned} \qquad (06\text{-}115)$$

Chapter 06　運動分析——解析法
ANALYTICAL KINEMATIC ANALYSIS

$$\frac{\partial F_2}{\partial \theta_5'} = -50\cos\theta_5'$$
$$= D \qquad (06\text{-}116)$$

其中，由式 (06-110) 可得 $\dfrac{\partial \theta_4'}{\partial \theta_3'} = 1.5$。因此，由牛頓-拉福生數值分析法可得如下的線性聯立方程式：

$$A\Delta\theta_3 + B\Delta\theta_5 = -\varepsilon_1 \qquad (06\text{-}117)$$

$$C\Delta\theta_3 + D\Delta\theta_5 = -\varepsilon_2 \qquad (06\text{-}118)$$

解式 (06-117) 與式 (06-118) 即可得修正值 $\Delta\theta_3$ 和 $\Delta\theta_5$ 的解。

04. 將各估計值代入式 (06-111) 至式 (06-116) 可得：

$$\varepsilon_1 = 36\cos(60°) + 14\cos\cos(45°) - 50\cos\cos(120°) - 50$$
$$= 2.8995$$

$$\varepsilon_2 = 36\sin(60°) + 14\sin(45°) - 50\sin(120°)$$
$$= -2.2249$$

$$A = -36\sin(60°) - 21\sin(45°)$$
$$= -46.0262$$

$$B = 50\sin(120°)$$
$$= 43.3013$$

$$C = 36\cos(60°) + 21\cos(45°)$$
$$= 32.8492$$

$$D = -50\cos(120°)$$
$$= 25.0000$$

再將之代入式 (06-117) 與式 (06-118) 可得：

$$(-46.0262)\Delta\theta_3 + (43.3013)\Delta\theta_5 = -2.8995 \qquad (06\text{-}119)$$

$$(32.8492)\Delta\theta_3 + (25.0000)\Delta\theta_5 = 2.2249 \qquad (06\text{-}120)$$

則其解為：$\Delta\theta_3 = 0.06561\,(\text{rad}) = 3.76°$，$\Delta\theta_5 = 0.00278\,(\text{rad}) = 0.16°$。各估計值可修正為：$\theta_3' = 60° + 3.76° = 63.76°$，$\theta_5' = 120° + 0.16° = 120.16°$，$\theta_4' = 1.5\,(63.76°) - 0.5\,(30°) - 30° = 50.64°$。

05. 將修正的估計值再代入式 (06-111) 至式 (06-118)，重複上述運算步驟，疊代過程如表 06-02 所列，經過 3 次疊代後，由於 $\Delta\theta_3$ 與 $\Delta\theta_5$ 的絕對值均小於 $0.001°$，已符合精確度要求。因此，由牛頓-拉福生法解出 θ_3、θ_5、θ_4 最後結果為：$\theta_3 = 63.828°$，$\theta_5 = 120.347°$，$\theta_4 = 50.741°$。

表 06-02 齒輪五連桿機構位置分析數值疊代過程 [例 06-08]

次數	θ_3' (deg)	θ_5' (deg)	θ_4' (deg)	$\Delta\theta_3$ (rad)	$\Delta\theta_5$ (rad)	$\Delta\theta_3$ (deg)	$\Delta\theta_5$ (deg)
1	60.000	120.000	45.000	0.0656	0.0028	3.7593	0.1593
2	63.759	120.159	50.639	0.0012	0.0033	0.0684	0.1878
3	63.828	120.347	50.742	0.0000	0.0000	−0.0003	−0.0001
4	63.828	120.347	50.741				

06. 若要進行下一位置的分析，如 $\theta_2 = 60°$ 時，則可以 $\theta_2 = 30°$ 的結果為其初始估計值，即 $\theta_3' = 63.83°$，$\theta_5' = 120.35°$，$\theta_4' = 1.5(63.83°) - 0.5(60°) - 30° = 35.75°$。

例 06-09 有個司蒂芬遜 I 型六連桿機構，圖 06-12、[例 05-02]。桿 6 為輸入桿，試進行位置分析求解 θ_2、θ_3、θ_4、及 θ_5。

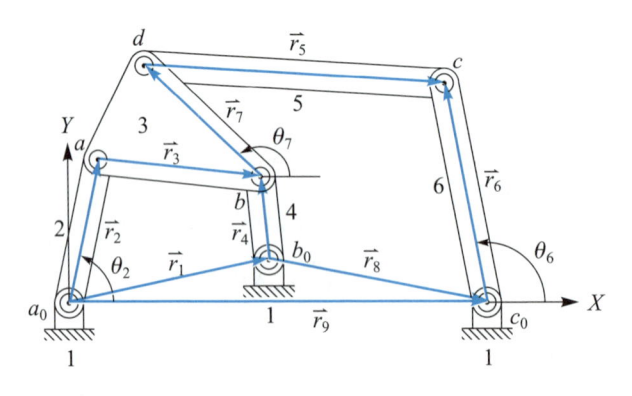

圖 06-12 司蒂芬遜 I 型六連桿機構 [例 06-09] [例 06-14] [例 06-19]

Chapter 06　運動分析──解析法
ANALYTICAL KINEMATIC ANALYSIS

01. 本例中桿 6 為輸入桿，即 θ_6 為已知，由於桿 6 所在的向量迴路中，桿 3、桿 4、及桿 5 的位置均未知，即 θ_3、θ_4、θ_5 為未知，無法直接由其分量方程式推導出閉合解；因此，以牛頓-拉福生數值分析法進行位置分析。

02. 依據向量迴路法，建立坐標系，並且定義向量。其向量迴路方程式為：

$$\vec{r}_2 + \vec{r}_3 - \vec{r}_4 - \vec{r}_1 = 0 \tag{06-121}$$

$$\vec{r}_4 + \vec{r}_7 + \vec{r}_5 - \vec{r}_6 - \vec{r}_8 = 0 \tag{06-122}$$

式 (06-121) 與式 (06-122) 兩個向量迴路的分量方程式分別定義為 F_1、F_2、F_3、F_4，如下所示：

$$F_1 = r_2 \cos\theta_2 + r_3 \cos\theta_3 - r_4 \cos\theta_4 - r_1 \cos\theta_1 = 0 \tag{06-123}$$

$$F_2 = r_2 \sin\theta_2 + r_3 \sin\theta_3 - r_4 \sin\theta_4 - r_1 \sin\theta_1 = 0 \tag{06-124}$$

$$F_3 = r_4 \cos\theta_4 + r_7 \cos\theta_7 + r_5 \cos\theta_5 - r_6 \cos\theta_6 - r_8 \cos\theta_8 = 0 \tag{06-125}$$

$$F_4 = r_4 \sin\theta_4 + r_7 \sin\theta_7 + r_5 \sin\theta_5 - r_6 \sin\theta_6 - r_8 \sin\theta_8 = 0 \tag{06-126}$$

其中，$\theta_7 = \theta_3 + \alpha$，各桿桿長為已知，且 θ_1 和 θ_8 為已知常數，θ_2、θ_3、θ_4、θ_5 則為未知變數。

03. 令 θ_2'、θ_3'、θ_4'、θ_5' 分別為 θ_2、θ_3、θ_4、θ_5 的初始估計值，ε_1、ε_2、ε_3、ε_4 為分量方程式的誤差值，可得誤差值和微分值如下：

$$F_1 = r_2 \cos\theta_2' + r_3 \cos\theta_3' - r_4 \cos\theta_4' - r_1 \cos\theta_1 = \varepsilon_1 \tag{06-127}$$

$$F_2 = r_2 \sin\theta_2' + r_3 \sin\theta_3' - r_4 \sin\theta_4' - r_1 \sin\theta_1 = \varepsilon_2 \tag{06-128}$$

$$F_3 = r_4 \cos\theta_4' + r_7 \cos(\theta_3' + \alpha) + r_5 \cos\theta_5' - r_6 \cos\theta_6 - r_8 \cos\theta_8 = \varepsilon_3 \tag{06-129}$$

$$F_4 = r_4 \sin\theta_4' + r_7 \sin(\theta_3' + \alpha) + r_5 \sin\theta_5' - r_6 \sin\theta_6 - r_8 \sin\theta_8 = \varepsilon_4 \tag{06-130}$$

$$\frac{\partial F_1}{\partial \theta_2'} = -r_2 \sin\theta_2' \quad \frac{\partial F_1}{\partial \theta_3'} = -r_3 \sin\theta_3' \quad \frac{\partial F_1}{\partial \theta_4'} = r_4 \sin\theta_4' \quad \frac{\partial F_1}{\partial \theta_5'} = 0$$

$$\frac{\partial F_2}{\partial \theta_2'} = r_2 \cos\theta_2' \quad \frac{\partial F_2}{\partial \theta_3'} = r_3 \cos\theta_3' \quad \frac{\partial F_2}{\partial \theta_4'} = -r_4 \cos\theta_4' \quad \frac{\partial F_2}{\partial \theta_5'} = 0$$

$$\frac{\partial F_3}{\partial \theta_2'} = 0 \quad \frac{\partial F_3}{\partial \theta_3'} = -r_7 \sin(\theta_3' + \alpha) \quad \frac{\partial F_3}{\partial \theta_4'} = -r_4 \sin\theta_4' \quad \frac{\partial F_3}{\partial \theta_5'} = -r_5 \sin\theta_5'$$

$$\frac{\partial F_4}{\partial \theta_2'} = 0 \quad \frac{\partial F_4}{\partial \theta_3'} = r_7 \cos(\theta_3' + \alpha) \quad \frac{\partial F_4}{\partial \theta_4'} = r_4 \cos\theta_4' \quad \frac{\partial F_4}{\partial \theta_5'} = r_5 \cos\theta_5' \tag{06-131}$$

04. 利用牛頓-拉福生數值法，可得線性聯立方程式如下：

$$(-r_2 \sin \theta_2')\Delta\theta_2 + (-r_3 \sin \theta_3')\Delta\theta_3 + (r_4 \sin \theta_4')\Delta\theta_4 = -\varepsilon_1 \quad (06\text{-}132)$$

$$(r_2 \cos \theta_2')\Delta\theta_2 + (r_3 \cos \theta_3')\Delta\theta_3 + (-r_4 \cos \theta_4')\Delta\theta_4 = -\varepsilon_2 \quad (06\text{-}133)$$

$$[-r_7 \sin(\theta_3' + \alpha)]\Delta\theta_3 + (-r_4 \sin \theta_4')\Delta\theta_4 + (-r_5 \sin \theta_5')\Delta\theta_5 = -\varepsilon_3 \quad (06\text{-}134)$$

$$[r_7 \cos(\theta_3' + \alpha)]\Delta\theta_3 + (r_4 \cos \theta_4')\Delta\theta_4 + (r_5 \cos \theta_5')\Delta\theta_5 = -\varepsilon_4 \quad (06\text{-}135)$$

以矩陣表示如下：

$$\begin{bmatrix} -r_2 \sin \theta_2' & -r_3 \sin \theta_3' & r_4 \sin \theta_4' & 0 \\ r_2 \cos \theta_2' & r_3 \cos \theta_3' & -r_4 \cos \theta_4' & 0 \\ 0 & -r_7 \sin(\theta_3' + \alpha) & -r_4 \sin \theta_4' & -r_5 \sin \theta_5' \\ 0 & r_7 \cos(\theta_3' + \alpha) & r_4 \cos \theta_4' & r_5 \cos \theta_5' \end{bmatrix} \begin{Bmatrix} \Delta\theta_2 \\ \Delta\theta_3 \\ \Delta\theta_4 \\ \Delta\theta_5 \end{Bmatrix} = \begin{Bmatrix} -\varepsilon_1 \\ -\varepsilon_2 \\ -\varepsilon_3 \\ -\varepsilon_4 \end{Bmatrix} \quad (06\text{-}136)$$

05. 解上述線性聯立方程式，可得 θ_2'、θ_3'、θ_4'、θ_5' 的修正值 $\Delta\theta_2$、$\Delta\theta_3$、$\Delta\theta_4$、$\Delta\theta_5$。再者，將 θ_2'、θ_3'、θ_4'、θ_5' 的估計值可分別修正為：

$$\theta_{2(new)}' = \theta_2' + \Delta\theta_2 \quad (06\text{-}137)$$

$$\theta_{3(new)}' = \theta_3' + \Delta\theta_3 \quad (06\text{-}138)$$

$$\theta_{4(new)}' = \theta_4' + \Delta\theta_4 \quad (06\text{-}139)$$

$$\theta_{5(new)}' = \theta_5' + \Delta\theta_5 \quad (06\text{-}140)$$

06. 若 $r_1 = 84$ mm、$r_2 = 62$ mm、$r_3 = 65$ mm、$r_4 = 36$ mm、$r_5 = 120$ mm、$r_6 = 95$ mm、$r_7 = 65$ mm、$r_8 = 86$ mm、$\theta_1 = 15°$、$\theta_8 = -15°$、$\alpha = 140°$，且輸入桿 (桿6) 的角位置為 $\theta_6 = 100°$，初始估計值為 $\theta_2' = 80°$、$\theta_3' = -20°$、$\theta_4' = 90°$、$\theta_5' = 0°$，代入式 (06-127) 至式 (06-140) 進行位置分析，則經由牛頓-拉福生數值法運算步驟，詳細疊代過程數據如表 06-03 所列，經過 4 次疊代後達到精確度 $|\Delta\theta_2|$、$|\Delta\theta_3|$、$|\Delta\theta_4|$、$|\Delta\theta_5|$ 均小於 $0.001°$ 的要求。因此，由牛頓-拉福生數值法位置分析最後所得結果為：$\theta_2 = 80.368°$，$\theta_3 = -3.412°$、$\theta_4 = 99.399°$、$\theta_5 = -4.248°$。

Chapter 06 運動分析──解析法
ANALYTICAL KINEMATIC ANALYSIS

表 06-03 司蒂芬遜 I 型六連桿機構位置分析數值疊代過程 [例 06-09]

次數	θ_2	θ_3	θ_4	θ_5	$\Delta\theta_2$	$\Delta\theta_3$	$\Delta\theta_4$	$\Delta\theta_5$	$\Delta\theta_2$	$\Delta\theta_3$	$\Delta\theta_4$	$\Delta\theta_5$
單位	degree	degree	degree	degree	radian	radian	radian	radian	degree	degree	degree	degree
1	80.000	−20.000	90.000	0.000	0.0198	0.3062	0.1026	−0.0920	1.133	17.543	5.876	−5.272
2	81.133	−2.457	95.876	−5.272	−0.0137	−0.0156	0.0602	0.0177	−0.788	−0.892	3.450	1.013
3	80.345	−3.349	99.325	−4.260	0.0004	−0.0011	0.0013	0.0002	0.023	−0.063	0.074	0.012
4	80.368	−3.412	99.399	−4.248	0.0000	0.0000	0.0000	0.0000	0.000	0.000	0.000	0.000
5	80.368	−3.412	99.399	−4.248								

06-03 計算機輔助位置分析
Computer-Aided Position Analysis

利用圖解法來進行機構的位置分析，雖可不必推導運動方程式，又可直接求解，但在精確度的要求與解題的速度上均有不便之處。利用解析法來進行機構的位置分析，雖可推導出運動方程式，但不容易得到閉合解。利用數值分析法雖可針對運動方程式求出所要未知變數的近似解，但解題過程必須反覆的進行疊代，既費時間又易產生人為錯誤。雖然圖解法、解析法、數值法各有其使用上的缺點，但是隨著計算機計算能力的提升、繪圖功能的增加、及使用的普及，上述缺點可迎刃而解。

計算機輔助位置分析 (Computer-aided position analysis) 包括下面幾個步驟，圖 06-13：

一、利用向量迴路法推導出機構的位移方程式。
二、利用牛頓-拉福生數值分析法推演未知變數近似解的疊代過程。
三、利用計算機求得所須精確度的數值解。
四、利用計算機進行電腦動畫模擬。
五、利用圖解法驗證答案的正確性。

根據上述步驟來進行機構的運動分析，不但可避免圖解法、解析法、及數

```
┌─────────────────────────────┐
│ 輸入：                       │
│ 已知設計參數，輸入變數分析    │
│ 範圍，增量，輸出變數精確度要求值 │
└─────────────────────────────┘
              ↓
    ┌──────────────────┐
    │ 利用向量迴路法     │
    │ 推導位移方程式     │
    └──────────────────┘
              ↓
    ┌──────────────────────┐
    │ 利用牛頓-拉福生數值分析法 │
    │ 解出未知變數近似解      │
    └──────────────────────┘
              ↓
┌─────────────────────────────┐
│ 利用計算機輸出：              │
│ 已知變數與未知變數數據值       │
│ 已知變數與未知變數關係圖       │
│ 機構運動電腦動畫模擬          │
└─────────────────────────────┘
              ↓
    ┌──────────────────┐
    │ 利用圖解法驗證答案  │
    └──────────────────┘
```

圖 06-13 計算機輔助位置分析流程

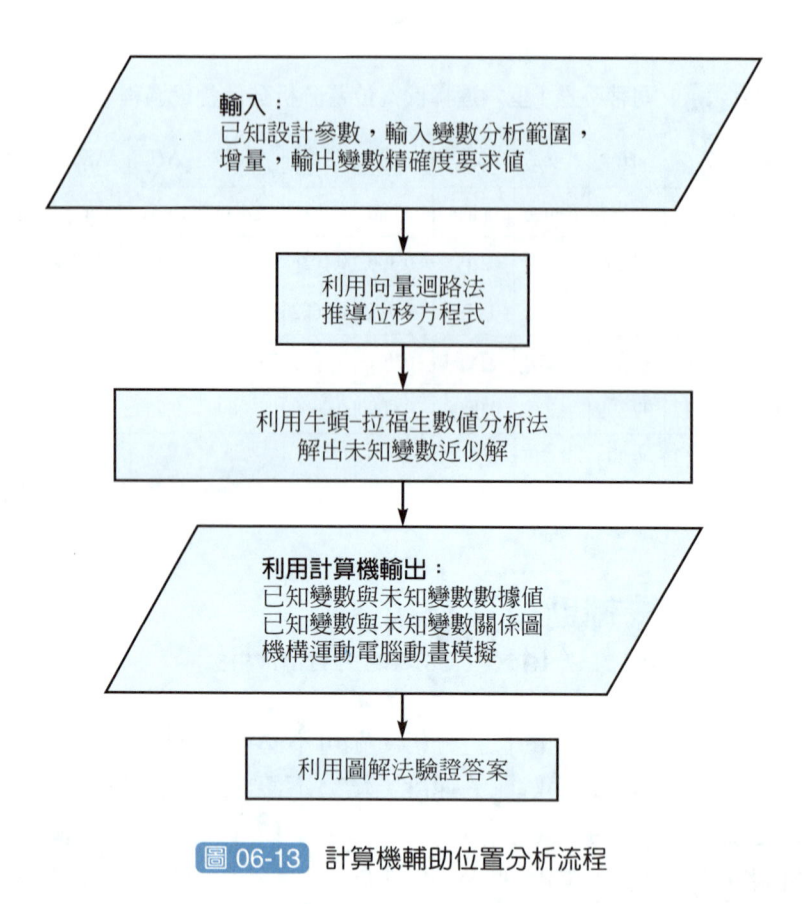

值法的缺點，更可保有圖解法、解析法、及數值法的優點，乃是分析機構運動特性的利器。

　　基本上，計算機輔助位置分析法可用來分析各類機構的運動特性，包括具各種接頭的機構、包括平面機構與空間機構、亦包括單自由度機構與多自由度機構。當機構中含有旋轉對、滑行對、及滾動對時，本法可直接用來進行位置分析；當機構中含有齒輪對時，可將齒輪對視為滾動對分析之；當機構中含有凸輪對時，由於與該運動對附隨兩桿所在接觸點處的曲率半徑一直在變化，直接使用本法分析將有困難，但可將所欲分析的機構，求出在各個位置時接觸點所對應的曲率半徑與曲率中心，形成**等效連桿組** (Equivalent linkage)，再利用本法分析之。空間機構的運動分析雖然亦可用本法，但以使用矩陣法較為方便。

Chapter 06　運動分析──解析法
ANALYTICAL KINEMATIC ANALYSIS

以下舉例說明之。

例 06-10　有個四連桿組，圖 06-01，桿 2 為輸入桿，試利用計算機輔助法進行桿 3 點 c 與桿 4 的位置分析。

01. 已知設計參數與精確度要求為：

$$r_1 = a_0 b_0 = 6.0$$
$$r_2 = a_0 a = 2.0$$
$$r_3 = ab = 5.0$$
$$r_4 = b_0 b = 5.0$$
$$r_3' = ac = 2.5$$
$$\alpha = 0°$$
$$|\Delta\theta_3| \leq 0.01°$$
$$|\Delta\theta_4| \leq 0.01°$$

02. 依據向量迴路法，建立坐標系，並且定義向量，本例取 $\theta_1 = 0°$。其向量迴路方程式與分量方程式為：

$$\vec{r}_2 + \vec{r}_3 - \vec{r}_4 - \vec{r}_1 = 0 \tag{06-141}$$

$$r_2 \cos\theta_2 + r_3 \cos\theta_3 - r_4 \cos\theta_4 - r_1 = 0 \tag{06-142}$$

$$r_2 \sin\theta_2 + r_3 \sin\theta_3 - r_4 \sin\theta_4 = 0 \tag{06-143}$$

03. 令 θ_3' 和 θ_4' 分別為 θ_3 和 θ_4 的初始估計值，ε_1 和 ε_2 為誤差值，則利用牛頓-拉福生數值法可得：

$$F_1(\theta_3', \theta_4') = r_2 \cos\theta_2 + r_3 \cos\theta_3' - r_4 \cos\theta_4' - r_1 = \varepsilon_1 \tag{06-144}$$

$$F_2(\theta_3', \theta_4') = r_2 \sin\theta_2 + r_3 \sin\theta_3' - r_4 \sin\theta_4' = \varepsilon_2 \tag{06-145}$$

其線性聯立方程式為：

$$(-r_3 \sin\theta_3')\Delta\theta_3 + (r_4 \sin\theta_4')\Delta\theta_4 = -\varepsilon_1 \tag{06-146}$$

$$(r_3 \cos\theta_3')\Delta\theta_3 + (-r_4 \cos\theta_4')\Delta\theta_4 = -\varepsilon_2 \tag{06-147}$$

可解得 θ_3' 和 θ_4' 的修正值 $\Delta\theta_3$ 和 $\Delta\theta_4$ 如下：

$$\Delta\theta_3 = \frac{\varepsilon_1 \cos\theta_4' + \varepsilon_2 \sin\theta_4'}{r_3 \sin(\theta_3' - \theta_4')} \tag{06-148}$$

$$\Delta\theta_4 = \frac{\varepsilon_1 \cos\theta_3' + \varepsilon_2 \sin\theta_3'}{r_4 \sin(\theta_3' - \theta_4')} \tag{06-149}$$

因此，θ_3 和 θ_4 的估計值可分別修正為：

$$\theta_{3(new)}' = \theta_3' + \Delta\theta_3 \tag{06-150}$$

$$\theta_{4(new)}' = \theta_4' + \Delta\theta_4 \tag{06-151}$$

04. 令 $\vec{r}_c$ 代表耦桿點 c 的位置向量，則：

$$\vec{r}_c = \vec{r}_2 + \vec{r}_3' \tag{06-152}$$

因此，耦桿點在 X 軸與 Y 軸的坐標 (X_c 和 Y_c) 可表示為：

$$X_c = r_2 \cos\theta_2 + r_3' \cos\theta_3' = r_2 \cos\theta_2 + r_3' \cos(\theta_3 + \alpha) \tag{06-153}$$

$$Y_c = r_2 \sin\theta_2 + r_3' \sin\theta_3' = r_2 \sin\theta_2 + r_3' \sin(\theta_3 + \alpha) \tag{06-154}$$

即只要求得未知變數 θ_3 後，即可由式 (06-153) 和式 (06-154) 求得點 c 的位置坐標。

05. 利用圖解法繪出機構在 $\theta_2 = 0°$ 時的位置，估算得 θ_3 約為 70°、θ_4 約為 120°，據此取初始估計值 $\theta_3' = 70°$、$\theta_4' = 120°$。

06. 發展一套計算機程式，針對每個輸入桿的位置 θ_2，解出 $\Delta\theta_3$ 和 $\Delta\theta_4$，求出新的估計值 θ_3' 和 θ_4'，直到 $|\Delta\theta_3|$ 和 $|\Delta\theta_4|$ 皆小於 0.01° 為止，此時的 θ_3' 和 θ_4' 即為在所對應的 θ_2 位置時，桿 3 的位置 (θ_3) 與桿 4 的位置 (θ_4)。解出後，即可求出耦桿點 c 的位置 X_c 和 Y_c。本例題中，輸入桿位置 θ_2 為 0°～360°，增量 $\Delta\theta_2 = 10°$。以 SCILAB 所寫出的程式如下：

```
clear
clc
dtr=%pi/180
e1=1;e2=1;
r1=6; r2=2 ; r3=5; r4=5; r3p=2.5;
alpha=0*dtr;
theta2=(0:10:360)*dtr;
```

Chapter 06 運動分析——解析法
ANALYTICAL KINEMATIC ANALYSIS

```
for i=1:1:length(theta2)
    if i==1
        theta3p(1)=70*dtr;
        theta4p(1)=120*dtr;
    else
        theta3p(i)=theta3p(i-1);
        theta4p(i)=theta4p(i-1);
    end
    while abs(e1)>0.01*dtr && abs(e2)>0.01*dtr
        e1=r2*cos(theta2(i))+r3*cos(theta3p(i))-
r4*cos(theta4p(i))-r1;
        e2=r2*sin(theta2(i))+r3*sin(theta3p(i))-
r4*sin(theta4p(i));
        delta3=(e1*cos(theta4p(i))+e2*sin(theta4p(i)))/
(r3*sin(theta3p(i)-theta4p(i)));
        delta4=(e1*cos(theta3p(i))+e2*sin(theta3p(i)))/
(r4*sin(theta3p(i)-theta4p(i)));
        theta3p(i)=delta3+theta3p(i);
        theta4p(i)=delta4+theta4p(i);
    end
    e1=1; e2=1;
    theta3(i)=theta3p(i)/dtr;
    theta4(i)=theta4p(i)/dtr;
    Xc(i)=r2*cos(theta2(i))+r3p*cos(theta3p(i)+alpha);
    Yc(i)=r2*sin(theta2(i))+r3p*sin(theta3p(i)+alpha);
end
```

07. 利用此程式列出已知變數 θ_2 與未知變數 θ_3、θ_4、X_c、Y_c 如下：

θ_2	θ_3	θ_4	X_c	Y_c
0.0	66.422	113.578	3.000	2.291
10.0	61.213	108.937	3.173	2.538
20.0	55.885	105.264	3.282	2.754
30.0	50.814	102.812	3.312	2.938
40.0	46.243	101.653	3.261	3.091
50.0	42.280	101.714	3.135	3.214

60.0	38.945	102.841	2.944	3.303
70.0	36.208	104.851	2.701	3.356
80.0	34.020	107.560	2.419	3.368
90.0	32.334	110.797	2.112	3.337
100.0	31.110	114.411	1.793	3.261
110.0	30.322	118.269	1.474	3.142
120.0	29.956	122.248	1.166	2.980
130.0	30.009	126.240	0.879	2.782
140.0	30.487	130.141	0.622	2.554
150.0	31.403	133.859	0.402	2.303
160.0	32.768	137.308	0.223	2.037
170.0	34.592	140.417	0.088	1.767
180.0	36.870	143.130	−0.000	1.500
190.0	39.583	145.408	−0.043	1.246
200.0	42.692	147.232	−0.042	1.011
210.0	46.141	148.597	0.000	0.803
220.0	49.859	149.513	0.080	0.626
230.0	53.760	149.991	0.192	0.484
240.0	57.752	150.044	0.334	0.382
250.0	61.731	149.678	0.500	0.322
260.0	65.589	148.890	0.686	0.307
270.0	69.203	147.666	0.888	0.337
280.0	72.440	145.980	1.102	0.414
290.0	75.149	143.792	1.325	0.537
300.0	77.159	141.055	1.556	0.705
310.0	78.286	137.720	1.793	0.916
320.0	78.347	133.757	2.037	1.163
330.0	77.188	129.186	2.286	1.438
340.0	74.736	124.115	2.538	1.728
350.0	71.063	118.787	2.781	2.017
360.0	66.422	113.578	3.000	2.291

===

08. 利用此程式繪出已知變數與未知變數的關係，圖 06-14。

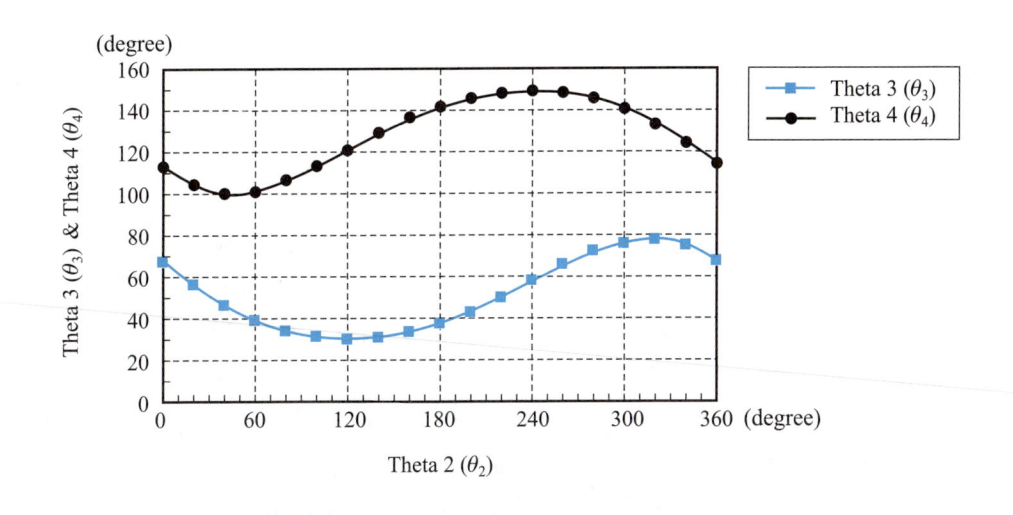

Chapter 06 運動分析──解析法
ANALYTICAL KINEMATIC ANALYSIS

圖 06-14 四連桿機構位置分析結果 [例 06-10]

09. 利用此程式進行機構的動畫模擬,並繪出耦桿點 c 的路徑,圖 06-15。

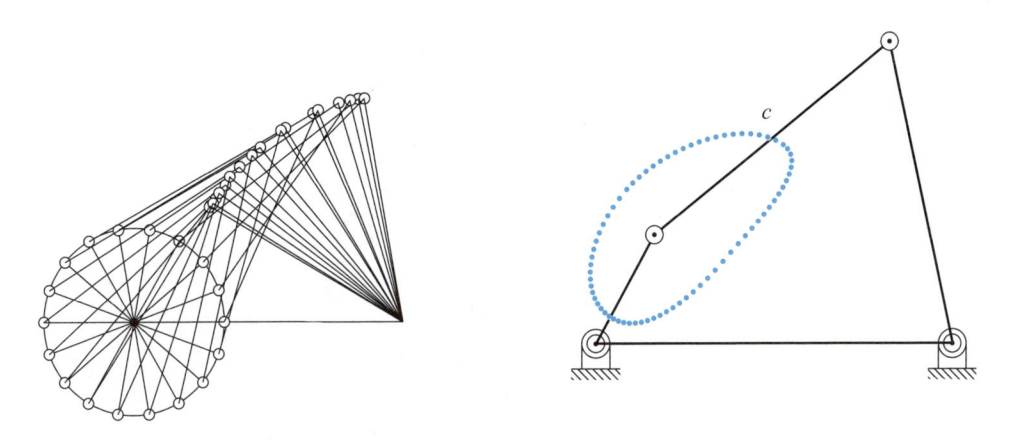

圖 06-15 四連桿機構動畫模擬 [例 06-10]

10. 利用圖解法驗證答案。當 $\theta_2 = 15°$ 時,量得 $\theta_3 \approx 58.5°$、$\theta_4 \approx 106.9°$、$X_c \approx 3.2$、$Y_c \approx 2.6$;當 $\theta_2 = 162°$ 時,量得 $\theta_3 \approx 33°$、$\theta_4 \approx 0.138°$、$X_c \approx 0.19$、$Y_c \approx 1.9$;當 $\theta_2 = 298°$ 時,量得 $\theta_3 \approx 77°$、$\theta_4 \approx 141°$、$X_c \approx 1.5$、$Y_c \approx 0.7$;以上三個位置所得的未知變數與計算機所算出之值相符合。且由 [例 06-04] 結果可知,當 $\theta_2 = 60°$ 時,$\theta_3 = 38.91°$、$\theta_4 = 102.848°$。據此,可證明本計算機程式無誤,以後利用本計算

機程式分析不同尺寸之四連桿組的位置時,所得的結果可不需再加以驗證。

06-04　速度分析 Velocity Analysis

　　瞬心法與相對速度法皆須利用圖解技巧來解題,其缺點已在第 05-02 節說明,一般較少使用上述兩種方法來分析機構的速度。本節承續第 06-02 節,介紹如何利用向量迴路法配合計算機的應用,來進行機構的速度分析。

　　對於已知尺寸與輸入桿運動狀態的機構而言,利用向量迴路法可推導出機構的位移方程式,在利用數值分析法與計算機求得機構各桿件與重要點的位置後,將位移方程式對時間微分一次,可得到一組線性的聯立方程式,即**速度方程式** (Velocity equation),解此聯立方程式即可得到各桿件的角速度,據此可推導出各桿件上重要點的線速度。

　　以下舉例說明之。

▼

例 06-11　有個滑件曲柄機構,圖 06-02(b)、[例 06-02],桿 2 為輸入桿,角速度 $\omega_2 = \dot{\theta}_2 = 100$ rad/sec 為已知,且 $r_1 = 0$ cm (圖 05-14),試利用向量迴路法求桿 3 的角速度及滑件 4 的速度 $\dot{r}_4$。

01. 根據固定坐標系 X-Y 與各桿向量的定義,其分量方程式為:

$$r_2 \cos\theta_2 + r_3 \cos\theta_3 - r_4 = 0 \tag{06-155}$$

$$r_2 \sin\theta_2 + r_3 \sin\theta_3 + r_1 = 0 \tag{06-156}$$

02. 根據第 06-02-1 節 [例 06-02] 所述,可利用向量迴路法解出 θ_3 和 θ_4 的閉合解,分別如式 (06-027) 與式 (06-028) 所示。若 $r_2 = 10$ cm、$r_3 = 30$ cm、$r_1 = 0$ cm、且 $\theta_2 = 60°$ 時,代入式 (06-027) 與式 (06-028) 可得桿 3 與桿 4 的位置如下:

$$\theta_3 = \sin^{-1}\left(\frac{-0 - 10 \times \sin 60°}{30}\right) = -16.78°$$

$$r_4 = 10 \times \cos(60°) + 30 \times \cos(-16.78°) = 33.72 \text{ cm}$$

03. 將位移方程式,即式 (06-155) 與式 (06-156) 對時間微分一次,可得速度方程式

Chapter 06　運動分析──解析法
ANALYTICAL KINEMATIC ANALYSIS

如下：

$$(-r_3 \sin\theta_3)\dot\theta_3 + (-1)\dot r_4 = r_2\dot\theta_2 \sin\theta_2 \tag{06-157}$$

$$(r_3 \cos\theta_3)\dot\theta_3 + (0)\dot r_4 = -r_2\dot\theta_2 \cos\theta_2 \tag{06-158}$$

為線性聯立方程式。

04. 解式 (06-157) 與式 (06-158)，可得桿 3 的角速度以及桿 4 的線速度 $\dot r_4$ 如下：

$$\dot\theta_3 = -\frac{r_2 \cos\theta_2}{r_3 \cos\theta_3}\dot\theta_2 \tag{06-159}$$

$$\dot r_4 = -r_2(\sin\theta_2 - \cos\theta_2 \tan\theta_3)\dot\theta_2 \tag{06-160}$$

05. 將 $r_2 = 10$ cm、$r_3 = 30$ cm、$\theta_2 = 60°$、$\theta_3 = -16.78°$、$\dot\theta_2 = 100$ rad/sec 等已知值代入式 (06-159) 與式 (06-160)，可得在 $\theta_2 = 60°$ 的位置時，桿 3 的角速度 $\dot\theta_3$ 以及桿件 4 的線速度 $\dot r_4$ 分別為：

$$\dot\theta_3 = -\frac{10 \times \cos(60°)}{30 \times \cos(-16.78°)} \times 100 = -17.4 \text{ rad/sec}$$

$$\dot r_4 = -10 \times [\sin(60°) - \cos(60°)\tan(-16.78°)] \times 100$$
$$= -1,016.8 \text{ cm/sec}$$

另，由解析法所得 $\dot r_4 = -1,016.8$ cm/sec，與 [例 05-10] (圖 05-14) 圖解法所得 $V_4 = 1,000$ cm/sec (方向為由點 b 至點 a_0) 的結果一致，驗證結果正確無誤。

例 06-12
有個齒輪五連桿機構，圖 06-10、[例 06-06] 與 [例 06-08]，輸入桿角速度 $\omega_2 = 10$ rad/sec (反時針方向)，試利用向量迴路法進行速度分析。

01. 根據 [例 06-06] 可知，此機構的位移方程式與滾動接觸方程式為：

$$36\cos\theta_3 + 14\cos\theta_4 - 50\cos\theta_5 = 50 \tag{06-161}$$

$$36\sin\theta_3 + 14\sin\theta_4 - 50\sin\theta_5 = 0 \tag{06-162}$$

$$1.5\theta_3 - \theta_4 = 0.5\theta_2 + 30° \tag{06-163}$$

02. 根據 [例 06-08] 可知，當 $\theta_2 = 30°$ 時，$\theta_3 = 63.83°$、$\theta_4 = 50.74°$、$\theta_5 = 120.35°$。

03. 將式 (06-161) 至式 (06-163) 分別對時間微分一次可得：

$$(-36\sin\theta_3)\omega_3 - (14\sin\theta_4)\omega_4 + (50\sin\theta_5)\omega_5 = 0 \qquad (06\text{-}164)$$

$$(36\cos\theta_3)\omega_3 + (14\cos\theta_4)\omega_4 - (50\cos\theta_5)\omega_5 = 0 \qquad (06\text{-}165)$$

$$1.5\omega_3 - \omega_4 = 0.5\omega_2 \qquad (06\text{-}166)$$

其中，ω_3、ω_4、ω_5 分別為桿 3、桿 4、及桿 5 的角速度。

04. 將已知條件與位置分析之結果代入式 (06-164) 至式 (06-166) 等 3 個線性聯立方程式，即可解出 ω_3、ω_4、ω_5 如下：

$$\omega_3 = 1.3199 \text{ rad/sec}$$
$$\omega_4 = -3.0202 \text{ rad/sec}$$
$$\omega_5 = 0.2296 \text{ rad/sec}$$

例 06-13

有個四連桿機構，圖 06-16，若桿 2 為輸入桿，速度 $\dot{r}_2$ 為已知，試利用向量迴路法求桿 4 的角速度 $\dot{\theta}_4$。

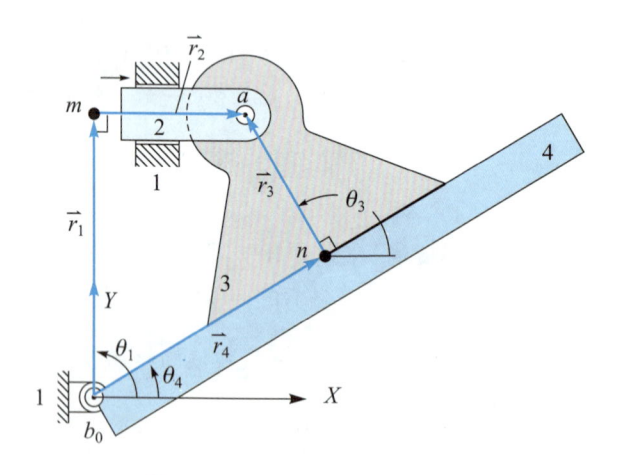

圖 06-16 四連桿機構 [例 06-13] [例 06-18]

01. 建立固定坐標系 X-Y

Chapter 06　運動分析──解析法
ANALYTICAL KINEMATIC ANALYSIS

取固定樞軸為坐標原點，桿 2 運動方向為正 X 軸的方向。

02. 定義各桿向量

令點 m 為點 b_0 至通過運動樞軸 a 且與桿 2 運動方向平行之線的垂足，點 n 為點 a 至桿 3 與桿 4 接觸面的垂足。定義 $\vec{r}_1 = \overline{b_0 m}$、$\vec{r}_2 = \overline{ma}$、$\vec{r}_3 = \overline{na}$、$\vec{r}_4 = \overline{b_0 n}$，則 r_1、r_3、$\theta_1 = 90°$、$\theta_2 = 0°$ 為常數，r_2、r_4、θ_3、θ_4 為變數，其中 r_2 為輸入變數，且：

$$\theta_3 = \theta_4 + 90° \qquad (06\text{-}167)$$

03. 向量迴路方程式及其分量方程式為：

$$\vec{r}_1 + \vec{r}_2 - \vec{r}_3 - \vec{r}_4 = 0 \qquad (06\text{-}168)$$

$$r_2 - r_3 \cos\theta_3 - r_4 \cos\theta_4 = 0 \qquad (06\text{-}169)$$

$$r_1 - r_3 \sin\theta_3 - r_4 \sin\theta_4 = 0 \qquad (06\text{-}170)$$

04. 將式 (06-167) 代入式 (06-169) 與式 (06-170)，可得位移方程式如下：

$$r_3 \sin\theta_4 - r_4 \cos\theta_4 = -r_2 \qquad (06\text{-}171)$$

$$r_3 \cos\theta_4 + r_4 \sin\theta_4 = r_1 \qquad (06\text{-}172)$$

其中，r_1 和 r_3 為已知常數、r_2 為已知輸入變數，因此聯立解式 (06-171) 與式 (06-172) 可求得未知變數 θ_4 和 r_4。

05. 將位移方程式，式 (06-171) 與式 (06-172)，對時間微分一次，可得速度方程式如下：

$$(r_3 \cos\theta_4 + r_4 \sin\theta_4)\dot{\theta}_4 - (\cos\theta_4)\dot{r}_4 = -\dot{r}_2 \qquad (06\text{-}173)$$

$$(r_3 \sin\theta_4 - r_4 \cos\theta_4)\dot{\theta}_4 - (\sin\theta_4)\dot{r}_4 = 0 \qquad (06\text{-}174)$$

聯立解式 (06-173) 與式 (06-174)，可求得桿 4 的角速度 $\dot{\theta}_4$：

$$\dot{\theta}_4 = -\frac{\sin\theta_4}{r_4}\dot{r}_2 \qquad (06\text{-}175)$$

例 06-14 有個司蒂芬遜 I 型連桿機構，圖 06-12、[例 06-09]，
(a) 若桿 2 為輸入桿，試推導其速度方程式；
(b) 若桿 6 為輸入桿，試推導其速度方程式。

01. 依據向量迴路法，建立坐標系，並且定義向量。向量迴路方程式為式 (06-121) 與式 (06-122)，其分量方程式如下：

$$r_2 \cos\theta_2 + r_3 \cos\theta_3 - r_4 \cos\theta_4 - r_1 \cos\theta_1 = 0 \tag{06-176}$$

$$r_2 \sin\theta_2 + r_3 \sin\theta_3 - r_4 \sin\theta_4 - r_1 \sin\theta_1 = 0 \tag{06-177}$$

$$r_4 \cos\theta_4 + r_7 \cos(\theta_3 + \alpha) + r_5 \cos\theta_5 - r_6 \cos\theta_6 - r_8 \cos\theta_8 = 0 \tag{06-178}$$

$$r_4 \sin\theta_4 + r_7 \sin(\theta_3 + \alpha) + r_5 \sin\theta_5 - r_6 \sin\theta_6 - r_8 \sin\theta_8 = 0 \tag{06-179}$$

其中，各桿桿長、θ_1、及 θ_8 為已知常數，且 $\theta_7 = \theta_3 + \alpha$。

02. 將位移方程式，即分量方程式，對時間微分一次，可得速度方程式如下：

$$-r_2 \sin\theta_2 \dot\theta_2 - r_3 \sin\theta_3 \dot\theta_3 + r_4 \sin\theta_4 \dot\theta_4 = 0 \tag{06-180}$$

$$r_2 \cos\theta_2 \dot\theta_2 + r_3 \cos\theta_3 \dot\theta_3 - r_4 \cos\theta_4 \dot\theta_4 = 0 \tag{06-181}$$

$$-r_4 \sin\theta_4 \dot\theta_4 - r_7 \sin(\theta_3 + \alpha)\dot\theta_3 - r_5 \sin\theta_5 \dot\theta_5 + r_6 \sin\theta_6 \dot\theta_6 = 0 \tag{06-182}$$

$$r_4 \cos\theta_4 \dot\theta_4 + r_7 \cos(\theta_3 + \alpha)\dot\theta_3 + r_5 \cos\theta_5 \dot\theta_5 - r_6 \cos\theta_6 \dot\theta_6 = 0 \tag{06-183}$$

03. 若桿 2 為輸入桿，其速度方程式可以矩陣表示為：

$$\begin{bmatrix} -r_3 \sin\theta_3 & r_4 \sin\theta_4 & 0 & 0 \\ r_3 \cos\theta_3 & -r_4 \cos\theta_4 & 0 & 0 \\ -r_7 \sin(\theta_3+\alpha) & -r_4 \sin\theta_4 & -r_5 \sin\theta_5 & r_6 \sin\theta_6 \\ r_7 \cos(\theta_3+\alpha) & r_4 \cos\theta_4 & r_5 \cos\theta_5 & -r_6 \cos\theta_6 \end{bmatrix} \begin{Bmatrix} \dot\theta_3 \\ \dot\theta_4 \\ \dot\theta_5 \\ \dot\theta_6 \end{Bmatrix} = \begin{Bmatrix} r_2 \sin\theta_2 \dot\theta_2 \\ -r_2 \cos\theta_2 \dot\theta_2 \\ 0 \\ 0 \end{Bmatrix} \tag{06-184}$$

04. 若桿 6 為輸入桿，其速度方程式可以矩陣表示為：

$$\begin{bmatrix} -r_2 \sin\theta_2 & -r_3 \sin\theta_3 & r_4 \sin\theta_4 & 0 \\ r_2 \cos\theta_2 & r_3 \cos\theta_3 & -r_4 \cos\theta_4 & 0 \\ 0 & -r_7 \sin(\theta_3+\alpha) & -r_4 \sin\theta_4 & -r_5 \sin\theta_5 \\ 0 & r_7 \cos(\theta_3+\alpha) & r_4 \cos\theta_4 & r_5 \cos\theta_5 \end{bmatrix} \begin{Bmatrix} \dot\theta_2 \\ \dot\theta_3 \\ \dot\theta_4 \\ \dot\theta_5 \end{Bmatrix} = \begin{Bmatrix} 0 \\ 0 \\ -r_6 \sin\theta_6 \dot\theta_6 \\ r_6 \cos\theta_6 \dot\theta_6 \end{Bmatrix} \tag{06-185}$$

05. 若位置分析的結果以及輸入桿的速度為已知，即可由式 (06-185) 或式 (06-186) 求得其它桿件的角速度。

06-05　加速度分析 Acceleration Analysis

　　利用相對加速度概念及加速度多邊形技巧來進行機構的加速度分析，有第 05-01 節 (位置分析) 所述圖解法的缺點，得到之答案皆是瞬間單一位置的狀況，且有時在圖解過程中，會發生線條交點在遠處的作圖不方便，因此圖解相對加速度法的使用，大多為驗證利用其它方法解題所得答案的正確性。本節承續第 06-02 節之位置分析以及第 06-03 節的速度分析，介紹如何利用向量迴路法配合計算機的應用，來進行加速度分析。

　　對於已知尺寸與輸入件運動狀態的機構而言，利用向量迴路法、數值分析、及計算機來進行加速度分析的步驟如下：

一、建立坐標系。
二、在各桿件上定義適當的向量，使之形成向量迴路。
三、寫出獨立的向量迴路方程式，並將其分成在坐標軸上的分量方程式。
四、列出限制方程式。
五、將限制方程式的關係代入分量方程式，所得者即為機構的位移方程式。
六、利用牛頓-拉福生數值法配合計算機的使用，解出具所需求精確度的位置解。
七、將位移方程式對時間微分一次，即得線性聯立的速度方程式，可利用高斯消去法求解。
八、將速度方程式對時間微分一次，即得亦為線性聯立的**加速度方程式** (Acceleration equation)，可利用高斯消去法求解。
九、利用所得各桿件的運動狀態，可直接求得其質心或重要參考點的位置、速度、及加速度。
十、利用計算機列出在輸入桿運動範圍內，各桿與其上重要參考點之運動狀態的數據與圖表。
十一、利用圖解法 (瞬心法、相對速度法、相對加速度法) 驗證答案的正確性。

十二、利用計算機的繪圖功能，進行機構的動畫模擬。

以下舉例說明之。

例 06-15 有個滑件曲柄機構，圖 06-02(b)，桿 2 為輸入桿，角速度 $\dot{\theta}_2 = 100$ rad/sec 與角加速度 $\ddot{\theta}_2 = 0$ 皆為已知，且 $r_1 = 0$ cm（圖 05-14），試繼續 [例 06-11]，利用向量迴路法進行桿 3 與桿 4 的加速度分析。

01. 根據 [例 06-11] 的結果，本例的速度方程式如下：

$$(-r_3 \sin\theta_3)\dot{\theta}_3 + (-1)\dot{r}_4 = (r_2 \sin\theta_2)\dot{\theta}_2 \qquad (06\text{-}186)$$

$$(r_3 \cos\theta_3)\dot{\theta}_3 + (0)\dot{r}_4 = (-r_2 \cos\theta_2)\dot{\theta}_2 \qquad (06\text{-}187)$$

02. 將式 (06-186) 與式 (06-187) 對時間微分一次，可得加速度方程式如下：

$$(-r_3 \sin\theta_3)\ddot{\theta}_3 + (-1)\ddot{r}_4 = (r_2 \sin\theta_2)\ddot{\theta}_2 + (r_2 \cos\theta_2)\dot{\theta}_2^2 + (r_3 \cos\theta_3)\dot{\theta}_3^2 \qquad (06\text{-}188)$$

$$(r_3 \cos\theta_3)\ddot{\theta}_3 + (0)\ddot{r}_4 = (-r_2 \cos\theta_2)\ddot{\theta}_2 + (r_2 \sin\theta_2)\dot{\theta}_2^2 + (r_3 \sin\theta_3)\dot{\theta}_3^2 \qquad (06\text{-}189)$$

其中，僅 $\ddot{\theta}_3$ 和 $\ddot{r}_4$ 為未知變數，其它為已知常數或者已解得的變數。利用高斯消去法解式 (06-188) 與式 (06-189) 可得：

$$\ddot{\theta}_3 = -\frac{r_2 \cos\theta_2}{r_3 \cos\theta_3}\ddot{\theta}_2 + \frac{r_2 \sin\theta_2}{r_3 \cos\theta_3}\dot{\theta}_2^2 + (\tan\theta_3)\dot{\theta}_3^2 \qquad (06\text{-}190)$$

$$\ddot{r}_4 = r_2(\cos\theta_2 \tan\theta_3 - \sin\theta_2)\ddot{\theta}_2 - r_2(\sin\theta_2 \tan\theta_3 + \cos\theta_2)\dot{\theta}_2^2 - r_3 \sec\theta_3 \dot{\theta}_3^2 \qquad (06\text{-}191)$$

03. 將 $r_2 = 10$ cm、$r_3 = 30$ cm、$\theta_2 = 60°$、$\theta_3 = -16.78°$、$\dot{\theta}_2 = 100$ rad/sec、$\ddot{\theta}_2 = 0$、以及 [例 06-11] 速度分析結果 $\dot{\theta}_3 = -17.4$ rad/sec 等已知值代入式 (06-190) 與式 (06-191)，可得在 $\theta_2 = 60°$ 位置時，桿 3 的角加速度 $\ddot{\theta}_3$ 以及桿件 4 的線加速度 $\ddot{r}_4$ 如下：

$$\ddot{\theta}_3 = -\frac{10 \times \cos(60°)}{30 \times \cos(-16.78°)} \times 0 + \frac{10 \times \sin(60°)}{30 \times \cos(-16.78°)} \times 100^2$$

$$+ \tan(-16.78°) \times (-17.4)^2$$

$$= 0 + 3,015 - 91 = 2,924 \text{ (rad/sec}^2\text{)}$$

Chapter 06　運動分析──解析法
ANALYTICAL KINEMATIC ANALYSIS

$$\ddot{r}_4 = 10 \times [\cos(60°)\tan(-16.78°) - \sin(60°)] \times 0$$
$$\quad - 10 \times [\sin(60°)\tan(-16.78°) - \cos(60°)] \times (100)^2$$
$$\quad - 30 \times \sec(-16.78°) \times (-17.4)^2$$
$$= 0 - 23,886 - 9,487 = 33,373 \text{ (cm/sec}^2)$$

04. 本例利用向量迴路法加速度分析得到 $\ddot{\theta}_3 = 2,924$ rad/sec²、$\ddot{r}_4 = 33,373$ cm/sec²，與 [例 05-12] 圖解法加速度分析所得結果 $\ddot{\theta}_3 = 2,917$ rad/sec²、$\ddot{r}_4 = 32,500$ cm/sec² 相比較，可驗證本例正確無誤。

▼
例 06-16　有個倒置型滑件曲柄機構，圖 06-17，桿 2 為輸入桿、繞固定樞軸 o_2 旋轉，點 P 為運動樞軸、與桿 2 和桿 3 附隨，桿 3 為滑件、在桿 4 滑動，桿 4 則繞固定樞軸 o_4 旋轉。若 $o_2 o_4 = 3.0$ cm、$Po_2 = 7.0$ cm、$Po_4 = 8.9$ cm，且桿 2 位於 $\theta_2 = 120°$ 時，角速度 $\omega_2 = 100$ rpm (反時針方向)、角加速度 $\alpha_2 = 0$，試利用向量迴路法求桿 4 的角加速度 α_4。

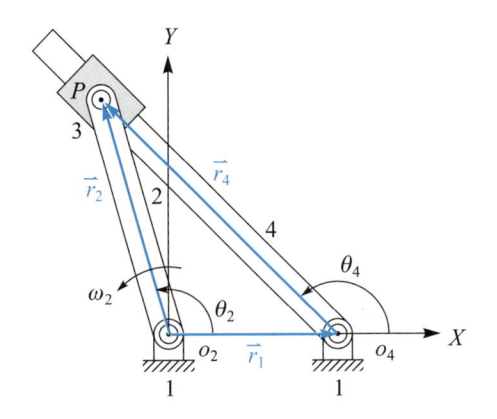

圖 06-17　倒置型滑件曲柄機構 [例 05-14] [例 06-16]

01. 建立 X-Y 坐標系。
02. 定義向量 $\vec{r}_1$、$\vec{r}_2$、$\vec{r}_4$；$\theta_1 = 0°$。
03. 向量迴路方程式為：

$$\vec{r}_2 - \vec{r}_1 - \vec{r}_4 = 0 \tag{06-192}$$

04. 位移方程式為：

$$r_2 \cos\theta_2 - r_1 - r_4 \cos\theta_4 = 0 \qquad (06\text{-}193)$$

$$r_2 \sin\theta_2 - r_4 \sin\theta_4 = 0 \qquad (06\text{-}194)$$

其中，r_1、r_2 為已知常數，θ_2 為輸入變數。由式 (06-193) 與式 (06-194) 移項整理後相除可得桿 4 的角位置 θ_4 為：

$$\theta_4 = \tan^{-1}\left(\frac{r_2 \sin\theta_2}{r_2 \cos\theta_2 - r_1}\right) \qquad (06\text{-}195)$$

將 $r_1 = 3.0$ cm、$r_2 = 7.0$ cm、$\theta_2 = 120°$ 代入式 (06-195) 可得 θ_4 為：

$$\theta_4 = \tan^{-1}\left(\frac{7 \times \sin(120°)}{7 \times \cos(120°) - 3}\right) = 137°$$

將 $\theta_4 = 137°$ 代入式 (06-194) 可得 r_4 為：

$$r_4 = \frac{r_2 \sin\theta_2}{\sin\theta_4} = \frac{7 \times \sin(120°)}{\sin(137°)} = 8.9 \text{ cm}$$

05. 將式 (06-193) 與式 (06-194) 對時間微分一次，可得速度方程式如下：

$$(-r_2 \sin\theta_2)\dot\theta_2 + (r_4 \sin\theta_4)\dot\theta_4 - (\cos\theta_4)\dot r_4 = 0 \qquad (06\text{-}196)$$

$$(r_2 \cos\theta_2)\dot\theta_2 - (r_4 \cos\theta_4)\dot\theta_4 - (\sin\theta_4)\dot r_4 = 0 \qquad (06\text{-}197)$$

其中，$\dot\theta_2$ 為已知輸入。因此，利用高斯消去法解式 (06-196) 與式 (06-197)，可得 $\dot\theta_4$ 和 $\dot r_4$ 如下：

$$\dot\theta_4 = \frac{r_2 \cos(\theta_2 - \theta_4)}{r_4}\dot\theta_2 \qquad (06\text{-}198)$$

$$\dot r_4 = -r_2 \sin(\theta_2 - \theta_4)\dot\theta_2 \qquad (06\text{-}199)$$

06. 將 $r_2 = 7.0$ cm、$r_4 = 8.9$ cm、$\theta_2 = 120°$、$\theta_4 = 137°$、以及 $\dot\theta_2 = 100$ rpm $= 100 \times 2\pi/60 = 10.46$ rad/sec 代入式 (06-198) 與式 (06-199) 可得：

$$\dot\theta_4 = \frac{7 \times \cos(120° - 137°)}{8.9} \times 10.46 = 7.87 \text{ (rad/sec)}$$

$$\dot r_4 = -7 \times \sin(120° - 137°) \times 10.46 = 21.41 \text{ (cm/sec)}$$

Chapter 06　運動分析──解析法
ANALYTICAL KINEMATIC ANALYSIS

07. 將式 (06-196) 與式 (06-197) 對時間微分一次，可得加速度方程式如下：

$$-(r_2 \sin\theta_2)\ddot{\theta}_2 - (r_2 \cos\theta_2)\dot{\theta}_2^2 + (r_4 \sin\theta_4)\ddot{\theta}_4 + (r_4 \cos\theta_4)\dot{\theta}_4^2$$
$$+2(\sin\theta_4)\dot{\theta}_4\dot{r}_4 - (\cos\theta_4)\ddot{r}_4 = 0 \tag{06-200}$$

$$(r_2 \cos\theta_2)\ddot{\theta}_2 - (r_2 \sin\theta_2)\dot{\theta}_2^2 - (r_4 \cos\theta_4)\ddot{\theta}_4 + (r_4 \sin\theta_4)\dot{\theta}_4^2$$
$$-2(\cos\theta_4)\dot{\theta}_4\dot{r}_4 - (\sin\theta_4)\ddot{r}_4 = 0 \tag{06-201}$$

其中，僅 $\ddot{\theta}_4$ 和 $\ddot{r}_4$ 為未知變數，其它為已知常數或者已解得的變數。利用高斯消去法解式 (06-200) 與式 (06-201) 可得：

$$\ddot{\theta}_4 = \frac{r_2[\cos(\theta_2-\theta_4)\ddot{\theta}_2 - \sin(\theta_2-\theta_4)\dot{\theta}_2^2] - 2\dot{r}_4\dot{\theta}_4}{r_4} \tag{06-202}$$

$$\ddot{r}_4 = -r_2[\sin(\theta_2-\theta_4)\ddot{\theta}_2 + \cos(\theta_2-\theta_4)\dot{\theta}_2^2] + r_4\dot{\theta}_4^2 \tag{06-203}$$

08. 將已知數值代入式 (06-202) 與式 (06-203)，可得在 $\theta_2 = 120°$ 的位置時，桿 3 的角加速度 $\ddot{\theta}_4$ 與線加速度 $\ddot{r}_4$ 如下：

$$\ddot{\theta}_4 = \frac{7\times[\cos(-17°)\times 0 - \sin(-17°)\times(10.46)^2] - 2\times 21.41\times 7.87}{8.9}$$
$$= -12.7 \,(\text{rad/sec}^2)$$

$$\ddot{r}_4 = -7\times[\sin(-17°)\times 0 + \cos(-17°)\times(10.46)^2] + 8.9\times(7.87)^2$$
$$= -181.2 \,(\text{cm/sec}^2)$$

09. 本例利用向量迴路法加速度分析得到 $\ddot{\theta}_4 = -12.7 \text{ rad/sec}^2$、$\ddot{r}_4 = -181.2 \text{ cm/sec}^2$，與 [例 05-14] 圖解法加速度分析所得結果 $\ddot{\theta}_4 = -14.6 \text{ rad/sec}^2$、$\ddot{r}_4 = -170 \text{ cm/sec}^2$ 相比較，可驗證本例正確無誤。圖解法加速度的作圖誤差分別為 9％ 和 6％ 左右，尚在可以接受的範圍內。

▼

例 06-17　有個齒輪五連桿機構，圖 06-10，根據第 06-02 節 [例 06-06] 和 [例 06-08] 位置分析以及第 06-03 節 [例 06-12] 速度分析的結果，若 $\alpha_2 = 0$，試利用向量迴路法求機件 3、機件 4、及機件 5 的角加速度 α_3、α_4、及 α_5。

01. 根據 [例 06-12] 的結果，本例的速度方程式如下：

$$(-36\sin\theta_3)\omega_3 - (14\sin\theta_4)\omega_4 + (50\sin\theta_5)\omega_5 = 0 \qquad (06\text{-}204)$$

$$(36\cos\theta_3)\omega_3 + (14\cos\theta_4)\omega_4 - (50\cos\theta_5)\omega_5 = 0 \qquad (06\text{-}205)$$

$$1.5\omega_3 - \omega_4 = 0.5\omega_2 \qquad (06\text{-}206)$$

由於 $\omega_2 = 10$ rad/sec，$\alpha_2 = 0$，故可解得 $\omega_3 = 1.3199$ rad/sec、$\omega_4 = -3.0202$ rad/sec、$\omega_5 = 0.2296$ rad/sec。

02. 將速度方程式對時間微分一次，可得加速度方程式如下：

$$\begin{aligned}(-36\sin\theta_3)\alpha_3 - (36\cos\theta_3)\omega_3^2 - (14\sin\theta_4)\alpha_4 - (14\cos\theta_4)\omega_4^2 \\ + (50\sin\theta_5)\alpha_5 + (50\cos\theta_5)\omega_5^2 = 0 \end{aligned} \qquad (06\text{-}207)$$

$$\begin{aligned}(36\cos\theta_3)\alpha_3 - (36\sin\theta_3)\omega_3^2 + (14\cos\theta_4)\alpha_4 - (14\sin\theta_4)\omega_4^2 \\ - (50\cos\theta_5)\alpha_5 + (50\sin\theta_5)\omega_5^2 = 0 \end{aligned} \qquad (06\text{-}208)$$

$$1.5\alpha_3 - \alpha_4 = 0 \qquad (06\text{-}209)$$

將式 (06-209) 代入式 (06-207) 和式 (06-208) 整理後可得：

$$\begin{aligned}(-36\sin\theta_3 - 21\sin\theta_4)\alpha_3 + (50\sin\theta_5)\alpha_5 \\ = (36\cos\theta_3)\omega_3^2 + (14\cos\theta_4)\omega_4^2 - (50\cos\theta_5)\omega_5^2\end{aligned} \qquad (06\text{-}210)$$

$$\begin{aligned}(36\cos\theta_3 + 21\cos\theta_4)\alpha_3 - (50\cos\theta_5)\alpha_5 \\ = (36\sin\theta_3)\omega_3^2 + (14\sin\theta_4)\omega_4^2 - (50\sin\theta_5)\omega_5^2\end{aligned} \qquad (06\text{-}211)$$

將求出的 θ_3、θ_4、θ_5、ω_3、ω_4、ω_5 代入式 (06-210) 與式 (06-211)，可解得 $\alpha_3 = 1.5382$ rad/sec^2、$\alpha_4 = 2.3073$ rad/sec^2、及 $\alpha_5 = 4.2762$ rad/sec^2。

例 06-18 有個四連桿機構，圖 06-16，若桿 2 為輸入桿，且速度 V_2 和加速度 A_2 為已知，承續 [例 06-13]，試利用向量迴路法進行桿 4 的加速度分析。

01. 根據 [例 06-13] 可知，此機構的速度方程式為：

Chapter 06　運動分析──解析法
ANALYTICAL KINEMATIC ANALYSIS

$$(r_3 \cos\theta_4 + r_4 \sin\theta_4)\dot\theta_4 - (\cos\theta_4)\dot r_4 = -\dot r_2 = -V_2 \tag{06-212}$$

$$(r_3 \sin\theta_4 - r_4 \cos\theta_4)\dot\theta_4 - (\sin\theta_4)\dot r_4 = 0 \tag{06-213}$$

02. 將式 (06-212) 與式 (06-213) 對時間微分一次，可得加速度方程式如下：

$$(r_3 \cos\theta_4 + r_4 \sin\theta_4)\ddot\theta_4 - (\cos\theta_4)\ddot r_4$$
$$= -\ddot r_2 + (r_3 \sin\theta_4 - r_4 \cos\theta_4)\dot\theta_4^2 - (2\sin\theta_4)\dot r_4 \dot\theta_4 \tag{06-214}$$

$$(r_3 \sin\theta_4 - r_4 \cos\theta_4)\ddot\theta_4 - (\sin\theta_4)\ddot r_4$$
$$= -(r_3 \cos\theta_4 + r_4 \sin\theta_4)\dot\theta_4^2 + (2\cos\theta_4)\dot r_4 \dot\theta_4 \tag{06-215}$$

其中，r_3 為已知常數，r_4 和 θ_4 為由位置分析求得的變數，$\dot r_4$ 和 $\dot\theta_4$ 為由速度分析求得的變數，$\ddot r_2 = A_2$ 為已知輸入值，而 $\ddot r_4$ 和 $\ddot\theta_4$ 為所要求的未知變數。

03. 因此，利用高斯消去法解此線性方程式，即式 (06-214) 與式 (06-215)，可得：

$$\ddot\theta_4 = -\frac{\sin\theta_4}{r_4}\ddot r_2 + \frac{r_3}{r_4}\dot\theta_4^2 - \frac{2}{r_4}\dot r_4 \dot\theta_4 \tag{06-216}$$

例 06-19　有個司蒂芬遜 I 型六連桿機構，圖 06-12、[例 06-09]、[例 06-14]、[例 06-19]，

(a) 若桿 2 為輸入桿，試推導其加速度方程式；

(b) 若桿 6 為輸入桿，試推導其加速度方程式。

01. 依據向量迴路法，建立坐標系，並且定義向量。
02. 向量迴路方程式、分量方程式、及速度方程式的推導，參考式 (06-176) 至式 (06-183)，在此不再重複說明。
03. 將速度方程式，即式 (06-180) 至式 (06-183)，對時間微分一次，可得加速度方程式如下：

$$-r_2 \sin\theta_2 \ddot\theta_2 - r_2 \cos\theta_2 \dot\theta_2^2 - r_3 \sin\theta_3 \ddot\theta_3 - r_3 \cos\theta_3 \dot\theta_3^2$$
$$+ r_4 \sin\theta_4 \ddot\theta_4 + r_4 \cos\theta_4 \dot\theta_4^2 = 0 \tag{06-217}$$

$$r_2 \cos\theta_2 \ddot\theta_2 - r_2 \sin\theta_2 \dot\theta_2^2 + r_3 \cos\theta_3 \ddot\theta_3 - r_3 \sin\theta_3 \dot\theta_3^2$$
$$- r_4 \cos\theta_4 \ddot\theta_4 + r_4 \sin\theta_4 \dot\theta_4^2 = 0 \tag{06-218}$$

$$-r_4 \sin\theta_4 \ddot{\theta}_4 - r_4 \cos\theta_4 \dot{\theta}_4^2 - r_7 \sin(\theta_3 + \alpha)\ddot{\theta}_3 - r_7 \cos(\theta_3 + \alpha)\dot{\theta}_3^2$$
$$-r_5 \sin\theta_5 \ddot{\theta}_5 - r_5 \cos\theta_5 \dot{\theta}_5^2 + r_6 \sin\theta_6 \ddot{\theta}_6 + r_6 \cos\theta_6 \dot{\theta}_6^2 = 0 \tag{06-219}$$

$$r_4 \cos\theta_4 \ddot{\theta}_4 - r_4 \sin\theta_4 \dot{\theta}_4^2 + r_7 \cos(\theta_3 + \alpha)\ddot{\theta}_3 - r_7 \sin(\theta_3 + \alpha)\dot{\theta}_3^2$$
$$+r_5 \cos\theta_5 \ddot{\theta}_5 - r_5 \sin\theta_5 \dot{\theta}_5^2 - r_6 \cos\theta_6 \ddot{\theta}_6 + r_6 \sin\theta_6 \dot{\theta}_6^2 = 0 \tag{06-220}$$

04. 若桿 2 為輸入桿，其加速度方程式可以矩陣表示為：

$$\begin{bmatrix} -r_3 \sin\theta_3 & r_4 \sin\theta_4 & 0 & 0 \\ r_3 \cos\theta_3 & -r_4 \cos\theta_4 & 0 & 0 \\ -r_7 \sin(\theta_3 + \alpha) & -r_4 \sin\theta_4 & -r_5 \sin\theta_5 & r_6 \sin\theta_6 \\ r_7 \cos(\theta_3 + \alpha) & r_4 \cos\theta_4 & r_5 \cos\theta_5 & -r_6 \cos\theta_6 \end{bmatrix} \begin{Bmatrix} \ddot{\theta}_3 \\ \ddot{\theta}_4 \\ \ddot{\theta}_5 \\ \ddot{\theta}_6 \end{Bmatrix}$$
$$= \begin{Bmatrix} r_2 \sin\theta_2 \ddot{\theta}_2 + r_2 \cos\theta_2 \dot{\theta}_2^2 + r_3 \cos\theta_3 \dot{\theta}_3^2 - r_4 \cos\theta_4 \dot{\theta}_4^2 \\ -r_2 \cos\theta_2 \ddot{\theta}_2 + r_2 \sin\theta_2 \dot{\theta}_2^2 + r_3 \sin\theta_3 \dot{\theta}_3^2 - r_4 \sin\theta_4 \dot{\theta}_4^2 \\ r_7 \cos(\theta_3 + \alpha)\dot{\theta}_3^2 + r_4 \cos\theta_4 \dot{\theta}_4^2 + r_5 \cos\theta_5 \dot{\theta}_5^2 - r_6 \cos\theta_6 \dot{\theta}_6^2 \\ r_7 \sin(\theta_3 + \alpha)\dot{\theta}_3^2 + r_4 \sin\theta_4 \dot{\theta}_4^2 + r_5 \sin\theta_5 \dot{\theta}_5^2 - r_6 \sin\theta_6 \dot{\theta}_6^2 \end{Bmatrix} \tag{06-221}$$

05. 若桿 6 為輸入桿，其加速度方程式可以矩陣表示為：

$$\begin{bmatrix} -r_2 \sin\theta_2 & -r_3 \sin\theta_3 & r_4 \sin\theta_4 & 0 \\ r_2 \cos\theta_2 & r_3 \cos\theta_3 & -r_4 \cos\theta_4 & 0 \\ 0 & -r_7 \sin(\theta_3 + \alpha) & -r_4 \sin\theta_4 & -r_5 \sin\theta_5 \\ 0 & r_7 \cos(\theta_3 + \alpha) & r_4 \cos\theta_4 & r_5 \cos\theta_5 \end{bmatrix} \begin{Bmatrix} \ddot{\theta}_2 \\ \ddot{\theta}_3 \\ \ddot{\theta}_4 \\ \ddot{\theta}_5 \end{Bmatrix}$$
$$= \begin{Bmatrix} r_2 \cos\theta_2 \dot{\theta}_2^2 + r_3 \cos\theta_3 \dot{\theta}_3^2 - r_4 \cos\theta_4 \dot{\theta}_4^2 \\ r_2 \sin\theta_2 \dot{\theta}_2^2 + r_3 \sin\theta_3 \dot{\theta}_3^2 - r_4 \sin\theta_4 \dot{\theta}_4^2 \\ r_7 \cos(\theta_3 + \alpha)\dot{\theta}_3^2 + r_4 \cos\theta_4 \dot{\theta}_4^2 + r_5 \cos\theta_5 \dot{\theta}_5^2 - r_6 \cos\theta_6 \dot{\theta}_6^2 - r_6 \sin\theta_6 \ddot{\theta}_6 \\ r_7 \sin(\theta_3 + \alpha)\dot{\theta}_3^2 + r_4 \sin\theta_4 \dot{\theta}_4^2 + r_5 \sin\theta_5 \dot{\theta}_5^2 - r_6 \sin\theta_6 \dot{\theta}_6^2 + r_6 \cos\theta_6 \ddot{\theta}_6 \end{Bmatrix} \tag{06-222}$$

06. 若位置分析與速度分析的結果及輸入桿的速度與加速度為已知，即可由式 (06-221) 或式 (06-222) 求得其它桿件的角加速度。

Chapter 06 運動分析──解析法
ANALYTICAL KINEMATIC ANALYSIS

習題 Problems

06-01 有個偏位滑件曲柄機構，圖 06-02(b)，桿長 $r_1 = 1.0$ cm、$r_2 = 3.0$ cm、$r_3 = 7.2$ cm 為已知，且 $\theta_1 = 270°$、$\theta_4 = 0°$。若桿 2 為輸入桿，$\theta_2 = 60°$ 為已知，試利用向量迴路法求輸出桿 (桿 4) 的位置。

06-02 有個四連桿組 a_0abb_0，桿長 $r_1 = a_0b_0 = 8.0$ cm (桿 1)、$r_2 = a_0a = 3.0$ cm (桿 2)、$r_3 = ab = 6.0$ cm (桿 3)、$r_4 = 7.0$ cm (桿 4) 為已知。若桿 2 相對於桿 1 的角度為 $\theta_2 = 60°$ (由桿 1 反時針方向量至桿 2)，試利用向量迴路法求出桿 3 與桿 4 相對於桿 1 的位置。

06-03 有個六連桿組，圖 05-02(b)，若桿 2 為輸入桿 (即 θ_2 已知)，試利用向量迴路法求桿 3、桿 4、桿 5、及桿 6 位置的閉合解。

06-04 對於圖 P06-01 各機構，桿 2 為輸入桿，試寫出向量迴路方程式，並列出未知變數。

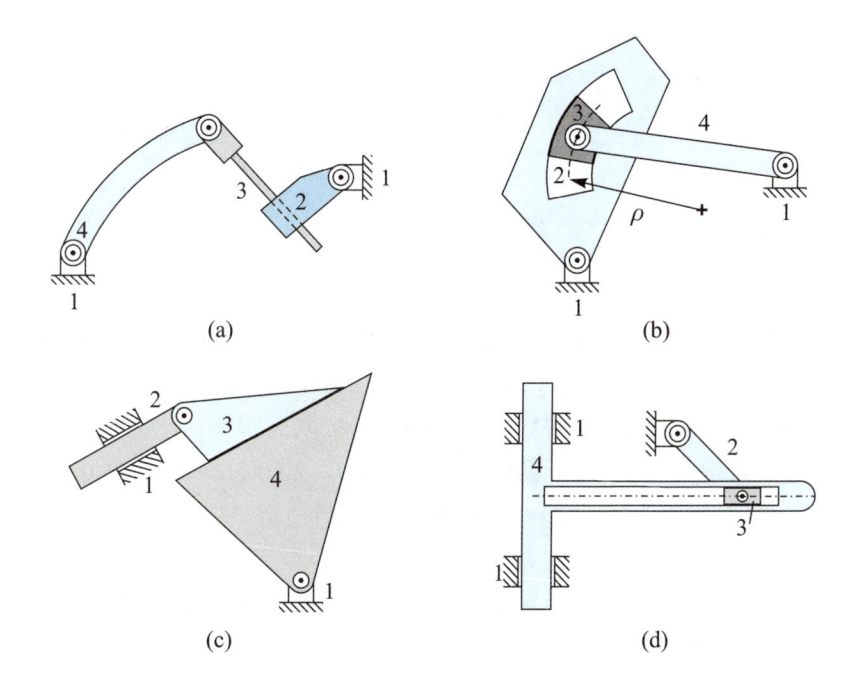

圖 P06-01

(e)   (f)

(g)   (h)

圖 P06-01 (續)

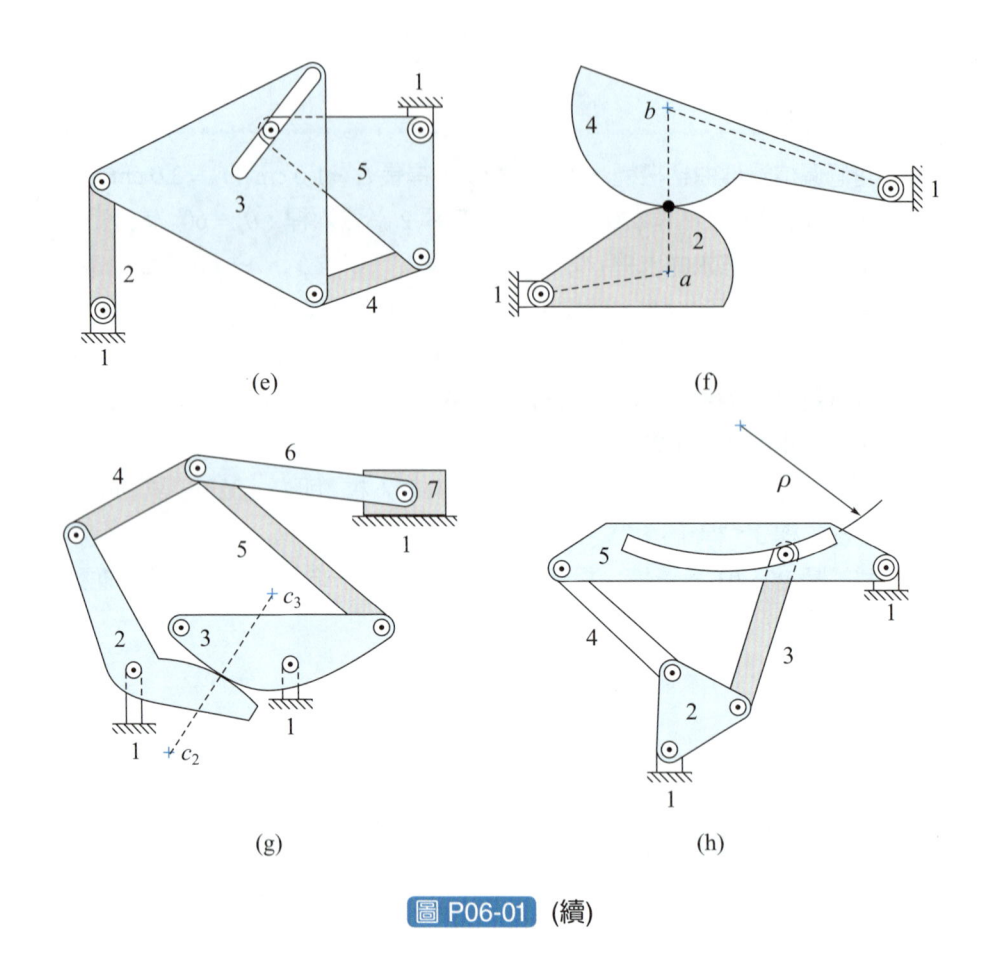

06-05 有個三桿機構，圖 P06-02，$r_1 = 14.0$ cm、$r_2 = 8.0$ cm、$r_3 = 10.0$ cm、$r_4 = 5.196$ cm，$\theta_2 = 60°$、$\theta_3 = 120°$，桿 2 為輸入桿。當 $\theta_2 = 50°$ 時，試利用牛頓-拉福生數值法進行 2 次疊代，求未知變數 θ_3 和 r_3。

06-06 有個倒置滑件曲柄機構，圖 P06-03，$a_0 b_0 = 20.0$ cm，$a_0 a = 5.0$ cm，$\theta_2 = 60°$，桿 2 為輸入桿，試利用向量迴路法進行位置分析，並利用數值法進行 3 次疊代，求其近似解。

06-07 有個連桿滾子機構，圖 P06-04，桿 2 為輸入桿，試利用向量迴路法：
(a) 建立坐標系，
(b) 定義各桿向量，
(c) 寫出向量迴路方程式，

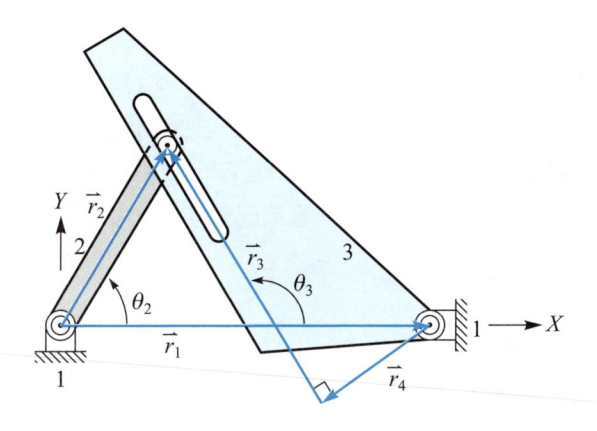

Chapter 06 運動分析──解析法
ANALYTICAL KINEMATIC ANALYSIS

圖 P06-02

圖 P06-03

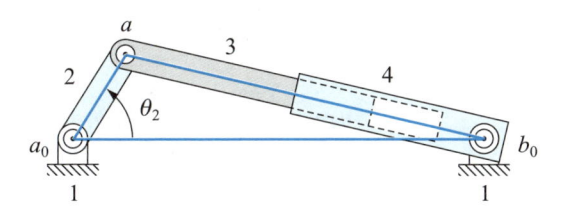

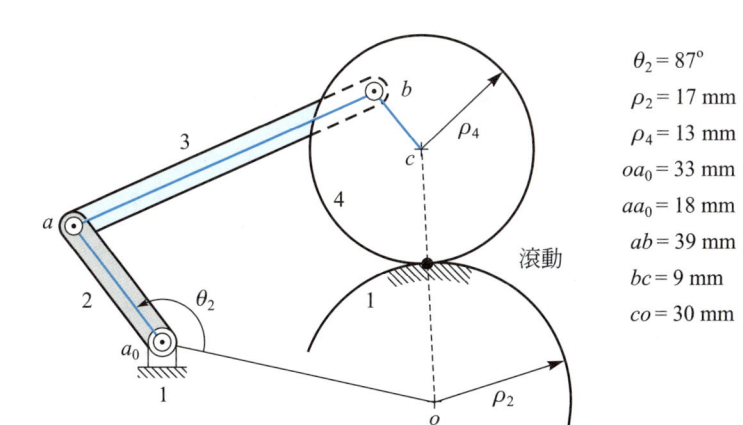

$\theta_2 = 87°$
$\rho_2 = 17$ mm
$\rho_4 = 13$ mm
$oa_0 = 33$ mm
$aa_0 = 18$ mm
$ab = 39$ mm
$bc = 9$ mm
$co = 30$ mm

滾動

圖 P06-04

(d) 寫出滾動方程式,
(e) 進行 1 次疊代求解未知變數。

06-08 有個空間三桿機構,桿 1 和桿 2 與圓柱對附隨,桿 1 和桿 3 與球面對附隨,桿 2 和桿 3 亦與球面對附隨,圖 P06-05。若輸入變數為 θ_2,輸出變數為 s_2,而 θ_0、s_0、ab、bb_0、b_0O 等為已知常數,試利用向量迴路法:
(a) 建立坐標系,
(b) 定義各桿向量,
(c) 寫出向量迴路方程式,
(d) 解出輸出變數的閉合解。

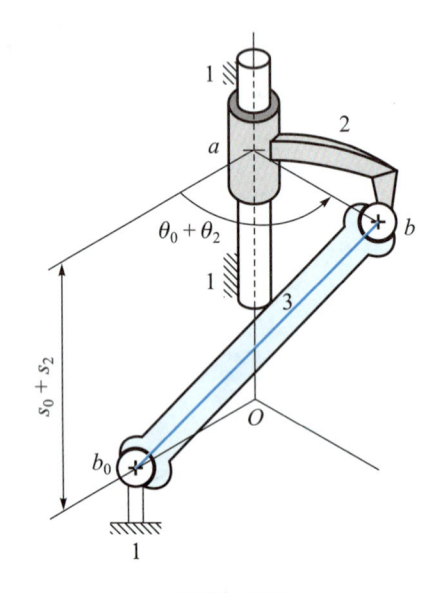

圖 P06-05

06-09 有個平面六連桿組,圖 P06-06,桿 2 為輸入桿,$a_0b_0 = 6.928$、$a_0a = 2.000$、$ab = 6.000$、$ac = 5.152$、$b_0b = 4.000$、$cd = 3.464$、$b_0d = 1.000$,且 $\alpha = 5.562°$,試在個人電腦上發展一套計算機程式進行位移分析,包括:
(a) 理論推導,
(b) 流程圖,
(c) 計算機程式,
(d) 數據輸出結果:θ_2、θ_3、θ_4、θ_5、θ_6,

Chapter 06　運動分析——解析法
ANALYTICAL KINEMATIC ANALYSIS

圖 P06-06

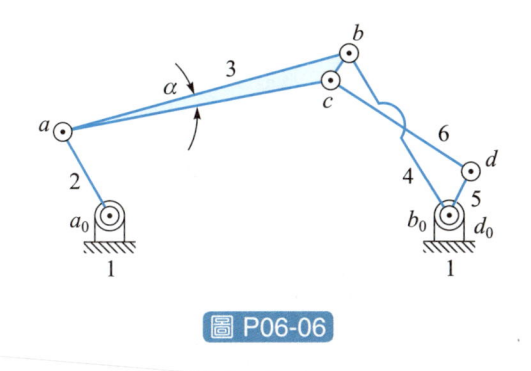

(e) 電腦動畫模擬，
(f) 圖解驗證計算機答案。

06-10　有個齒輪五連桿機構，圖 P06-07，桿 2 為輸入桿，桿 3 有齒輪以運動樞軸 b 為軸心，並與齒輪 5 嚙合，齒輪 5 為輸出件、與桿 4 的固定軸樞 b_0 共軸，試利用向量迴路法發展一套計算機程式進行位置分析，並且：
(a) 任選一組桿長尺寸，分析輸入件 (桿 2) 與輸出件 (齒輪 5) 的運動範圍；
(b) 找出一組桿長尺寸，使桿 2 轉一圈時，齒輪 5 的轉動角度大於 210º。

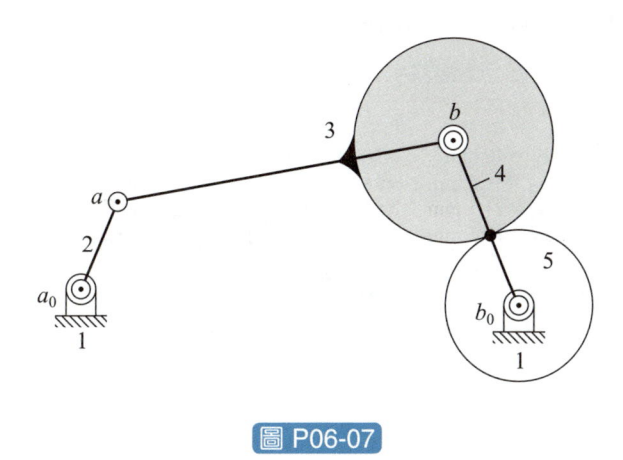

圖 P06-07

06-11　承續【習題 06-05】，試利用向量迴路法求桿 3 的角速度。

06-12　有個四連桿機構 (蘇格蘭軛)，圖 P06-08，桿 2 為輸入桿，角速度 $\omega_2 = 1$ rad/sec (反時針方向)，試利用向量迴路法分析桿 4 的速度，並找出桿 4 具有最大與最小速度值時桿 3 的相對位置。(各機件尺寸自行量之)

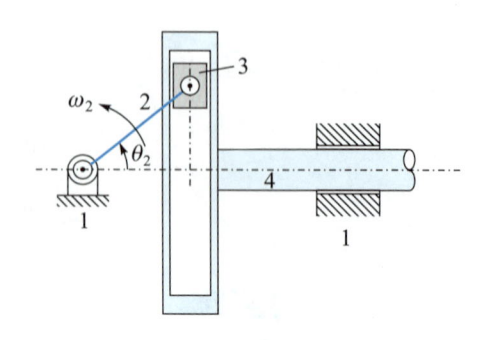

圖 P06-08

06-13 有個六連桿機構，圖 P06-09，試發展一套計算機程式進行位置與速度分析 (輸入桿 $\theta_2 = 0°\sim360°$，$\Delta\theta = 5°$，各桿尺寸自定)，並求：

(a) $\theta_3 \cdot \theta_4 \cdot \theta_5 \cdot r_6$，

(b) 點 c 的動路圖，

(c) $\dot{\theta}_3 \cdot \dot{\theta}_4 \cdot \dot{\theta}_5 \cdot \dot{r}_6$，

(d) 點 c 的速度，

(e) 電腦動畫模擬，

(f) 利用瞬心法驗證 $\theta_2 = 50°$ 時的答案，

(g) 利用相對速度法驗證 $\theta_2 = 290°$ 時的答案。

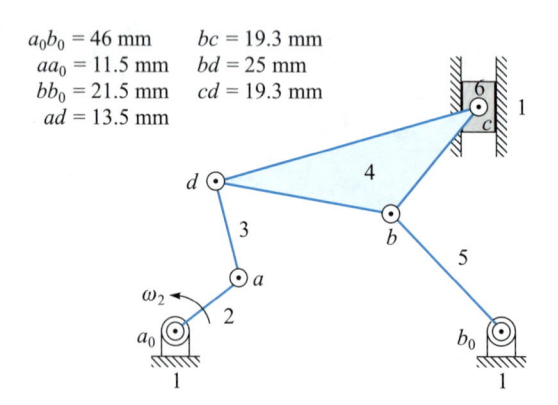

$a_0 b_0 = 46$ mm　　$bc = 19.3$ mm
$a a_0 = 11.5$ mm　　$bd = 25$ mm
$b b_0 = 21.5$ mm　　$cd = 19.3$ mm
$ad = 13.5$ mm

圖 P06-09

Chapter 06　運動分析──解析法
ANALYTICAL KINEMATIC ANALYSIS

06-14　有個具往復型滾子從動件的盤形凸輪機構，圖 P06-10，凸輪 2 以等角速度 $\omega_2 = 10$ rad/sec 旋轉 (反時針方向)，試利用向量迴路法求從動件桿 4 的加速度。

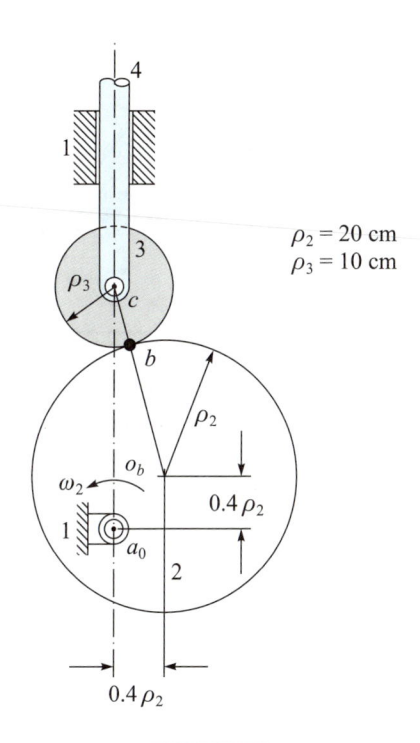

圖 P06-10

06-15　有個具滑件的六連桿機構，圖 P06-09，桿 2 為輸入曲柄，以等角速度 $\omega_2 = 100$ rpm 旋轉 (反時針方向)，試承續【習題 06-13】，利用向量迴路法進行加速度分析，並且利用相對加速度法驗證在 $\theta_2 = 30°$ 位置時的答案。

06-16　有個具有四個機件的機構，圖 P06-11，桿 1 為機架，分別以旋轉對和桿 2 與桿 3 鄰接，桿 2 與桿 3 為具直線滑槽的獨立輸入件，分別與共用圓銷 c 鄰接，桿 2 的角速度 $\omega_2 = 30$ rad/sec、角加速度 $\alpha_2 = 900$ rad/sec^2，桿 3 的角速度 $\omega_3 = 20$ rad/sec、角加速度 $\alpha_3 = 400$ rad/sec^2，皆為順時針方向。試利用向量迴路法進行：
(a) 自由度分析，
(b) 點 c 的位置分析，

圖 P06-11

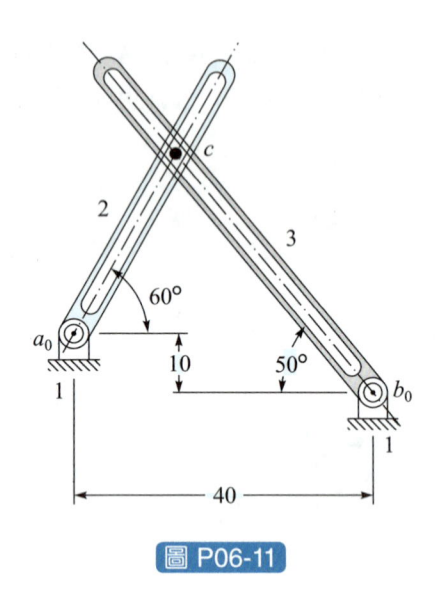

(c) 點 c 的速度分析，
(d) 點 c 的加速度分析，
並且利用適當的方法驗證所得到的答案。

07 連桿機構合成
SYNTHESIS OF LINKAGE MECHANISMS

第01章所述之機構與機器設計的流程,圖01-04,共條列七個設計步驟。本章針對其中的步驟二「創思機構構造」與步驟三「合成運動尺寸」,介紹連桿機構的合成,包括構造合成與尺寸合成,亦即依照連桿機構之可動性與運動上的要求,設計出合乎所求的機構構造與幾何尺寸。其中,關於連桿機構的尺寸合成,依機構的功能與特徵,分為函數演生機構、耦桿導引機構、及路徑演生機構等三節介紹。

07-01　構造合成 Structural Synthesis

　　以某項機械功能為目標所設計出來的產品,往往不只一種,例如圖04-07為4種不同構造的四連桿型肘節夾。設計者在構想設計的初始階段,通常透過收集或合成多種可能方案,然後根據其知識、經驗、及外在客觀因素,對各方案進行分析比較與綜合評估,篩選出符合設計規範的最合適類型,以為後續設計的依據。

　　此階段所合成的機構構造,必須滿足與機構構造相關的設計需求和限制。更具體的說,若已知機構的獨立輸入數,依序選定機構自由度數、運動空間類型、機件數、接頭類型、及接頭數,在符合特定設計需求與限制的條件下,合成運動鏈圖譜與機構構造圖譜,此即所謂的機構**構造合成** (Structural synthesis)。

　　本節說明構造合成的步驟與運動鏈數目合成。

07-01-1　構造合成步驟 Procedure of structural synthesis

　　機構的構造合成,可分為以下幾個步驟,圖07-01:

```
┌─────────────────┐
│   確定自由度數    │
└────────┬────────┘
         ↓
┌─────────────────┐
│  選擇運動空間類型  │
└────────┬────────┘
         ↓
┌─────────────────┐
│   決定接頭類型    │
└────────┬────────┘
         ↓
┌─────────────────┐
│ 求出機件與接頭數目 │
└────────┬────────┘
         ↓
┌─────────────────┐
│  合成運動鏈圖譜   │
└────────┬────────┘
         ↓
┌─────────────────┐
│ 合成機構構造圖譜  │
└─────────────────┘
```

圖 07-01　機構構造合成步驟

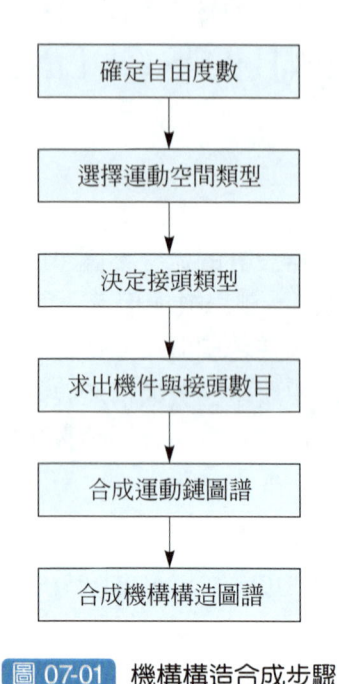

一、確定自由度數

機構的獨立輸入數，是根據其工作目的來決定，為已知條件。若無特殊考量，則取機構自由度數為獨立輸入數；若考量多餘自由度的存在，則取自由度數大於獨立輸入數；若考量矛盾機構的存在，則取自由度數小於獨立輸入數。

二、選擇運動空間類型

機構的運動空間類型，必須根據設計規範、設計需求、設計限制、及設計者的判斷來選擇，例如輸入件與輸出件所處的相對位置與運動方式等。若選擇平面機構，則根據式 (02-01) 來進行構造合成；若選擇空間機構，則根據式 (02-03) 來進行構造合成。

三、決定接頭類型

機構的接頭類型，必須根據工作目的、運動空間類型、及設計者的判斷來決定；若無特殊考量，以取自由度為 1 的接頭為宜。

Chapter 07　連桿機構合成
SYNTHESIS OF LINKAGE MECHANISMS

四、求出機件與接頭數目

當機構的運動空間類型與接頭類型確定之後，即可根據式 (02-01) 或式 (02-03) 解出機件的數目 N 與接頭的數目 J。

五、合成運動鏈圖譜

具 N 根機件與 J 個接頭的 (N, J) 運動鏈，若尚未決定機構的運動空間類型與接頭類型，稱為**一般化鏈** (Generalized chain)。常用的一般化鏈圖譜，可由圖 07-02 至圖 07-07 查得。至於機構運動空間類型與接頭類型皆已決定的 (N, J) 運動鏈圖譜，由於已加上設計限制，所合成的運動鏈數量減少。例如，在合成 (6, 7) 運動鏈圖譜時，若限定為平面機構且接頭皆為旋轉對，僅能合成 2 個運動鏈，圖 02-10，較圖 07-05(a) 的 (6, 7) 一般化鏈圖譜少 1 個運動鏈。第 07-01-2 小節將介紹此類平面運動鏈圖譜的合成。

六、合成機構構造圖譜

最後的步驟是，針對每個具 N 根機件與 J 個接頭的運動鏈，根據設計需求與限制，將機件與接頭類型分別分配到適當的機件與接頭上。如此，即得到合乎工作目的之機構構造。例如，若將圖 02-10 的 2 個 (6, 7) 運動鏈中的任一根機件指定為機架，則可合成 5 個不同構造的連桿機構，圖 02-11(a)-(e)，即接頭皆為旋轉對之平面六連桿機構的構造圖譜。

以下舉例說明之。

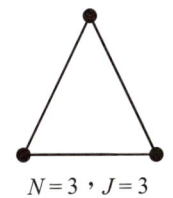

$N = 3$，$J = 3$　　　　(a) $N = 4$，$J = 4$　　　　(b) $N = 4$，$J = 5$

圖 07-02　(3, 3) 一般化鏈圖譜　　圖 07-03　(4, 4)、(4, 5) 一般化鏈圖譜

(a) $N = 5$，$J = 5$

(b) $N = 5$，$J = 6$

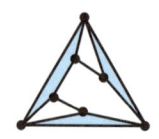

(c) $N = 5$，$J = 7$

圖 07-04 (5, 5)、(5, 6)、(5, 7) 一般化鏈圖譜

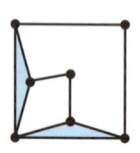

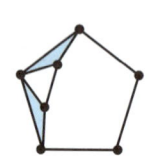

(a) $N = 6$，$J = 7$

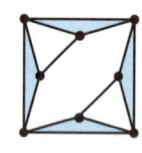

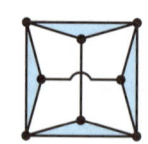

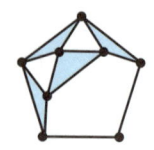

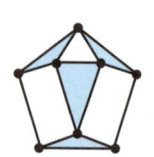

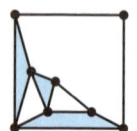

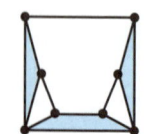

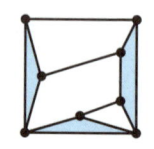

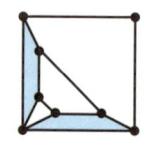

(b) $N = 6$，$J = 8$

圖 07-05 (6, 7)、(6, 8) 一般化鏈圖譜

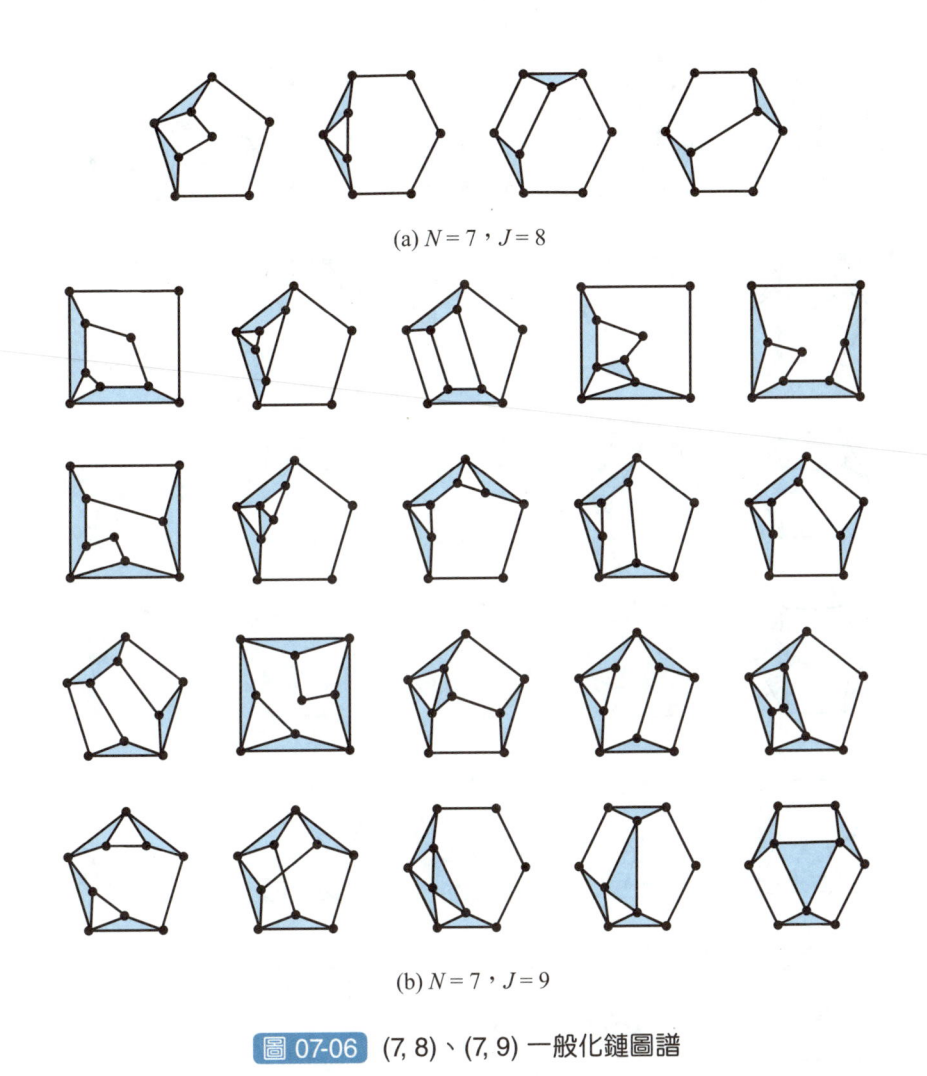

Chapter 07 連桿機構合成
SYNTHESIS OF LINKAGE MECHANISMS

(a) $N = 7$，$J = 8$

(b) $N = 7$，$J = 9$

圖 07-06 (7, 8)、(7, 9) 一般化鏈圖譜

例 07-01 試決定具 1 個獨立輸入且接頭自由度皆為 1 之平面機構的機件數與接頭數。

01. 由於機構的獨立輸入數為 1，且無特殊考量，取機構自由度數為 1。
02. 由於所探討的機構為平面機構，根據式 (02-01) 可得：

$$3(N-1) - \sum J_i C_{pi} = 1 \tag{07-01}$$

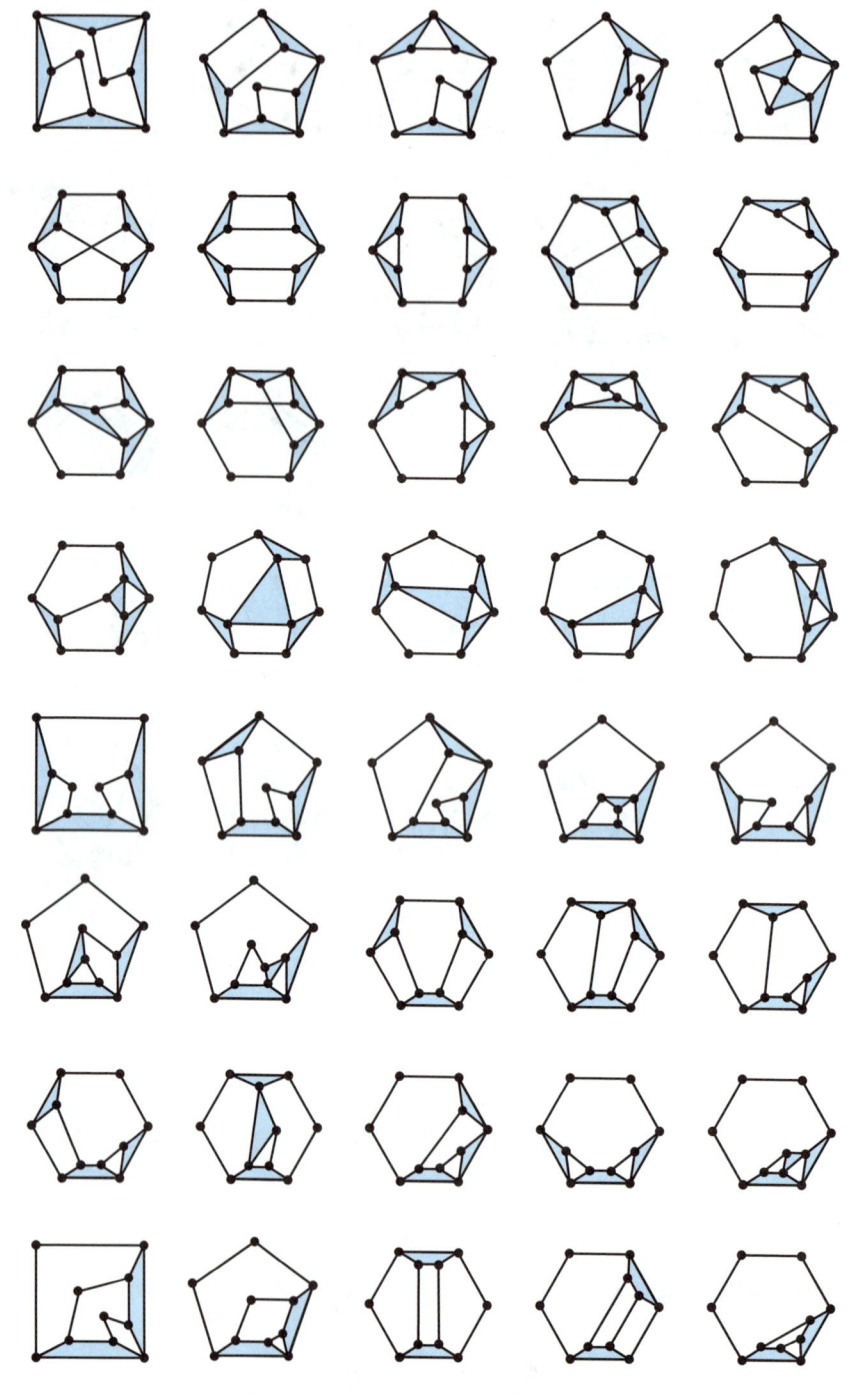

192 現代機構學
MODERN MECHANISMS

圖 07-07　(8, 10) 一般化鏈圖譜

Chapter 07 連桿機構合成
SYNTHESIS OF LINKAGE MECHANISMS

03. 由於平面機構自由度為 1 的接頭，不外乎是旋轉對 (J_R)、滑動對 (J_P)、及滾動對 (J_O)，根據式 (02-02) 與式 (07-01) 可得：

$$J_R + J_P + J_O = (3N-4)/2 \tag{07-02}$$

04. 解式 (07-02)，若取最小機件數 $N = 4$，則接頭數 $J = J_R + J_P + J_O = 4$，可得下列 15 種組合：

J	4	4	4	4	4	4	4	4	4	4	4	4	4	4	4
J_R	0	0	0	0	0	1	1	1	1	2	2	2	3	3	4
J_P	0	1	2	3	4	0	1	2	3	0	1	2	0	1	0
J_O	4	3	2	1	0	3	2	1	0	2	1	0	1	0	0

例 07-02　試合成具 1 根減震器之平面六桿摩托車後懸吊機構的構造。

01. 一般摩托車懸吊機構的輸入為來自地面對輪胎的運動，獨立輸入數為 1，取機構自由度數為 1。
02. 所探討的機構為平面機構。
03. 為簡化機構的設計與製造，接頭以旋轉對為主，由於 1 根減震器具有 1 個滑動對，即 $J_P = 1$；因此，根據式 (02-02) 可得：

$$F_p = 3(N-1) - 2J_R - 2(1) = 1 \tag{07-03}$$

由式 (07-03) 可得旋轉對數目 J_R 與機件數目 N 的關係式如下：

$$J_R = (3N-6)/2 \tag{07-04}$$

04. 解式 (07-04)，若機件數不大於 8，可得下列組合：

N	4	6	8
J	4	7	10
J_R	3	6	9
J_P	1	1	1

05. 由於接頭為旋轉對與滑動對，由圖 07-05(a) 可得，具 6 根機件與 7 個接頭且不具 3 桿呆鏈之 (6, 7) 運動鏈有 2 個，圖 02-10(a) 和 (b)。
06. 針對圖 02-10 的 (6, 7) 運動鏈圖譜，選擇 1 根桿為機架 (桿 1)、1 根桿為用來與輪胎鄰接的搖臂 (桿 3)、及 2 根串聯且與滑動對附隨的雙接頭桿為減震器 (桿 5 與桿 6)，可得多種不同構造的機構，圖 07-08(a)-(f) 為其中的 6 種。圖 07-08(b) 是川崎 Uni-trak 摩托車的後懸吊機構，圖 07-08(c) 是五十鈴 Full-floater 摩托車的後懸吊機構，圖 07-08(e) 則是本田 Pro-link 摩托車的後懸吊機構。

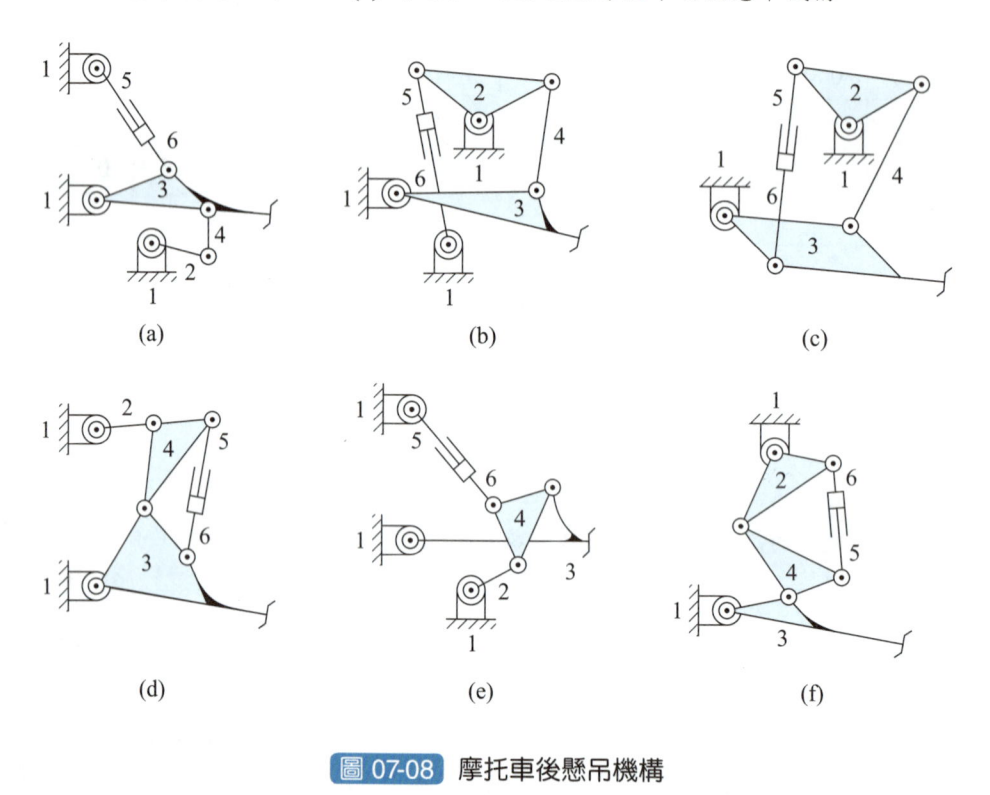

圖 07-08　摩托車後懸吊機構

07-01-2　運動鏈數目合成 Number synthesis of kinematic chains

有關 (N, J) 運動鏈圖譜之合成的研究，即到底有幾個不同構造的運動鏈具有 N 根機件與 J 個接頭，稱為運動鏈**數目合成** (Number synthesis)。以下針對接頭皆為旋轉對的平面**單接頭運動鏈** (Simple kinematic chain)，介紹兩種數目合成的方法。在合成此類運動鏈圖譜的過程中，若某運動鏈的局部構造為呆鏈，

Chapter 07　連桿機構合成
SYNTHESIS OF LINKAGE MECHANISMS

例如圖 07-09 的 (3, 3)、(5, 6) 呆鏈，應予刪除。

(a) $N = 3$，$J = 3$　　　(b) $N = 5$，$J = 6$

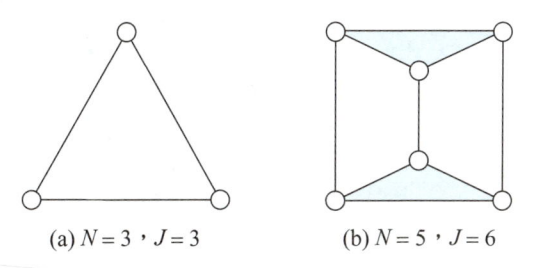

圖 07-09　(3, 3)、(5, 6) 呆鏈

　　運動鏈數目合成的第一種方法，係間接利用圖 07-03 至圖 07-07 等現有的一般化鏈圖譜，將所有接頭指定為旋轉對，然後刪除含呆鏈者，即可獲得平面 (N, J) 單接頭運動鏈圖譜。例如將圖 07-05(a) 的 3 個 (6, 7) 一般化鏈，刪除其中 1 個含 (3, 3) 呆鏈，可得到 (6, 7) 單接頭運動鏈圖譜，圖 02-10(a) 和 (b)。此外，將圖 07-07 的 40 個 (8, 10) 一般化鏈，刪除其中 24 個含 (3, 3) 或 (5, 6) 呆鏈，則可得到具 16 個 (8, 10) 單接頭運動鏈的圖譜，圖 07-10(a)-(p)。

　　第二種方法，係先求得平面 (N, J) 單接頭運動鏈的所有**連桿類配** (Link assortment, A_L)，然後直接由各連桿類配，組合成運動鏈圖譜。

　　一個運動鏈的連桿類配可表示為：

$$A_L = [N_{L2} / N_{L3} / N_{L4} / \cdots / N_{Li} / \cdots / N_{Lm}] \quad (07\text{-}05)$$

其中，N_{L2}、N_{L3}、N_{L4}、及 N_{Li} 分別為雙接頭桿、參接頭桿、肆接頭桿、及 i 接頭桿的數目，m 則為附隨最多接頭之連桿的接頭數。

　　將接頭皆為旋轉對的 (N, J) 單接頭運動鏈拆解後，各類連桿與接頭的數目應滿足下列二式：

$$N_{L2} + N_{L3} + \cdots + N_{Li} + \cdots + N_{Lm} = N \quad (07\text{-}06)$$

$$2N_{L2} + 3N_{L3} + \cdots + iN_{Li} + \cdots + mN_{Lm} = 2J \quad (07\text{-}07)$$

其中，m 可利用下式求得：

$$m = \begin{cases} (N - F_p + 1)/2 & \text{其中 } F_p = 0, 1 \\ [N - F_p - 1, (N + F_p - 1)/2]_{\min} & \text{其中 } F_p \geq 2 \end{cases} \quad (07\text{-}08)$$

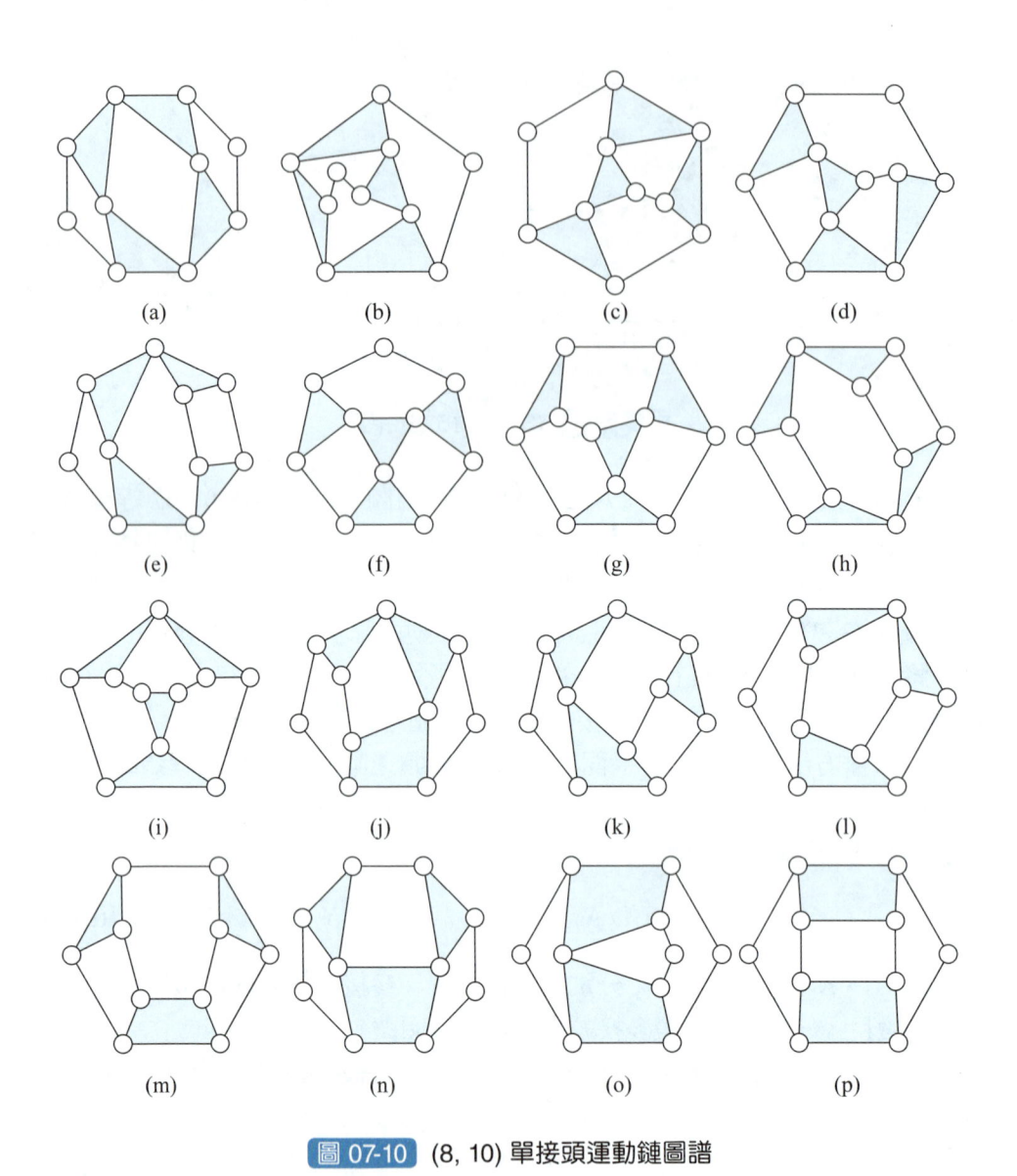

現代機構學
MODERN MECHANISMS

(a) (b) (c) (d)

(e) (f) (g) (h)

(i) (j) (k) (l)

(m) (n) (o) (p)

圖 07-10 (8, 10) 單接頭運動鏈圖譜

根據式 (07-05) 至式 (07-08)，即可求得接頭皆為旋轉對之平面 (N, J) 單接頭運動鏈的所有連桿類配。

以下舉例說明之。

Chapter 07　連桿機構合成
SYNTHESIS OF LINKAGE MECHANISMS

例 07-03　試列出接頭皆為旋轉對之平面 (6, 7) 單接頭運動鏈的連桿類配。

01. 根據式 (02-02)，平面 (6, 7) 單接頭運動鏈的機構自由度為 $F_p = 1$。
02. 根據式 (07-08)，$m = 3$。
03. 根據式 (07-06) 與式 (07-07)，可列出下列二式：

$$N_{L2} + N_{L3} = 6$$
$$2N_{L2} + 3N_{L3} = 14$$

求解得 $N_{L2} = 4$ 和 $N_{L3} = 2$，即 $A_L = [4/2]$，圖 07-11。

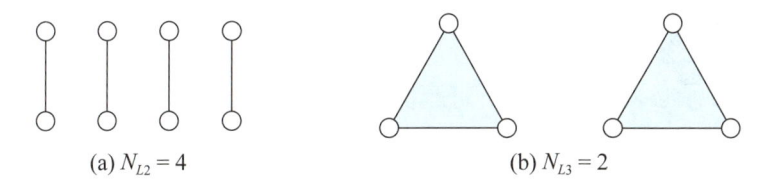

(a) $N_{L2} = 4$　　　(b) $N_{L3} = 2$

圖 07-11　(6, 7) 單接頭運動鏈的連桿類配 [4/2] [例 07-03]

例 07-04　試列出接頭皆為旋轉對之平面 (7, 8) 單接頭運動鏈的所有連桿類配。

01. 根據式 (02-02)，平面 (7, 8) 單接頭運動鏈的機構自由度為 $F_p = 2$。
02. 根據式 (07-08)，$m = 4$。
03. 根據式 (07-06) 與式 (07-07)，可列出下列二式：

$$N_{L2} + N_{L3} + N_{L4} = 7$$
$$2N_{L2} + 3N_{L3} + 4N_{L4} = 16$$

求解得 $A_L = [5/2/0]$ 和 $[6/0/1]$，圖 07-12 與圖 07-13。

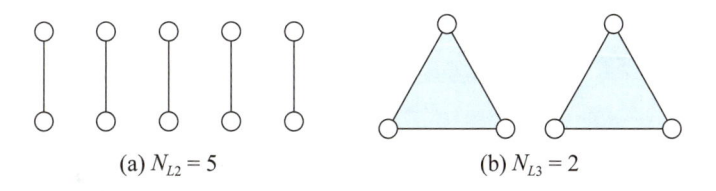

(a) $N_{L2} = 5$　　　(b) $N_{L3} = 2$

圖 07-12　(7, 8) 單接頭運動鏈的連桿類配 [5/2/0] [例 07-04]

(a) $N_{L2} = 6$　　　　　　　　(b) $N_{L4} = 1$

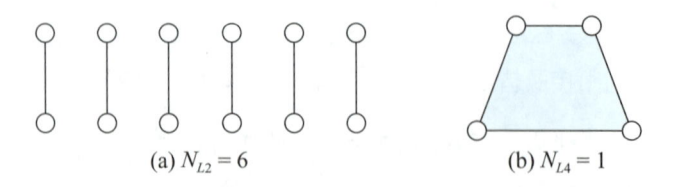

圖 07-13　(7, 8) 單接頭運動鏈的連桿類配 [6/0/1] [例 07-04]

　　接著，對於平面 (N, J) 單接頭運動鏈的每種連桿類配，將原先分離的 N 根連桿，依照構造需求與限制，組合成所有具有 J 個接頭的運動鏈，即可建立平面 (N, J) 單接頭運動鏈圖譜。連桿與接頭的組合原則如下：

一、每根連桿必須與其它連桿連接，且至少是雙接頭桿。
二、所有的接頭必須用到，將所有連桿連接成閉合運動鏈。
三、運動鏈不具有**橋桿** (Bridge link)，即移除橋桿後之運動鏈為分離的運動鏈。
四、任何 2 根桿件最多只能以 1 個接頭連接。
五、運動鏈的局部構造不可構成呆鏈。

　　例如，平面 (8, 10) 單接頭運動鏈共有 3 種連桿類配，[4/4]、[5/2/1]、及 [6/0/2]，利用連桿類配 [6/0/2] 可組合成 2 個運動鏈，圖 07-14(a) 和 (b)；而所有連桿類配則可組合得 16 個 (8, 10) 單接頭運動鏈，圖 07-10(a)-(p)。

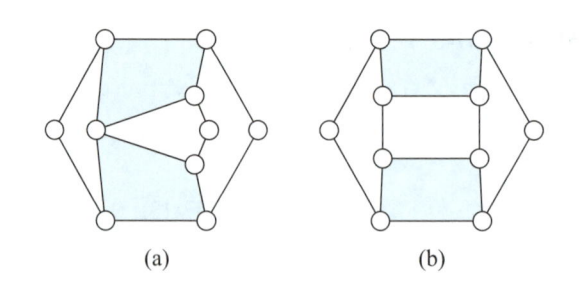

(a)　　　　　　　　(b)

圖 07-14　連桿類配 [6/0/2] 組合成的單接頭運動鏈

07-02 函數演生機構尺寸合成
Dimensional Synthesis of Function Generators

尺寸合成 (Dimensional synthesis) 的目的在於，當機構的構造確定後，求得每一機件接頭間的幾何尺寸。

一個連桿機構之輸入桿與輸出桿的相對位置，恆具某種函數關係，故可稱之為**函數演生機構** (Function generator)，簡稱**函數機構**；圖 02-22 飛機水平尾翼操縱機構之操縱桿角度與水平尾翼角度的關係，即為實例。函數機構的尺寸合成，係指決定連桿機構的幾何尺寸，使其輸出桿相對於輸入桿的位置關係，極為接近指定的需求函數 (Desired function) $y = f(x)$。

圖 07-15(a) 的四連桿組函數機構，桿 2 為輸入桿，桿 4 為輸出桿，桿 2 與桿 4 的位置 θ_2 和 θ_4，分別對應於函數 $f(x)$ 的自變數 x 與應變數 y。函數 $f(x)$ 的定義域為 $x_s \leq x \leq x_f$，值域為 $y_s \leq y \leq y_f$，函數 $f(x)$ 的兩端點為 (x_s, y_s) 和 (x_f, y_f)，分別對應於桿 2 與桿 4 的位置 $(\theta_{2s}, \theta_{4s})$ 和 $(\theta_{2f}, \theta_{4f})$，圖 07-15(b)。

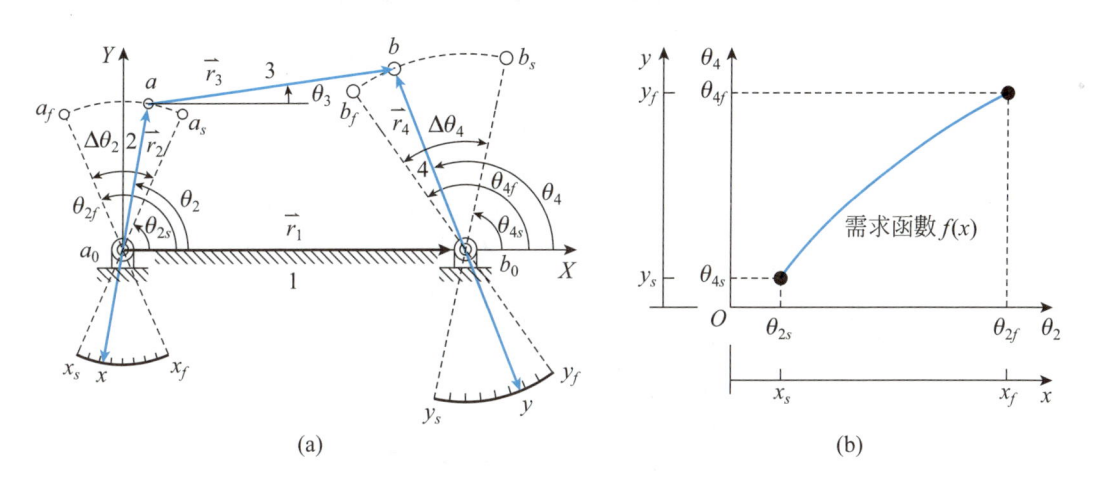

圖 07-15 四連桿組函數機構與需求函數

四連桿組函數機構的尺寸合成，其目標為設計 4 根桿長 r_1、r_2、r_3、及 r_4，使所合成之函數機構的輸出桿位置 θ_4，相對於輸入桿位置 θ_2 的演生函數 (Generated function, g)，即 $\theta_4 = g(\theta_2; r_1, r_2, r_3, r_4)$，極為接近需求函數 f。

輸入桿位置 θ_2 與需求函數自變數 x，兩者的轉換具線性關係，可表示為：

$$\theta_2 = \theta_{2s} + \frac{\theta_{2f} - \theta_{2s}}{x_f - x_s}(x - x_s) \tag{07-09}$$

或

$$x = x_s + \frac{x_f - x_s}{\theta_{2f} - \theta_{2s}}(\theta_2 - \theta_{2s}) \tag{07-10}$$

輸出桿位置 θ_4 與需求函數應變數 y，兩者的轉換亦具線性關係，可表示為：

$$\theta_4 = \theta_{4s} + \frac{\theta_{4f} - \theta_{4s}}{y_f - y_s}(y - y_s) \tag{07-11}$$

或

$$y = y_s + \frac{y_f - y_s}{\theta_{4f} - \theta_{4s}}(\theta_4 - \theta_{4s}) \tag{07-12}$$

連桿機構僅具有限個設計參數，通常所能演生的函數異於需求函數。故僅能於需求函數的定義域選幾個位置，稱為**精確點** (Precision points)，要求合成之函數機構演生準確的函數值。在精確點以外的位置，機構所演生的函數 $g(x)$ 略偏離需求函數 $f(x)$，其差值謂之**構造誤差** (Structural error, e)，即 $e(x) = g(x) - f(x)$，圖 07-16。

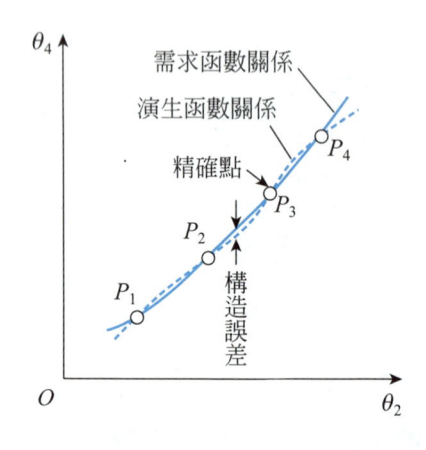

圖 07-16 精確點與構造誤差

精確點的數目與位置會影響構造誤差的分佈與極值，由於**闕氏分割法** (Chebyshev spacing) 能有效地降低構造誤差的極值，常作為精確點初始位置的選擇法，但此方法並非最佳解。若以闕氏分割法在函數定義域分配 n 個精確

點，則精確點 x_j 可表示為：

$$x_j = \frac{x_f + x_s}{2} - \frac{x_f - x_s}{2}\cos\left(\frac{(2j-1)\pi}{2n}\right), \ j = 1, 2, 3, ..., n \qquad (07\text{-}13)$$

例如，在函數 $y = f(x)$ 的定義域，以闕氏分割法分配 3 個精確點位置，圖 07-17。根據函數 $y = f(x)$、式 (07-09)、及式 (07-11)，這 3 個精確點所對應的桿件位置 θ_{2j} 和 θ_{4j} 可表示為：

$$\theta_{2j} = \frac{\theta_{2f} - \theta_{2s}}{x_f - x_s}(x_j - x_s) + \theta_{2s}, \ j = 1, 2, 3 \qquad (07\text{-}14)$$

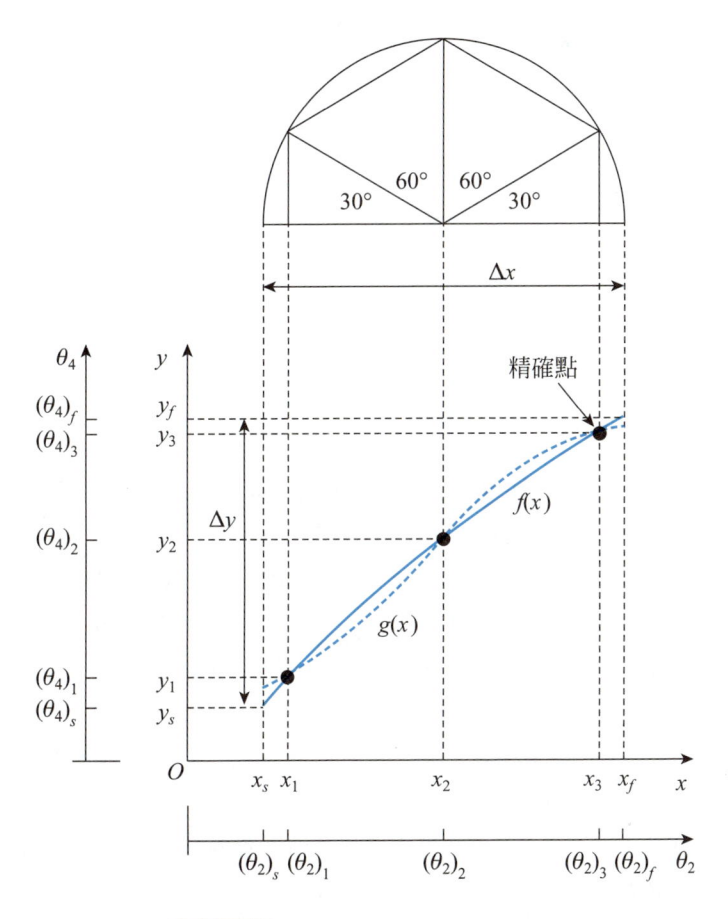

圖 07-17 闕氏分割法的 3 個精確點

現代機構學
MODERN MECHANISMS

$$\theta_{4j} = \frac{\theta_{4f} - \theta_{4s}}{y_f - y_s}(y_j - y_s) + \theta_{4s}, \quad j = 1, 2, 3 \tag{07-15}$$

圖 07-15(a) 四連桿組的位置方程式，可利用 [例 06-04] 的式 (06-54) 推導得：

$$A\cos\theta_4 - B\cos\theta_2 + C = \cos(\theta_2 - \theta_4) \tag{07-16}$$

其中
$$A = r_1/r_2 \tag{07-17}$$
$$B = r_1/r_4 \tag{07-18}$$
$$C = (r_1^2 + r_2^2 + r_4^2 - r_3^2)/2r_2 r_4 \tag{07-19}$$

式 (07-16) 即**福氏方程式** (Freudenstein's equation)，表示輸入桿位置 θ_2、輸出桿位置 θ_4、及四連桿組桿長 (r_1、r_2、r_3、r_4) 等變數的關係，可用於合成四連桿組函數機構的尺寸。

以下舉例說明之。

例 07-05　試合成圖 07-18(a) 的四連桿組函數機構桿長，並分析其構造誤差。需求函數為 $y = f(x) = x^{1/2}$，函數的定義域為 $1 \le x \le 5$，而與其對應的連桿位置範圍，分別為 $30° \le \theta_2 \le 120°$ 與 $60° \le \theta_4 \le 100°$。以闕氏分割法取 3 個精確點。

01. 根據式 (07-13)，得 $x_1 = 1.268$、$x_2 = 3.0$、及 $x_3 = 4.732$，代入函數 $y = x^{1/2}$，得 $y_1 = 1.126$、$y_2 = 1.732$、及 $y_3 = 2.175$。
02. 根據式 (07-14)，得 $(\theta_2)_1 = 36.03°$、$(\theta_2)_2 = 75.0°$、及 $(\theta_2)_3 = 113.97°$。
03. 根據式 (07-15)，得 $(\theta_4)_1 = 61.97°$、$(\theta_4)_2 = 76.31°$、及 $(\theta_4)_3 = 95.92°$。
04. 根據式 (07-16)，解 3 條聯立方程式，得 $A = 2.959$、$B = 1.438$、及 $C = 0.672$。
05. 根據式 (07-17) 至式 (07-19)，令 $r_1 = 1.0$，得 $r_2 = 0.338$、$r_3 = 1.132$、及 $r_4 = 0.695$。所合成的桿長為相對比例，設計者可依據設計空間放大其值，並賦予單位，不會改變其函數關係。
06. 圖 07-18(a) 為所合成之通過 3 個精確點的四連桿組函數機構，圖 07-18(b) 為其構造誤差分佈情形。

Chapter 07　連桿機構合成
SYNTHESIS OF LINKAGE MECHANISMS

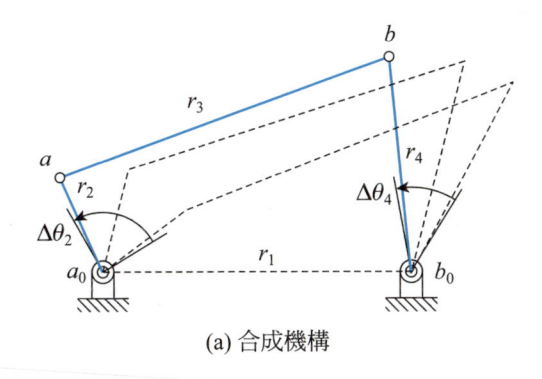

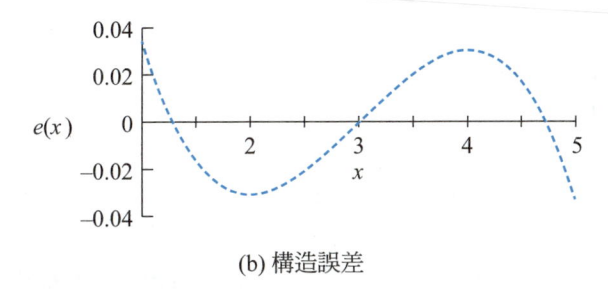

(a) 合成機構

(b) 構造誤差

圖 07-18 通過 3 個精確點的四連桿組函數機構 [例 07-05]

▼

例 07-06　試合成四連桿組函數機構的桿長，需求函數為 $y = f(x) = 1/x$，函數的定義域為 $1 \le x \le 2$，其兩端所對應的連桿位置分別為 $\theta_{2s} = 30°$、$\theta_{4s} = 270°$、$\theta_{2f} = 120°$、及 $\theta_{4f} = 200°$。以闕氏分割法取 2 個精確點。已知桿長 $r_1 = 90$ mm 和 $r_2 = 30$ mm。

01. 根據式 (07-13)，得 $x_1 = 1.146$ 和 $x_2 = 1.854$，代入函數 $y = 1/x$，得 $y_1 = 0.873$ 和 $y_2 = 0.539$。
02. 根據式 (07-14)，得 $(\theta_2)_1 = 43.14°$ 和 $(\theta_2)_2 = 106.86°$。
03. 根據式 (07-15)，得 $(\theta_4)_1 = 252.22°$ 和 $(\theta_4)_2 = 205.46°$。
04. 根據式 (07-17) 與已知桿長 ($r_1 = 90$ mm 和 $r_2 = 30$ mm)，得 $A = 3$。
05. 根據式 (07-16)，解 2 條聯立方程式，得 $B = 2.469$ 和 $C = 1.846$。
06. 根據式 (07-18) 與式 (07-19)，得 $r_3 = 79.318$ mm 和 $r_4 = 36.452$ mm。
07. 圖 07-19 為所合成之函數機構，其中桿 4 為順時針方向旋轉，μ 為傳力角。

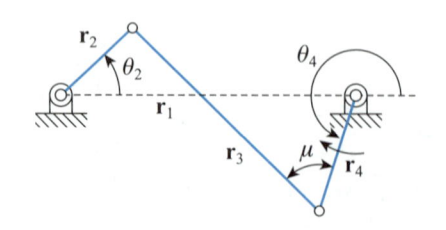

圖 07-19 通過 2 個精確點的四連桿組函數機構 [例 07-06]

07-03　耦桿導引機構尺寸合成 Dimensional Synthesis of Coupler Guiding Mechanisms

　　平面連桿機構的耦桿兼具平移與旋轉運動，適用於複雜的導引運動。耦桿由位置 1 至位置 2 的平面運動，可視為耦桿隨其某參考點由位置 1 平移至位置 2，同時耦桿繞此參考點旋轉某相對角度，圖 03-01。**耦桿導引機構** (Coupler guiding mechanism) 的主要功能，為導引耦桿精確地通過數個指定位置。圖 02-18 挖土機與圖 04-24 櫥櫃鉸鏈機構，皆為耦桿導引機構的實例，此類機構的耦桿，實質上是輸出桿，而非僅為連接桿。

　　本節介紹如何以解析法，合成平面四連桿組耦桿導引機構的尺寸，使其導引耦桿通過 2 或 3 個指定位置。延續第 06 章運動分析所使用的向量迴路法，採用類似的步驟，建立連桿機構尺寸合成所需的向量迴路方程式，求解其設計參數。然而，為方便表示 1 個向量在 2 個位置間的旋轉，本節改以複指數 (Complex exponential) 形式表示向量。

　　圖 07-20(a) 為四連桿組耦桿導引機構，當機構從初始位置 1 運動至位置 j，耦桿點 P 的位移可表示為：

$$\overrightarrow{P_1 P_j} = \vec{R}_{P_j} - \vec{R}_{P_1} \tag{07-20}$$

或

$$\boldsymbol{\delta}_j = \boldsymbol{R}_{P_j} - \boldsymbol{R}_{P_1} \tag{07-21}$$

四連桿組左側兩根串接的**雙連桿** (Dyad) $A_0 A$ 與 AP，在初始位置的向量為 $\boldsymbol{W}_A$ 和 $\boldsymbol{Z}_A$，運動至位置 j 時則分別為 $\boldsymbol{W}_A e^{i\beta_j}$ 和 $\boldsymbol{Z}_A e^{i\alpha_j}$，其中 β_j 和 α_j 分別為其角位

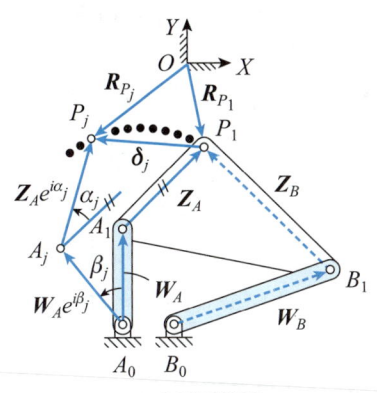

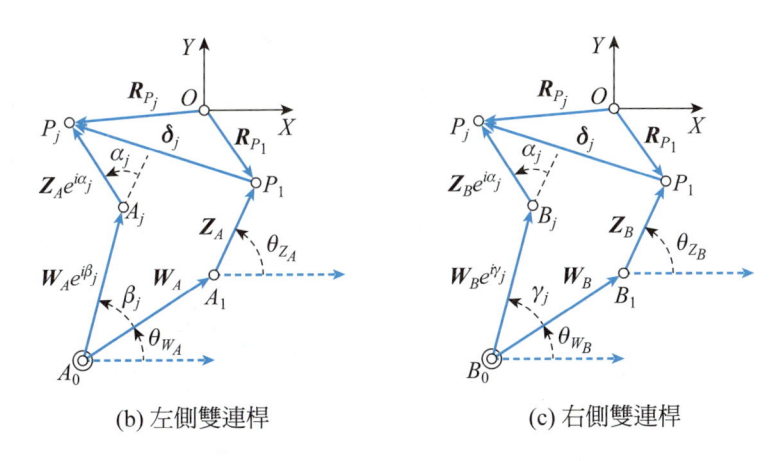

Chapter 07 連桿機構合成
SYNTHESIS OF LINKAGE MECHANISMS

(a) 四連桿機構

(b) 左側雙連桿

(c) 右側雙連桿

圖 07-20 四連桿組耦桿導引機構與向量迴路

移。圖 07-20(b)，向量 $W_A e^{i\beta_j}$、$Z_A e^{i\alpha_j}$、δ_j、Z_A、及 W_A 構成如下的向量迴路方程式：

$$W_A e^{i\beta_j} + Z_A e^{i\alpha_j} - \delta_j - Z_A - W_A = 0 \qquad (07\text{-}22)$$

或

$$W_A(e^{i\beta_j}-1) + Z_A(e^{i\alpha_j}-1) = \delta_j \qquad (07\text{-}23)$$

其中，$W_A = W_A e^{i\theta_{W_A}}$、$Z_A = Z_A e^{i\theta_{Z_A}}$、及 $j = 2, 3, 4, 5$。

同理，圖 07-20(c)，四連桿組右側雙連桿 $B_0 B$ 和 BP，在初始位置的向量為 W_B 和 Z_B，運動至位置 j 時則分別為 $W_B e^{i\gamma_j}$ 和 $Z_B e^{i\alpha_j}$，其中 γ_j 和 α_j 分別為其角

位移。向量 $W_B e^{i\gamma_j}$、$Z_B e^{i\alpha_j}$、δ_j、Z_B、及 W_B 構成如下的向量迴路方程式：

$$W_B e^{i\gamma_j} + Z_B e^{i\alpha_j} - \delta_j - Z_B - W_B = 0 \qquad (07\text{-}24)$$

或
$$W_B(e^{i\gamma_j} - 1) + Z_B(e^{i\alpha_j} - 1) = \delta_j \qquad (07\text{-}25)$$

其中，$W_B = W_B e^{i\theta_{W_B}}$、$Z_B = Z_B e^{i\theta_{Z_B}}$、及 $j = 2, 3, 4, 5$。

組合式 (07-23) 和式 (07-25)，得設計四連桿組耦桿導引機構所需的方程式，可用於合成四連桿組的尺寸。其中，δ_j 和 α_j 為與耦桿導引運動相關的已知條件，W_A、Z_A、W_B、Z_B、β_j、及 γ_j 則為未知的設計參數。以下分別介紹導引耦桿通過 2 或 3 個指定位置之四連桿組的尺寸合成。

07-03-1　兩個指定位置 Two finitely separate positions

圖 07-21(a) 和 (b)，分別為四連桿組左側雙連桿與右側雙連桿，導引耦桿通過 2 個指定位置所構成的向量迴路。將 $j = 2$ 分別代入式 (07-23) 和式 (07-25)，得：

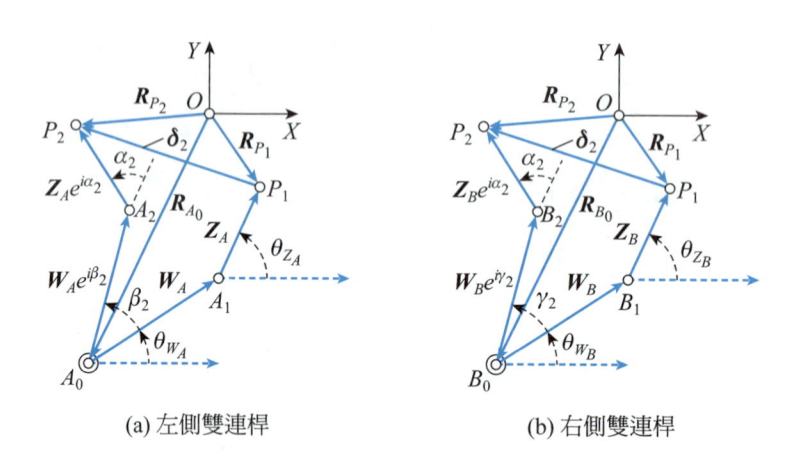

(a) 左側雙連桿

(b) 右側雙連桿

圖 07-21 四連桿組導引耦桿通過 2 個指定位置的向量迴路

$$W_A(e^{i\beta_2} - 1) + Z_A(e^{i\alpha_2} - 1) = \delta_2 \qquad (07\text{-}26)$$

$$W_B(e^{i\gamma_2} - 1) + Z_B(e^{i\alpha_2} - 1) = \delta_2 \qquad (07\text{-}27)$$

式 (07-26) 與式 (07-27) 2 條向量方程式，可展開成 4 條純量方程式，其中 δ_2

Chapter 07　連桿機構合成
SYNTHESIS OF LINKAGE MECHANISMS

和 α_2 為已知條件，$W_A(W_A, \theta_{W_A})$、$Z_A(Z_A, \theta_{Z_A})$、$W_B(W_B, \theta_{W_B})$、$Z_B(Z_B, \theta_{Z_B})$、β_2、及 γ_2 則為設計參數，共有 10 個純量未知數。設計者可任意指定其中 6 個設計參數之值，例如 θ_{W_A}、θ_{Z_A}、θ_{W_B}、θ_{Z_B}、β_2、及 γ_2，即可求得 W_A、Z_A、W_B、及 Z_B，進而確定四連桿組的各樞軸坐標與各桿長度。

指定固定樞軸的位置，是常見的設計限制，此類導引耦桿通過 2 個指定位置的問題，圖 07-21(a) 和 (b)，固定樞軸 A_0 和 B_0 的位置向量 R_{A_0} 和 R_{B_0} 為已知，Z_A 和 Z_B 可分別表示為：

$$Z_A = R_{P_1} - R_{A_0} - W_A \qquad (07\text{-}28)$$

$$Z_B = R_{P_1} - R_{B_0} - W_B \qquad (07\text{-}29)$$

將式 (07-28) 與式 (07-29) 分別代入式 (07-26) 與式 (07-27)，可得：

$$W_A(e^{i\beta_2} - e^{i\alpha_2}) = R_{A_0}(e^{i\alpha_2} - 1) - R_{P_1} e^{i\alpha_2} + R_{P_2} \qquad (07\text{-}30)$$

$$W_B(e^{i\gamma_2} - e^{i\alpha_2}) = R_{B_0}(e^{i\alpha_2} - 1) - R_{P_1} e^{i\alpha_2} + R_{P_2} \qquad (07\text{-}31)$$

式 (07-30) 與式 (07-31) 2 條向量方程式，可展開成 4 條純量方程式，其中 α_2、R_{P_1}、R_{P_2}、R_{A_0}、及 R_{B_0} 為已知條件，$W_A(W_A, \theta_{W_A})$、$W_B(W_B, \theta_{W_B})$、β_2、及 γ_2 則為設計參數，共有 6 個純量未知數。設計者可任意指定其中 2 個設計參數之值，例如 β_2 和 γ_2，即可求得 W_A、θ_{W_A}、W_B、及 θ_{W_B}。

至於指定運動樞軸位置的耦桿導引問題，即 Z_A 和 Z_B 為已知，其設計參數亦為 β_2、γ_2、$W_A(W_A, \theta_{W_A})$、及 $W_B(W_B, \theta_{W_B})$。

07-03-2　三個指定位置 Three finitely separate positions

圖 07-22(a) 為四連桿組導引耦桿通過 3 個指定位置，其左側雙連桿 A_0A 和 AP 位移所構成的兩個向量迴路，分別將 $j = 2$ 和 3 代入式 (07-23)，可得：

$$W_A(e^{i\beta_2} - 1) + Z_A(e^{i\alpha_2} - 1) = \delta_2 \qquad (07\text{-}32)$$

$$W_A(e^{i\beta_3} - 1) + Z_A(e^{i\alpha_3} - 1) = \delta_3 \qquad (07\text{-}33)$$

式 (07-32) 與式 (07-33) 2 條向量方程式，可展開成 4 條純量方程式，其中 δ_2、α_2、δ_3、及 α_3 為已知條件，$W_A(W_A, \theta_{W_A})$、$Z_A(Z_A, \theta_{Z_A})$、β_2、及 β_3 則為設計參數，共有 6 個純量未知數。設計者可任意指定其中 2 個設計參數之值，例如 β_2

(a) 左側雙連桿

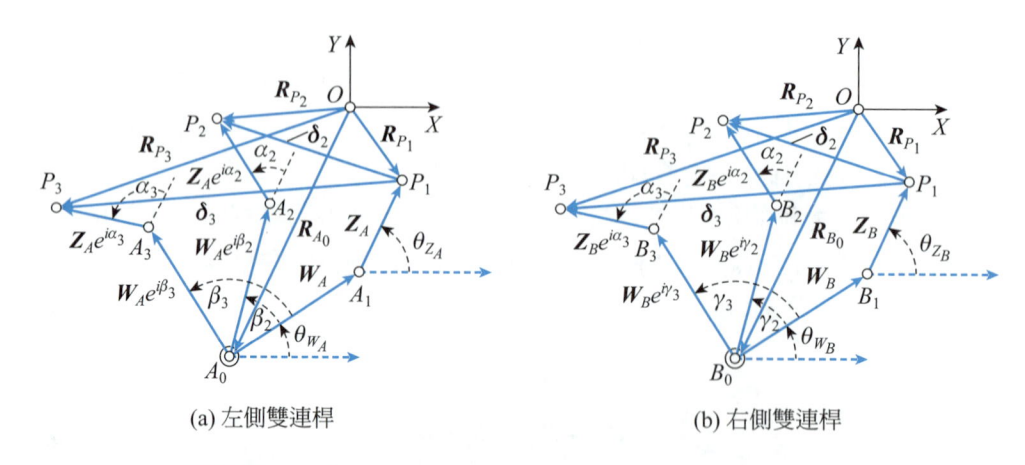

(b) 右側雙連桿

圖 07-22 四連桿組導引耦桿通過 3 個指定位置的向量迴路

和 β_3，即可求得 W_A、θ_{W_A}、Z_A、及 θ_{Z_A}。

圖 07-22(b) 為右側雙連桿 B_0B 和 BP 位移所構成的 2 個向量迴路，分別將 $j = 2$ 和 3 代入式 (07-25)，可得：

$$W_B(e^{i\gamma_2}-1)+Z_B(e^{i\alpha_2}-1)=\delta_2 \tag{07-34}$$

$$W_B(e^{i\gamma_3}-1)+Z_B(e^{i\alpha_3}-1)=\delta_3 \tag{07-35}$$

其中 δ_2、α_2、δ_3、及 α_3 為已知條件，$W_B(W_B, \theta_{W_B})$、$Z_B(Z_B, \theta_{Z_B})$、γ_2、及 γ_3 則為設計參數，共有 6 個純量未知數。設計者可任意指定其中 2 個設計參數之值，例如 γ_2 和 γ_3，即可求得 W_B、θ_{W_B}、Z_B、及 θ_{Z_B}。

若指定固定樞軸 A_0 和 B_0 的位置，則其位置向量 R_{A_0} 和 R_{B_0} 為已知，Z_A 和 Z_B 分別如式 (07-28) 與式 (07-29) 所示，將其分別代入式 (07-32) 至式 (07-35)，可得：

$$W_A(e^{i\beta_2}-e^{i\alpha_2})=R_{A_0}(e^{i\alpha_2}-1)-R_{P_1}e^{i\alpha_2}+R_{P_2} \tag{07-36}$$

$$W_A(e^{i\beta_3}-e^{i\alpha_3})=R_{A_0}(e^{i\alpha_3}-1)-R_{P_1}e^{i\alpha_3}+R_{P_3} \tag{07-37}$$

$$W_B(e^{i\gamma_2}-e^{i\alpha_2})=R_{B_0}(e^{i\alpha_2}-1)-R_{P_1}e^{i\alpha_2}+R_{P_2} \tag{07-38}$$

$$W_B(e^{i\gamma_3}-e^{i\alpha_3})=R_{B_0}(e^{i\alpha_3}-1)-R_{P_1}e^{i\alpha_3}+R_{P_3} \tag{07-39}$$

式 (07-36) 至式 (07-39) 可展開得 8 條純量方程式，其中 α_2、α_3、R_{P_1}、R_{P_2}、

Chapter 07　連桿機構合成
SYNTHESIS OF LINKAGE MECHANISMS

R_{P_3}、R_{A_0}、及 R_{B_0} 為已知條件，$W_A(W_A, \theta_{W_A})$、$W_B(W_B, \theta_{W_B})$、β_2、β_3、γ_2、及 γ_3 則為設計參數，共有 8 個純量未知數，恰可解上述方程式。可將式 (07-36) 與式 (07-37) 相除，消去 W_A，先解得 β_2 和 β_3，再將 β_2 代入式 (07-36) 求得 W_A。同理，可利用式 (07-38) 與式 (07-39) 解得 γ_2、γ_3、及 W_B。

本節所介紹的解析法，可合成四連桿組耦桿導引機構的尺寸，使其導引耦桿通過 2 或 3 個指定位置，此方法也適用於解通過 4 或 5 個精確位置的問題。此外，亦可應用於合成含其它種類接頭或更多桿數的平面機構。

以下舉例說明之。

例 07-07　試以四連桿組設計耦桿導引機構，其設計需求為：耦桿點通過 2 個精確點 $P_1(15, 50)$ 和 $P_2(75, 20)$，耦桿角位移 $\alpha_2 = -55°$；設計限制為：固定樞軸位置 $A_0(0, 0)$ 和 $B_0(50, -10)$，長度單位 mm。

01. 根據已知條件，得 $R_{A_0} = 0$、$R_{B_0} = 50 - 10i$、$R_{P_1} = 15 + 50i$、$R_{P_2} = 75 + 20i$、及 $\alpha_2 = -55°$。
02. 選擇 $\beta_2 = 85.89°$ 和 $\gamma_2 = 78.37°$。
03. 根據式 (07-30) 與式 (07-31)，分別求得 $W_A = -1.75 - 13.52i$ 和 $W_B = -17.19 + 5.82i$。
04. 圖 07-23(a) 為所合成的四連桿組耦桿導引機構，桿長 r_1 (a_0b_0) = 50.99 mm、r_2 (a_0a) = 13.63 mm、r_3 (ab) = 35.8 mm、及 r_4 (bb_0) = 18.15 mm。運動分析結果顯示：此機構的 2 根旋轉桿皆有運動中逆轉的缺陷，無法作為單方向旋轉的輸入桿。
05. 重新選擇 $\beta_2 = 2.63°$ 和 $\gamma_2 = 84.37°$。
06. 根據式 (07-30) 與式 (07-31)，分別求得 $W_A = 15.00 - 22.03i$ 和 $W_B = -16.51 + 6.57i$。
07. 圖 07-23(b) 為新合成的四連桿組耦桿導引機構，桿長 r_1 (a_0b_0) = 50.99 mm、r_2 (a_0a) = 26.65 mm、r_3 (ab) = 26.22 mm、及 r_4 (bb_0) = 17.77 mm。運動分析結果顯示：此機構的桿 4 可單方向旋轉，適合當作輸入桿。

(a) 合成結果一　　　　　　　　(b) 合成結果二

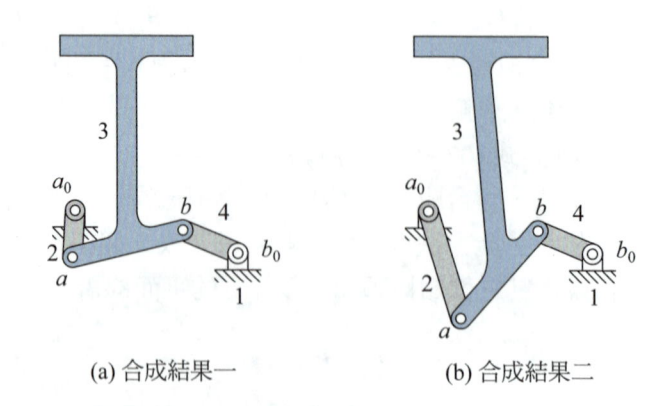

圖 07-23 導引耦桿通過 2 個指定位置的四連桿組 [例 07-07]

例 07-08 試以四連桿組設計耦桿導引機構，其設計需求如下：(a) 耦桿點 P_1 至 P_2 與 P_3 的位移，分別為 $\delta_2 = -60+110i$ 和 $\delta_3 = -170+130i$，長度單位 mm；(b) 耦桿角位移為 $\alpha_2 = 22°$ 和 $\alpha_3 = 68°$。

01. 選擇 $\beta_2 = 90°$ 和 $\beta_3 = 198°$。
02. 根據式 (07-32) 與式 (07-33)，得 $r_2 = W_A = 57.55 + 4.809i$ 和 $Z_A = 146.106 - 34.698i$。
03. 選擇 $\gamma_2 = 40°$ 和 $\gamma_3 = 73°$。
04. 根據式 (07-34) 與式 (07-35)，得 $r_4 = W_B = 183.746 - 6.611i$ 和 $Z_B = -14.207 + 59.518i$。
05. 圖 07-24 為所合成的四連桿組耦桿導引機構，桿長 $r_1 = 89.55$ mm、$r_2 = 57.751$ mm、$r_3 = 185.948$ mm、及 $r_4 = 183.864$ mm。樞軸位置為 $A_0(0, 0)$、$B_0(34.118, -82.796)$、$A_1(57.55, 4.809)$、及 $B_1(217.863, -89.407)$；耦桿點 P_1 為 $(203.656, -29.889)$。

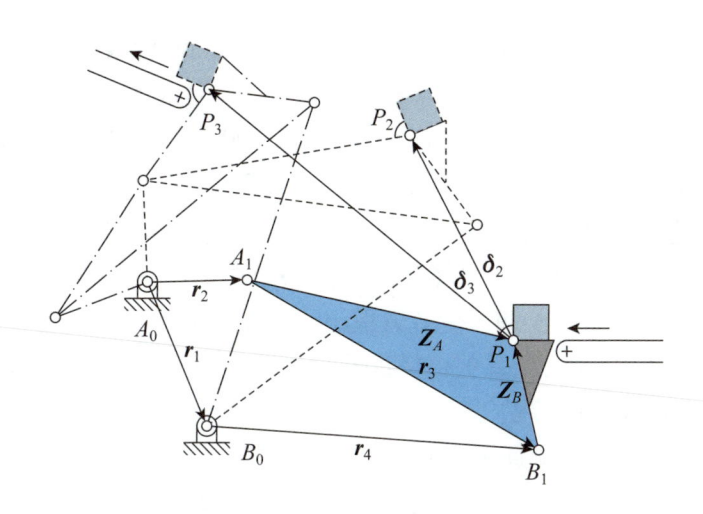

Chapter 07　連桿機構合成
SYNTHESIS OF LINKAGE MECHANISMS

圖 07-24　導引耦桿通過 3 個指定位置的四連桿組 [例 07-08]

07-04　路徑演生機構尺寸合成
Dimensional Synthesis of Path Generators

路徑演生機構 (Path generator) 的主要功能，用於導引耦桿點演生特定的路徑，以適合某工程應用，如圖 04-11 瓦特直線機構與圖 04-29 步行機器馬，皆為路徑演生機構的實例。此外，此類機構也應用於包裝機、印刷機、紡織機、農業機械、自動化機械、及運輸機構等。如第 04-01-6 小節所述，平面四連桿組的耦桿點曲線為六次方程式，可形成多樣化路徑，例如直線、圓弧、尖點、雙重點、反曲線、及對稱曲線等，有極廣泛的應用。建立其圖譜或數位化資料庫，皆可作為初始設計的參考，後續的機構尺寸合成，則需整合機構合成方法與最佳化設計原理，開發電腦輔助機構設計與分析軟體，始臻於成。

由於路徑演生機構與耦桿導引機構的設計需求相近，本節沿用第 07-03 節耦桿導引機構的尺寸合成法，介紹路徑演生機構的尺寸合成，以四連桿組導引耦桿點通過特定路徑上的多個精確點。

07-04-1　指定精確點 With prescribed precision points

將圖 07-20(a) 的四連桿組用於路徑演生機構，機構從初始位置 1 運動至位

置 j 時，耦桿點 P 的位移 $\boldsymbol{\delta}_j$ 如式 (07-21) 所示。圖 07-20(b) 和 (c) 分別為四連桿組左側雙連桿與右側雙連桿，位置 1 與位置 j 所構成的向量迴路，其向量迴路方程式分別如式 (07-23) 與式 (07-25) 所示，此為設計四連桿組路徑演生機構所需的方程式，計 $4j-4$ 條純量方程式，其中 $j=2, 3, 4,\cdots, j_{max}$。由於耦桿點 P 所通過之各精確點的位置向量 $\boldsymbol{R}_{P_j}$ 已指定，各位移向量 $\boldsymbol{\delta}_j$ 為已知值，而 $\boldsymbol{W}_A(W_A, \theta_{W_A})$、$\boldsymbol{Z}_A(Z_A, \theta_{Z_A})$、$\boldsymbol{W}_B(W_B, \theta_{W_B})$、$\boldsymbol{Z}_B(Z_B, \theta_{Z_B})$、$\alpha_j$、$\beta_j$、及 γ_j 則為未知的設計參數，計 $3j+5$ 個。從解方程組的觀點，方程式與未知數的數量必須滿足 $4j-4 \leq 3j+5$，故 $j_{max}=9$，亦即所設計的四連桿組路徑演生機構，最多可導引耦桿點通過 9 個精確點。

以下介紹導引耦桿點通過 4 個精確點之問題的解析法。

若以四連桿組導引耦桿點 P 通過 4 個精確點 P_1、P_2、P_3、及 P_4，其左側雙連桿 A_0A 和 AP 位移後可構成 3 個向量迴路。分別將 $j=2$、3、4 代入式 (07-23)，可得：

$$\boldsymbol{W}_A(e^{i\beta_2}-1)+\boldsymbol{Z}_A(e^{i\alpha_2}-1)=\boldsymbol{\delta}_2 \qquad (07\text{-}40)$$

$$\boldsymbol{W}_A(e^{i\beta_3}-1)+\boldsymbol{Z}_A(e^{i\alpha_3}-1)=\boldsymbol{\delta}_3 \qquad (07\text{-}41)$$

$$\boldsymbol{W}_A(e^{i\beta_4}-1)+\boldsymbol{Z}_A(e^{i\alpha_4}-1)=\boldsymbol{\delta}_4 \qquad (07\text{-}42)$$

式 (07-40) 至式 (07-42) 可展開成 6 條純量方程式，其中 $\boldsymbol{\delta}_2$、$\boldsymbol{\delta}_3$、及 $\boldsymbol{\delta}_4$ 為已知條件，α_2、α_3、α_4、β_2、β_3、β_4、$\boldsymbol{W}_A(W_A, \theta_{W_A})$、及 $\boldsymbol{Z}_A(Z_A, \theta_{Z_A})$ 則為設計參數，共有 10 個純量未知數。設計者可根據設計限制，指定其中 4 個設計參數之值，例如 α_2、α_3、α_4、β_2，即可求得 β_3、β_4、W_A、θ_{W_A}、Z_A、及 θ_{Z_A}。

但由於此方程組包含 2 條非線性方程式，需分兩階段求解。首先，將式 (07-40) 至式 (07-42) 另以矩陣形式表示如下：

$$\begin{bmatrix} e^{i\beta_2}-1 & e^{i\alpha_2}-1 \\ e^{i\beta_3}-1 & e^{i\alpha_3}-1 \\ e^{i\beta_4}-1 & e^{i\alpha_4}-1 \end{bmatrix} \begin{bmatrix} \boldsymbol{W}_A \\ \boldsymbol{Z}_A \end{bmatrix} = \begin{bmatrix} \boldsymbol{\delta}_2 \\ \boldsymbol{\delta}_3 \\ \boldsymbol{\delta}_4 \end{bmatrix} \qquad (07\text{-}43)$$

根據矩陣之秩 (Rank) 的判斷，此方程組的 $\boldsymbol{W}_A$ 和 $\boldsymbol{Z}_A$ 有解的條件為：

Chapter 07　連桿機構合成
SYNTHESIS OF LINKAGE MECHANISMS

$$\begin{vmatrix} e^{i\beta_2}-1 & e^{i\alpha_2}-1 & \delta_2 \\ e^{i\beta_3}-1 & e^{i\alpha_3}-1 & \delta_3 \\ e^{i\beta_4}-1 & e^{i\alpha_4}-1 & \delta_4 \end{vmatrix} = 0 \tag{07-44}$$

式 (07-44) 為複數方程式，可展開得 2 條純量方程式，求解 2 個純量未知數 β_3 和 β_4。其次，利用式 (07-40) 與式 (07-41) 求得 $W_A(W_A,\ \theta_{W_A})$ 和 $Z_A(Z_A,\ \theta_{Z_A})$，如下所示：

$$W_A = \frac{\begin{vmatrix} \delta_2 & e^{i\alpha_2}-1 \\ \delta_3 & e^{i\alpha_3}-1 \end{vmatrix}}{\begin{vmatrix} e^{i\beta_2}-1 & e^{i\alpha_2}-1 \\ e^{i\beta_3}-1 & e^{i\alpha_3}-1 \end{vmatrix}} \tag{07-45}$$

$$Z_A = \frac{\begin{vmatrix} e^{i\beta_2}-1 & \delta_2 \\ e^{i\beta_3}-1 & \delta_3 \end{vmatrix}}{\begin{vmatrix} e^{i\beta_2}-1 & e^{i\alpha_2}-1 \\ e^{i\beta_3}-1 & e^{i\alpha_3}-1 \end{vmatrix}} \tag{07-46}$$

同理，四連桿組右側雙連桿 B_0B 和 BP 位移所構成的 3 個向量迴路方程式為：

$$W_B(e^{i\gamma_2}-1) + Z_B(e^{i\alpha_2}-1) = \delta_2 \tag{07-47}$$

$$W_B(e^{i\gamma_3}-1) + Z_B(e^{i\alpha_3}-1) = \delta_3 \tag{07-48}$$

$$W_B(e^{i\gamma_4}-1) + Z_B(e^{i\alpha_4}-1) = \delta_4 \tag{07-49}$$

由於 $\alpha_2 \cdot \alpha_3 \cdot \alpha_4$ 已指定，可加指定 γ_2 之值，再以下式求解 γ_3 和 γ_4：

$$\begin{vmatrix} e^{i\gamma_2}-1 & e^{i\alpha_2}-1 & \delta_2 \\ e^{i\gamma_3}-1 & e^{i\alpha_3}-1 & \delta_3 \\ e^{i\gamma_4}-1 & e^{i\alpha_4}-1 & \delta_4 \end{vmatrix} = 0 \tag{07-50}$$

最後，以式 (07-47) 與式 (07-48) 求得 $W_B(W_B,\ \theta_{W_B})$ 和 $Z_B(Z_B,\ \theta_{Z_B})$，如下所示：

$$W_B = \frac{\begin{vmatrix} \delta_2 & e^{i\alpha_2}-1 \\ \delta_3 & e^{i\alpha_3}-1 \end{vmatrix}}{\begin{vmatrix} e^{i\gamma_2}-1 & e^{i\alpha_2}-1 \\ e^{i\gamma_3}-1 & e^{i\alpha_3}-1 \end{vmatrix}} \tag{07-51}$$

$$Z_B = \frac{\begin{vmatrix} e^{i\gamma_2}-1 & \delta_2 \\ e^{i\gamma_3}-1 & \delta_3 \end{vmatrix}}{\begin{vmatrix} e^{i\gamma_2}-1 & e^{i\alpha_2}-1 \\ e^{i\gamma_3}-1 & e^{i\alpha_3}-1 \end{vmatrix}} \tag{07-52}$$

07-04-2 指定精確點與時序 With prescribed precision points and timing

圖 07-20(a) 的四連桿組機構從初始位置 1 運動至位置 j 時，除了耦桿點 P 所通過之各精確點的位置向量 R_{P_j} 已指定外，輸入桿 A_0A 的對應角位移 β_j 也指定，形成同時指定精確點與時序的路徑演生機構。圖 07-20(b) 和 (c) 分別為四連桿組左側雙連桿與右側雙連桿，位置 1 與位置 j 所構成的向量迴路，其向量迴路方程式分別如式 (07-23) 與式 (07-25) 所示，合計 $4j-4$ 條純量方程式，其中 $j = 2, 3, 4, \cdots, j_{\max}$。由於各精確點的位置向量 R_{P_j} 已指定，其位移向量 δ_j 為已知值，再加上輸入桿角位移 β_j 也已指定，方程組的設計參數有 $W_A(W_A, \theta_{W_A})$、$Z_A(Z_A, \theta_{Z_A})$、$W_B(W_B, \theta_{W_B})$、$Z_B(Z_B, \theta_{Z_B})$、α_j、及 γ_j，計 $2j+6$ 個。由於方程式與未知數的數量必須滿足 $4j-4 \le 2j+6$，故 $j_{\max} = 5$，亦即所設計的四連桿組路徑演生機構，最多可導引耦桿點通過 5 個指定時序的精確點。以下以解析法求解導引耦桿點通過 3 個指定時序的精確點之問題。

若以四連桿組導引耦桿點 P 通過 3 個精確點 P_1、P_2、及 P_3，其左側雙連桿 A_0A 和 AP 位移後可構成 2 個向量迴路，圖 07-22(a)。其向量迴路方程式如式 (07-32) 與式 (07-33) 所示，其中 β_2、β_3、δ_2、及 δ_3 為已知條件，$W_A(W_A, \theta_{W_A})$、$Z_A(Z_A, \theta_{Z_A})$、α_2、及 α_3 則為設計參數。設計者可任意指定 α_2 和 α_3 之值，即可求得 W_A、θ_{W_A}、Z_A、及 θ_{Z_A}。圖 07-22(b) 為右側雙連桿 B_0B 和 BP 位移後所構成的 2 個向量迴路。其向量迴路方程式如式 (07-34) 與式 (07-35) 所示，其中 δ_2 和 δ_3 為已知條件，α_2 和 α_3 為已指定，設計參數為 $W_B(W_B, \theta_{W_B})$、$Z_B(Z_B, \theta_{Z_B})$、γ_2、及 γ_3。設計者可任意指定 γ_2 和 γ_3 之值，即可求得 W_B、θ_{W_B}、Z_B、及 θ_{Z_B}。

Chapter 07　連桿機構合成
SYNTHESIS OF LINKAGE MECHANISMS

若再增加設計限制,指定固定樞軸 A_0 的位置,如圖 07-22(a) 左側雙連桿的向量迴路 $OA_0A_1P_1$,位置向量 $\boldsymbol{R}_{A_0}$ 為已知,則 $\boldsymbol{W}_A$ 可表示為:

$$\boldsymbol{W}_A = \boldsymbol{R}_{P_1} - \boldsymbol{R}_{A_0} - \boldsymbol{Z}_A \tag{07-53}$$

將式 (07-53) 代入式 (07-32) 與式 (07-33),可得:

$$\boldsymbol{Z}_A(e^{i\alpha_2} - e^{i\beta_2}) = \boldsymbol{R}_{A_0}(e^{i\beta_2} - 1) - \boldsymbol{R}_{P_1}e^{i\beta_2} + \boldsymbol{R}_{P_2} \tag{07-54}$$

$$\boldsymbol{Z}_A(e^{i\alpha_3} - e^{i\beta_3}) = \boldsymbol{R}_{A_0}(e^{i\beta_3} - 1) - \boldsymbol{R}_{P_1}e^{i\beta_3} + \boldsymbol{R}_{P_3} \tag{07-55}$$

其中 β_2、β_3、$\boldsymbol{R}_{P_1}$、$\boldsymbol{R}_{P_2}$、$\boldsymbol{R}_{P_3}$、及 $\boldsymbol{R}_{A_0}$ 皆為已知,而 $\boldsymbol{Z}_A(Z_A, \theta_{Z_A})$、$\alpha_2$、及 α_3 則為設計參數。由於此方程組皆為非線性方程式,需分兩階段求解。首先以下式求解 α_2 和 α_3:

$$\begin{vmatrix} e^{i\alpha_2} - e^{i\beta_2} & \boldsymbol{R}_{A_0}(e^{i\beta_2} - 1) - \boldsymbol{R}_{P_1}e^{i\beta_2} + \boldsymbol{R}_{P_2} \\ e^{i\alpha_3} - e^{i\beta_3} & \boldsymbol{R}_{A_0}(e^{i\beta_3} - 1) - \boldsymbol{R}_{P_1}e^{i\beta_3} + \boldsymbol{R}_{P_3} \end{vmatrix} = 0 \tag{07-56}$$

再利用式 (07-54) 求得 $\boldsymbol{Z}_A(Z_A, \theta_{Z_A})$。至於圖 07-22(b) 之右側雙連桿的向量迴路,其向量迴路方程式如式 (07-34) 與式 (07-35) 所示。其中 δ_2 和 δ_3 為已知條件,α_2 和 α_3 已求得,$\boldsymbol{W}_B(W_B, \theta_{W_B})$、$\boldsymbol{Z}_B(Z_B, \theta_{Z_B})$、$\gamma_2$、及 γ_3 則為設計參數。設計者可指定其中 2 個設計參數之值,例如 Z_B 和 θ_{Z_B},即可求得 γ_2、γ_3、W_B、及 θ_{W_B}。

本小節所介紹的解析法,可合成四連桿組路徑演生機構的尺寸,使其導引耦點通過指定時序的精確點,此方法也適用於含其它種類接頭或更多桿數的平面連桿機構。

以下舉例說明之。

例 07-09　試設計曲柄搖桿機構演生橢圓路徑,其設計需求為:(a) 耦點通過橢圓上的 3 個精確點 P_1、P_2、P_3,位移為 $\boldsymbol{\delta}_2 = -14 - 7.6i$ 與 $\boldsymbol{\delta}_3 = -10 - 23i$,長度單位 cm;(b) 輸入桿角位移 $\beta_2 = 126°$ 和 $\beta_3 = 252°$。

01. 選擇耦桿角位移 $\alpha_2 = -6°$ 和 $\alpha_3 = 37°$。
02. 根據式 (07-32) 與式 (07-33),得 $\boldsymbol{W}_A = 5.919 + 8.081i$ 和 $\boldsymbol{Z}_A = -5.182 + 18.246i$。
03. 選擇輸出桿角位移 $\gamma_2 = 33°$ 和 $\gamma_3 = 37°$。

04. 根據式 (07-34) 與式 (07-35)，得 $W_B = -9.412 + 28.331i$ 和 $Z_B = -19.958 - 1.888i$。
05. 所合成的四連桿組路徑演生機構，圖 07-25，桿長 $r_1 = 30.107$ cm、$r_2 = 10.017$ cm、$r_3 = 24.974$ cm、及 $r_4 = 29.854$ cm，為曲柄搖桿機構。樞軸位置為 $A_0(0, 0)$、$B_0(30.107, -0.117)$、$A_1(5.919, 8.081)$、及 $B_1(20.695, 28.214)$；耦桿點 P_1 為 $(0.737, 26.326)$。
06. 以精確點為設計目標，所合成的連桿組尺寸，只確保在這幾個設計位置可以組合且精確通過，但未保證無分支缺陷 (Branch defect) 或順序缺陷 (Order defect)。而且合成之連桿組所演生的耦桿點曲線，與需求曲線有明顯的誤差，須調整在設計過程中所選擇的設計參數值，使整體誤差降到可接受的範圍，此反覆調整的程序宜以最佳化方法處理。

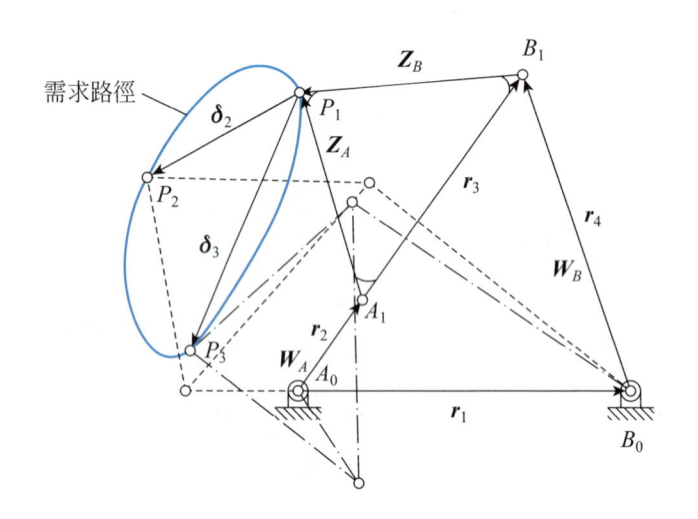

圖 07-25 通過 3 個指定時序之精確點的路徑演生 [例 07-09]

例 07-10　試以四連桿組設計路徑演生機構，其設計需求為：(a) 耦桿點通過共線的 3 個精確點 P_1 (26.795, 0)、P_2 (200, 0)、及 P_3 (373.205, 0)，長度單位 mm，(b) 輸入桿角位移 $\beta_2 = -45°$ 和 $\beta_3 = -84°$；設計限制為：(a) 固定樞軸 A_0 (384.017, -340.064)，(b) 樞軸 B 位於耦桿 AP 中點，即 $Z_A = 2Z_B$，且 $\theta_{Z_A} = \theta_{Z_B}$。

Chapter 07　連桿機構合成
SYNTHESIS OF LINKAGE MECHANISMS

01. 根據已知條件，得 $R_{P_1} = 26.795 + 0i$、$R_{P_2} = 200 + 0i$、$R_{P_3} = 373.205 + 0i$、及 $R_{A_0} = 384.017 - 340.064i$。
02. 根據式 (07-56)，得耦桿角位移 $\alpha_2 = -20°$ 和 $\alpha_3 = -50°$。
03. 根據式 (07-54) 與式 (07-53)，分別得 $Z_A = -572.548 + 95.204i$ 和 $W_A = 215.326 + 244.86i$。
04. 根據設計限制 (b)，得 $Z_B = -286.274 + 47.602i$。
05. 根據式 (07-34) 與式 (07-35)，W_B 有解的條件為：

$$\begin{vmatrix} e^{i\gamma_2} - 1 & R_{P_2} - R_{P_1} - Z_B(e^{i\alpha_2} - 1) \\ e^{i\gamma_3} - 1 & R_{P_3} - R_{P_1} - Z_B(e^{i\alpha_3} - 1) \end{vmatrix} = 0 \qquad (07\text{-}57)$$

06. 根據式 (07-57)，得 $\gamma_2 = -26.76°$ 和 $\gamma_3 = -46.79°$。
07. 根據式 (07-34)，得 $W_B = 129.971 + 341.092i$。
08. 所合成的四連桿組路徑演生機構，圖 07-26，桿長 $r_1 = 206.72$ mm、$r_2 = 326.03$ mm、$r_3 = 290.20$ mm、及 $r_4 = 365.02$ mm。樞軸位置為 $B_0(183.098, -388.694)$、$A_1(599.343, -95.204)$、及 $B_1(313.069, -47.602)$。
09. 其它常用的設計限制還有：傳力角、工作空間、桿件干涉、運動樞軸位置、及桿長比。

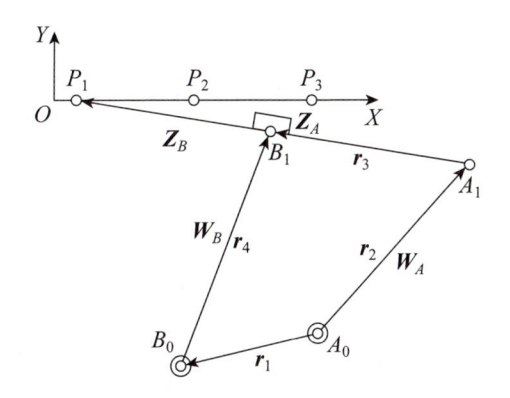

圖 07-26　通過 3 個指定時序之精確點的路徑演生 [例 07-10]

習題 Problems

07-01 利用圖 07-10 的 16 個 (8, 10) 運動鏈，指定任一根機件為機架，共可合成 71 個不同構造的機構構造圖譜。試問哪幾個運動鏈僅可合成 2 個不同構造的倒置機構。

07-02 試以 [例 07-04] 的連桿類配 [5/2/0] 組合成 (7, 8) 運動鏈圖譜。

07-03 參考圖 02-18，試以【習題 07-02】所合成的運動鏈，合成具 2 支致動器之 7 桿挖土機機構構造。

07-04 試以兩種方法合成接頭皆為旋轉對的 (7, 9) 呆鏈圖譜，但其局部構造不得含圖 07-09 所示的 3 桿與 5 桿呆鏈。

07-05 試以四連桿組設計函數機構，並分析其構造誤差與傳力角。需求函數為 $y = f(x) = 1/x$，函數的定義域為 $1 \leq x \leq 2$，而與其對應的連桿位置範圍分別為 $30° \leq \theta_2 \leq 130°$ 與 $120° \leq \theta_4 \leq 210°$，桿長 $r_1 = 100$ mm，3 個精確點的選取方式分別為：
(a) 以闕氏分割法取 3 個精確點，
(b) 以 $x_1 = 1.0$、$x_2 = 1.5$、及 $x_3 = 2.0$ 為精確點。

07-06 試以四連桿組設計函數機構，並分析其構造誤差與傳力角。需求函數為 $y = f(x) = 1/x$，函數的定義域為 $1 \leq x \leq 2$，以闕氏分割法取 3 個精確點。桿長 $r_1 = 100$ mm。輸入桿和輸出桿的位置範圍分別為：
(a) $30° \leq \theta_2 \leq 130°$ 和 $120° \leq \theta_4 \leq 210°$，
(b) $10° \leq \theta_2 \leq 100°$ 和 $120° \leq \theta_4 \leq 210°$，
(c) $30° \leq \theta_2 \leq 130°$ 和 $70° \leq \theta_4 \leq 160°$。

07-07 試以解析式說明四連桿組所演生的函數 $g(x)$ 最多可通過需求函數 $f(x)$ 上的幾個精確點。

07-08 試以圖 P07-01 所示之偏位滑件曲柄機構設計函數機構，並分析其構造誤差和傳力角。需求函數為 $y = f(x) = x^{3/2}$，函數的定義域為 $1 \leq x \leq 4$，其兩端所對應的桿件位置分別為 $\theta_{2s} = 150°$、$r_{4s} = 20$ mm、$\theta_{2f} = 30°$、及 $r_{4f} = 70$ mm。以闕氏分割法取 3 個精確點。
(a) 推導位置方程式 $r_4^2 = k_1 r_4 \cos\theta_2 + k_2 \sin\theta_2 - k_3$，其中 $k_1 = 2r_2$、$k_2 = 2r_1 r_2$、及 $k_3 = r_1^2 + r_2^2 - r_3^2$；

(b) 合成機構桿長，並分析其構造誤差與傳力角。

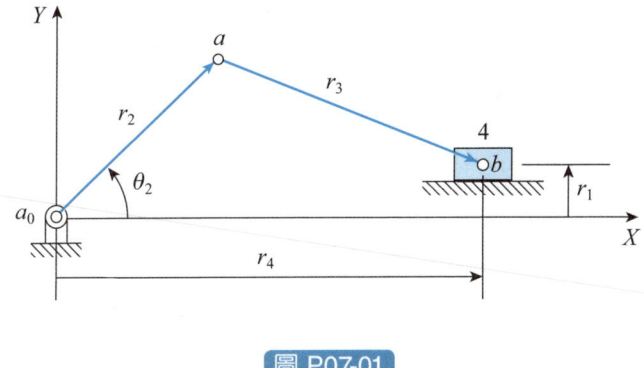

圖 P07-01

07-09 試以四連桿組設計耦桿導引機構，其設計需求為：耦桿點通過 3 個精確點 p_1 (0, 0)、p_2 (−12.1, −6.5)、及 p_3 (−13.7, −10.9)，耦桿角位移 $\alpha_2 = -95°$ 和 $\alpha_3 = -121°$；設計限制為：固定樞軸位置 a_0(−4.1, −5.7) 和 b_0(−6.6, 5.2)。長度單位 cm。

07-10 [例 07-07] 顯示：β_2 和 γ_2 選擇不當時，所合成之耦桿導引機構具有輸入桿逆轉的缺陷。試重新設計此機構：
(a) 選擇一組適當的 β_2 和 γ_2，合成四連桿組尺寸並檢驗合成結果。
(b) 全域搜尋可行的設計參數 β_2 與 γ_2 之值，以〇標示於二維圖，另以陰影標出不可行區域，並於圖中繪出最差傳力角等值曲線。

07-11 試以解析式說明四連桿組最多可導引耦桿通過幾個指定的精確位置。

07-12 試以解析式說明四連桿組最多可導引耦桿通過幾個指定時序的精確位置。

07-13 試以曲柄搖桿機構 (a_0abb_0) 結合雙連桿 c_0c 和 cp 設計單暫停機構，圖 P07-02。設計需求為：(a) 當耦桿點通過近似圓弧的三個精確點 p'、p、及 p''，樞軸 c 位於其圓心，輸入桿 a_0a 角位移為 60°，輸出桿 c_0c 暫停；(b) 輸出桿角位移為 30°。

07-14 試以曲柄搖桿機構結合日內瓦機構設計雙暫停機構，圖 P07-03，當耦桿點路徑為近似直線且與直槽重合，槽輪暫停。耦桿點曲線的設計需求分別為：
(a) 具兩段垂直的近似直線。
(b) 具兩段垂直的近似直線且對稱於固定樞軸線 b_0c_0 (對稱條件為 $ba = bb_0 =$

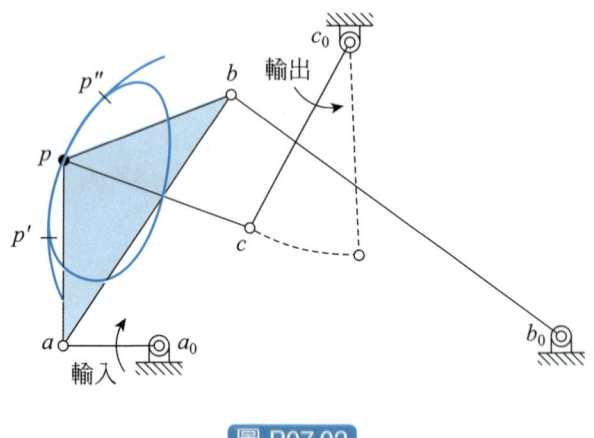

圖 P07-02

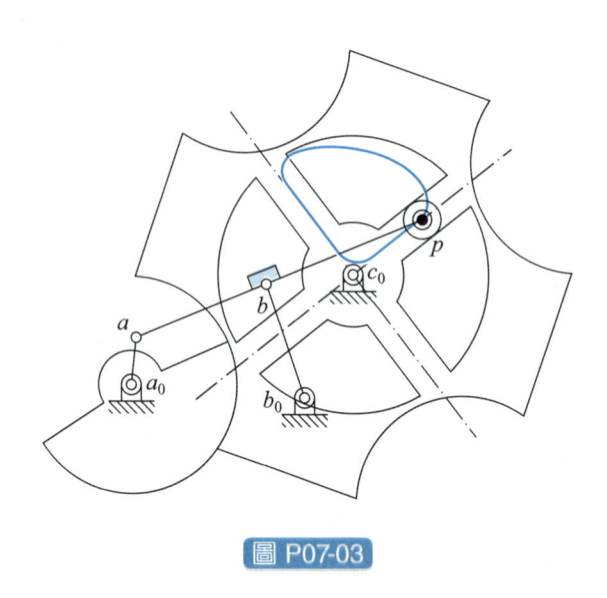

圖 P07-03

bp)。

07-15 試以曲柄搖桿機構結合雙連桿 c_0c 和 cp 設計單暫停機構，圖 P07-04，當耦桿點與耦桿和機架的瞬心重合，耦桿點曲線形成尖點。設計需求為：(a) 尖點 p_1 和 p_2 位於近似圓弧的兩端，當耦桿點通過圓弧段，樞軸 c 位於其圓心 c_1，輸入桿角位移為 $150°$，輸出桿暫停於 c_0c_1；(b) 輸出桿角位移為 $30°$。

Chapter 07　連桿機構合成
SYNTHESIS OF LINKAGE MECHANISMS

圖 P07-04

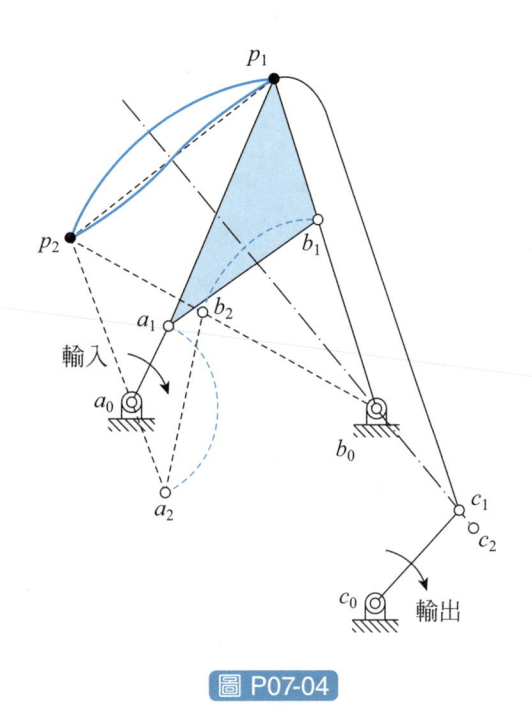

07-16　試以解析式說明以 2 個獨立輸入的五連桿組作為路徑演生機構，圖 P07-05，最多可導引運動樞軸 p 通過幾個指定時序的精確點。

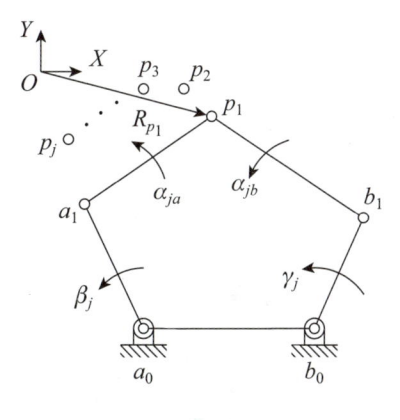

圖 P07-05

08 凸輪機構
CAM MECHANISMS

簡單的**凸輪機構** (Cam mechanism) 由凸輪、從動件、機架組成。**凸輪** (Cam, K_A) 是種不規則形狀的機件，一般為等轉速的輸入件，可經由直接接觸傳遞運動到從動件，使從動件按設定的規律運動，並分別以凸輪對 (A) 和旋轉對 (R) 與從動件和機架附隨。**從動件** (Follower, K_W) 為凸輪所驅動的被動件，一般為產生不等速、間歇性、不規則運動的輸出件，以旋轉對 (R) 或滑動對 (P) 和機架附隨。機架則是用來支持凸輪與從動件的機件。圖 08-01 為簡單凸輪機構及其運動鏈與機構構造矩陣，是具有 3 根機件與 3 個接頭的 (3, 3) 運動鏈。

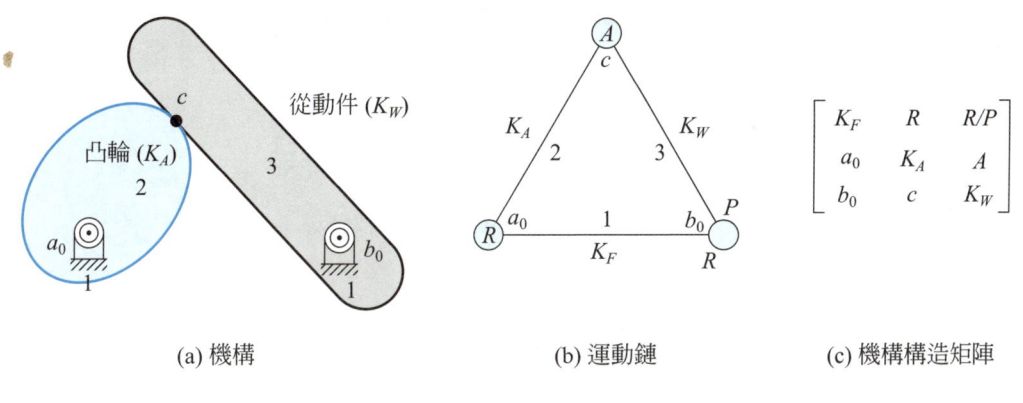

(a) 機構　　(b) 運動鏈　　(c) 機構構造矩陣

圖 08-01　簡單凸輪機構

由於凸輪機構的設計步驟明確，運動特性良好，且能以簡單的方式來促使從動件達成幾乎所有可能的運動型態，廣泛地應用在各種機械與儀器上。人類利用凸輪機構已有很長的歷史；古中國至晚在西漢 (西元前 202-西元 8 年) 末年即已發明凸輪。圖 08-02 所示《天工開物》中的連機水碓，是農業機械應用凸輪機構的例子。與連桿機構比較，凸輪機構具有容易進行多點位置合成、容易獲得動平衡、可佔有較小空間等優點，但凸輪機構具有動態效應對製造誤差敏感、製造成本高、表面易磨耗等缺點。再者，凸輪機構之輸出可做為連桿機

圖 08-02　連機水碓《天工開物》

構的輸入源，並結合連桿機構形成**凸輪-連桿機構** (Cam-linkage mechanism)。

　　本章之目的在於介紹凸輪機構的基本分類、名詞定義、運動曲線、設計步驟、盤形凸輪輪廓設計及空間凸輪機構。此外，凸輪機構的構造設計，可利用第 07 章的內容為之；而凸輪機構的運動分析，則可根據第 05 章、第 06 章的內容來進行。

08-01　基本分類 Classification of Cams and Followers

　　凸輪機構的種類很多，大體上可依其運動空間、從動件類型、及凸輪類型來區分，圖 08-03，以下分別說明之。

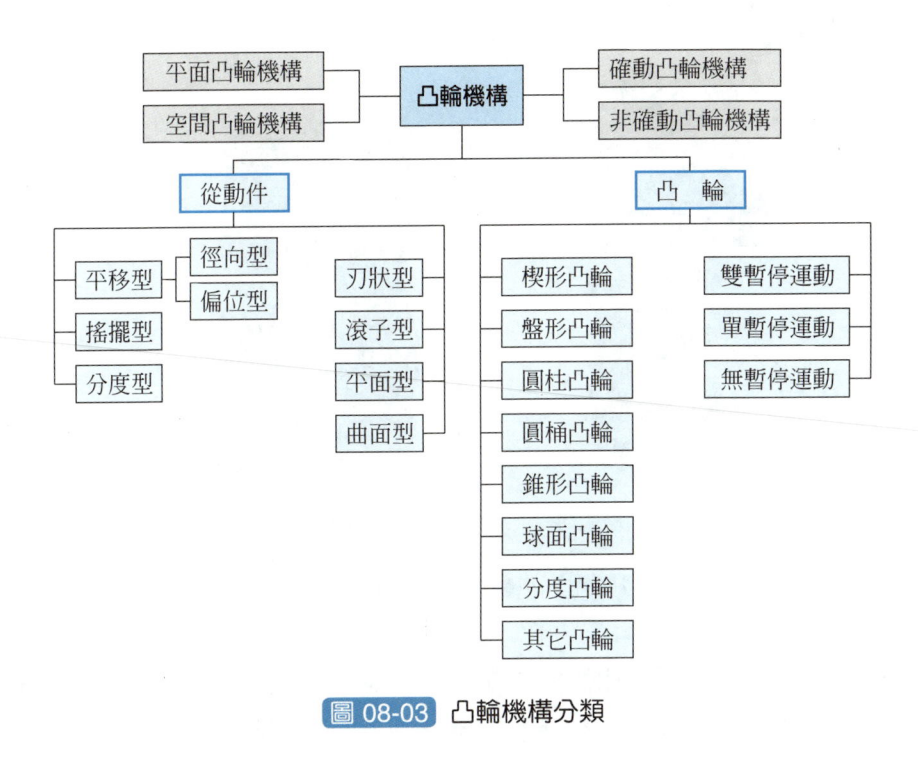

Chapter 08　凸輪機構
CAM MECHANISMS

圖 08-03　凸輪機構分類

08-01-1　運動空間 Motion space

凸輪機構可根據其運動空間 (Motion space) 分類。運動時，若凸輪與從動件每一點之路徑皆在同一平面或互相平行的平面上，則這個機構為**平面凸輪機構** (Planar cam mechanism)；否則，此機構為**空間凸輪機構** (Spatial cam mechanism)。

圖 08-04(a) 為分度用平行分度凸輪機構的實體，由於凸輪 (主動件) 與滾子 (從動件) 的運動皆為平面運動，且運動平面皆互相平行 (即旋轉軸皆平行)，為平面凸輪機構。圖 08-04(b) 的分度用滾子齒輪凸輪機構，由於主動件 (滾齒凸輪) 與從動件 (滾子和轉塔) 的運動平面互相垂直 (即旋轉軸不平行)，為空間凸輪機構。

08-01-2　從動件 Followers

凸輪機構的從動件，可依其運動特徵與外形加以分類。基於運動特徵，從動件可分為平移型、搖擺型、及分度型等三類。**平移從動件** (Translating

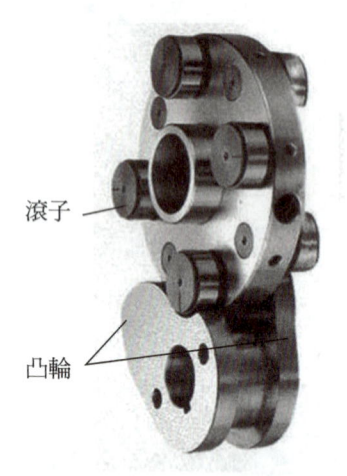

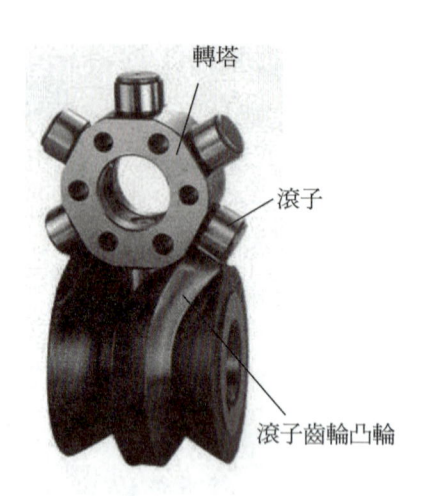

(a) 平行分度凸輪-平面凸輪機構　　(b) 滾子齒輪凸輪-空間凸輪機構

圖 08-04　凸輪機構的運動空間分類

follower) 以滑動對和機架附隨，輸出往復運動；**搖擺從動件** (Oscillating follower) 以旋轉對和機架附隨，輸出搖擺運動；**分度從動件** (Indexing follower) 亦以旋轉對和機架附隨，但輸出固定方向的間歇性轉動。

從動件亦可依其外形分為刃狀型、滾子型、平面型、及曲面型。**刃狀從動件** (Knife edge follower) 的構造簡單，但會產生高度的表面磨耗問題，較少使用。**滾子從動件** (Roller follower) 具圓柱形滾子，以旋轉對和從動件附隨，並直接與凸輪接觸，使用相當廣泛。**平面從動件** (Flat face follower) 以平面的外形直接和凸輪滑動接觸，**曲面從動件** (Curved face follower) 以曲面的外形直接和凸輪滑動接觸；由於這兩種從動件在接觸點是滑動接觸，磨耗問題較滾子型嚴重，需適當的潤滑。

平移型從動件依從動件中心線是否通過凸輪的軸心，又可分為**徑向從動件** (Radial follower) 與**偏位從動件** (Offset follower) 兩種。

圖 08-05(a) 之盤形凸輪機構的從動件為平移型、刃狀型、徑向型，圖 08-05(b) 的從動件為平移型、滾子型、偏位型，圖 08-05(c) 的從動件為搖擺型、滾子型，圖 08-05(d) 的從動件為平移型、平面型、徑向型，圖 08-05(e) 的從動件為平移型、曲面型、徑向型，圖 08-05(f) 所示的從動件為分度型。

偏位量

圖 08-05 從動件類型

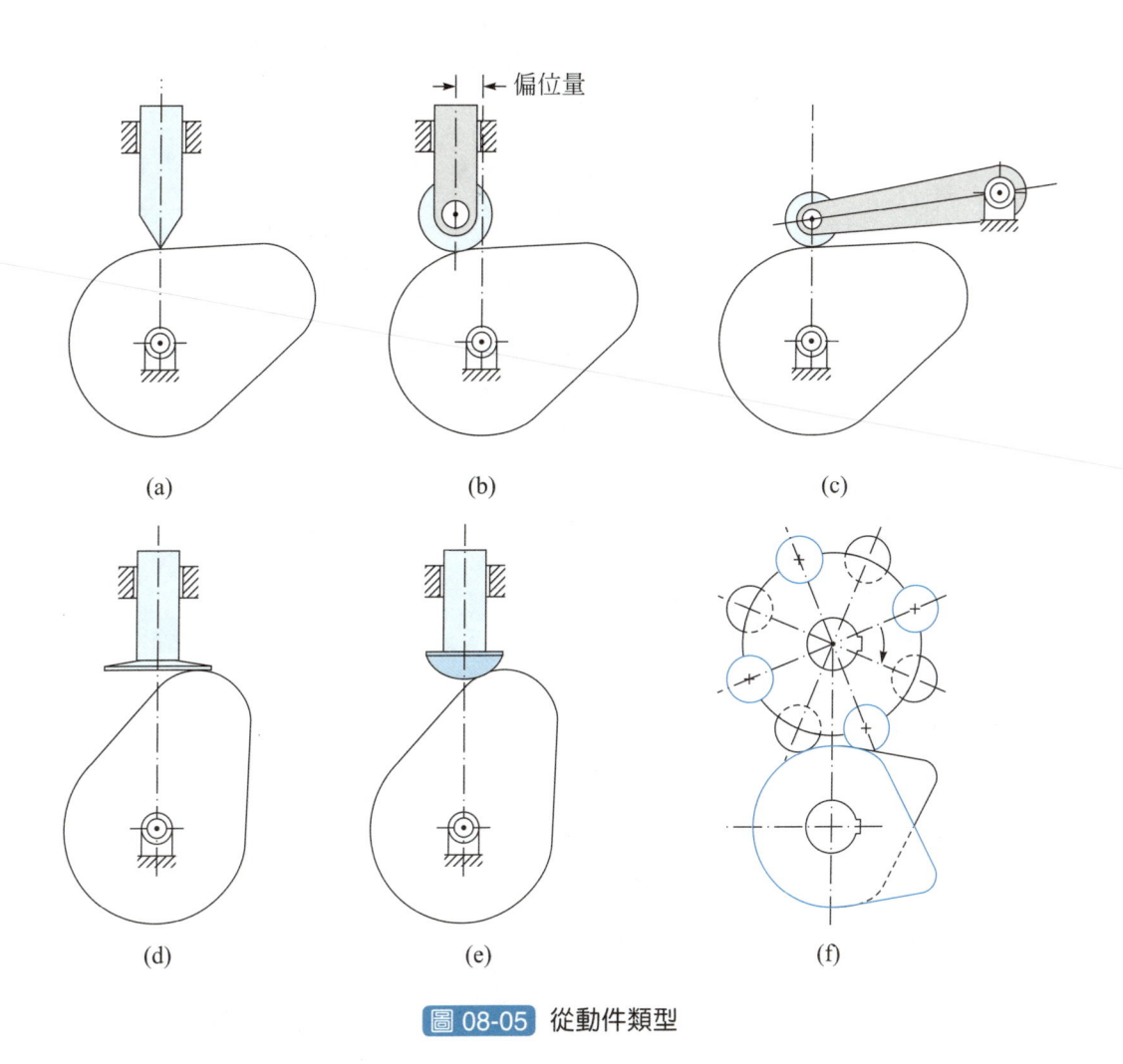

08-01-3 凸輪 Cams

凸輪可依其外形、從動件的拘束情況、或者從動件一週期內的運動方式來加以分類，以下分別說明之。

依外形分類，凸輪有**楔形凸輪** (Wedge cam)，圖 08-06(a)；**盤形凸輪** (Disk, plate, or radial cam)，圖 08-06(b)；**圓柱凸輪** (Cylindrical cam)，圖 08-06(c)；**圓桶凸輪** (Barrel or globoidal cam)，圖 08-06(d)；**錐形凸輪** (Conical cam)，圖 08-06(e)；**球面凸輪** (Spherical cam)，圖 08-06(f)；**滾子齒輪凸輪** (Roller gear

(a) 楔形凸輪　　(b) 盤形凸輪　　(c) 圓柱凸輪

(d) 圓桶凸輪　　(e) 錐形凸輪　　(f) 球面凸輪

(g) 滾子齒輪凸輪　　(h) 平移凸輪　　(i) 平行分度凸輪

(j) 面凸輪　　(k) 帶肋凸輪　　(l) 軛式凸輪　　(m) 反凸輪

圖 08-06　凸輪類型

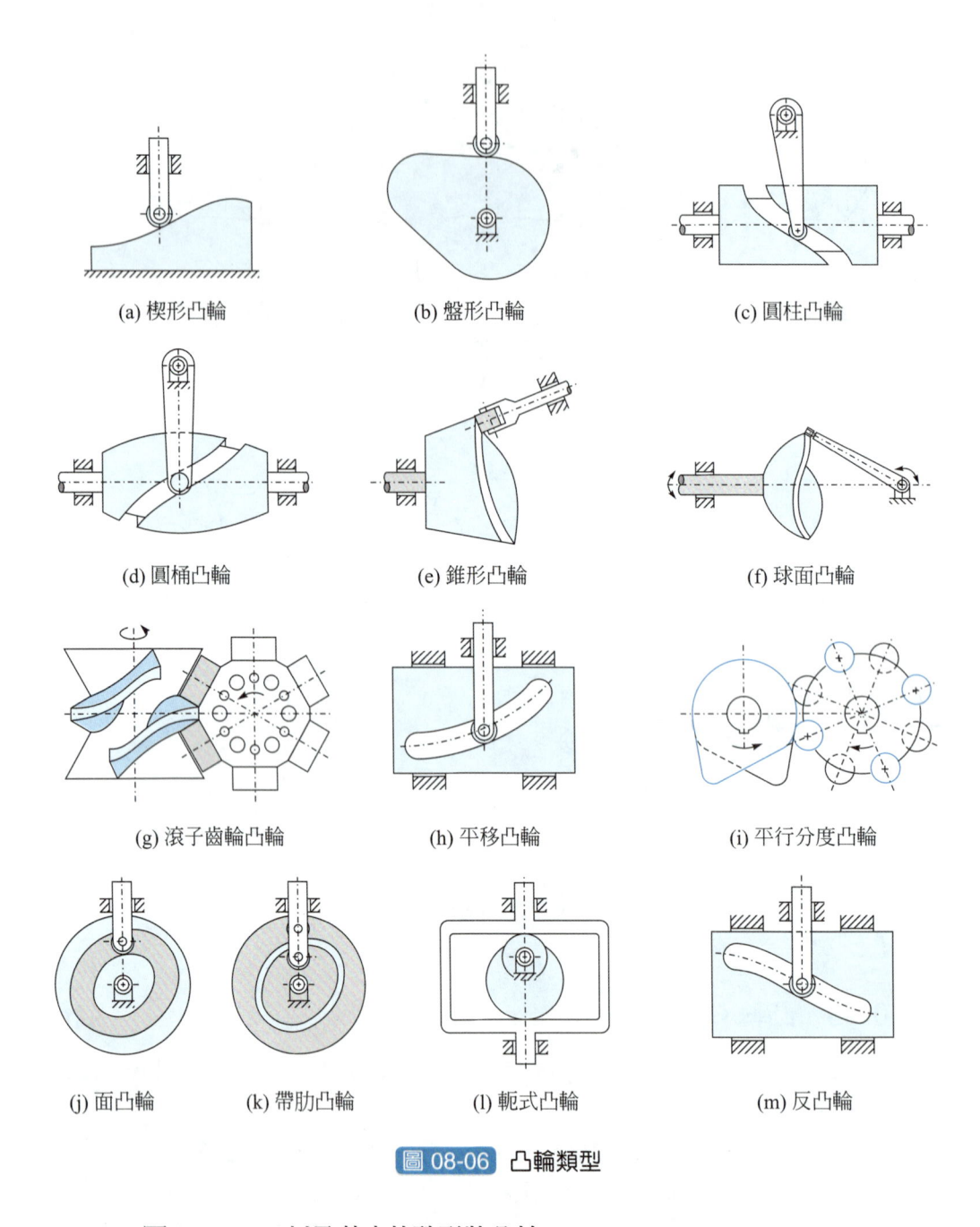

cam)，圖 08-06(g)；以及其它特殊形狀凸輪。

依從動件的拘束情況加以分類，凸輪可分為**確動凸輪** (Positive drive cam)

與**非確動凸輪** (Non-positive drive cam)。凸輪機構運動時，必須有適當的方式使從動件與凸輪面保持緊密接觸，以避免從動件因過大的慣性力跳離凸輪面而產生撞擊與噪音。一般使用**回動彈簧** (Return spring) 來使從動件與凸輪面保持接觸，但會有增大機構空間、提高凸輪表面接觸應力、降低共振頻率、發生彈簧顫振、輸入扭矩峰值變大等缺點，同時亦無法確保凸輪與從動件不會發生分離現象。因此，有些凸輪機構的設計，藉由特殊的凸輪外形使從動件受到拘束，不須用彈簧即可使從動件與凸輪保持接觸，這類凸輪機構稱為確動凸輪機構，可依名稱再加以分類，如**平移凸輪** (Translating cam)，圖 08-06(h)；**平行分度凸輪** (Parallel indexing cam)，圖 08-06(i)；**面凸輪** (Face cam)，圖 08-06(j)；**帶肋凸輪** (Ridge cam)，圖 08-06(k)；**軛式凸輪** (Yoke cam)，圖 08-06(l)；及**反凸輪** (Inverse cam)，圖 08-06(m)。再者，圖 08-06(c) 的圓柱凸輪、圖 08-06(d) 的圓桶凸輪、及圖 08-06(g)-(m) 的凸輪，皆是確動凸輪。圖 08-07(a) 為具有平移式滾子從動件的盤形凸輪模型，而圖 08-07(b) 則為具有平移式平面從動件的盤形凸輪模型。

(a) 平移式滾子從動件　　　　　　　(b) 平移式平面從動件

圖 08-07 盤形凸輪模型

若依從動件一週期內的運動方式加以分類，凸輪可分為**雙暫停運動** (D-R-D-F, dwell-rise-dwell-fall) 凸輪，圖 08-08(a)；**單暫停運動** (D-R-F, dwell-rise-fall)

(a) 雙暫停運動

(b) 單暫停運動

(c) 無暫停運動

圖 08-08 從動件運動類型

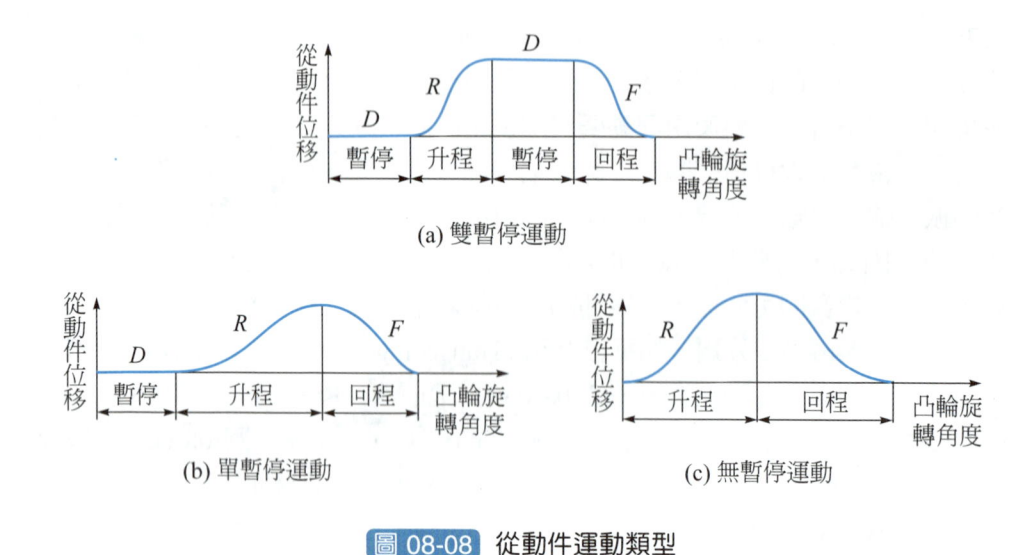

凸輪,圖 08-08(b);及**無暫停運動** (R-F, rise-fall) 凸輪,圖 08-07(c)。

上述凸輪類型中,最基本、也常見的類型是盤形凸輪,採用回動彈簧使從動件與凸輪保持接觸,且絕大部分從動件的運動方式為單暫停或雙暫停,尤其是雙暫停運動更是常見。

08-02　名詞定義 Nomenclature

本節介紹有關凸輪機構的基本名詞與術語,作為下列各節討論的依據。為方便說明起見,以平移式徑向滾子從動件盤形凸輪機構為例,圖 08-09。

循跡點

循跡點 (Trace point) 為從動件上的參考點,用於產生節曲線。刃狀從動件的循跡點為其刃狀點,滾子從動件的循跡點為滾子中心點。

節曲線

從動件循跡點相對於凸輪運動一周的路徑即為**節曲線** (Pitch curve)。

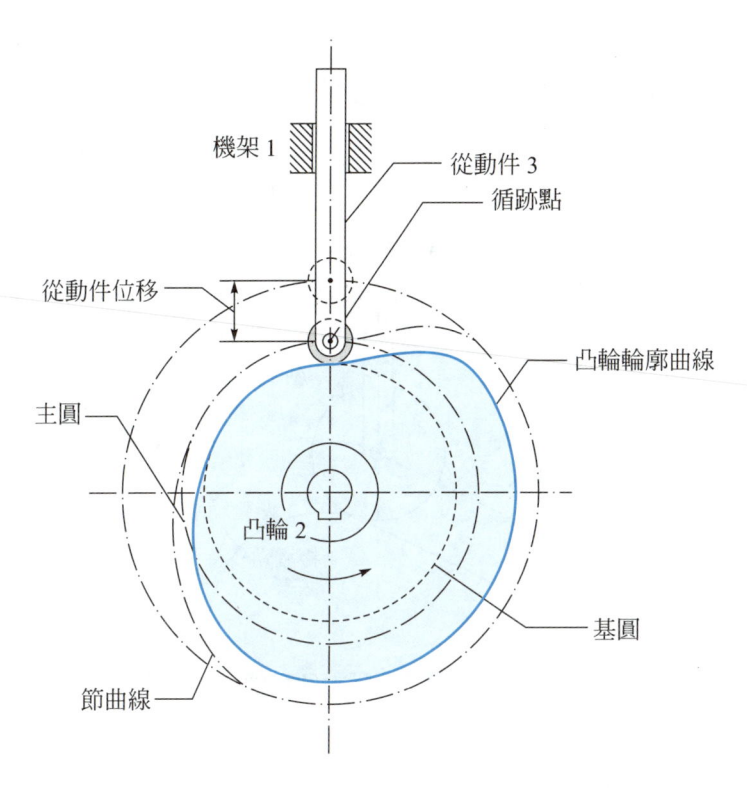

Chapter 08　凸輪機構
CAM MECHANISMS

圖 08-09　凸輪機構基本名詞定義

凸輪輪廓曲線

從動件相對於凸輪運動一周，其與凸輪接觸點的路徑為**凸輪輪廓曲線** (Cam profile)，即凸輪的外形曲線。刃狀從動件的凸輪輪廓曲線與節曲線重合，滾子從動件之凸輪輪廓曲線與節曲線的距離為滾子半徑。

基圓

基圓 (Base circle) 是以凸輪軸為中心，相切於凸輪輪廓曲線的最小圓。

主圓

主圓 (Prime circle) 是以凸輪軸為中心，相切於節曲線的最小圓。

壓力角

節曲線任一點之法線與從動件瞬時運動方向的夾角，稱為**壓力角** (Pressure angle)，一般以 ϕ 表示，圖 08-10。壓力角為權量凸輪機構傳動效率的一種簡單

指標，大小隨從動件的位置改變；壓力角愈大表示從動件在運動時的傳動效率愈差，因此凸輪機構的壓力角極值愈小愈好。

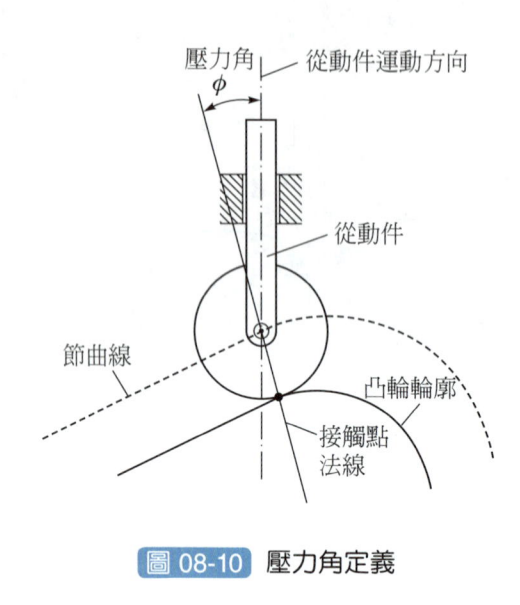

圖 08-10 壓力角定義

08-03　凸輪運動曲線 Motion Curves of Cams

　　由於凸輪機構是藉由凸輪曲面的輪廓與從動件直接接觸來控制其運動，凸輪輪廓曲線必須依照所要求的從動件運動特性反推求得。因此，根據從動件運動的限制條件，來決定合乎運動要求的凸輪從動件運動曲線，是設計凸輪機構相當重要的一環。

　　本節介紹運動曲線基本概念、運動曲線種類、運動曲線合成方法、及設計實例。

08-03-1　基本概念 Fundamental concepts

　　凸輪**運動曲線** (Motion curve) 是指從動件受凸輪驅動時，其運動狀態 (位移、速度、加速度、急跳度) 相對於凸輪角位移的函數。最基本的運動曲線為**位移曲線** (Displacement curve)，乃是從動件受凸輪驅動時，位移 s 相對於凸輪旋轉角 θ 的函數曲線：

Chapter 08　凸輪機構
CAM MECHANISMS

$$s = s(\theta) \tag{08-001}$$

將從動件的位移函數 $s(\theta)$ 依次對凸輪旋轉角 θ (單位為弳度) 微分，可得：

$$s'(\theta) = \frac{ds}{d\theta} \tag{08-002}$$

$$s''(\theta) = \frac{d^2s}{d\theta^2} \tag{08-003}$$

$$s'''(\theta) = \frac{d^3s}{d\theta^3} \tag{08-004}$$

凸輪旋轉角 θ 為時間 t 的函數，即：

$$\theta = \theta(t) \tag{08-005}$$

再者，若將從動件的位移函數 $s(\theta)$ 依次對時間 t 微分，可得從動件的速度 $\dot{s}$、加速度 $\ddot{s}$、急跳度 $\dddot{s}$ 如下：

$$\dot{s} = \frac{ds}{dt} = \left(\frac{ds}{d\theta}\right)\left(\frac{d\theta}{dt}\right) = s'\omega \tag{08-006}$$

$$\ddot{s} = \frac{d^2s}{dt^2} = s''\omega^2 + s'\alpha \tag{08-007}$$

$$\dddot{s} = \frac{d^3s}{dt^3} = s'''\omega^3 + 3s''\omega\alpha + s'\dot{\alpha} \tag{08-008}$$

其中，ω、α、$\dot{\alpha}$ 分別為凸輪的角速度、角加速度、角急跳度。一般而言，凸輪以定速旋轉，$\alpha = \dot{\alpha} = 0$，因此可得：

$$\dot{s} = s'\omega \tag{08-009}$$

$$\ddot{s} = s''\omega^2 \tag{08-010}$$

$$\dddot{s} = s'''\omega^3 \tag{08-011}$$

由式 (08-009) 至式 (08-011) 可知，對定速旋轉的凸輪機構而言，凸輪的角速度增為 10 倍時，從動件的速度、加速度、急跳度分別成為原先的 10 倍、100 倍、1000 倍。

由於凸輪輪廓曲線不會受到凸輪角速度大小的影響，設計凸輪時可假設定

速旋轉凸輪的角速度 $\omega \equiv 1$ rad/sec，來簡化設計凸輪機構的計算，而且不會影響最後的設計結果。本章以下內容均假設凸輪的角速度 $\omega \equiv 1$ rad/sec。如此，式 (08-009) 至式 (08-011) 分別可表示為：

$$\dot{s} = s' \qquad (08\text{-}012)$$

$$\ddot{s} = s'' \qquad (08\text{-}013)$$

$$\dddot{s} = s''' \qquad (08\text{-}014)$$

準此，將從動件的位移曲線 $s(\theta)$ 依次對凸輪旋轉角 θ 微分，分別稱之為**速度曲線** (Velocity curve)、**加速度曲線** (Acceleration curve)、**急跳度曲線** (Jerk curve)，並表示如下：

$$v(\theta) = s'(\theta) \qquad (08\text{-}015)$$

$$a(\theta) = s''(\theta) \qquad (08\text{-}016)$$

$$j(\theta) = s'''(\theta) \qquad (08\text{-}017)$$

　　從動件的位移函數圖，係將凸輪的旋轉角 θ 作橫坐標、從動件的位移值 $s(\theta)$ 作縱坐標所繪出的曲線圖。為方便作圖及相關計算，通常設定從動件在最低位置時，θ 為零，$s(\theta)$ 也為零；即位移曲線起點的坐標為 $(\theta, s) = (0, 0)$。凸輪在旋轉 β 角度的過程中，須驅使從動件從最低位置上升總升程 h，因此位移曲線最高點的坐標為 $(\theta, s) = (\beta, h)$。

　　典型的從動件位移曲線大多是對稱曲線 (Symmetrical curve)，即整條曲線相對於反曲點呈現出反對稱的幾何關係。所謂的反曲點 (Inflection point)，是指曲線的中間點，其坐標為 $(\theta, s) = (\beta/2, h/2)$。圖 08-11，$P_1$ 和 P_2 為曲線中間點兩側的對應點，若點 P_1 的坐標在 $(\theta, s) = (\beta/2 - \Delta\theta, h/2 - \Delta h)$，則點 P_2 的坐標為 $(\theta, s) = (\beta/2 + \Delta\theta, h/2 + \Delta h)$。點 P_1 和點 P_2 的坐標關係，可以方程式表示為：

$$s(\beta/2 - \Delta\theta) + s(\beta/2 + \Delta\theta) = (h/2 - \Delta h) + (h/2 + \Delta h) = h \qquad (08\text{-}018)$$

式 (08-018) 對任意 $\Delta\theta$ 均成立。令 $\Delta\theta = \beta/2 - \theta$，代入式 (08-018)，可得：

$$s(\beta - \theta) = h - s(\theta) \qquad (08\text{-}019)$$

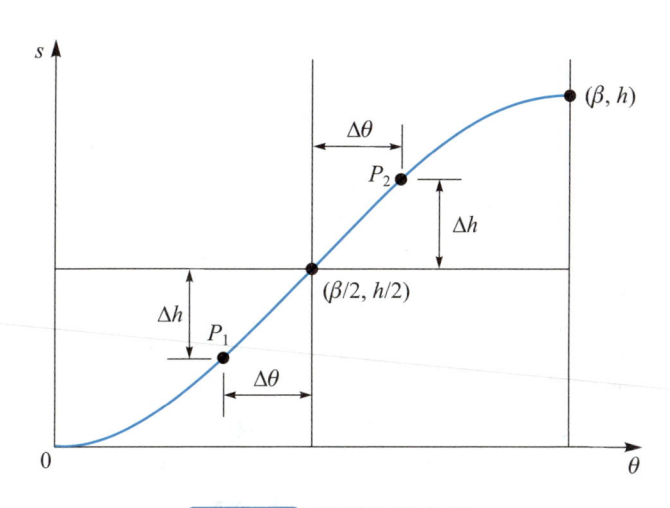

Chapter 08 凸輪機構
CAM MECHANISMS

圖 08-11 對稱位移曲線

式 (08-019) 的意義為：若對稱曲線位移方程式 $s(\theta)$ 在 $0 \le \theta \le \beta/2$ 區間的數學式為已知，其位移方程式在 $\dfrac{\beta}{2} \le \theta \le \beta$ 區間的數學式可由式 (08-019) 求得，而不必重新推導。將式 (08-019) 依次對凸輪旋轉角 θ 微分可得：

$$s'(\beta - \theta) = s'(\theta) \qquad (08\text{-}020)$$

$$s''(\beta - \theta) = -s''(\theta) \qquad (08\text{-}021)$$

藉由式 (08-020) 和式 (08-021)，可求得對稱曲線在 $\dfrac{\beta}{2} \le \theta \le \beta$ 區間之速度與加速度函數的數學式。

位移曲線若為水平直線，則從動件暫停不動；位移曲線若為斜直線，則從動件作等速運動；位移曲線若為曲線，則從動件作變速運動，即加 (減) 速運動。從動件作變速運動時，會產生急跳度。

08-03-2 運動曲線種類 Types of motion curves

運動曲線的種類很多，常用者可分為以下幾類：

一、基本曲線

包括等速度曲線、等加速度曲線 (拋物線曲線)、簡諧運動曲線、及擺線曲線。

二、多項式曲線

包括 3 至 5 階多項式曲線。

三、修正曲線

包括修正梯形曲線、修正正弦曲線、及修正等速度曲線。

對基本運動曲線而言，推導曲線方程式的步驟，通常是先求得位移曲線方程式 $s(\theta)$，然後再將 $s(\theta)$ 依次對 θ 微分，以求得速度曲線方程式 $s'(\theta)$ 及加速度曲線方程式 $s''(\theta)$。但是，無法直接求得較複雜修正運動曲線的位移曲線方程式 $s(\theta)$；也就是說，對修正運動曲線而言，曲線方程式是先設定加速度曲線方程式 $s''(\theta)$ 之函數的特徵，然後再將 $s''(\theta)$ 依次對 θ 積分，以求得速度曲線方程式 $s'(\theta)$ 及位移曲線方程式 $s(\theta)$。推導運動曲線方程式的過程中，若 θ 的單位為弳度，則 $s'(\theta)$ 的單位為 mm/rad、可視同 mm，$s''(\theta)$ 的單位為 mm/rad^2、亦可視同 mm。

由於雙暫停運動曲線比較常用，以下介紹的各種運動曲線均為雙暫停曲線。

等速度曲線

等速度曲線 (Constant velocity curve) 的位移曲線為斜線，圖 08-12；從動件速度為常數；加速度為零，但是在起點與終點瞬間，加速度趨近於無限大。曲線方程式為：

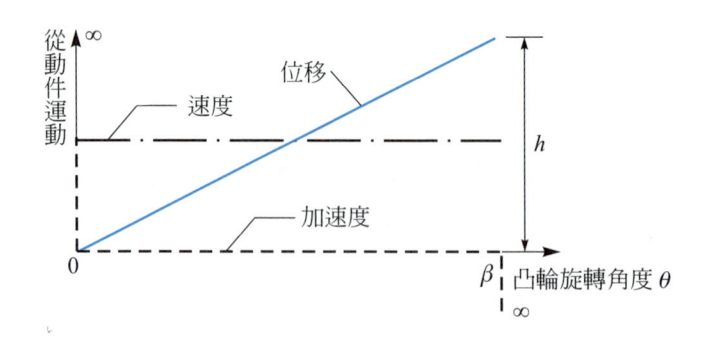

圖 08-12 等速度曲線

$$s(\theta) = c_0 + c_1 \theta \quad (08\text{-}022)$$

其中，c_0、c_1 為常數，可由邊界條件決定之。

在 $0 \leq \theta \leq \beta$ 時，

$$s(\theta) = h\left(\frac{\theta}{\beta}\right) \qquad (08\text{-}023)$$

$$v(\theta) = \left(\frac{h}{\beta}\right) \qquad (08\text{-}024)$$

$$a(\theta) = 0 \qquad (08\text{-}025)$$

其中，$s(\theta)$、$v(\theta)$、$a(\theta)$ 分別為從動件的位移、速度、加速度函數；θ 為凸輪的旋轉角；h 為凸輪轉動 β 角時從動件的位移量，即 $\theta = \beta$ 時，$s = h$。

等加速度曲線

等加速度曲線 (Constant acceleration curve) 又稱為**拋物線曲線** (Parabolic curve)，圖 08-13。此曲線在同樣的條件下，最大加速度之值在所有的運動曲線中為最小。曲線方程式為：

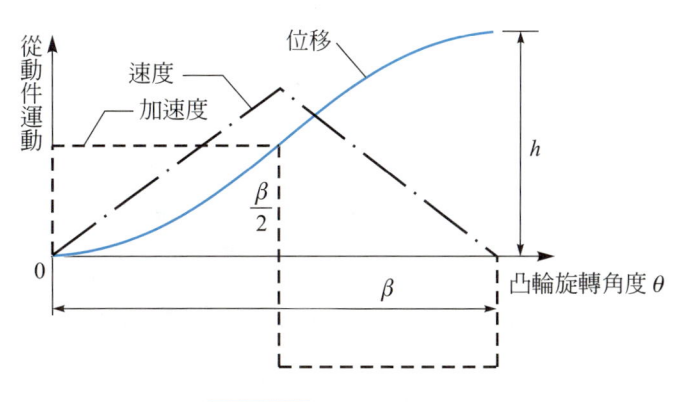

圖 08-13 等加速度曲線

$$s(\theta) = c_0 + c_1\theta + c_2\theta^2 \qquad (08\text{-}026)$$

其中，c_0、c_1、c_2 為常數，可由邊界條件決定之：在起點處，$s(0) = 0$ 且 $s'(0) = 0$；由於是對稱曲線，$s(\beta/2) = h/2$。將這些條件代入式 (08-026)，可得 $c_0 = c_1 = 0$，而 $c_2 = 2h/\beta^2$。因此，可得如下關係：

在 $0 \leq \theta \leq \dfrac{\beta}{2}$ 時，

$$s(\theta) = \frac{2h\theta^2}{\beta^2} \tag{08-027}$$

$$v(\theta) = \frac{4h\theta}{\beta^2} \tag{08-028}$$

$$a(\theta) = \frac{4h}{\beta^2} \tag{08-029}$$

由於這是對稱曲線，因此藉由式 (08-019) 可求得減速區的方程式。

在 $\dfrac{\beta}{2} \leq \theta \leq \beta$ 時，

$$s(\theta) = h - 2h\left(1 - \frac{\theta}{\beta}\right)^2 \tag{08-030}$$

$$v(\theta) = 4\left(\frac{h}{\beta}\right)\left(1 - \frac{\theta}{\beta}\right) \tag{08-031}$$

$$a(\theta) = \frac{-4h}{\beta^2} \tag{08-032}$$

對於等加速度曲線而言，$v_{max} = 2h/\beta$、$a_{max} = 4\dfrac{h}{\beta^2}$；在位移的起點、反曲點、終點時，加速度突然改變 (急跳度無窮大)，較不適用於高速運轉的場合。

簡諧運動曲線

簡諧運動曲線 (Simple harmonic curve) 為常見且易於瞭解的三角函數曲線，其位移可假想為質點繞圓周作等速運動在垂直於直徑上投影的位移，圖 08-14(a)。曲線方程式為：

$$s(\theta) = \frac{h}{2}\left[1 - \cos\left(\pi\frac{\theta}{\beta}\right)\right] \tag{08-033}$$

$$v(\theta) = \frac{\pi}{2}\left(\frac{h}{\beta}\right)\sin\left(\pi\frac{\theta}{\beta}\right) \tag{08-034}$$

$$a(\theta) = \frac{\pi^2}{2}\left(\frac{h}{\beta^2}\right)\cos\left(\pi\frac{\theta}{\beta}\right) \tag{08-035}$$

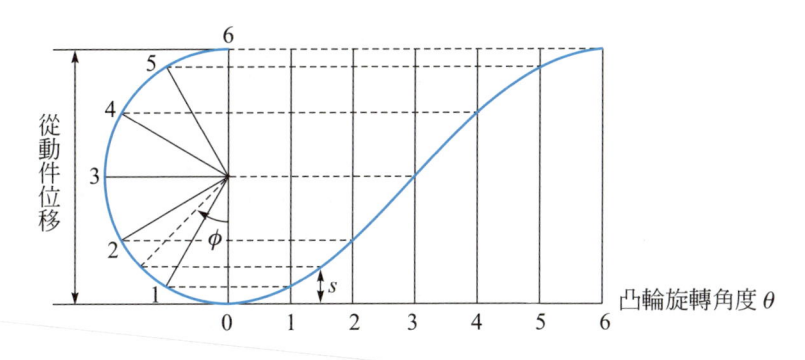

Chapter 08　凸輪機構
CAM MECHANISMS

(a) 位移曲線的形成

(b) 運動曲線

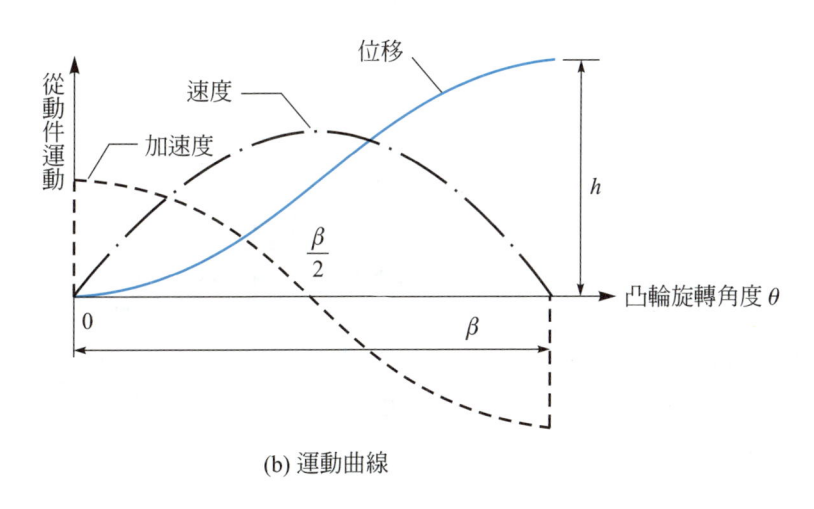

圖 08-14　簡諧運動曲線

對於簡諧運動曲線而言，$v_{max} = \dfrac{\pi h}{2\beta}$，加速度為餘弦函數，$a_{max} = \dfrac{\pi^2 h}{2\beta^2}$；在初始點與終點時，加速度突然改變 (急跳度無窮大)，圖 08-14(b)，適用於中速度運轉的場合。

擺線曲線

擺線曲線 (Cycloidal curve) 的形成過程，為小圓在直線上作等速滾動，圓上任一點之路徑在該直線上投影的位移，圖 08-15(a)。曲線方程式為：

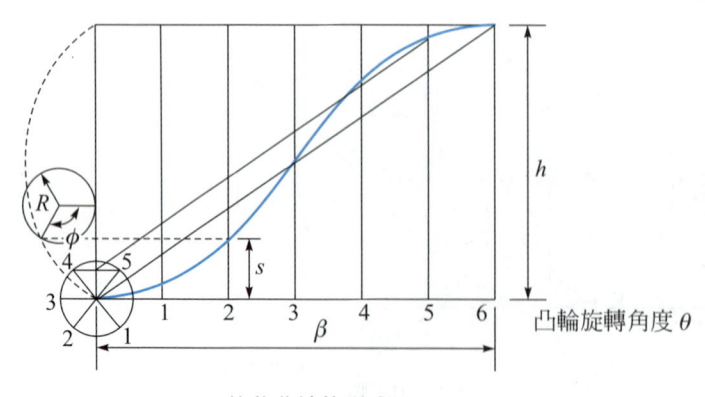

(a) 位移曲線的形成

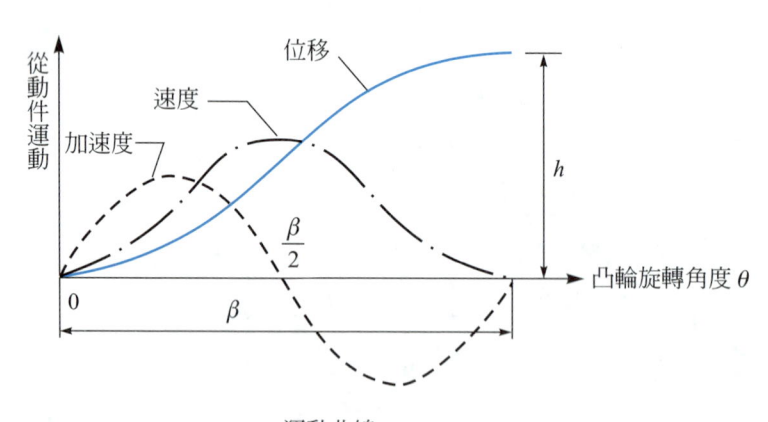

(b) 運動曲線

圖 08-15 擺線曲線

$$s(\theta) = h\left[\frac{\theta}{\beta} - \frac{1}{2\pi}\sin\left(2\pi\frac{\theta}{\beta}\right)\right] \tag{08-036}$$

$$v(\theta) = \frac{h}{\beta}\left[1 - \cos\left(2\pi\frac{\theta}{\beta}\right)\right] \tag{08-037}$$

$$a(\theta) = \frac{2\pi h}{\beta^2}\sin\left(2\pi\frac{\theta}{\beta}\right) \tag{08-038}$$

對於擺線曲線而言，$v_{max} = 2h/\beta$，加速度為正弦函數，$a_{max} = 2\pi h/\beta^2$；此

種曲線的加速度曲線相當平滑,圖 08-15(b);再者,加速度無突然改變現象,適用於高速度運轉的場合。

三次曲線

三次曲線 (Cubic curve) 改良了等加速度曲線起點與終點加速度突然變化的缺點,圖 08-16(a)。此種曲線可減少陡振、噪音、磨耗等現象,但在位移中點處的加速度,仍有突然改變的現象,大多與其它運動曲線結合使用。由於此種曲線的加速度為斜線,其位移曲線方程式為:

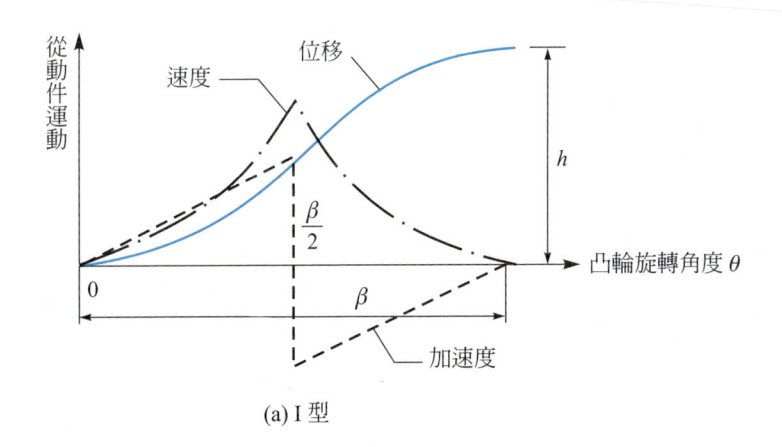

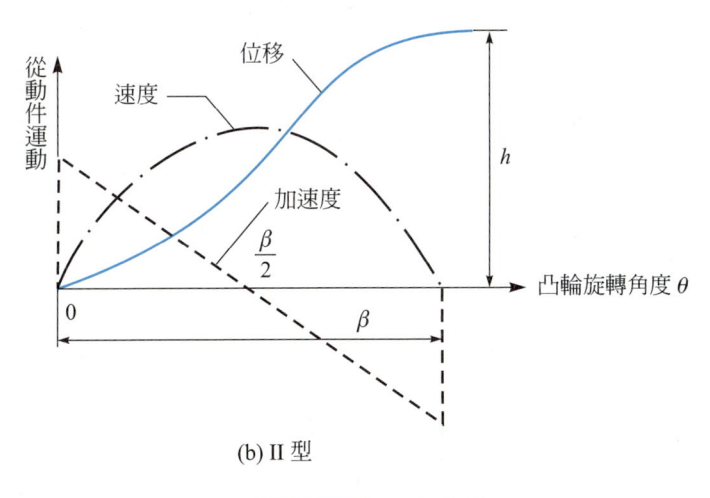

(a) I 型

(b) II 型

圖 08-16 三次曲線

$$s(\theta) = c_0 + c_1\theta + c_2\theta^2 + c_3\theta^3 \quad (08\text{-}039)$$

其中，c_0、c_1、c_2、c_3 為常數，可由邊界條件決定之：在起點處 $s(0) = 0$、$s'(0) = 0$、且 $s''(0) = 0$；由於是對稱曲線，$s(\beta/2) = h/2$。將這些條件代入式 (08-039) 可得下列方程式。

在 $0 \leq \theta \leq \dfrac{\beta}{2}$ 時，

$$s(\theta) = 4h\left(\dfrac{\theta}{\beta}\right)^3 \quad (08\text{-}040)$$

$$v(\theta) = 12\left(\dfrac{h}{\beta}\right)\left(\dfrac{\theta}{\beta}\right)^2 \quad (08\text{-}041)$$

$$a(\theta) = 24\left(\dfrac{h}{\beta^2}\right)\left(\dfrac{\theta}{\beta}\right) \quad (08\text{-}042)$$

由於是對稱曲線，藉由式 (08-019) 可得減速區的方程式。

在 $\dfrac{\beta}{2} \leq \theta \leq \beta$ 時，

$$s(\theta) = h\left[1 - 4\left(1 - \dfrac{\theta}{\beta}\right)^3\right] \quad (08\text{-}043)$$

$$v(\theta) = 12\left(\dfrac{h}{\beta}\right)\left(1 - \dfrac{\theta}{\beta}\right)^2 \quad (08\text{-}044)$$

$$a(\theta) = -24\left(\dfrac{h}{\beta^2}\right)\left(1 - \dfrac{\theta}{\beta}\right) \quad (08\text{-}045)$$

另一種三次曲線與上述運動曲線類似，雖然在轉換點無加速度突然改變的現象，但在起點與終點有突然變化的情形，圖 08-16(b)。此種曲線大多與其它運動曲線混合使用。

多項式曲線

多項式曲線 (Polynomial curve)，適於高速度運轉的場合，大多應用在引擎汽門或紡織機械的凸輪上。曲線方程式為：

$$s(\theta) = c_0 + c_1\theta + c_2\theta^2 + c_3\theta^3 + \cdots + c_n\theta^n \tag{08-046}$$

其中，c_0、c_1、c_2、c_3、$\cdots$、c_n 為常數，可由邊界條件決定之；速度與加速度方程式可經由對 θ 的一次與二次微分求得。適當設計的多項式曲線，可產生相當平滑的輪廓曲線而達到設計要求。再者，由於選擇之冪次的不同，會有不同的運動曲線。

圖 08-17 為最高 5 階的多項式運動曲線，位移曲線方程式為：

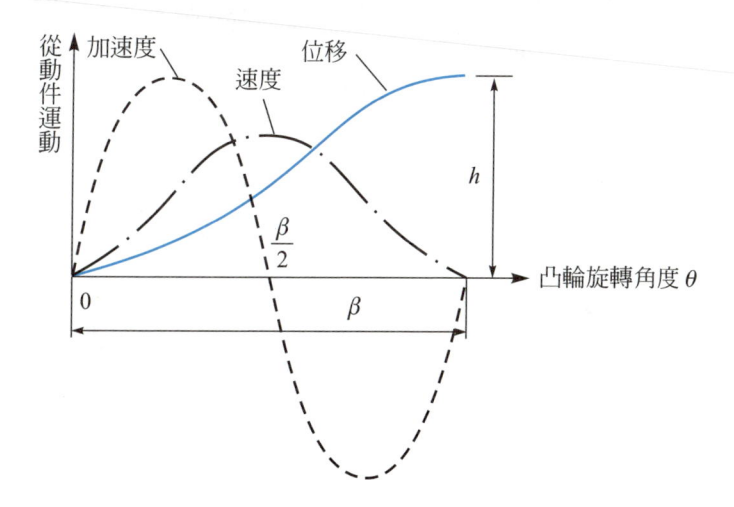

圖 08-17 5 階多項式曲線 3-4-5

$$s(\theta) = c_0 + c_1\theta + c_2\theta^2 + c_3\theta^3 + c_4\theta^4 + c_5\theta^5 \tag{08-047}$$

設定此種曲線的邊界條件為：在起點處 $s(0) = 0$、$s'(0) = 0$、且 $s''(0) = 0$，在曲線的最高點處 $s(\beta) = h$、$s'(\beta) = 0$、且 $s''(\beta) = 0$。將這些條件代入式 (08-047) 求得下列方程式：

$$s(\theta) = h\left[10\left(\frac{\theta}{\beta}\right)^3 - 15\left(\frac{\theta}{\beta}\right)^4 + 6\left(\frac{\theta}{\beta}\right)^5\right] \tag{08-048}$$

$$v(\theta) = 30h\left[\left(\frac{\theta^2}{\beta^3}\right) - 2\left(\frac{\theta^3}{\beta^4}\right) + \left(\frac{\theta^4}{\beta^5}\right)\right] \tag{08-049}$$

$$a(\theta) = 60h\left[\left(\frac{\theta}{\beta^3}\right) - 3\left(\frac{\theta^2}{\beta^4}\right) + 2\left(\frac{\theta^3}{\beta^5}\right)\right] \tag{08-050}$$

現代機構學
MODERN MECHANISMS

因 5 階多項式運動曲線僅具有 3 次、4 次、5 次項，又稱為 3-4-5 多項式運動曲線。對於此 5 階的多項式運動曲線而言：$\theta = \beta/2$ 時，$v_{max} = 1.875\, h/\beta$；$\theta = \dfrac{3-\sqrt{3}}{6}\beta$ 時，$a_{max} = (10\sqrt{3}/3)(h/\beta^2)$；$\theta = \dfrac{3+\sqrt{3}}{6}\beta$ 時，$a_{min} = -(10\sqrt{3}/3)(h/\beta^2)$。

修正型運動曲線

對於較複雜的運動曲線而言，通常無法直接求得其位移曲線的方程式 $s(\theta)$，必須先設定加速度曲線方程式 $s''(\theta)$ 之函數的特徵，然後再將 $s''(\theta)$ 依次對 θ 積分，來求得速度曲線方程式 $s'(\theta)$ 及位移曲線方程式 $s(\theta)$。為方便起見，以擺線曲線為例，說明推導的方法與步驟。

擺線運動曲線的加速度為正弦函數，圖 08-15(b)。若設定運動曲線的加速度為正弦函數，$s''(\theta)$ 可表示為：

$$s''(\theta) = A_m \sin\left(2\pi\dfrac{\theta}{\beta}\right) \tag{08-051}$$

其中，常數 A_m 為加速度極值，可藉由邊界條件求得。運動曲線的速度方程式 $s'(\theta)$ 可表示為：

$$\begin{aligned}
s'(\theta) &= \int s''(\theta)d\theta \\
&= \int A_m \sin\left(2\pi\dfrac{\theta}{\beta}\right)d\theta \\
&= -A_m \dfrac{\beta}{2\pi}\cos\left(2\pi\dfrac{\theta}{\beta}\right) + c_1
\end{aligned} \tag{08-052}$$

其中，c_1 為積分常數。由邊界條件：$\theta = 0$ 時，$s' = 0$，可得：

$$c_1 = A_m \dfrac{\beta}{2\pi} \tag{08-053}$$

運動曲線的位移方程式 $s(\theta)$ 可表示為：

$$\begin{aligned}
s(\theta) &= \int A_m \dfrac{\beta}{2\pi}\left[1 - \cos\left(2\pi\dfrac{\theta}{\beta}\right)\right]d\theta \\
&= A_m \dfrac{\beta\theta}{2\pi} - A_m \dfrac{\beta^2}{4\pi^2}\sin\left(2\pi\dfrac{\theta}{\beta}\right) + c_2
\end{aligned} \tag{08-054}$$

其中，c_2 為積分常數。由邊界條件：$\theta = 0$ 時、$s = 0$；$\theta = \beta$ 時，$s = h$，可得：

$$c_2 = 0 \tag{08-055}$$

$$A_m = \frac{2\pi h}{\beta^2} \tag{08-056}$$

因此，位移方程式為：

$$s(\theta) = h\left[\frac{\theta}{\beta} - \frac{1}{2\pi}\sin\left(2\pi\frac{\theta}{\beta}\right)\right] \tag{08-057}$$

此方程式與式 (08-036) 相同。

以下的各種修正型運動曲線，皆以這種由加速度函數積分的方式推導其曲線方程式。

修正梯形曲線

典型梯形曲線的加速度曲線形狀是梯形，加速度曲線是由水平線與斜線組成，圖 08-18(a)。由於在點 B、點 C、點 E、點 F 處的急跳度突然改變而容易使從動件產生振動，不適用於高速運轉的場合。為改進這個缺點，可將加速度曲線的 AB 段、CE 段、FG 段等區間以部分正弦函數代替，即得**修正梯形曲線** (Modified trapezoidal curve, MT) 的加速度曲線。

修正梯形曲線的加速度曲線形狀是修正梯形、對稱曲線，圖 08-18(b)，其加速度曲線可分成六個區間：區間 I 採用週期為 $\beta/2$ 之正弦函數第一象限的曲線，區間 II 是水平線，區間 III 採用週期為 $\beta/2$ 之正弦函數第二象限的曲線，區間 IV 採用週期為 $\beta/2$ 之正弦函數第三象限的曲線，區間 V 是水平線，區間 VI 採用週期為 $\beta/2$ 之正弦函數第四象限的曲線。如此設定加速度曲線方程式之函數 $s''(\theta)$ 各區間的形狀後，再將 $s''(\theta)$ 依次對 θ 積分 (θ 的單位必須為弧度)、並設定適當的邊界條件，即可求得速度曲線方程式 $s'(\theta)$ 與位移曲線方程式 $s(\theta)$。曲線方程式為：

在 $0 \leq \theta \leq \dfrac{\beta}{8}$ 時，

$$s(\theta) = \frac{h}{\pi+2}\left[2\frac{\theta}{\beta} - \frac{1}{2\pi}\sin\left(4\pi\frac{\theta}{\beta}\right)\right] \tag{08-058}$$

(a) 典型曲線

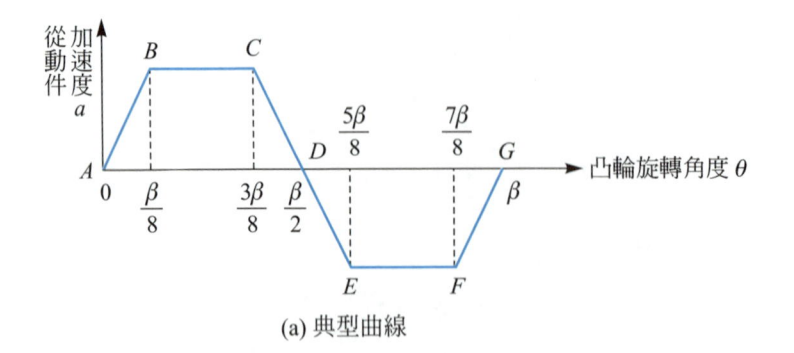

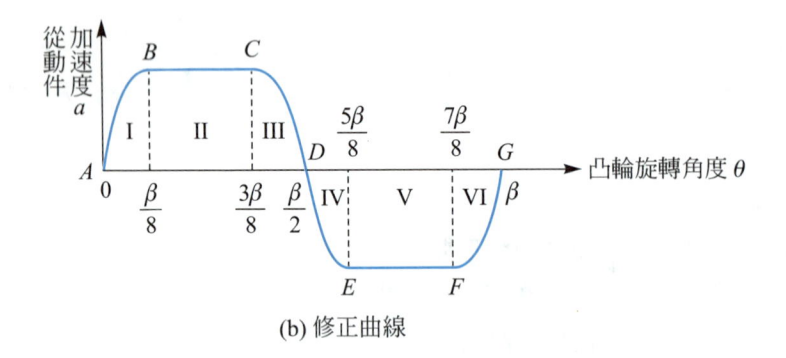

(b) 修正曲線

圖 08-18 修正梯形加速度曲線

$$v(\theta) = \frac{2}{\pi+2}\left(\frac{h}{\beta}\right)\left[1-\cos\left(4\pi\frac{\theta}{\beta}\right)\right] \quad (08\text{-}059)$$

$$a(\theta) = \frac{8\pi}{\pi+2}\left(\frac{h}{\beta^2}\right)\sin\left(4\pi\frac{\theta}{\beta}\right) \quad (08\text{-}060)$$

在 $\dfrac{\beta}{8} \leq \theta \leq \dfrac{3\beta}{8}$ 時,

$$s(\theta) = \frac{h}{\pi+2}\left[\frac{\pi^2-8}{16\pi}+(2-\pi)\frac{\theta}{\beta}+4\pi\left(\frac{\theta}{\beta}\right)^2\right] \quad (08\text{-}061)$$

$$v(\theta) = \frac{1}{\pi+2}\left(\frac{h}{\beta}\right)\left[2-\pi+8\pi\left(\frac{\theta}{\beta}\right)\right] \quad (08\text{-}062)$$

$$a(\theta) = \frac{8\pi}{\pi+2}\left(\frac{h}{\beta^2}\right) \quad (08\text{-}063)$$

在 $\dfrac{3\beta}{8} \le \theta \le \dfrac{\beta}{2}$ 時，

$$s(\theta) = \frac{h}{\pi+2}\left\{-\frac{\pi}{2} + 2(\pi+1)\frac{\theta}{\beta} - \frac{1}{2\pi}\sin\left[4\pi\left(\frac{\theta}{\beta}-\frac{1}{4}\right)\right]\right\} \quad (08\text{-}064)$$

$$v(\theta) = \frac{1}{\pi+2}\left(\frac{h}{\beta}\right)\left(2(\pi+1) - 2\cos\left[4\pi\left(\frac{\theta}{\beta}-\frac{1}{4}\right)\right]\right) \quad (08\text{-}065)$$

$$a(\theta) = \frac{8\pi}{\pi+2}\left(\frac{h}{\beta^2}\right)\sin\left[4\pi\left(\frac{\theta}{\beta}-\frac{1}{4}\right)\right] \quad (08\text{-}066)$$

在 $\dfrac{\beta}{2} \le \theta \le \dfrac{5\beta}{8}$ 時，

$$s(\theta) = \frac{h}{\pi+2}\left\{-\frac{\pi}{2} + 2(\pi+1)\frac{\theta}{\beta} + \frac{1}{2\pi}\sin\left[4\pi\left(\frac{3}{4}-\frac{\theta}{\beta}\right)\right]\right\} \quad (08\text{-}067)$$

$$v(\theta) = \frac{1}{\pi+2}\left(\frac{h}{\beta}\right)\left\{2(\pi+1) - 2\cos\left[4\pi\left(\frac{3}{4}-\frac{\theta}{\beta}\right)\right]\right\} \quad (08\text{-}068)$$

$$a(\theta) = -\frac{8\pi}{(\pi+2)}\left(\frac{h}{\beta^2}\right)\sin\left[4\pi\left(\frac{3}{4}-\frac{\theta}{\beta}\right)\right] \quad (08\text{-}069)$$

在 $\dfrac{5\beta}{8} \le \theta \le \dfrac{7\beta}{8}$ 時，

$$s(\theta) = \frac{h}{(\pi+2)}\left[\frac{1}{2\pi} - \frac{33}{16}\pi + (2+7\pi)\frac{\theta}{\beta} - 4\pi\left(\frac{\theta}{\beta}\right)^2\right] \quad (08\text{-}070)$$

$$v(\theta) = \frac{1}{\pi+2}\left(\frac{h}{\beta}\right)\left(2+7\pi - 8\pi\frac{\theta}{\beta}\right) \quad (08\text{-}071)$$

$$a(\theta) = -\frac{8\pi}{\pi+2}\left(\frac{h}{\beta^2}\right) \quad (08\text{-}072)$$

現代機構學
MODERN MECHANISMS

在 $\dfrac{7\beta}{8} \leq \theta \leq \beta$ 時，

$$s(\theta) = \dfrac{h}{(\pi+2)} \left\{ \pi + 2\dfrac{\theta}{\beta} + \dfrac{1}{2\pi} \sin\left[4\pi \left(1 - \dfrac{\theta}{\beta}\right) \right] \right\} \tag{08-073}$$

$$v(\theta) = \dfrac{1}{\pi+2} \left(\dfrac{h}{\beta}\right) \left\{ 2 - 2\cos\left[4\pi \left(1 - \dfrac{\theta}{\beta}\right) \right] \right\} \tag{08-074}$$

$$a(\theta) = -\dfrac{8\pi}{\pi+2} \left(\dfrac{h}{\beta^2}\right) \sin\left[4\pi \left(1 - \dfrac{\theta}{\beta}\right) \right] \tag{08-075}$$

對於修正梯形曲線而言，$v_{\max} = 2h/\beta$，$a_{\max} = \dfrac{8\pi}{\pi+2}\left(\dfrac{h}{\beta^2}\right)$。

修正正弦曲線

修正正弦曲線 (Modified sinusoidal curve, MS) 之加速度曲線是由兩條不同週期的正弦函數曲線組合而成，為對稱曲線，圖 08-19，曲線可分成三個區間：區間 I 採用週期為 $\beta/2$ 之正弦函數第一象限的曲線，區間 II 是週期為 $3\beta/2$ 之正弦函數第二象限與第三象限的曲線，區間 III 則是與區間 I 相同之正弦函數第四象限的曲線。如此設定其加速度曲線方程式之函數 $s''(\theta)$ 各區間的形狀特徵後，再將 $s''(\theta)$ 依次對 θ 積分、並設定適當的邊界條件，即可求得速度曲線方程式 $s'(\theta)$ 與位移曲線方程式 $s(\theta)$。曲線方程式為：

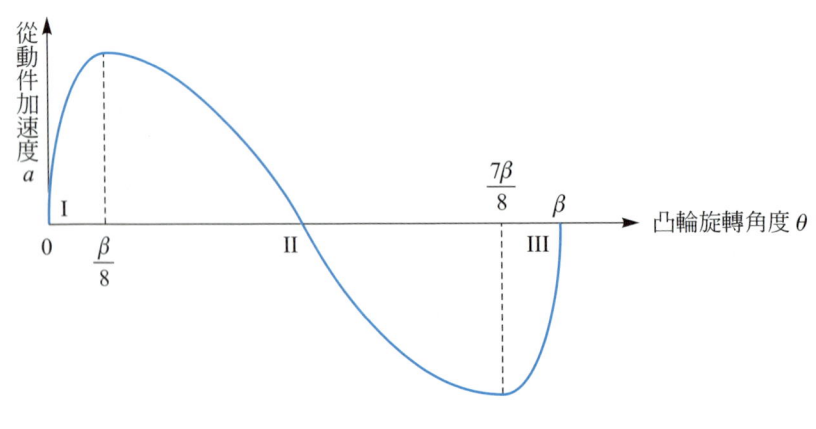

圖 08-19 修正正弦曲線

在 $0 \leq \theta \leq \dfrac{\beta}{8}$ 時，

$$s(\theta) = \frac{h}{\pi+4}\left[\pi\frac{\theta}{\beta} - \frac{1}{4}\sin\left(4\pi\frac{\theta}{\beta}\right)\right] \tag{08-076}$$

$$v(\theta) = \frac{\pi}{\pi+4}\left(\frac{h}{\beta}\right)\left[1 - \cos\left(4\pi\frac{\theta}{\beta}\right)\right] \tag{08-077}$$

$$a(\theta) = \frac{4\pi^2}{\pi+4}\left(\frac{h}{\beta^2}\right)\sin\left(4\pi\frac{\theta}{\beta}\right) \tag{08-078}$$

在 $\dfrac{\beta}{8} \leq \theta \leq \dfrac{7\beta}{8}$ 時，

$$s(\theta) = \frac{h}{\pi+4}\left[2 + \pi\frac{\theta}{\beta} - \frac{9}{4}\sin\left(\frac{\pi}{3} + \frac{4\pi}{3}\frac{\theta}{\beta}\right)\right] \tag{08-079}$$

$$v(\theta) = \frac{\pi}{\pi+4}\left(\frac{h}{\beta}\right)\left[1 - 3\cos\left(\frac{\pi}{3} + \frac{4\pi}{3}\frac{\theta}{\beta}\right)\right] \tag{08-080}$$

$$a(\theta) = \frac{4\pi^2}{\pi+4}\left(\frac{h}{\beta^2}\right)\sin\left(\frac{\pi}{3} + \frac{4\pi}{3}\frac{\theta}{\beta}\right) \tag{08-081}$$

在 $\dfrac{7\beta}{8} \leq \theta \leq \beta$ 時，

$$s(\theta) = \frac{h}{\pi+4}\left[4 + \pi\frac{\theta}{\beta} - \frac{1}{4}\sin\left(4\pi\frac{\theta}{\beta}\right)\right] \tag{08-082}$$

$$v(\theta) = \frac{\pi}{\pi+4}\left(\frac{h}{\beta}\right)\left[1 - \cos\left(4\pi\frac{\theta}{\beta}\right)\right] \tag{08-083}$$

$$a(\theta) = \frac{4\pi^2}{\pi+4}\left(\frac{h}{\beta^2}\right)\sin\left(4\pi\frac{\theta}{\beta}\right) \tag{08-084}$$

對於修正正弦曲線而言，$v_{max} = \dfrac{4\pi}{\pi+4}\left(\dfrac{h}{\beta}\right)$，$a_{max} = \dfrac{4\pi^2}{\pi+4}\left(\dfrac{h}{\beta^2}\right)$。

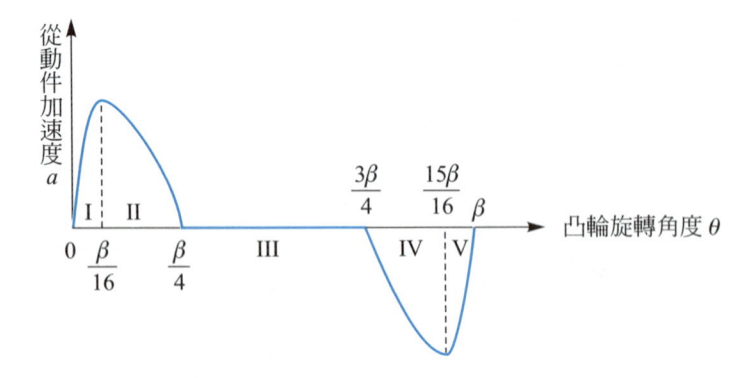

修正等速度曲線

修正等速度曲線 (Modified constant velocity curve, MCV) 所使用的曲線類型甚多，均以改良等速度曲線起點與終點時之速度與加速度突然變化的現象為目的。圖 08-20 為較常用之修正等速度曲線的加速度圖，由五個區間的曲線所構成：區間 I 是採用週期為 $\beta/4$ 之正弦函數第一象限的曲線，區間 II 是週期為 $3\beta/4$ 之正弦函數第二象限的曲線，區間 III 是加速度為零的直線，區間 IV 是與區間 II 相同之正弦函數第三象限的曲線，區間 V 則是與區間 I 相同之正弦函數第四象限的曲線。如此設定加速度曲線方程式之函數 $s''(\theta)$ 各區間的形狀特徵後，再將 $s''(\theta)$ 依次對 θ 積分、並設定適當的邊界條件，即可求得速度曲線方程式 $s'(\theta)$ 與位移曲線方程式 $s(\theta)$。修正等速度曲線也是對稱曲線，由於有 50% 的比例加速度為零，俗稱為 **MCV50 曲線**。曲線方程式為：

圖 08-20 修正等速度曲線

在 $0 \leq \theta \leq \dfrac{\beta}{16}$ 時，

$$s(\theta) = \frac{h}{5\pi+4}\left[2\pi\frac{\theta}{\beta} - \frac{1}{4}\sin\left(8\pi\frac{\theta}{\beta}\right)\right] \tag{08-085}$$

$$v(\theta) = \frac{1}{5\pi+4}\left(\frac{h}{\beta}\right)\left[2\pi - 2\pi\cos\left(8\pi\frac{\theta}{\beta}\right)\right] \tag{08-086}$$

$$a(\theta) = \frac{16\pi^2}{5\pi+4}\left(\frac{h}{\beta^2}\right)\sin\left(8\pi\frac{\theta}{\beta}\right) \tag{08-087}$$

在 $\dfrac{\beta}{16} \le \theta \le \dfrac{\beta}{4}$ 時，

$$s(\theta) = \frac{h}{5\pi+4}\left\{2+2\pi\frac{\theta}{\beta}-\frac{9}{4}\cos\left[\frac{8\pi}{3}\left(\frac{\theta}{\beta}-\frac{1}{16}\right)\right]\right\} \tag{08-088}$$

$$v(\theta) = \frac{2\pi}{5\pi+4}\left(\frac{h}{\beta}\right)\left\{1+3\sin\left[\frac{8\pi}{3}\left(\frac{\theta}{\beta}-\frac{1}{16}\right)\right]\right\} \tag{08-089}$$

$$a(\theta) = \frac{16\pi^2}{(5\pi+4)}\left(\frac{h}{\beta^2}\right)\cos\left[\frac{8\pi}{3}\left(\frac{\theta}{\beta}-\frac{1}{16}\right)\right] \tag{08-090}$$

在 $\dfrac{\beta}{4} \le \theta \le \dfrac{3\beta}{4}$ 時，

$$s(\theta) = \frac{h}{5\pi+4}\left[2-\frac{3\pi}{2}+8\pi\frac{\theta}{\beta}\right] \tag{08-091}$$

$$v(\theta) = \frac{8\pi}{5\pi+4}\left(\frac{h}{\beta}\right) \tag{08-092}$$

$$a(\theta) = 0 \tag{08-093}$$

在 $\dfrac{3\beta}{4} \le \theta \le \dfrac{15\beta}{16}$ 時，

$$s(\theta) = \frac{h}{5\pi+4}\left\{(3\pi+2)+2\pi\frac{\theta}{\beta}+\frac{9}{4}\sin\left[\frac{8\pi}{3}\left(\frac{\theta}{\beta}-\frac{3}{4}\right)\right]\right\} \tag{08-094}$$

$$v(\theta) = \frac{2\pi}{5\pi+4}\left(\frac{h}{\beta}\right)\left\{1+3\cos\left[\frac{8\pi}{3}\left(\frac{\theta}{\beta}-\frac{3}{4}\right)\right]\right\} \tag{08-095}$$

$$a(\theta) = -\frac{16\pi^2}{(5\pi+4)}\left(\frac{h}{\beta^2}\right)\sin\left[\frac{8\pi}{3}\left(\frac{\theta}{\beta}-\frac{3}{4}\right)\right] \tag{08-096}$$

$\dfrac{15\beta}{16} \le \theta \le \beta$ 時，

$$s(\theta) = \frac{h}{5\pi+4}\left\{(4+3\pi)+2\pi\frac{\theta}{\beta}+\frac{1}{4}\cos\left[8\pi\left(\frac{\theta}{\beta}-\frac{15}{16}\right)\right]\right\} \tag{08-097}$$

$$v(\theta) = \frac{2\pi}{5\pi+4}\left(\frac{h}{\beta}\right)\left\{1-\sin\left[8\pi\left(\frac{\theta}{\beta}-\frac{15}{16}\right)\right]\right\} \qquad (08\text{-}098)$$

$$a(\theta) = -\frac{16\pi^2}{5\pi+4}\left(\frac{h}{\beta^2}\right)\cos\left[8\pi\left(\frac{\theta}{\beta}-\frac{15}{16}\right)\right] \qquad (08\text{-}099)$$

對於修正等速度曲線而言，$v_{\max} = \frac{8\pi}{5\pi+4}\left(\frac{h}{\beta}\right)$，$a_{\max} = \frac{16\pi^2}{5\pi+4}\left(\frac{h}{\beta^2}\right)$。

08-03-3　運動曲線特徵值 Characteristic values of motion curves

從上述的曲線可看出，各種曲線的速度極值正比於 h/β、加速度極值正比於 h/β^2；進一步分析可發現，急跳度的極值也正比於 h/β^3。換言之，各種曲線的這些極值均為下列形式：

$$v_{\max} = V_m\left(\frac{h}{\beta}\right) \qquad (08\text{-}100)$$

$$a_{\max} = A_m\left(\frac{h}{\beta^2}\right) \qquad (08\text{-}101)$$

$$a_{\min} = -A_m\left(\frac{h}{\beta^2}\right) \qquad (08\text{-}102)$$

$$j_{\max} = J_m\left(\frac{h}{\beta^3}\right) \qquad (08\text{-}103)$$

$$j_{\min} = -J_m\left(\frac{h}{\beta^3}\right) \qquad (08\text{-}104)$$

所不同的是，各自對應係數 V_m、A_m、J_m 的差別。這些係數統稱為曲線的**特徵值** (Characteristic values)，並分別稱為**速度特徵值**或**無因次化速度** (Normalized velocity) 的最大值 V_m、**加速度特徵值**或**無因次化加速度** (Normalized acceleration) 的最大值 A_m、**急跳度特徵值**或**無因次化急跳度** (Normalized jerk) 的最大值 J_m。表 08-01 列出各種曲線的特徵值以及較適合的應用條件。

若一併考慮凸輪的角速度，由式 (08-009) 至式 (08-011) 可知，從動件的速度、加速度、以及急跳度的極值分別為：

Chapter 08 凸輪機構
CAM MECHANISMS

表 08-01 凸輪運動曲線特性

曲線名稱		加速度曲線圖	V_m	A_m	J_m	應用
基本曲線	等速度曲線		1.00	∞	∞	低速 輕負荷
	拋物線曲線		2.00	±4.00	∞	中速 輕負荷
	簡諧運動曲線		1.57	±4.93	∞	中速 輕負荷
	擺線運動		2.00	±6.28	±39.48	高速 輕負荷
多項式曲線	3階多項式曲線 (I)		3.00	±12.0	∞	低速 輕負荷
	3階多項式曲線 (II)		1.50	±6.00	∞	低速 輕負荷
	3階多項式曲線 (III)		2.00	±8.00	±32.00	低速 輕負荷
	4階多項式曲線		2.00	±6.00	±48.00	低速 輕負荷
	5階多項式曲線		1.88	±5.77	+60.00 −30.00	高速 中負荷
修正曲線	修正梯形曲線		2.00	±4.89	±61.43	高速 輕負荷
	修正正弦曲線		1.76	±5.53	+69.47 −23.16	高速 中負荷
	修正等速度曲線		1.28	±8.01	+201.4 −67.10	低速 重負荷

$$\dot{s}_{max} = V_m \left(\frac{h}{\beta}\right)\omega \qquad (08\text{-}105)$$

$$\ddot{s}_{max} = A_m \left(\frac{h}{\beta^2}\right)\omega^2 \qquad (08\text{-}106)$$

$$\ddot{s}_{min} = -A_m \left(\frac{h}{\beta^2}\right)\omega^2 \qquad (08\text{-}107)$$

$$\dddot{s}_{max} = J_m \left(\frac{h}{\beta^3}\right)\omega^3 \qquad (08\text{-}108)$$

$$\dddot{s}_{min} = -J_m \left(\frac{h}{\beta^3}\right)\omega^3 \qquad (08\text{-}109)$$

由以上式子可看出，選定各種不同曲線所對應的特徵值 (V_m、A_m、J_m) 及 h、β、ω 等設計參數，將影響從動件的速度、加速度、及急跳度的極值。

08-03-4　運動曲線合成方法 Generation of motion curves

對於簡單凸輪機構的運動設計而言，第 08-03-2 節介紹的曲線已足敷所需。但面對較複雜的運動需求時，例如設計具非對稱性的運動曲線，且加入其運動特性的要求時，則須有進一步的考量。

對於滿足較複雜的運動需求，常使用的方法是從曲線中挑選出一些符合設計限制者，將之一段段地連接起來。因此，各區段曲線間的連接是否平滑連續，直接影響凸輪機構的傳動特性；若其速度或加速度不連續，意味凸輪運轉時從動件會有過大的急跳度或陡振發生，同時也會對凸輪產生衝擊負荷，此現象在凸輪轉速愈高時愈為嚴重。因此，高速凸輪的運動曲線，在各區段曲線間的連接應力求平滑。一般而言，連接後運動曲線的位移、速度、及加速度必須連續，而急跳度應為有限值。圖 08-21，若從動件的位移曲線由 s_1 和 s_2 兩段曲線連接而成，行程分別為 h_1 和 h_2 且其連接點為 P，則合成曲線連續的邊界條件為：

$$s_1(\beta_1) = s_2(\beta_1) \qquad (08\text{-}110)$$

$$v_1(\beta_1) = v_2(\beta_1) \qquad (08\text{-}111)$$

$$a_1(\beta_1) = a_2(\beta_1) \qquad (08\text{-}112)$$

Chapter 08　凸輪機構
CAM MECHANISMS

圖 08-21　從動件位移曲線

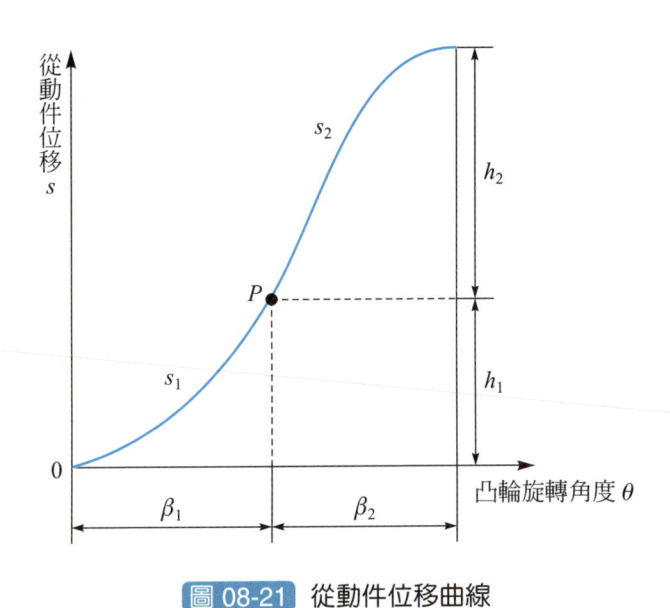

其中，h_1 和 h_2 分別為曲線 s_1 和 s_2 的從動件行程，而 β_1 和 β_2 則是相對應的凸輪旋轉角度。

在一般工業應用上，用於機械傳動的運動曲線，若無其它設計限制，依使用條件由修正梯形曲線、修正正弦曲線、修正等速度曲線中選用，即可獲得不錯的結果。

以下舉例說明之。

例 08-01

有個盤形凸輪機構，凸輪以等角速度 ω 旋轉，轉動 β 角度時，平移式徑向從動件下降 h 行程；在這個運動之前為等速度運動 $-v$，之後為暫停運動，且這個運動兩端的加速度為零。試設計滿足上述條件的多項式曲線。

01. 根據題述的邊界條件可得：$\theta = 0$ 時，$s = h$、$\dot{s} = -v$、$\ddot{s} = 0$；$\theta = \beta$ 時，$s = 0$、$\dot{s} = 0$、$\ddot{s} = 0$。由於 $\dot{s} = s'\omega$，若凸輪角速度 1 rad/sec，邊界條件可改寫為：$\theta = 0$ 時，$s = h$、$s' = -v/\omega$、$s'' = 0$；$\theta = \beta$ 時，$s = 0$、$s' = 0$、$s'' = 0$。

02. 令多項式曲線的位移方程式 $s(\theta)$ 為：

$$s(\theta) = c_0 + c_1\theta + c_2\theta^2 + c_3\theta^3 + c_4\theta^4 + c_5\theta^5$$

則速度方程式 $s'(\theta)$ 與加速度方程式 $s''(\theta)$ 分別為：

$$s'(\theta) = c_1 + 2c_2\theta + 3c_3\theta^2 + 4c_4\theta^3 + 5c_5\theta^4$$
$$s''(\theta) = 2c_2 + 6c_3\theta + 12c_4\theta^2 + 20c_5\theta^3$$

03. 將 6 個邊界條件代入以上三式可得：

$$h = c_0$$
$$-v = c_1\omega$$
$$0 = c_2$$
$$0 = c_0 + c_1\beta + c_2\beta^2 + c_3\beta^3 + c_4\beta^4 + c_5\beta^5$$
$$0 = c_1 + 2c_2\beta + 3c_3\beta^2 + 4c_4\beta^3 + 5c_5\beta^4$$
$$0 = 2c_2 + 6c_3\beta + 12c_4\beta^2 + 20c_5\beta^3$$

04. 聯立解前三個方程式可得：

$$c_0 = h \qquad c_1 = \frac{-v}{\omega} \qquad c_2 = 0$$

05. 聯立解後三個方程式可得：

$$c_3 = \frac{6v}{\beta^2\omega} - \frac{10h}{\beta^3}$$
$$c_4 = -\frac{8v}{\beta^3\omega} + \frac{15h}{\beta^4}$$
$$c_5 = \frac{3v}{\beta^4\omega} - \frac{6h}{\beta^5}$$

06. 因此，滿足設計曲線的多項式曲線為：

$$s(\theta) = h + \left(\frac{-v}{\omega}\right)\theta + \left(\frac{6v}{\beta^2\omega} - \frac{10h}{\beta^3}\right)\theta^3 + \left(-\frac{8v}{\beta^3\omega} + \frac{15h}{\beta^4}\right)\theta^4$$
$$+ \left(\frac{3v}{\beta^4\omega} - \frac{6h}{\beta^5}\right)\theta^5$$

08-04　凸輪設計 Cam Design

設計者若欲充分發揮凸輪機構的功能，必須瞭解其設計步驟與設計限制，

Chapter 08 凸輪機構
CAM MECHANISMS

以下分別說明之。

08-04-1 設計步驟 Design procedure

凸輪機構的設計步驟如下,圖 08-22。

```
確定運動要求
    ↓
決定機構類型
    ↓
選擇運動曲線
    ↓
設計凸輪輪廓曲線
    ↓
分析設計結果
```

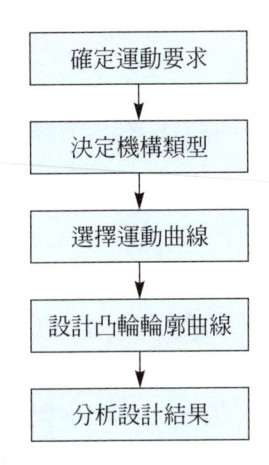

圖 08-22 凸輪機構設計步驟

一、確定運動要求

設計凸輪機構的首要步驟,是確定從動件運動上的設計要求,即是主動件 (一般為凸輪) 運轉一個工作週期,從動件相對於主動件的運動關係。例如,若輸入件為凸輪且工作週期為 360°,當凸輪旋轉一周時,從動件是作平移運動或是搖擺運動;從動件的運動是屬雙暫停運動、單暫停運動、或是其它種類運動;以及凸輪轉 θ 角度時,從動件相對於 θ 的運動關係式為何。這些運動要求確定後,才能進行凸輪機構的相關設計。

二、決定機構類型

01. 主動件與從動件的相對位置,據以選擇平面或空間凸輪機構。
02. 運動規律的種類,據以選擇簡單凸輪機構、複合凸輪機構、或是組合式凸輪機構 (即與連桿機構或其它機構組合設計)。
03. 主動件與從動件的運動種類與形式。

三、選擇運動曲線

是根據運動要求與機構類型，選擇適當的運動曲線或組合幾種曲線，以達到特定輸出運動狀態的要求。運動曲線的選用，有相當多的考慮因素；基本上，以能產生加速度極值最小的運動曲線、且能儘量減少振動與噪音為原則。第 08-03 節所述的運動曲線，可供選擇時參考。

四、設計凸輪輪廓曲線

運動曲線確定後，即可據此設計凸輪的輪廓曲線，設計方法將在第 08-05 節加以說明。

五、分析設計結果

凸輪輪廓曲線求得後，須進行凸輪機構性能的分析，包括位移、速度、加速度、急跳度、曲率半徑、壓力角、扭力、接觸應力、振動、噪音、…等，以驗證結果是否合乎設計的要求與限制。若設計結果不合乎所求，可從變更設計參數著手，如改變基圓直徑、滾子大小、從動件偏位量等，來改善設計的結果。若仍然無法合乎設計要求，則必須重新選擇運動曲線，甚至於重新決定機構的類型，以合乎設計的要求與限制。有關凸輪機構的運動分析，可根據第 05 章、第 06 章所介紹的內容為之。

08-04-2　設計限制 Design constraints

設計凸輪機構時，有些設計限制必須加以考慮，以合乎實際應用的需要，如速度與加速度的規定最大值、允許空間、機件尺寸大小、壓力角、許可扭矩、許可接觸應力、材料限制、加工精確度、表面粗糙度、及成本限制等。

基本上，凸輪的尺寸是愈小愈好。一個小的凸輪，除所佔的空間較小外，高速運轉時其慣性力、噪音、振動等問題亦較小，然而壓力角、過切現象、凸輪輪轂尺寸等因素，限制了凸輪尺寸大小的設計，以下分別就這三個因素說明之。

壓力角

凸輪機構的設計，除了要達到預期的運動功能外，傳動性能亦必須加以考量，以提高傳動效率，並避免發生卡死現象與出現閉鎖位置；壓力角即為評估凸輪機構傳動性能的一種指標。

Chapter 08　凸輪機構
CAM MECHANISMS

設計凸輪機構時,希望在一個運動週期中,壓力角不會大於限定值 ϕ_{max}。一般而言,平移從動件的 ϕ_{max} 限定為 30°,搖擺從動件的 ϕ_{max} 則限定為 45°。

利用最大壓力角的限制,可以求出凸輪機構的基本參數尺寸,如基圓與滾子的大小等。再者,壓力角的概念,雖可用來評估凸輪機構的運動性能,但並不是一個充分的評估指標。

凸輪的壓力角極值若超過容許值,必須變更設計,包括使用較大的基圓、改變從動件的偏位量、選用 V_m 較小的運動曲線、以及同一段凸輪升程使用較大的凸輪轉角。為了降低壓力角過大的不良影響,從動件的剛性愈大愈佳,從動件與機架間的摩擦係數愈小愈好,從動件與機架導槽間的接觸部分則愈長愈好。

壓力角過大的問題若難以解決,可選用平面型的從動件,因其壓力角為零。再者,相對於平移從動件,搖擺從動件較無壓力角過大的困擾。

過切

當凸輪輪廓上某些點的曲率大小不適當時,從動件無法在其應有的路徑上傳動,此即產生**過切** (Undercutting) 現象。圖 08-23,若凸輪節曲線上某部分

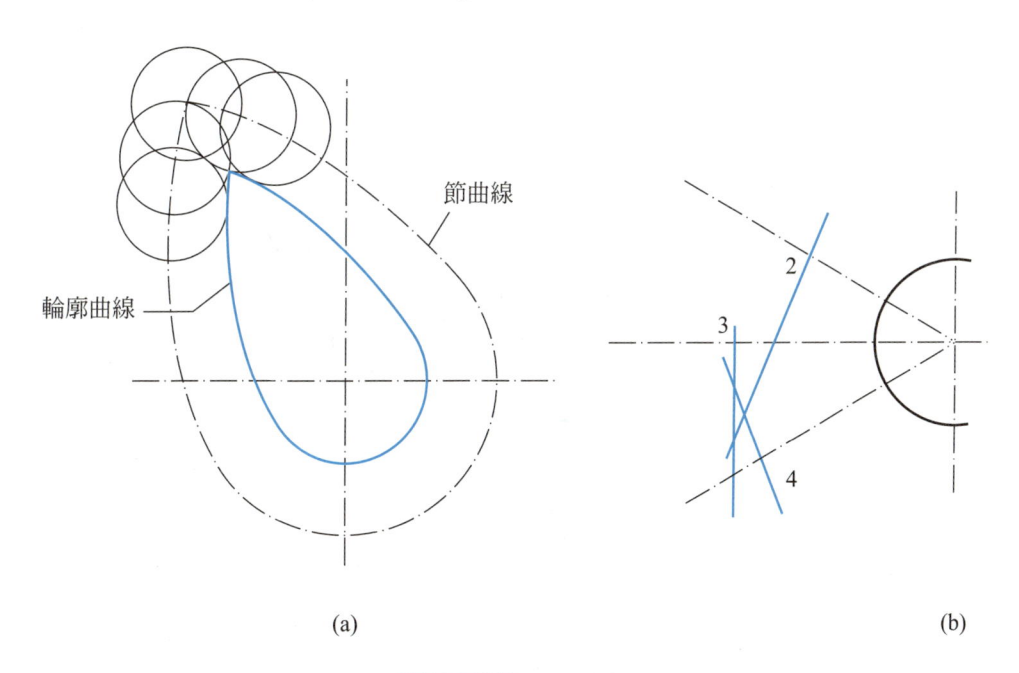

(a)　　　　　　　　　　　　　　　　(b)

圖 08-23　過切現象

的曲率半徑小於從動件滾子半徑，則滾子中心的路徑無法在節曲線上，圖 08-23(a)；再者，若平面從動件的三個位置如圖 08-23(b) 所示，則凸輪的輪廓曲線只能和位置 2 與位置 4 的從動件相切，而無法和位置 3 的從動件相切；因此，從動件的運動將無法如設計要求所期。

基本上，過切的現象可由加大凸輪基圓直徑、減小滾輪直徑、或改用 A_m 較小的運動曲線來加以消除。

輪轂尺寸

圖 08-24，凸輪軸的軸徑 (D_S) 大小決定後，**輪轂尺寸** (Hub size, D_H) 即可據以確定。若凸輪的材料為鑄鐵，且考慮機件的強度與剛性設計，則下列公式可用來計算輪轂直徑 D_H 的大小：

$$D_H = 1.75 D_S + 6.4 \text{ (mm)}$$
$$D_H = 1.75 D_S + 0.25 \text{ (inch)}$$

(08-113)

再者，d_R 值宜大於 3.2 mm。

輪轂直徑 D_H 與 d_R 值，決定了凸輪基圓的最小直徑。

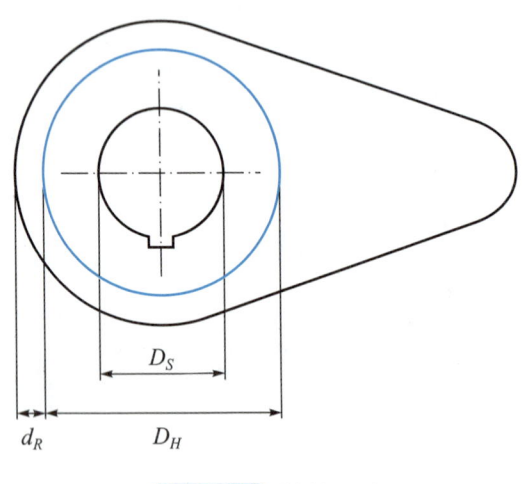

圖 08-24　輪轂尺寸

08-05　盤形凸輪輪廓曲線設計
Profile Design of Disk Cams

　　盤形凸輪是最簡單且應用最廣的凸輪，依從動件的接觸構造、排列方式、運動型態，有不少類型，其輪廓曲線的設計有圖解法與解析法。

　　解析法利用數值法計算出凸輪輪廓的坐標，雖然公式推導較費時，但是可重複使用、且結果的精確度較高。再者，隨著計算機速度與繪圖功能的提升，用它來設計凸輪輪廓曲線可兼具圖解法與解析法的優點，亦容易將設計結果轉為加工製造所需的 NC 程式。

　　由於使用作圖法無法得到精確的凸輪輪廓曲線，後續加工時會出現相當大的製造誤差。為確保凸輪機構在高速運轉過程中，從動件位置能達到預定的精確度，並降低機械的振動與噪音，凸輪的輪廓及加工刀具中心點的路徑，必須在設計階段以解析法精確地計算。

　　計算盤形凸輪輪廓曲線的解析法有瞬心法與包絡線法。利用包絡線原理計算凸輪輪廓時須解聯立方程式，且方程式的推導過程較繁雜；尤其是加工凸輪刀具的尺寸若與從動件尺寸不相同時，刀具的運動路徑難以精確地規劃。相對的，瞬心法則具有直接計算、容易瞭解、且易於電腦化等優點。

　　利用速度瞬心的觀念，由選定的設計條件即可定出凸輪與從動件的瞬心位置，並可進一步定出凸輪與從動件的接觸點，再藉以導出凸輪節曲線的向量方程式、壓力角的方程式、凸輪輪廓曲線的向量方程式、以及加工凸輪刀具的中心點相對於凸輪的運動路徑曲線方程式，且這些式子均可以參數方程式的形式表示，此即為**瞬心法** (Instant center method)。

　　以下對各種盤形凸輪機構，說明如何以瞬心法決定這些方程式。

08-05-1　平移式徑向刃狀從動件
With a radially translating knife-edge follower

　　雖然利用繪圖方法直接畫出凸輪的輪廓較費時且精確度較差，但卻是用來說明設計凸輪輪廓曲線的好方法。刃狀從動件與凸輪的輪廓成滑動接觸、易磨耗，僅限於低速或低負荷狀況使用，雖較不實用，但其節曲線與輪廓曲線重合，對於瞭解凸輪輪廓曲線的形成過程相當有助益。

圖 08-25 是凸輪的運動曲線已知，利用圖解法設計不具偏位量平移式徑向刃狀從動件凸輪機構之凸輪輪廓曲線的步驟如下：

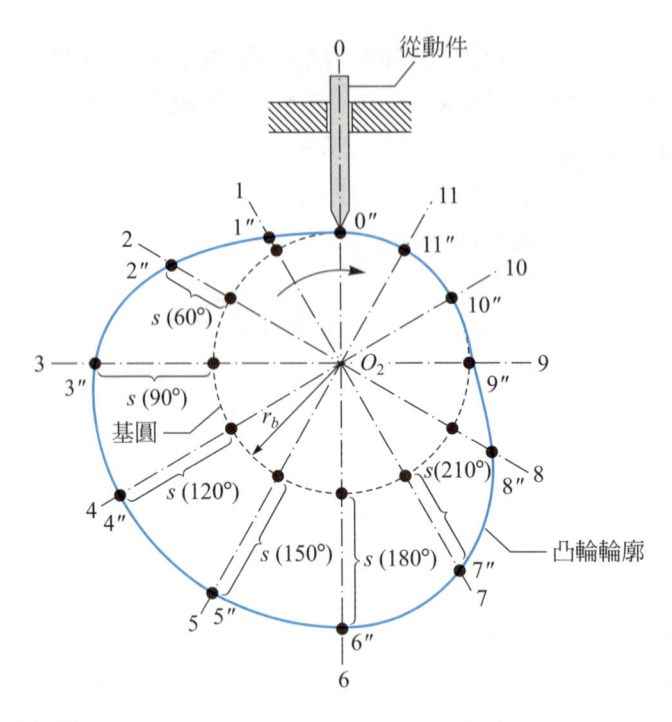

圖 08-25 平移式徑向刃狀從動件凸輪輪廓-作圖法【習題 08-08】

01. 設定凸輪軸心 O_2，選擇基圓半徑 r_b，並以 O_2 為圓心繪出基圓。
02. 設定從動件在位移為零 (即最低點) 的位置，繪出從動件與其中心線。
03. 以從動件在最低點位置的中心線為基線，將基圓分成 n 等分 (取 12 等分)，繪出 n 條 (取 12 條) 徑向射線，並依凸輪旋轉相反方向將這些射線依次標號，如 $O_2 0$、$O_2 1$、$O_2 2$、$O_2 3$、…、$O_2 11$ 等。
04. 在第 1 條徑向射線量取 $O_2 1'' = r_b + s(30°)$ 求得點 $1''$、在第 2 條徑向射線量取 $O_2 2'' = r_b + s(60°)$ 求得點 $2''$，在第 3 條徑向射線量取 $O_2 3'' = r_b + s(90°)$ 求得點 $3''$；依此類推，求得點 $4''$、點 $5''$、…、及點 $11''$ 等。
05. 畫一條圓滑曲線通過所有的點 n''，即得凸輪的輪廓曲線。

08-05-2 平移式徑向滾子從動件
With a radially translating roller follower

盤形凸輪機構有機架 (桿件 1)、凸輪 (桿件 2)、從動件 (桿件 3) 等 3 個桿件，因此有 I_{12}、I_{13}、I_{23} 等 3 個瞬心。瞬心 I_{12} 為凸輪的固定樞軸，瞬心 I_{13} 為從動件的固定樞軸，而瞬心 I_{23} 則在凸輪與從動件接觸點之公法線與軸心線 $I_{12}I_{13}$ 的交點上。設計凸輪時，從相關的設計條件及從動件的速度可以決定瞬心 I_{23} 位置，並藉由從動件位置及瞬心 I_{23} 位置來決定凸輪的輪廓。

圖 08-26 為平移式徑向滾子從動件凸輪機構，建立固定於凸輪上的坐標系

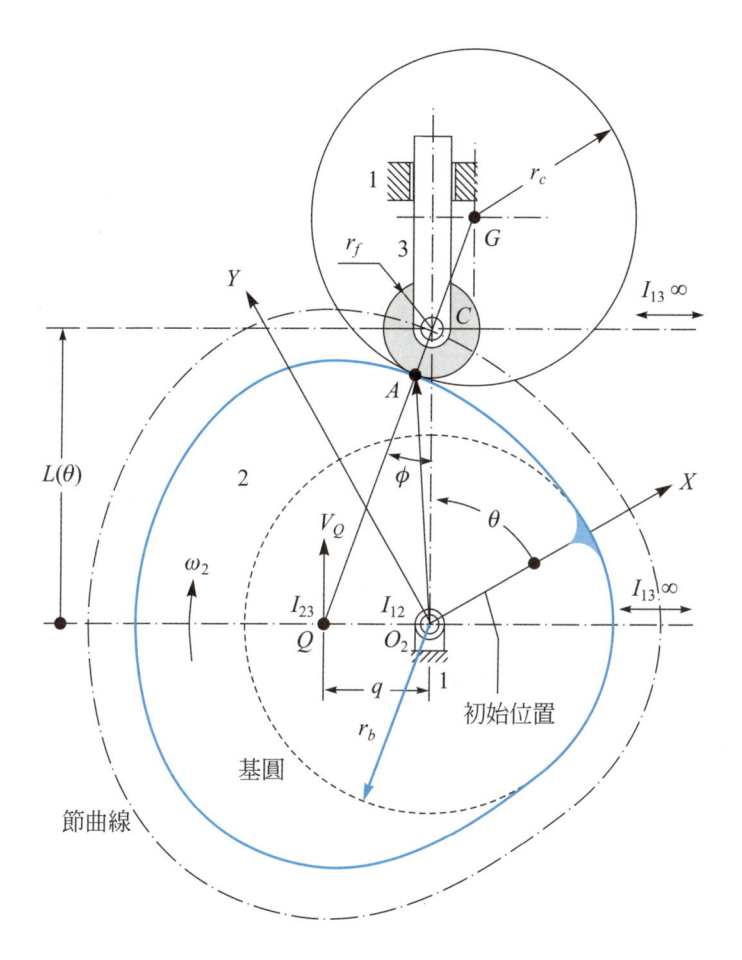

圖 08-26 平移式徑向滾子從動件凸輪機構及其瞬心 [例 08-02]【習題 08-09】

O_2-XY，坐標原點 O_2 與凸輪旋轉軸心重合，θ 為凸輪角位移；機架、凸輪、從動件 3 個瞬心 I_{12}、I_{13}、I_{23} 的位置，分別如圖上所示。若點 Q 代表瞬心 I_{23}、且 $O_2Q = q$，凸輪點 Q 的速率可表示為：

$$V_Q = q\omega_2 \qquad (08\text{-}114)$$

其中，ω_2 為凸輪轉速。因從動件為平移運動，其上所有點的速度均相同，從動件點 Q 的速率 V_Q 可表示為：

$$V_Q = \frac{dL(\theta)}{dt} = \frac{dL(\theta)}{d\theta}\frac{d\theta}{dt} = \frac{dL(\theta)}{d\theta}\omega_2 \qquad (08\text{-}115)$$

其中，$L(\theta)$ 為從動件的位置函數，可表示為：

$$L(\theta) = r_b + r_f + s(\theta) \qquad (08\text{-}116)$$

其中，r_b 為基圓半徑，r_f 為從動滾子半徑，$s(\theta)$ 為從動件運動曲線函數。根據瞬心的定義，桿件 2 (凸輪) 與桿件 3 (從動件) 在瞬心 I_{23} 上的點有相同速度，而點 Q 為瞬心 I_{23}，因此比較式 (08-114) 和式 (08-115) 可得：

$$q = \frac{dL(\theta)}{d\theta} = \frac{ds(\theta)}{d\theta} = v(\theta) \qquad (08\text{-}117)$$

其中，$v(\theta)$ 為從動件速度函數。因此，選定 r_b、r_f 值、$s(\theta)$ 函數後，對於任意 θ 參數值均可由 $L(\theta)$ 定出對應從動滾子中心點 C 的位置，並由式 (08-117) 求得 q 值而定出對應瞬心點 Q 的位置；而 CQ 與從動滾子圓的交點 A 即為凸輪與從動滾子的接觸點，也就是凸輪輪廓的對應點。因此，凸輪節曲線 (即滾子中心) 的向量參數方程式可表示為：

$$\overrightarrow{O_2C} = L(\theta)\cos\theta\,\vec{i} + L(\theta)\sin\theta\,\vec{j} \qquad (08\text{-}118)$$

換言之，節曲線的坐標 (x_f, y_f) 為：

$$x_f = (r_b + r_f + s)\cos\theta \qquad (08\text{-}119)$$

$$y_f = (r_b + r_f + s)\sin\theta \qquad (08\text{-}120)$$

壓力角是接觸點公法線 (CQ) 與從動件運動方向 (CO_2) 的夾角，由

ΔO_2CQ，壓力角 ϕ 可表示為：

$$\phi = \tan^{-1}\left[\frac{q}{L(\theta)}\right] = \tan^{-1}\left[\frac{v(\theta)}{L(\theta)}\right] \tag{08-121}$$

因此，凸輪輪廓的向量方程式可表示為：

$$\overrightarrow{O_2A} = \overrightarrow{O_2C} + \overrightarrow{CA} \tag{08-122}$$

其中，$\overrightarrow{O_2C}$ 如式 (08-118) 所示，而 $\overrightarrow{CA}$ 為：

$$\overrightarrow{CA} = r_f \cos(\theta + 180° - \phi)\vec{i} + r_f \sin(\theta + 180° - \phi)\vec{j} \tag{08-123}$$

換言之，凸輪輪廓的坐標 (x, y) 為：

$$x = (r_b + r_f + s)\cos\theta - r_f \cos(\theta - \phi) \tag{08-124}$$

$$y = (r_b + r_f + s)\sin\theta - r_f \sin(\theta - \phi) \tag{08-125}$$

再者，由於凸輪與從動滾子之接觸點的公法線必須通過刀具 (銑刀或磨輪) 的中心點，由點 A 在其公法線方向上往外延伸刀具半徑 r_c 的距離，就是刀具中心點 G 的位置，其向量方程式可表示為：

$$\overrightarrow{O_2G} = \overrightarrow{O_2C} + \overrightarrow{CG} \tag{08-126}$$

其中，$\overrightarrow{O_2C}$ 如式 (08-118) 所示，而 $\overrightarrow{CG}$ 為：

$$\overrightarrow{CG} = (r_c - r_f)\cos(\theta - \phi)\vec{i} + (r_c - r_f)\sin(\theta - \phi)\vec{j} \tag{08-127}$$

換言之，刀具中心的坐標 (x_c, y_c) 可表示為：

$$x_c = (r_b + r_f + s)\cos\theta + (r_c - r_f)\cos(\theta - \phi) \tag{08-128}$$

$$y_c = (r_b + r_f + s)\sin\theta + (r_c - r_f)\sin(\theta - \phi) \tag{08-129}$$

圖 08-26 的凸輪輪廓是以上述參數方程式繪出，基圓半徑 r_b = 40 mm，從動滾子半徑 r_f = 10 mm。凸輪的角位移為 0° ~ 120° 時，從動件以擺線運動曲線上升 24 mm；凸輪的角位移為 120° ~ 170° 時，從動件暫停；凸輪的角位移為 170° ~ 290° 時，從動件以擺線運動曲線下降 24 mm；凸輪的角位移為 290° ~ 360° 時，從動件則暫停。

以下舉例說明之。

例 08-02 圖 08-26 的平移式徑向滾子從動件凸輪機構，基圓半徑 r_b 為 80 mm，從動滾子半徑 r_f 為 20 mm。凸輪的角位移為 0° ~ 90° 時，從動件以簡諧運動曲線上升 20 mm；凸輪的角位移為 90° ~ 180° 時，從動件暫停。試計算在 0° ~ 90° 區間，壓力角的極大值。

01. 根據題述的條件可知，$h = 20$、$\beta = \pi/2$、$r_b = 80$、$r_f = 20$，從動件的位移方程式為：

$$s(\theta) = \frac{h}{2}\left[1 - \cos\left(\frac{\pi\theta}{\beta}\right)\right]$$
$$= 10 - 10\cos 2\theta$$

速度方程式與加速度方程式分別為：

$$s'(\theta) = \frac{\pi h}{2\beta}\sin\left(\frac{\pi\theta}{\beta}\right)$$
$$= 20\sin 2\theta$$
$$s''(\theta) = \frac{\pi^2 h}{2\beta^2}\cos\left(\frac{\pi\theta}{\beta}\right)$$
$$= 40\cos 2\theta$$

02. 由式 (08-121) 可知：

$$\tan\phi = \frac{s'(\theta)}{s(\theta) + r_b + r_f}$$
$$= \frac{2\sin 2\theta}{11 - \cos 2\theta}$$

其中，ϕ 為壓力角。

03. 將上列式子對 θ 微分可得：

$$\frac{d\tan\phi}{d\phi}\frac{d\phi}{d\theta} = \frac{s''(s + r_b + r_f) - (s')^2}{(s + r_b + r_f)^2}$$
$$= \frac{4(11\cos 2\theta - 1)}{(11 - \cos 2\theta)^2}$$

若 $\dfrac{d\phi}{d\theta}=0$，則可得：

$$\cos 2\theta = \dfrac{1}{11}$$

$$\theta = 42.392°$$

所以，

$$\phi_{max} = \tan^{-1}\dfrac{2\sin(2\times 42.392°)}{11-\cos(2\times 42.392°)}$$

$$= 10.347°$$

04. 由 $\tan\phi = \dfrac{s'(\theta)}{s(\theta)+r_b+r_f}$ 可知，$s(\theta)$ 和 $s'(\theta)$ 的變動都會對壓力角產生影響。由於 $s'(\theta)$ 的變動對壓力角的影響比較明顯，$s'(\theta)$ 愈大則壓力角也會愈大。$\theta = 45°$ 時，$s' = s'_{max}$；所以 $\theta = 45°$ 時，壓力角會極接近其極大值：

$$s(45°) = 10$$
$$s'(45°) = 20$$

因此，$\theta = 45°$ 時，

$$\tan\phi = \dfrac{20}{110}$$
$$\phi = 10.305°$$

05. 由上述數據可知，$s'(\theta) = s'_{max}$ 時，對應的壓力角會比壓力角的極大值稍小，但差異極少。

08-05-3　平移式偏位滾子從動件
With an offset translating roller follower

　　圖 08-27 為平移式偏位滾子從動件凸輪機構，具偏位距離 e。建立固定於凸輪上的坐標系 $O_2\text{-}XY$，坐標原點 O_2 與凸輪旋轉軸心重合，θ 為凸輪角位移；機架、凸輪、從動件 3 個瞬心 I_{12}、I_{13}、I_{23} 的位置，分別如圖上所示。若點 Q 代表瞬心 I_{23}、且 $O_2Q = q$，則在凸輪上 Q 點的速率 V_Q 可表示為：

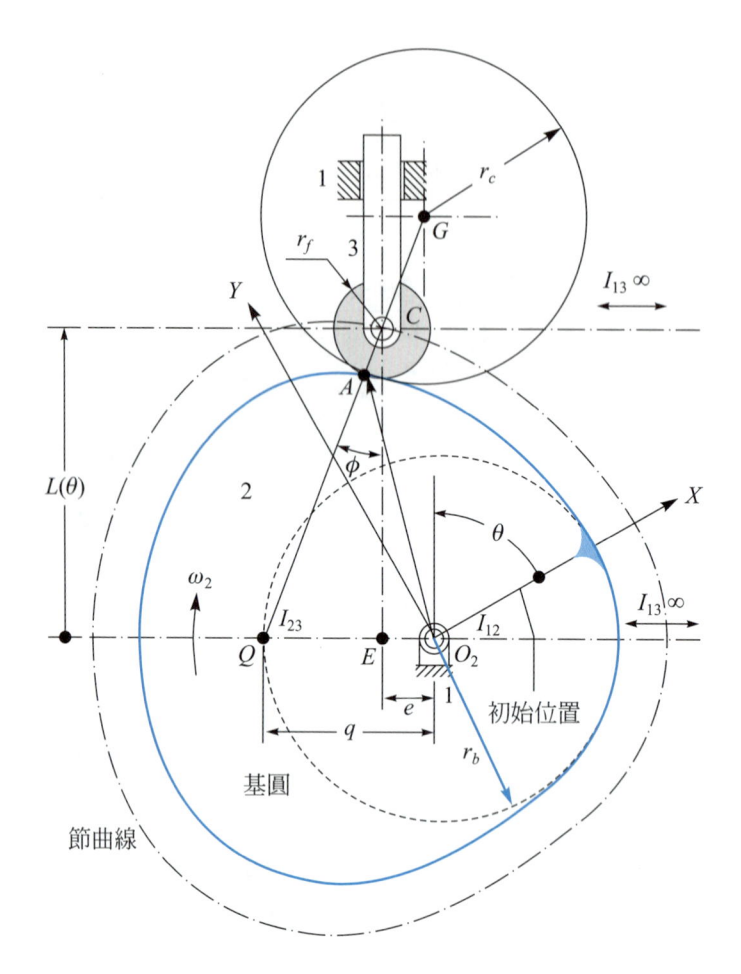

圖 08-27 平移式偏位滾子從動件凸輪機構及其瞬心 [例 08-03]【習題 08-10】

$$V_Q = q\omega_2 \tag{08-130}$$

其中，ω_2 為凸輪的轉速。由於從動件為平移運動，其上所有點的速度均相同，從動件點 Q 的速率 V_Q 可表示為：

$$V_Q = \frac{dL(\theta)}{dt} = \frac{dL(\theta)}{d\theta}\frac{d\theta}{dt} = \frac{dL(\theta)}{d\theta}\omega_2 \tag{08-131}$$

其中，從動件的位置函數 $L(\theta)$ 可表示為：

Chapter 08　凸輪機構
CAM MECHANISMS

$$L(\theta) = \sqrt{(r_b + r_f)^2 - e^2} + s(\theta) \tag{08-132}$$

其中，r_b 為基圓半徑，r_f 為從動滾子半徑，$s(\theta)$ 為從動件運動曲線函數。根據瞬心的定義，桿件 2 (凸輪) 與桿件 3 (從動件) 在瞬心 I_{23} 上的點具有相同速度，而點 Q 為瞬心 I_{23}，因此比較式 (08-130) 與式 (08-131) 可得：

$$q = \frac{dL(\theta)}{d\theta} = \frac{ds(\theta)}{d\theta} = v(\theta) \tag{08-133}$$

其中，$v(\theta)$ 即為從動件的速度函數。選定 r_b、r_f、e 值，以及 $s(\theta)$ 函數後，對於任意 θ 參數值均可由 $L(\theta)$ 定出對應從動滾子中心點 C 的位置，並由式 (08-133) 求得 q 值而定出對應瞬心點 Q 的位置；而 CQ 與從動滾子圓的交點 A 即為凸輪與從動滾子的接觸點，也就是凸輪輪廓的對應點。因此，凸輪節曲線的向量方程式可表示為：

$$\overrightarrow{O_2C} = \overrightarrow{O_2E} + \overrightarrow{EC} \tag{08-134}$$

其中，

$$\overrightarrow{O_2E} = e\cos(\theta+90°)\vec{i} + e\sin(\theta+90°)\vec{j} \tag{08-135}$$

$$\overrightarrow{EC} = L(\theta)\cos\theta\vec{i} + L(\theta)\sin\theta\vec{j} \tag{08-136}$$

換言之，節曲線的坐標 (x_f, y_f) 為：

$$x_f = (\sqrt{(r_b + r_f)^2 - e^2} + s)\cos\theta - e\sin\theta \tag{08-137}$$

$$y_f = (\sqrt{(r_b + r_f)^2 - e^2} + s)\sin\theta + e\cos\theta \tag{08-138}$$

由 $\triangle ECQ$，壓力角 ϕ 可表示為：

$$\phi = \tan^{-1}\left[\frac{q-e}{L(\theta)}\right] = \tan^{-1}\left[\frac{v(\theta)-e}{L(\theta)}\right] \tag{08-139}$$

凸輪輪廓的向量方程式可表示為：

$$\overrightarrow{O_2A} = \overrightarrow{O_2E} + \overrightarrow{EC} + \overrightarrow{CA} \tag{08-140}$$

其中，

$$\overrightarrow{CA} = r_f \cos(\theta + 180° - \phi)\vec{i} + r_f \sin(\theta + 180° - \phi)\vec{j} \qquad (08\text{-}141)$$

換言之，凸輪輪廓的坐標 (x, y) 為：

$$x = (\sqrt{(r_b + r_f)^2 - e^2} + s)\cos\theta - e\sin\theta - r_f \cos(\theta - \phi) \qquad (08\text{-}142)$$

$$y = (\sqrt{(r_b + r_f)^2 - e^2} + s)\sin\theta + e\cos\theta - r_f \sin(\theta - \phi) \qquad (08\text{-}143)$$

再者，由於凸輪與從動滾子接觸點的公法線必須通過刀具 (銑刀或磨輪) 的中心點，由點 A 在其公法線方向上往外延伸刀具半徑 r_c 的距離，就是刀具中心點 G 的位置，其向量方程式可表示為：

$$\overrightarrow{O_2G} = \overrightarrow{O_2E} + \overrightarrow{EC} + \overrightarrow{CG} \qquad (08\text{-}144)$$

其中，$\overrightarrow{O_2E}$ 和 $\overrightarrow{EC}$ 分別如式 (08-135) 與式 (08-136) 所示，而 $\overrightarrow{CG}$ 為：

$$\overrightarrow{CG} = (r_c - r_f)\cos(\theta - \phi)\vec{i} + (r_c - r_f)\sin(\theta - \phi)\vec{j} \qquad (08\text{-}145)$$

換言之，刀具中心的坐標 (x_c, y_c) 可表示為：

$$x_c = (\sqrt{(r_b + r_f)^2 - e^2} + s)\cos\theta - e\sin\theta + (r_c - r_f)\cos(\theta - \phi) \qquad (08\text{-}146)$$

$$y_c = (\sqrt{(r_b + r_f)^2 - e^2} + s)\sin\theta + e\cos\theta + (r_c - r_f)\sin(\theta - \phi) \qquad (08\text{-}147)$$

圖 08-27 的凸輪輪廓乃是以上述參數方程式所繪出，基圓半徑 r_b = 40 mm，從動件的偏位距離 e = 12 mm，從動滾子的半徑 r_f = 10 mm。凸輪的角位移為 0º～100º 時，從動件以擺線運動曲線上升 24 mm；凸輪的角位移為 100º～150º 時，從動件暫停；凸輪的角位移為 150º～250º 時，從動件以擺線運動曲線下降 24 mm；凸輪的角位移為 250º～360º 時，從動件暫停。

以下舉例說明之。

例 08-03 圖 08-27 的平移式偏位滾子從動件凸輪機構，基圓半徑 r_b 為 40 mm，從動件偏位距 e 為 12 mm，從動滾子半徑 r_f 為 10 mm。凸輪的角位移為 0º～100º 時，從動件以擺線運動曲線上升 24 mm；凸輪的角位移為 100º～150º 時，從動件暫停；凸輪的角位移為 150º～250º 時，從動件以擺線運動曲線下降 24 mm；凸輪的角位移為 250º～360º 時，從動件

Chapter 08 凸輪機構
CAM MECHANISMS

則暫停。當 $\theta = 50°$ 時，試求接觸 A 的坐標 (x_A, y_A)。

01. 根據題述的條件可知，$r_b = 40$、$r_f = 10$、$e = 12$；在 $\theta = 50°$ ($\theta = 5\pi/18$ rad) 的區域，$h = 24$、$\beta = 100°$ ($\beta = 5\pi/9$ rad)，從動件的位移方程式與速度方程式分別為：

$$s(\theta) = h\left[\frac{\theta}{\beta} - \frac{1}{2\pi}\sin\left(2\pi\frac{\theta}{\beta}\right)\right]$$

$$s'(\theta) = \frac{h}{\beta}\left[1 - \cos\left(2\pi\frac{\theta}{\beta}\right)\right]$$

滾子圓心的高為：

$$L(\theta) = \sqrt{(r_b + r_f)^2 - e^2} + s(\theta)$$
$$= \sqrt{(40+10)^2 - 12^2} + s(\theta)$$
$$= 2\sqrt{589} + s(\theta)\,(\text{mm})$$

02. $\theta = 50°$ 時，

$$s(50°) = 24\left[\frac{50}{100} - \frac{1}{2\pi}\sin\left(\frac{2\pi \times 50}{100}\right)\right]$$
$$= 12\,(\text{mm})$$

$$L(50°) = 2\sqrt{589} + 12$$
$$= 60.5386\,(\text{mm})$$

$$s'(50°) = \frac{24 \times 9}{5\pi}\left[1 - \cos\left(\frac{2\pi \times 5\pi/18}{5\pi/9}\right)\right]$$
$$= \frac{432}{5\pi}$$
$$= 27.502\,(\text{mm})$$

$$\tan\phi = \frac{s'(\theta) - e}{s(\theta) + r_b + r_f}$$
$$= \frac{15.502}{60.5386}$$
$$= 0.25607$$

因此，壓力角 ϕ 為：

03. 由式 (08-142) 與式 (08-143) 可得凸輪輪廓的坐標 (x_A, y_A) 為：

$$x_A = (\sqrt{(r_b + r_f)^2 - e^2} + s(\theta))\cos\theta - e\sin\theta - r_f \cos(\theta - \phi)$$
$$= 38.913 - 9.1925 - 8.1272$$
$$= 21.594$$
$$y_A = (\sqrt{(r_b + r_f)^2 - e^2} + s(\theta))\sin\theta + e\cos\theta - r_f \sin(\theta - \phi)$$
$$= 46.3753 + 7.7135 - 5.8265$$
$$= 48.262$$

$$\phi = \tan^{-1} 0.25607$$
$$= 14.363°$$

08-05-4　平移式平面從動件 With a translating flat-face follower

圖 08-28 為平移式平面從動件凸輪機構，從動件的平面與凸輪保持相切。建立固定於凸輪上的坐標系 O_2-XY，並標示出瞬心 I_{12}、I_{13}、I_{23} 位置，分別如圖上所示。若點 Q 代表瞬心 I_{23} 且 $O_2Q = q$，則 q 可表示為：

$$q = \frac{dL(\theta)}{d\theta} = \frac{ds(\theta)}{d\theta} = v(\theta) \tag{08-148}$$

其中，從動件的位置函數 $L(\theta)$ 可表示為：

$$L(\theta) = r_b + s(\theta) \tag{08-149}$$

因此，選定 r_b 值與 $s(\theta)$ 函數後，對任意 θ 參數值均可由 $L(\theta)$ 定出對應點 A 的高度，並由式 (08-148) 求得 q 值而定出對應瞬心點 Q 的位置。因此，凸輪輪廓的向量方程式可表示為：

$$\overrightarrow{O_2 A} = \overrightarrow{O_2 Q} + \overrightarrow{QA} \tag{08-150}$$

其中

$$\overrightarrow{O_2 Q} = q\cos(\theta + 90°)\vec{i} + q\sin(\theta + 90°)\vec{j} \tag{08-151}$$

$$\overrightarrow{QA} = L(\theta)\cos\theta\,\vec{i} + L(\theta)\sin\theta\,\vec{j} \tag{08-152}$$

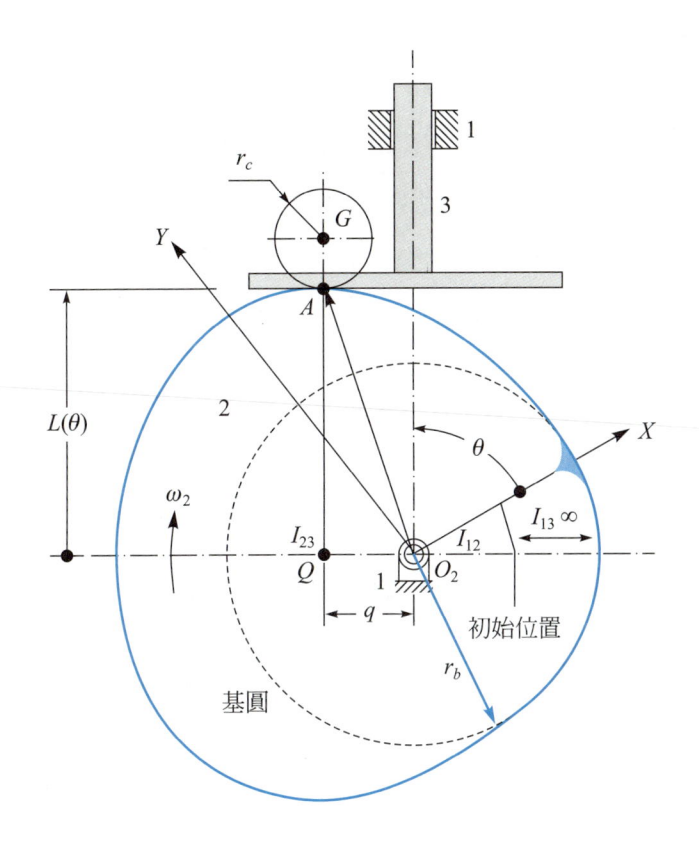

圖 08-28 平移式平面從動件凸輪機構及其瞬心【習題 08-07】【習題 08-11】

換言之，凸輪輪廓的坐標 (x, y) 為：

$$x = (r_b + s)\cos\theta - s'\sin\theta \quad (08\text{-}153)$$

$$y = (r_b + s)\sin\theta + s'\cos\theta \quad (08\text{-}154)$$

由於平移式平面從動件凸輪機構在任何位置，接觸點法線方向均與從動件運動方向平行，壓力角 ϕ 均為零。再者，由點 A 在其公法線方向上往外延伸刀具半徑 r_c 的距離，就是刀具中心點 G 的位置，其向量方程式可表示為：

$$\overrightarrow{O_2G} = \overrightarrow{O_2Q} + \overrightarrow{QG} \quad (08\text{-}155)$$

其中，$\overrightarrow{O_2Q}$ 如式 (08-151) 所示，而 $\overrightarrow{QG}$ 為：

$$\overrightarrow{QG} = [L(\theta)+r_c]\cos\theta \vec{i} + [L(\theta)+r_c]\sin\theta \vec{j} \qquad (08\text{-}156)$$

換言之，刀具中心的坐標 (x_c, y_c) 可表示為：

$$x_c = (r_b+s+r_c)\cos\theta - s'\sin\theta \qquad (08\text{-}157)$$

$$y_c = (r_b+s+r_c)\sin\theta + s'\cos\theta \qquad (08\text{-}158)$$

　　圖 08-28 的凸輪輪廓乃是以上述方程式所繪出，基圓半徑 r_b = 40 mm。凸輪的角位移為 0º ~ 100º 時，從動件以擺線運動曲線上升 24 mm；凸輪的角位移為 100º ~ 180º 時，從動件暫停；凸輪的角位移為 180º ~ 270º 時，從動件以擺線運動曲線下降 24 mm；凸輪的角位移為 270º ~ 360º 時，從動件則暫停。

08-05-5　搖擺式滾子從動件 With an oscillating roller follower

　　圖 08-29 為搖擺式滾子從動件凸輪機構，凸輪旋轉軸與從動件搖擺軸間的

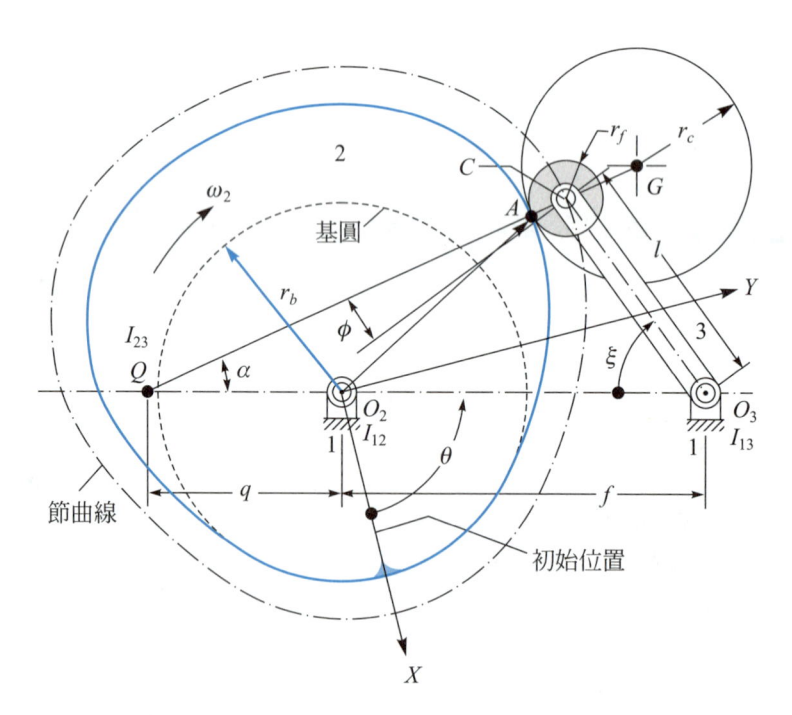

圖 08-29　搖擺式滾子從動件凸輪機構及其瞬心【習題 08-03】【習題 08-04】【習題 08-12】

Chapter 08　凸輪機構
CAM MECHANISMS

軸心距為 $O_2O_3 = f$，從動件擺臂長為 l。建立固定於凸輪上的坐標系 $O_2\text{-}XY$，並標示出瞬心 I_{12}、I_{13}、I_{23} 位置，分別如圖上所示。若點 Q 代表瞬心 I_{23} 且 $O_2Q = q$，則凸輪上點 Q 的速率可表示為：

$$V_Q = q\omega_2 \tag{08-159}$$

而從動件點 Q 的速率 V_Q 可表示為：

$$V_Q = (f+q)\frac{d\xi(\theta)}{dt} = (f+q)\frac{d\xi(\theta)}{d\theta}\omega_2 \tag{08-160}$$

其中，$\xi(\theta)$ 為從動件的角位置函數，可表示為：

$$\xi(\theta) = \cos^{-1}\left[\frac{l^2 + f^2 - (r_b + r_f)^2}{2lf}\right] + s(\theta) \tag{08-161}$$

其中，r_b 為凸輪基圓半徑，r_f 為從動滾子半徑，$s(\theta)$ 為從動擺臂的角位移函數。比較式 (08-159) 與式 (08-160)，並經移項化簡後可得：

$$q = \frac{f\dfrac{d\xi(\theta)}{d\theta}}{1 - \dfrac{d\xi(\theta)}{d\theta}} = \frac{f\dfrac{ds(\theta)}{d\theta}}{1 - \dfrac{ds(\theta)}{d\theta}} = \frac{fv(\theta)}{1 - v(\theta)} \tag{08-162}$$

其中，$v(\theta)$ 即為從動擺臂的角速度函數。選定 r_b、r_f、l、f 值、以及 $s(\theta)$ 函數後，對任意 θ 參數值均可由 $\xi(\theta)$ 定出對應從動滾子中心點 C 的位置，並由式 (08-162) 求得 q 值而定出對應瞬心點 Q 的位置。由 ΔO_3QC 與餘弦定理，可得點 Q 至滾子中心點 C 的距離 QC 為：

$$QC = \sqrt{l^2 + (f+q)^2 - 2l(f+q)\cos\xi(\theta)} \tag{08-163}$$

由 ΔO_3QC 與正弦定理可得：

$$\alpha = \sin^{-1}\left[\frac{l\sin\xi(\theta)}{QC}\right] \tag{08-164}$$

因此，凸輪輪廓的向量方程式可表示為：

$$\overrightarrow{O_2A} = \overrightarrow{O_2Q} + \overrightarrow{QA} \tag{08-165}$$

其中，

$$\overrightarrow{O_2Q} = q\cos(\theta+180°)\vec{i} + q\sin(\theta+180°)\vec{j} \tag{08-166}$$

$$\overrightarrow{QA} = (QC-r_f)\cos(\theta+\alpha)\vec{i} + (QC-r_f)\sin(\theta+\alpha)\vec{j} \tag{08-167}$$

換言之，凸輪輪廓的坐標 (x, y) 為：

$$x = -q\cos\theta + (QC-r_f)\cos(\theta+\alpha) \tag{08-168}$$

$$y = -q\sin\theta + (QC-r_f)\sin(\theta+\alpha) \tag{08-169}$$

節曲線的向量方程式可表示為：

$$\overrightarrow{O_2C} = \overrightarrow{O_2Q} + \overrightarrow{QC} \tag{08-170}$$

換言之，節曲線的坐標 (x_f, y_f) 為：

$$x_f = -q\cos\theta + QC\cos(\theta+\alpha) \tag{08-171}$$

$$y_f = -q\sin\theta + QC\sin(\theta+\alpha) \tag{08-172}$$

由 ΔO_3QC 可知，壓力角 ϕ 可表示為：

$$\phi = 90° - \alpha - \xi(\theta) \tag{08-173}$$

再者，由點 A 在其公法線方向上往外延伸刀具半徑 r_c 的距離，就是刀具中心點 G 的位置，其向量方程式可表示為：

$$\overrightarrow{O_2G} = \overrightarrow{O_2Q} + \overrightarrow{QG} \tag{08-174}$$

其中，$\overrightarrow{O_2Q}$ 如式 (08-166) 所示，而 $\overrightarrow{QG}$ 為：

$$\overrightarrow{QG} = (QC-r_f+r_c)\cos(\theta+\alpha)\vec{i} + (QC-r_f+r_c)\sin(\theta+\alpha)\vec{j} \tag{08-175}$$

換言之，刀具中心的坐標 (x_c, y_c) 可表示為：

$$x_c = -q\cos\theta + (QC-r_f+r_c)\cos(\theta+\alpha) \tag{08-176}$$

$$y_c = -q\sin\theta + (QC-r_f+r_c)\sin(\theta+\alpha) \tag{08-177}$$

圖 08-29 的凸輪輪廓，乃是以上述參數方程式所繪出，軸心距 $f = 80$

mm，凸輪基圓半徑 r_b = 40 mm，從動件擺臂長 l = 52 mm，從動滾子半徑 r_f = 8 mm。凸輪的角位移為 0º ~ 120º 時，從動件以擺線運動曲線以順時針方向搖擺 25º；凸輪的角位移為 120º ~ 160º 時，從動件暫停；凸輪的角位移為 160º ~ 280º 時，從動件以擺線運動曲線以反時針方向搖擺 25º；凸輪的角位移為 280º ~ 360º 時，從動件則暫停。

08-05-6　搖擺式平面從動件 With an oscillating flat-face follower

圖 08-30 為搖擺式平面從動件凸輪機構，凸輪旋轉軸與從動件搖擺軸間的軸心距為 $O_2O_3 = f$，從動件軸心到從動擺臂平面的距離為 e。建立固定於凸輪上的坐標系 O_2-XY，並標出瞬心 I_{12}、I_{13}、I_{23} 位置。若點 Q 代表瞬心 I_{23} 且 O_2Q = q，則 q 可表示為：

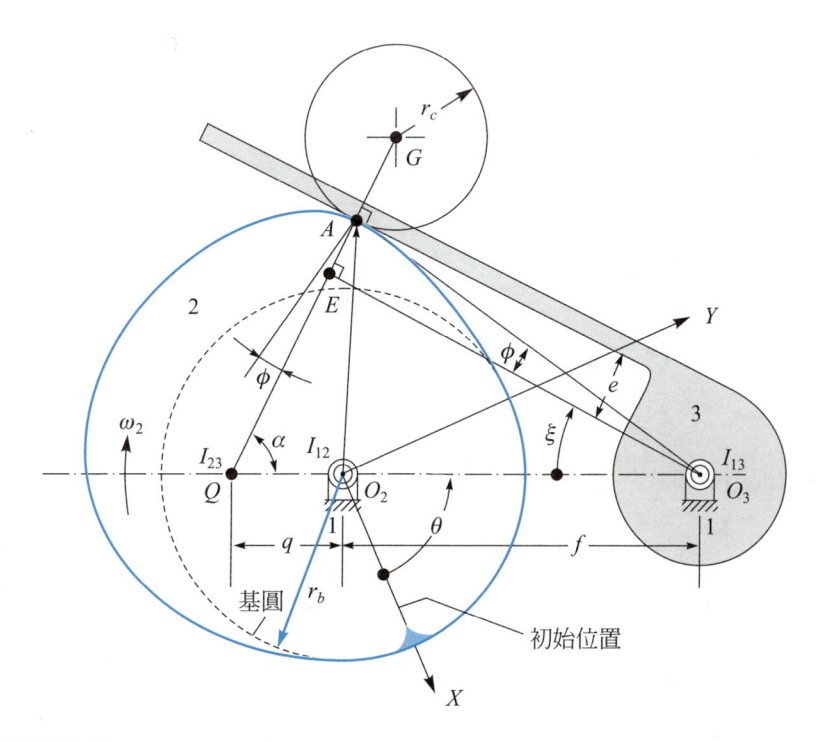

圖 08-30　搖擺式平面從動件凸輪機構及其瞬心【習題 08-05】【習題 08-13】

$$q = \frac{f\dfrac{d\xi(\theta)}{d\theta}}{1-\dfrac{d\xi(\theta)}{d\theta}} = \frac{f\dfrac{ds(\theta)}{d\theta}}{1-\dfrac{ds(\theta)}{d\theta}} = \frac{fv(\theta)}{1-v(\theta)} \tag{08-178}$$

其中，$\xi(\theta)$ 為從動件的角位置函數，可表示為：

$$\xi(\theta) = \sin^{-1}\left(\frac{r_b - e}{f}\right) + s(\theta) \tag{08-179}$$

選定 r_b、e、f 值、及 $s(\theta)$ 函數後，對任意 θ 參數值均可由式 (08-178) 求得 q 值而定出對應瞬心點 Q 的位置，並由 $\xi(\theta)$ 值定出 O_3E 的方向，再由點 Q 對 O_3E 線作垂線而決定點 E 與點 A 的位置。由 ΔO_3QE 可得：

$$QE = (f+q)\sin\xi(\theta) \tag{08-180}$$

$$\alpha = 90° - \xi(\theta) \tag{08-181}$$

因此，凸輪輪廓的向量方程式可表示為：

$$\overrightarrow{O_2A} = \overrightarrow{O_2Q} + \overrightarrow{QA} \tag{08-182}$$

其中，

$$\overrightarrow{O_2Q} = q\cos(\theta+180°)\vec{i} + q\sin(\theta+180°)\vec{j} \tag{08-183}$$

$$\overrightarrow{QA} = (QE+e)\cos(\theta+\alpha)\vec{i} + (QE+e)\sin(\theta+\alpha)\vec{j} \tag{08-184}$$

換言之，凸輪輪廓的坐標 (x, y) 為：

$$x = -q\cos\theta + (QE+e)\cos(\theta+\alpha) \tag{08-185}$$

$$y = -q\sin\theta + (QE+e)\sin(\theta+\alpha) \tag{08-186}$$

由基本幾何關係可知，壓力角 ϕ 就是 ΔO_3EA 的頂角，可表示為：

$$\phi = \tan^{-1}\left[\frac{e}{(f+q)\cos\xi(\theta)}\right] \tag{08-187}$$

再者，由點 A 在其公法線方向上往外延伸刀具半徑 r_c 的距離，就是刀具中心點 G 的位置，其向量方程式可表示為：

Chapter 08　凸輪機構
CAM MECHANISMS

$$\overrightarrow{O_2G} = \overrightarrow{O_2Q} + \overrightarrow{QG} \tag{08-188}$$

其中，$\overrightarrow{O_2Q}$ 如式 (08-183) 所示，而 $\overrightarrow{QG}$ 為：

$$\overrightarrow{QG} = (QE + e + r_c)\cos(\theta + \alpha)\vec{i} + (QE + e + r_c)\sin(\theta + \alpha)\vec{j} \tag{08-189}$$

換言之，刀具中心的坐標 (x_c, y_c) 可表示為：

$$x_c = -q\cos\theta + (QE + e + r_c)\cos(\theta + \alpha) \tag{08-190}$$

$$y_c = -q\sin\theta + (QE + e + r_c)\sin(\theta + \alpha) \tag{08-191}$$

圖 08-30 的凸輪輪廓，乃是以上述參數方程式所繪出，軸心距 $f = 80$ mm，凸輪基圓半徑 $r_b = 40$ mm，從動件軸心到從動擺臂平面的距離 $e = 16$ mm。凸輪的角位移為 0°～120° 時，從動件以擺線運動曲線往順時針方向搖擺 15°；凸輪的角位移為 120°～160° 時，從動件暫停；凸輪的角位移為 160°～280° 時，從動件以擺線運動曲線往反時針方向搖擺 15°；凸輪的角位移為 280°～360° 時，從動件暫停。

08-05-7*　輪廓曲線設計-包絡線法
Profile design based on theory of envelop

本節介紹利用**包絡線原理** (Theory of envelope) 求得盤形凸輪輪廓曲線的基本觀念，並以平移式徑向滾子從動件凸輪為例，說明推導相關方程式的方法與結果。

圖 08-31 的許多圓圈，表示具滾子從動件的滾子，這些圓圈的上下邊界為兩條包絡線 (Envelope)，即為凸輪的輪廓曲線。

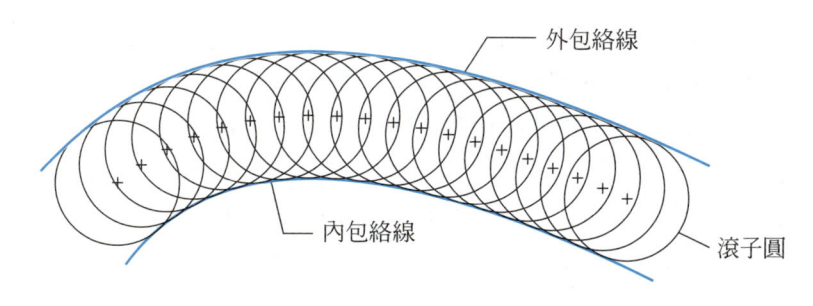

圖 08-31　包絡線原理

平面上的曲線族 (Curve family)，可以數學式表示為：

$$F(x, y, \theta) = 0 \tag{08-192}$$

其中，θ 為族群參數，用以區分個別曲線；計算凸輪輪廓時，參數 θ 通常就是凸輪的旋轉角。若參數 θ 設定為某特定值 θ_1，式 (08-192) 即表示一條對應曲線。圖 08-32，相對於 θ_1 和 θ_2 的兩條曲線，對滾子從動件而言，即為兩個滾子圓圈，分別為 $F(x, y, \theta_1) = 0$ 和 $F(x, y, \theta_2) = 0$，因此位於包絡線上的點 (相對於此兩個滾子圓) 必位於此兩滾子圓圈上。將式 (08-192) 對參數 θ 偏微分可得：

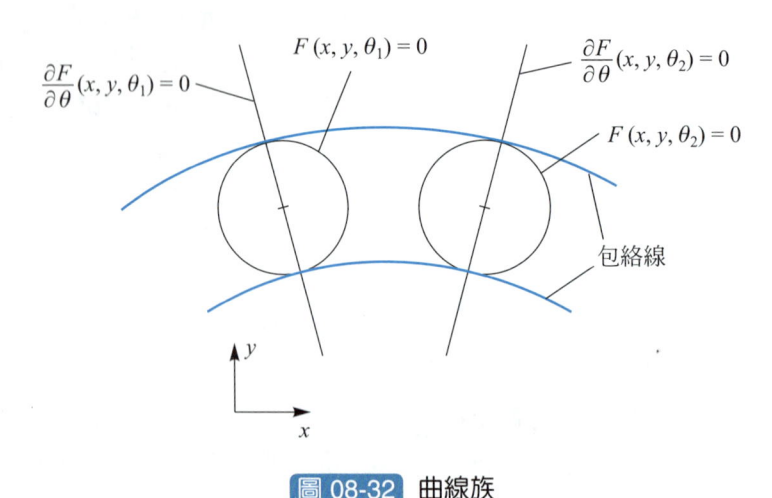

圖 08-32 曲線族

$$\frac{\partial F}{\partial \theta}(x, y, \theta) = F_\theta(x, y, \theta) = 0 \tag{08-193}$$

表示具 θ 參數的第二曲線族。由圖 08-32 可知，第一曲線族及其相對應的第二曲線族相交於包絡線上。因此，式 (08-192) 與式 (08-193) 的聯立方程式表示包絡線。故在一般情形下，可由式 (08-192) 與式 (08-193) 聯立消去參數 θ 而得包絡線方程式。

圖 08-26 為平移式徑向滾子從動件凸輪機構，建立固定於凸輪上的坐標系 O_2-XY，坐標原點 O_2 與凸輪旋轉軸心重合，θ 為凸輪角位移。令凸輪中心 O_2 至滾子中心 C 的距離為 $L(\theta)$，則 $L(\theta)$ 可表示為：

$$L(\theta) = r_b + r_f + s(\theta) \qquad (08\text{-}194)$$

其中，r_b 為基圓半徑，r_f 為滾子半徑，$s(\theta)$ 為從動件的移幅。由從動件滾子所形成之曲線族的方程式可表示為：

$$F(x, y, \theta) = (x - L\cos\theta)^2 + (y - L\sin\theta)^2 - r_f^2 = 0 \qquad (08\text{-}195)$$

將式 (08-195) 對 θ 偏微分得：

$$\begin{aligned}\frac{\partial F}{\partial \theta} &= 2(L\sin\theta - \frac{ds}{d\theta}\cos\theta)(x - L\cos\theta) - 2(L\cos\theta + \frac{ds}{d\theta}\sin\theta)(y - L\cos\theta) \\ &= 0 \end{aligned} \qquad (08\text{-}196)$$

聯立求解式 (08-195) 與式 (08-196)，可得凸輪的輪廓曲線為：

$$x = L\cos\theta \pm \frac{r_f}{[1 + (M/N)^2]^{1/2}} \qquad (08\text{-}197)$$

$$y = L\sin\theta \pm \frac{M}{N}\frac{r_f}{[1 + (M/N)^2]^{1/2}} \qquad (08\text{-}198)$$

其中，

$$M = L\sin\theta - \frac{ds}{d\theta}\cos\theta \qquad (08\text{-}199)$$

$$N = L\cos\theta + \frac{ds}{d\theta}\sin\theta \qquad (08\text{-}200)$$

$$\frac{ds}{d\theta} = \frac{dL}{d\theta} \qquad (08\text{-}201)$$

因此，只要基圓半徑 r_b、滾子半徑 r_f、位移曲線 $s(\theta)$ 已知，即可由式 (08-197) 和式 (08-198) 求得凸輪的輪廓曲線。

由包絡線原理所求得凸輪的輪廓曲線，包含內包絡線與外包絡線，因此式 (08-197) 與式 (08-198) 凸輪輪廓曲線的 x、y 坐標方程式中均有正負號。以這些方程式計算凸輪輪廓曲線時，通常只選取其內包絡線，也就是較為靠近凸輪轉軸的那條封閉曲線。此外，式 (08-196) 所示的第二曲線族，就是凸輪與從動件的接觸點法線，所以聯立解式 (08-195) 與式 (08-196) 所得到的兩個對應點，就

是從動滾子圓與接觸點法線的兩個交點。

由上述平移式徑向滾子從動件凸輪輪廓曲線的推導例可看出，採用包絡線原理推導相關方程式的步驟及所得的結果較為繁複。相對的，前述的瞬心向量法，可以參數方程式簡明地表示各類型盤形凸輪的輪廓曲線及加工凸輪刀具中心點的路徑。因此，雖然利用包絡線原理，亦可推導出其它類型凸輪機構輪廓曲線的相關方程式，但不再詳列其內容。

08-05-8*　曲率分析 Curvature analysis

凸輪輪廓的**曲率** (Curvature) 與凸輪機構特性有很密切的關係，亦為判斷該機構是否過切或是否能作適當傳動的重要因素。

若平面曲線的坐標 (x, y) 可以參數方程式 $x = x(\theta)$、$y = y(\theta)$ 表示，其曲率半徑 ρ 可表示為：

$$\rho = \frac{\left[(dx/d\theta)^2 + (dy/d\theta)^2\right]^{3/2}}{(dx/d\theta)(d^2y/d\theta^2) - (dy/d\theta)(d^2x/d\theta^2)} \tag{08-202}$$

對於平移式平面從動件凸輪機構的輪廓曲線而言，圖 08-28，由式 (08-153) 與式 (08-154) 可得：

$$\frac{dx}{d\theta} = -(r_b + s + s'')\sin\theta \tag{08-203}$$

$$\frac{d^2x}{d\theta^2} = -(r_b + s + s'')\cos\theta - (s' + s''')\sin\theta \tag{08-204}$$

$$\frac{dy}{d\theta} = (r_b + s + s'')\cos\theta \tag{08-205}$$

$$\frac{d^2y}{d\theta^2} = -(r_b + s + s'')\sin\theta + (s' + s''')\cos\theta \tag{08-206}$$

其中 $s' = \dfrac{ds}{d\theta}$，$s'' = \dfrac{d^2s}{d\theta^2}$，$s''' = \dfrac{d^3s}{d\theta^3}$；代入式 (08-202)，可得曲率半徑 ρ 為：

$$\rho = r_b + s + s'' \tag{08-207}$$

對此型機構而言，凸輪輪廓曲線的曲率半徑 ρ 應大於零，即：

Chapter 08　凸輪機構
CAM MECHANISMS

$$r_b + s + s'' > 0 \tag{08-208}$$

因此，決定運動曲線後，式 (08-208) 的 $s+s''$ 值即可確定，並據以選取適當的基圓半徑 r_b 來滿足式 (08-208) 的要求。

對於具偏位量直線滾子型從動件凸輪的節曲線而言，圖 08-27，由式 (08-137) 可得：

$$\frac{dx_f}{d\theta} = -e\cos\theta - (\sqrt{(r_b+r_f)^2 - e^2} + s)\sin\theta + s'\cos\theta \tag{08-209}$$

$$\frac{d^2 x_f}{d\theta^2} = e\sin\theta - (\sqrt{(r_b+r_f)^2 - e^2} + s)\cos\theta - 2s'\sin\theta + s''\cos\theta \tag{08-210}$$

由式 (08-138) 可得：

$$\frac{dy_f}{d\theta} = -e\sin\theta + (\sqrt{(r_b+r_f)^2 - e^2} + s)\cos\theta + s'\sin\theta \tag{08-211}$$

$$\frac{d^2 y_f}{d\theta^2} = -e\cos\theta - (\sqrt{(r_b+r_f)^2 - e^2} + s)\sin\theta + 2s'\cos\theta + s''\sin\theta \tag{08-212}$$

將以上諸式代入式 (08-202) 中，可得凸輪節曲線的曲率半徑。若不具偏位量，即 $e = 0$，節曲線的曲率半徑為：

$$\rho_f = \frac{\left[(r_b+r_f+s)^2 + (s')^2\right]^{3/2}}{(r_b+r_f+s)^2 + 2(s')^2 - (r_b+r_f+s)s''} \tag{08-213}$$

圖 08-33(a) 為滾子從動件可與凸或凹的凸輪輪廓接觸，若輪廓為凸向外，凸輪輪廓曲線的曲率半徑 ρ 可表示為：

$$\rho = \rho_f - r_f \tag{08-214}$$

其中，ρ_f 為節曲線在法線對應點處的曲率半徑。若輪廓為凹向外，凸輪輪廓曲線曲率半徑的絕對值 ρ 可表示為：

$$\rho = \rho_f + r_f \tag{08-215}$$

若輪廓為凸向外，且凸輪輪廓的曲率半徑 ρ 為零，即：

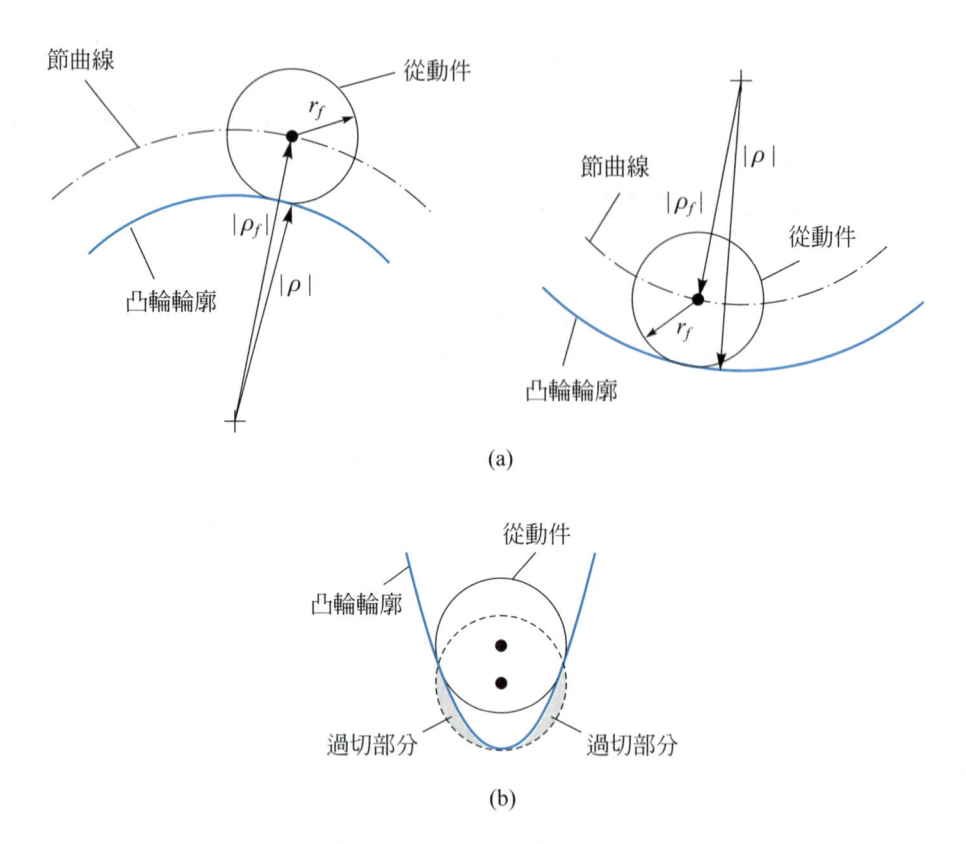

圖 08-33 滾子從動件凸輪的曲率與過切

$$\rho = \rho_f - r_f = 0 \tag{08-216}$$

則該處的輪廓為一尖點。因此，輪廓為凸向外時，應滿足下式：

$$\rho_f > r_f \tag{08-217}$$

反之，輪廓為凹向外時，曲率半徑 ρ 的絕對值為：

$$|\rho| = -\rho_f + r_f \tag{08-218}$$

若曲率半徑 ρ 滿足下式：

$$|\rho| \leq r_f \tag{08-219}$$

則會產生過切現象，圖 08-33(b)。

08-06　間歇運動機構 Intermittent Motion Mechanisms

若機構主動件的運動具連續性，從動件的運動為間歇性，則稱其為**間歇運動機構** (Intermittent motion mechanism)。此類機構的種類很多，有不少是凸輪機構，本節介紹棘輪機構、日內瓦機構、平行分度凸輪、及滾齒凸輪等四種間歇運動機構。

08-06-1　棘輪機構 Ratchet mechanisms

基本的**棘輪機構** (Ratchet mechanism) 由搖臂 (Oscillating arm，機件 2)、**棘爪** (Pawl，機件 3)、**棘輪** (Ratchet wheel，機件 4)、及機架 (機件 1) 組成，圖 08-34(a)；圖 08-34(b) 為其一般化鏈。搖臂為主動件，以旋轉對 (R) 分別和機架與棘爪鄰接；棘爪以凸輪對 (A) 和棘輪鄰接；棘輪為從動件，以旋轉對和機架鄰接。搖臂以反時針方向旋轉時，棘爪推動棘輪反時針方向旋轉；搖臂以順時針方向旋轉時，棘爪則順著棘輪上的齒形滑過，棘輪保持不動。使用時，棘爪可利用荷重或者彈簧，使之與棘輪的齒保持接觸。再者，搖臂擺動的角度需大於棘輪一齒的對應量，否則無法推動棘輪；若需較大的棘輪轉動角度，可調定一次推動兩齒或三齒，棘輪轉動角度的大小則由棘輪齒數來控制。

為防止棘爪順時針方向退回時，因摩擦力將棘輪順時針方向帶回，可加裝另一個棘爪，以確保棘輪僅作反時針方向轉動。圖 08-34(c) 為半徑無限大的棘輪，即為**齒條**；搖臂 2 搖動時，棘爪 3 使齒條形棘輪 4 向上作直線間歇運動，下方的棘爪 5 用以防止齒條形棘輪向下滑動。圖 08-34(d) 為具 2 個棘爪的棘輪機構模型。

上述棘輪機構中的棘輪，其旋轉方向是單向的。在某些應用場合，需要棘輪具有正反兩向的間歇運動，以供使用時選擇，如牛頭刨床與龍門刨床的進給機構。以下介紹兩種雙向棘輪機構。

圖 08-35 為可逆向棘輪機構，是將棘爪的支點改裝成可逆爪，常用於刨床的進刀機構中；改變搖臂 2 的擺動角度，即可推動所需的棘輪齒數，使刨床工件產生不同的加工量。棘輪 4 的齒為徑向直齒，棘爪 3 在實線與虛線位置時是對稱的，使棘輪順時針或反時針方向轉動。圖 08-36 為**雙動摯子** (Double acting

現代機構學
MODERN MECHANISMS

(a)　　　　　　　(b)　　　　　　　(c)

(d)

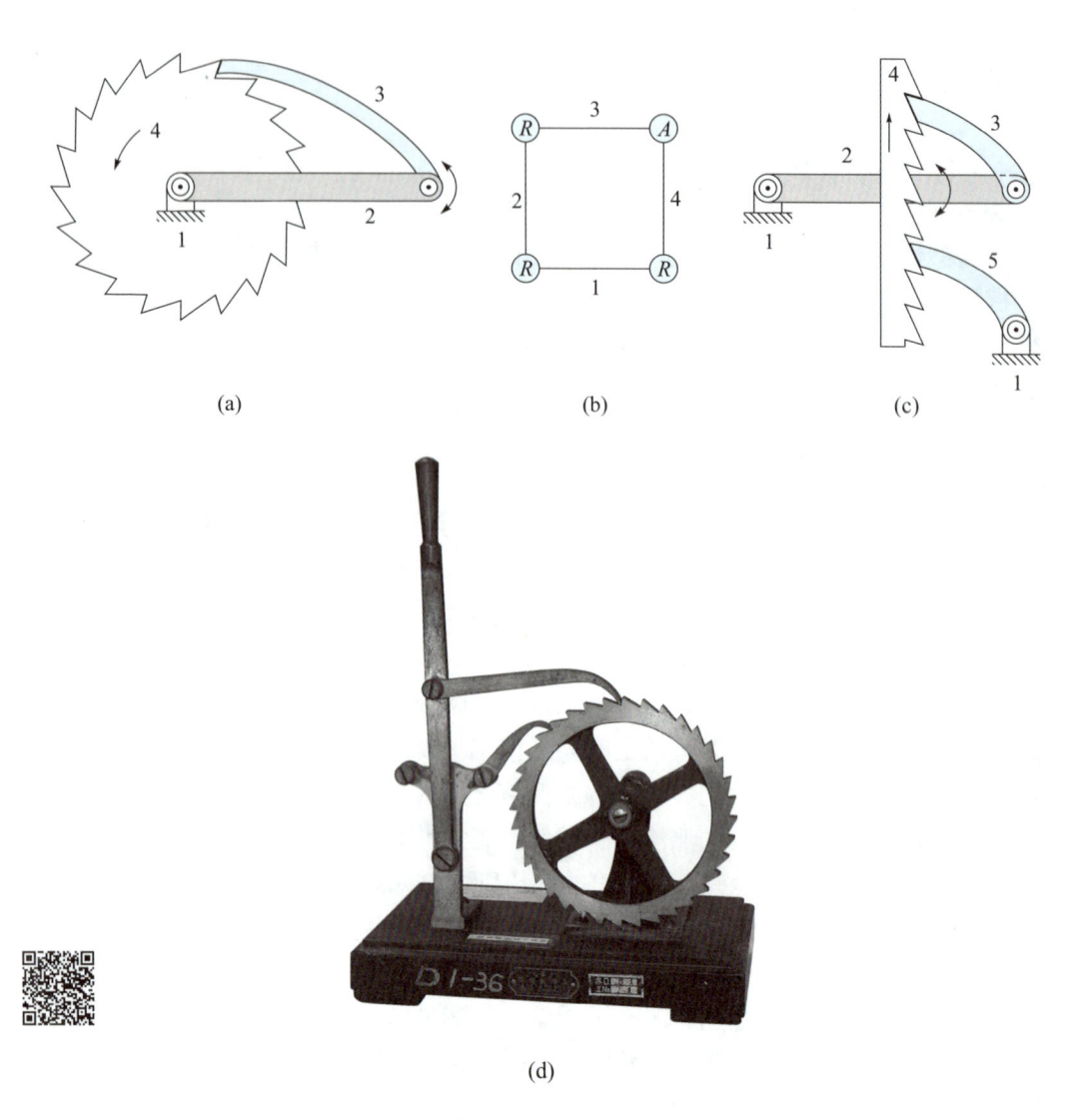

圖 08-34　棘輪機構

click) 棘輪機構，有個雙搖臂 2 與兩個棘爪 (3 和 3′)，在搖臂搖動一次的週期中，具有兩次推動棘輪 4 的效果，且棘輪僅在搖臂變向轉動的瞬間暫停，所以棘輪的間歇運動幾乎可變成連續運動。棘爪 3 開始作動時，如圖 08-36 所示位置，棘爪 3′ 剛完成其前進行程而正要開始退回；在棘爪 3 的前進行程中，棘輪 4 順時針方向轉動半齒，而後退半齒的棘爪 3′ 則滑落到棘輪的另一個齒

Chapter 08　凸輪機構
CAM MECHANISMS

圖 08-35　可逆向棘輪機構

圖 08-36　雙動掣子機構

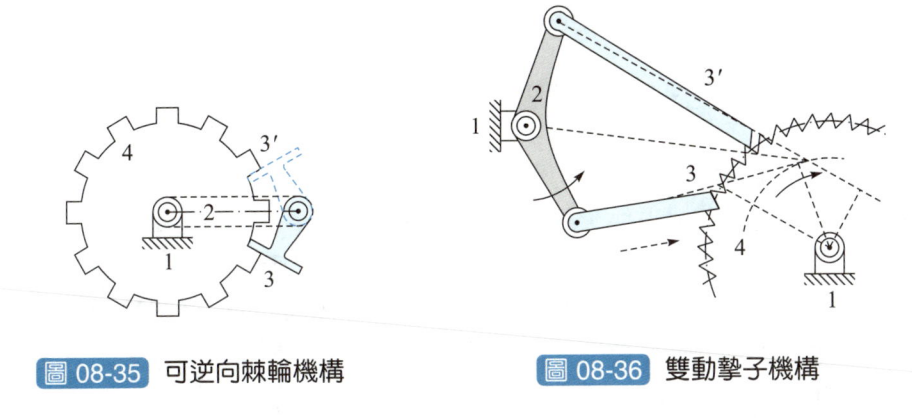

間，以便搖臂 2 順時針方向擺動時也能帶動棘輪。

　　圖 08-37 為無聲棘輪 (Silent ratchet)，棘輪 2 並沒有任何齒而是藉由棘輪 2 和棘爪 4 兩個面的楔合來傳遞動力。圖 08-38 為無聲棘輪在單向離合器 (One-way clutch) 上的應用，外側機件 3 反時針轉動時，機件 2 的平面與機件 3 和鋼珠 (或滾柱) 4 相接觸的切線夾角形成楔形效應。因此，機件 3 可反時針轉動當作主動件帶動機件 2，或機件 2 可順時針轉動當作主動件帶動機件 3。此單向離合器也可當作超速離合器 (Overrunning clutch)，機件 2 是主動件時，可順時針轉動帶動機件 3；機件 2 停止時，機件 3 可依慣性繼續順時針轉動。同理，機件 3 是主動件時，可反時針轉動帶動機件 2；機件 3 停止時，機件 2 可依慣性繼續反時針轉動。

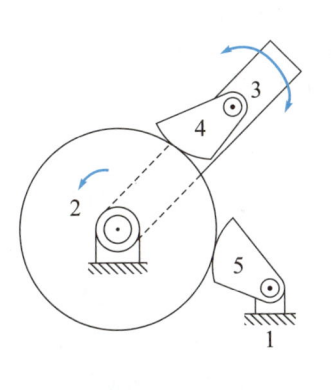

圖 08-37　無聲棘輪

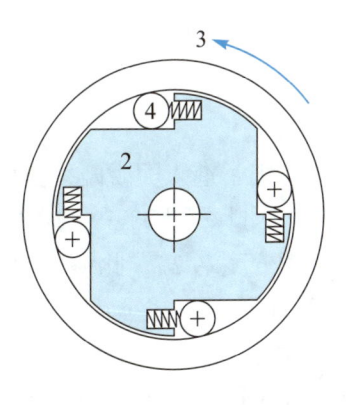

圖 08-38　單向離合器

08-06-2　日內瓦機構 Geneva mechanism

日內瓦機構 (Geneva mechanism) 是由有徑向滑槽的從動件 (即槽輪)、帶有銷子的主動件、及機架所組成，圖 08-39。主動件作等速運動時，從動槽輪時而轉動、時而暫停。主動件銷子在尚未進入從動件滑槽內時，從動件內凹圓弧被主動件的外凸圓弧卡住，故從動件暫停。銷子進入從動件滑槽內時，主動件外凸圓弧不再卡住從動件的內凹圓弧，銷子迫使從動件旋轉，且與主動件轉向相反。銷子開始脫離從動件的滑槽時，從動件另一內凹圓弧又被主動件的外凸圓弧卡住，致使從動件暫停，直至銷子再度進入從動件滑槽內，兩者又重複上述的運動循環。

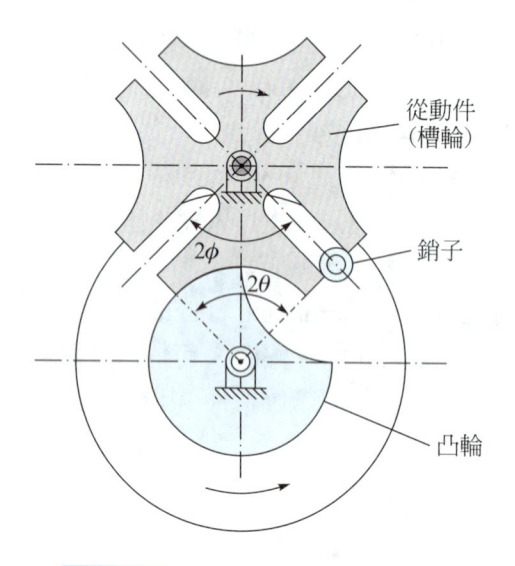

圖 08-39　日內瓦機構【習題 07-14】

主動件銷子進入與脫離從動件的滑槽時，銷子的運動方向必須順著滑槽中心線方向。因此，圖 08-39 的機構中，$\theta + \phi = 90º$。每當主動銷子轉一周，從動件只轉一個分度站 2ϕ。此機構的從動槽輪有 4 個徑向滑槽，$\phi = 45º$、$\theta = 45º$，每當主動件轉一周，從動件只轉 1/4 周。若將銷子或徑向滑槽的數目改變，可改變傳動關係；例如，若滑槽數為 6，銷子數為 2，則每當主動件轉一周時，從動件轉 1/3 周。再者，若欲使槽輪每次的運動時間相等而暫停時間不相等，可使徑向滑槽均勻分佈，而銷子非均勻分佈。

Chapter 08　凸輪機構
CAM MECHANISMS

日內瓦機構的構造簡單，工作可靠，常用在等速旋轉的分度機構中，例如工具機的轉塔機構。運動過程中，槽輪轉動在起動與停歇時的加速度變化很大，主動件銷子與滑槽的衝擊較嚴重；再者，加速度方向在槽輪旋轉的前半段與後半段不同向，導致銷子與滑槽兩側的衝擊交替發生，因此通常應用在轉速不高的間歇運動機構上。

08-06-3　平行分度凸輪 Parallel indexing cam

圖 08-40 為**平行分度凸輪** (Parallel indexing cam)，由兩個固結在一起的盤形凸輪及一個雙層多滾子從動件所組成。盤形凸輪運轉時，迫使雙層多滾子從動件產生間歇運動。

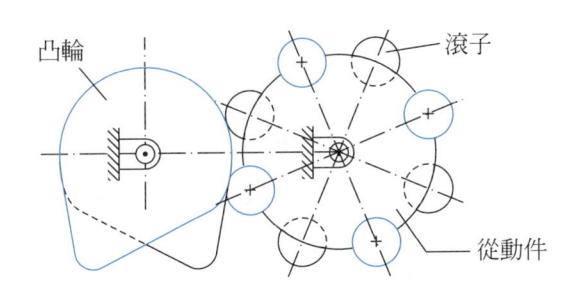

圖 08-40　平行分度凸輪

盤形凸輪的輪廓曲線，是由暫停部分之基圓以及由運動曲線決定的凸出外形部分組成。兩個盤形凸輪交錯組裝，並維持與雙層多滾子從動件共軛接觸。凸輪開始旋轉時，基圓部分與滾子相切，從動件為暫停狀態；凸輪凸出部分與從動件滾子相接觸時，推動從動件作旋轉運動，直到基圓部分再與滾子相切為止；此期間，從動件依給定的運動曲線運動。因此，整個運動週期呈暫停-旋轉-暫停的間歇狀況，依設計要求可以有不同的旋轉分度角度，以達到分度的功能。

平行分度凸輪機構，由於其輸入與輸出軸互相平行，可取代日內瓦機構的功能，而且其分度的運動特性與精確度也比日內瓦機構來得優越。

08-06-4　滾子齒輪凸輪 Roller-gear cam / Ferguson indexing

滾子齒輪凸輪機構 (Roller-gear cam mechanism, Ferguson indexing)，主要

是由滾子齒輪凸輪、轉塔 (Turret)、滾子、及機架所組成，圖 08-41。此機構的滾子齒輪凸輪為主動件、轉塔為從動件，滾子齒輪上的錐狀肋稱為推拔肋 (Tapered rib)，其曲面是根據運動曲線及機構的參數值設計出來。在轉塔周圍呈輻射狀排列的滾子與推拔肋共軛接觸。滾子齒輪凸輪旋轉時，凸輪的推拔肋驅動滾子、並帶動轉塔，促使轉塔依據預定的運動曲線轉動。滾子齒輪凸輪機構的週期性運動兼具暫停與分度的功能，屬於間歇運動機構。再者，滾子齒輪凸輪機構由於可藉凸輪軸與轉塔軸心距的調整來消除間隙，具有高承載能力、可高速運轉、低噪音、低振動、及高可靠度等優點，廣泛的運用在各類型的產業機械與自動化機械上，如車床刀塔與綜合加工機的自動換刀機構等。

(a)

(b)

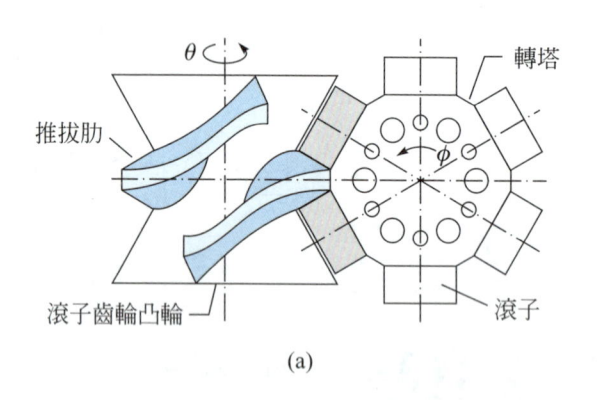

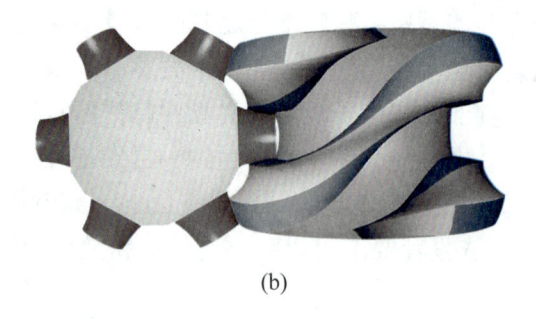

圖 08-41　滾子齒輪凸輪機構

Chapter 08　凸輪機構
CAM MECHANISMS

習題 Problems

08-01 試列舉 3 種凸輪機構的應用，繪出機構簡圖，並說明運動空間、從動件類型、及凸輪類型。

08-02 有個具平移從動件的盤形凸輪機構，凸輪轉速為 600 rpm (順時針方向)，從動件為 R-F 運動。凸輪的角位移為 0º～120º 時，從動件上升 36 mm；凸輪的角位移為 120º～360º 時，從動件下降 36 mm。試求在凸輪的角位移為 30º 和 200º 時，從動件的位移、速度、加速度、及急跳度，而上升與下降行程的運動曲線分別為：
(a) 等速度曲線，
(b) 擺線運動曲線。

08-03 有個具搖擺式滾子從動件的盤形凸輪機構，圖 08-29，凸輪轉速為 300 rpm (順時針方向)，從動件為雙暫停運動。凸輪的角位移為 0º～120º 時，從動件順時針方向搖擺 30º；凸輪的角位移為 120º～180º 時，從動件暫停；凸輪的角位移為 180º～300º 時，從動件反時針方向搖擺 30º；凸輪的角位移為 300º～360º 時，從動件暫停；升程與降程的運動為修正梯形曲線。若凸輪與從動件的軸心距為 160 mm，從動件搖臂長為 100 mm，滾子直徑為 20 mm，且從動件的初始值與兩軸心連線成 15º，試利用圖解法繪出凸輪的輪廓曲線。

08-04 如【習題 08-03】所述，試利用解析法求出凸輪輪廓的坐標值，並找出壓力角的極值。

08-05 有個具搖擺式平面從動件的盤形凸輪機構，圖 08-30，凸輪轉速為 300 rpm (反時針方向)，從動件為雙暫停運動。凸輪的角位移為 0º～100º 時，從動件反時針方向搖擺 20º，運動曲線為 5 階多項式；凸輪的角位移為 100º～180º 時，從動件暫停；凸輪的角位移為 180º～280º 時，從動件順時針方向搖擺 20º，運動曲線為修正正弦函數；凸輪的角位移為 280º～360º 時，從動件暫停。凸輪與從動件的軸心距為 240 mm，基圓半徑為 200 mm，從動件軸心至從動件與凸輪接觸點的距離為 10 mm。試發展一套計算機程式 (凸輪角位移 $\theta = 0º \sim 360º$，增量 $\Delta\theta = 5º$)：
(a) 繪出凸輪的輪廓曲線，

(b) 求出從動件角速度的極值,

(c) 求出從動件角加速度的極值,

(d)* 求出壓力角 (ϕ) 的極值,並繪出 θ-ϕ 圖。

08-06 有個凸輪-連桿機構,初始位置如圖 P08-01 所示,機件 1 為機架,機件 2 為輸入的盤形凸輪,機件 3 為滾子,機件 4 為平移式徑向從動件,機件 5 為搖桿,機件 6 為輸出的滑件。初始位置的幾何尺寸為:$ab = 75$ mm、$bc = 90$ mm、$cc_0 = 25$ mm、$cd = 120$ mm,$\phi = 30°$。凸輪為輸入件,轉速為 10 rpm (順時針方向),從動件為雙暫停運動。凸輪的角位移為 0º ~ 120º 時,從動件上升 37.5 mm;凸輪的角位移為 120º ~ 150º 時,從動件暫停;凸輪的角位移為 150º ~ 270º 時,從動件下降 37.5 mm;凸輪的角位移為 270º ~ 360º 時,從動件暫停。若基圓半徑為 100 mm,滾子半徑為 6 mm,升降程運動曲線均為簡諧運動,試:

(a) 繪出從動件 (機件 4) 的運動曲線,

(b) 繪出凸輪的輪廓曲線,

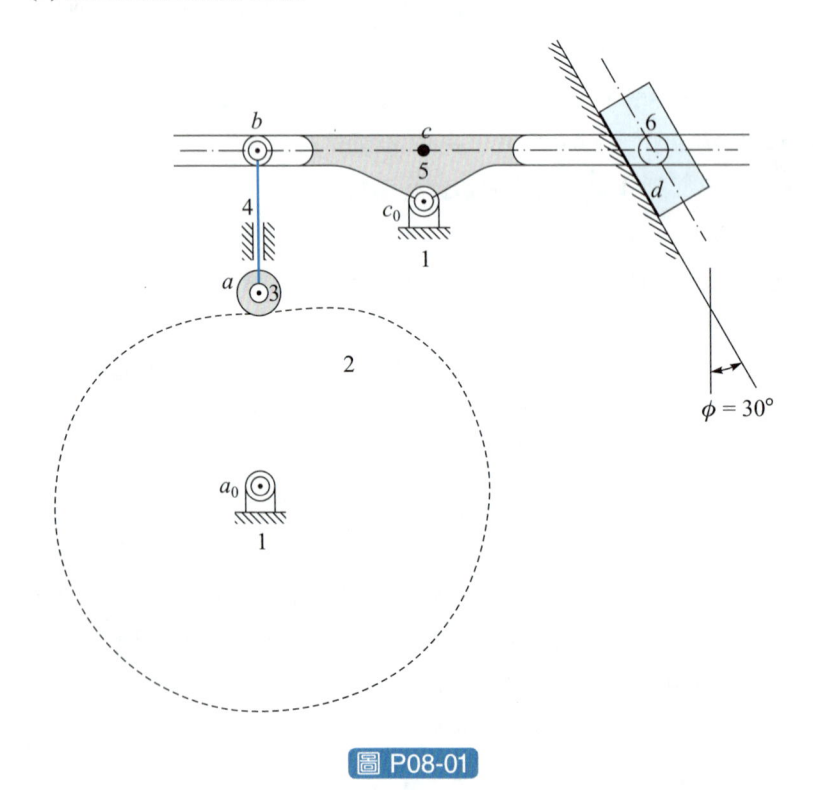

圖 P08-01

(c)* 求出壓力角極值，

(d) 求出滑件速度極值，

(e) 求出滑件加速度極值，

(f) 提出一個可降低滑件加速度極值 10% 的改善設計。

08-07 有個具平移式平面從動件的盤形凸輪機構，圖 08-28，凸輪轉速為 360 rpm、基圓半徑為 40 mm。凸輪的角位移為 0～120º 時，從動件以擺線運動曲線上升 24 mm；凸輪的角位移為 120º～190º 時，從動件暫停；凸輪的角位移為 190º～320º 時，從動件以擺線運動曲線下降 24 mm；凸輪的角位移為 320º～360º 時，從動件暫停。試求從動件的速度、加速度、及急跳度的極大值。

08-08 有個具平移式徑向刃狀從動件的盤形凸輪機構，圖 08-25，凸輪順時針方向旋轉、基圓半徑為 40 mm。凸輪的角位移為 0º～120º 時，從動件以擺線運動曲線上升 24 mm；凸輪的角位移為 120º～170º 時，從動件暫停；凸輪的角位移為 170º～290º 時，從動件以擺線運動曲線下降 24 mm；凸輪的角位移為 290º～360º 時，從動件暫停。試利用解析法繪出凸輪的輪廓曲線。

08-09 有個具平移式徑向滾子從動件的盤形凸輪機構，圖 08-26，凸輪順時針方向旋轉、基圓半徑為 40 mm，從動滾子半徑為 10 mm。凸輪的角位移為 0º～120º 時，從動件以擺線運動曲線上升 24 mm；凸輪的角位移為 120º～170º 時，從動件暫停；凸輪的角位移為 170º～290º 時，從動件以擺線運動曲線下降 24 mm；凸輪的角位移為 290º～360º 時，從動件暫停。試利用解析法繪出凸輪的輪廓曲線。

08-10 有個具平移式偏位滾子從動件的盤形凸輪機構，圖 08-27，凸輪順時針方向旋轉、基圓半 r_b 為 40 mm，從動件偏位距離 e 為 20 mm，從動滾子半徑 r_f 為 10 mm。凸輪的角位移為 0º～100º 時，從動件以擺線運動曲線上升 24 mm；凸輪的角位移為 100º～150º 時，從動件暫停；凸輪的角位移為 150º～250º 時，從動件以擺線運動曲線下降 24 mm；凸輪的角位移為 250º～360º 時，從動件暫停。試利用解析法繪出凸輪的輪廓曲線。

08-11 有個具平移式平面從動件的盤形凸輪機構，圖 08-28，凸輪順時針方向旋轉、基圓半徑 r_b 為 40 mm。凸輪的角位移為 0º～120º 時，從動件以擺線運動曲線上升 22 mm；凸輪的角位移為 120º～190º 時，從動件暫停；凸輪的角位移為 190º～290º 時，從動件以擺線運動曲線下降 22 mm；凸輪的角位

移為 290°～360° 時，從動件暫停。試利用解析法繪出凸輪的輪廓曲線。

08-12 有個具搖擺式滾子從動件的盤形凸輪機構，圖 08-29，凸輪順時針方向旋轉、基圓半徑 r_b 為 40 mm，從動件擺臂長 l 為 52 mm、從動滾子半徑 r_f 為 8 mm，軸心距 f 為 80 mm。凸輪的角位移為 0°～120° 時，從從動件以擺線運動曲線以順時針方向搖擺 25°；凸輪的角位移為 120°～160° 時，從動件暫停；凸輪的角位移為 160°～280° 時，從動件以擺線運動曲線以反時針方向搖擺 25°；凸輪的角位移為 280°～360° 時，從動件暫停。試利用解析法繪出凸輪的輪廓曲線。

08-13 有個具搖擺式平面從動件的盤形凸輪機構，圖 08-30，凸輪順時針方向旋轉、基圓半徑 r_b 為 40 mm，從動件軸心到從動擺臂平面距離 e 為 16 mm，軸心距 f 為 80 mm。凸輪的角位移為 0°～120° 時，從動件以擺線運動曲線以順時針方向搖擺 15°；凸輪的角位移為 120°～160° 時，從動件暫停；凸輪的角位移為 160°～280° 時，從動件以擺線運動曲線以反時針方向搖擺 15°；凸輪的角位移為 280°～360° 時，從動件暫停。試利用解析法繪出凸輪的輪廓曲線。

08-14 試求曲線族 $y^2 - \theta x + \theta^2 = 0$ 的包絡線。

08-15 試列舉 1 種棘輪機構的應用實例，繪出機構簡圖，並說明作用原理。

09 齒輪機構
GEAR MECHANISMS

最簡單可產生定值速比的直接接觸傳動為滾動接觸傳動,但傳遞運動與力量時,因受接觸面間摩擦力的限制,若負荷太大,將發生滑動現象。為獲致確定驅動,可在接觸面圓周配置適當的齒形,使主動輪與從動輪的齒形間在連續直接接觸嚙合時,力量皆沿著接觸點公法線的方向傳動;雖然在接觸點仍會有相對滑動現象,但是兩軸間之傳動可維持一定的速比。此種傳動叫做**齒輪傳動** (Gear transmission),而此帶有齒形的機械元件稱為**齒輪** (Gear)。由齒輪所組成,用來使輸出件與輸入件速比維持一定的裝置,則稱為**齒輪機構** (Gear mechanism)。

人類很早就使用齒輪。古中國最早出土的齒輪為山西永濟縣薛家崖的青銅齒輪,屬戰國至西漢期間產物 (西元前 400 年-西元 20 年)。但一直到 17 世紀末葉,人們才開始研究能正確傳遞固定速比的齒形;18 世紀歐洲發生工業革命後,齒輪傳動的應用日漸廣泛;19 世紀,因製鐵技術之改進與演生齒形的發明,才能精密地製造與使用齒輪於高速與重負荷的應用。如今,齒輪已成為使用率高、標準化的機械元件,在工業上的應用,到處可見。

本章首先介紹齒輪元件,包括基本分類、名詞定義、及傳動原理,接著介紹由齒輪所構成的輪系機構,包括輪系類型、速比分析、及設計應用。

09-01 齒輪分類 Classification of Gears

齒輪的種類甚多,主要者為正齒輪、傘齒輪、螺旋齒輪、及蝸桿與蝸輪。由於齒輪機構是用來聯動兩軸間的運轉關係,其分類可依兩軸線間的相對位置,區分為兩軸平行、兩軸相交、及兩軸交錯等三類。兩軸平行的齒輪有直齒正齒輪、齒條與小齒輪、螺旋正齒輪、人字齒輪、及銷子輪等;兩軸相交的齒輪有直齒傘齒輪、冠齒輪、及蝸線傘齒輪等;兩軸交錯的齒輪有歪傘齒輪、交錯螺旋齒輪、戟齒輪、及蝸桿與蝸輪等,圖 09-01,以下分別說明之。

現代機構學
MODERN MECHANISMS

```
                        齒輪
        ┌───────────────┼───────────────┐
      兩軸平行          兩軸相交          兩軸交錯
     ┌────────┐      ┌────────┐      ┌────────┐
     │直齒正齒輪│      │直齒傘齒輪│      │歪傘齒輪 │
     ├────────┤      ├────────┤      ├────────┤
     │齒條與小齒輪│    │冠齒輪   │      │交錯螺旋齒輪│
     ├────────┤      ├────────┤      ├────────┤
     │螺旋正齒輪│      │蝸線傘齒輪│      │戟齒輪   │
     ├────────┤                      ├────────┤
     │人字齒輪 │                      │蝸桿與蝸輪│
     ├────────┤
     │銷子輪   │
```

圖 09-01　齒輪分類

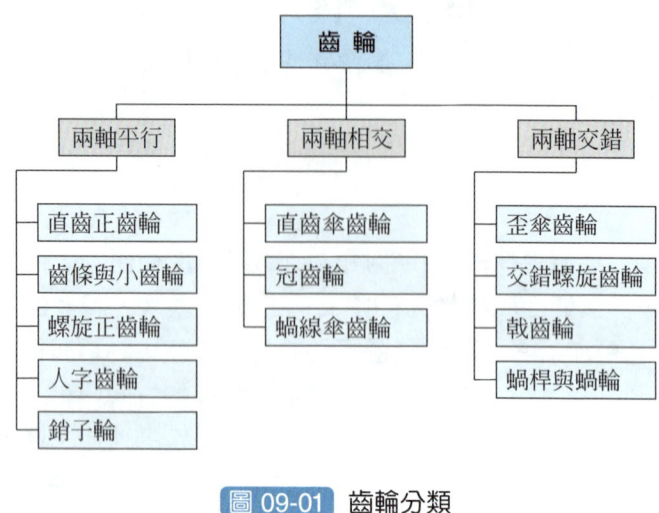

09-01-1　平行軸齒輪 Gears with parallel shafts

傳動兩個平行軸線的齒輪，一般為**正齒輪** (Spur gear)，其運動相當於兩個滾動接觸的圓柱體，有下列幾種。

直齒正齒輪

直齒正齒輪 (Straight spur gear) 為齒腹平行於軸線的圓柱齒輪，可分為外齒輪與內齒輪兩種。**外齒輪** (External gear) 為齒輪在圓柱體外緣相接觸，圖09-02(a)，相當於一對外緣接觸的滾動圓柱；兩傳動軸的旋轉方向相反，大的稱**齒輪** (Gear)，小的稱**小齒輪** (Pinion)，為最常用的傳動齒輪對，圖 09-03 為一對直齒正齒輪模型。**內齒輪** (Internal gear) 為小齒輪在一個較大齒輪內緣接觸，圖 09-02(b)，相當於一對具有內緣接觸的滾動圓柱，大齒輪又稱**環齒輪** (Annular or ring gear)，兩傳動軸旋轉的方向相同。一對正齒輪的傳動效率可高達 98%~99%。

齒條與小齒輪

齒條 (Rack) 可視為半徑無窮大的齒輪，與其嚙合的齒輪為**小齒輪**，圖 09-02(c)，相當於圓柱在平面上滾動接觸，可傳遞平移與旋轉運動。齒條與小齒輪傳動，常用於機械式的汽車轉向機構。

Chapter 09　齒輪機構
GEAR MECHANISMS

(a) 直齒正齒輪（外齒輪）

(b) 直齒正齒輪（內齒輪）

(c) 齒條與小齒輪

(d) 螺旋正齒輪

(e) 人字齒輪

(f) 銷子輪

圖 09-02　平行軸齒輪類型

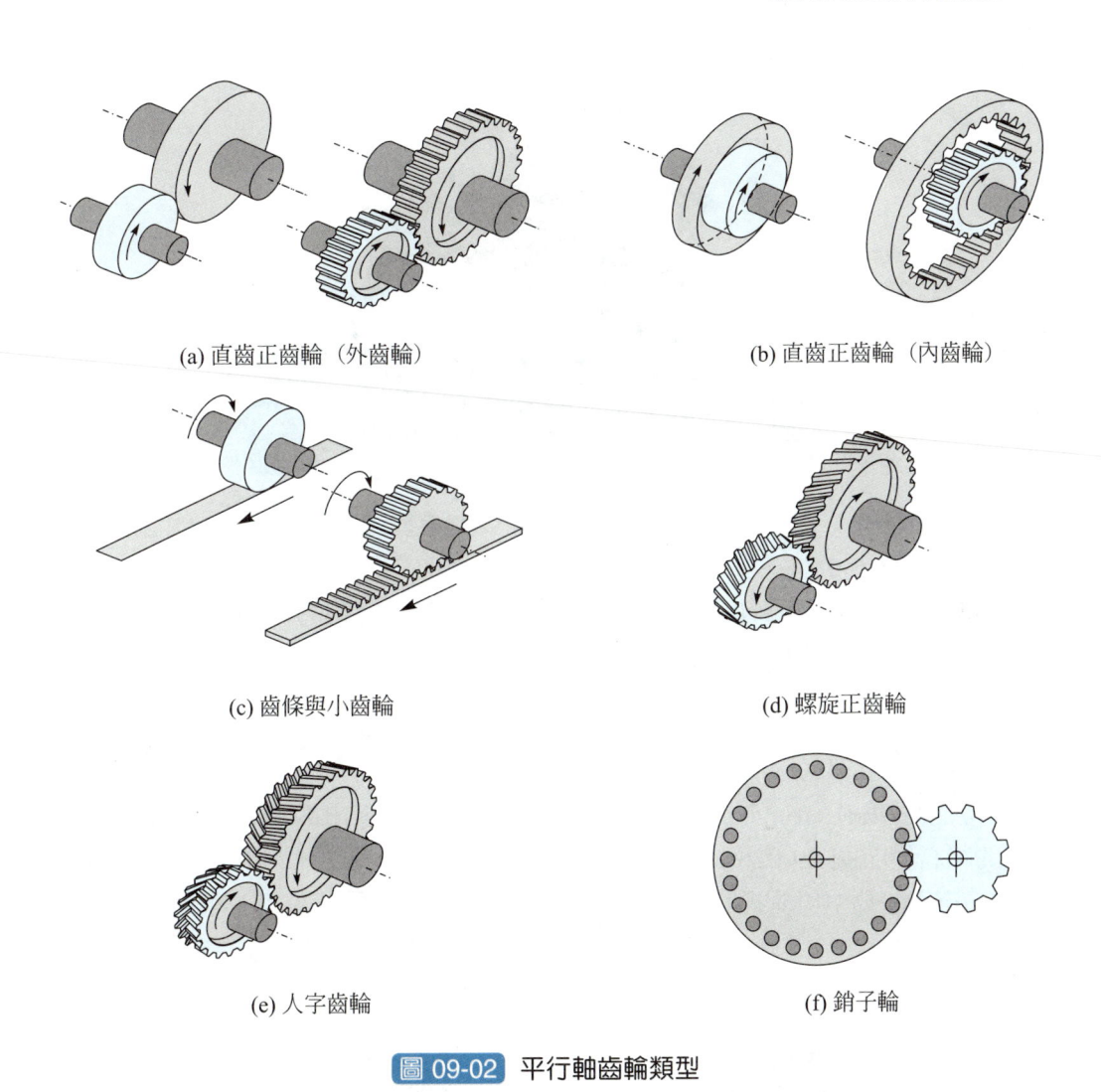

螺旋正齒輪

　　由兩個以上直齒正齒輪互相偏轉一相位角組合而形成的齒輪，稱為**階級齒輪** (Stepped gear)。**螺旋正齒輪** (Helical spur gear) 可視為階級齒輪的組成片數趨於無窮多、且每片厚度減至無窮小的齒輪，圖 09-04 為一對螺旋正齒輪模型。這種齒輪齒面的排列與軸向線形成一螺旋角 (Helix angle)，傳動的負荷是由一個齒漸漸轉移至另一個齒。圖 09-02(d) 是一對螺旋正齒輪，兩個齒輪的螺旋角大小相同，但方向相反，為線接觸。與直齒正齒輪比較，螺旋正齒輪的

圖 09-03 直齒正齒輪模型

陡振減少、傳動更均勻、噪音也較小，適用於高速運轉的傳動，缺點為齒輪需承受軸向推力，製造成本較直齒正齒輪高。一對螺旋正齒輪的傳動效率可達 96%~98%。

人字齒輪

人字齒輪 (Herringbone gear) 類似兩個具左、右方向相反螺旋角之螺旋正齒輪的組合體，圖 09-02(e)，無軸向推力，可傳達較大荷重，但製造成本遠高於螺旋正齒輪。古中國早在秦漢時期 (西元前 221 年-西元 220 年) 即有人字齒輪的使用，圖 09-05 是陝西長安縣紅慶村漢墓出土的人字齒輪。

圖 09-04 螺旋正齒輪模型

圖 09-05 漢代人字齒輪

銷子輪

銷子輪 (Pin gear) 的齒形由圓銷固定在圓板面上形成，與其嚙合齒輪的齒形是由外擺線所構成，圖 09-02(f)。銷子輪大多用於儀器上，而不用於傳達大功率。圖 09-06 為一銷子輪模型。

圖 09-06　銷子輪模型

09-01-2　相交軸齒輪 Gears with intersecting shafts

傳動兩個相交軸線的齒輪，一般為**傘齒輪** (Bevel gear)，其運動相當於兩個滾動接觸的截頭圓錐體，有下列幾種。

直齒傘齒輪

直齒傘齒輪 (Straight bevel gear) 為最簡單的傘齒輪，其運動相當於兩個成滾動接觸的截頭圓錐，圖 09-07(a)，可用於傳遞具任何角度相交軸線的運動，但兩個圓錐的錐頂必須重合。若兩個相同的直齒傘齒輪用於傳動兩個直交軸，則稱為**斜方齒輪** (Miter gear)。圖 09-08 為一直齒傘齒輪模型。

冠齒輪

兩個互相嚙合的傘齒輪，若其中之一的節圓錐角等於直角，且兩軸線間的夾角大於 90º，則有一傘齒輪的節曲面成為平面，稱為**冠齒輪** (Crown gear)，圖

(a) 直齒傘齒輪

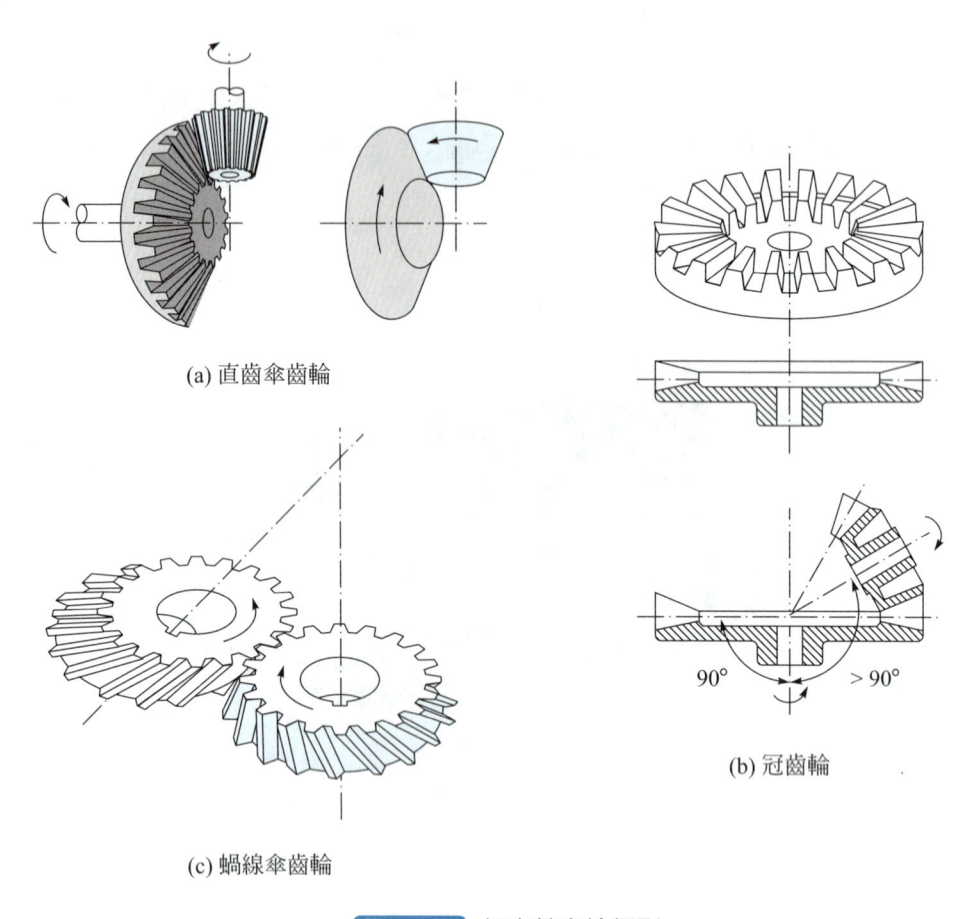

(b) 冠齒輪

(c) 蝸線傘齒輪

圖 09-07　相交軸齒輪類型

09-07(b)。

蝸線傘齒輪

　　將直齒傘齒輪的直線齒形，仿螺旋正齒輪斜扭，即可得**蝸線傘齒輪** (Spiral bevel gear)，圖 09-07(c)，其齒形為曲線，具有不同的螺旋角，齒數可比直齒傘齒輪少。蝸線傘齒輪由於接觸齒數增加，加以接觸區由齒面的一端逐漸移換至齒面的另一端，故其傳動較直齒傘齒輪平穩安靜，尤其是以高速傳動時為然。再者，蝸線傘齒輪之強度與使用壽命皆較其它形式的齒輪為優，但具有軸向側推力。

Chapter 09　齒輪機構
GEAR MECHANISMS

圖 09-08　直齒傘齒輪模型

09-01-3　交錯軸齒輪 Gears with skew shafts

　　傳動兩個不平行且不相交歪斜軸線的齒輪，其運動相當於兩個類似雙曲面圓錐的接觸或兩個軸線不平行圓柱面的接觸，有下列幾種。

歪傘齒輪

　　歪傘齒輪 (Skew bevel gear) 又稱為**雙曲面齒輪** (Hyperboloidal gear)，接觸點有沿齒形方向的相對滑動，且齒形為直線，圖 09-09(a)，兩軸成直角，但不相交。利用不共面軸線的雙曲面滾動原理，可製得歪傘齒輪，常用於軸線不相交、但很接近，無法以一般螺旋齒輪傳動的場合。這種齒輪的製作與安裝較為困難，一般機械較少採用。

交錯螺旋齒輪

　　交錯螺旋齒輪 (Crossed helical gear) 類似螺旋正齒輪，齒輪為螺旋曲線，節曲面為交叉的圓柱體，圖 09-09(b)。兩個齒輪的螺旋角可以同向，亦可以反向，端視齒輪軸線的相對位置而定。一對交錯螺旋齒輪的嚙合為點接觸，具較大的相對滑動，適合於輕負荷傳動的應用，傳動效率約為 50%~90%。圖 09-10 為一交錯螺旋齒輪模型。

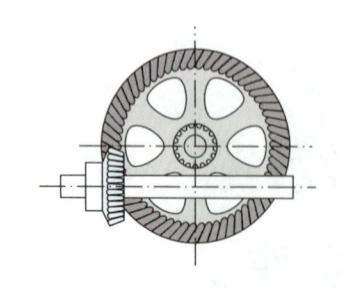

現代機構學
MODERN MECHANISMS

(a) 歪傘齒輪

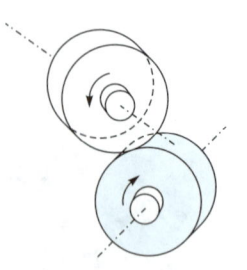

(b) 交錯螺旋齒輪

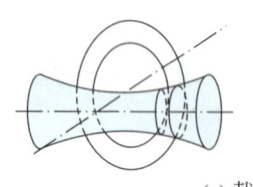

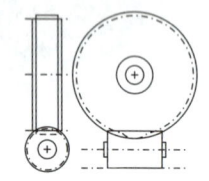

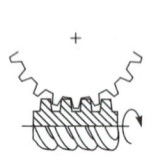

(c) 戟齒輪

(d) 蝸桿與蝸輪

圖 09-09 交錯軸齒輪類型

圖 09-10 交錯螺旋齒輪模型

Chapter 09　齒輪機構
GEAR MECHANISMS

戟齒輪

戟齒輪 (Hypoid gear) 的齒形為曲線，外表與蝸線傘齒輪類似，其運動相當於兩個成滾動接觸的雙曲面體，圖 09-09(c)，比蝸線傘齒輪強韌、傳動更均滑、陡振與噪音亦較小。由於歪傘齒輪不易製作，將其改進發展而成為戟齒輪。戟齒輪的正確節面雖為雙曲面，但實際係由近似圓錐面所取代，可用於偏位軸線，並在齒面元素方向產生某種程度的滑動，故具有歪傘齒輪的優點。由於戟齒輪的齒素線為曲線旋轉體，接觸表面增加，所以運轉平穩安靜，常用於不平行且不相交之軸的傳動。由於接觸點的大量相對滑動而產生局部高溫，需使用高壓潤滑油，始可免除過度磨損，常見於汽車差速箱的傳動。

蝸桿與蝸輪

蝸桿與蝸輪 (Worm and worm gear) 類似交叉螺旋齒輪，兩軸線一般成直角，圖 09-09(d)。齒形成螺旋形狀者為**蝸桿** (Worm)，部分包容蝸桿者為**蝸輪** (Worm gear)。蝸桿與蝸輪具有高傳動速比、構造緊密、工作平穩、傳動精準、及自鎖功能等優點，廣泛的使用於各種減速機構中；其缺點為傳動效率低 (40%~85%)、磨耗嚴重、及製造成本高。由於齒輪的齒面並非整個為漸近線，中心距離必須維持一定，以確保共軛作用的存在。與其它類型齒輪傳動相較，蝸桿與蝸輪傳動的另一特點是，蝸桿僅能做主動件，不能做為被動件。圖 09-11 為一蝸桿與蝸輪模型。

09-02　名詞定義 Nomenclature

本節介紹齒輪傳動與正齒輪齒形各部分的名稱與符號。

齒數

齒數 (Number of teeth) 為齒輪之齒的數目，以符號 T 表示之。

節曲面

設計齒輪時，代表齒輪的理論面稱為**節曲面** (Pitch surface)。正齒輪的節曲面為圓柱面，齒條的節曲面為平面，圖 09-12(a)；傘齒輪的節曲面為截圓錐面，圖 09-12(b)；戟齒輪的節曲面為類似雙曲面體的一部分，圖 09-12(c)。

以下說明參考圖 09-13。

▶ 圖 09-11 蝸桿與蝸輪模型

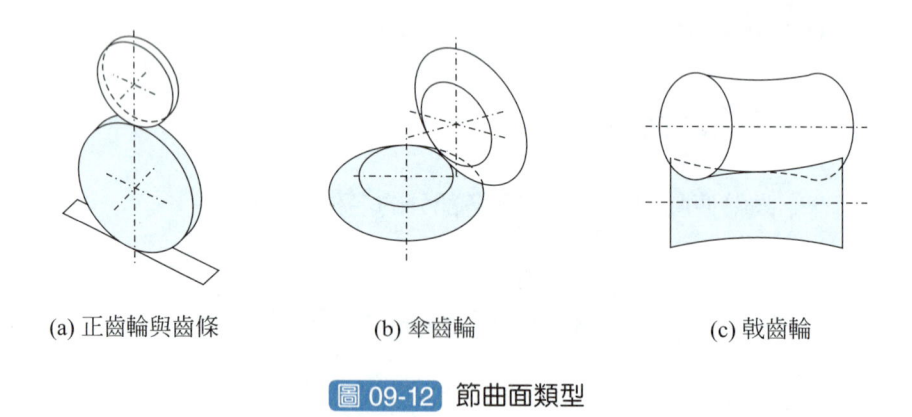

(a) 正齒輪與齒條　　(b) 傘齒輪　　(c) 戟齒輪

▶ 圖 09-12 節曲面類型

節線

節線 (Pitch line) 為節曲面與垂直於輪軸截面的交線。

Chapter 09　齒輪機構
GEAR MECHANISMS

圖 09-13　正齒輪與齒形名稱

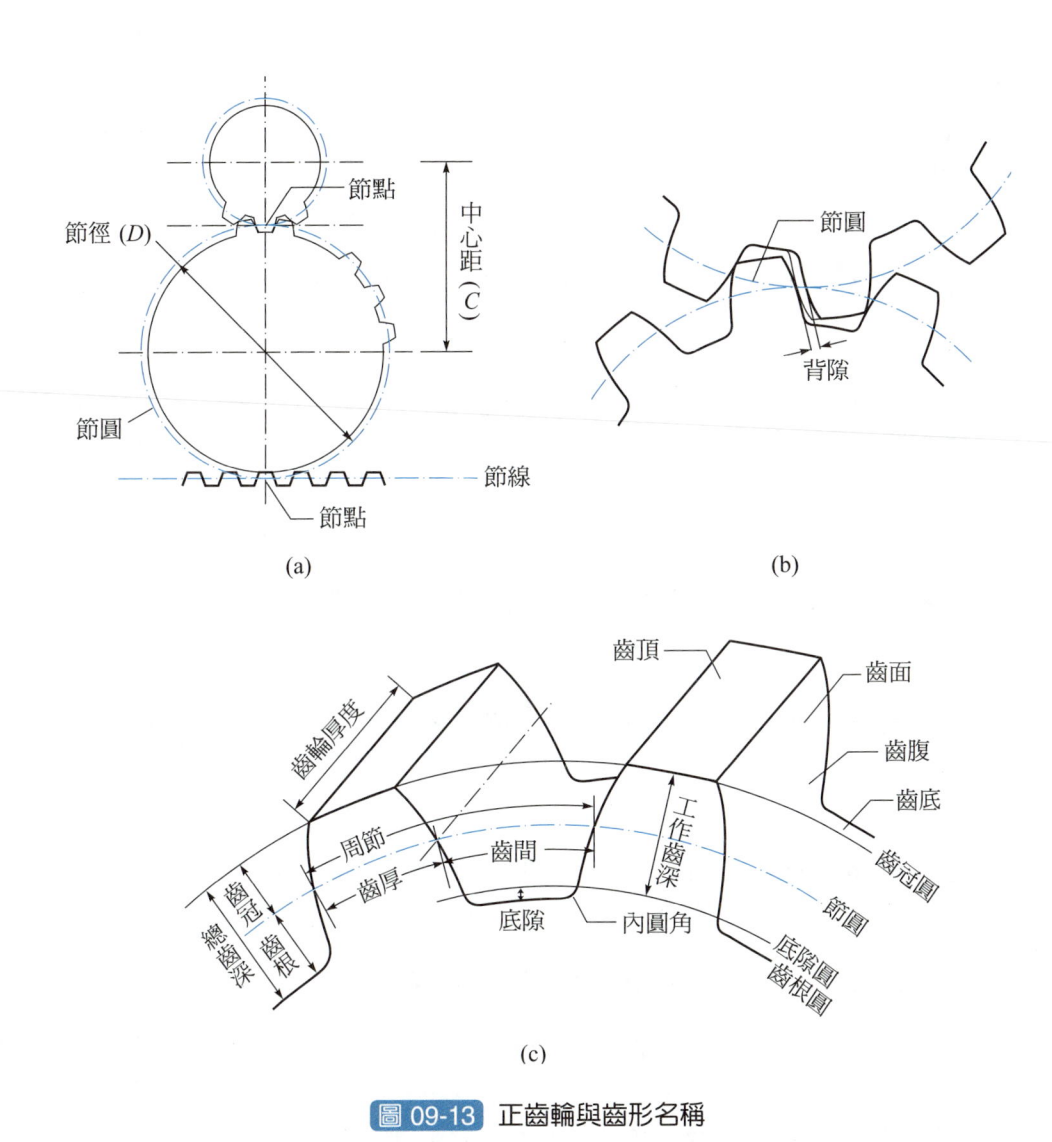

節圓

　　正齒輪與螺旋齒輪的節線是圓，稱為**節圓** (Pitch circle)；齒條的節線，則是直線。

節徑

　　節徑 (Pitch diameter) 為節圓直徑的簡稱，以符號 D 表示之。

節點

節點 (Pitch point) 為兩節圓相切的接觸點，若其中之一為齒條，則為節圓與節線的切點。

中心距

中心距 (Center distance) 為兩嚙合齒輪旋轉軸心的距離，以符號 C 表示之。

齒冠圓

齒冠圓 (Addendum circle) 為通過齒輪齒形頂部、中心在齒輪中心的最大圓。

齒冠

齒冠 (Addendum) 為節圓與齒冠圓的徑向距離，一般以 a 表示之。

齒根圓

齒根圓 (Dedendum circle) 為通過齒輪齒形底部、中心在齒輪中心的最小圓。

齒根

齒根 (Dedendum) 為節圓與齒根圓的徑向距離。

底隙圓

底隙圓 (Clearance circle) 為通過與其嚙合之齒輪的齒頂、中心在齒輪中心的圓。

底隙

底隙 (Clearance) 為底隙圓與齒根圓的徑向距離。

總齒深

總齒深 (Whole depth) 為齒冠圓與齒根圓的徑向距離，即齒冠與齒根之和。

工作齒深

工作齒深 (Work depth) 為齒冠圓與齒隙圓的徑向距離，即兩嚙合齒輪的齒冠之和。

Chapter 09　齒輪機構
GEAR MECHANISMS

齒面
　　齒面 (Tooth face) 為介於齒冠圓與節圓間的齒形曲面。

齒腹
　　齒腹 (Tooth flank) 為介於節圓與齒根圓間的齒形曲面，包括圓角部分。一對互相嚙合的齒輪，其接觸的齒腹稱為**作用齒腹** (Acting flank)。

內圓角
　　內圓角 (Fillet) 為齒廓曲面中內凹且連接齒腹與齒底部分的曲面。

齒頂
　　齒頂 (Top land) 為齒形頂端的曲面。

齒底
　　齒底 (Bottom land) 為齒形相鄰兩內圓角間的曲面。

齒輪厚度
　　齒輪厚度 (Face width) 為沿齒輪軸向線具有齒形部分的長度。

齒厚
　　齒厚 (Tooth thickness) 為沿節圓圓周上同一齒兩側間的弧長。

齒間
　　齒間 (Tooth space) 為沿節圓圓周上相鄰兩齒間空隙的弧長。

背隙
　　互相嚙合的一對齒輪，其中一個齒輪的齒厚與另一個齒輪齒間相差之量，稱為**背隙** (Backlash)。適量的背隙，為提供潤滑與解決製造誤差所需；但過量的背隙，會產生傳動不精確與顫振問題。

周節
　　沿節圓圓周上，自齒形一點至相鄰齒對應點的弧長，稱為齒輪的**周節** (Circular pitch)，以 P_c 表示之，即：

$$P_c = \frac{\pi D}{T} \tag{09-001}$$

一對齒輪相嚙合時，其周節必相等，這樣次一對齒輪才能繼續接觸；否則，會發生干涉或失去接觸的現象。

模數

模數 (Module) 為節徑 D (mm) 與齒數 T 的比值，以 m 表示之，即：

$$m = \frac{D}{T} \qquad (09\text{-}002)$$

公制齒輪以模數表示齒形的大小，模數愈大，齒形愈大；兩相嚙合齒輪必須有相同的模數。模數 m 與周節 P_c 具有如下關係：

$$P_c = m\pi \qquad (09\text{-}003)$$

因此，若兩個齒輪的模數相等，其周節必相等。

徑節

徑節 (Diametral pitch) 為齒數 T 與節徑 D (inch) 的比值，以 P_d 表示之，即：

$$P_d = T/D \qquad (09\text{-}004)$$

徑節為英制齒輪表示齒形大小的依據，齒輪的徑節愈大，其齒形愈小。兩相嚙合的齒輪，必須有相同的徑節。徑節 P_d 與周 P_c 具有如下關係：

$$P_c P_d = \pi \qquad (09\text{-}005)$$

標準齒輪

理論上，只要齒輪的模數 (或徑節) 不同，齒形的大小就不同，因此有無限多種可能的齒形；為減少切削工具樣式的變化以方便製造標準的切削工具，進而增加齒輪的可交換性，建立有限數目之**標準齒輪** (Standard gear) 乃是必要的。標準齒輪的制定，使齒輪具有可交換功能，擴大齒輪使用的方便性。一般具交換性的齒形，必須有相同的模數 (或徑節)、齒冠、齒根、齒厚、及壓力角。表 09-01 為公制漸開線標準齒輪各部位的比例。

Chapter 09　齒輪機構
GEAR MECHANISMS

表 09-01　公制漸開線齒輪齒形標準

齒冠	1.000 m
齒根	1.25 m
底隙	0.25 m
工作齒深	2.000 m
總齒深	2.25 m
齒厚	$\pi/2$ m
齒根內圓角半徑	$\fallingdotseq 0.3$ m

以下舉例說明之。

例 09-01　有個正齒輪，齒數 (T) 為 40、模數 (m) 為 1.5，試求其周節 (P_c)。

由式 (09-003) 可得正齒輪的周節 (P_c) 為：

$$P_c = \pi m = \pi(1.5) = 4.71 \text{ mm}$$

例 09-02　有個正齒輪，齒數 (T) 為 32、徑節 (P_d) 為 4、轉速 (n) 為 300 rpm，試求這個齒輪的周節 (P_c) 與節線速度 (V_p)。

01. 由於徑節 $P_d = 4$ 為已知，由式 (09-005) 可直接求得周節 (P_c) 如下：

$$P_c = \frac{\pi}{P_d} = \frac{\pi}{4} = 0.7854 \text{ in}$$

02. 齒輪的節徑 (D) 可由式 (09-004) 求得如下：

$$D = \frac{T}{P_d} = \frac{32}{4} = 8 \text{ in}$$

03. 因此，齒輪的節線速度 V_p 為：

$$V_p = \left(\frac{D}{2}\right)\omega = \left(\frac{8}{2}\right)\left(300 \, \frac{\text{rev}}{\text{min}}\right)\left(2\pi \, \frac{\text{rad}}{\text{rev}}\right)\left(\frac{1}{60} \, \frac{\text{min}}{\text{sec}}\right) = 125.7 \text{ in/sec}$$

09-03　齒輪嚙合基本定律 Fundamentals Law of Gearing

第 08 章所介紹的凸輪機構是一種直接接觸傳動機構。簡單的凸輪機構由主動件 (桿 2)、從動件 (桿 3)、及機架 (桿 1) 組成，圖 09-14，主動件經由其上的點 A，將運動傳給與其接觸的點 B 來帶動從動件；在此，主動件與從動件的曲面為任意曲面。

在圖 09-14(a) 的位置時，接觸點間會有相對速度。除非兩接觸曲面分離或擠壓變形，否則點 A 與點 B 在公法線 $N\text{-}N$ 上的速度分量 V_A^n 和 V_B^n 必相等且同向；但因點 A 與點 B 的絕對速度 V_A 和 V_B 並不相等，所以沿切線 $T\text{-}T$ 方向

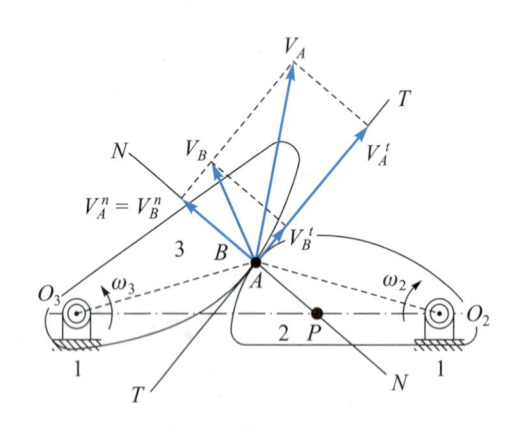

(a) 滾動與滑動接觸

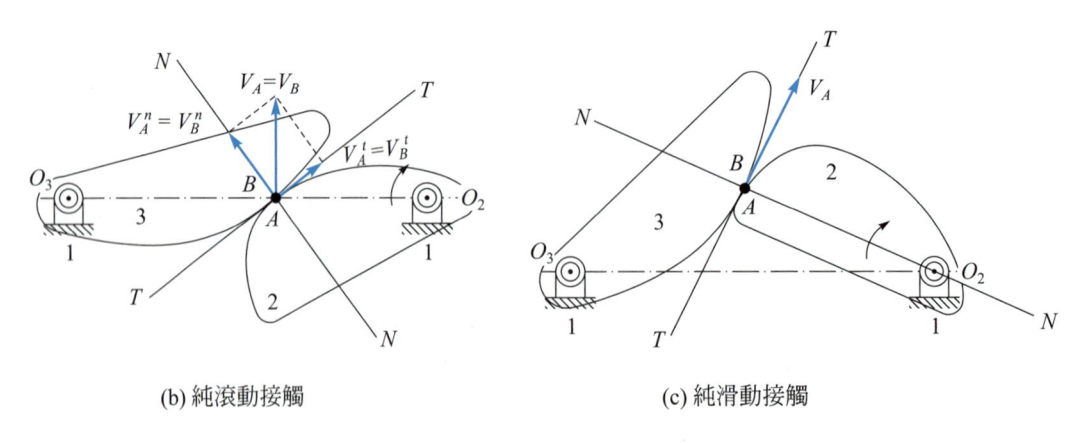

(b) 純滾動接觸

(c) 純滑動接觸

圖 09-14　直接接觸傳動

的速度分量 V'_A 和 V'_B 亦不相等，其差值為所謂的相對滑動速度 (Relative sliding velocity)。在圖 09-14(b) 的位置時，由於點 A 與點 B 位於軸心線的連線上，點 A 與點 B 的瞬間速度 V_A 和 V_B 不但大小相等方向相同，且其在切線 T-T 方向的速度分量 V'_A 和 V'_B 亦相等，故無相對滑動產生，為純滾動 (Pure rolling) 接觸。在圖 09-14(c) 的位置時，接觸曲面的公法線經過主動件的固定樞軸 O_2，點 A 的速度 V_A 僅沿切線 T-T 方向，而無公法線 N-N 方向的分量，因此無運動傳至點 B，兩者間的相對運動為純滑動 (Pure sliding)。

圖 09-14(a)，若兩互相接觸曲面運動的角速度分別為 ω_2 和 ω_3，則在瞬心點 P 處，兩曲面在公法線 N-N 上的速度分量必相等且同向，因此**速比** (Velocity ratio)，r_v，為：

$$r_v = \frac{\omega_3}{\omega_2} = \frac{O_2 P}{O_3 P} \tag{09-006}$$

由於瞬心 (點 P) 的位置並非固定，所以速比亦非常數。

齒輪機構也是一種直接接觸傳動機構，但與凸輪機構的主要不同特性在於其速比為常數。因此，若欲使圖 09-14 機構的速比固定，接觸曲線必須具有某種特殊的幾何關係，使曲線在接觸點之公法線恆通過中心線上的一個固定點。若如此，則所示的凸輪機構即為齒輪機構。亦即，欲使一對齒輪以定速速比傳動，互相嚙合兩齒輪之齒形曲線的公法線，必須通過中心線上的一個固定點，即節點；此為**齒輪嚙合基本定律** (Fundamental law of gearing)。

一對互相嚙合的齒輪，若符合齒輪嚙合基本定律，則稱此對齒輪的相對運動為**共軛作用** (Conjugate action)。設此對齒輪主動輪的角速度為 ω_2、從動輪的角速度為 ω_3，則速比 r_v 為常數，並可表示為：

$$r_v = \frac{\omega_3}{\omega_2} = \frac{n_3}{n_2} = \frac{T_2}{T_3} = \frac{D_2}{D_3} = \frac{R_2}{R_3} \tag{09-007}$$

其中，n_2 和 n_3 分別為主動輪與從動輪的轉速 (rpm)，T_2 和 T_3 分別為主動輪與從動輪的齒數，D_2 和 D_3 分別為主動輪與從動輪的節圓直徑，而 R_2 和 R_3 則分別為主動輪與從動輪的節圓半徑。

以下舉例說明之。

例 09-03 有對速比 (r_v) 為 1/3 的正齒輪,從動輪的模數 (m) 為 6、齒數 (T_3) 為 96、轉速 (n_3) 為 600 rpm,試求主動輪的轉速 (n_2) 與齒數 (T_2)、以及節線速度 (V_p)。

01. 主動輪的轉速 (n_2) 與齒數 (T_2) 可由式 (09-007) 求得,即:

$$n_2 = \frac{n_3}{r_v} = \frac{600}{1/3} = 1800 \text{ rev/min}$$

$$T_2 = r_v T_3 = \frac{1}{3}(96) = 32$$

02. 從動輪的節圓半徑 (R_3) 與角速度 (ω_3) 為:

$$R_3 = \frac{m}{2} T_3 = \left(\frac{6}{2}\right)(96) = 288 \text{ mm}$$

$$\omega_3 = \left(600 \frac{\text{rev}}{\text{min}}\right)\left(2\pi \frac{\text{rad}}{\text{rev}}\right)\left(\frac{1}{60} \frac{\text{min}}{\text{sec}}\right)$$
$$= 62.83 \text{ rad/sec}$$

03. 因此,齒輪的節線速度 (V_p) 為:

$$V_p = R_3 \omega_3 = (288 \text{ mm})\left(62.83 \frac{\text{rad}}{\text{sec}}\right) = 18,095 \text{ mm/sec} = 18.095 \text{ m/sec}$$

09-04　齒形曲線 Tooth Profiles

根據齒輪嚙合基本定律,兩個互相接觸的曲面在接觸過程中,若通過接觸點所作兩接觸曲面的公法線,恆通過兩個節曲線中心線的節點,則此兩接觸曲面的速比恆為一定。凡是能滿足速比為定值的成對曲線,均可作為齒輪的齒形曲線。以下介紹較常使用的漸開線齒形曲線。

09-04-1　漸開線齒形 Involute gear teeth

將圍繞在固定圓盤圓周的細線一端固定於圓周上,將另一端拉緊展開,則細線端點的路徑即為**漸開線** (Involute curve),圖 09-15(a)。此細線圍繞的圓,

Chapter 09　齒輪機構
GEAR MECHANISMS

(a)

(b)　　　(c)

圖 09-15　漸開線齒形

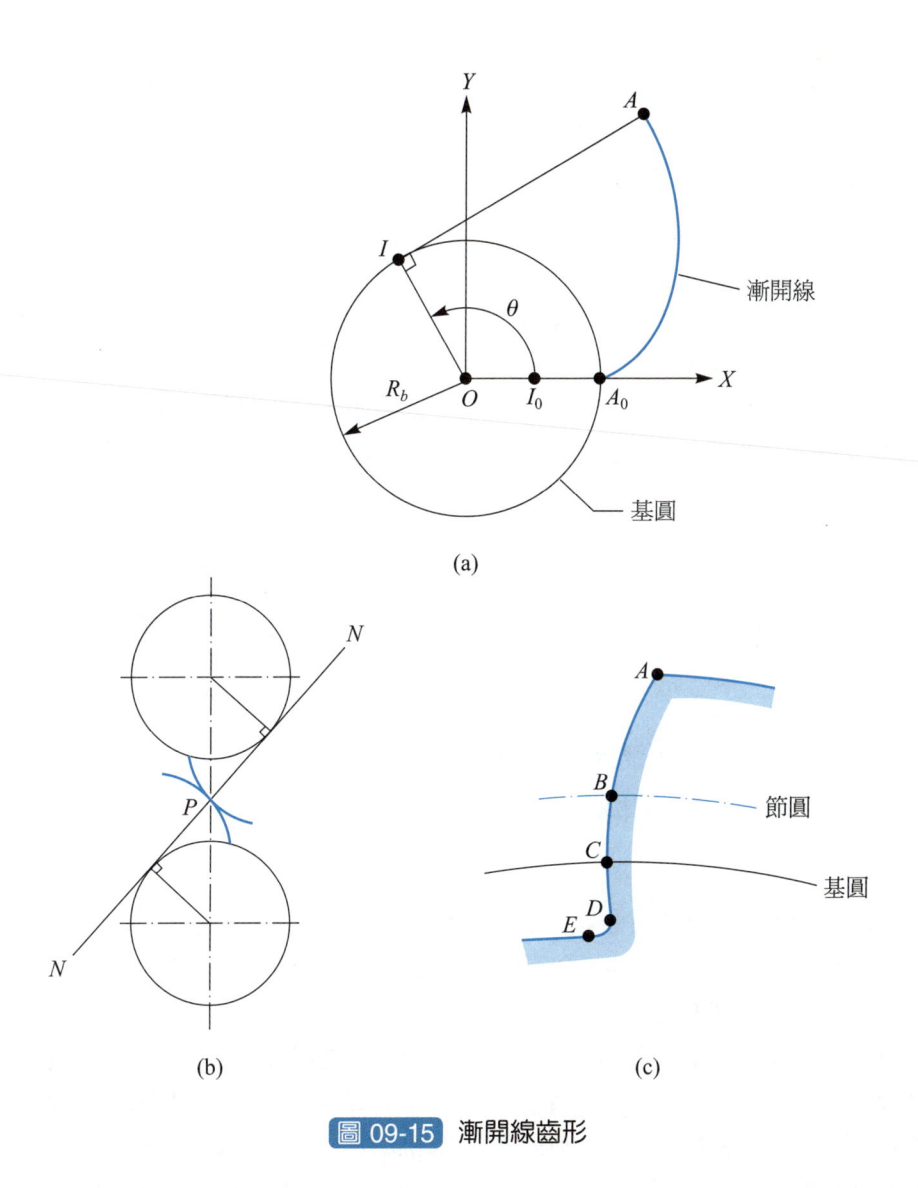

稱為產生漸開線的**基圓** (Base circle)。漸開線的特性為，在任何展開位置的弦線，均保持與基圓相切，且弦長與弧長相等。因此，漸開線點 A 的位置向量方程式可表示為：

$$\overrightarrow{OA} = \overrightarrow{OI} + \overrightarrow{IA} \tag{09-008}$$

若基圓半徑以 R_b 表示，由於 $OI = R_b$、$IA = R_b\theta$（θ 單位為弳度），且 $OI \perp IA$，點 A 的坐標 (x, y) 可表示為：

$$x = R_b \cos\theta + R_b\theta \sin\theta \qquad (09\text{-}009)$$

$$y = R_b \sin\theta - R_b\theta \cos\theta \qquad (09\text{-}010)$$

其中，θ 為弦線反時針展開的參數角。再者，漸開線的弦線永遠與漸開線垂直，換言之，IA 就是漸開線在點 A 的法線。因此，一對互相接觸的漸開線形曲面，無論接觸點如何變化，其公法線 N-N 均相切於兩基圓，圖 09-15(b)。若兩漸開線形曲面的旋轉中心固定，則公法線亦隨之固定，且與中心線的交點 P 於任何接觸位置亦均固定；因此，兩漸開線形曲面的速比一定，符合構成齒形的基本要求。

若基圓大小與漸開線起點的位置已知，即可求出漸開線齒形曲線，圖 09-15(c)；其中，AB 為齒面，BE 為齒腹，AC 為漸開線，CD 一般以徑向輻射線構成之，DE 則為內圓角。

09-04-2　漸開線齒輪傳動 Tooth action of involute gears

本小節介紹漸開線齒輪的傳動特性，作用線與壓力角。

作用線

兩條互相接觸的齒廓曲線，在接觸點必然具有相同的切線與法線。圖 09-16 為具漸開線齒形的一對嚙合正齒輪，點 F 為主動輪 2 與從動輪 3 的接觸點，AB 為通過點 F 的公法線。

根據齒輪嚙合基本定律，公法線 AB 必須恆通過齒輪中心線 O_2O_3 上的一個定點。再者，根據漸開線的特性，接觸點 F 的公法線 AB 是齒輪基圓的內公切線。因此，公法線 AB 與兩個基圓同時相切。這表示齒輪在傳動過程中，不同位置的接觸點皆在公法線 AB 上。因此，公法線 AB 與中心線 O_2O_3 的交點乃節點 P，為固定點，即漸開線齒形具共軛作用。這條通過齒廓曲線接觸點的公法線，稱為**作用線** (Line of action)。

壓力角

圖 09-16，通過節點 P 之兩個節圓的公切線 T-T 與作用線 AB 的夾角，稱為**壓力角** (Pressure angle)，以 ϕ 表示之。

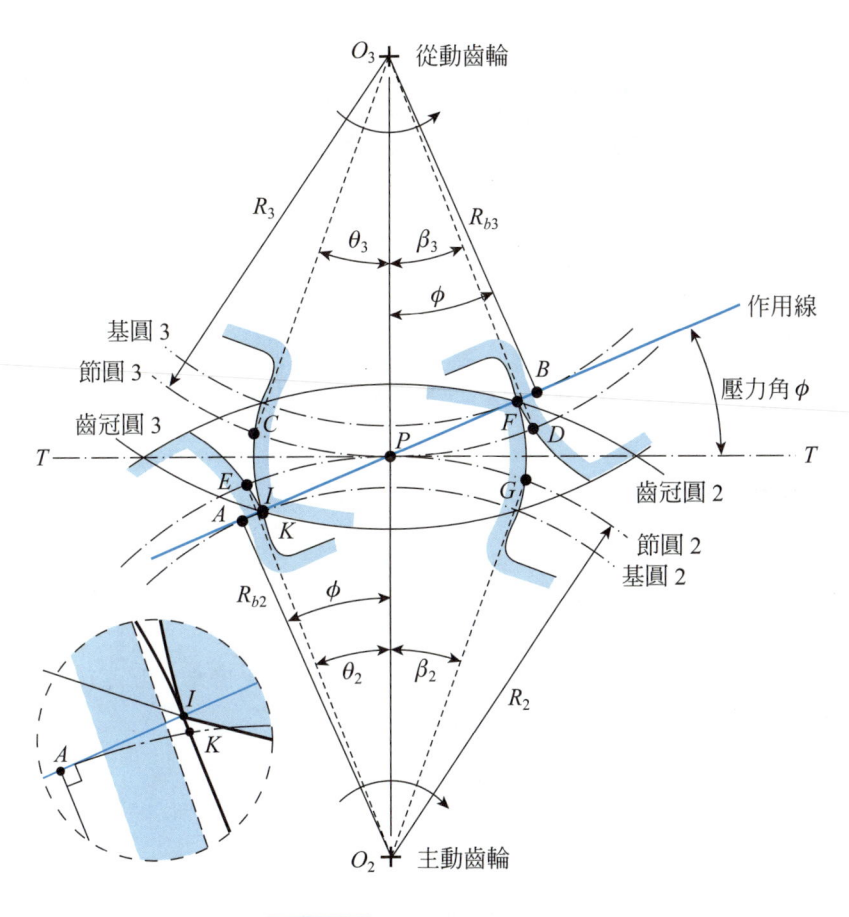

Chapter 09　齒輪機構
GEAR MECHANISMS

圖 09-16 漸開線齒輪的傳動

由圖 09-16 的幾何關係得知，兩節圓半徑與其基圓半徑間具有下列關係：

$$R_{b2} = R_2 \cos \phi \tag{09-011}$$

$$R_{b3} = R_3 \cos \phi \tag{09-012}$$

其中，R_{b2} (= O_2A) 和 R_{b3} (= O_3B) 為基圓半徑，R_2 (= O_2P) 和 R_3 (= O_3P) 為節圓半徑，且 $R_2 + R_3 = O_2O_3$。

理論上，齒輪壓力角的範圍可相當廣泛；但實際製造大多取 20º 和 25º 為標準值。早期大多使用具 14.5º 壓力角的齒輪，目前已少有製造。

以下舉例說明之。

例 09-04

有對壓力角為 20° 的正齒輪，速比 (r_v) 為 1/4、模數 (m) 為 6，中心距離 (C) 為 360 mm，試求從動輪的基圓半徑 (R_{b3})。

01. 由式 (09-007) 可得：

$$T_3 = T_2 / r_v = 4T_2$$

02. 由式 (09-002) 可得：

$$D_2 = mT_2 = 6T_2$$
$$D_3 = mT_3 = 6T_3$$

03. 中心距 C 為：

$$C = \frac{D_2}{2} + \frac{D_3}{2}$$
$$= 360 \text{ mm}$$

04. 聯立解以上 4 個式子，可得 $T_2 = 24$ 齒，$T_3 = 96$ 齒。因此，由式 (09-002) 和式 (09-012) 可求出被動輪的基圓半徑 (R_{b3}) 為：

$$R_{b3} = R_3 \cos\phi$$
$$= \frac{D_3}{2} \cos\phi$$
$$= \frac{1}{2} mT_3 \cos\phi$$
$$= \frac{1}{2}(6)(96)\cos 20°$$
$$= 270.6 \text{ mm}$$

例 09-05

有對壓力角為 20° 的正齒輪，模數 (m) 為 2，齒數為 $T_2 = 24$、$T_3 = 48$，試求這對齒輪的中心距離 C。再者，試問當中心距增加 0.3 mm 時，壓力角 ϕ 變為多少？

01. 由式 (09-004) 可求得兩齒輪的節徑 (D_2 和 D_3) 分別為：

Chapter 09　齒輪機構
GEAR MECHANISMS

$$D_2 = mT_2 = 2(24) = 48 \text{ mm}$$
$$D_3 = m_3 T_3 = 2(48) = 96 \text{ mm}$$

02. 因此，可得中心距 C 為：

$$C = \frac{1}{2}(D_2 + D_3) = \frac{1}{2}(48 + 96) = 72 \text{ mm}$$

03. 由於基圓半徑在製造齒輪時已決定，中心距離的改變並不影響基圓半徑。然而，中心距的增加會造成節圓半徑的增加，進而造成壓力角的增大。因此，為求因中心距增加所導致壓力角的增大，必須先求得基圓半徑與新的節圓半徑。

04. 由式 (09-011) 可得：

$$\begin{aligned} R_{b2} &= (D_2/2)\cos\phi \\ &= (48/2)\cos 20° \\ &= 22.553 \text{ mm} \end{aligned}$$

05. 由式 (09-007) 可得新的節圓半徑 R_2' 和 R_3' 間的關係為：

$$\begin{aligned} R_3' &= \left(\frac{T_3}{T_2}\right) R_2' \\ &= \left(\frac{48}{24}\right) R_2' \\ &= 2R_2' \end{aligned}$$

06. 由於新的中心距離 C' 為：

$$\begin{aligned} C' &= R_2' + R_3' \\ &= R_2' + 2R_2' \\ &= 72 + 0.3 \\ &= 72.3 \text{ mm} \end{aligned}$$

07. 可求出新的節圓半徑 R_2' 為：

$$R_2' = 24.1 \text{ mm}$$

08. 因為基圓半徑沒有改變，可根據式 (09-011) 求得新的壓力角 ϕ' 為：

$$\cos\phi' = \frac{R_{b2}}{R'_2}$$
$$= \frac{22.553}{24.1}$$
$$= 0.9358$$

即 $\phi' = 20.642°$

09-05　齒輪系 Gear Trains

　　以上介紹了齒輪的作用原理，然而單獨的齒輪是沒有功能的，必須與其它齒輪嚙合才能有所作用；而兩個以上齒輪的適當組合，能將一軸上的運動與動力傳遞至另一軸者，稱為**齒輪系** (Gear train)。圖 09-17(a) 為最簡單的齒輪系，由主動齒輪 (機件 2，K_{G2})、從動齒輪 (機件 3，K_{G3})、及機架 (機件 1，K_F) 構成，主動軸的運動與動力經由主動齒輪直接驅動從動齒輪帶動從動軸，主動齒輪與從動齒輪以齒輪對 (G) 鄰接、以旋轉對 (R) 和機架鄰接，其運動鏈如圖 09-17(b) 所示、機構構造矩陣則如圖 09-16(c) 所示，是自由度為 1 之三桿三接頭的 (3, 3) 機構。

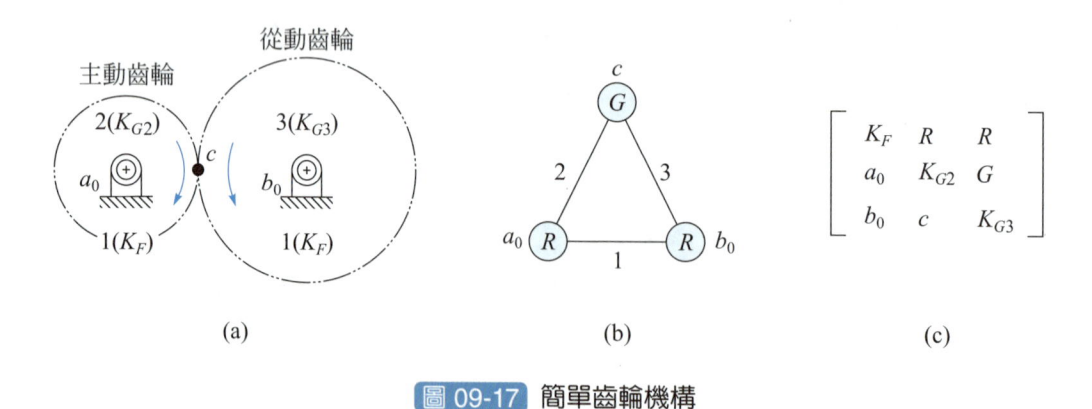

圖 09-17　簡單齒輪機構

　　每部機器都有動力源，主要者為電動機、內燃機、渦輪機，這些原動機大多在高轉速下才會產生最大的動力，因此必須有減速器 (Speed reducer) 來產生

Chapter 09　齒輪機構
GEAR MECHANISMS

中低速的轉速，以為一般機器可接受的動力輸入，而齒輪傳動機構即為一種相當重要的減速裝置。

以下介紹齒輪系的基本分類、速比分析、及其應用。

09-06　齒輪系分類 Classification of Gear Trains

齒輪系可概分為普通齒輪系與行星齒輪系兩類，圖 09-18，以下分別說明之。

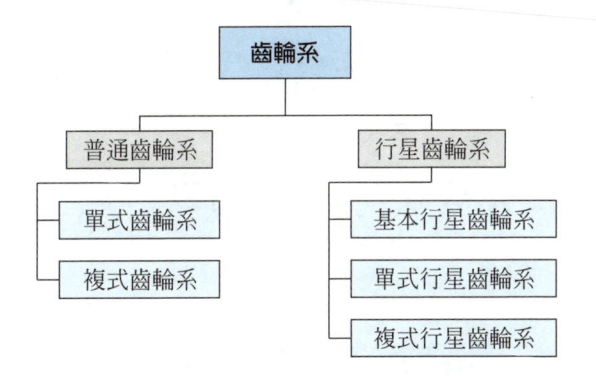

圖 09-18　齒輪系分類

09-06-1　普通齒輪系 Ordinary gear trains

若齒輪系中之齒輪的軸心皆與固定機架鄰接，則稱此齒輪系為**普通齒輪系** (Ordinary gear train) 或**定軸齒輪系** (Gear trains with fired axes)，可分為單式齒輪系與複式齒輪系兩種。

一軸上若僅有一個齒輪，則此齒輪為**單式齒輪** (Simple gear)。一軸上若有兩個或兩個以上的同動齒輪，則此齒輪稱為**複式齒輪** (Compound gear)。圖 09-19(a) 為單式齒輪，圖 09-19(b) 則為具有兩個齒輪的複式齒輪。

當一個普通齒輪系中之所有的齒輪都是單式齒輪時，這個齒輪系就稱為**單式齒輪系** (Simple gear train)。圖 09-20 為一個由 4 個單式齒輪串聯而成的單式齒輪系，每個齒輪的軸心都與機架鄰接，因每根軸上皆只有 1 個齒輪，運動與動力由主動齒輪 2，經由中間齒輪 3 與齒輪 4，帶動從動齒輪 5 輸出。位於主動輪與從動輪間的齒輪，如齒輪 3 與齒輪 4，稱為**惰輪** (Idler gear)。這些齒輪

(a) 單式齒輪 　　　　(b) 複式齒輪

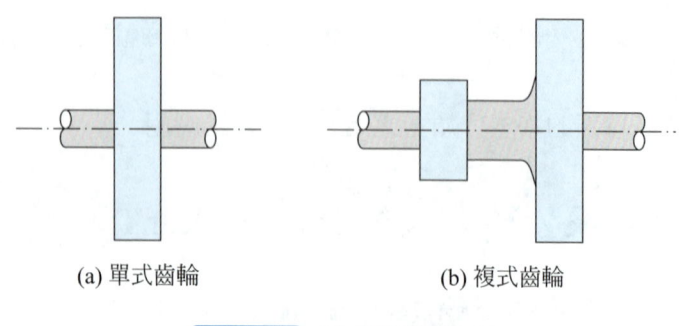

圖 09-19 單式與複式齒輪

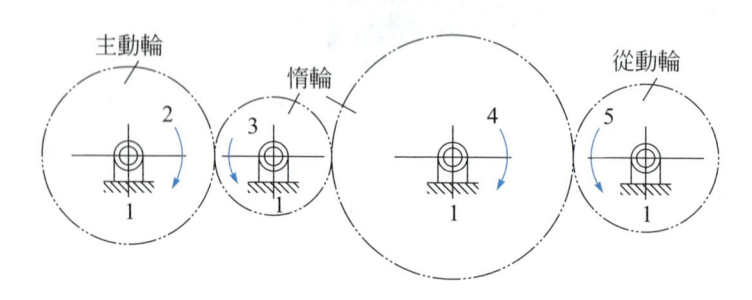

圖 09-20 單式齒輪系【習題 09-06】

嚙合時，只要節圓相切即可，軸心可以不共線，以節省使用空間。

當一個普通齒輪系中有齒輪是複式齒輪時，這個齒輪系就稱為**複式齒輪系** (Compound gear train)。圖 09-21 為一個具有 4 根軸與 2 個複式齒輪的複式齒輪系；每根軸皆與機架鄰接，運動與動力由軸 A-A 帶動其上的齒輪 2，由齒輪 2 帶動軸 B-B 上的齒輪 3 與齒輪 4，由齒輪 4 帶動軸 C-C 上的齒輪 5 與齒輪 6，再由齒輪 6 帶動軸 D-D 上的齒輪 7，並將運動與動力由軸 D-D 輸出；其中，齒輪 2 與齒輪 7 為單式齒輪，齒輪 3 與齒輪 4、及齒輪 5 與齒輪 6 為複式齒輪。

若複式齒輪系的主動輪與從動輪在同一軸線上，則稱此輪系為**回歸齒輪系** (Reverted gear train)；這種齒輪系可節省使用空間。圖 09-22 為回歸齒輪系的一例，齒輪 2 (主動輪) 與齒輪 5 (從動輪) 的軸線都在 A-A 上。

與單式齒輪系比較，複式齒輪系的優點在於可用較小的齒輪來達到大的減速比。

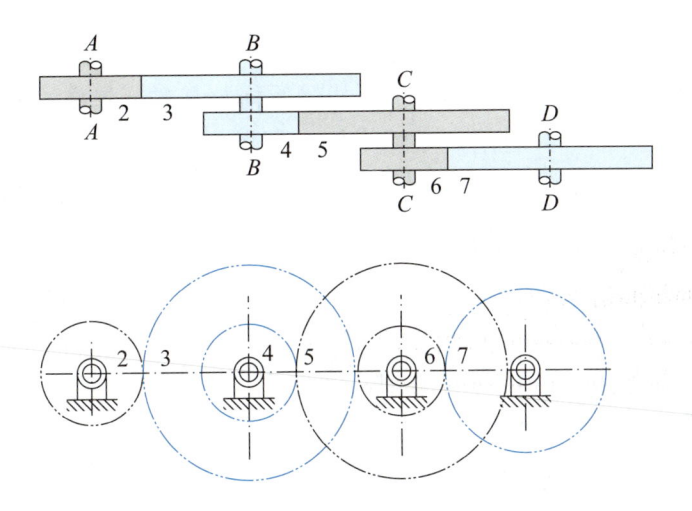

圖 09-21　複式齒輪系【習題 09-07】

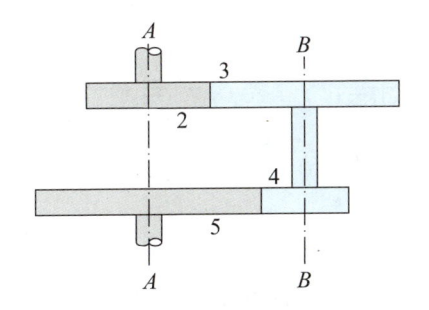

圖 09-22　回歸齒輪系 [例 09-07]【習題 09-09】

09-06-2　行星齒輪系 Planetary gear trains

　　一個齒輪系中，若至少有一齒輪軸繞另一輪軸旋轉，則稱此齒輪系為**行星齒輪系**或**周轉齒輪系** (Planetary gear train or epicyclic gear train)。行星齒輪系中，齒輪之軸心與機架鄰接的齒輪，稱為**太陽齒輪** (Sun gear)；齒輪之軸心不與機架鄰接的齒輪，稱為**行星齒輪** (Planet gear)；而和太陽齒輪與行星齒輪分別以旋轉對鄰接的機件，則稱為**行星架** (Carrier, arm)，用以使太陽齒輪與行星齒輪的中心距離保持不變。

　　行星齒輪系可依其複雜度分為基本行星齒輪系、單式行星齒輪系、及複式

行星齒輪系等三類。若一個行星齒輪系中僅有一個太陽齒輪、一個或一個以上的行星齒輪、一個行星架，則此行星齒輪系稱為**基本行星齒輪系** (Elementary planetary gear train)。有兩個太陽齒輪的行星齒輪系，稱為**單式行星齒輪系** (Simple planetary gear train)；而有兩個以上之太陽齒輪的行星齒輪系，則稱為**複式行星齒輪系** (Compound planetary gear train)。圖 09-23(a) 為一個基本行星齒輪系，圖 09-23(b) 為一個單式行星齒輪系，圖 09-23(c) 則為一個複式行星齒輪系。圖 09-24 為具 1 個太陽齒輪、2 個行星齒輪、1 個行星架的基本行星齒輪系模型。圖 09-25 為具 1 個太陽齒輪、1 個環齒輪、1 個行星齒輪、及 1 個行星架的單式行星齒輪系模型。

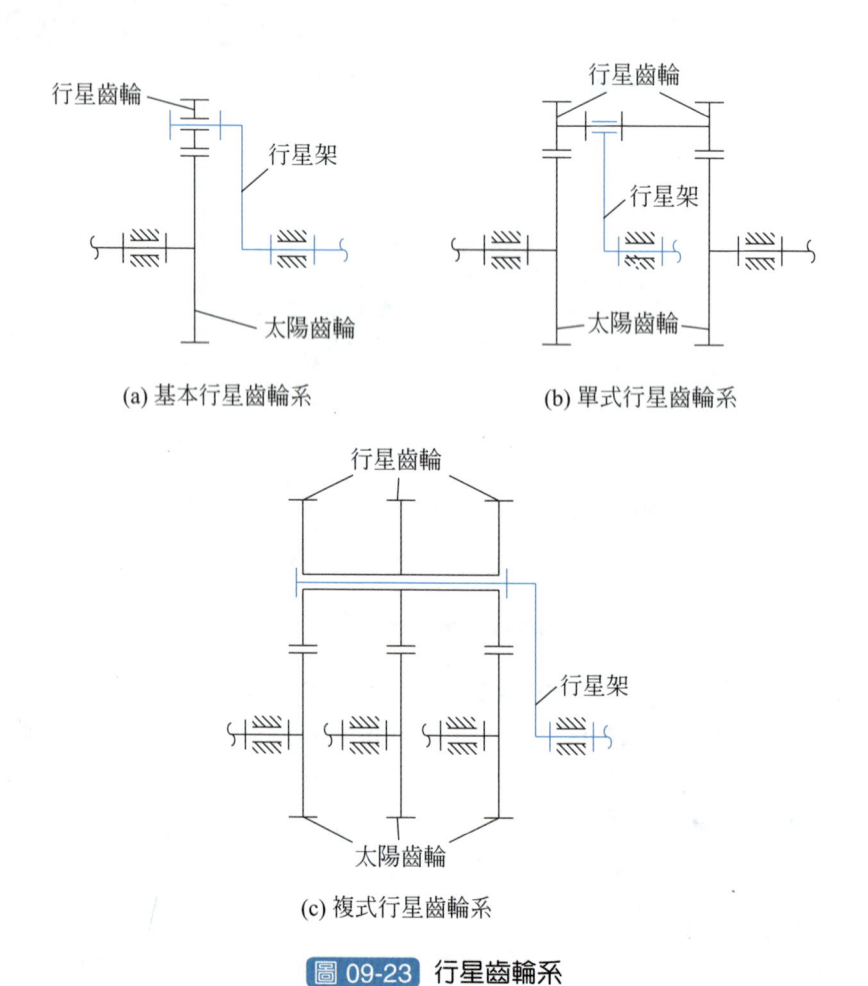

(a) 基本行星齒輪系

(b) 單式行星齒輪系

(c) 複式行星齒輪系

圖 09-23 行星齒輪系

Chapter 09　齒輪機構
GEAR MECHANISMS

圖 09-24　基本行星齒輪系模型　　　圖 09-25　單式行星齒輪系模型 [例 09-09]

09-07　齒輪系速比 Velocity Ratio of Gear Trains

齒輪系有一單式齒輪 i，和齒輪架以旋轉對鄰接，和齒輪 j 以齒輪對鄰接，設齒輪 i 的齒數為 T_i、齒輪 j 的齒數為 T_j，齒輪 i 的轉速為 ω_i、齒輪 j 的轉速為 ω_j、齒輪架的轉速為 ω_c，則齒輪 i 相對於齒輪架的轉速 ω_{ic} 為：

$$\omega_{ic} = \omega_i - \omega_c \qquad (09\text{-}013)$$

齒輪 j 相對於齒輪架的轉速 ω_{jc} 為：

$$\omega_{jc} = \omega_j - \omega_c \qquad (09\text{-}014)$$

設齒輪 i 為主動輪，齒輪 j 為從動輪，若齒輪 i 與齒輪 j 皆為外齒輪，則這個齒輪對的**速比** (Velocity ratio) r_v 為：

$$r_v = \frac{\omega_{jc}}{\omega_{ic}} = -\frac{T_i}{T_j} \qquad (09\text{-}015)$$

其中，負號代表轉向相反。若齒輪 i 與齒輪 j 分別為外齒輪與內齒輪 (或內齒輪與外齒輪)，則速比 r_v 為：

$$r_v = \frac{\omega_{jc}}{\omega_{ic}} = +\frac{T_i}{T_j} \qquad (09\text{-}016)$$

其中，正號代表轉向相同。

有關齒輪系中，某一個齒輪 (主動輪或從動輪) 和另一個齒輪之轉速的比值，在不同的書籍與文獻中，有不同的定義，亦有不同的名稱，如 **Velocity ratio (速比)**、**speed ratio (速比)**、**train value (輪系值)** 等。為避免不必要的混淆及與其它章節的定義一致起見，本書統一以**速比** (Velocity ratio) 稱之，乃是一個齒輪系 (或機構) 中的輸出軸與輸入軸之轉速的比值，並以 r_v 表示之。由於齒輪系主要應用於減速裝置中，其輸入軸與輸出軸轉速的比值，以**減速比** (Speed reduction ratio) 稱之。

普通齒輪系的齒輪架皆為機架、轉速為零，其速比可直接計算求得；行星齒輪系齒輪架 (有些為行星架) 的轉速不為零，其速比的求得較為複雜。以下幾節介紹各類齒輪系的速比分析。

09-08　普通齒輪系速比
Velocity Ratio of Ordinary Gear Trains

因為普通齒輪系的齒輪架皆為固定不動的機架，即 $\omega_c = 0$，一對互相嚙合齒輪的速比 r_v 為：

$$r_v = \frac{\omega_{jc}}{\omega_{ic}} = \frac{\omega_j}{\omega_i} = \pm\frac{T_i}{T_j} \qquad (09\text{-}017)$$

對於圖 09-20 的單式齒輪系而言，有 3 個齒輪對，速比分別為：

$$\frac{\omega_3}{\omega_2} = -\frac{T_2}{T_3}$$

$$\frac{\omega_4}{\omega_3} = -\frac{T_3}{T_4}$$

$$\frac{\omega_5}{\omega_4} = -\frac{T_4}{T_5} \qquad (09\text{-}018)$$

因此，整個輪系的速比 r_v 為：

Chapter 09　齒輪機構
GEAR MECHANISMS

$$r_v = \frac{\omega_5}{\omega_2}$$

$$= \frac{\omega_5}{\omega_4} \times \frac{\omega_4}{\omega_3} \times \frac{\omega_3}{\omega_2}$$

$$= -\frac{T_4}{T_5} \times \left(-\frac{T_3}{T_4}\right) \times \left(-\frac{T_2}{T_3}\right)$$

$$= -\frac{T_2}{T_5} \tag{09-019}$$

　　由上可知，單式齒輪系的速比，僅與輪系中前後兩個齒輪的齒數有關。不影響速比的中間齒輪為惰輪，其功能為連接傳動與控制旋轉方向。若惰輪為奇數，速比為正，即前後兩個齒輪的轉向相同；若惰輪為偶數，速比為負，即前後兩個齒輪的轉向相反。

　　對於圖 09-21 的複式齒輪系而言，其 3 個齒輪對的速比分別為：

$$\frac{\omega_3}{\omega_2} = -\frac{T_2}{T_3}$$

$$\frac{\omega_5}{\omega_4} = -\frac{T_4}{T_5}$$

$$\frac{\omega_7}{\omega_6} = -\frac{T_6}{T_7} \tag{09-020}$$

整個輪系的速比 r_v 為：

$$r_v = \frac{\omega_7}{\omega_2} = \frac{\omega_7}{\omega_6} \times \frac{\omega_6}{\omega_5} \times \frac{\omega_5}{\omega_4} \times \frac{\omega_4}{\omega_3} \times \frac{\omega_3}{\omega_2}$$

由於齒輪 3 與齒輪 4 為複式齒輪，齒輪 5 與齒輪 6 亦為複式齒輪，故：

$$\frac{\omega_4}{\omega_3} = 1$$

$$\frac{\omega_6}{\omega_5} = 1$$

因此，這個複式齒輪系的速速比 r_v 為：

$$r_v = -\frac{T_6}{T_7} \times \left(-\frac{T_4}{T_5}\right) \times \left(-\frac{T_2}{T_3}\right)$$

$$= -\frac{T_2 T_4 T_6}{T_3 T_5 T_7} \tag{09-021}$$

以下舉例說明之。

例 09-06 圖 09-26 為早期應用在汽車手排變速箱 (Manual transmission) 的回歸齒輪系。齒輪 2 (T_2 = 14) 為主動齒輪；齒輪 3 (T_3 = 31)、齒輪 4 (T_4 = 25)、齒輪 5 (T_5 = 18)、及齒輪 6 (T_6 = 14) 為複式齒輪；齒輪 7 (T_7 = 14) 為惰輪，和齒輪 6 嚙合。引擎轉動時，動力由輸入軸帶動齒輪 2 轉動，並經由齒輪 2 帶動軸 A-A 的齒輪 3、齒輪 4、齒輪 5、齒輪 6、及惰輪 7。齒輪 8 (T_8 = 20) 與齒輪 9 (T_9 = 27) 可在輸出軸上滑動，藉以和齒輪 4 與齒輪 5 (或齒輪 7) 嚙合，將運動與動力經由輸出軸輸出。試求出這個變速箱各個檔位的速比。

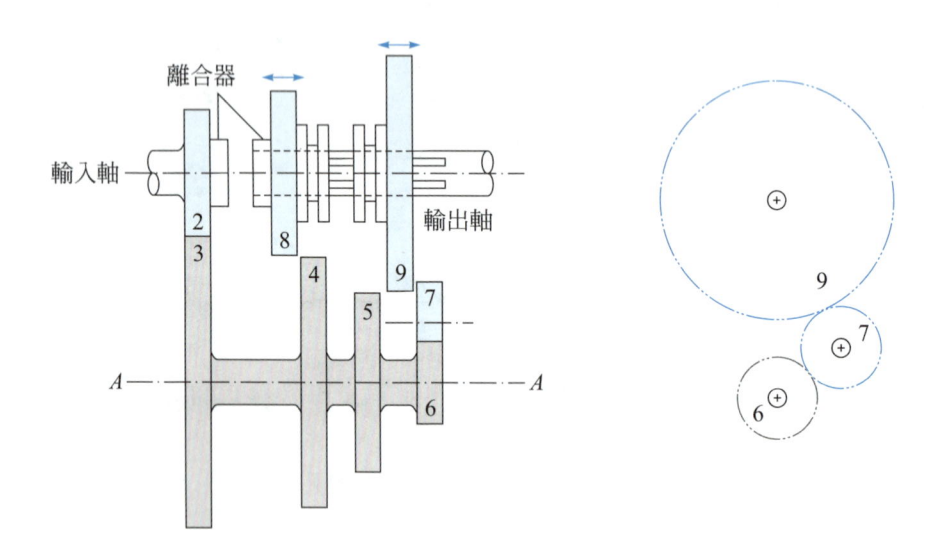

圖 09-26 汽車手排變速箱齒輪系 [例 09-06]【習題 09-10】

01. 圖 09-26 是在空檔狀態。欲變速時，利用離合器使齒輪 2 與輸入軸分離，暫時停止軸 A-A 的轉動，然後移動齒輪 8、齒 9，分別與軸 A-A 適當的齒輪配合，

鬆開離合器後即可得到需要的速比。

02. 一檔時，齒輪 9 左移與齒輪 5 嚙合，動力傳遞路徑為：輸入軸 - 齒輪 2 - 齒輪 3 - 軸 A - 齒輪 5 - 齒輪 9 - 輸出軸，速比 r_v 為：

$$r_v = -\frac{T_5}{T_9} \times \left(-\frac{T_2}{T_3}\right)$$
$$= \frac{18 \times 14}{27 \times 31}$$
$$= 0.301$$

即減速比為 3.32。

03. 二檔時，齒輪 8 右移與齒輪 4 嚙合 (齒輪 9 回到中立位置)，動力傳遞路徑為：輸入軸 - 齒輪 2 - 齒輪 3 - 軸 A - 齒輪 4 - 齒輪 8 - 輸出軸，速比 r_v 為：

$$r_v = -\frac{T_4}{T_8} \times \left(-\frac{T_2}{T_3}\right)$$
$$= \frac{25 \times 14}{20 \times 31}$$
$$= 0.564$$

即減速比為 1.77。

04. 三檔時，齒輪 8 左移直接插入離合器齒槽中與之結合，齒輪 9 在中立位置，動力直接由輸入軸帶動輸出軸，速比 r_v 為：

$$r_v = 1.0$$

即減速比為 1.0。

05. 倒檔時，齒輪 9 右移與齒輪 7 嚙合，齒輪 8 在中立位置，動力傳遞路徑為：輸入軸 - 齒輪 2 - 齒輪 3 - 軸 A - 齒輪 6 - 齒輪 7 - 齒輪 9 - 輸出軸，速比 r_v 為：

$$r_v = -\frac{T_7}{T_9} \times \left(-\frac{T_6}{T_7}\right) \times \left(-\frac{T_2}{T_3}\right)$$
$$= \frac{-14 \times 14 \times 14}{27 \times 14 \times 31}$$
$$= -0.234$$

即減速比為 −4.27。

例 09-07 圖 09-22 為一種回歸齒輪系，若 4 個齒輪的模數均相同，試求適當齒數使齒輪系的減速比為 13。

01. 根據題述的條件可知，4 個齒輪的齒數比為：

$$\frac{T_2}{T_3} \times \frac{T_4}{T_5} = \frac{1}{13}$$

02. 由於回歸齒輪系為二段減速，可將其減速比嘗試分配為：

$$\frac{T_2}{T_3} \times \frac{T_4}{T_5} = \frac{1}{4} \times \frac{4}{13}$$

03. 因為齒輪的齒數不可以太小，上列式子可改寫為：

$$\frac{T_2}{T_3} \times \frac{T_4}{T_5} = \frac{1x}{4x} \times \frac{4y}{13y}$$

其中，x 和 y 必須為正整數。

04. 由於兩個軸心距必須相同，可得：

$$m_2(T_2 + T_3) = m_4(T_4 + T_5)$$

05. 由於 4 個齒輪的模數均相同，可得：

$$T_2 + T_3 = T_4 + T_5$$
$$5x = 17y$$

06. 上列式子最簡單的解為：$x = 17$、$y = 5$。
07. 如此，可得 4 個齒輪的齒數分別為：

$$T_2 = 17$$
$$T_3 = 68$$
$$T_4 = 20$$
$$T_5 = 65$$

(另解)

01. 若將減速比改分配為：

$$\frac{T_2}{T_3} \times \frac{T_4}{T_5} = \frac{1}{3.5} \times \frac{3.5}{13} = \frac{2}{7} \times \frac{7}{26}$$

$$= \frac{2x}{7x} \times \frac{7y}{26y}$$

其中,x 和 y 必須為正整數。

02. 由於兩個軸心距必須相同,可得:

$$T_2 + T_3 = T_4 + T_5$$
$$9x = 33y$$

03. 因為 9 和 33 的最小公倍數為 99,上列式子最簡單的解為:$x = 11$、$y = 3$。
04. 如此,可得 4 個齒輪的齒數分別為:

$$T_2 = 22$$
$$T_3 = 77$$
$$T_4 = 21$$
$$T_5 = 78$$

上列兩組解均可滿足題述減速比為 13 的條件,但是兩組解之嚙合齒對的齒數和 $(T_2 + T_3)$ 不同,因其對應的軸心距會隨之變動。

09-09 行星齒輪系速比
Velocity Ratio of Planetary Gear Trains

行星齒輪系的速比,可由式 (09-010) 至式 (09-013) 求得;這些方程式中 ω_{ic} 和 ω_{jc} 的第二個下標,均為齒輪架 c。只要有一個齒輪對,即可得到式 (09-010)、式 (09-011)、以及式 (09-012) 或式 (09-013) 等 3 個獨立方程式,有 n 個齒輪對即有 $3n$ 個獨立方程式,加上已知條件與限制條件,可解聯立方程式求得每個齒輪的轉速。

以下舉例說明之。

例 09-08 圖 09-27 為最簡單的齒輪系,齒輪 2 與齒輪 3 嚙合,並分別以旋轉

對和齒輪架 c 鄰接。設齒輪 2 的轉速為 ω_2，相對於齒輪架的轉速為 ω_{2c}，齒數為 T_2；齒輪 3 的轉速為 ω_3，相對於齒輪架的轉速為 ω_{3c}，齒數為 T_3；齒輪架的轉速為 ω_c。試分析這個齒輪系的速比。

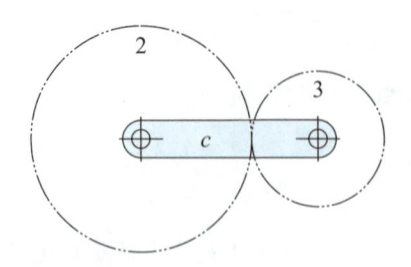

圖 09-27　簡單齒輪系 [例 09-08]

這個齒輪系有 1 個齒輪對，可得下列 3 個關係式：

$$T_2\omega_{2c} = -T_3\omega_{3c} \tag{09-022}$$

$$\omega_{2c} = \omega_2 - \omega_c \tag{09-023}$$

$$\omega_{3c} = \omega_3 - \omega_c \tag{09-024}$$

以下分齒輪架固定、齒輪 2 固定、齒輪 3 固定等三個情況討論之。

01. 齒輪架固定

若齒輪架固定，即齒輪架為機架，這個齒輪系為普通輪系，且：

$$\omega_c = 0 \tag{09-025}$$

設齒輪 2 為主動輪、齒輪 3 為從動輪，聯立解式 (09-022) 至式 (09-025)，可得速比 r_v 為：

$$r_v = \frac{\omega_3}{\omega_2} = -\frac{T_2}{T_3} \tag{09-026}$$

02. 齒輪 2 固定

若齒輪 2 固定、齒輪 3 為主動輪，即齒輪架為行星架、是輸出件，這個輪系為行星齒輪系，且：

$$\omega_2 = 0 \tag{09-027}$$

Chapter 09　齒輪機構
GEAR MECHANISMS

因此，聯立解式 (09-022)、式 (09-023)、式 (09-024)、及式 (09-027)，可得速比 r_v 為：

$$r_v = \frac{\omega_c}{\omega_3} = \frac{T_3}{T_2 + T_3} \tag{09-028}$$

03. 齒輪 3 固定

若齒輪 3 固定、齒輪 2 為主動輪，即齒輪架為行星架、是輸出件，這個輪系亦為行星齒輪系，且：

$$\omega_3 = 0 \tag{09-029}$$

聯立解式 (09-022)、式 (09-023)、式 (09-024)、式 (09-029)，可得速比 r_v 為：

$$r_v = \frac{\omega_c}{\omega_2} = \frac{T_2}{T_2 + T_3} \tag{09-030}$$

例 09-09　圖 09-28 為圖 09-25 單式行星齒輪系的機構簡圖，齒輪 2 為太陽齒輪 ($T_2 = 75$)，齒輪 3 為行星齒輪 ($T_3 = 15$)，齒輪 4 為環齒輪 ($T_4 = 105$)，另有介於齒輪 2 與齒輪 3 間的行星架 5。試分析這個齒輪系的速比。

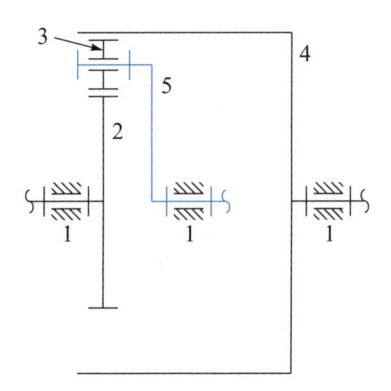

圖 09-28　單式行星齒輪系 [例 09-09]【習題 09-14】

01. 這個齒輪系有 2 個齒輪對，可有如下關係式：

$$\frac{\omega_{25}}{\omega_{35}} = \frac{\omega_2 - \omega_5}{\omega_3 - \omega_5} = -\frac{T_3}{T_2} \tag{09-031}$$

$$\frac{\omega_{35}}{\omega_{45}} = \frac{\omega_3 - \omega_5}{\omega_4 - \omega_5} = +\frac{T_4}{T_3} \tag{09-032}$$

02. 若齒輪 2 為主動輪、行星架 5 為輸出件，且齒輪 4 固定，即 $\omega_4 = 0$。將式 (09-031) 與式 (09-032) 相乘，且將 $\omega_4 = 0$ 代入，可得：

$$\frac{\omega_2 - \omega_5}{0 - \omega_5} = -\frac{T_4}{T_2} \tag{09-033}$$

03. 由式 (09-033) 可得：

$$\omega_2 = \left(1 + \frac{T_4}{T_2}\right)\omega_5 \tag{09-034}$$

即速比 r_v 為：

$$r_v = \frac{\omega_5}{\omega_2} = \frac{T_2}{T_2 + T_4}$$
$$= \frac{75}{75 + 105} = 0.417 \tag{09-035}$$

04. 若齒輪 4 為主動軸，行星架 5 為輸出件，且齒輪 2 固定，即 $\omega_2 = 0$。將式 (09-031) 與式 (09-032) 相乘，且將 $\omega_2 = 0$ 代入，可得：

$$\frac{0 - \omega_5}{\omega_4 - \omega_5} = -\frac{T_4}{T_2} \tag{09-036}$$

04. 由式 (09-036) 可得：

$$\omega_4 = \left(1 + \frac{T_2}{T_4}\right)\omega_5 \tag{09-037}$$

即速比 r_v 為：

$$r_v = \frac{\omega_5}{\omega_4} = \frac{T_4}{T_2 + T_4}$$
$$= \frac{105}{75 + 105} = 0.583 \tag{09-038}$$

Chapter 09　齒輪機構
GEAR MECHANISMS

例 09-10 有一種自行車的三速內變速器，由 1 個具 2 個自由度的行星齒輪系及 2 個單向離合器 (F_1 和 F_2) 組成，各個檔位的構造簡圖與檔位順序如圖 09-29 所示。機件 1 為固定於機架的太陽齒輪，齒數 $T_1 = 17$；機件 2 為行星齒輪，齒數 $T_2 = 15$；機件 3 為行星臂；機件 4 為環齒輪，齒數 $T_4 = 47$；機件 5 為輸出件。作用時，由一個撥動滑槽來選擇不同的輸入件，並由單向離合器來選擇不同的輸出件。試分析各個檔位的速比。

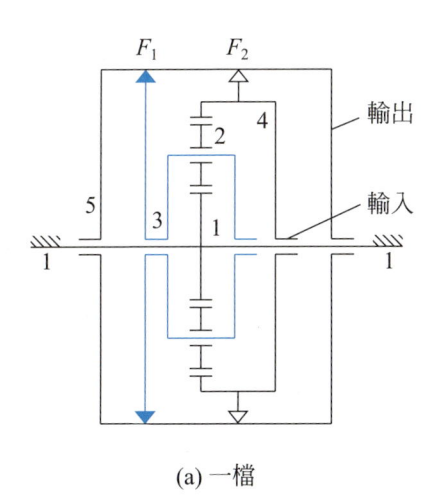

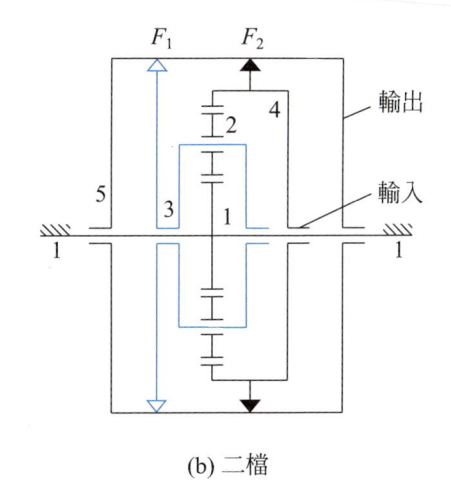

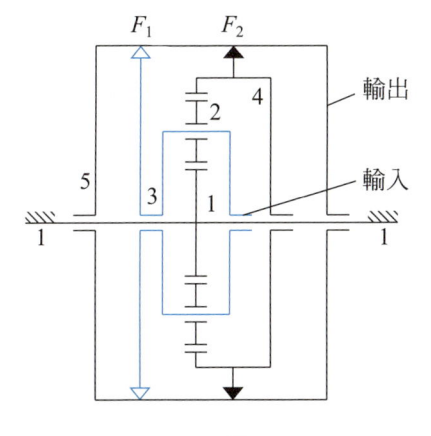

(a) 一檔

(b) 二檔

(c) 三檔

	輸入	F_1	F_2	輸出
一檔	環齒輪 4	*		行星架 3
二檔	環齒輪 4		*	環齒輪 4
三檔	行星架 3		*	環齒輪 4

＊代表接合

(d) 檔位順序

圖 09-29　自行車三速內變速器的行星齒輪系 [例 09-10]

01. 由於這個輪系有 2 個齒輪對，可列出以下關係式：

$$\frac{\omega_{13}}{\omega_{23}} = \frac{\omega_1 - \omega_3}{\omega_2 - \omega_3} = -\frac{T_2}{T_1} \tag{09-039}$$

$$\frac{\omega_{23}}{\omega_{43}} = \frac{\omega_2 - \omega_3}{\omega_4 - \omega_3} = +\frac{T_4}{T_2} \tag{09-040}$$

將式 (09-039) 與式 (09-040) 相乘可得：

$$\frac{\omega_1 - \omega_3}{\omega_4 - \omega_3} = -\frac{T_4}{T_1} \tag{09-041}$$

由於太陽齒輪 1 固定不動，將 $\omega_1 = 0$ 代入式 (09-041) 可得：

$$\frac{0 - \omega_3}{\omega_4 - \omega_3} = -\frac{T_4}{T_1} \tag{09-042}$$

由式 (09-042) 可得：

$$\omega_4 = \left(1 + \frac{T_1}{T_4}\right)\omega_3 \tag{09-043}$$

02. 一檔時，環齒輪 4 為輸入件，單向離合器 F_1 作用，使行星架 3 與機件 5 合一為輸出件，圖 09-29(a)。此時，速比 r_v 為：

$$r_v = \frac{\omega_5}{\omega_4} = \frac{\omega_3}{\omega_4} = \frac{1}{1 + \frac{T_1}{T_4}} = \frac{T_4}{T_1 + T_4}$$

$$= \frac{47}{17 + 47} = 0.734 \tag{09-044}$$

03. 二檔時，環齒輪 4 亦為輸入件，但單向離合器 F_2 作用，使環齒輪 4 與機件 5 合一為輸出件，圖 09-29(b)。此時，動力直接由輸入軸帶動輸出軸，速比 r_v 為：

$$r_v = 1 \tag{09-045}$$

04. 三檔時，行星架 3 為輸入件，單向離合器 F_2 作用，使環齒輪 4 與機件 5 合一為輸出件，圖 09-29(c)。此時，速比 r_v 為：

Chapter 09　齒輪機構
GEAR MECHANISMS

$$r_v = \frac{\omega_5}{\omega_3} = \frac{\omega_4}{\omega_3} = 1 + \frac{T_1}{T_4}$$

$$= 1 + \frac{17}{47} = 1.362 \tag{09-046}$$

▼

例 09-11　有個汽車四速自動變速箱由拉維娜行星齒輪系 (Ravigneawx planetary gear train) 組成，圖 09-30(a)。若離合器 (C) 與單向離合器 (F) 分別以圓形和三角形來表示，制動器和制動帶 (B) 以正方形來表示，則其機構簡圖如圖 09-30(b) 所示。各檔位離合器與制動帶的作動情形如圖 09-30(c) 所示。各齒輪齒數如圖 09-30(b) 所示，試計算各檔位下的減速比。

01. 此行星齒輪系有 4 個齒輪對，可列出以下關係式：

$$\frac{\omega_2 - \omega_4}{\omega_3 - \omega_4} = -\frac{T_3}{T_2} \tag{09-047}$$

$$\frac{\omega_3 - \omega_4}{\omega_6 - \omega_4} = -\frac{T_6}{T_3} \tag{09-048}$$

$$\frac{\omega_5 - \omega_4}{\omega_6 - \omega_4} = -\frac{T_6}{T_5} \tag{09-049}$$

$$\frac{\omega_6 - \omega_4}{\omega_7 - \omega_4} = \frac{T_7}{T_6} \tag{09-050}$$

02. 一檔時，前進離合器 C_2、單向離合器 F_1、單向離合器 F_2 作用，因此行星架 4 固定，即 $\omega_4 = 0$、$\omega_1 = \omega_2$，代入式 (09-047)、式 (09-048)、及式 (09-050) 可得：

$$\frac{\omega_2}{\omega_3} = -\frac{T_3}{T_2} \tag{09-051}$$

$$\frac{\omega_3}{\omega_6} = -\frac{T_6}{T_3} \tag{09-052}$$

$$\frac{\omega_6}{\omega_7} = \frac{T_7}{T_6} \tag{09-053}$$

一檔的減速比為：

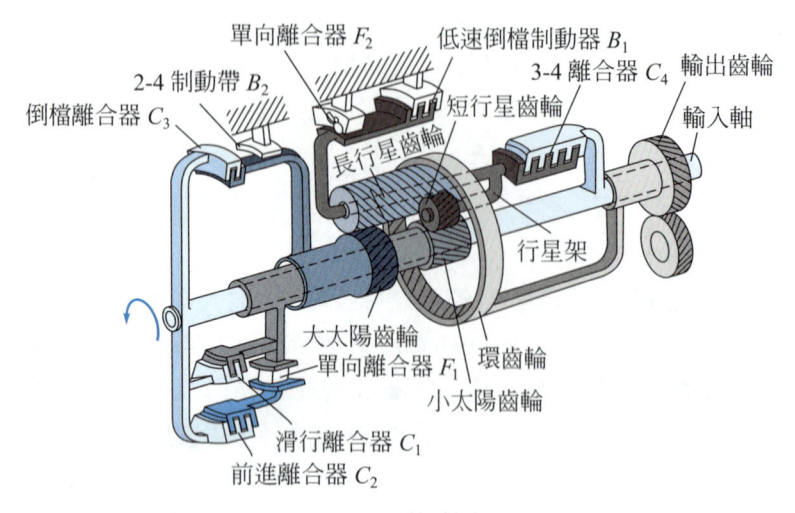

現代機構學
MODERN MECHANISMS

(a) 構造圖

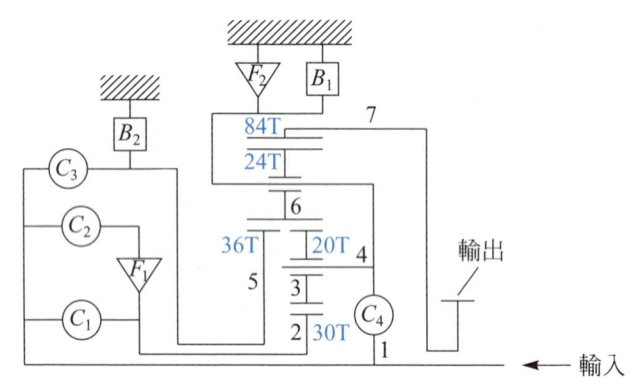

(b) 機構簡圖

	滑行離合器 C_1	前進離合器 C_2	倒檔離合器 C_3	3-4 離合器 C_4	低速倒檔制動器 B_1	2-4 制動帶 B_2	單向離合器 F_1	單向離合器 F_2
一檔		*					*	*
二檔		*				*		*
三檔	*	*		*				
四檔		*		*		*		
倒檔			*		*			

* 代表接合

(c) 檔位順序

圖 09-30　汽車四速自動變速箱行星齒輪系 [例 09-11]

Chapter 09　齒輪機構
GEAR MECHANISMS

$$\frac{\omega_1}{\omega_7} = \frac{\omega_1}{\omega_2} \times \frac{\omega_2}{\omega_3} \times \frac{\omega_3}{\omega_6} \times \frac{\omega_6}{\omega_7}$$

$$= (1)(-\frac{T_3}{T_2})(-\frac{T_6}{T_3})(\frac{T_7}{T_6}) = \frac{T_7}{T_2} = \frac{84}{30} = 2.8 \qquad (09\text{-}054)$$

03. 二檔時，前進離合器 C_2、2-4 制動帶 B_2、單向離合器 F_2 作用，因此大的太陽齒輪 5 固定，即 $\omega_5 = 0$，且 $\omega_1 = \omega_2$，代入式 (09-049) 可得：

$$\frac{0 - \omega_4}{\omega_6 - \omega_4} = -\frac{T_6}{T_5} \qquad (09\text{-}055)$$

整理式 (09-055) 可得 ω_6 為：

$$\omega_6 = \left(1 + \frac{T_5}{T_6}\right)\omega_4 \qquad (09\text{-}056)$$

將式 (09-056) 代入式 (09-050) 可得：

$$\frac{\left(1 + \dfrac{T_5}{T_6}\right)\omega_4 - \omega_4}{\omega_7 - \omega_4} = \frac{T_7}{T_6} \qquad (09\text{-}057)$$

整理式 (09-057) 可得 ω_7 為：

$$\omega_7 = \left(1 + \frac{T_5}{T_7}\right)\omega_4 \qquad (09\text{-}058)$$

將式 (09-056) 代入式 (09-048) 可得：

$$\frac{\omega_3 - \omega_4}{\left(1 + \dfrac{T_5}{T_6}\right)\omega_4 - \omega_4} = -\frac{T_6}{T_3} \qquad (09\text{-}059)$$

整理式 (09-059) 可得 ω_3 為：

$$\omega_3 = \left(1 - \frac{T_5}{T_3}\right)\omega_4 \qquad (09\text{-}060)$$

將式 (09-060) 代入式 (09-047) 可得：

$$\frac{\omega_2 - \omega_4}{\left(1 - \dfrac{T_5}{T_3}\right)\omega_4 - \omega_4} = -\frac{T_3}{T_2} \qquad (09\text{-}061)$$

整理式 (09-060) 可得 ω_2 為：

$$\omega_2 = \left(1+\frac{T_5}{T_2}\right)\omega_4 \qquad (09\text{-}062)$$

二檔的減速比由式 (09-058) 與式 (09-062) 可得：

$$\frac{\omega_1}{\omega_7} = \frac{\omega_2}{\omega_7} = \frac{\left(1+\frac{T_5}{T_2}\right)\omega_4}{\left(1+\frac{T_5}{T_7}\right)\omega_4} = \frac{T_7(T_2+T_5)}{T_2(T_5+T_7)}$$

$$= \frac{84(30+36)}{30(36+84)} = 1.54 \qquad (09\text{-}063)$$

04. 三檔時，前進離合器 C_2、滑行離合器 C_1、3-4 離合器 C_4 作用，因此 $\omega_1 = \omega_2 = \omega_3 = \omega_4 = \omega_5 = \omega_6 = \omega_7$，三檔的減速比為：

$$\frac{\omega_1}{\omega_7} = 1.0 \qquad (09\text{-}064)$$

05. 四檔時，前進離合器 C_2、2-4 制動帶 B_2、3-4 離合器 C_4 作用，因此大的太陽齒輪 5 固定，即 $\omega_5 = 0$，且 $\omega_1 = \omega_4$，代入式 (09-049) 可得：

$$\frac{0-\omega_4}{\omega_6-\omega_4} = -\frac{T_6}{T_5} \qquad (09\text{-}065)$$

整理式 (09-065) 可得 ω_6 為：

$$\omega_6 = \left(1+\frac{T_5}{T_6}\right)\omega_4 \qquad (09\text{-}066)$$

將式 (09-066) 代入式 (09-050) 可得：

$$\frac{\left(1+\frac{T_5}{T_6}\right)\omega_4-\omega_4}{\omega_7-\omega_4} = \frac{T_7}{T_6} \qquad (09\text{-}067)$$

整理式 (09-067) 可得 ω_7 為：

$$\omega_7 = \left(1+\frac{T_5}{T_7}\right)\omega_4 \qquad (09\text{-}068)$$

Chapter 09　齒輪機構
GEAR MECHANISMS

四檔的減速比為：

$$\frac{\omega_1}{\omega_7} = \frac{\omega_4}{\omega_7} = \frac{T_7}{T_5+T_7}$$

$$= \frac{84}{36+84} = 0.7 \qquad (09\text{-}069)$$

06. 倒檔時，倒檔離合器 C_3、低速倒檔制動器 B_1 作用，因此行星架 4 固定，即 $\omega_4 = 0$，且 $\omega_1 = \omega_2$，代入式 (09-049) 與式 (09-050) 可得：

$$\frac{\omega_5}{\omega_6} = -\frac{T_6}{T_5} \qquad (09\text{-}070)$$

$$\frac{\omega_6}{\omega_7} = \frac{T_7}{T_6} \qquad (09\text{-}071)$$

倒檔的減速比為：

$$\frac{\omega_1}{\omega_7} = \frac{\omega_1}{\omega_5} \times \frac{\omega_5}{\omega_6} \times \frac{\omega_6}{\omega_7} = (1)\left(-\frac{T_6}{T_5}\right)\left(\frac{T_7}{T_6}\right)$$

$$= -\frac{T_7}{T_5} = -\frac{84}{36} = -2.33 \qquad (09\text{-}072)$$

09-10　具二個輸入行星齒輪系速比
Velocity Ratio of Planetary Gear Trains with Two Inputs

某些應用場合，自由度為 F 之行星齒輪系的所有齒輪都可運轉，這種行星齒輪系必須具備 F 個獨立輸入，以便產生拘束運動。

有個自由度為 2 的行星齒輪系，輸入 I 的轉速為 ω_I，輸入 II 的轉速為 ω_{II}，輸出轉速為 ω_o，根據疊加原理 (Principle of superposition)，輸出轉速 ω_o 等於輸入 I 與輸入 II 分別所產生的輸出結果之和，即：

$$\omega_o = \omega_I\left[\frac{\omega_o}{\omega_I}\right]_{\text{輸入 II 固定}} + \omega_{II}\left[\frac{\omega_o}{\omega_{II}}\right]_{\text{輸入 I 固定}} \qquad (09\text{-}073)$$

現代機構學
MODERN MECHANISMS

具正齒輪且有 2 個自由度的行星齒輪系，常應用於車輛的自動變速箱 (Automatic transmission) 中，以下舉例說明之。

例 09-12 別克雙路徑變速箱 (Buick dual-path transmission) 是最早量產的汽車自動變速箱，功能簡圖如圖 09-31(a) 所示，換檔順序如圖 09-31(b) 所示，*代表作用，◎代表在接合點前作用。這個傳動系統有 2 個前進檔與 1 個倒退檔，由 1 個扭力轉換器 (P、T、S)、1 個行星齒輪系、2 個離合器 (A、D)、2 個制動器 (B、C)、及 2 個單向離合器 (E、F) 組成。圖 09-31(c) 為位於空檔行星齒輪系的運動簡圖及相對應的運動鏈。行星齒輪系有 1 個環齒輪 (齒輪 2，$T_2 = 71$) 與扭力轉換器的渦輪 (T) 鄰接，有 2 個太陽齒輪 (齒輪 3，$T_3 = 41$；齒輪 4，$T_4 = 41$) 與 1 個長的行星齒輪 (齒輪 6，$T_6 = 15$) 鄰接，動力則經由行星架 (機件 5) 輸出。試分析這個齒輪系各檔位的減速比。

01. 這個行星齒輪系有 3 個齒輪對，可列出下列關係式：

$$\frac{\omega_{25}}{\omega_{65}} = \frac{\omega_2 - \omega_5}{\omega_6 - \omega_5} = +\frac{T_6}{T_2} \tag{09-074}$$

$$\frac{\omega_{35}}{\omega_{65}} = \frac{\omega_3 - \omega_5}{\omega_6 - \omega_5} = -\frac{T_6}{T_3} \tag{09-075}$$

$$\frac{\omega_{45}}{\omega_{65}} = \frac{\omega_4 - \omega_5}{\omega_6 - \omega_5} = -\frac{T_6}{T_4} \tag{09-076}$$

02. 一檔時，制動器 C、單向離合器 E 和 F 作用，使得太陽齒輪 4 固定，即 $\omega_4 = 0$。此時動力由扭力轉換器的泵 (P) 經渦輪 (T) 傳至環齒輪 2 輸入，由行星架 5 輸出，其運動鏈如圖 09-31(d) 所示。將式 (09-074) 與式 (09-075) 相除，且將 $\omega_4 = 0$ 代入，可得：

$$\frac{\omega_2 - \omega_5}{0 - \omega_5} = -\frac{T_4}{T_2} \tag{09-077}$$

由式 (09-077) 可得：

$$\omega_2 = \left(1 + \frac{T_4}{T_2}\right)\omega_5 \tag{09-078}$$

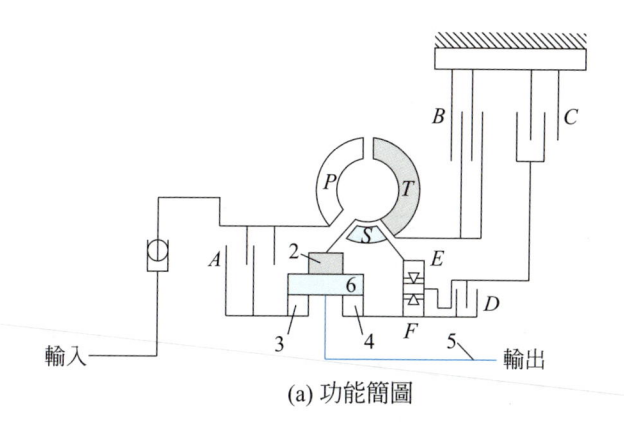

Chapter 09　齒輪機構
GEAR MECHANISMS
341

(a) 功能簡圖

減速比	A	B	C	D	E	F
空檔	---						
一檔	1.58:1			*		◎	*
二檔	1:1	*		*		◎	
倒檔	2.73:1		*		*	*	

(b) 檔位順序

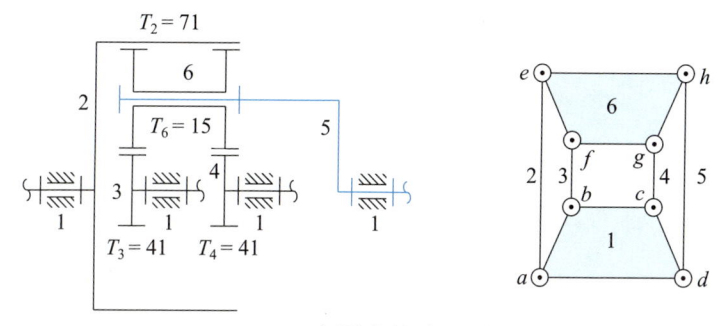

$T_2 = 71$　$T_6 = 15$　$T_3 = 41$　$T_4 = 41$

(c) 行星齒輪系（空檔）

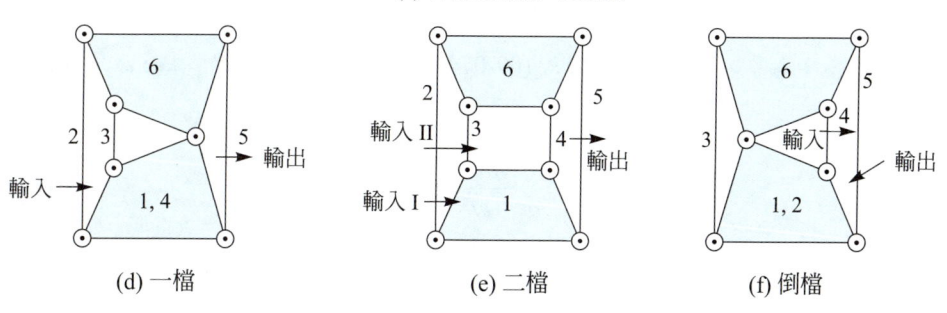

(d) 一檔　　(e) 二檔　　(f) 倒檔

圖 09-31　汽車二速自動變速箱 [例 09-12]

可得速比 r_v 為：

$$r_v = \frac{\omega_o}{\omega_1} = \frac{\omega_5}{\omega_2} = \frac{1}{1+\dfrac{T_4}{T_2}} = \frac{T_2}{T_2+T_4}$$

$$= \frac{71}{71+41} = 0.634 \qquad (09\text{-}079)$$

即減速比為 1.58。

03. 二檔時，離合器 A、制動器 C、及單向離合器 E 作用，64% 的動力由扭力轉換器的泵 (P) 經渦輪 (T) 傳至環齒 2 (輸入 I) 進入行星齒輪系，36% 的動力經離合器 A 由太陽齒輪 3 (輸入 II) 進入行星齒輪系，而行星架 5 仍為輸出，運動鏈如圖 09-31(e) 所示。若輸入 II 為零，即 $\omega_3 = 0$，將式 (09-074) 與 (09-075) 相除，且將 $\omega_3 = 0$ 代入，可得：

$$\frac{\omega_2 - \omega_5}{0 - \omega_5} = -\frac{T_3}{T_2} \qquad (09\text{-}080)$$

由式 (09-080) 可得：

$$\omega_2 = \left(1 + \frac{T_3}{T_2}\right)\omega_5 \qquad (09\text{-}081)$$

可得速比 r_v 為：

$$r_v = \frac{\omega_o}{\omega_1} = \frac{\omega_5}{\omega_2} = \frac{1}{1+\dfrac{T_3}{T_2}} = \frac{T_2}{T_2+T_3}$$

$$= \frac{71}{71+41} = 0.634 \qquad (09\text{-}082)$$

若輸入 I 為零，即 $\omega_2 = 0$，將式 (09-074) 與式 (09-075) 相除，且將 $\omega_2 = 0$ 代入，可得：

$$\frac{0 - \omega_5}{\omega_3 - \omega_5} = -\frac{T_3}{T_2} \qquad (09\text{-}083)$$

由式 (09-083) 可得：

$$\omega_3 = \left(1 + \frac{T_2}{T_3}\right)\omega_5 \qquad (09\text{-}084)$$

Chapter 09　齒輪機構
GEAR MECHANISMS

可得速比 r_v 為：

$$r_v = \frac{\omega_o}{\omega_I} = \frac{\omega_5}{\omega_3} = \frac{1}{1+\frac{T_2}{T_3}} = \frac{T_3}{T_2+T_3}$$

$$= \frac{41}{71+41} = 0.366 \tag{09-085}$$

因此，利用疊加原理可得輸出件的轉速 ω_5 為：

$$\omega_5 = \omega_2 \left[\frac{\omega_5}{\omega_2}\right]_{\omega_3=0} + \omega_3 \left[\frac{\omega_5}{\omega_3}\right]_{\omega_2=0}$$

$$= \omega_2 \left(\frac{T_2}{T_2+T_3}\right) + \omega_3 \left(\frac{T_3}{T_2+T_3}\right) \tag{09-086}$$

扭矩轉換器無滑差時，即泵 (P) 與渦輪 (T) 轉速相同，此時 $\omega_2 = \omega_3$，二檔的減速比為 1。

04. 倒檔時，制動器 B、離合器 D、及單向離合器 E 作用，使得環齒輪 2 固定，即 $\omega_2 = 0$。此時泵 (P) 帶動定子 (S) 反轉，再經單向離合器 E 和離合器 D 由太陽齒輪 4 輸入，行星架 5 輸出，運動鏈如圖 09-31(f) 所示。此時，扭矩轉換器的定子 (S) 轉向與泵 (P) 相反，使最後輸出轉向相反。將式 (09-074) 與式 (09-075) 相除，且將 $\omega_2 = 0$ 代入，可得：

$$\frac{0-\omega_5}{\omega_4-\omega_5} = -\frac{T_4}{T_2} \tag{09-087}$$

由式 (09-087) 可得：

$$\omega_4 = \left(1+\frac{T_2}{T_4}\right)\omega_5 \tag{09-088}$$

可得速比 r_v 為：

$$r_v = \frac{\omega_o}{\omega_I} = -\frac{\omega_5}{\omega_4} = -\frac{1}{1+\frac{T_2}{T_4}} = -\frac{T_4}{T_2+T_4}$$

$$= -\frac{41}{71+41} = -0.366 \tag{09-089}$$

即減速比為 –2.73。

09-11 行星傘齒輪系速比
Velocity Ratio of Planetary Bevel Gear Trains

具有傘齒輪的行星齒輪系，稱為**行星傘齒輪系** (Planetary bevel gear train)。與正齒輪行星齒輪系相比較，行星傘齒輪系的優點是所佔的空間較小，可用較少數的齒輪得到較高的減速比。

求解行星傘齒輪系的原理與正齒輪行星齒輪系相同，但是齒輪的轉動方向須由圖面來加以判斷，以下舉例說明之。

例 09-13 有個行星傘齒輪系，圖 09-32，齒輪 2 為輸入，齒輪 7 為輸出，齒輪 6 固定，齒數為 $T_2 = 16$、$T_3 = 64$、$T_4 = 30$、$T_6 = 80$、及 $T_7 = 40$，試求速比。

01. 這個行星齒輪系具有 3 個齒輪對，可列出下列 3 個關係式：

$$\frac{\omega_{25}}{\omega_{35}} = \frac{\omega_2 - \omega_5}{\omega_3 - \omega_5} = -\frac{T_3}{T_2} \tag{09-090}$$

$$\frac{\omega_{75}}{\omega_{45}} = \frac{\omega_7 - \omega_5}{\omega_4 - \omega_5} = +\frac{T_4}{T_7} \tag{09-091}$$

$$\frac{\omega_{65}}{\omega_{35}} = \frac{\omega_6 - \omega_5}{\omega_3 - \omega_5} = +\frac{T_3}{T_6} \tag{09-092}$$

齒輪 3 與齒輪 4 為複式齒輪，轉速相同。由於齒輪 2 相對於行星架 5 的轉向與齒輪 7 相對於行星架 5 的轉向相反，式 (09-090) 的速比取負值時，式 (09-091) 的速比須取正值。同理，式 (09-092) 的速比取正值。

02. 齒輪 6 固定，即 $\omega_6 = 0$，代入式 (09-092)，可得：

$$\frac{0 - \omega_5}{\omega_3 - \omega_5} = \frac{T_3}{T_6} \tag{09-093}$$

由式 (09-093) 可得：

Chapter 09　齒輪機構
GEAR MECHANISMS

(a) 機構模型

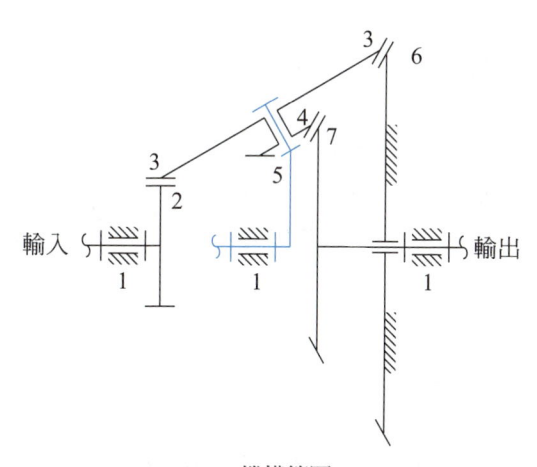

(b) 機構簡圖

圖 09-32　行星傘齒輪系 [例 09-13]

$$\omega_3 = \left(1 - \frac{T_6}{T_3}\right)\omega_5 \qquad (09\text{-}094)$$

將式 (09-094) 代入式 (09-090)，可得：

$$\frac{\omega_2 - \omega_5}{\left(1 - \dfrac{T_6}{T_3}\right)\omega_5 - \omega_5} = -\frac{T_3}{T_2} \qquad (09\text{-}095)$$

由式 (09-095) 可得：

$$\omega_2 = \left(1+\frac{T_6}{T_2}\right)\omega_5 \tag{09-096}$$

03. 由於齒輪 3 與齒輪 4 為複式齒輪，$\omega_4 = \omega_3 = \left(1-\frac{T_6}{T_3}\right)\omega_5$，代入式 (09-091) 可得：

$$\frac{\omega_7 - \omega_5}{\left(1-\frac{T_6}{T_3}\right)\omega_5 - \omega_5} = \frac{T_4}{T_7} \tag{09-097}$$

由式 (09-097) 可得：

$$\omega_7 = \left(1-\frac{T_4}{T_3}\frac{T_6}{T_7}\right)\omega_5 \tag{09-098}$$

由式 (09-096) 與式 (09-098) 可得速比 r_v 為：

$$r_v = \frac{\omega_7}{\omega_2} = \frac{\left(1-\frac{T_4}{T_3}\frac{T_6}{T_7}\right)\omega_5}{\left(1+\frac{T_6}{T_2}\right)\omega_5} = \frac{T_2(T_3T_7 - T_4T_6)}{T_3T_7(T_2+T_6)}$$

$$= \frac{16(64\times40 - 30\times80)}{64\times40(16+80)} = \frac{1}{96} \tag{09-099}$$

具 2 個自由度的行星傘齒輪系，可用來產生**差動傳動** (Differential transmission)，常應用於車輛的差動器與機械式的計算器中。以下以圖 09-33 來說明汽車差動器的原理。

設傘齒輪 2、3、4 的轉速分別為 ω_2、ω_3、ω_4，行星架 5 的轉速為 ω_5，且傘齒輪 2、3、4 的齒數分別為 T_2、T_3、T_4，且 $T_2 = T_4$。此行星齒輪系具有 2 個齒輪對，可列出下列 2 個關係式：

$$\frac{\omega_{25}}{\omega_{35}} = \frac{\omega_2 - \omega_5}{\omega_3 - \omega_5} = -\frac{T_3}{T_2} \tag{09-100}$$

$$\frac{\omega_{45}}{\omega_{35}} = \frac{\omega_4 - \omega_5}{\omega_3 - \omega_5} = +\frac{T_3}{T_4} \tag{09-101}$$

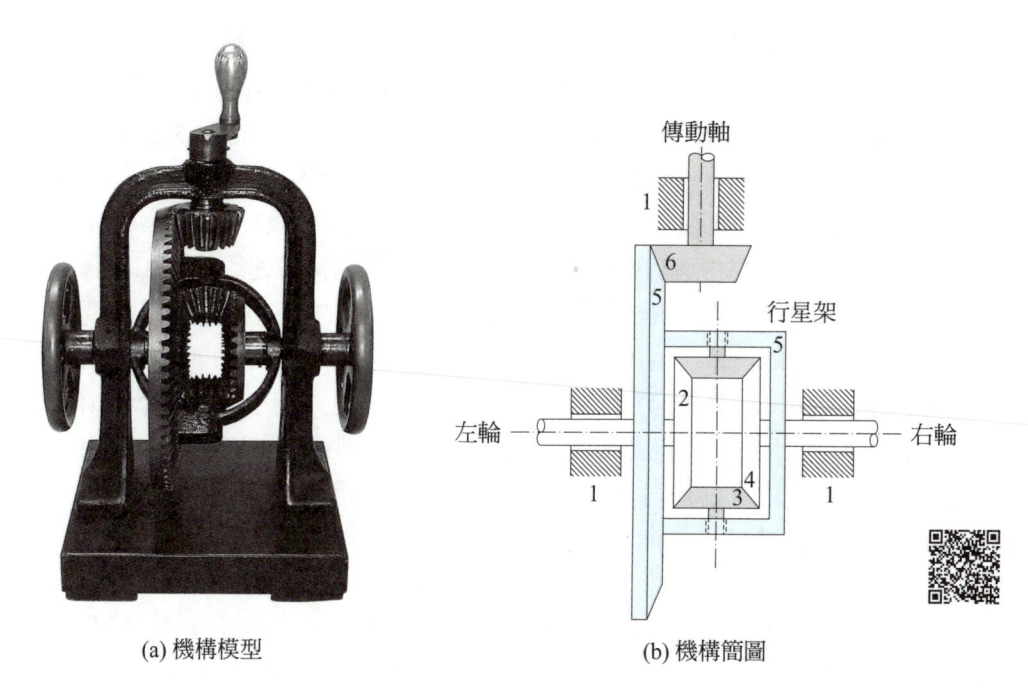

Chapter 09　齒輪機構
GEAR MECHANISMS

(a) 機構模型　　　　　　　(b) 機構簡圖

圖 09-33　汽車差動傳動機構

　　由於齒輪 2 相對於行星架 5 的轉向與齒輪 4 相對於行星架 5 的轉向相反，因此式 (09-100) 的速比取負值時，式 (09-101) 的速比須取正值。將式 (09-100) 與式 (09-101) 相除可得：

$$\frac{\omega_2 - \omega_5}{\omega_4 - \omega_5} = -\frac{T_3}{T_2}\frac{T_4}{T_3} = -\frac{T_4}{T_2} \tag{09-102}$$

由於 $T_2 = T_4$，可得：

$$\frac{\omega_2 - \omega_5}{\omega_4 - \omega_5} = -1 \tag{09-103}$$

由式 (09-103) 可得：

$$\omega_5 = \frac{1}{2}(\omega_2 + \omega_4) \tag{09-104}$$

　　式 (09-104) 說明圖 09-33 的行星傘齒輪系中，行星架 5 的轉速等於傘齒

輪 2 與傘齒輪 4 轉速的代數平均值。當齒輪 2 與齒輪 4 的轉向相同且大小相等時，可得 $\omega_5 = \omega_2 = \omega_4$，即行星架 5 係用相同轉速與方向轉動。再者，當齒輪 2 與齒輪 4 的轉速相同但轉向相反時，$\omega_2 = -\omega_4$、$\omega_5 = 0$，即行星 5 靜止不動。

汽車內燃機動力的傳動，是由引擎曲軸的旋轉經由傳動軸上的傘齒輪 6 帶動傘齒輪 5 (機件 5) 驅使行星架 (機件 5) 旋轉，而傘齒輪 2 和傘齒輪 4 的軸分別連接至汽車的左右兩個車輪。如此，可使左右兩輪轉速的代數和成為定值；至於個別的轉速究竟為若干，可由汽車行走路線的彎曲程度而自動調整。例如，前輪驅動的汽車，直線行走時，左右兩輪的轉速自動相同；左轉彎時，圖 09-34，右前車輪 (外側輪) 的旋轉半徑 R_1 較大，阻力較小；左前車輪 (內側輪) 的旋轉半徑 R_2 較小，阻力較大。因此右前車輪轉速自動增加，左前車輪轉速自動減少，以維持左右兩側車輪轉速的代數和為定值；反之，右轉彎時，左前車輪轉速自動增加，右前車輪轉速自動減少，以維持左右兩側車輪轉速的代數和為定值。若右側輪打滑，則左側輪的速度為零，為維持左右兩側車輪轉速的代數和為定值，右側輪的速度為行星架速度的兩倍，但因打滑無法帶動車子前進，反之亦然。若遇天雨路滑或雪地停車時，地面阻力變化不定，雖然車輪仍按照地面阻力自動調整轉速，車身即因此變化不定，致使轉向無從控制而易生事故。

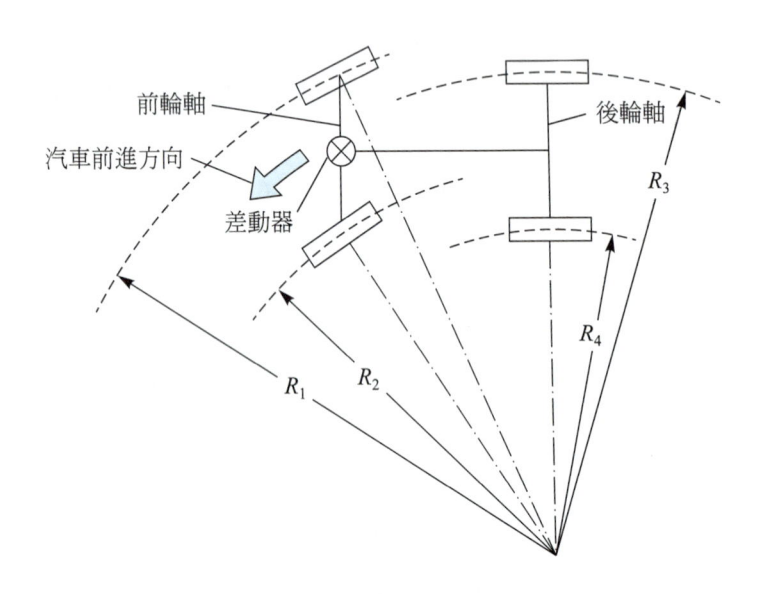

圖 09-34　汽車轉彎時各車輪旋轉半徑

Chapter 09　齒輪機構
GEAR MECHANISMS

另,前輪驅動的汽車,後輪軸上的兩個車輪是獨立旋轉,可依照轉彎時的半徑自動調整速度大小,不須要加裝差動器。若是四輪驅動的汽車,則在前後輪軸上均須裝差動器。此外,前輪軸兩車輪旋轉半徑和 $(R_1 + R_2)$ 不會剛好等於後輪軸兩車輪旋轉半徑和 $(R_3 + R_4)$,因此在前後輪軸間須加裝一中央差動器,以調整前後輪軸間些微的速差,如此可完全消除輪胎和地面間打滑的狀況發生。

09-12　油電混合車齒輪系 Gear Trains of Hybrid Vehicles

混合動力車輛 (Hybrid vehicles) 同時具有引擎與電動機為動力源,其齒輪箱通常是具有 2 個自由度的複式行星齒輪系,經由制動帶 (Brake) 與離合器 (Clutch) 的作動來換檔變速。

以下舉例說明之。

例 09-14　2010 年豐田汽車的 Camry Hybrid eCVT 變速箱,為具有 7 根機件及 2 個自由度的複式行星齒輪系,圖 09-35,齒數為:$T_3 = 24$,$T_4 = 30$,$T_{53} = 78$ (內齒輪),$T_{56} = 57$ (內齒輪),$T_6 = 17$,$T_7 = 23$。輸入 I (引擎與行星架 2) 的轉速為 3,000 rpm,輸入 II (發電機與齒輪 4) 的轉速為

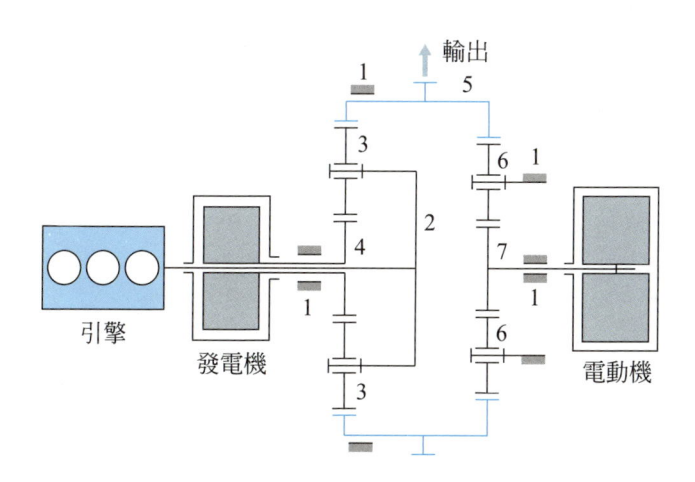

圖 09-35　Camry 混合動力 eCVT 變速箱 [例 09-14]

2,000 rpm。試決定輸出軸 (齒輪 5) 的轉速 $\omega_o = \omega_5$ 以及電動機軸 (齒輪 7) 的轉速 ω_7。

01. 這個齒輪系的機件 1 是機架，即 $\omega_1 = 0$，其 4 個齒輪對具有以下關係：

$$\frac{\omega_{52}}{\omega_{32}} = \frac{\omega_5 - \omega_2}{\omega_3 - \omega_2} = +\frac{T_3}{T_{53}} \qquad (09\text{-}105)$$

$$\frac{\omega_{42}}{\omega_{32}} = \frac{\omega_4 - \omega_2}{\omega_3 - \omega_2} = -\frac{T_3}{T_4} \qquad (09\text{-}106)$$

$$\frac{\omega_{51}}{\omega_{61}} = \frac{\omega_5 - \omega_1}{\omega_6 - \omega_1} = +\frac{T_6}{T_{56}} \qquad (09\text{-}107)$$

$$\frac{\omega_{71}}{\omega_{61}} = \frac{\omega_7 - \omega_1}{\omega_6 - \omega_1} = -\frac{T_6}{T_7} \qquad (09\text{-}108)$$

02. 若輸入 II (發電機) 固定，即 $\omega_{II} = \omega_4 = 0$，將式 (09-105) 除以式 (09-106) 可得：

$$\frac{\omega_5 - \omega_2}{0 - \omega_2} = -\frac{T_4}{T_{53}} \qquad (09\text{-}109)$$

重新排列式 (09-107) 可得：

$$\omega_5 = \left(1 + \frac{T_4}{T_{53}}\right)\omega_2 \qquad (09\text{-}110)$$

因此，速度比 (r_v) 為：

$$r_v = \frac{\omega_o}{\omega_1} = \frac{\omega_5}{\omega_2} = 1 + \frac{T_4}{T_{53}}$$

$$= \frac{78 + 30}{78} = 1.385 \qquad (09\text{-}111)$$

03. 若輸入 I (引擎) 固定，即 $\omega_1 = \omega_2 = 0$，將式 (09-105) 除以式 (09-106) 可得：

$$\frac{\omega_o}{\omega_1} = \frac{\omega_5}{\omega_4} = -\frac{T_4}{T_{53}}$$

$$= -\frac{30}{78} = -0.385 \qquad (09\text{-}112)$$

因此，輸出軸的轉速 ω_o，即 ω_5，為：

Chapter 09　齒輪機構
GEAR MECHANISMS

$$\omega_o = \omega_2 \left(\frac{\omega_5}{\omega_2}\right)_{\omega_4=0} + \omega_4 \left(\frac{\omega_5}{\omega_4}\right)_{\omega_2=0}$$

$$= \omega_2 \left(1 + \frac{T_4}{T_{53}}\right) + \omega_4 \left(-\frac{T_4}{T_{53}}\right)$$

$$= 3{,}000 \left(\frac{108}{78}\right) + 2{,}000 \left(-\frac{30}{78}\right)$$

$$= 4{,}153.8 - 769.2 = 3{,}384.6 \text{ rpm} \tag{09-113}$$

04. 與輸入 I 的轉向一致。

$\omega_1 = 0$ 時，將式 (09-107) 除以式 (09-108) 可得：

$$\frac{\omega_o}{\omega_1} = \frac{\omega_5}{\omega_7} = -\frac{T_7}{T_{56}} \tag{09-114}$$

重新排列式 (09-114) 可得：

$$\omega_7 = \left(-\frac{T_{56}}{T_7}\right)\omega_5 \tag{09-115}$$

因此，電動機的轉速為：

$$\omega_7 = \left(-\frac{57}{23}\right)\left(3{,}000\left(\frac{108}{78}\right) + 2{,}000\left(-\frac{30}{78}\right)\right) = -8{,}388 \text{ rpm}$$

與輸入 I 的轉向相反。

典型的**並聯混合動力變速箱** (Parallel hybrid transmission)，有引擎 (E) 與電動機 (M) 2 個輸入動力，以及 1 個用於驅動輪軸的輸出件。引擎與電動機皆可提供動力或以並聯方式經由行星齒輪系變速與驅動車輛。電動機亦可用作發電機，在制動 (剎車) 過程中產生電力，或從引擎傳遞部分動力為電池充電。

圖 09-36(a) 為具複式行星齒輪系並聯混合動力變速箱的功能示意圖，有 15 種可能的離合器與制動帶作動方式，可群組為 5 種操作模式及 1 種駐停充電模式，包括 2 個離合器 (C_1 和 C_2) 與 2 個制動帶 (B_1 和 B_2)。圖 09-36(b) 列出在各種操作模式下，離合器與制動帶的作動方式，＊表示作用中。

以下舉例說明之。

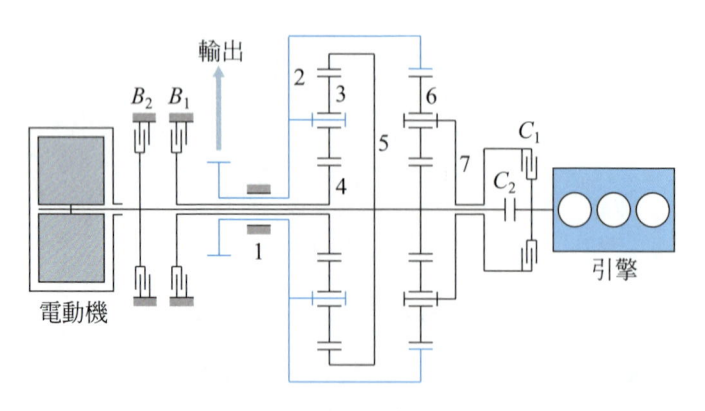

現代機構學
MODERN MECHANISMS

(a) 功能簡圖

No.	操作模式	離合器 / 制動帶 / 作用				備註
		C_1	C_2	B_1	B_2	
1	單獨電動機模式			*		引擎惰速
2	動力模式 1		*	*		電動機
3	動力模式 2	*		*		電動機
4	動力模式 3	*	*			電動機
5	CVT / 充電模式	*				電動機 / 發電機
6	引擎模式 1 (減少)		*	*		電動機空轉
7	引擎模式 2 (減少)	*		*		電動機空轉
8	引擎模式 3	*	*			電動機空轉
9	引擎模式 4 (超速檔)	*			*	電動機不轉
10	再生制動模式 1					發電機
11	再生制動模式 2		*			發電機
12	再生制動模式 3		*	*		發電機
13	再生制動模式 4	*		*		發電機
14	再生制動模式 5	*	*			發電機
15	停駐充電模式	*	(*)			發電機

(b) 離合器與制動帶作動組合

圖 09-36 並聯混合動力變速箱構造 [例 09-16]

Chapter 09　齒輪機構
GEAR MECHANISMS

例 09-15　如圖 09-36 所示的並聯混合動力變速箱設計。左側行星齒輪系的齒輪架與右側行星齒輪系的環齒輪 (T_2 = 72) 同為機件 2，亦為輸出機件。左側行星齒輪系的環齒輪 (T_{53} = 72) 與右側行星齒輪系的太陽齒輪 (T_{56} = 30) 同為機件 5，並連接到電動機軸作為輸出件。兩個太陽齒輪 (齒輪 4，T_4 = 30；齒輪 5，T_{56} = 30) 與兩個縱向行星齒輪 (齒輪 3，T_3 = 21；齒輪 6，T_6 = 21) 鄰接。右側行星齒輪系的行星架固定在引擎軸上。動力經由行星架 2 傳輸出去。試分析此齒輪系在不同動力模式下的速比。

這個齒輪系的 4 個齒輪對具有以下關係：

$$\frac{\omega_{52}}{\omega_{32}} = \frac{\omega_5 - \omega_2}{\omega_3 - \omega_2} = +\frac{T_3}{T_{53}} \tag{09-116}$$

$$\frac{\omega_{42}}{\omega_{32}} = \frac{\omega_4 - \omega_2}{\omega_3 - \omega_2} = -\frac{T_3}{T_4} \tag{09-117}$$

$$\frac{\omega_{27}}{\omega_{67}} = \frac{\omega_2 - \omega_7}{\omega_6 - \omega_7} = +\frac{T_6}{T_2} \tag{09-118}$$

$$\frac{\omega_{57}}{\omega_{67}} = \frac{\omega_5 - \omega_7}{\omega_6 - \omega_7} = -\frac{T_6}{T_{56}} \tag{09-119}$$

單獨電動機模式

此模式，制動帶 B_1 作用，圖 09-37(a)，導致太陽齒輪 4 固定，即 ω_4 = 0。這種情況下，只有電動機 (M) 驅動車輛，輸入動力是從電動機經由環齒輪 5 來驅動輸出件 (行星架 2)。基於 ω_4 = 0，將式 (09-116) 除以式 (09-117) 可得：

$$\frac{\omega_5 - \omega_2}{0 - \omega_2} = -\frac{T_4}{T_{53}} \tag{09-120}$$

重新排列式 (09-120) 可得：

$$\omega_5 = \left(1 + \frac{T_4}{T_{53}}\right)\omega_2 \tag{09-121}$$

因此，速度比 (r_v) 為：

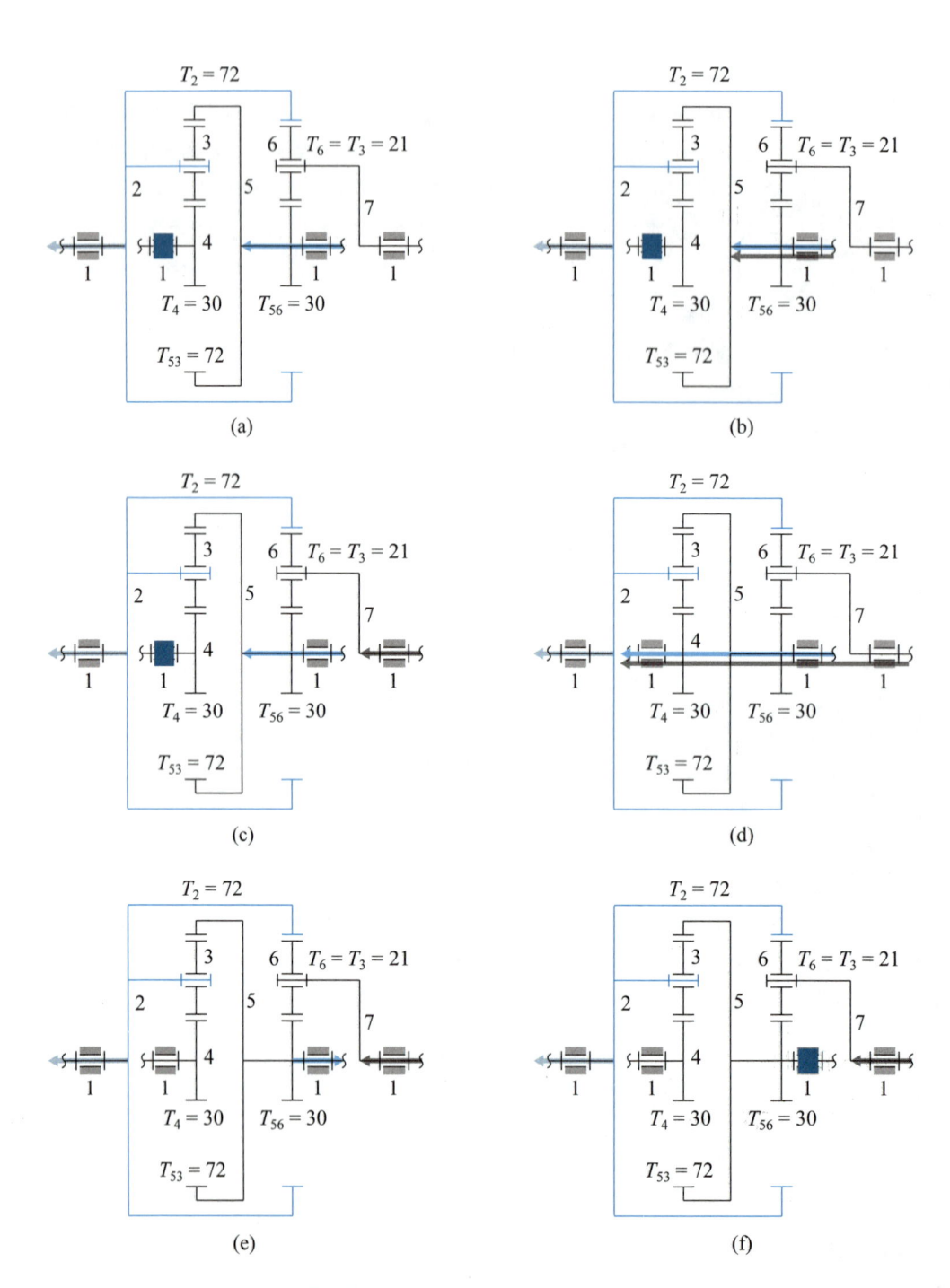

現代機構學
MODERN MECHANISMS

(a)   (b)

$T_2 = 72$, $T_6 = T_3 = 21$, $T_4 = 30$, $T_{56} = 30$, $T_{53} = 72$

(c)   (d)

(e)   (f)

圖 09-37　並聯混合動力變速箱 [例 09-15]

Chapter 09　齒輪機構
GEAR MECHANISMS

$$r_v = \frac{\omega_o}{\omega_1} = \frac{\omega_2}{\omega_5} = \frac{1}{1+\dfrac{T_4}{T_{53}}} = \frac{T_{53}}{T_{53}+T_4}$$

$$= \frac{72}{72+30} = 0.706 \tag{09-122}$$

減速比為 1.42。

動力模式 1

此模式，離合器 C_2 和制動帶 B_1 作用，圖 09-37(b)。這種情況下，引擎 (E) 連接到電動機 (M) 的軸，電動機與引擎皆提供動力來驅動車輛，速度比與單獨電動機模式相同。

動力模式 2

此模式，離合器 C_1 和制動帶 B_1 作用，圖 09-37(c)。這種情況下，引擎 (E) 連接到右側行星齒輪系的行星架，電動機與引擎都皆供動力來驅動車輛。

將式 (09-118) 除以式 (09-119) 可得：

$$\frac{\omega_2 - \omega_7}{\omega_5 - \omega_7} = -\frac{T_{56}}{T_2} \tag{09-123}$$

重新排列式 (09-123) 可得：

$$\omega_7 = \left(\frac{T_2}{T_{56}+T_2}\right)\omega_2 + \left(\frac{T_{56}}{T_{56}+T_2}\right)\omega_5 \tag{09-124}$$

將式 (09-121) 的 ω_5 代入式 (09-124) 可得：

$$\omega_7 = \left(\frac{T_2}{T_{56}+T_2} + \left(\frac{T_{56}}{T_{56}+T_2}\right)\left(1+\frac{T_4}{T_{53}}\right)\right)\omega_2$$

$$= \left(\frac{72}{30+72} + \left(\frac{30}{30+72}\right)\left(1+\frac{30}{72}\right)\right)\omega_2 = 1.123\omega_2 \tag{09-125}$$

因此，速度比 (r_v) 為：

$$r_v = \frac{\omega_o}{\omega_1} = \frac{\omega_2}{\omega_7} = \frac{1}{1.123} = 0.89 \tag{09-126}$$

減速比為 1.123。

動力模式 3

此模式，離合器 C_1 與 C_2 作用，圖 09-37(d)。這種情況下，整個齒輪系鎖死為單一機件，電動機與引擎皆提供動力同時驅動車輛，引擎、電動機、及輸出軸的速度完全同步。如此，速度比 (r_v) 為 1。

CVT/充電模式

此模式，離合器 C_1 作用，圖 09-37(e)，太陽齒輪 4 可自由轉動。具 2 個自由度的右側行星齒輪系，將動力分流，部分的引擎動力經由環齒輪 2 驅動車輛，其餘動力則經由太陽齒輪 5 驅動電動機將其轉換為發電機模式，為電池充電。當引擎處於最佳運行區域時，可調節電動機/發電機的速度與負載來控制輸出速度。

若輸入 I 固定時，即 $\omega_5 = 0$，將式 (09-118) 除以式 (09-119) 可得：

$$\frac{\omega_2 - \omega_7}{0 - \omega_7} = -\frac{T_{56}}{T_2} \tag{09-127}$$

重新排列式 (09-127) 可得：

$$\omega_2 = \left(1 + \frac{T_{56}}{T_2}\right)\omega_7 \tag{09-128}$$

速度比 (r_v) 為：

$$r_v = \frac{\omega_o}{\omega_1} = \frac{\omega_2}{\omega_7} = 1 + \frac{T_{56}}{T_2}$$
$$= \frac{72 + 30}{72} = 1.417 \tag{09-129}$$

若固定輸入 II，即 $\omega_7 = 0$，將式 (09-118) 除以式 (09-119)：

$$\frac{\omega_2 - 0}{\omega_5 - 0} = -\frac{T_{56}}{T_2} \tag{09-130}$$

重新排列式 (09-130) 可得：

$$\omega_2 = -\frac{T_{56}}{T_2}\omega_5 \tag{09-131}$$

速度比 (r_v) 為：

$$r_v = \frac{\omega_o}{\omega_1} = \frac{\omega_2}{\omega_5} = -\frac{T_{56}}{T_2}$$

$$= -\frac{30}{72} = -0.417 \tag{09-132}$$

因此，根據疊加原理，輸出件的角速度 (ω_2) 為：

$$\omega_2 = \omega_7 \left[\frac{\omega_2}{\omega_7}\right]_{\omega_5=0} + \omega_5 \left[\frac{\omega_2}{\omega_5}\right]_{\omega_7=0}$$

$$= \omega_7 \left(\frac{T_2 + T_{56}}{T_2}\right) - \omega_5 \left(\frac{T_{56}}{T_2}\right)$$

$$= 1.417\omega_7 - 0.417\omega_5 \tag{09-133}$$

引擎模式 1、2、及 3

此模式，輸入與輸出的速度關係分別與動力模式 1、動力模式 2、及動力模式 3 相同。

引擎模式 4

此模式，離合器 C_1 與制動帶 B_2 接合，圖 09-37(f)，太陽齒輪 5 固定，即 $\omega_5 = 0$，太陽齒輪 4 可自由旋轉。這種情況下，只有引擎 (E) 驅動車輛，輸入動力從引擎經由行星架 7 驅動輸出件 (環齒輪 2)。

若輸入 I 固定，即 $\omega_5 = 0$，將式 (09-118) 除以式 (09-119) 可得：

$$\frac{\omega_2 - \omega_7}{0 - \omega_7} = -\frac{T_{56}}{T_2} \tag{09-134}$$

重新排列式 (09-134) 可得：

$$\omega_2 = \left(1 + \frac{T_{56}}{T_2}\right)\omega_7 \tag{09-135}$$

速度比 (r_v) 為：

$$r_v = \frac{\omega_o}{\omega_1} = \frac{\omega_2}{\omega_7} = 1 + \frac{T_{56}}{T_2}$$

$$= \frac{72 + 30}{72} = 1.417 \tag{09-136}$$

速度比大於 1，即變速箱處於超速檔 (Over drive) 狀態。

再生制動模式

在相同的離合條件下，此模式從其它運行模式切換得來，因此這些模式的速度關係與相應的運行模式相同。然而，輸出軸成為輸入，電動機成為輸出，輸入與輸出的速比反轉。

習題 Problems

09-01 傳動兩平行軸的齒輪有直齒正齒輪、齒條與小齒輪、螺旋正齒輪、人字齒輪、及銷子輪，試各列舉一種應用實例。

09-02 傳動兩相交軸的齒輪有直齒傘齒輪、冠齒輪、及蝸線傘齒輪，試各列舉一種應用實例。

09-03 傳動兩交錯軸的齒輪有歪傘齒輪、交錯螺旋齒輪、戟齒輪、及蝸桿與蝸輪，試各列舉一種應用實例。

09-04 有一對互相嚙合模數為 4 的外接正齒輪，主動輪齒數為 20，從動輪轉速為 300 rpm，兩轉軸的中心距離為 200 mm，試求主動輪轉速、從動輪齒數、及速比。

09-05 有一對模數為 5 的內接正齒輪，環齒輪為主動件，速比為 4，兩轉軸的中心距離為 300 mm，試問這對齒輪的齒數應為多少？

09-06 有一具四個正齒輪 (齒輪 2、3、4、5) 的單式普通輪系，圖 09-20，齒輪 2 為主動輪，齒輪 5 為從動輪。若齒數為 $T_2 = 40$、$T_3 = 28$、$T_4 = 56$、$T_5 = 34$，且徑節 $P_d = 8$，試求：
(a) 速比，
(b) 輸入軸與輸出軸間的距離。

09-07 有一具有四個平行軸的複式普通輪系，圖 09-21，齒輪 2 為主動輪，齒輪 7 為從動輪、轉數 $\omega_7 = 300$ rpm (反時針方向)。若齒數為 $T_2 = 28$、$T_3 = 56$、$T_4 = 24$、$T_5 = 56$、$T_6 = 24$、$T_7 = 42$，且徑節 $P_d = 8$，試求：
(a) 齒輪 2 的轉速與方向，
(b) 輸入軸與輸出軸間的距離。

09-08 有個齒輪系，圖 P09-01，正齒輪 2 ($T_2 = 20$) 為主動輪、轉速 $\omega_2 = 30$ rad/sec

(順時針方向，由左方視之)，正齒輪 3 ($T_3 = 40$) 與正齒輪 4 ($T_4 = 30$) 為複式齒輪，內齒輪 5 ($T_5 = 120$) 與傘齒輪 6 ($T_6 = 32$) 為複式齒輪，傘齒輪 7 ($T_7 = 30$) 與蝸桿 8 (右旋單導程) 亦為複式齒輪，蝸輪 9 ($T_9 = 100$) 為從動輪。若齒輪 3 的徑節為 3，齒輪 4 的徑節為 10，試求：
(a) 蝸輪 9 的轉速，
(b) 齒輪 4 與齒輪 5 的節徑，
(c) 齒輪 3 的周節。

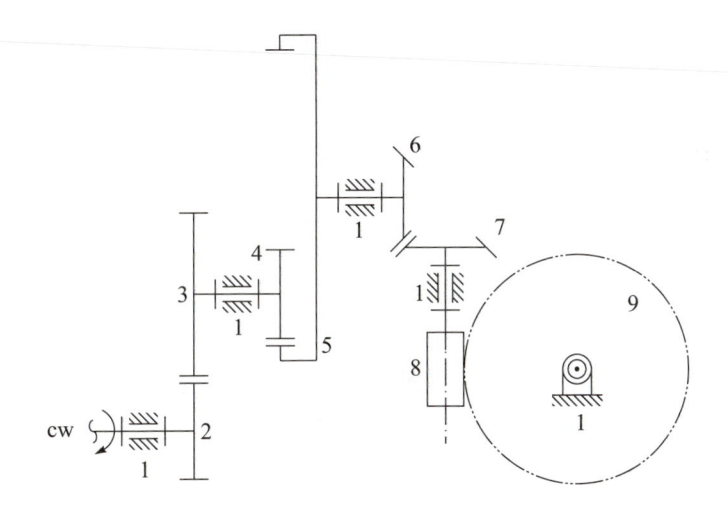

圖 P09-01

09-09　有個速比為 1.5 的回歸齒輪系，圖 09-22，若齒輪 2 為輸入件、齒數 (T_2) 為 100，齒輪 5 為輸出件，齒輪 2 與齒輪 3 的徑節為 10，齒輪 4 與齒輪 5 的徑節為 12，且軸與軸間的距離為 15 in，試問各齒輪的齒數應為多少？

09-10　有個回歸齒輪式汽車用手排變速系統，圖 09-26，若一檔的減速比為 4.0，二檔的減速比為 2.0，三檔的減速比為 1.0，倒檔的減速比為 4.0，且齒輪 2、6、7 的齒數皆為 8，試問其它各齒輪的齒數應為多少？

09-11　有個行星齒輪系，圖 P09-02，環齒輪 2 為輸入件、轉速 $\omega_2 = 2{,}450$ rpm (順時針方向，由左方視之)，齒數為 $T_2 = 124$、$T_3 = 46$、$T_4 = 30$、$T_5 = 46$，試求輸出件 (行星架 6) 的轉速。

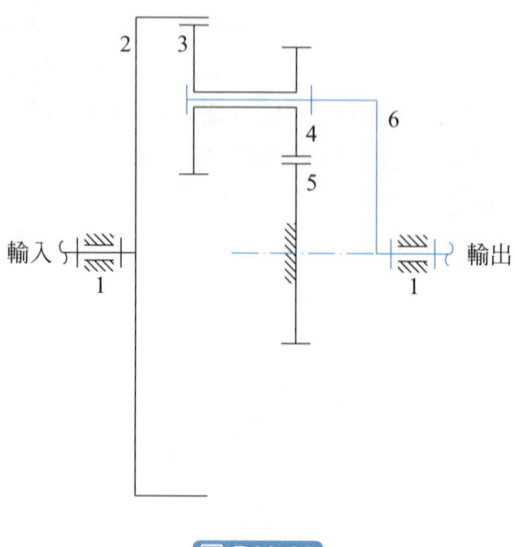

圖 P09-02

09-12 有個齒輪傳動機構，圖 P09-03，機架 2 為輸入件，轉速 $\omega_2 = 1,000$ rpm (順時針方向，由左方視之)，齒數為 $T_3 = 20$、$T_4 = 25$、$T_5 = 100$、$T_6 = 105$，試問用以傳動環齒輪 6 之軸與輸出軸間的齒輪對 (齒輪 7 與齒輪 8) 之齒數應為多少，輸出軸的轉速才會是 40 rpm (與 ω_2 同向)？

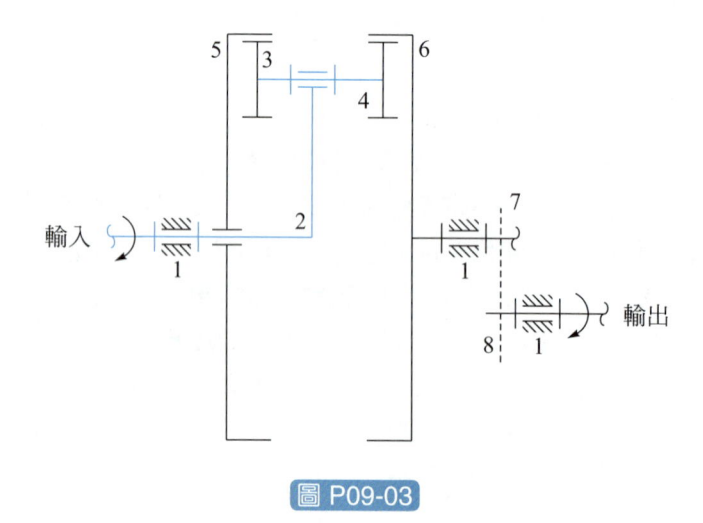

圖 P09-03

Chapter 09 齒輪機構
GEAR MECHANISMS

09-13 有個行星齒輪系式的自動變速機構，圖 P09-04，C_1、C_2、C_3 為換檔用離合器，空檔時皆不作用；一檔時，僅 C_1 作用；二檔時，僅 C_3 作用；倒檔時，僅 C_2 作用。若齒數為 $T_2 = 55$、$T_3 = 23$、$T_4 = 16$、$T_5 = 23$、$T_6 = 16$、$T_7 = 55$，試求各檔位的減速比。

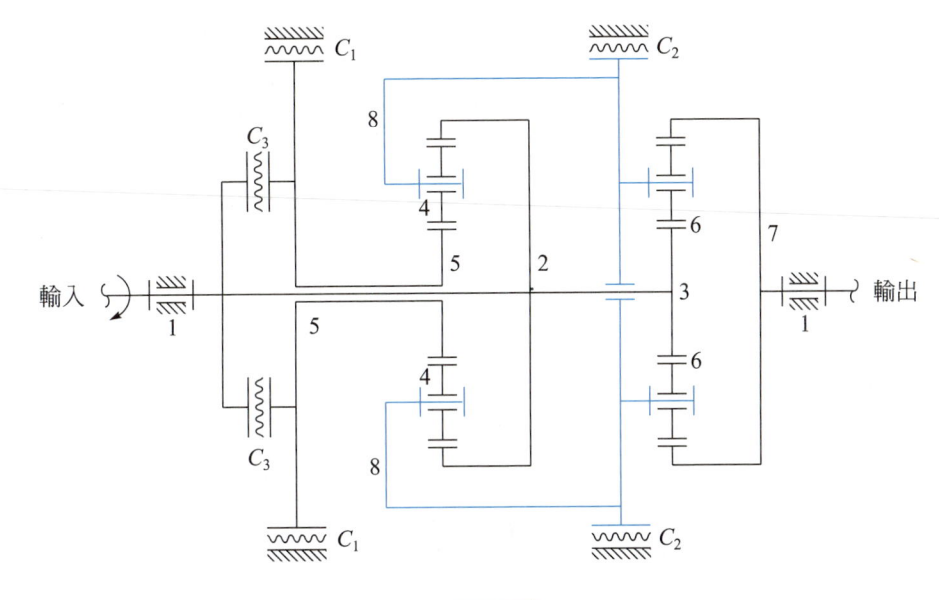

圖 P09-04

09-14 有個行星齒輪系，圖 09-28，齒數為 $T_2 = 64$、$T_3 = 22$、$T_4 = 108$，若太陽齒輪 2 與環齒輪 4 皆為輸入件，且轉速皆 300 rpm 轉向相同，試求機架 5 的轉速。

09-15 有個具傘齒輪的行星齒輪系，圖 P09-05，齒數為 $T_2 = 40$、$T_3 = 70$、$T_4 = 20$、$T_5 = 30$、$T_6 = 10$、$T_7 = 40$、$T_8 = 50$、$T_9 = 40$，若輸入軸的轉速為 1 rpm，試求輸出軸的轉速。

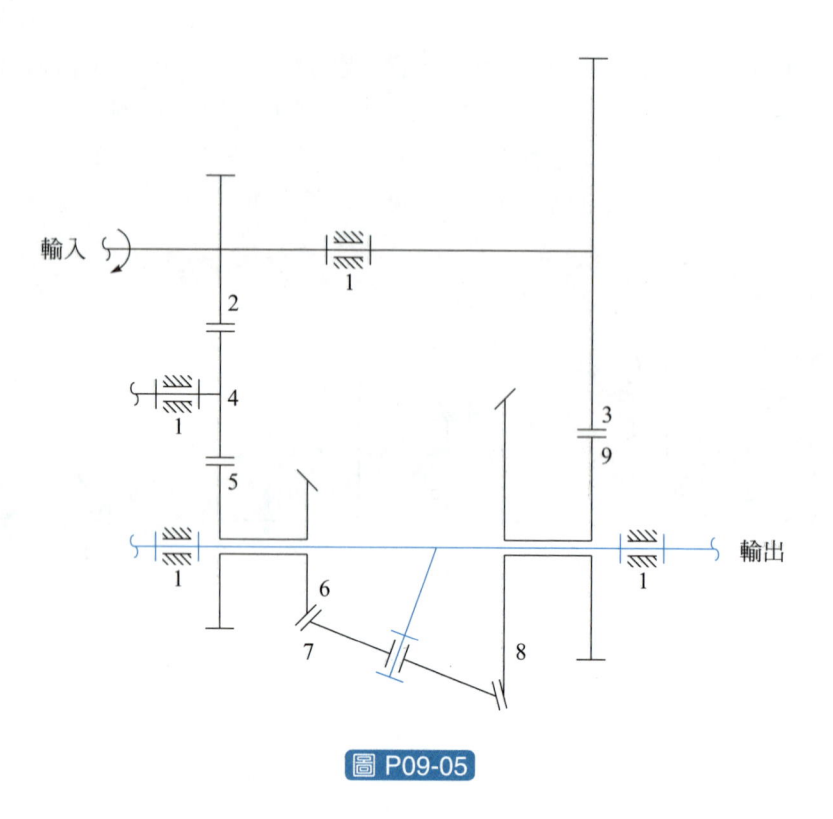

圖 P09-05

10 動力分析
DYNAMIC FORCE ANALYSIS

根據第 05 章與第 06 章的機構運動分析,接著再完成分析受力情形及設計負荷尺寸後,可進行機器的**動力分析** (Dynamic force analysis),得到運動機件所受的力與力矩大小,用以評估是否有足夠之強度與剛性來安全的承受負荷,並探討機件質量與運動所引起的動力問題,包括動態負荷、慣性力、搖撼力與搖撼力矩、動平衡、動態反應等,如第 01-02 節 (機構與機器設計步驟) 所述。

本章主要介紹動力分析,包括接頭作用力、搖撼力、搖撼力矩等,機件因受力產生的變形則忽略不計。

10-01　基本概念 Fundamental Concepts

根據機構已知與未知條件的不同,動力分析的問題可分成兩類。第一類稱為**順向動力分析** (Forward dynamic analysis),為已知外界施予機器的力或力矩大小,而欲求因此力或力矩所產生機構位移、速度、及加速度的大小與方向。順向動力分析也稱為**時間反應分析** (Time-response analysis),通常表示成常微分方程式解題。第二類稱為**逆向動力分析**(Inverse dynamic analysis),為已知機構的位移、速度、及加速度,而欲求產生此機構運動所需力或力矩的大小與方向,逆向動力分析也稱為**動態靜力分析** (Kinetostatics),通常表示成線性聯立方程式解題。

動力分析的基礎是牛頓第二運動定律 (Newton's second law of motion),即質點所受合力的大小與質點的加速度成正比,此定律可延伸用於表示機件所受合力與機件質心加速度的正比關係,即機件直線運動的力平衡方程式,如下:

$$\bar{F} = m\bar{a}_G \qquad (10\text{-}01)$$

其中,$\bar{F}$ 為機件所受合力的大小 (施力位置不拘)、m 為機件的質量、$\bar{a}_G$ 為機件質心點 G 的加速度,圖 10-01。若此機件在平面坐標系 x-y 中,可將式 (10-

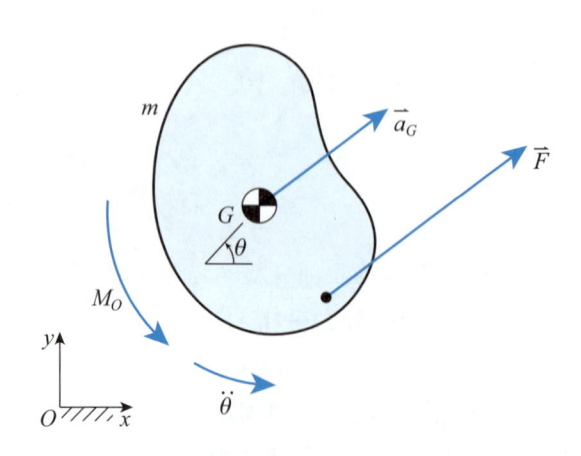

图 10-01 機件受到外力與力矩

01) 分解成 x 和 y 方向的純量方程式：

$$F_x = ma_{G_x} \tag{10-02a}$$

$$F_y = ma_{G_y} \tag{10-02b}$$

若機件的角加速度為 $\ddot{\theta}$，則必須另滿足以下旋轉運動的力矩平衡方程式：

$$M_O = I_G \ddot{\theta} + m(x_G \ddot{y}_G - \ddot{x}_G y_G) \tag{10-03}$$

其中，M_O 為機件在坐標系原點 O 所受的合力矩 (Resultant moment)、I_G 為機件質心的轉動慣量 (Mass moment of inertia)、x_G 和 y_G 為機件質心的坐標、$\ddot{x}_G$ 和 $\ddot{y}_G$ 則為機件質心的加速度分量。另，定義反時針方向所受的力矩 M_O 及所產生的旋轉角度 θ 為正值，順時針方向則為負值。

若坐標系原點 O 與質心 G 重合，$x_G = y_G = 0$，式 (10-03) 可簡化如下：

$$M_G = M_O = I_G \ddot{\theta} \tag{10-04}$$

若機件繞固定軸樞旋轉，且與坐標系原點 O 重合，圖 10-02，可得：

$$x_G = r\cos\theta \tag{10-05a}$$

$$y_G = r\sin\theta \tag{10-05b}$$

Chapter 10 動力分析
DYNAMIC FORCE ANALYSIS

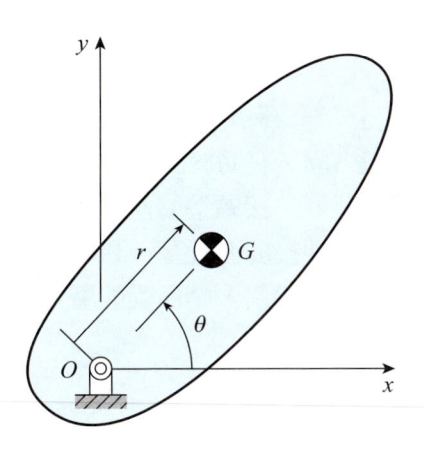

圖 10-02 機件繞固定軸樞旋轉

其中，r 為點 O 到質心 G 的距離。將式 (10-05) 代入式 (10-03) 可得：

$$\begin{aligned} M_O &= I_G\ddot{\theta} + m(x_G\ddot{y}_G - \ddot{x}_G y_G) \\ &= I_G\ddot{\theta} + mr\cos\theta(-r\dot{\theta}^2\sin\theta + r\ddot{\theta}\cos\theta) \\ &\quad - mr\sin\theta(-r\dot{\theta}^2\cos\theta - r\ddot{\theta}\sin\theta) \\ &= (I_G + mr^2)\ddot{\theta} = I_O\ddot{\theta} \end{aligned} \tag{10-06}$$

其中，I_O 為機件對點 O 的轉動慣量，與 I_G 的關係可表示如下：

$$I_G + mr^2 = I_O \tag{10-07}$$

由稱為平行軸定理 (Parallel-axis theorem) 的式 (10-07) 可知，機件有最小的轉動慣量時，其旋轉軸必通過點 G，若旋轉軸平移離點 G 越遠，則轉動慣量越大。

已知機構的位置、速度、及加速度時，每個機件都能使用式 (10-02) 與式 (10-03) 組成 3 個線性聯立方程式 (2 個直線運動、1 個旋轉運動)；若機構有 N 個機件，最多形成一組 3N 個線性聯立方程式，其中接頭所受的力與力矩為未知數。基本上，這些線性聯立方程式未考慮機件重力的影響；若需考慮，重力可視為施在機件質心的外力，其方向與大小皆固定。

10-02　接頭作用力 Forces on Joints

機件所受的合力除來自外部負載外，也包含經由相鄰機件接頭傳遞的作用力，若能判別接頭力的傳遞方向，有助於動力分析的進行。

一般工業用機器的潤滑良好，接頭接觸面的摩擦係數極小，若不考慮接頭的摩擦力，力的傳遞方向與機件接觸面垂直。圖 10-03(a) 為旋轉接頭，簡化表示為圓銷孔配合，銷與孔間為面接觸，銷所受的壓力垂直於接觸面，因此作用

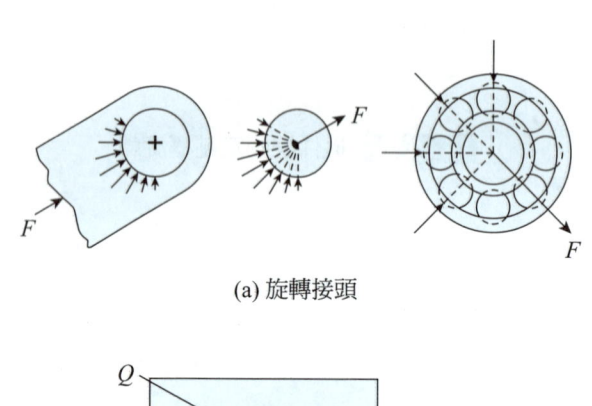

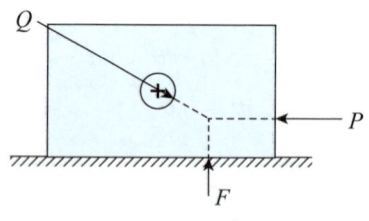

(a) 旋轉接頭

(b) 滑行接頭

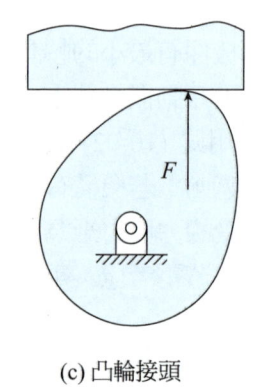

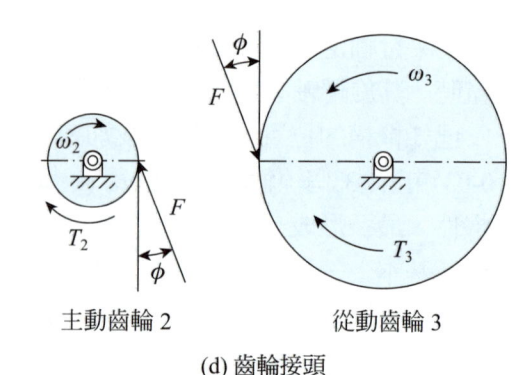

(c) 凸輪接頭

主動齒輪 2　　　從動齒輪 3

(d) 齒輪接頭

圖 10-03　接頭作用力

Chapter 10　動力分析
DYNAMIC FORCE ANALYSIS

力通過圓銷中心，亦即旋轉中心。若旋轉接頭為滾珠軸承，滾珠的作用力也通過旋轉中心。雖然旋轉接頭的作用力通過旋轉中心，但單獨一個旋轉接頭的作用力方向未定，需配合其它接頭已知的作用力條件才能決定。

圖 10-03(b) 為滑行接頭，滑行面與滑件間為面接觸，作用力與滑行面垂直。圖 10-03(c) 為凸輪接頭，乃線接觸，作用力與滑行面垂直，且需通過作用力 P 與作用力 Q 的延伸焦點。圖 10-03(d) 則為齒輪接頭，乃線接觸，作用力的方向通過節點、沿著齒廓接觸的公法線 (作用線) 與兩節圓的公切線夾 ϕ 角。與旋轉接頭不同，此 3 種接頭的作用力傳遞方向皆能單獨確定。

10-03　動力分析步驟 Procedure of Dynamic Force Analysis

機器動力分析的步驟如下：

一、依據第 05 章與第 06 章進行機構的位置、速度、及加速度分析，以獲得必須考慮質量機件的加速度以及需考慮轉動慣量機件的角加速度。
二、針對每個機件劃受力自由體圖 (Free-body diagram)，考慮所有施加於機件的外力及接頭作用力。
三、針對每個機件，寫出其平衡方程式，最多包含 2 個直線運動的力平衡方程式以及 1 個旋轉運動的力矩平衡方程式。
四、根據力與力矩平衡方程式，求解未知的接頭作用力。

10-04　旋轉運動機件 Rotating Members

圖 10-04(a) 為作旋轉運動的機件，其旋轉接頭為與坐標系 x-y 原點重合的固定軸樞 O_2，圖 10-04(b) 為桿 2 與桿 1 (機架) 的受力自由體圖。桿 1 在固定軸樞 O_2 受到來自桿 2 的作用力 F_{21x} 和 F_{21y}，其中 F_{21x} 和 F_{21y} 分別為桿 2 施予桿 1 在 x 方向與 y 方向的分力。因為反作用力關係，桿 2 也受到來自桿 1 的作用力 F_{12x} 和 F_{12y}。另，桿 2 在點 P 受到已知外力 F_{Px} 和 F_{Py} 的作用，在固定軸樞對 O_2 受到來自桿 1 的未知力矩 M_{12}。桿 1 也相對的受到來自桿 2 的反作用力矩 M_{21}。依據式 (10-02) 和式 (10-03)，可列出桿 2 的 3 個平衡方程式如下：

$$F_{Px} - F_{12x} = m_2 a_{G2x} \qquad (10\text{-}08a)$$

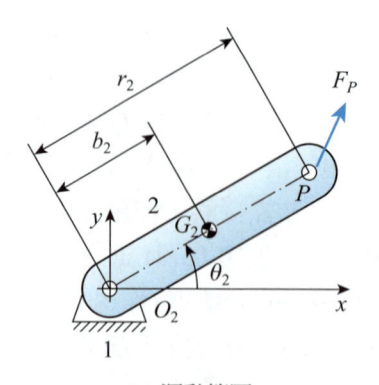

(a) 運動簡圖

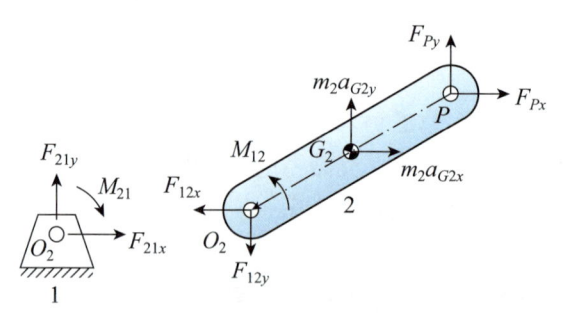

(b) 受力自由體圖

圖 10-04　旋轉運動機件

$$F_{Py} - F_{12y} = m_2 a_{G2y} \tag{10-08b}$$

$$M_{12} + F_{Py} r_2 \cos\theta_2 - F_{Px} r_2 \sin\theta_2 = I_O \ddot{\theta}_2 \tag{10-08c}$$

式 (10-08) 為 3 個線性聯立方程式，包含 F_{12x}、F_{12y}、及 M_{12} 等 3 個未知變數，可以矩陣表示如下：

$$\begin{bmatrix} 1 & 0 & 0 \\ 0 & 1 & 0 \\ 0 & 0 & 1 \end{bmatrix} \begin{bmatrix} F_{12x} \\ F_{12y} \\ M_{12} \end{bmatrix} = \begin{bmatrix} F_{Px} - m_2 a_{G2x} \\ F_{Py} - m_2 a_{G2y} \\ I_O \ddot{\theta}_2 + F_{Px} r_2 \sin\theta_2 - F_{Py} r_2 \cos\theta_2 \end{bmatrix} \tag{10-09a}$$

$$[A] \qquad \{x\} \quad = \qquad \{b\} \tag{10-09b}$$

Chapter 10 動力分析
DYNAMIC FORCE ANALYSIS

其中，矩陣 $[A]$ 包含所有幾何參數，矩陣 $\{x\}$ 包含所有未知變數，矩陣 $\{b\}$ 則包含所已知質量、轉動慣量、外力、加速度、及角加速度。式 (10-09) 的加速度 a_{Gx} 和 a_{Gy} 可表示為：

$$a_{Gx} = -b_2\dot{\theta}_2^2 \cos\theta_2 - b_2\ddot{\theta}_2 \sin\theta_2 \qquad (10\text{-}10\text{a})$$

$$a_{Gy} = -b_2\dot{\theta}_2^2 \sin\theta_2 + b_2\ddot{\theta}_2 \cos\theta_2 \qquad (10\text{-}10\text{b})$$

其中，b_2 為 O_2 到桿 2 質心 G_2 的距離，用以描述桿 2 質心的位置。式 (10-09) 可用矩陣法或高斯消去法求解。

10-05　四連桿組 Four-Bar Linkages

圖 10-05(a) 的四連桿組，桿 2、桿 3、及桿 4 的質心相對於旋轉接頭的位置以 b_i 和 ϕ_i ($i = 2, 3, 4$) 表示，桿 2 受力矩 M_{12} 驅動、角速度為定值。欲求 3 個旋轉接頭的作用力，必須先獨立分析 3 個機件的所有作用力，依據圖 10-05(b) 的受力自由體圖，可寫出桿 2 的平衡方程式如下：

$$F_{32x} - F_{12x} = m_2 a_{G2x} \qquad (10\text{-}11\text{a})$$

$$F_{32y} - F_{12y} = m_2 a_{G2y} \qquad (10\text{-}11\text{b})$$

$$M_{12} + F_{32y} r_2 \cos\theta_2 - F_{32x} r_2 \sin\theta_2 = 0 \qquad (10\text{-}11\text{c})$$

式 (10-11) 與第 10-04 節式 (10-08) 的不同處在於，桿 2 的角加速度為零，因此其力矩平衡方程式不受桿 2 的轉動慣量影響。對桿 3 而言，其平衡方程式可寫成：

$$-F_{23x} - F_{43x} = m_3 a_{G3x}$$

$$-F_{23y} - F_{43y} = m_3 a_{G3y} \qquad (10\text{-}12\text{a})$$

$$F_{23x}[r_3 \sin\theta_3 - b_3 \sin(\theta_3 + \phi_3)] + F_{23y}[-r_3 \cos\theta_3 + b_3 \cos(\theta_3 + \phi_3)] \qquad (10\text{-}12\text{b})$$

$$-F_{43x}[b_3 \sin(\theta_3 + \phi_3)] + F_{43y}[b_3 \cos(\theta_3 + \phi_3)] = I_{G3}\ddot{\theta}_3 \qquad (10\text{-}12\text{c})$$

桿 4 的平衡方程式可寫成：

$$F_{34x} - F_{14x} = m_4 a_{G4x} \qquad (10\text{-}13\text{a})$$

(a) 運動簡圖

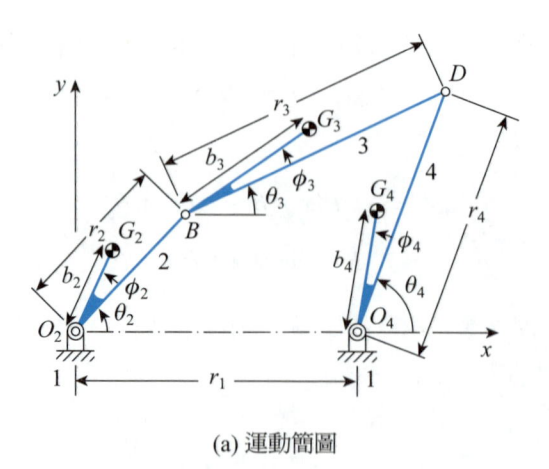

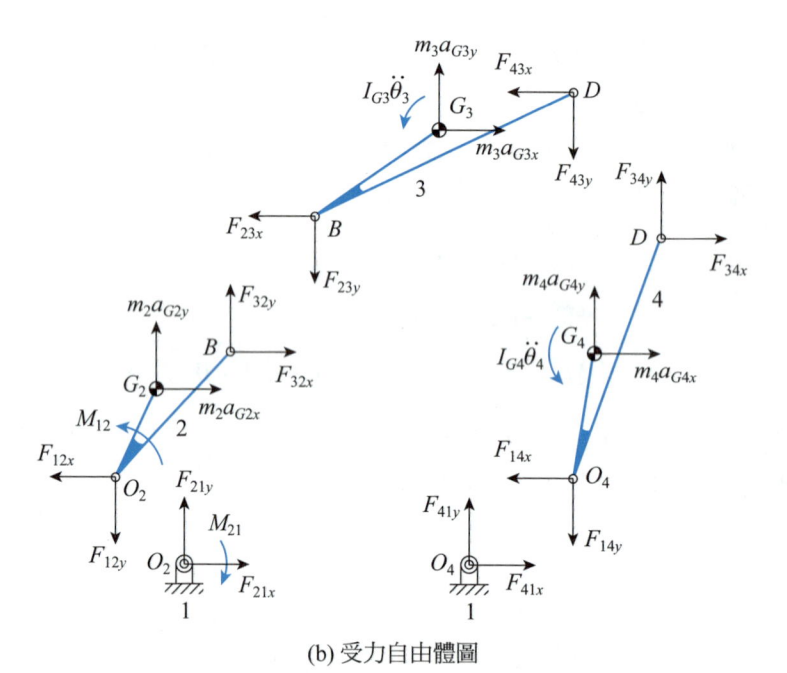

(b) 受力自由體圖

圖 10-05 四連桿組 [例 10-01]

$$F_{34y} - F_{14y} = m_2 a_{G4y} \tag{10-13b}$$

$$F_{34y} r_4 \cos\theta_4 - F_{34x} r_4 \sin\theta_4 = (I_{G4} + m_4 b_4^2)\ddot{\theta}_4 \tag{10-13c}$$

Chapter 10　動力分析
DYNAMIC FORCE ANALYSIS

　　圖 10-05(b) 的接頭作用力與反作用力大小相等，方向定義為相反，因此有以下關係：

$$F_{ijx} = F_{jix} \tag{10-14a}$$

$$F_{ijy} = F_{jiy} \tag{10-14b}$$

其中，i 和 j 為桿號，F_{ij} 和 F_{ji} 可視為同一變數，統一以 F_{ij} ($i<j$) 表示。式 (10-10)、式 (10-11)、及式 (10-13) 無法單獨求解，必須聯合求解，因此以矩陣表示如下：

$$[A]\{x\} = \{b\} \tag{10-15}$$

其中，

$$[A] = \begin{bmatrix} -1 & 0 & 1 & 0 & 0 & 0 & 0 & 0 & 0 \\ 0 & -1 & 0 & 1 & 0 & 0 & 0 & 0 & 0 \\ 0 & 0 & A_{3,3} & A_{3,4} & 0 & 0 & 0 & 0 & 1 \\ 0 & 0 & -1 & 0 & -1 & 0 & 0 & 0 & 0 \\ 0 & 0 & 0 & -1 & 0 & -1 & 0 & 0 & 0 \\ 0 & 0 & A_{6,3} & A_{6,4} & A_{6,5} & A_{6,6} & 0 & 0 & 0 \\ 0 & 0 & 0 & 0 & 1 & 0 & -1 & 0 & 0 \\ 0 & 0 & 0 & 0 & 0 & 1 & 0 & -1 & 0 \\ 0 & 0 & 0 & 0 & A_{9,5} & A_{9,6} & 0 & 0 & 0 \end{bmatrix}; \{x\} = \begin{Bmatrix} F_{12x} \\ F_{12y} \\ F_{23x} \\ F_{23y} \\ F_{34x} \\ F_{34y} \\ F_{14x} \\ F_{14y} \\ M_{12} \end{Bmatrix};$$

$$\{b\} = \begin{Bmatrix} m_2 a_{G2x} \\ m_2 a_{G2y} \\ 0 \\ m_3 a_{G3x} \\ m_3 a_{G3y} \\ I_{G3} \ddot{\theta}_3 \\ m_4 a_{G4x} \\ m_4 a_{G4y} \\ (I_{G4} + m_4 b_4^2)\ddot{\theta}_4 \end{Bmatrix} \tag{10-16a}$$

現代機構學
MODERN MECHANISMS

$$A_{3,3} = -r_2 \sin\theta_2; \quad A_{3,4} = r_2 \cos\theta_2; \quad A_{6,3} = -b_3 \sin(\theta_3 + \phi_3); \quad A_{6,4} = b_3 \cos(\theta_3 + \phi_3) \tag{10-16b}$$

$$A_{6,5} = r_3 \sin\theta_3 - b_3 \sin(\theta_3 + \phi_3); \quad A_{6,6} = -r_3 \cos\theta_3 + b_3 \cos(\theta_3 + \phi_3) \tag{10-16c}$$

$$A_{9,5} = -r_4 \sin\theta_4; \quad A_{9,6} = r_4 \cos\theta_4 \tag{10-16d}$$

式 (10-15) 的矩陣 [A] 和矩陣 {b} 皆已知，矩陣 {b} 當中各項的機件角速度、角加速度、及質心加速度可分別表示如下：

$$a_{G2x} = -b_2\dot\theta_2^2\cos(\theta_2+\phi_2); \quad a_{G2y} = -b_2\dot\theta_2^2\sin(\theta_2+\phi_2) \tag{10-17a}$$

$$a_{G3x} = -r_2\dot\theta_2^2\cos\theta_2 - b_3[\dot\theta_3^2\cos(\theta_3+\phi_3) + \ddot\theta_3\sin(\theta_3+\phi_3)] \tag{10-17b}$$

$$a_{G3y} = -r_2\dot\theta_2^2\sin\theta_2 - b_3[\dot\theta_3^2\sin(\theta_3+\phi_3) - \ddot\theta_3\cos(\theta_3+\phi_3)] \tag{10-17c}$$

$$a_{G4x} = -b_4[\dot\theta_4^2\cos(\theta_4+\phi_4) + \ddot\theta_4\sin(\theta_4+\phi_4)];$$
$$a_{G4y} = -b_4[\dot\theta_4^2\sin(\theta_4+\phi_4) - \ddot\theta_4\cos(\theta_4+\phi_4)] \tag{10-17d}$$

$$\dot\theta_3 = \frac{r_2\dot\theta_2}{r_3}\frac{\sin(\theta_2-\theta_4)}{\sin(\theta_4-\theta_3)}; \quad \dot\theta_4 = \frac{r_2\dot\theta_2}{r_4}\frac{\sin(\theta_2-\theta_3)}{\sin(\theta_4-\theta_3)} \tag{10-17e}$$

$$\ddot\theta_3 = \frac{-r_2\dot\theta_2^2\cos(\theta_2-\theta_4) - r_3\dot\theta_3^2\cos(\theta_3-\theta_4) + r_4\dot\theta_4^2}{r_3\sin(\theta_3-\theta_4)} \tag{10-17f}$$

$$\ddot\theta_4 = \frac{-r_2\dot\theta_2^2\cos(\theta_2-\theta_3) - r_3\dot\theta_3^2 + r_4\dot\theta_4^2\cos(\theta_3-\theta_4)}{r_4\sin(\theta_3-\theta_4)} \tag{10-17g}$$

式 (10-16) 的矩陣 {x} 有 9 個未知的接頭作用力，可以 9 個線性聯立方程式求解。式 (10-17) 桿 3 與桿 4 的角加速度公式，其分母在 $\theta_3 = \theta_4$ 時有極小值，會造成角加速度過大，而使接頭作用力過大，在設計時應予避免。式 (10-15) 可用於決定接頭作用力 $\vec{F}_{ij}$ 的大小與方向：

$$\left|\vec{F}_{ij}\right| = [F_{ijx}^2 + F_{ijy}^2]^{1/2} \tag{10-18a}$$

$$\alpha_{ij} = \tan^{-1}(F_{ijy}/F_{ijx}); \quad -\pi < \alpha_{ij} < \pi \tag{10-18b}$$

式 (10-18) 的接頭作用力方向計算，需使用四象限的反正切函數 (Four-quadrant inverse tangent function)，例如 MATLAB 中的 atan2 函數。求得接頭作用力之後，可計算**搖撼力** (Shaking force)，其定義為機器透過固定軸樞 (旋轉接頭 O_2 和 O_4) 施予機架 (桿 1) 的合力：

Chapter 10 動力分析
DYNAMIC FORCE ANALYSIS

$$\vec{F}_S = \vec{F}_{21} + \vec{F}_{41} \tag{10-19}$$

其大小與方向為：

$$|\vec{F}_S| = \{[F_{21x} + F_{41x}]^2 + [F_{21y} + F_{41y}]^2\}^{1/2} \tag{10-20a}$$

$$\alpha_S = \tan^{-1}\{(F_{21y} + F_{41y})/(F_{21x} + F_{41x})\};\ -\pi < \alpha_S < \pi \tag{10-20b}$$

除搖撼力外，另定義**搖撼力矩** (Shaking moment) 為機器在固定軸樞 (旋轉接頭 O_2 和 O_4) 施予的合力矩，包含在 O_2 的反作用驅動力矩 M_{12} 以及在 O_4 的接頭作用力 F_{41y}：

$$M_S = -M_{21} + F_{41y} r_1 \tag{10-21}$$

搖撼力與搖撼力矩為運動機件傳遞給機架 (桿 1) 的週期性淨動力，搖撼力會造成機器機架的前後振動，搖撼力矩會造成機架對驅動軸的搖動。這些振動或搖動會產生不適的噪音並損害機器的運轉品質，設計機器時應避免過大的搖撼力與搖撼力矩產生。由於造成搖撼力與搖撼力矩的主因為機件的質量與轉動慣量，可透過質量與轉動慣量的重分佈來改善，常見的方式為力平衡 (Force balancing)、即配重，或加入飛輪 (Flywheel)。

10-06　滑件曲柄機構 Slider-Crank Mechanisms

本節以滑件曲柄機構為例，說明順向動力分析 (第 10-06-2 節) 與逆向運動分析 (第 10-06-1 節) 的不同，並建立滑件摩擦力的分析模型。

10-06-1　逆向動力分析 Inverse dynamic analysis

滑件曲柄機構常見於內燃機引擎，與四連桿組最大的差別是其滑件純移動，因此沒有角加速度。圖 10-06(a) 為滑件曲柄機構的運動簡圖，桿 2 的驅動力矩為 M_{12}、角速度為定值，桿 2 與桿 3 之質心相對於旋轉接頭的位置，以 b_i 和 ϕ_i (i = 2, 3) 來表示。圖 10-06(b) 為其受力自由體圖，可寫出桿 2 的平衡方程式如下：

$$F_{32x} - F_{12x} = m_2 a_{G2x} \tag{10-22a}$$

(a) 運動簡圖

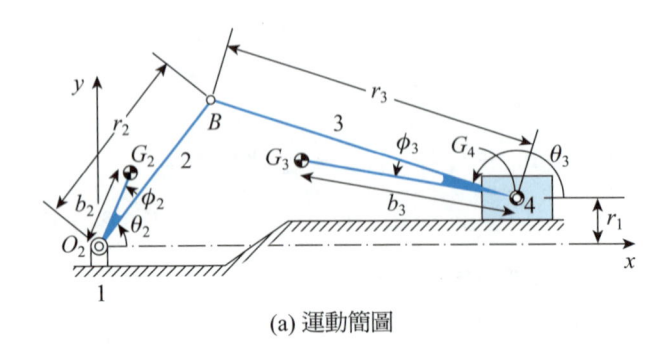

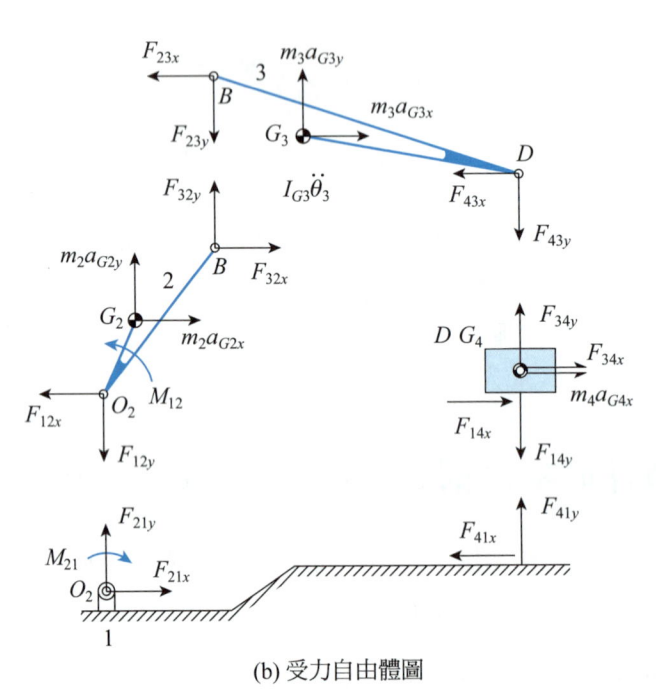

(b) 受力自由體圖

圖 10-06 滑件曲柄機構 [例 10-02]

$$F_{32y} - F_{12y} = m_2 a_{G2y} \tag{10-22b}$$

$$M_{12} + F_{32y} r_2 \cos\theta_2 - F_{32x} r_2 \sin\theta_2 = 0 \tag{10-22c}$$

式 (10-22) 與第 10-05 節的式 (10-10) 相同，其力矩平衡方程式亦不受桿 2 的轉動慣量影響。對桿 3 而言，其平衡方程式可寫成：

Chapter 10 動力分析
DYNAMIC FORCE ANALYSIS

$$-F_{23x} - F_{43x} = m_3 a_{G3x} \tag{10-23a}$$

$$-F_{23y} - F_{43y} = m_3 a_{G3y} \tag{10-23b}$$

$$F_{23x}[r_3 \sin\theta_3 - b_3 \sin(\theta_3 + \phi_3)] + F_{23y}[-r_3 \cos\theta_3 + b_3 \cos(\theta_3 + \phi_3)]$$
$$-F_{43x}[b_3 \sin(\theta_3 + \phi_3)] + F_{43y}[b_3 \cos(\theta_3 + \phi_3)] = I_{G_3} \ddot{\theta}_3 \tag{10-23c}$$

根據式 (10-14) 的定義，式 (10-23) 的 F_{23x} 及式 (10-22) 的 F_{32x} 為同一變數。同理，F_{23y} 和 F_{32y} 也可視為同一變數。對桿 4 而言，沒有角加速度，也沒有 y 方向的加速度，只有 x 方向的加速度。若考慮滑動面摩擦力，x 方向的摩擦力及 y 方向的作用力有以下關係：

$$F_{14x} = \pm \mu F_{14y} \tag{10-24}$$

其中，μ 為已知的摩擦係數，正負號用來表示摩擦力的方向永遠與運動方向相反，也就是摩擦係數的符號與速度的符號相反。如此，桿 4 (滑件) 的平衡方程式可寫成：

$$\pm \mu F_{14y} + F_{34x} = m_4 a_{G4x} \tag{10-25a}$$

$$F_{34y} - F_{14y} = 0 \tag{10-25b}$$

式 (10-22)、式 (10-23)、及式 (10-25) 必須聯合求解，以矩陣表示如下：

$$[A]\{x\} = \{b\} \tag{10-26}$$

其中，

$$[A] = \begin{bmatrix} -1 & 0 & 1 & 0 & 0 & 0 & 0 & 0 \\ 0 & -1 & 0 & 1 & 0 & 0 & 0 & 0 \\ 0 & 0 & A_{3,3} & A_{3,4} & 0 & 0 & 0 & 1 \\ 0 & 0 & -1 & 0 & -1 & 0 & 0 & 0 \\ 0 & 0 & 0 & -1 & 0 & -1 & 0 & 0 \\ 0 & 0 & A_{6,3} & A_{6,4} & A_{6,5} & A_{6,6} & 0 & 0 \\ 0 & 0 & 0 & 0 & 1 & 0 & \pm\mu & 0 \\ 0 & 0 & 0 & 0 & 0 & 1 & -1 & 0 \end{bmatrix} ; \quad \{x\} = \begin{Bmatrix} F_{12x} \\ F_{12y} \\ F_{23x} \\ F_{23y} \\ F_{34x} \\ F_{34y} \\ F_{14y} \\ M_{12} \end{Bmatrix} ; \quad \{b\} = \begin{Bmatrix} m_2 a_{G2x} \\ m_2 a_{G2y} \\ 0 \\ m_3 a_{G3x} \\ m_3 a_{G3y} \\ I_{G3} \ddot{\theta}_3 \\ m_4 a_{G4x} \\ 0 \end{Bmatrix}$$

$$\tag{10-27a}$$

$$A_{3,3} = -r_2 \sin\theta_2; \quad A_{3,4} = r_2 \cos\theta_2; \quad A_{6,3} = r_3 \sin\theta_3 - b_3 \sin(\theta_3 + \phi_3) \tag{10-27b}$$

$$A_{6,4} = -r_3 \cos\theta_3 + b_3 \cos(\theta_3 + \phi_3); \quad A_{6,5} = -b_3 \sin(\theta_3 + \phi_3); \quad A_{6,6} = b_3 \cos(\theta_3 + \phi_3) \tag{10-27c}$$

其中，矩陣 $[A]$ 和矩陣 $\{b\}$ 皆為已知，矩陣 $\{b\}$ 當中各項的機件角速度、角加速度、及質心加速度可分別表示如下：

$$a_{G2x} = -b_2 \dot{\theta}_2^2 \cos(\theta_2 + \phi_2) \tag{10-28a}$$

$$a_{G2y} = -b_2 \dot{\theta}_2^2 \sin(\theta_2 + \phi_2) \tag{10-28b}$$

$$a_{G3x} = -b_2 \dot{\theta}_2^2 \cos\theta_2 + \dot{\theta}_3^2 [r_3 \cos\theta_3 - b_3 \cos(\theta_3 + \phi_3)]$$
$$+ \ddot{\theta}_3 [r_3 \sin\theta_3 - b_3 \sin(\theta_3 + \phi_3)] \tag{10-28c}$$

$$a_{G3y} = -b_2 \dot{\theta}_2^2 \sin\theta_2 + \dot{\theta}_3^2 [r_3 \sin\theta_3 - b_3 \sin(\theta_3 + \phi_3)]$$
$$- \ddot{\theta}_3 [r_3 \cos\theta_3 - b_3 \cos(\theta_3 + \phi_3)] \tag{10-28d}$$

$$\dot{\theta}_3 = r_2 \dot{\theta}_2 \cos\theta_2 / r_3 \cos\theta_3; \quad \ddot{\theta}_3 = [-r_2 \dot{\theta}_2^2 \sin\theta_2 + r_2 \ddot{\theta}_2 \cos\theta_2 + r_3 \dot{\theta}_3^2 \sin\theta_3]$$
$$/ r_3 \cos\theta_3 \tag{10-28e}$$

$$a_{G4x} = [-r_2 \dot{\theta}_2^2 \cos(\theta_3 - \theta_2) + r_3 \dot{\theta}_3^2] / \cos\theta_3 \tag{10-28f}$$

式 (10-27) 的矩陣 $\{x\}$ 共有 8 個未知的接頭作用力，以 8 個線性聯立方程式求解。式 (10-28) 桿 3 的角加速度公式以及桿 4 的加速度公式，其分母在 $\theta_3 = 90°$ 時有極小值，會造成角加速度與加速度過大，因而使接頭作用力過大，在設計時應予避免。

求得接頭作用力後，可用於計算滑件曲柄機構的搖撼力與搖撼力矩。搖撼力來自與機架 (桿 1) 鄰接的桿 2 與桿 4，其向量定義為：

$$\vec{F}_S = \vec{F}_{21} + \vec{F}_{41} \tag{10-29}$$

搖撼力的大小與方向可表示為：

$$\left|\vec{F}_S\right| = [F_{21x}^2 + (F_{21y} + F_{41y})^2]^{1/2} \tag{10-30a}$$

$$\alpha_S = \tan^{-1}[(F_{21y} + F_{41y}) / F_{21x}] \tag{10-30b}$$

式 (10-30) 搖撼力方向的計算，需使用四象限的反正切函數，而搖撼力矩可表

示成：

$$M_S = -M_{21} + F_{41y}(r_2 \cos\theta_2 - r_3 \cos\theta_3) \tag{10-31}$$

10-06-2 順向動力分析 Forward dynamic analysis

順向動力分析與第 10-06-1 節不同的是，給定的是桿 2 的驅動力矩，而桿 2 的角速度未知、且不為定值，因此機構的速度與加速度必須視為待求的未知數。一般電動機 (馬達) 的驅動力矩隨著轉速增加而降低，根據此特性，桿 2 的驅動力矩及桿 2 的速度有以下關係：

$$M_{12} = A - B\dot\theta_2 \tag{10-32}$$

其中，A 和 B 為常數，A 又稱做馬達的**靜態驅動力矩** (Start torque)。為簡化分析，視 b_2、m_3、I_{G3} 為零，且不考慮滑件摩擦力。將式 (10-32)、式 (10-23)、及式 (10-25) 代入式 (10-22)，可得：

$$A - B\dot\theta_2 = I_{G2}\ddot\theta_2 - m_4 r_2 a_{G4x} \sin\theta_2 + m_4 r_2 a_{G4x} \cos\theta_2 \tan\theta_3 \tag{10-33}$$

重新整理式 (10-33)，可得：

$$I_{G2}\ddot\theta_2 + B\dot\theta_2 - m_4 r_2 a_{G4x}(\sin\theta_2 - \cos\theta_2 \tan\theta_3) - A = 0 \tag{10-34}$$

因為桿 2 的角速度在此不為定值，式 (10-28) 的 a_{G4x} 不適用，必須重新推導。首先，滑件質心的位置可表示為：

$$r_{G4x} = r_2 \cos\theta_2 - r_3 \cos\theta_3 \tag{10-35}$$

而桿 2 與桿 3 的角度有以下關係：

$$r_2 \sin\theta_2 = r_3 \sin\theta_3 \tag{10-36}$$

式 (10-36) 可寫成：

$$\cos\theta_3 = [1 - (r_2 \sin\theta_2/r_3)^2]^{1/2} \tag{10-37}$$

一般滑件曲柄機構為確保曲柄能連續旋轉，r_3 通常顯著大於 r_2，因此可將式 (10-36) 近似成一階泰勒展開式 (Taylor series) 如下：

$$\cos\theta_3 \cong 1 - \tfrac{1}{2}(r_2/r_3)^2 \sin^2\theta_2 \tag{10-38}$$

式 (10-38) 的 $\sin^2\theta_2$ 透過三角恆等式，可表示成：

$$\sin^2\theta_2 = \tfrac{1}{2} - \tfrac{1}{2}\cos 2\theta_2 \tag{10-39}$$

將式 (10-39) 代入式 (10-38)，可得：

$$\cos\theta_3 \cong 1 - \tfrac{1}{4}(r_2/r_3)^2 + \tfrac{1}{4}(r_2/r_3)^2 \cos 2\theta_2 \tag{10-40}$$

再將式 (10-40) 代入式 (10-35)，可將滑件質心的位置單獨以 θ_2 表示為：

$$r_{G4x} = r_2 \cos\theta_2 - r_3 + \tfrac{1}{4}(r_2^2/r_3) - \tfrac{1}{4}(r_2^2/r_3)\cos 2\theta_2 \tag{10-41}$$

將式 (10-41) 對時間微分兩次，可得滑件質心的加速度單獨以 θ_2 表示如下：

$$a_{G4x} = r_2\ddot{\theta}_2[(r_2/2r_3)\sin 2\theta_2 - \sin\theta_2] + r_2\dot{\theta}_2^2[(r_2/r_3)\cos 2\theta_2 - \cos\theta_2] \tag{10-42}$$

將式 (10-42) 代入式 (10-34)，可得：

$$K_1\ddot{\theta}_2 + B\dot{\theta}_2 + K_2\dot{\theta}_2^2 - A = 0 \tag{10-43}$$

其中：

$$K_1 = I_{G2} - m_4 r_2^2[(r_2/2r_3)\sin 2\theta_2 - \sin\theta_2](\sin\theta_2 - \cos\theta_2 \tan\theta_3) \tag{10-44a}$$

$$K_2 = -m_4 r_2^2[(r_2/r_3)\cos 2\theta_2 - \cos\theta_2](\sin\theta_2 - \cos\theta_2 \tan\theta_3) \tag{10-44b}$$

$$\tan\theta_3 = -r\sin\theta_2/[r_3^2 - r_2^2 \sin^2\theta_2]^{1/2} \tag{10-44c}$$

式 (10-44) 為非線性常微分方程式，其中 t 為自變數，θ_2 為應變數。式 (10-44) 可由數值方法求解 (例如 MATLAB 中的 ode45 函數)。求得桿 2 的角度、角速度、及角加速度後，可依循第 10-06-1 節的步驟計算出接頭作用力、搖撼力、及搖撼力矩。

雖然式 (10-44) 的解析解難以求得，但仍然可以整理成可觀察的形式如下：

$$\ddot{\theta}_2 = (A - B\dot{\theta}_2 - K_2\dot{\theta}_2^2)/K_1 \tag{10-45}$$

若桿 2 的轉動慣量 I_{G2} 增加，式 (10-45) 的分母 K_1 也會變大，會降低桿 2 角加

Chapter 10 動力分析
DYNAMIC FORCE ANALYSIS

速度的大小。因此，若 I_{G2} 足夠大 (例如設計飛輪)，桿 2 的角加速度小至可忽略，則桿 2 可視為以等角速度旋轉，以第 10-06-1 節的公式進行分析即可。反之，若桿 2 的轉動慣量 I_{G2} 較小，桿 2 的角加速度會受到式 (10-44) 中 K_1 右邊第二項的影響，在特定的滑件位置，會有較大的加速度，因此桿 2 的角速度變化會較大。

在第 10-05 節與第 10-06 節中，以矩陣或常微分方程式進行機器的動力計算，這些方法可以延伸用來分析具更複雜機件與接頭的機構。

以下舉例說明之。

▼

例 10-01 有個四連桿組，圖 10-05，其尺寸與動態參數如表 10-01 所列，若桿 2 具有反時針方向 (CCW) 的定值角速度 60 rad/sec，試求此機構在 θ_2 從 0° 到 360° 內的驅動力矩、搖撼力矩、搖撼力、及接頭作用力。

01. 根據式 (10-15) 至式 (10-17)，計算出驅動力矩 M_{12}，圖 10-07(a)。
02. 根據式 (10-21)，計算出搖撼力矩 M_S，圖 10-07(b)。

(a) 驅動力矩 M_{12}

(b) 搖撼力矩 M_S

(c) 搖撼力 F_S

(d) 旋轉接頭受力 F_{32}

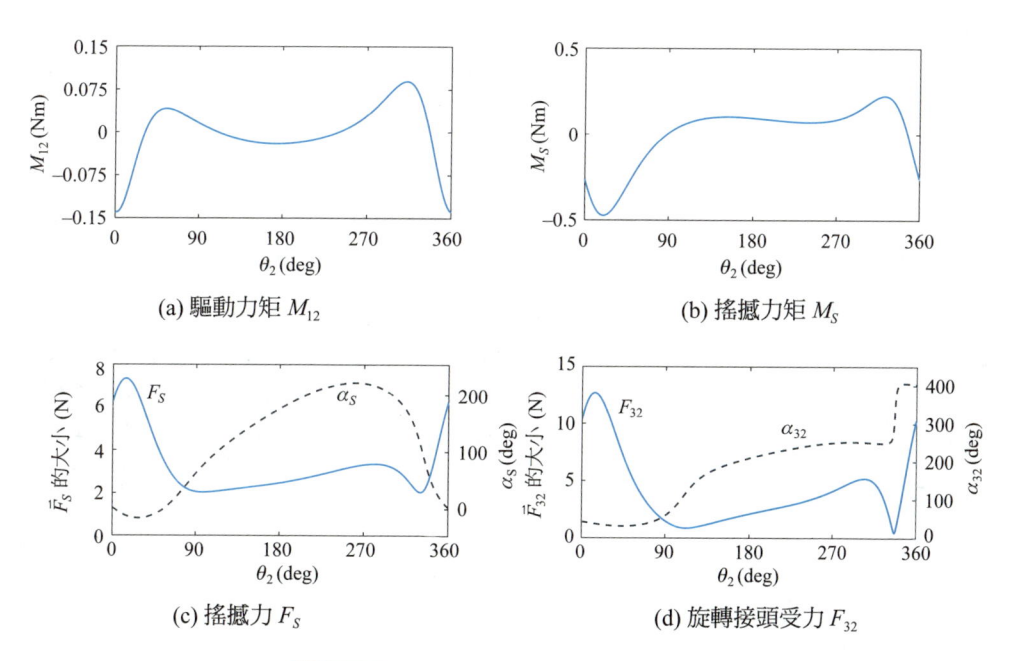

圖 10-07 四連桿組動力分析 [例 10-01]

表 10-01　四連桿組的尺寸與動態參數 [例 10-01]

	桿 1	桿 2	桿 3	桿 4
r_i (cm)	6	2	10	8
b_i (cm)	–	1	5	4
m (gr)	–	6	30	20
ϕ_i (deg)	–	0	0	0
I_{Gi} (gr-cm^2)	–	–	300	100

03. 根據式 (10-19) 至式 (10-20)，計算出搖撼力 F_S，圖 10-07(c)。

04. 根據式 (10-18)，計算出旋轉接頭受力 F_{32}，圖 10-07(d)。

　　圖 10-07 為此機構的驅動力矩 M_{12}、搖撼力矩 M_S、搖撼力 F_S、及旋轉接頭受力 F_{32}，觀察得知其力矩或力量的最大值，皆發生在 $\theta_2 = 0°$ 附近。

例 10-02　有個滑件曲柄機構，圖 10-06，其尺寸與動態參數如表 10-02 所列，若桿 2 具有定值角速度 60 rad/sec (CCW)，試求機構在 θ_2 從 0° 到 360° 內的驅動力矩、搖撼力矩、搖撼力、及接頭受力。

01. 根據式 (10-26) 至式 (10-28)，計算出驅動力矩 M_{12}，圖 10-08(a)。

02. 根據式 (10-31)，計算出搖撼力矩 M_S，圖 10-08(b)。

03. 根據式 (10-29) 至式 (10-30)，計算出搖撼力 F_S，圖 10-08(c)。

04. 根據式 (10-18)，計算出旋轉接頭受力 F_{32}，圖 10-08(d)。

　　圖 10-08 為此機構的驅動力矩 M_{12}、搖撼力矩 M_S、搖撼力 F_S、及旋轉接頭受力 F_{32}。圖 10-08(a) 與圖 10-07(a) 不同的是，滑件曲柄機構的驅動力矩，在曲柄旋轉一圈內會有兩個週期的震盪，搖撼力的最大值發生在 $\theta_2 = 0°$ 附近，搖撼力矩的最大值則發生在 $\theta_2 = 90°$ 和 270° 附近。

Chapter 10 動力分析
DYNAMIC FORCE ANALYSIS

(a) 驅動力矩 M_{12}

(b) 搖撼力矩 M_S

(c) 搖撼力 F_S

(d) 旋轉接頭受力 F_{32}

圖 10-08 滑件曲柄機構動力分析 [例 10-02]

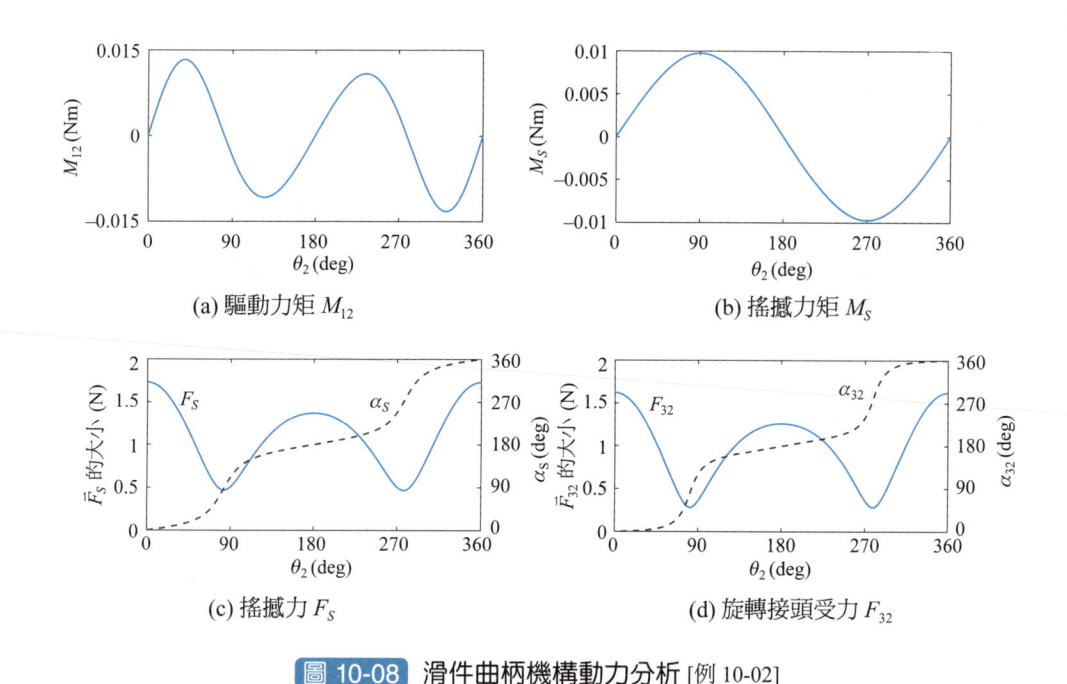

表 10-02 滑件曲柄機構的尺寸與動態參數 [例 10-02]

	桿 1	桿 2	桿 3	桿 4
r_i (cm)	0	2	12	0
b_i (cm)	–	1	6	–
m (gr)	–	3	10	10
ϕ_i (deg)	–	0	0	–
I_{Gi} (gr-cm^2)	–	–	200	–

習題 Problems

10-01 有個日內瓦機構,圖 P10-01,桿 2 的銷子 P 在桿 3 槽內無摩擦滑動,銷子的半徑可忽略。已知 $r_{O2P} = 0.02\sqrt{2}$ m,$r_{O2O3} = 0.04$ m,桿 3 的質心在 O_3,桿 2 的質心則在 P 和 O_2 的中點。桿 2 的質量為 $m_{G2} = 1.5$ kg,轉動慣量為 $I_{G2} = 10^{-5}$ kg-m^2,桿 3 的轉動慣量為 $I_{G3} = 5 \times 10^{-5}$ kg-m^2。若 $\theta_2 = 160°$、$\dot{\theta}_2$

$= 30$ rad/sec (CCW)，且 $\ddot{\theta}_2 = 350$ rad/sec^2 (CW)，試求：
(a) 桿 2 對桿 3 的作用力 $\vec{F}_{23}$，
(b) 驅動力矩 M_{12}，
(c) 搖撼力 $\vec{F}_s$，
(d) 在 O_2 的搖撼力矩 M_s。

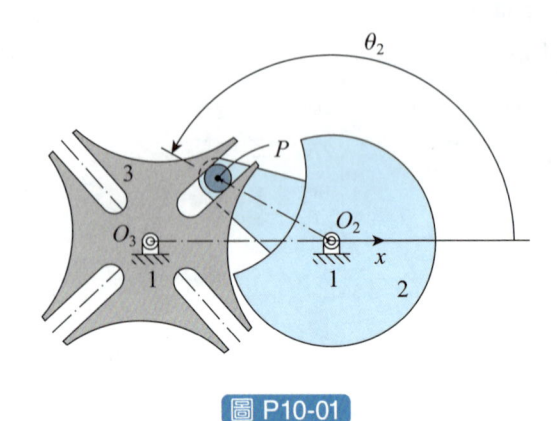

圖 P10-01

10-02　有個蘇格蘭軛，圖 P10-02，已知 $r_{O2B2} = 5.0$ cm、$m_2 = 0$ kg、$m_3 = 1.5$ kg，且 $m_4 = 1$ kg。若 $\theta_2 = 160°$，且 $\dot{\theta}_2 = 15$ rad/sec (CCW)，試求：
(a) 桿 3 對桿 4 的作用力 $\vec{F}_{34}$，
(b) 驅動力矩 M_{12}，
(c) 搖撼力 $\vec{F}_s$。

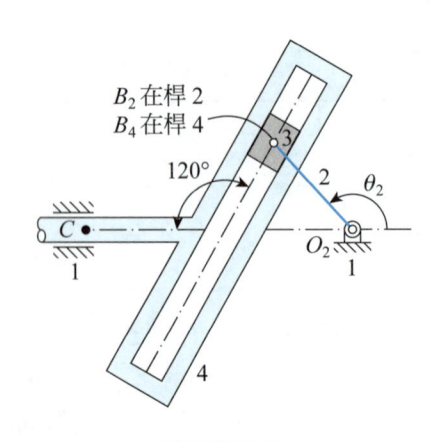

圖 P10-02

Chapter 10 動力分析
DYNAMIC FORCE ANALYSIS

10-03 有個倒置的滑件曲柄機構，圖 P10-03，已知 $r_{O2A2} = 5$ cm，$m_2 = 2$ kg，$m_3 = 1.5$ kg，$b_3 = 10$ cm，b_3 為 (均質) 桿 3 長度，$m_4 = 1$ kg。若 $\theta_2 = 135°$，且 $\dot{\theta}_2 = 180$ rpm (CW)，試求：
(a) 桿 3 對桿 4 的作用力 $\vec{F}_{34}$，
(b) 驅動力矩 M_{12}，
(c) 搖撼力 $\vec{F}_S$，
(d) 在 O_2 的搖撼力矩 M_S。

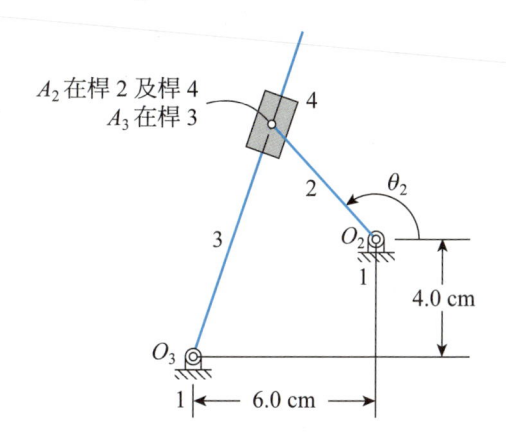

圖中標示：
A_2 在桿 2 及桿 4
A_3 在桿 3
4.0 cm
6.0 cm

圖 P10-03

10-04 有個雙滑件曲柄機構，圖 P10-04，已知 $r_{O2B2} = 8.0$ cm，$m_2 = 0$ kg，$m_3 = 0.8$ kg，$m_4 = 1$ kg。若 $\theta_2 = 315°$，且 $\dot{\theta}_2 = 20$ rad/sec CCW，試求：
(a) 桿 3 對桿 4 的作用力 $\vec{F}_{34}$，
(b) 桿 2 對桿 3 的作用力 $\vec{F}_{23}$，
(c) 驅動力矩 M_{12}，
(d) 搖撼力 $\vec{F}_S$，
(e) 在 O_2 的搖撼力矩 M_S。

10-05 有個雙滑件曲柄機構，圖 P10-05，已知 $r_{O2A} = 7.0$ cm，$m_2 = 0$ kg，$m_3 = 1$ kg，$m_4 = 2$ kg。若 $\theta_2 = 60°$、$\dot{\theta}_2 = 140$ rpm (CW)，且 $\ddot{\theta}_2 = 50$ rad/sec^2 (CCW)，試求：
(a) 桿 2 對桿 3 的作用力 $\vec{F}_{23}$，
(b) 驅動力矩 M_{12}，
(c) 搖撼力 $\vec{F}_S$。

圖 P10-04

圖 P10-05

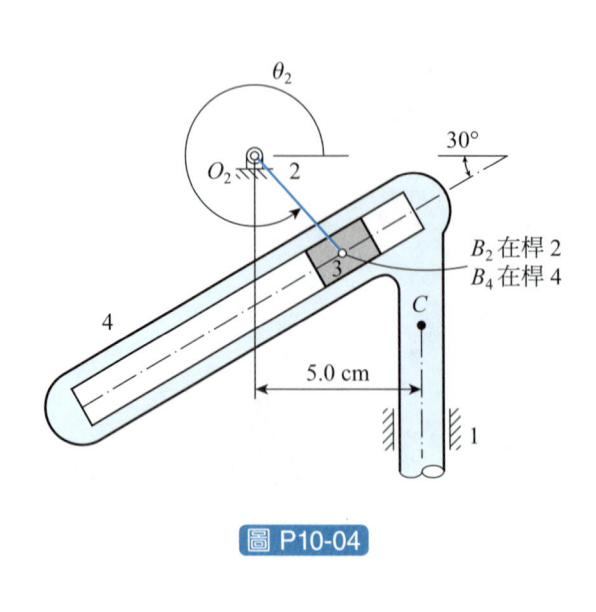

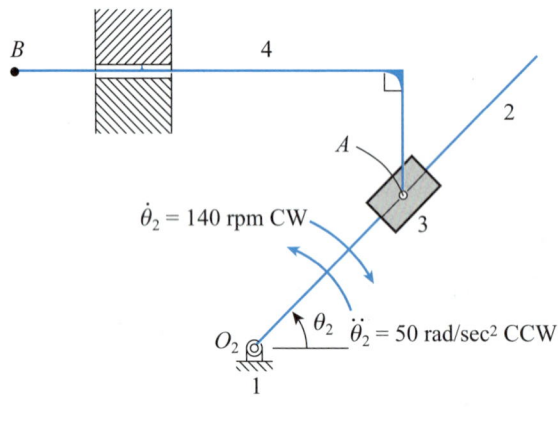

10-06 有個具彈簧的四連桿機構，圖 P10-06，桿 2 提供驅動力矩 M_{12}，桿 4 受到彈簧力 F 作用，彈簧勁度 $k = 1,500$ N/m，原長為零，伸長量為 x，且滿足虎克定律 $F = kx$。已知重力加速度 $g = 9.8$ m/s^2，O_2 為坐標原點，$r_1 = 0.05$ m，$r_2 = 0.10$ m，$r_3 = 0.05$ m，$r_4 = 0.10$ m，$b_3 = 0.1$ m，$m_3 = 10$ kg，$\phi_3 = 30°$，其它機件質量與轉動慣量可忽略。若下 $\theta_2 = 50°$，且 $\dot{\theta}_2 = 10$ rad/sec (CCW)，試求：

Chapter 10 動力分析
DYNAMIC FORCE ANALYSIS

(a) 驅動力矩 M_{12},
(b) 搖撼力 $\vec{F}_s$,
(c) 在 O_2 的搖撼力矩 M_S。[電腦題]

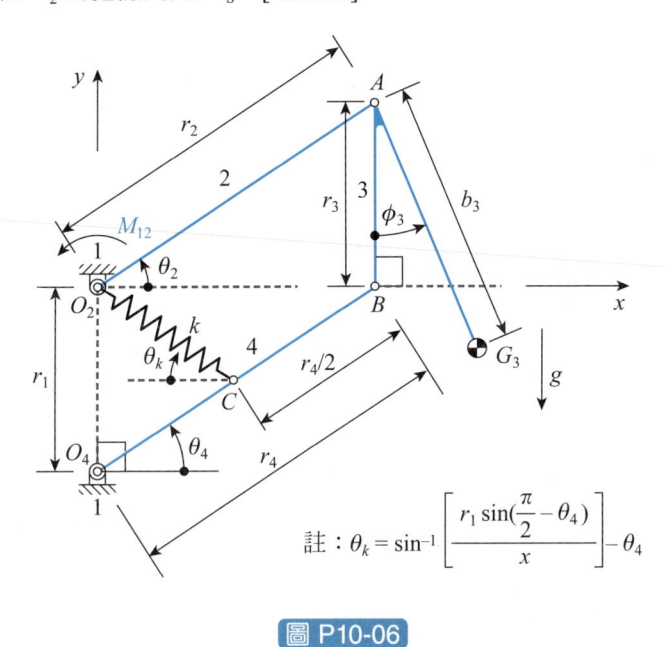

註：$\theta_k = \sin^{-1}\left[\dfrac{r_1 \sin(\dfrac{\pi}{2} - \theta_4)}{x}\right] - \theta_4$

圖 P10-06

10-07 有個六連桿機構，圖 P10-07，其尺寸參數如表 P10-01 所列，若 $\theta_2 = 90°$，桿 2 的角速度 $\dot{\theta}_2 = 50$ rad/sec (CCW)，試求：

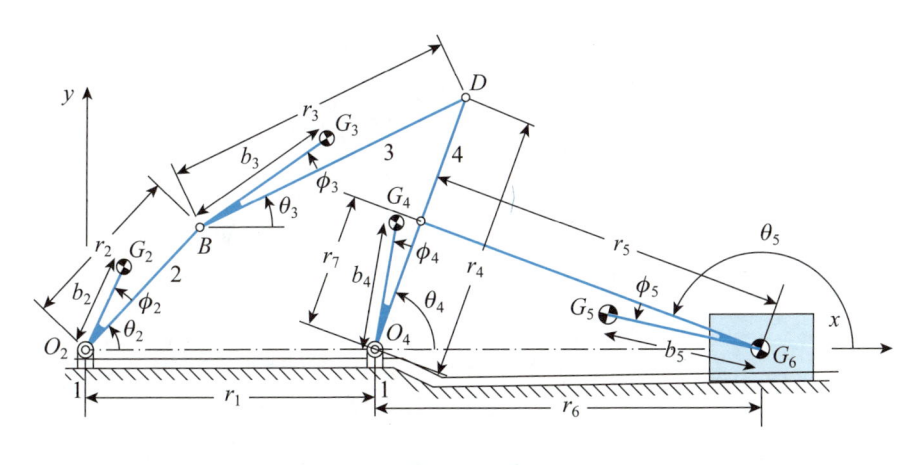

圖 P10-07

表 P10-01 尺寸參數【習題 10-07】

	桿 1	桿 2	桿 3	桿 4	桿 5	桿 6	桿 7
r_i (cm)	6	2	10	7	14	–	4
b_i (cm)	–	1	5	3.5	–	–	–
m (gr)	–	6.24	31.2	21.8	0	400	–
ϕ_i (deg)	–	0	0	0	0	–	–
I_{Gi} (gr-cm^2)	–	–	260	89	0	–	–

(a) 驅動力矩 M_{12}，

(b) 搖撼力，

(c) 在 O_2 的搖撼力矩 M_s。[電腦題]

10-08　有個四連桿組，圖 P10-08，用於某種鑽油機，桿 2 提供驅動力矩 M_{12}，桿 4 在 $r_f = 3$ m 處給予垂直向下外力 $F = 80$ N。O_2 和 O_4 坐標分別為 (0, 0) 和 (3, 4) m。此機構的尺寸參數如表 P10-02 所列。若 $\theta_2 = 45°$，且桿 2 的角速度 $\dot{\theta}_2 = 10$ rad/sec (CCW)，試求：

(a) 驅動力矩 M_{12}，

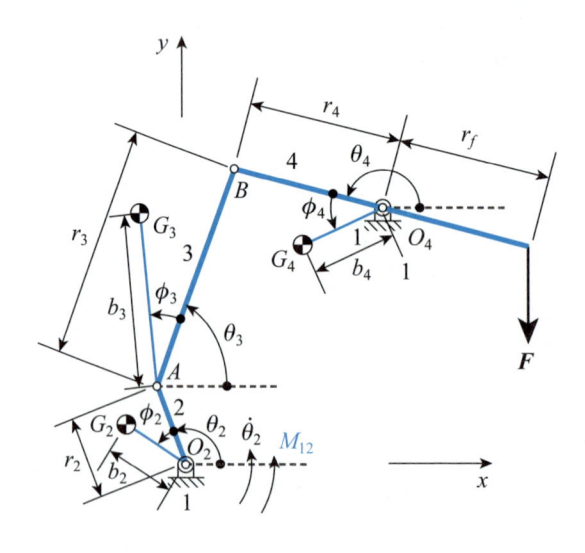

圖 P10-08

Chapter 10 動力分析
DYNAMIC FORCE ANALYSIS

表 P10-02　尺寸參數【習題 10-08】

	桿 1	桿 2	桿 3	桿 4
r_i (m)	5	1	4	3
b_i (m)	–	0.5	2	2.5
m (kg)	–	0.4	0.3	0.2
ϕ_i (deg)	–	5	10	15
I_{Gi} (kg-m^2)	–	–	8	10

(b) 搖撼力 $\bar{F}_s$，
(c) 在 O_2 的搖撼力矩 M_s。[電腦題]

11 電機機構──永磁式電動機
ELECTRICAL MECHANISMS

電動機 (Electric motor)，俗稱**馬達**，是多數機械設備的動力源，它將輸入電能轉換為氣隙磁能，再轉換為機械動能輸出，透過驅動器 (Driver) 與控制器 (Controller) 的操作，產生特定形式的拘束運動與輸出功率，是屬於原動機的機器。早期，電動機通常使用於連續性旋轉運動的場合，僅具備運轉與停機兩種功能，然而為滿足現代產業的多樣性運動與動力需求，電動機已具備響應速度快、起動時間短、定速或定位精準、解析度高、構裝空間小等特性。在工程應用上，電動機的選用必須依照使用場合、運動形式、以及動力與效率需求等考量，妥適與工作機械匹配運作，方能使機器達到較佳的運轉效能。如何正確地選擇適用的電動機，據以連結負載端的工作機，是機構與機器設計的重要工作。

本章介紹永磁式電動機的基本概念、構造分類、作動原理、運動形式、以及特性常數，以為現代機構與機器設計之需。

11-01　基本概念 Fundamental Concepts

以電磁原理運作的電動機種類繁多，各有適用的場合。若依據是否配置永久磁石 (Permanent magnet，PM) 分類，可概分為**永磁式電動機** (PM motor) 與**非永磁式電動機** (Non-PM motor)。例如市售玩具使用的**直流有刷馬達** (Direct circuit/DC commutator motor)、伺服驅動用途的**永磁同步馬達** (PM synchronous motor)、或是高機械效率的**無刷直流馬達** (Brushless DC motor) 等，均屬於永磁式電動機；而風扇與吊扇使用的**感應馬達** (Induction motor)，或是電動車輪轂內的**磁阻馬達** (Reluctance motor) 等，這些電動機內部無任何永久磁石，屬於非永磁式電動機。

永磁式電動機常見的輸出運動形式有**旋轉運動**與**直線運動**，所對應的電動機分別稱為**旋轉式永磁電動機** (Rotary PM motor) 與**線型永磁電動機** (Linear PM motor)。

現代機構學

一般來說，永磁式電動機有兩個相對運動的主要構件，靜止不動的構件稱為**定子** (Stator)，可動或旋轉的構件稱為**動子** (Forcer) 或**轉子** (Rotor)，定子與轉子/動子之間的空間稱為**氣隙** (Air gap)，是電動機的能量交換場所。圖 11-01 為旋轉式直流有刷馬達，黏貼永久磁石的構件與馬達殼體結合為定子，由矽鋼片 (Magnetic steel slice) 堆疊而成，用以降低渦流損耗 (Eddy current loss)；繞有線圈導體的轉動軸件為轉子，亦稱為**電樞** (Armature)，其上有機械式**換向器** (Commutator)，將正極電刷 (Brush) 所供給的電流輸入線圈，並由負極電刷流返。換向器可在適當位置，將輸入電樞的電流改變方向，使產生的轉矩推動轉子，且按特定的方向旋轉，其功能為整流，亦稱為**整流子** (Commutator)。定子上永久磁石與導磁性矽鋼片構成**磁場域系統** (Magnetic field system)，圖 11-02，永久磁石提供**磁動勢** (Magnetomotive force) 與固定磁場，**磁通** (Magnetic flux) 由定子上的 N 極磁石出發，經過氣隙、轉子、氣隙、以及 S 極磁石，再經由導磁軛鐵回到 N 極磁石，形成封閉磁通迴路。圖 11-03 為線型永磁電動機，可視為旋轉式永磁電動機沿圓周方向展開成直線的一種機械構形，其動子由鐵心與線圈構成，是電功率輸入端，稱為**一次側** (Primary)，定子由永久磁石與導磁軛鐵構成，是磁場產生端，稱為**二次側** (Secondary)。

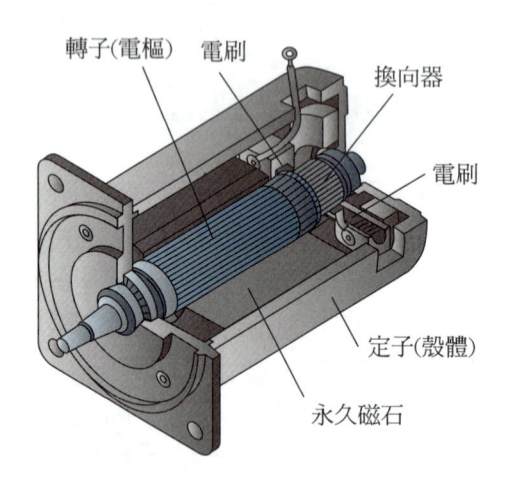

圖 11-01　旋轉式直流有刷馬達的組成構件

直流有刷馬達具有構造簡單、成本低廉、起動轉矩大、耐電衝擊性高、及線性的轉矩與轉速關係等特點，廣泛應用於生產設備、家電產品、玩具裝置、

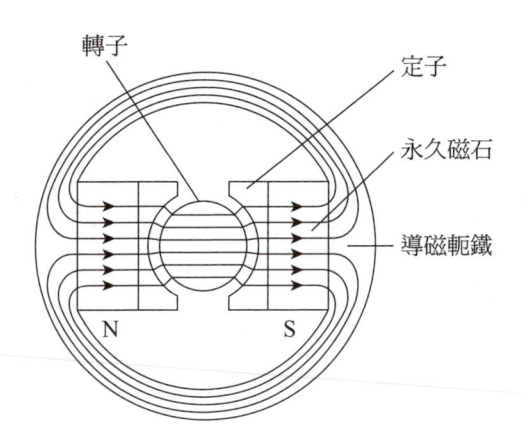

Chapter 11　電機機構──永磁式電動機
ELECTRICAL MECHANISMS

圖 11-02　旋轉式直流有刷馬達的磁場域系統與磁通走向

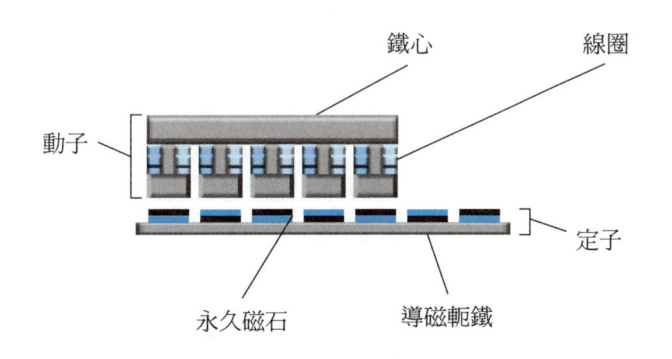

圖 11-03　線型永磁電動機的組成構件

以及車用電器。然而，直流有刷馬達的電刷與換向器間為滑動摩擦接觸，易產生火花，且有磨耗、粉塵、壓降、電波雜訊、以及機械效率低等問題；若將機械式電刷與換向器以電子式電流開關與磁感測元件取代，便可改善直流有刷馬達的固有缺陷，此種電動機即為無刷直流馬達。無刷直流馬達的組成構件亦包含轉子與定子，基於電氣訊號接線便利性的考量，將電流開關與磁感測元件與線圈繞組組成的構件為定子，黏有永久磁石的構件為轉子。比較圖 11-04(a) 和 (b) 之直流有刷馬達與無刷直流馬達的剖面構造可發現，兩者互為**倒置機構**。

　　永磁式電動機中，轉子或定子上永久磁石個數稱為**極數** (Number of

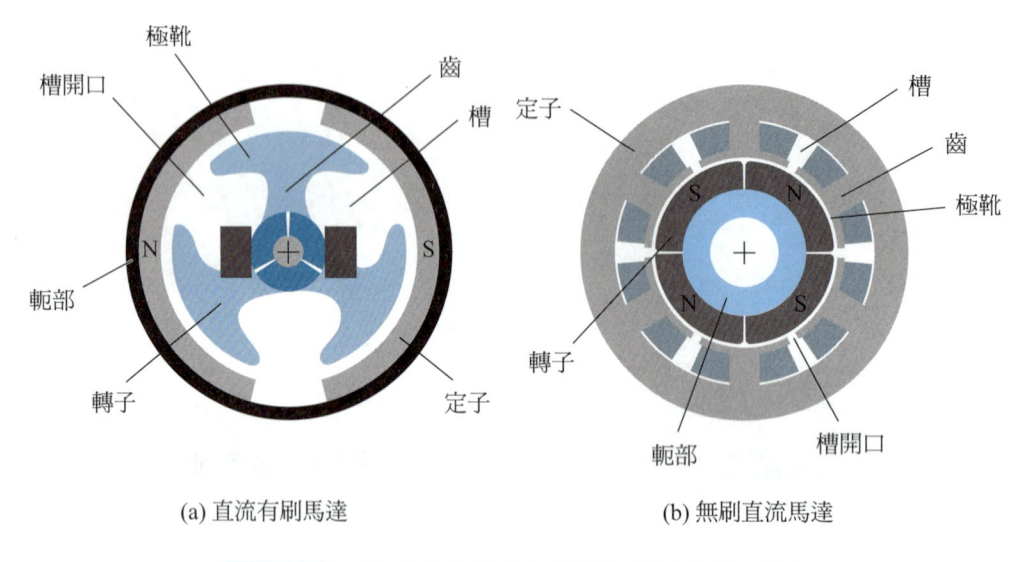

図 11-04 直流有刷馬達與無刷直流馬達的剖面構造

poles)，一個 N 極磁石與一個 S 極磁石構成一組**磁極對** (Pole pair)。永磁式電動機的永久磁石極數必為偶數，永久磁石黏貼於導磁軛鐵上用以提供磁通路徑，稱為**軛部** (Yoke)。此外，用以迴繞線圈導體的空間稱為**槽** (Slot)，槽與槽之間的結構件稱為**齒** (Tooth)，用以導引磁通並固定線圈，齒的外緣突出部稱為**極靴** (Pole shoe)，亦是用來導引磁通、抱持線圈，相鄰兩個極靴的間隙稱為**槽開口** (Slot opening)，利於線圈繞入槽內。圖 11-04(a) 是 2 極/3 槽的直流有刷馬達，圖 11-04(b) 則是 4 極/6 槽的無刷直流馬達。

11-02　構造分類 Classification of Structure

旋轉式永磁電動機為滿足各種應用需求，有多種不同的機械構造。若以轉子和定子的相對位置分類，可區分為**內轉子構形** (Interior-rotor type) 和**外轉子構形** (Exterior-rotor type)。圖 11-04(a) 和 (b) 的永磁式電動機，其轉子包覆於定子內部，為內轉子構形；圖 11-05 的無刷直流馬達，黏貼永久磁石之轉子位於線圈繞組的定子外部，為外轉子構形。相較於外轉子構形的無刷直流馬達，圖 11-04(b) 所示之內轉子構形因轉子位於定子內側，轉子的體積與轉動慣量較小，具有較高的扭矩/慣量比值，適合快速響應與頻繁加減速用途的伺服操作

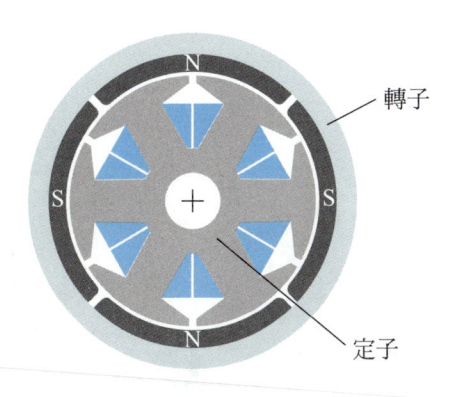

Chapter 11　電機機構——永磁式電動機
ELECTRICAL MECHANISMS

圖 11-05　外轉子式無刷直流馬達

場合。此外，它的線圈繞組的定子位於外側，線圈易於散熱，利於抑制馬達運轉時的溫升現象。外轉子式無刷直流馬達的轉子，具有較大的轉動慣量，適合定轉速操作場合使用，加以定子的槽開口朝外，利於自動化的線圈繞製機作業。就機械構造而言，外轉子式無刷直流馬達的永久磁石包覆於轉子軛鐵內緣，高速旋轉時磁石不會因離心力作用而脫落。

　　若進一步細分旋轉式永磁電動機的機械構造，可依據其氣隙方向與線圈繞組方向來區分。旋轉式永磁式電動機的氣隙方向與線圈繞組方向可為徑向或軸向設計，所謂軸向即是與迴轉軸相同的方向，徑向則為與軸向正交的方向。所組合出的四種不同構造分別為：**徑向氣隙-徑向繞組** (Radial air gap-radial winding) 構造、**軸向氣隙-軸向繞組** (Axial air gap-axial winding) 構造、**徑向氣隙-軸向繞組** (Radial air gap-axial winding) 構造、及**軸向氣隙-徑向繞組** (Axial air gap-radial winding) 構造等。圖 11-06(a) 和 (b) 的 DVD 播放器主軸馬達，以及圖 11-04 和圖 11-05 的直流有刷馬達與無刷直流馬達，其氣隙方向與線圈繞組方向均為徑向，屬於徑向氣隙-徑向繞組構造，是永磁式電動機最常用的一種機械構造。圖 11-07(a) 和 (b) 的軟式磁碟機主軸馬達，其氣隙方向與線圈繞組方向均為軸向，屬於軸向氣隙-軸向繞組構造，軸向的線圈繞組通常以印刷電路板的方式佈線，取代傳統銅線繞置於槽內的作法，使線圈繞組扁平化，有效縮減永磁式電動機的軸向空間，是薄型馬達常用的機械構造。圖 11-08(a) 和 (b) 為 3C 電子產品常用的小型風扇馬達，供散熱之用，其氣隙方向為徑向，線圈繞組方向為軸向，屬於徑向氣隙-軸向繞組構造，此種馬達的繞線製程簡單，轉子通常為外轉子式的設計，可與風扇葉片整合為同一機件。至於軸向氣

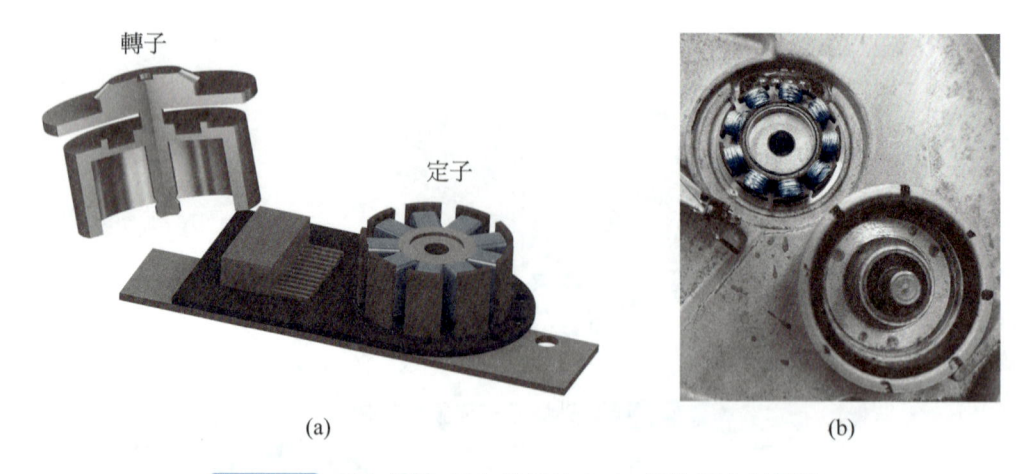

現代機構學
MODERN MECHANISMS

(a)   (b)

圖 11-06 　徑向氣隙-徑向繞組的 DVD 播放器主軸馬達

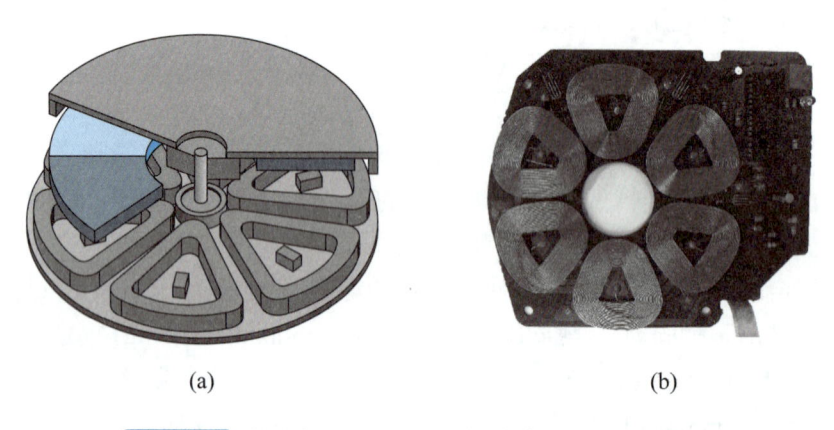

(a)   (b)

圖 11-07 　軸向氣隙-軸向繞組的軟式磁碟機主軸馬達

隙/徑向繞組的馬達構造，因能產生電磁作用的線圈段相當有限，其磁路特性不佳，通常僅做為研究用途或特殊場合之用，尚未有市售產品。

　　近年來，電動機之機械構造與輸出性能的發展快速，設計出多個轉子或多個定子的新穎機械構造，用以達成高功率密度、高扭矩密度、或寬廣轉速操作區間等的使用需求。圖 11-09 為雙轉子/單定子的無刷直流馬達，屬於徑向氣隙-徑向繞組構造，2 個轉子可以獨立操作為不同的轉速，成為雙輸出的電動機，若與 1 個雙自由度的單式周轉齒輪系結合，分別調控兩個轉子的轉速，可

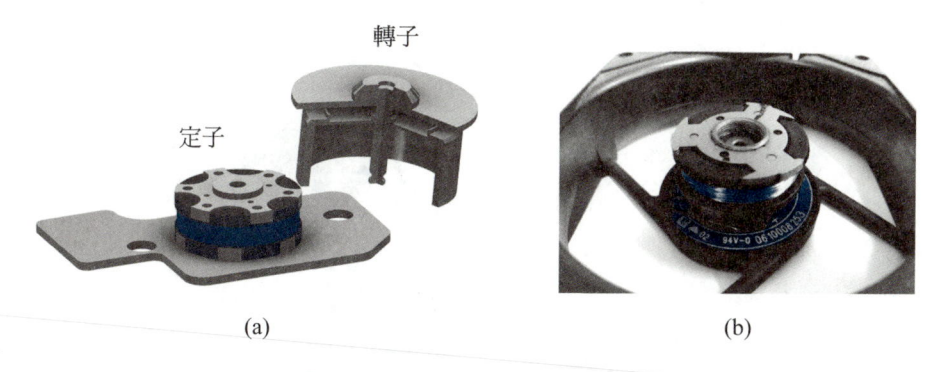

Chapter 11　電機機構──永磁式電動機
ELECTRICAL MECHANISMS

(a)　　　　　　　　　　　　(b)

圖 11-08　徑向氣隙-軸向繞組的永磁式電動機

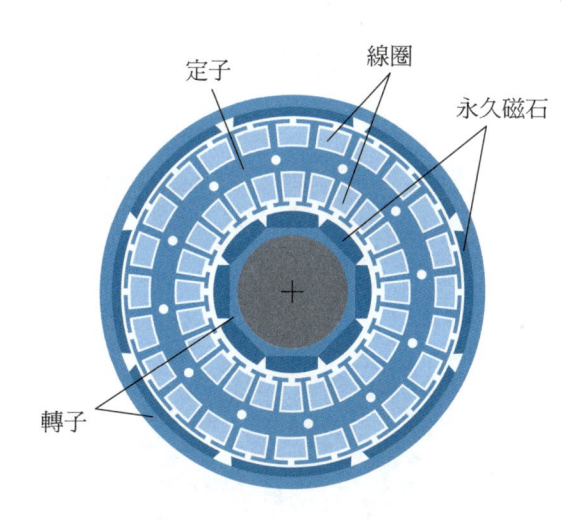

圖 11-09　雙轉子/單定子的無刷直流馬達

成為無段變速裝置 (Continuous variable speed device)。圖 11-10 為用於混合動力車輛 (Hybrid vehicle) 的雙轉子/單定子永磁式電動機，屬於軸向氣隙-軸向繞組構造，兩側轉子可與輪框結合，成為直驅式輪轂馬達。圖 11-11 為雙定子/單轉子的永磁式電動機，屬於徑向氣隙-徑向繞組構造，適用於低轉速高扭矩的直接驅動場合。

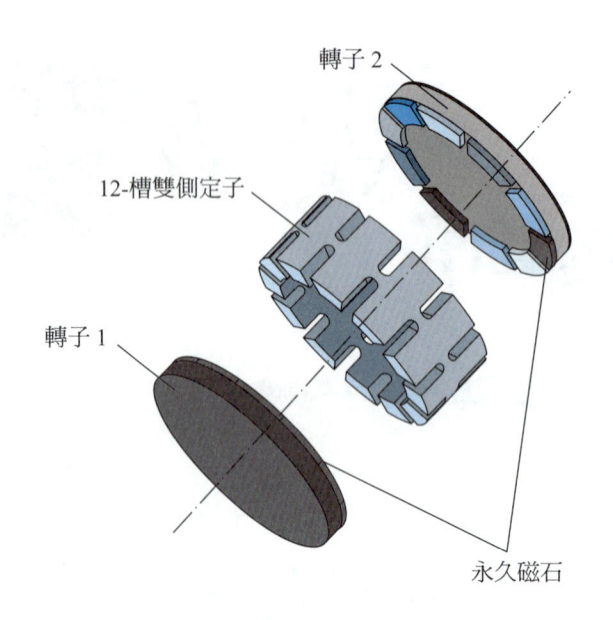

圖 11-10 雙定子/單轉子的永磁式電動機

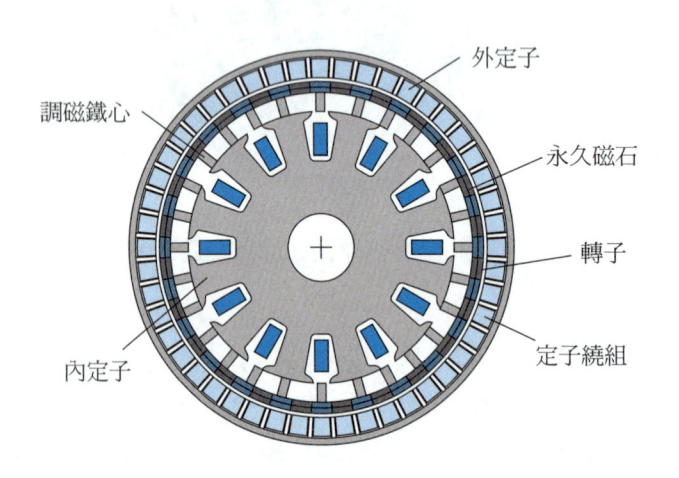

圖 11-11 雙定子/單轉子的永磁式電動機

Chapter 11　電機機構──永磁式電動機
ELECTRICAL MECHANISMS

11-03　作動原理 Principle of Motors

電動機的力量，來自兩種不同形式的作用力，一為磁阻力，另一為羅倫茲力。

圖 11-12 的**磁阻力** (Reluctance force)，由於磁力線傾向以最短路徑方式傳遞，會將扭曲的磁力線截彎取直，促使轉子/動子產生運動，而**磁阻馬達** (Reluctance motor) 即是以磁阻力驅動的馬達。具備磁阻力的電動機，其轉子與定子通常具有凸極 (Salient pole) 的機械構造，用以導引磁通。

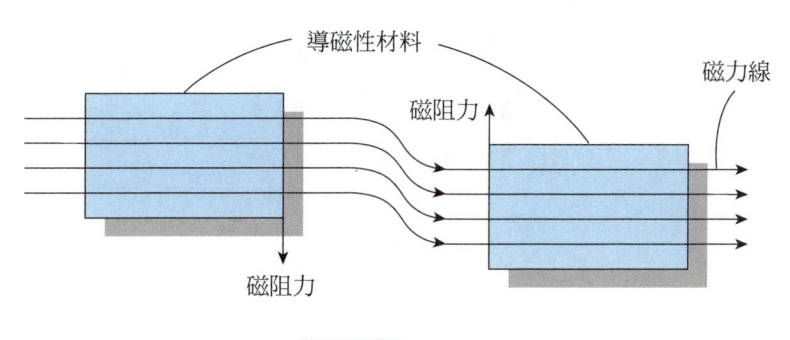

圖 11-12　磁阻力

載有電流的導體依據安培右手定則 (Ampere's right hand rule)，在導體周圍產生感應磁場，圖 11-13，該磁場與永久磁石的主磁場交互作用，使得導體一

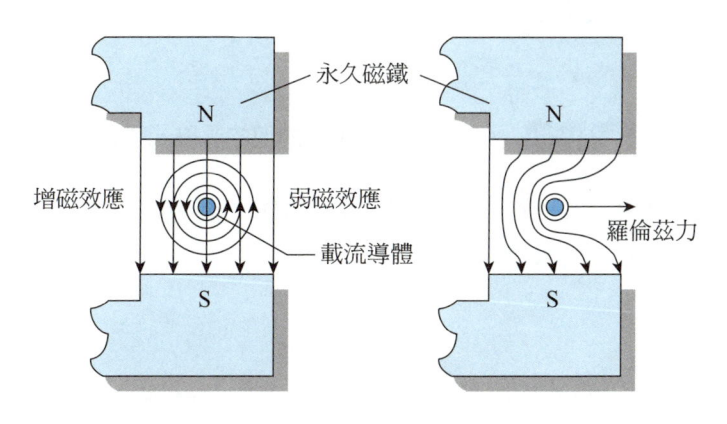

圖 11-13　羅倫茲力

側為增磁效應，另一側為弱磁效應，因而產生**羅倫茲力** (Lorentz force) 驅使導體運動，而永磁式的直流有刷馬達與無刷直流馬達均是以羅倫茲力驅動運轉。部分的永磁式電動機，其永久磁石埋入或鑲嵌於轉子，圖 11-14(a) 為永磁同步馬達的嵌入型轉子，圖 11-14(b) 和 (c) 為永磁同步馬達的埋入型轉子，這些轉子因永久磁石位置配置的差異，使轉子具備凸極特徵，馬達運轉的同時兼具羅倫茲力與磁阻力，透過力量的加乘，產生更大的輸出轉矩。

(a)

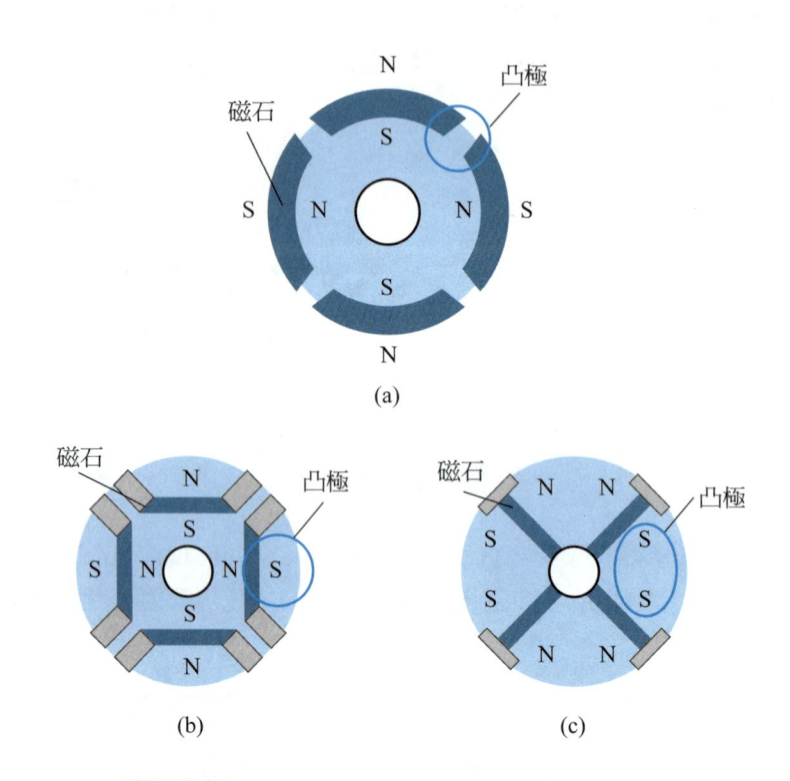

(b)　　　　　　　(c)

圖 11-14　永久磁石嵌入轉子內部的永磁式馬達

永磁式電動機是以永久磁石構成磁場域系統，載有電流之線圈導體在此系統內產生的作用力 $\vec{F}$ 可表示為：

$$\vec{F} = L\vec{i} \times \vec{B} \tag{11-01}$$

其中，$\vec{F}$ 為作用於線圈上的力量 (牛頓，N)，L 為線圈的有效長度 (公尺，m)，$\vec{i}$ 為電流 (安培，A)，$\vec{B}$ 則為磁場域系統的磁通密度 (特斯拉，T)。作用力

Chapter 11　電機機構──永磁式電動機
ELECTRICAL MECHANISMS

F、電流 i、及磁通 (磁場) B 三者的作用方向，可利用向量外積關係找出，圖 11-15(a)。此外，亦可運用弗來明左手定則 (Fleming's left hand rule) 來確認其方向，圖 11-15(b)。

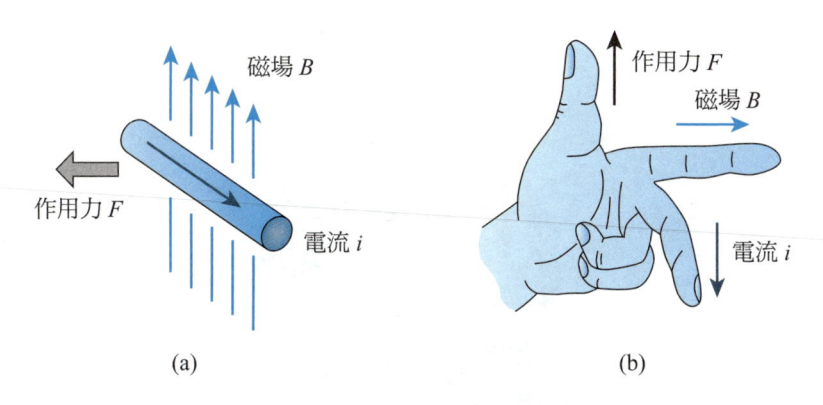

圖 11-15　作用力、電流、及磁場的方向關係

　　永磁式電動機中，以直流有刷馬達的機械構造較為簡單，可幫助瞭解電動機的作動原理。位於磁場內的單一匝線圈，圖 11-16(a)，可分成 $\overline{AH}$、$\overline{AC}$、$\overline{CD}$、$\overline{DG}$ 及 $\overline{EH}$ 等 5 段導體，其中導體 $\overline{AC}$、$\overline{DG}$ 及 $\overline{EH}$ 稱為**端部線圈** (End winding)，因導體方向與磁場 B 平行，無法產生有效轉矩；有效導體為 $\overline{AH}$ 與 $\overline{CD}$ 兩段，其電流方向相反，圖 11-16(b) 的符號⊙代表電流流出紙面 (向著讀者)，符號⊕代表電流流入紙面 (遠離讀者)，故作用在導體 $\overline{AH}$ 與 $\overline{CD}$ 上的力量 F 互呈反向，對轉子軸心 $\overline{OO'}$ 產生的轉矩 T 為：

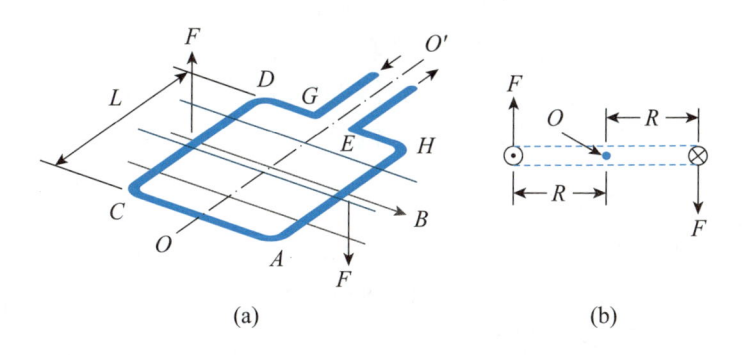

圖 11-16　位於磁場內的單一線圈

$$\vec{T} = 2\vec{R} \times \vec{F} = 2\vec{R} \times (L\vec{i} \times \vec{B}) \qquad (11\text{-}02)$$

其中，$\vec{R}$ 為軸心至有效導體的徑向位置向量。圖 11-17 之直流有刷馬達，轉子繞有 N 匝線圈時，電動機所提供的總和轉矩大小 T 為：

$$T = 2NRLiB \qquad (11\text{-}03)$$

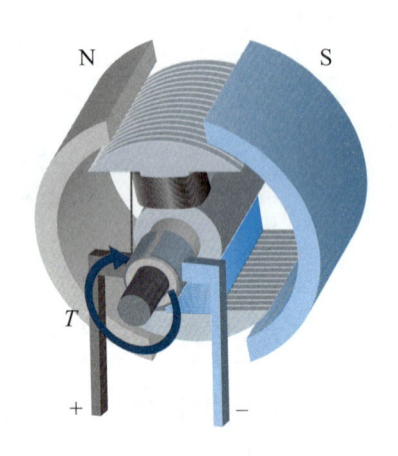

圖 11-17 轉子繞有 N 匝線圈的直流有刷馬達

11-04　運動形式 Types of Motion

　　做為機械設備原動機的馬達，通常為輸出固定軸向的旋轉運動，透過傳動機構與負載端的工作機連結，產生所需的運動形式與作功。傳動機構可為連桿機構、凸輪機構、齒輪減速箱、皮帶與帶輪機構、滾珠螺桿、聯軸器、或萬向接頭等，並輔以鎖緊扣件來傳遞運動與功率。傳統的設計策略為將原動機與傳動機構模組化，使其功能單純化，用以降低機構設計的複雜度，但此間接傳動模式亦衍生了些許先天上的固有缺陷，包括：

01. 構裝空間不易緻密安排

原動機與工作機個別獨立設計與製造，構裝空間無法統整規劃與運用，加以傳動機構的配置，使得機件數目增多，可用空間更顯侷促，導致機械設備的機構組成不易緻密配置。

02. 動力路徑無法有效縮短

Chapter 11　電機機構──永磁式電動機
ELECTRICAL MECHANISMS

原動機與工作機間以傳動機構連結，冗長之動力路徑因摩擦力產生額外的機械能耗損。

03. 間接傳動不易維持精確度

間接傳動除增加機件數目與製造成本外，亦衍生維修保養問題，也容易產生背隙與累積公差等精確度問題。

　　近年來，由於磁性材料與驅動控制技術的進步，電動機的輸出性能大幅提昇，加以電動機的機械構造有所創新突破，其運動形式已不再侷限於固定軸向的旋轉運動，因此得以省去傳動機構的使用，達到**直接驅動** (Direct drive) 的作動模式。例如洗衣機內的直驅式馬達，省去了皮帶與皮帶輪機構；電動汽車的輪轂馬達將馬達轉子與輪框結合，省去傳動變速裝置；以及工具機工作平台進給系統的線型馬達，省去了滾珠螺桿的使用等，均是直接驅動的應用實例。

　　電動機依其機械構造與作動方式的不同，有多種不同的輸出運動分類，可依據第 03-02 節的機構路徑形式與運動斷續性予以區分，圖 11-18。在直接驅動的應用場合，設計人員可依據原動機所需的運動類型，選擇適用的電動機種類，以下分別說明之。

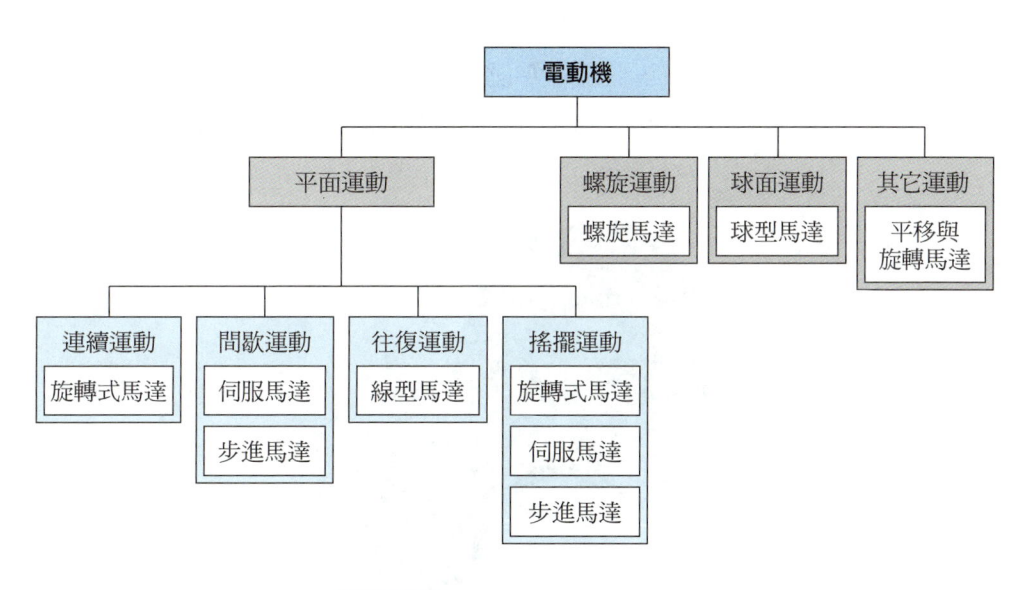

圖 11-18　電動機運動形式分類

11-04-1　平面運動 Planar motion

電動機的轉子或動子若其路徑恆與某一固定參考平面保持一定的距離，則該電動機輸出**平面運動**。一般的機構其輸入件大多做平移運動或者旋轉運動。因電動機多數配置為工作機的輸入件，市售電動機的輸出運動多屬旋轉運動或直線運動。例如旋轉式馬達與線型馬達，均是平面運動類型的原動機。若依轉子或動子運動的斷續性，可區分為連續運動、間歇運動、往復運動、及搖擺運動等四種運動形式的電動機，以下分別說明之。

連續運動 (Continuous motion)

能夠輸出連續運動的旋轉式電動機，即是產生連續運動的代表性馬達，但不同類型的旋轉式電動機，各有其適用場合，必須慎選。使用於玩具的小型旋轉式電動機，其訴求為構造簡單、成本低廉、及控速容易，鐵氧體 (Ferrite) 永久磁石的直流有刷馬達可為適用馬達。使用於自動化生產設備的旋轉式電動機，其訴求為無須保養、低電氣雜訊、及高機械效率與可靠度，具霍爾感測元件 (Hall sensor) 的無刷直流馬達可為適用馬達。使用於電動汽機車的輪轂式馬達，其訴求為機械構造簡單、具備容錯能力、無須永久磁石、及速度控制性佳，圖 11-19 外轉子式**磁阻馬達**可為適用馬達。使用於家用大型電器如冰箱與冷氣壓縮機的旋轉式電動機，其訴求為使用交流電源、構造簡單耐用、大馬力且價格便宜、及無須永久磁石，圖 11-20 的**感應馬達**可為適用馬達。使用於手

圖 11-19　外轉子式磁阻馬達

Chapter 11　電機機構──永磁式電動機
ELECTRICAL MECHANISMS

機內部的振動馬達，其訴求為轉速高、體積小、重量輕、及組件少，圖 11-21 的**動圈式馬達** (Moving-coil motor) 其轉子內無鐵心，於輸出轉軸加上偏心塊，可達成振動功能與適用性。因此，各種類型的旋轉式電動機並無優劣之分，端視其特色與優勢，能正確地使用於合宜的工作場合，即是出色且好用的馬達。

圖 11-20　感應馬達

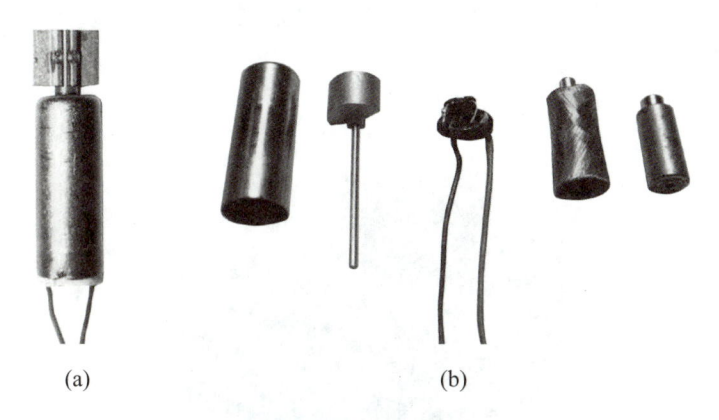

(a)　　　　　　　　(b)

圖 11-21　動圈式馬達

有少部分馬達並非以電磁力驅動，例如圖 11-22 的**超音波馬達** (Ultrasonic motor)，是以壓電材料輸入電壓，產生 20 kHz 以上超音波頻率的機械振動，再透過摩擦驅動機構產生旋轉運動，常做為相機鏡頭的自動對焦馬達之用。

圖 11-22 超音波馬達

間歇運動 (Intermittent motion)

自動化產業的設備，常透過伺服機構以閉迴路控制方式，針對機械裝置的位置、速度、或扭矩進行控制。配置在伺服機構的電動機稱為**伺服馬達** (Servo motor)，圖 11-23，具備連續轉動、間歇轉動、正逆轉動、變速轉動、或微角度轉動等能力。伺服馬達配備精密的位置檢測元件，包括光學編碼器 (Optical encoder) 或解角器 (Resolver) 等，做為位置或速度的回授元件，透過回饋訊號進行控制，因此能夠達成精準的位置定位控制或轉速控制，具備優異的**間歇運動**與分度功能。

圖 11-23 伺服馬達

Chapter 11　電機機構——永磁式電動機

另一種具有定位控制與速度控制能力的電動機為**步進馬達** (Step motor)，圖 11-24，其轉子與定子具有多個小型齒極為其機械構造特徵，透過磁阻力驅使轉子與定子上的齒極對正，以一定的角度逐步運轉，無需位置檢測與速度檢測的回授元件，而是運用機械構造以脈波信號做開迴路控制。若齒極數目愈多，則步進角度愈小，位置解析度愈高，故具有高定位精度的能力。相較於伺服馬達，步進馬達具有控制容易、價格較低的優勢，但高速旋轉時易有失步的情形發生。

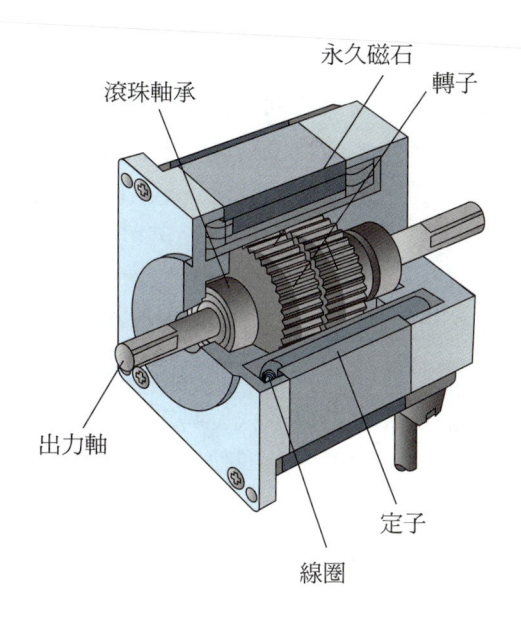

圖 11-24　步進馬達

往復運動 (Reciprocating motion)

自動化產業設備中，**往復運動**，特別是直線往復運動，是常見的機構運動類型。具往復運動功能的直接傳動動力源包括：氣壓元件、液壓元件、及線型馬達等。氣壓與液壓元件分別以氣體與流體做為運動的傳遞媒介，為避免氣體與液體外漏，需定期維修保養；**線型馬達** (Linear motor) 則是以電磁場為媒介，大幅減少維修保養的需求與成本。線型馬達的機械構造具有平板狀構形與圓管狀構形，圖 11-25(a) 和 (b)。由於線型馬達可視為將旋轉式馬達的機械構造展開，因此旋轉式馬達所具備的各種類型，亦出現於線型馬達中；其中，線

(a) 平板狀　　　　　　　　　　　(b) 圓管狀

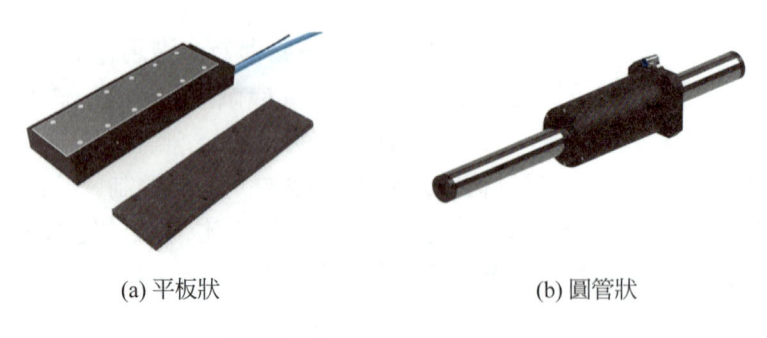

圖 11-25　線型馬達的機械構形

型感應馬達適合長距離、重負載、及伺服性能要求低的應用場合。線型無刷直流馬達適合短距離、高響應性、高定位精度、及高伺服性的應用場合。線型步進馬達具高定位精確度與開迴路定位的特性。線型永磁同步馬達則適用於大推力且高性能循跡控制的應用場合。線型馬達除可單機使用外，亦可多機以串併聯方式匹配運用，圖 11-26 為具有正交軸位的雙自由度線型步進馬達，提供電子縫紉機的 X-Y 工作平台定位之用。圖 11-27 為線型馬達的多種組合匹配方式，包括：同軸串聯、雙軸並聯、正交、龍門、及橋式等構造。圖 11-28 為配置線型馬達的工具機進給系統，用以取代旋轉式馬達與滾珠螺桿結合運作的傳統設計模式，可省去軸承、聯軸器、及導軌等機件的使用，加以線型馬達的直線往復運動為非接觸式，且無背隙問題，有助於維持刀具的切削力，減少刀具磨耗，提高加工機台的刀具壽命。

圖 11-26　雙自由度線型步進馬達

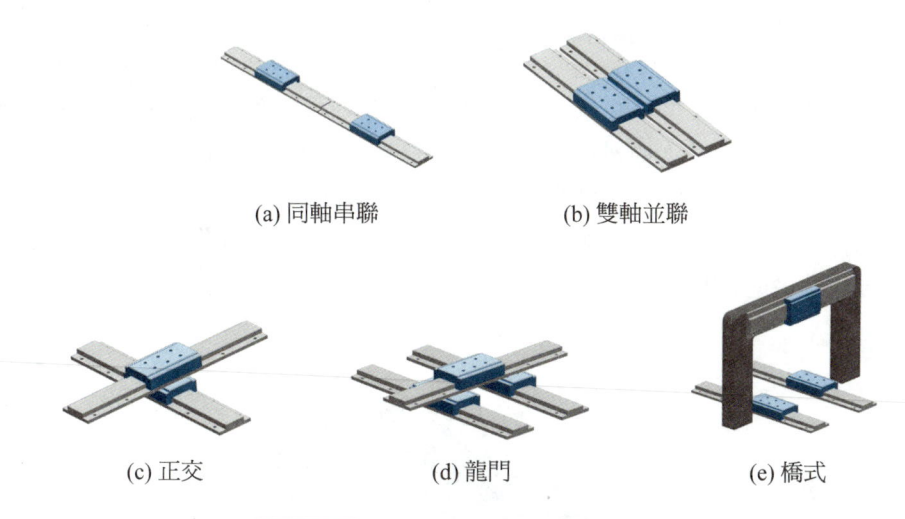

Chapter 11　電機機構──永磁式電動機
ELECTRICAL MECHANISMS

(a) 同軸串聯　　(b) 雙軸並聯

(c) 正交　　(d) 龍門　　(e) 橋式

圖 11-27　線型馬達的多種組合匹配方式

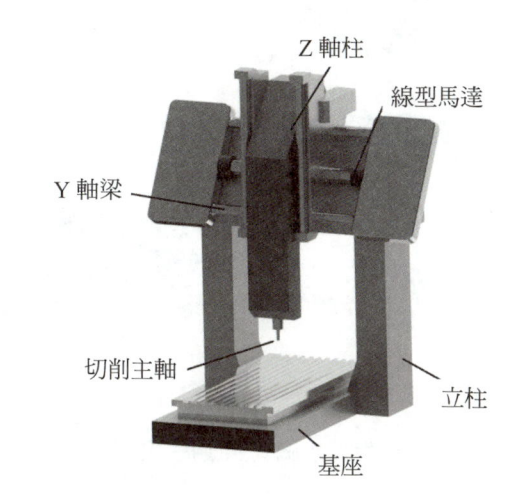

Z 軸柱
線型馬達
Y 軸梁
切削主軸
立柱
基座

圖 11-28　配置線型馬達的工具機進給系統

搖擺運動 (Oscillating motion)

多數旋轉式電動機的輸出軸均能正逆方向轉動，產生**搖擺運動**。但若考量原動機須具備較快速之伺服響應能力與較佳的定位功能，則伺服馬達與步進馬達會是較為合適的搖擺運動電機。

11-04-2　螺旋運動 Helical motion

螺旋馬達 (Helical motor) 是能夠產生螺旋運動的電動機，目前多屬研究實驗階段，市售產品不多。圖 11-29 為日本橫濱國立大學研製的直驅型永磁式螺旋馬達，將馬達的轉子與定子的幾何外形設計成螺旋狀，圖 11-30(a) 和 (b)，具備螺旋狀的氣隙，當轉子旋轉一圈時，亦同時沿著軸向前進一個導程，具高軸向推力，適合應用於並聯式機械手臂。

圖 11-29　直驅型永磁式螺旋馬達

(a) 轉子　　　　　　　　　　　(b) 定子

圖 11-30　直驅型永磁式螺旋馬達的轉子與定子

11-04-3　球面運動 Spherical motion

球型馬達 (Spherical motor) 是目前唯一能夠產生**球面運動**的電動機，具 3 個旋轉自由度，可應用於監視器的攝影裝置、機器手臂關節、醫療用內視鏡、及機器視覺的人工眼球上，解決現行球面運動需以 3 個旋轉式馬達配合球面機構運行的傳統作法，機器的構裝空間可更為緻密。圖 11-31 為用於奈米衛星姿態判斷與控制系統的商用球型馬達。

Chapter 11　電機機構──永磁式電動機
ELECTRICAL MECHANISMS

圖 11-31　球型馬達 [張量科技公司]

11-04-4　其它運動 Other motion

圖 11-32 為雙自由度的平移與旋轉永磁式馬達，由外定子的線圈繞組及外部永久磁石提供平移運動，並由內定子的線圈繞組與內部永久磁石提供旋轉運動，因此具備平移運動、旋轉運動、及曲線運動的功能，可應用於工具機、機器人、攪拌機、及鑽孔機等領域。

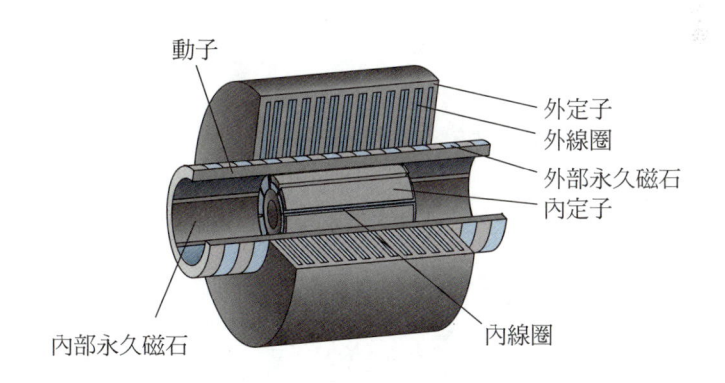

圖 11-32　平移與旋轉永磁式馬達

11-05 特性常數 Characteristic Constants

工程設計上，很難由馬達的外觀辨別該馬達的特性與性能是否合於應用需求，但透過馬達的特性常數，可迅速且清楚地了解馬達的性能極限，以及操作的工作電壓、工作電流、及機械效率等重要物理量。

本節介紹永磁式直流馬達的兩個重要特性常數，轉矩常數與反電動勢常數，是評判馬達性能優劣的關鍵指標，以下分別說明之。

11-05-1 轉矩常數 Torque constant

當永磁性直流馬達電樞上的線圈纏繞 N 匝時，由式 (11-03) 可知其轉矩 $T = 2NRLiB$，若 I_a 為流經馬達末端的電樞電流，依據圖 11-33 所示的線圈連結關係，供應自正極電刷末端的電樞電流 I_a 分成兩股電流流入線圈，則電樞電流 I_a 與線圈電流 i 滿足關係式 $I_a = 2i$，圖 11-34 的電樞軸向長度為 L，其磁通量 ϕ 為：

$$\phi = \pi RLB \tag{11-04}$$

因此，轉矩 T 可進一步表示為：

$$T = \left(\frac{N\phi}{\pi}\right)I_a \tag{11-05}$$

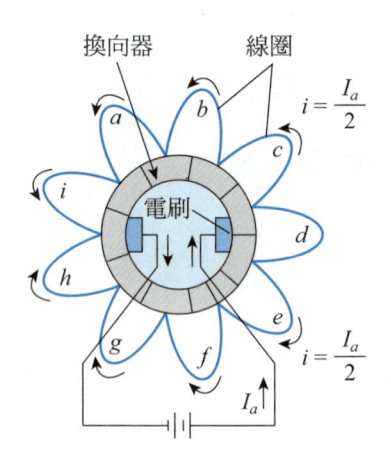

圖 11-33　線圈連結關係

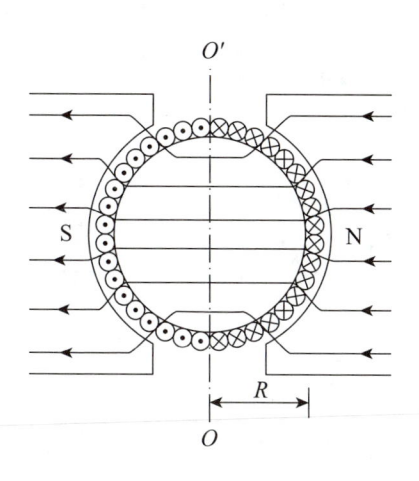

Chapter 11　電機機構──永磁式電動機
ELECTRICAL MECHANISMS

圖 11-34　電樞中磁通量與電流的分佈

　　由於馬達的線圈匝數 N 為定值，磁通量 φ 是由馬達尺寸與磁石的磁化狀態所決定，故 $\left(\dfrac{N\phi}{\pi}\right)$ 為定值；因此，可得知轉矩 T 正比於電樞電流 I_a。若將 $\left(\dfrac{N\phi}{\pi}\right)$ 定義為**轉矩常數** (Torque constant) K_T，可得：

$$T = \left(\dfrac{N\phi}{\pi}\right) I_a = K_T I_a \tag{11-06}$$

其中，轉矩常數 K_T 的單位為 Nm/A。由式 (11-06) 可知，轉矩常數 K_T 與線圈匝數 N 以及磁通量 φ 成正比；因此，當永磁式直流馬達之永久磁石所提供的磁場強度愈強，或電樞槽內所繞的線圈匝數愈多，則轉矩常數愈大，在相同的電樞電流條件下，馬達能產生較高的輸出轉矩。

11-05-2　反電動勢常數 Back-EMF constant

　　為釐清馬達末端電壓與電流間的關係，進而決定馬達轉速，必須對電能如何在馬達中產生有所瞭解。圖 11-35(a) 為施加在導體的力量，使導體以速度 v 運動。該導體受到因磁場與電流交互作用所產生的作用力而運動，由於導體正穿越磁場，因而在導體內感應出電動勢 E，並可表示為：

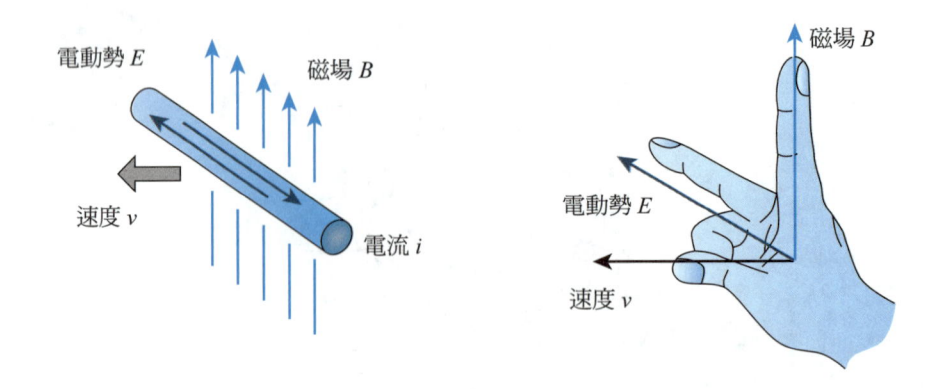

圖 11-35　速度、磁場、及電動勢的方向關係

$$\vec{E} = L\vec{v} \times \vec{B} \tag{11-07}$$

式 (11-07) 的向量外積關係，亦可由圖 11-35(b) 的弗來明右手定則得知磁場、電動勢、及運動三者間的方向關係。由於所感應出的電動勢方向與電樞電流方向相反，將產生反向電流。當導體依序通過磁石南北極，則電動勢將依序變動。但是，由於有電刷和電樞之故，由線圈所匯集的總合電動勢 E_a 會聚合在馬達末端，該電壓方向與施加在電樞末端的電壓方向相反，故稱之為**反電動勢** (Back electromotive force, back-EMF)。反電動勢 E_a 與馬達機械轉速 ω_m 成正比，並可表示為：

$$E_a = K_E \omega_m \tag{11-08}$$

其中，K_E 稱為**反電動勢常數** (Back-EMF constant)。當轉子的機械轉速為 ω_m，則轉子的導體速度 v 為：

$$v = \omega_m R \tag{11-09}$$

依據式 (11-07)，感應在單一導體上的反電動勢 e 為：

$$e = \omega_m RBL \tag{11-10}$$

故感應在電樞 N 匝線圈上的總合反電動勢 E_a 為：

$$E_a = \omega_m RBLN \tag{11-11}$$

Chapter 11　電機機構──永磁式電動機
ELECTRICAL MECHANISMS

依據式 (11-04)，可用磁通量 ϕ 表示反電動勢 E_a 為：

$$E_a = \left(\frac{N\phi}{\pi}\right)\omega_m \tag{11-12}$$

比較式 (11-08) 和式 (11-12)，可以得知反電動勢常數 K_E 為：

$$K_E = \frac{N\phi}{\pi} \tag{11-13}$$

　　進一步比較式 (11-06) 與式 (11-13) 可以發現，對永磁式直流馬達而言，包含直流有刷馬達與無刷直流馬達，其轉矩常數 K_T 等於反電動勢常數 K_E。但須注意的是，轉矩常數 K_T 與反電動勢常數 K_E 需在同一單位系統下，其數值才會相等。以 SI 國際單位系統為例，若轉矩常數 K_T 為 0.05 Nm/A，則反電動勢常數 K_E 為 0.05 Vs/rad。工業界慣用之反動勢常數 K_E 的單位為 V/krpm，必須經由單位換算，其數值才能對等於轉矩常數 K_T。

　　以下舉例說明之。

例 11-01　有個無刷直流馬達 A，其轉矩常數 K_T 為 0.2 Nm/A，反電動勢常數 K_E 為 0.2 Vs/rad，電樞電阻 R_a 為 2Ω，額定轉速 ω_m 為 3,000 rpm，額定轉矩 T 為 1.2 Nm，
(a) 試選擇合適馬達 A 的驅動器，
(b) 若僅考慮銅損 (銅損 $P_{loss} = I_a^2 R_a$)，試估算額定操作點下馬達 A 的機械效率。

01. 選配驅動器時，須清楚規範驅動器的操作電壓與電流，這些規格可由轉矩常數 K_T 與反電動勢常數 K_E 決定。由式 (11-08) 可以計算出反電動勢 $E_a = K_E \omega_m = 0.2 \times (3,000 \times 2\pi/60) = 62.83\,(V)$，再由式 (11-06) 計算出電樞電流 $I_a = T/K_t = 1.2/0.2 = 6\,(A)$。因此，驅動器的規格其電壓與電流必須分別大於 62.83V 與 6A。

02. 先計算馬達 A 的輸出功率 $P_{out} = T \times \omega_m = 1.2 \times 3,000 \times 2\pi/60 = 377\,(W)$。依題意，馬達的損失功率 P_{loss} 全部來自於銅損，可計算出銅損為 $P_{loss} = (I_a)^2 R_a = 6^2 \times 2 = 72\,(W)$。依據能量守恆原理，輸入功率 P_{in} = 輸出功率 P_{out} + 損失功率 P_{loss} = 377 + 72 = 449 (W)。因此，馬達 A 的機械效率為 $P_{out}/P_{in} = 377/449 = 84.0\%$。

例 11-02
有另一個無刷直流馬達 B，其轉矩常數 K_T 為 0.4 Nm/A，電樞電阻、額定轉速、及電樞電流均與 [例 11-01] 的無刷直流馬達 A 相同，試問在額定操作點下馬達 B 的機械效率為多少？

01. 馬達 B 的額定轉矩 $T = I_a \times K_t = 6 \times 0.4 = 2.4$ (Nm)，其輸出功率 $P_{out} = T \times \omega_m = 2.4 \times 3,000 \times 2\pi/60 = 754.0$ (W)。

02. 電樞電流與電樞電阻和 [例 11-01] 的馬達 A 相同，故其損失功率 P_{loss} 與馬達 A 同為 72 W。

03. 馬達 B 的機械效率為 $P_{out}/P_{in} = 754/(754+72) = 91.3\%$。

比較 [例 11-01] 的項次 (b) 和 [例 11-02]，兩相同形式的永磁式直流馬達，若其電樞電流、電樞電阻、及額定轉速均相同，則轉矩常數大者，機械效率較高。此外，由式 (11-06) 可知，轉矩常數與所需驅動器之額定電流成反比。再者，由式 (11-08) 可知，反電動勢常數與所需驅動器的額定電壓成正比。

11-06　靜態轉矩特性 Characteristics of Static Torque

轉矩-轉速曲線 (T-N curve) 是馬達重要的特性曲線，可確知馬達的工作點。永磁式直流馬達可用圖 11-36 的等效電路表示之，是由電樞電阻 R_a 和反電動勢 E 所構成的串聯電路。若忽略不計跨越電刷的電壓降，則施加在電樞末端的電壓 V 可表示為：

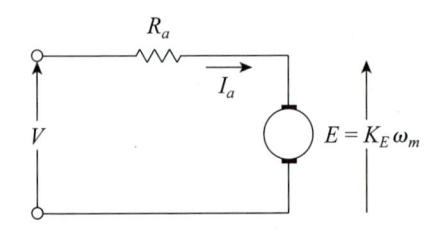

圖 11-36　直流馬達的等效電路

Chapter 11　電機機構──永磁式電動機
ELECTRICAL MECHANISMS

$$V = R_a I_a + K_E \omega_m \tag{11-14}$$

電樞電流 I_a 可進一步表示為：

$$I_a = \frac{V - K_E \omega_m}{R_a} \tag{11-15}$$

由式 (11-06) 可得馬達的轉矩 T 為：

$$T = K_T I_a = \frac{K_T}{R_a}(V - K_E \omega_m) \tag{11-16}$$

依據式 (11-15)，圖 11-37 為以末端電壓 V 為參數，電樞電流 I_a 與機械轉速 ω_m 間的線性關係，其斜率為 $\left(-\dfrac{K_E}{R_a}\right)$，若末端電壓 V 增大，則電流-轉速曲線將往 X 軸的正方向平移。轉速為零時，所對應的電流稱為**起動電流** (Start current)，I_s，其大小為：

$$I_s = \frac{V}{R_a} \tag{11-17}$$

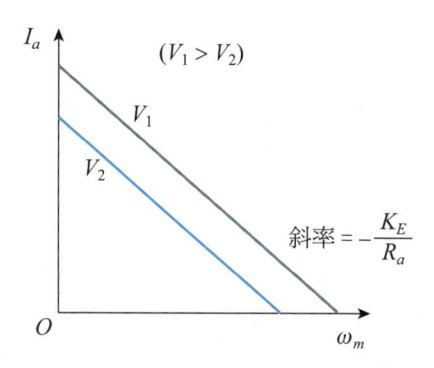

圖 11-37　永磁式直流馬達的電流-轉速曲線

同樣地，依據式 (11-16)，圖 11-38 為以末端電壓 V 為參數，轉矩 T 與機械轉速 ω_m 間的線性關係，其斜率為 $\left(-\dfrac{K_T K_E}{R_a}\right)$，若末端電壓 V 增大，則轉矩-轉速曲線將往 X 軸的正方向平移。由於馬達起動瞬間其轉速為零，所對應的轉矩稱為

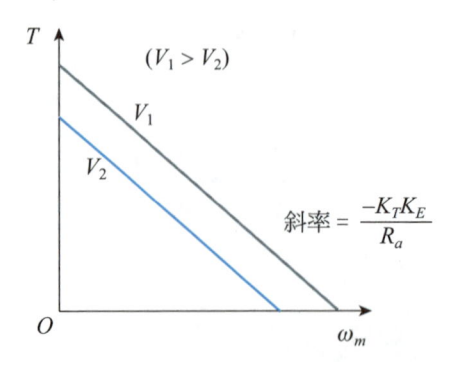

圖 11-38　永磁式直流馬達的轉矩-轉速曲線

起動轉矩 (Start torque)，T_s，並可表示為：

$$T_s = \frac{K_T V}{R_a} \tag{11-18}$$

此外，馬達在沒有負載情況下其轉矩為零，所對應的機械轉速稱為**無載轉速** (No-load speed)，ω_{m0}，可以表示為：

$$\omega_{m0} = \frac{V}{K_E} \tag{11-19}$$

必須特別注意的是，前述的電流-轉速曲線與轉矩-轉速曲線，僅在直流有刷馬達與無刷直流馬達才有此線性關係。

以下舉例說明之。

例 11-03　有個直流有刷馬達，其反電動勢常數 K_E 為 0.0016 V/rpm，末端電壓 V 為 15 V，當機械轉速 ω_m 為 9,000 rpm 時，轉矩為 0.009425 Nm，試問電樞電阻 R_a 為多少？

01. 機械轉速 ω_m = 9,000 rpm = 942.48 rad/s。
02. 反電動勢常數 K_E = 0.0016 V/rpm = 0.01528 Vs/rad。
03. 因直流有刷馬達的轉矩常數 K_T = 反電動勢常數 K_E = 0.01528 (Nm/A)，

   由式 (11-06) 可知，電樞電流 $I_a = \dfrac{T}{K_T} = \dfrac{0.009425}{0.01528} = 0.617$ (A)。

Chapter 11 電機機構──永磁式電動機
ELECTRICAL MECHANISMS

04. 依據式 (11-14)，電樞電阻 $R_a = \dfrac{V - K_E \omega_m}{I_a} = \dfrac{15 - 0.01528 \times 942.48}{0.617} = 0.971\,(\Omega)$。

▼

例 11-04　有個直流有刷馬達，圓柱形轉子的電樞繞組 N 為 115 匝，半徑 R 為 0.05 m，長度 L 為 0.05 m，氣隙磁通密度 B 為 1.2 T，試求：
(a) 反電動勢常數，
(b) 輸入於馬達末端電壓 V 為 110 V，電樞電流 I_a 為 1.2 A，若電樞電阻 R_a 為 0.05 Ω，其穩態機械轉速值。

01. 由式 (11-04) 與式 (11-13) 可知，反電動勢常數 $K_E = \dfrac{N\phi}{\pi} = \dfrac{N\pi RBL}{\pi} = 115 \times 0.05 \times 1.2 \times 0.05 = 0.345$ (Vs/rad)。

02. 依據式 (11-14)，機械轉速 $\omega_m = \dfrac{V - R_a I_a}{K_E} = \dfrac{110 - 0.05 \times 1.2}{0.345} = 318.67$ (rad/s)。

習題 Problems

11-01　以家庭用轎車為例，試找出車上配置的 3 個旋轉式電動機，並分別說明其用途。

11-02　圖 P11-01(a) 與 (b) 為一個用於玩具用途之直流有刷馬達的拆解圖與組立圖，試說明其氣隙與繞組構造。

11-03　試列舉 2 個以線型馬達為動力源，能產生往復運動的機械裝置。

11-04　試列舉 2 個以旋轉式直流無刷馬達為動力源的機械裝置。

11-05　一沿著 X 軸且載有電流的直線導體，置於磁通密度為 1 T，方向為 Y 軸正方向的磁場中，導體長度為 1.5 m，電流大小為 2A，方向為 X 軸正方向，試求：
(a) 該導體所受的力量大小與方向，
(b) 直線導體以 3 m/s 的速度沿 Z 軸正方向運動時，該導體的感應電動勢大小與方向。

11-06　一旋轉式無刷直流馬達，其圓柱型定子的電樞繞組為 80 匝，轉子的半徑與長度分別為 0.4 m 與 0.5 m，量測其氣隙磁通密度為 0.3 T，試求該馬達的反

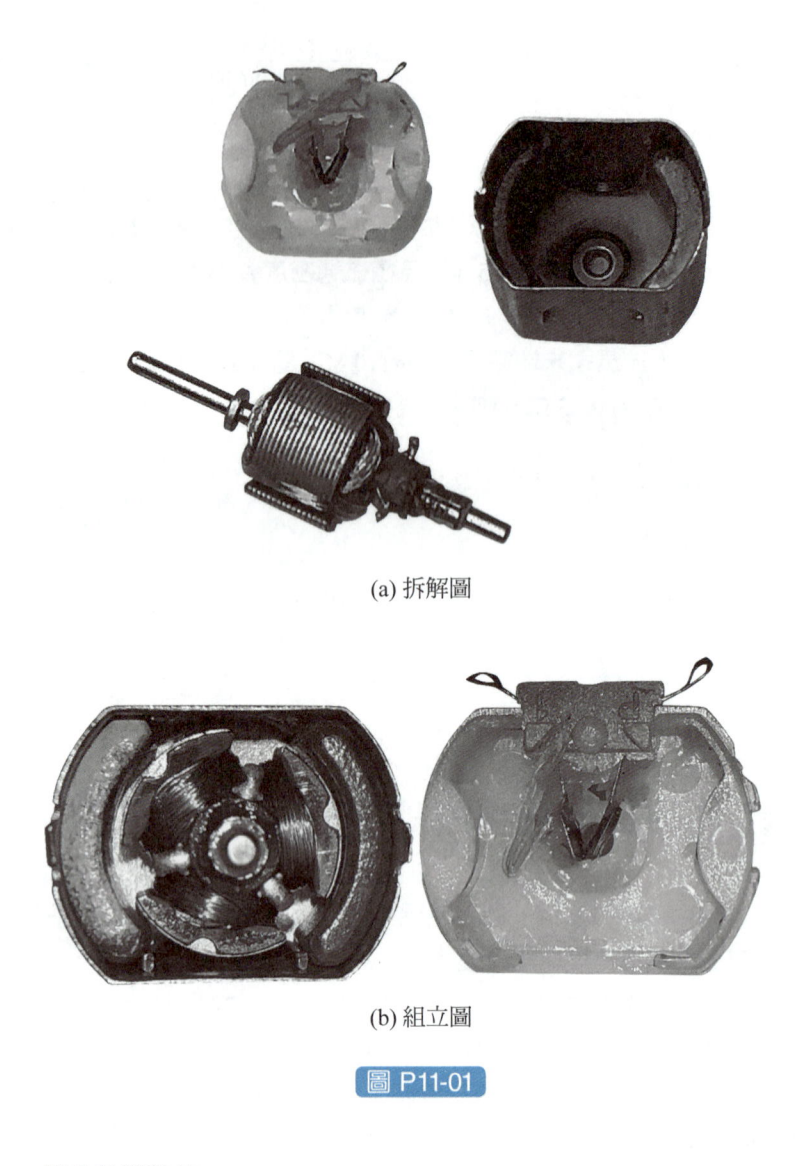

現代機構學
MODERN MECHANISMS

(a) 拆解圖

(b) 組立圖

圖 P11-01

電動勢常數值。

11-07　承續 [例 11-03]，試求該直流有刷馬達的起動轉矩與無載轉速值。

參考書目
REFERENCES

Chapman, S.J., 2001, *Electric Machinery Fundamentals*, McGraw-Hill, New York.

Guru, B.S. and Hiziroglu, H.R., 2000, *Electric Machinery and Transformers*, Oxford University Press Inc., New York.

Hall, Jr., A.S., 1981, *Notes on Mechanism Analysis*, Balt Publishers, Indiana.

Hanselman, D.C., 1994, *Brushless Permanent-Magnet Motor Design*, McGraw-Hill, Singapore.

Hendershot, Jr., J.R. and Miller, T.J.E., 1994, *Design of Brushless Permanent-Magnet Motors*, Oxford University Press Inc., New York.

Hsiao, K.H. and Yan, H.S., 2014, *Mechanisms in Ancient Chinese Books with Illustrations*, Springer, Netherlands.

Martin, G.H., 1982, *Kinematics and Dynamics of Machines*, McGraw-Hill, New York.

Norton, R.L., 1992, *Design of Machinery*, McGraw-Hill, New York.

Tong, W., 2017, *Mechanical Design of Electric Motors*, CRC Press, Boca Raton.

Wilson, C.E. and Sadler, J.P. 1993, *Kinematics and Dynamics of Machinery*, Harper Collines College Publishers, New York.

Waldron, K.J. and Kinzel, G.L., 1999, *Kinematics, Dynamics, and Design of Machinery*, John Wiley & Sons, Inc., New York.

Yan, H.S., 1998, *Creative Design of Mechanical Devices*, Springer, Singapore.

Yan, H.S., 2007, *Reconstruction Designs of Lost Ancient Chinese Machinery*, Springer, Netherlands.

Yan, H.S, 2016, *MECHANISMS - Theory and Applications*, McGraw-Hill Education (Asia), Singapore.

蔡明祺，陳正虎，2002.10.19，"馬達特性常數知多少"，Motor Express 電子報，第 1 期，01-04 頁，國立成功大學馬達科技研究中心，臺南。

蕭國鴻，顏鴻森，2016.12，《古中國書籍具插圖之機構》，臺灣東華書局，臺北。

萧国鸿、颜鸿森 (著)，萧国鸿、张百春 (译)，2016.12，《古中国书籍具插图之机构》，大象出版社，郑州。

颜鸿森 (著)，謝龍昌、徐孟輝、瞿嘉駿、黃馨慧 (譯)，2006.02，《機械裝置的創意性設計》，臺灣東華書局，臺北。

颜鸿森 (著)，姚燕安、王玉新、郭可谦 (译)，2002.07，《机械装置的创造性设计》，机械工业出版社，北京。

颜鸿森 (著)，萧国鸿、张百春 (译)，2016.12，《古中国失传机械之复原设计》，大象出版社，郑州。

顏鴻森，1990，"為『機動學』正名"，機械工程，中國機械工程學會會刊，臺北，第 175 期，45-46 頁。

顏鴻森，2017，"撰寫《機構學》教科書經驗談"，成大，成功大學校刊，臺南，256 期，36-44 頁。

顏鴻森，吳隆庸，2014.01，《機構學》，第四版，臺灣東華書局，臺北。

顏鴻森，黃馨慧，郭進星，2008，《臺灣古董機構模型》，國立成功大學博物館，臺南。

習題簡答
PARTIAL ANSWERS TO SELECTED PROBLEMS

第 02 章　機構的組成
習題 02-10　【解】1。
習題 02-11　【解】0。

第 03 章　機構的運動
習題 03-06　【解】$\vec{R} = 2t^3\vec{I} + 3\sin 4t\vec{J} + 4\cos 5t\vec{K}$，
$\vec{V} = 6t^2\vec{I} + 12\cos 4t\vec{J} + (-20\sin 5t)\vec{K}$，
$\vec{A} = 12t\vec{I} + (-48\sin 4t)\vec{J} + (-100\cos 5t)\vec{K}$，
$\vec{J} = 12\vec{I} + (-192\cos 4t)\vec{J} + 500\sin 5t\vec{K}$。

習題 03-07　【解】0.955 rpm。

習題 03-08　【解】$a_t = 0$，$a_n = 9.645$ m/s^2，$a = 9.645$ m/s^2。

第 04 章　連桿機構
習題 04-02　【解】(a) 輸入桿為 2 cm 時，無論何桿固定皆為曲柄搖桿機構；輸入桿為固定桿時，為雙曲柄機構；5 cm 和 4 cm 桿分別當固定桿時，皆為雙搖桿機構。

(b) $r_1 = 5$ cm，$r_2 = 2$ cm，$r_3 = r_4 = 4$ cm，$\theta_{41} = 157.7°$，$\theta_{42} = 97.18°$；

$r_1 = 4$ cm，$r_2 = 2$ cm，$r_3 = 5$ cm，$r_4 = 4$ cm，$\theta_{41} = 136.0°$，$\theta_{42} = 57.9°$；

$r_1 = 4$ cm，$r_2 = 2$ cm，$r_3 = 4$ cm，$r_4 = 5$ cm，$\theta_{41} = 157.7°$，$\theta_{42} = 97.18°$；

$r_1 = 4$ cm，$r_2 = 4$ cm，$r_3 = 2$ cm，$r_4 = 5$ cm，雙搖桿機構；

$r_1 = 2$ cm，$r_2 = 4$ cm，$r_3 = 3$ cm，$r_4 = 5$ cm，雙曲柄機構。

習題 04-03　【解】120～480 cm。

習題 04-04　【解】$\theta_{41} = 117.8°$，$\theta_{42} = 60.9°$。

習題 04-05　【解】69.5°，27.66°。
習題 04-06　【解】120 cm 或 480 cm。

第 05 章　運動分析-圖解法

習題 05-01　【解】$\theta_4 = 107.46°$，$\theta_3 = 42.625°$ 或 $\theta_4 = -151.03°$，$\theta_3 = -86.41°$。
習題 05-06　【解】(a) $\omega_3 = 0.282$ rad/sec，$V_c = 0.56$ cm/sec。
　　　　　　　　　(b) $\omega_3 = 0.404$ rad/sec，$V_c = 1.15$ cm/sec。
習題 05-07　【解】(a) $\omega_5 = 0.205$ rad/sec (CCW)，$V_c = 0.39$ cm/sec。
　　　　　　　　　(b) $\omega_5 = 2.88$ rad/sec (CW)，$V_c = 3.46$ cm/sec。
習題 05-08　【解】(a) 0.236。
　　　　　　　　　(b) 0。
習題 05-09　【解】0.66 rad/sec (CW)。
習題 05-10　【解】(a) $V_c = 0.53\,\omega_2$ cm/sec。
　　　　　　　　　(b) $V_c = 1.15\,\omega_2$ cm/sec。
習題 05-11　【解】2.47 cm/s。
習題 05-12　【解】(a) $A_c = 175$ cm/sec^2，$\alpha_4 = 38$ rad/sec^2。
　　　　　　　　　(b) $A_c = 458$ cm/sec^2，$\alpha_4 = 151.2$ rad/sec^2。
習題 05-13　【解】$A_c = 950$ m/sec^2，$A_4 = 2200$ m/sec^2。
習題 05-14　【解】0.285 cm/sec^2。
習題 05-15　【解】71.5 mm/sec^2。
習題 05-16　【解】$A_c = 520$ cm/sec^2，$\alpha_4 = 637$ rad/sec^2。
習題 05-17　【解】$\alpha_3 = 35$ rad/sec^2，$\alpha_5 = 12.5$ rad/sec^2，$\alpha_6 = 62.5$ rad/sec^2。
習題 05-18　【解】0.105 cm/sec^2。
習題 05-19　【解】-8.17 m/sec^2。

第 06 章　運動分析-解析法

習題 06-02　【解】$\theta_4 = 107.56°$ 或 $-151.06°$，$\theta_3 = 42.89°$ 或 $-86.42°$。
習題 06-05　【解】$\theta_3 = 116.48°$，$r_3 = 9.434$ cm。
習題 06-06　【解】(a) $\vec{r}_3 = \sqrt{(\vec{r}_2 \sin\theta_2)^2 + (\vec{r}_1 - \vec{r}_2 \cos\theta_2)^2}$，
$$\theta_3 = \sin^{-1}\frac{\vec{r}\sin\theta_2}{\sqrt{(\vec{r}_2 \sin\theta_2)^2 + (\vec{r}_1 - \vec{r}_2 \cos\theta_2)^2}}$$
　　　　　　　　　(b) $\theta_3 = 13.91°$，$\vec{r}_3 = 18.028$。

習題簡答
PARTIAL ANSWERS TO SELECTED PROBLEMS

習題 06-07 【解】 $r_1 = 3.3$ cm, $r_2 = 1.8$ cm, $r_3 = 3.9$ cm, $r_4 = 0.9$ cm, $r_5 = 3$ cm, $\theta_2 = 87°$, $\rho_4 = 1.3$ cm, $\rho_2 = 1.7$ cm, $\theta'_3 = 30°$, $\theta'_4 = 105°$, $\theta_{4o} = 144°$, $\theta_{5o} = 106°$；
(e) $\theta_3 = 32.54°$，$\theta_4 = 97.92°$。

習題 06-08 【解】 $r_4 = \sqrt{r_3^2 - (r_1 - r_2\cos(\theta_o + \theta_2))^2} - r_2$，
$s_2 = \sqrt{(b_0b)^2 - (ab)^2 - [(b_0o) - (ab)\cos(\theta_0 + \theta_2)]^2} - s_0$。

習題 06-11 【解】 0.63 rad/s (CCW)。

習題 06-12 【解】 $\theta_2 = 90°$，桿 4 速度最小；$\theta_2 = 270°$，桿 4 速度最大。

習題 06-16 【解】 (a) $F_p = 3$。

第 07 章　連桿機構合成

習題 07-01 【解】 5 個，圖 07-10(a), (b), (h), (i), (o)。

習題 07-02 【解】 3 個。

習題 07-03 【解】 2 個。

習題 07-04 【解】 3 個。

習題 07-05 【解】 (a) $r_2 = 127.05$ mm, $r_3 = 309.11$ mm, $r_4 = 360.59$ mm。
(b) $r_2 = 131.07$ mm, $r_3 = 286.60$ mm, $r_4 = 333.13$ mm。

習題 07-06 【解】 (a) $r_2 = 127.05$ mm, $r_3 = 309.11$ mm, $r_4 = 360.59$ mm。
(b) $r_2 = 163.10$ mm, $r_3 = 376.05$ mm, $r_4 = 366.96$ mm。
(c) $r_2 = 235.83$ mm, $r_3 = 105.77$ mm, $r_4 = 234.83$ mm。

習題 07-07 【解】 $j_{max} = 5$。

習題 07-08 【解】 (b) $r_1 = 10.62$ mm, $r_2 = 27.61$ mm, $r_3 = 44.46$ mm。

習題 07-09 【解】 $\beta_2 = 68.0°, \beta_3 = 114.0°, \gamma_2 = -61.0°, \gamma_3 = -34.0°$。
$\mathbf{W}_A = 0.31 + 7.00\mathbf{i}$，$\mathbf{Z}_A = 3.81 - 1.28\mathbf{i}$，$\mathbf{W}_B = -1.50 - 9.44\mathbf{i}$，$\mathbf{Z}_B = 8.12 + 4.22\mathbf{i}$。

習題 07-11 【解】 $j_{max} = 5$。

習題 07-12 【解】 $j_{max} = 3$。

習題 07-16 【解】 $j_{max} = 5$。

第 08 章　凸輪機構

習題 08-02 【解】 (a) $s(30°) = 9$ mm，$v(30°) = 108$ cm/sec，$a(30°) = 0$，$J(30°) = 0$。

(b) $s(200°) = 28.96$ mm，$v(200°) = -81$ cm/sec，$a(200°) = -44$ m/sec^2，$J(200°) = 2,398$ m/sec^3。

習題 08-04 【解】 57.30°。

習題 08-06 【解】 (c) $\phi_{max} = 12.71°$。

習題 08-07 【解】 $\dot{s}_{max} = 0.864$ m/sec，$\ddot{s}_{max} = 48.858$ m/sec^2，$\dddot{s}_{max} = 5525.715$ m/sec^3。

習題 08-14 【解】 $y = \pm x/2$。

第 09 章　齒輪機構

習題 09-04 【解】 $\omega_2 = 1,200$ rpm，$T_3 = 80$，$r_v = 0.25$。

習題 09-05 【解】 $T_2 = 160$，$T_3 = 40$。

習題 09-06 【解】 (a) $r_v = -1.176$，(b) $C = 15.125$ in。

習題 09-07 【解】 (a) $\omega_2 = -2,450$ rpm (CW)，(b) 14.375 in。

習題 09-08 【解】 (a) $\omega_9 = 0.04$ rad/sec，(b) $D_4 = 3$、$D_5 = 12$，(c) $P_c = \pi/3$。

習題 09-09 【解】 $T_3 = 200$，$T_4 = 270$，$T_5 = 90$。

習題 09-10 【解】 $T_2 = T_6 = T_7 = 18$，$T_3 = 36$，$T_4 = 27$，$T_5 = 18$，$T_8 = 27$，$T_9 = 36$。

習題 09-11 【解】 1,561.69 rpm (CW)。

習題 09-12 【解】 $T_8 = 100/21$，T_7；取 $T_8 = 100$，則 $T_7 = 21$。

習題 09-13 【解】 檔一時，$r = 32/55$；檔二時，$r = 1$；檔三時，$r = 23/55$。

習題 09-14 【解】 300 rpm。

習題 09-15 【解】 -1.24 rpm。

第 10 章　動力分析

習題 10-01 【解】 (a) $\vec{F}_{34} = 10.2214$ N，$\angle 305.7829°$。
(b) $M_{12} = 0.0541$ Nm (CCW)。
(c) $\vec{F}_S = 20.4848$ N，$\angle 181.2505°$。
(d) $M_S = 0.2776$ Nm (CCW)。

習題 10-02 【解】 (a) $\vec{F}_{34} = 12.9904$ N，$\angle -30°$。
(b) $M_{12} = 0.3248$ Nm (CW)。
(c) $\vec{F}_S = 42.0613$ N，$\angle -54.2568°$。

習題 10-03 【解】 (a) $\vec{F}_{34} = 5.4137$ N，$\angle 161.889°$。

習題簡答
PARTIAL ANSWERS TO SELECTED PROBLEMS   425

(b) $M_{12} = 0.1224$ Nm (CW)。
(c) $\vec{F}_S = 8.3485$ N，$\angle 135.7206°$。
(d) $M_S = 0.0323$ Nm (CW)。

習題 10-04 【解】(a) $\vec{F}_{34} = 41.21$ N，$\angle 120°$。
(b) $\vec{F}_{23} = 66.27$ N，$\angle 125.7°$。
(c) $M_{12} = 0.8533$ Nm (CCW)。
(d) $\vec{F}_S = 56.75$ N，$\angle -71.40°$。

習題 10-05 【解】(a) $\vec{F}_{23} = 55.4929$ N，$\angle 330°$。
(b) $M_{12} = 3.8845$ Nm (CW)。
(c) $\vec{F}_S = 48.0583$ N，$\angle 180°$。

習題 10-06 【解】(a) $M_{12} = 4.2778$ Nm (CCW)。
(b) $|\vec{F}_S| = 72.0283$ N。
(c) $M_S = 1.4926$ Nm (CW)。

習題 10-07 【解】(a) $M_{12} = 0.0500$ Nm (CCW)。
(b) $|\vec{F}_S| = 3.7318$ N。
(c) $M_S = 0.0462$ Nm (CCW)。

習題 10-08 【解】(a) $M_{12} = 130.1401$ Nm (CW)。
(b) $|\vec{F}_S| = 36.4000$ N。
(c) $M_S = 570.05794$ Nm (CW)。

第 11 章　電機機構

習題 11-02 【解】氣隙為徑向氣隙，繞組為徑向繞組。
習題 11-05 【解】(a) 導體所受的力量大小為 3 N，方向為 Z 軸正方向。
(b) 感應電動勢的大小為 4.5 V，方向為 X 軸負方向。
習題 11-06 【解】反電動勢常數 $k_E = 4.8$ V$_s$/rad。
習題 11-07 【解】起動轉矩 $T_s = 0.236$ Nm，無載轉速 $\omega_{m0} = 9{,}375$ rpm。

中文索引
CHINESE INDEX

章-節/頁

一劃
一次側　Primary　　　　　　　　　　　　　　　　　　11-01/390
一般化接頭　Generalized joint　　　　　　　　　　　02-04/016
一般化鏈　Generalized chain　　　　　　　　　　　　07-01-1/189

二劃
二次側　Secondary　　　　　　　　　　　　　　　　　11-01/390
人字齒輪　Herringbone gear　　　　　　　　　　　　09-01-1/298
八連桿組　Eight-bar linkage　　　　　　　　　　　　04-03-2/075
八連桿機構　Eight-bar linkage mechanism　　　　　　04-03-2/075
十字接頭　Hooke's joint　　　　　　　　　　　　　　04-04-2/079

三劃
三心定理　Kennedy's theorem, Theory of three centros　05-02-2/093
三次曲線　Cubic curve　　　　　　　　　　　　　　　08-03-2/241
刃狀從動件　Knife edge follower　　　　　　　　　　08-01-2/226
小齒輪　Pinion　　　　　　　　　　　　　　　　　　09-01-1/296
工作齒深　Work depth　　　　　　　　　　　　　　　09-02/306

四劃
不定構形　Uncertainty configuration　　　　　　　　04-01-5/062
中心距　Center distance　　　　　　　　　　　　　　09-02/306
內圓角　Fillet　　　　　　　　　　　　　　　　　　09-02/307
內齒輪　Internal gear　　　　　　　　　　　　　　　09-01-1/296
內轉子構形　Interior-rotor type　　　　　　　　　　11-02/392
六連桿機構　Six-bar linkage mechanism　　　　　　　04-03-1/074
分度從動件　Indexing follower　　　　　　　　　　　08-01-2/226
甘乃迪定理　Kennedy's theorem, Theory of three centros　05-02-2/093
切線加速度　Tangential acceleration　　　　　　　　03-05/049
反凸輪　Inverse cam　　　　　　　　　　　　　　　　08-01-3/229
反平形四邊形連桿組　Anti-parallelogram linkage　　　04-01-5/063

427

現代機構學
MODERN MECHANISMS

反電動勢　Back electromotive force (EMF)	11-05-1/412
反電動勢常數　Back-EMF constant	11-05-1/412
太陽齒輪　Sun gear	09-06-2/321
尺寸合成　Dimensional synthesis	09-02/199
日內瓦機構　Geneva mechanism	08-06-2/288
水平多關節機器人　SCARA robot	04-05-1/084
牛頓-拉福生法　Newton-Raphson method	06-02-1/148

五劃

主動桿　Driving link	04-01-1/053
主圓　Prime circle	08-02/231
凸輪　Cam	02-01/010, 08-00/223
凸輪-連桿機構　Cam-linkage mechanism	08-00/224
凸輪對　Cam pair	02-02/012
凸輪輪廓曲線　Cam profile	08-02/231
凸輪機構　Cam mechanism	08-00/223
加速度　Acceleration	03-03-3/043
加速度分析　Acceleration analysis	05-04/108
加速度方程式　Acceleration equation	06-05/171
加速度多邊形　Acceleration polygon	05-04-1/109
加速度曲線　Acceleration curve	08-03-1/234
加速度特徵值　Normalized acceleration	08-03-3/252
包絡線原理　Theory of envelope	08-05-7/279
四連桿組　Four-bar linkage	04-01/051
外齒輪　External gear	09-01-1/296
外轉子構形　Exterior-rotor type	11-02/392
平行分度凸輪　Parallel indexing cam	08-01-3/229, 08-06-3/289
平行四邊形連桿組　Parallelogram linkage	04-01-5/063
平均角速率　Average angular speed	03-04-2/045
平均(線)加速度　Average (linear) acceleration	03-03-3/043
平均(線)速率　Average (linear) speed	03-03-2/042
平均(線)速度　Average (linear) velocity	03-03-2/042
平面凸輪機構　Planar cam mechanism	08-01-1/225
(平面)四連桿組　(Planar) four-bar linkage	04-01/051
平面從動件　Flat face follower	08-01-2/226
平面運動　Planar motion	03-02-1/039, 11-04-1/402

中文索引
Chinese Index

平面對	Flat pair, planar pair	02-02/013
平面機構	Planar mechanism	02-03/013
平移運動	Translational motion	03-01-2/038
平移凸輪	Translating cam	08-01-3/229
平移從動件	Translating follower	08-01-1/225
末端執行器	End-effector	04-05/082
正齒輪	Spur gear	09-01-1/296
永磁同步馬達	PM synchronous motor	11-01/389
永磁式電動機	PM motor	11-01/389
瓦特直線機構	Watt's straight line mechanism	04-01-6/064
矛盾過度拘束機構	Paradoxical over-constrained mechanism	02-08/035

六劃

交錯螺旋齒輪	Crossed helical gear	09-01-3/301
共軛作用	Conjugate action	09-03/311
向量迴路	Vector loop	06-01-1/127
向量迴路方程式	Vector loop equation	06-01-1/127, 06-01-4/131
向量迴路法	Vector loop method	06-01/127
回動彈簧	Return spring	08-01-3/229
回歸齒輪系	Reverted gear train	09-06-1/320
多項式曲線	Polynomial curve	08-03-2/242
多迴路機構	Multi-loop mechanism	04-03/073
多關節型機器人	Articulated robot	04-05-1/084
尖點	Cusp	04-01-6/063
成運動對元件	Pairing element	02-02/010
曲柄	Crank	04-01-1/053
曲柄搖桿機構	Crank-rocker mechanism	04-01-2/055
曲面從動件	Curved face follower	08-01-2/226
曲率	Curvature	08-05-8/282
曲線 MCV50	MCV 50 curve	08-03-2/250
曲線運動	Curvilinear motion	03-01-2/038
死點位置	Dead center position	04-01-3/059
自由度	Degrees of freedom	02-02/010, 02-07/024
自由度判別準則	Grubler-Kutzbach criteria	02-07-1/025, 02-07-2/028
行星架	Arm, career	09-06-2/321
行星傘齒輪系	Planetary bevel gear train	09-11/344

行星齒輪　Planet gear	09-06-2/321
行星齒輪系　Epicyclic gear train, planetary gear train	09-06-2/321
行程　Stroke	04-02-1/066

七劃

串聯式機械手臂　Serial manipulator	04-05/082
伺服馬達　Servo motor	11-04/404
位移　Displacement	03-03-1/041
位移方程式　Displacement equation	06-01-1/127
位移曲線　Displacement curve	08-03-1/232
位置　Position	03-01/37
位置分析　Position analysis	05-01/089
作用線　Line of action	09-04/314
作用齒腹　Acting flank	09-02/307
呆鏈　Rigid chain	02-08/034
步進馬達　Step motor	11-04/405
肘節位置　Toggle position	04-01-3/059
肘節效應　Toggle effect	04-01-3/059
肘節機構　Toggle mechanism	04-01-3/059
角加速度　Angular acceleration	03-04-3/048
角位移　Angular displacement	03-04-1/045
角速度　Angular velocity	03-04-2/045

八劃

具滑件四連桿機構　Four-bar linkage mechanisms with sliders	04-02/064
並聯式機械手臂　Parallel manipulator	04-05/085
並聯混合動力變速箱　Parallel hybrid transmission	09-12/351
函數(演生)機構　Function generator	07-02/199
周節　Circular pitch	09-02/307
周轉齒輪系　Epicyclic gear train, planetary gear train	09-06-2/321
固定桿　Fixed link	04-01-1/053
固定樞軸　Fixed pivot	04-04-1/053
定子　Stator	11-01/390
定軸齒輪系　Gear trains with fixed axes	09-06-1/319
底隙(圓)　Clearance (circle)	09-02/306
往復運動　Reciprocating motion	03-02-2/040, 11-04-1/405
拉普森滑行裝置　Rapson slide	04-02-2/072

中文索引
Chinese Index

拋物線曲線　Constant acceleration curve, parabolic curve　　08-03-2/237
拘束運動　Constrained motion　　02-08/030
法線加速度　Normal acceleration　　03-05/049
直角坐標機器人　Cartesian robot　　04-05-1/082
直流有刷馬達　Direct circuit (DC) commutator motor　　11-01/389
直接驅動　Direct drive　　11-04/401
直線運動　Rectilinear motion　　03-01-2/038
直線 (運動機構)　Straight line (motion mechanism)　　04-01-6/064
(直齒) 正齒輪　(Straight) spur gear　　09-01-1/296
直齒傘齒輪　Straight bevel gear　　09-01-2/299
空間凸輪 (機構)　Spatial cam (mechanism)　　08-01-1/225
空間四連桿組　Spatial four-bar linkage　　04-01/051
空間機構　Spatial mechanism　　02-03/014
非永磁式電動機　Non-PM motor　　11-01/389
非葛氏運動鏈　Non-Grashof chain　　04-01-2/054
非葛氏機構　Non-Grashof mechanism　　04-01-2/054
非確動凸輪 (機構)　Non-positive drive cam　　08-01-3/229

九劃

冠齒輪　Crown gear　　09-01-2/299
封閉鏈　Closed chain　　02-05/018
急跳度　Jerk　　03-03-4/043
急跳度曲線　Jerk curve　　08-03-1/234
急跳度特徵值　Normalized jerk　　08-03-3/252
歪傘齒輪　Skew bevel gear　　09-01-3/301
科氏加速度　Coriolis acceleration　　05-04-3/112
背隙　Backlash　　09-02/307
相對加速度法　Relative acceleration method　　05-04-1/109
相對速度法　Relative velocity method　　05-03/104
相對運動　Relative motion　　03-01-1/037
計算機輔助位置分析　Computer-aided position analysis　　06-03/159
限制方程式　Constrained equation　　06-01-1/127
面凸輪　Face cam　　08-01-3/229

十劃

修正正弦曲線　Modified sinusoidal curve　　08-03-2/248
修正梯形曲線　Modified trapezoidal curve　　08-03-2/245

修正等速度曲線　Modified constant velocity curve	08-03-2/250
倒置 (機構)　Inversion (mechanism)	02-05/020, 11-01/391
差動傳動　Differential transmission	09-11/346
徑向從動件　Radial follower	08-01-2/226
徑向氣隙-徑向繞組　Radial air gap - radial winding	11-02/393
徑向氣隙-軸向繞組　Radial air gap - axial winding	11-02/393
徑節　Diametral pitch	09-02/308
效率　Efficiency	05-02-5/102
時間反應分析　Time-response analysis	10-01/363
時間比　Time ratio	04-02-1/069
氣隙　Air gap	11-01/390
特徵值　Characteristic value	08-03-3/252
起動電流　Start current	11-06/415
起動轉矩　Start torque	11-06/416
逆向動力分析　Inverse dynamic analysis	10-01/363
馬達　Electric motor	11-00/389

十一劃

偏位從動件　Offset follower	08-01-2/226
偏位量　Offset	04-02-1/066
偏位滑件曲柄機構　Offset slider-crank mechanism	04-02-1/068
參接頭桿　Ternary link	02-01/009
參搖桿機構　Triple rocker mechanism	04-01-2/056
基本行星齒輪系　Elementary planetary gear train	09-06-2/322
基圓　Base circle	08-02/231, 09-04-1/313
帶肋凸輪　Ridge cam	08-01-3/229
從動件　Follower	08-00/223
從動桿　Driven link	04-01-1/053
接頭　Joint	02-02/010
接觸方式　Type of contact	02-02/011
斜方齒輪　Miter gear	09-01-2/299
旋轉式永磁電動機　Rotary PM motor	11-01/389
旋轉對　Revolute pair, turning pair	02-02/011
旋轉運動　Rotational motion	03-01-2/038
牽桿機構　Drag link mechanism	04-01-2/055
球面凸輪　Spherical cam	08-01-3/227

中文索引
Chinese Index

球面四連桿組	Spherical four-bar linkage	04-01/051, 04-04-1/078
球面運動	Spherical motion	03-02-1/039, 04-04-1/079, 11-04-3/408
球面對	Spherical pair	02-02/012
球面機構	Spherical mechanism	04-04/078
球型馬達	Spherical motor	11-04-3/408
組合位置	Assembly position	04-01-1/054
軛式凸輪	Yoke cam	08-01-3/229
軛部	Yoke	11-01/392
連接桿	Connecting link	04-01-1/053
連桿	Link	02-01/009
連桿組	Linkage	02-03/013
連桿機構	Linkage mechanism	04-00/051
連續運動	Continuous motion	03-02-2/040
連桿類配	Link assortment	07-01-2/195
連桿-鏈	Link-chain	02-05/018
速比	Speed ratio, velocity ratio	09-03/311, 09-07/323, 324
速度	Velocity	03-03-2/041
速度分析	Velocity analysis	05-02/092
速度方程式	Velocity equation	06-04/166
速度多邊形	Velocity polygon	05-03-1/104
速度曲線	Velocity curve	08-03-1/234
速度特徵值	Normalized velocity	08-03-3/252
速率	Speed	03-03-2/042
閉合解法	Closed-form solution method	06-02-1/138
動子	Forcer	11-01/390
動力分析	Dynamic force analysis	10/363
動圈式馬達	Moving-coil motor	11-04-1/403
動態靜力分析	Kinetostatics	10-01/363
混合動力車輛	Hybrid vehicles	09-12/349

十二劃

單式行星齒輪系	Simple planetary gear train	09-06-2/322
單式齒輪(系)	Simple gear (train)	09-06-1/319
單接頭桿	Singular link	02-01/009
單滑件四連桿運動鏈	Four-bar kinematic chains with single slider	04-02-1/066
單暫停運動	Dwell-rise-fall	08-01-3/229

中文	英文	索引
單接頭運動鏈	Simple kinematic chain	07-01-2/194
循跡點	Trace point	08-02/230
循環	Cycle	03-01-3/039
惠氏急回機構	Whitworth quick-return mechanism	04-03-1/074
惰輪	Idle gear	09-06-1/319
戟齒輪	Hypoid gear	09-01- 3/303
換向器	Commutator	11-01/390
傘齒輪	Bevel gear	09-01-2/299
普通齒輪系	Ordinary gear train	09-06-1/319
棘爪	Pawl	08-06-1/285
棘輪	Ratchet wheel	08-06-1/285
棘輪機構	Ratchet mechanism	08-06-1/285
減速比	Speed reduction ratio	09-07/324
無因次化加速度	Normalized acceleration	08-03-3/252
無因次化急跳度	Normalized jerk	08-03-3/252
無因次化速度	Normalized velocity	08-03-3/252
無拘束機構	Unconstrained mechanism	02-08/033
無刷直流馬達	Brushless DC motor	11-01/389
無暫停運動	Rise-fall	08-01-3/230
無載轉速	No-load speed	11-06/416
等加速度曲線	Constant acceleration curve	08-03-2/237
等效連桿	Equivalent link	04-02/065
等效連桿組	Equivalent linkage	06-03/160
等效機構	Equivalent mechanism	04-02/065
等速度曲線	Constant velocity curve	08-03-2/236
等腰雙曲柄連桿組	Isosceles double crank linkage	04-01-5/063
(絕對) 運動	(Absolute) motion	03-01-1/037
超音波馬達	Ultrasonic motor	11-04/403
超靜定結構	Statically indeterminate structure	02-08/034
結構	Structure	01-01/001, 02-08/034
距離	Distance	03-03-1/041
軸向氣隙-徑向繞組	Axial air gap - radial winding	11-02/393
軸向氣隙-軸向繞組	Axial air gap - axial winding	11-02/393
週期	Period	03-01-3/039
間歇運動 (機構)	Intermittent motion (mechanism)	03-02-2/040, 08-06/285, 11-04-1/404
開放鏈	Open chain	02-05/018

中文索引
Chinese Index

順向動力分析　Forward dynamic analysis　　　　　　　　　　10-01/363

十三劃
傳力角　Transmission angle　　　　　　　　　　04-01-4/060
圓弧　Circular arc　　　　　　　　　　04-01-6/064
圓柱凸輪　Cylindrical cam　　　　　　　　　　08-01-3/227
圓柱坐標機器人　Cylindrical robot　　　　　　　　　　04-05-1/084
圓柱對　Cylindrical pair　　　　　　　　　　02-02/012
圓桶凸輪　Barrel cam, Globoidal cam　　　　　　　　　　08-01-3/227
感應馬達　Induction motor　　　　　　　　　　11-01/389, 11-04-1/402
搖桿　Lever, rocker　　　　　　　　　　04-01-1/053
搖撼力　Shaking force　　　　　　　　　　10-05/372
搖撼力矩　Shaking moment　　　　　　　　　　10-05/373
搖擺從動件　Oscillating follower　　　　　　　　　　08-01-2/226
搖擺運動　Oscillating motion　　　　　　　　　　03-02-2/040, 11-04-1/407
楔形凸輪　Wedge cam　　　　　　　　　　08-01-3/227
極坐標機器人　Polar robot　　　　　　　　　　04-05-1/084
極限位置　Limit position　　　　　　　　　　04-01-3/058
極數　Number of poles　　　　　　　　　　11-01/391
極靴　Pole shoe　　　　　　　　　　11-01/392
滑件　Slider　　　　　　　　　　02-01/010
滑件曲柄機構　Slider-crank mechanism　　　　　　　　　　04-02-1/066
滑動對　Prismatic pair, sliding pair　　　　　　　　　　02-02/012
萬向接頭　Universal joint　　　　　　　　　　04-04-2/079
節曲面　Pitch surface　　　　　　　　　　09-02/303
節曲線　Pitch curve　　　　　　　　　　08-02/230
節徑　Pitch diameter　　　　　　　　　　09-02/305
節圓　Pitch circle　　　　　　　　　　09-02/305
節線　Pitch line　　　　　　　　　　09-02/304
節點　Pitch point　　　　　　　　　　09-02/306
肆接頭桿　Quaternary link　　　　　　　　　　02-01/009
解析法　Analytical method　　　　　　　　　　06-00/127
路徑　Path　　　　　　　　　　03-01-1/037
路徑演生機構　Path generator　　　　　　　　　　07-04/211
運動　Motion　　　　　　　　　　03-01-1/037
運動分析　Kinematic analysis　　　　　　　　　　01-03/006

運動方式	Type of motion	02-02/011
運動合成	Kinematic synthesis	01-03/006
運動曲線	Motion curve	08-03-1/232
運動對	Kinematic pair	02-02/010
運動倒置	Kinematic inversion	02-05/019
運動樞軸	Moving pivot	04-01-1/053
運動簡圖	Kinematic sketch	02-04/014
運動鏈	Kinematic chain	02-05/019
過切	Undercutting	08-04-2/259
過度拘束(機構)	Over-constrained (mechanism)	02-08/034
階級齒輪	Stepped gear	09-01-1/297
葛氏運動鏈	Grashof chain	04-01-2/054
葛氏定則	Grashof law	04-01-2/054
葛氏機構	Grashof mechanism	04-01-2/054
電動機	Electric motor	11-00/389
電樞	Armature	11-01/390

十四劃

圖解法	Graphical method	05-01/089
構造	Structure	01-01/001, 02-08/034
構造分析	Structural analysis	01-03/006
構造合成	Structural synthesis	01-03/006, 07-01/187
構造誤差	Structural error	07-02/200
構造簡圖	Structural sketch	02-04/014
滾子	Roller	02-01/010
滾子從動件	Roller follower	08-01-2/226
滾子齒輪凸輪	Roller-gear cam	08-01-3/227
滾子齒輪凸輪機構	Ferguson index, roller-gear cam mechanism	08-06-4/289
滾動接觸方程式	Rolling contact equation	06-01-5/134
滾動對	Rolling pair	02-02/012
福氏方程式	Freudenstein's equation	07-02/202
端部線圈	End winding	11-03/399
磁阻力	Reluctance force	11-03/397
磁阻馬達	Reluctance motor	11-01/389, 11-03/397, 11-04-1/402
磁動勢	Magnetomotive force	11-01/390
磁通	Magnetic flux	11-01/390

中文索引
Chinese Index

磁場域系統	Magnetic field system	11-01/390
磁極對	Pole pair	11-01/392
漸開線	Involute curve	09-04-1/312
箏形連桿組	Kite linkage	04-01-5/063
精確點	Precision points	07-02/200

十五劃

數目合成	Number synthesis	02-05/019, 07-01-2/194
數值分析法	Numerical analysis method	06-02-2/148
槽 (開口)	Slot (opening)	11-01/392
標準齒輪	Standard gear	09-02/308
模數	Module	09-02/308
歐丹聯結器	Oldham coupling	04-02-2/071
歐拉定理	Euler's Theorem	06-01-4/133
盤形凸輪	Disk cam, plate cam, radial cam	08-01-3/227
確動凸輪 (機構)	Positive drive cam	08-01-3/228
(線) 加速度	(Linear) acceleration	03-03-3/043
(線) 位移	(Linear) displacement	03-03-1/040, 041
(線) 急跳度	(Linear) jerk	03-03-4/043
(線) 速度	(Linear) velocity	03-03-2/041
線型馬達	Linear motor	11-04-1/405
線型永磁電動機	Linear PM motor	11-01/389
耦桿	Coupler link	04-01-1/053
耦桿點	Coupler point	04-01-6/063
耦桿點曲線	Coupler (point) curve	04-01-6/063
耦桿導引機構	Coupler guiding mechanism	07-03/204
蝸桿	Worm	09-01-3/303
蝸桿與蝸輪	Worm and worm gear	09-01-3/303
蝸線傘齒輪	Spiral bevel gear	09-01-2/300
蝸輪	Worm gear	09-01-3/303
衝程	Stroke	04-02-1/066
複合 (連桿) 機構	Complex (linkage) mechanism	04-03-1/073
複式行星齒輪系	Compound planetary gear train	09-06-2/322
複式齒輪 (系)	Compound gear (train)	09-06-1/319, 320
輪系值	Train value	09-07/324
輪轂尺寸	Hub size	08-04-2/260

銷子輪	Pin gear	09-01-1/299
齒	Tooth	11-01/392
齒底	Bottom land	09-02/307
齒冠(圓)	Addendum (circle)	09-02/306
齒厚	Tooth thickness	09-02/307
齒面	Tooth face	09-02/307
齒根(圓)	Dedendum (circle)	09-02/306
齒條	Rack	09-01-1/296
齒頂	Top land	09-02/307
齒間	Tooth space	09-02/307
齒腹	Tooth flank	09-02/307
齒數	Number of teeth	09-02/303
齒輪	Gear	02-01/010, 09-00/295
齒輪系	Gear train	09-05/318
齒輪傳動	Gear transmission	09-00/295
齒輪對	Gear pair	02-02/012
齒輪機構	Gear mechanism	09-00/295
齒輪厚度	Face width	09-02/307
齒輪嚙合基本定律	Fundamental law of gearing	09-03/311

十六劃

整流子	Commutator	11-01/390
橋桿	Bridge link	07-01-2/198
橢圓規	Elliptic trammel	04-02-2/071
機件	Machine member	02-01/009
機架	Frame	01-01/001
機械利益	Mechanical advantage	04-01-3/059, 05-02-5/103
機械手臂	Robotic manipulator	04-05/082
機構	Mechanism	01-01/001, 02-03/013
機構骨架圖	Skeleton	02-04/014
機構簡圖	Skeleton	02-04/014
機構構造	Structure of mechanism	02-06/020
機構構造矩陣	Mechanism structure matrix	02-06/020
機器	Machine	01-01/001
機器人	Robot	04-05/081
輸入桿	Input link	04-04-1/053

中文索引
Chinese Index

輸出桿　Output link　　　　　　　　　　　　　　　　　　　04-04-1/053
錐形凸輪　Conical cam　　　　　　　　　　　　　　　　　08-01-3/227
靜定結構　Statically determinate structure　　　　　　　　02-08/034
靜態驅動力矩　Start torque　　　　　　　　　　　　　　　10-06-2/377

十七劃

壓力角　Pressure angle　　　　　　　　　　　08-02/231, 09-04-2/314
環齒輪　Annular gear, ring gear　　　　　　　　　　　　09-01-1/296
瞬心　Centro, instant center, instantaneous center　　　　　05-02-1/092
瞬心法　Instant center method　　　　　　　　05-02/092, 08-05/261
瞬心法速度分析　Velocity analysis by instant centers　　　05-02-4/098
瞬時(線)急跳度　Instantaneous (linear) jerk　　　　　　　03-03-4/043
瞬時(線)速度　Instantaneous (linear) velocity　　　　　　03-03-2/042
瞬時(線)速率　Instantaneous (linear) speed　　　　　　　03-03-2/042
(瞬時)角速度　(Instantaneous) angular velocity　　　　　　03-04-2/046
瞬時(線)加速度　Instantaneous (linear) acceleration　　　　03-03-3/043
總齒深　Whole depth　　　　　　　　　　　　　　　　　09-02/306
螺旋正齒輪　Helical spur gear　　　　　　　　　　　　　09-01-1/297
螺旋馬達　Helical motor　　　　　　　　　　　　　　　11-04-2/408
螺旋運動　Helical motion, screw motion　　　　　　　　　03-02-1/039
螺旋對　Helical pair, screw pair　　　　　　　　　　　　02-02/012

十八劃

擺線(曲線)　Cycloidal curve　　　　　　　　　　　　　08-03-2/239
簡圖符號　Schematic representation　　　　　　　　　　02-04/014
簡諧運動曲線　Simple harmonic curve　　　　　　　　　08-03-2/238
轉子　Rotor　　　　　　　　　　　　　　　　　　　　11-01/390
轉矩常數　Torque constant　　　　　　　　　　　　　　11-05-1/411
轉矩-轉速曲線　T-N curve　　　　　　　　　　　　　　11-06/414
雙十字接頭　Double Hooke's joint　　　　　　　　　　　04-04-2/080
雙曲柄機構　Double crank mechanism　　　　　　　　　04-01-2/055
雙曲面齒輪　Hyperboloidal gear　　　　　　　　　　　　09-01-3/301
雙重點　Double point　　　　　　　　　　　　　　　　04-01-6/064
雙動掣子　Double acting click　　　　　　　　　　　　08-06-1/285
雙連桿　Dyad　　　　　　　　　　　　　　　　　　　　07-03/204
雙接頭桿　Binary link　　　　　　　　　　　　　　　　02-01/009
雙滑件四連桿運動鏈　Four-bar kinematic chains with double sliders　04-02-2/071

雙搖桿機構	Double rocker mechanism	04-01-2/055
雙暫停運動	Dwell-rise-dwell-fall	08-01-3/229
闕氏分割法	Chebyshev spacing	07-02/200

十九劃
鏈	Chain	02-05/018
羅倫茲力	Lorentz force	11-03/398

二十劃
蘇格蘭軛	Scotch yoke	04-02-2/72

二十三劃
變構點 (機構)	Change point (mechanism)	04-01-5/062

英文索引
ENGLISH INDEX

章-節/頁

A

Absolute motion　絕對運動	03-01-1/037
Acceleration　(線) 加速度	03-03-3/043
Acceleration analysis　加速度分析	05-04/108
Acceleration curve　加速度曲線	08-03-1/234
Acceleration equation　加速度方程式	06-05/171
Acceleration polygon　加速度多邊形	05-04-1/109
Acting flank　作用齒腹	09-02/307
Addendum (circle)　齒冠 (圓)	09-02/306
Air gap　氣隙	11-01/390
Analytical method　解析法	06-00/127
Angular acceleration　角加速度	03-04-3/048
Angular displacement　角位移	03-04-1/045
Angular velocity　(瞬時) 角速度	03-04-2/045, 046
Annular gear　環齒輪	09-01-1/296
Anti-parallelogram linkage　反平形四邊形連桿組	04-01-5/063
Arm　行星架	09-06-2/321
Armature　電樞	11-01/390
Articulated robot　多關節型機器人	04-05-1/084
Assembly position　組合位置	04-01-1/054
Average angular speed　平均角速率	03-04-2/045
Average (linear) acceleration　平均 (線) 加速度	03-03-3/043
Average (linear) speed　平均 (線) 速率	03-03-2/042
Average (linear) velocity　平均 (線) 速度	03-03-2/042
Axial air gap - radial winding　軸向氣隙-徑向繞組	11-02/393
Axial air gap - axial winding　軸向氣隙-軸向繞組	11-02/393

B

Back electromotive force (EMF)　反電動勢	11-05-1/412
Back-EMF constant　反電動勢常數	11-05-1/412

Backlash　背隙	09-02/307
Barrel cam　圓桶凸輪	08-01-3/227
Base circle　基圓	08-02/231, 09-04-1/313
Bevel gear　傘齒輪	09-01-2/299
Binary link　雙接頭桿	02-01/009
Bottom land　齒底	09-02/307
Bridge link　橋桿	07-01-2/198
Brushless DC motor　無刷直流馬達	11-01/389

C

Cam　凸輪	02-01/010, 08-00/223
Cam-linkage mechanism　凸輪-連桿機構	08-00/224
Cam mechanism　凸輪機構	08-00/223
Cam pair　凸輪對	02-02/012
Cam profile　凸輪輪廓曲線	08-02/231
Career　行星架	09-06-2/321
Cartesian robot　直角坐標機器人	04-05-1/082
Center distance　中心距	09-02/306
Centro　瞬心	05-02-1/092
Chain　鏈	02-05/018
Change point (mechanism)　變構點 (機構)	04-01-5/062
Characteristic value　特徵值	08-03-3/252
Chebyshev spacing　闕氏分割法	07-02/200
Circular arc　圓弧	04-01-6/064
Circular pitch　周節	09-02/307
Clearance (circle)　底隙 (圓)	09-02/306
Closed chain　封閉鏈	02-05/018
Closed-form solution method　閉合解法	06-02-1/138
Commutator　換向器	11-01/390
Commutator　整流子	11-01/390
Complex (linkage) mechanism　複合 (連桿) 機構	04-03-1/073
Compound gear (train)　複式齒輪 (系)	09-06-1/319, 320
Compound planetary gear train　複式行星齒輪系	09-06-2/322
Computer-aided position analysis　計算機輔助位置分析	06-03/159
Conical cam　錐形凸輪	08-01-3/227
Conjugate action　共軛作用	09-03/311

英文索引
English Index

Connecting link　連接桿	04-01-1/053
Constant acceleration curve　等加速度曲線	08-03-2/237
Constant velocity curve　等速度曲線	08-03-2/236
Constrained equation　限制方程式	06-01-1/127
Constrained motion　拘束運動	02-08/030
Continuous motion　連續運動	03-02-2/040
Coriolis acceleration　科氏加速度	05-04-3/112
Coupler guiding mechanism　耦桿導引機構	07-03/204
Coupler link　耦桿	04-01-1/053
Coupler point　耦桿點	04-01-6/063
Coupler (point) curve　耦桿點曲線	04-01-6/063
Crank　曲柄	04-01-1/053
Crank-rocker mechanism　曲柄搖桿機構	04-01-2/055
Crossed helical gear　交錯螺旋齒輪	09-01-3/301
Crown gear　冠齒輪	09-01-2/299
Cubic curve　三次曲線	08-03-2/241
Curvature　曲率	08-05-8/282
Curved face follower　曲面從動件	08-01-2/226
Curvilinear motion　曲線運動	03-01-2/038
Cusp　尖點	04-01-6/063
Cycle　循環	03-01-3/039
Cylindrical cam　圓柱凸輪	08-01-3/227
Cylindrical pair　圓柱對	02-02/012
Cylindrical robot　圓柱坐標機器人	04-05-1/084

D

Dead center position　死點位置	04-01-3/059
Dedendum (circle)　齒根 (圓)	09-02/306
Degrees of freedom　自由度	02-02/010, 02-07/024
Diametral pitch　徑節	09-02/308
Differential transmission　差動傳動	09-11/346
Dimensional synthesis　尺寸合成	07-02/199
Direct circuit (DC) commutator motor　直流有刷馬達	11-01/389
Direct drive　直接驅動	11-04/401
Disk cam　盤形凸輪	08-01-3/227
Displacement　(線) 位移	03-03-1/040, 041

Displacement curve　位移曲線		08-03-1/232
Displacement equation　位移方程式		06-01-1/127
Distance　距離		03-03-1/041
Double acting click　雙動擎子		08-06-1/285
Double crank mechanism　雙曲柄機構		04-01-2/055
Double Hooke's joint　雙十字接頭		04-04-2/080
Double point　雙重點		04-01-6/064
Double rocker mechanism　雙搖桿機構		04-01-2/055
Drag link mechanism　牽桿機構		04-01-2/055
Driving link　主動桿，從動桿		04-01-1/053
Dwell-rise-dwell-fall　雙暫停運動		08-01-3/229
Dwell-rise-fall　單暫停運動		08-01-3/229
Dyad　雙連桿		07-03/204
Dynamic force analysis　動力分析		10/363

E

Efficiency　效率		05-02-5/102
Eight-bar linkage　八連桿組		04-03-2/075
Eight-bar mechanism　八連桿機構		04-03-2/075
Electric motor　馬達，電動機		11-00/389
Elementary planetary gear train　基本行星齒輪系		09-06-2/322
Elliptic trammel　橢圓規		04-02-2/071
End-effector　末端執行器		04-05/082
End winding　端部線圈		11-03/399
Epicyclic gear train　行星齒輪系，周轉齒輪系		09-06-2/321
Equivalent link　等效連桿		04-02/065
Equivalent linkage　等效連桿組		06-03/160
Equivalent mechanism　等效機構		04-02/065
Euler's Theorem　歐拉定理		06-01-4/133
External gear　外齒輪		09-01-1/296
Exterior-rotor type　外轉子構形		11-02/392

F

Face cam　面凸輪		08-01-3/229
Face width　齒輪厚度		09-02/307
Ferguson index　滾子齒輪凸輪機構		08-06-4/289
Fillet　內圓角		09-02/307

英文索引
English Index

Fixed link　固定桿　04-01-1/053
Fixed pivot　固定樞軸　04-04-1/053
Flat face follower　平面從動件　08-01-2/226
Flat pair　平面對　02-02/013
Follower　從動件　08-00/223
Forcer　動子　11-01/390
Forward dynamic analysis　順向動力分析　10-01/363
Four-bar linkage　四連桿組　04-01/051
Four-bar linkage kinematic chains with double sliders　雙滑件四連桿運動鏈　04-02-2/071
Four-bar linkage kinematic chains with single slider　單滑件四連桿運動鏈　04-02-1/066
Four-bar linkage mechanisms with sliders　具滑件四連桿機構　04-02/064
Frame　機架　01-01/001
Freudenstein's equation　福氏方程式　07-02/202
Function generator　函數(演生)機構　07-02/199
Fundamental law of gearing　齒輪嚙合基本定律　09-03/311

G

Gear　齒輪　02-01/010, 09-00/295
Gear mechanism　齒輪機構　09-00/295
Gear pair　齒輪對　02-02/012
Gear train　齒輪系　09-05/318
Gear trains with fixed axes　定軸齒輪系　09-06-1/319
Gear transmission　齒輪傳動　09-00/295
Generalized chain　一般化鏈　07-01-1/189
Generalized joint　一般化接頭　02-04/016
Geneva mechanism　日內瓦機構　08-06-2/288
Globoidal cam　圓桶凸輪　08-01-3/227
Graphical method　圖解法　05-01/089
Grashof chain　葛氏運動鏈　04-01-2/054
Grashof law　葛氏定則　04-01-2/054
Grashof mechanism　葛氏機構　04-01-2/054
Grubler-Kutzbach criteria　自由度判別準則　02-07-1/025, 02-07-2/028

H

Helical motion　螺旋運動　03-02-1/039
Helical motor　螺旋馬達　11-04-2/408
Helical pair　螺旋對　02-02/012

Helical spur gear　螺旋正齒輪	09-01-1/297
Herringbone gear　人字齒輪	09-01-1/298
Hooke's joint　十字接頭	04-04-2/079
Hub size　輪轂尺寸	08-04-2/260
Hybrid vehicles　混合動力車輛	09-12/349
Hyperboloidal gear　雙曲面齒輪	09-01-3/301
Hypoid gear　戟齒輪	09-01-3/303

I

Idle gear　惰輪	09-06-1/319
Indexing follower　分度從動件	08-01-2/226
Induction motor　感應馬達	11-01/389, 11-04-1/402
Input link　輸入桿	04-04-1/053
Instant center　瞬心	05-02-1/092
Instant center method　瞬心法	05-02/092, 08-05/261
Instantaneous angular velocity　瞬時角速度	03-04-2/046
Instantaneous center　瞬心	05-02-1/092
Instantaneous (linear) acceleration　瞬時 (線) 加速度	03-03-3/043
Instantaneous (linear) jerk　瞬時 (線) 急跳度	03-03-4/043
Instantaneous (linear) speed　瞬時 (線) 速率	03-03-2/042
Instantaneous (linear) velocity　瞬時 (線) 速度	03-03-2/042
Interior-rotor type　內轉子構形	11-02/392
Intermittent motion (mechanism)　間歇運動 (機構)	03-02-2/040, 08-06/285, 11-04-1/404
Internal gear　內齒輪	09-01-1/296
Inverse cam　反凸輪	08-01-3/229
Inversion (mechanism)　倒置 (機構)	02-05/020, 11-01/391
Inverse dynamic analysis　逆向動力分析	10-01/363
Involute curve　漸開線	09-04-1/312
Isosceles double crank linkage　等腰雙曲柄連桿組	04-01-5/063

J

Jerk　急跳度	03-03-4/043
Jerk curve　急跳度曲線	08-03-1/234
Joint　接頭	02-02/010

K

Kennedy's theorem　甘乃迪定理	05-02-2/093

英文索引
English Index

Kinematic analysis	運動分析	01-03/006
Kinematic chain	運動鏈	02-05/019
Kinematic inversion	運動倒置	02-05/019
Kinematic pair	運動對	02-02/010
Kinematic sketch	運動簡圖	02-04/014
Kinematic synthesis	運動合成	01-03/006
Kinetostatics	動態靜力分析	10-01/363
Kite linkage	箏形連桿組	04-01-5/063
Knife edge follower	刃狀從動件	08-01-2/226

L

Lever	搖桿	04-01-1/053
Limit position	極限位置	04-01-3/058
Line of action	作用線	09-04/314
Linear acceleration	線加速度	03-03-3/043
Linear displacement	線位移	03-03-1/040, 041
Linear jerk	線急跳度	03-03-4/043
Linear motor	線型馬達	11-04-1/405
Linear PM motor	線型永磁電動機	11-01/389
Linear velocity	線速度	03-03-2/041
Link	連桿	02-01/009
Link assortment	連桿類配	07-01-2/195
Link-chain	連桿-鏈	02-05/018
Linkage	連桿組	02-03/013
Linkage mechanism	連桿機構	04-00/051
Lorentz force	羅倫茲力	11-03/398

M

Machine	機器	01-01/001
Machine member	機件	02-01/009
Magnetic field system	磁場域系統	11-01/390
Magnetic flux	磁通	11-01/390
Magnetomotive force	磁動勢	11-01/390
Mechanical advantage	機械利益	04-01-3/059, 05-02-5/103
Mechanism	機構	01-01/001, 02-03/013
Mechanism structure matrix	機構構造矩陣	02-06/020
MCV50 curve	曲線 MCV50	08-03-2/250

Miter gear　斜方齒輪	09-01-2/299
Modified constant velocity curve　修正等速度曲線	08-03-2/250
Modified sinusoidal curve　修正正弦曲線	08-03-2/248
Modified trapezoidal curve　修正梯形曲線	08-03-2/245
Module　模數	09-02/308
Motion　運動	03-01-1/037
Motion curve　運動曲線	08-03-1/232
Moving-coil motor　動圈式馬達	11-04-1/403
Moving pivot　運動樞軸	04-01-1/053
Multi-loop mechanism　多迴路機構	04-03/073

N

Newton-Raphson method　牛頓-拉福生法	06-02-1/148
No-load speed　無載轉速	11-06/416
Non-Grashof chain　非葛氏運動鏈	04-01-2/054
Non-Grashof mechanism　非葛氏機構	04-01-2/054
Non-PM motor　非永磁式電動機	11-01/389
Non-positive drive cam　非確動凸輪 (機構)	08-01-3/229
Normal acceleration　法線加速度	03-05/049
Normalized acceleration　加速度特徵值，無因次化加速度	08-03-3/252
Normalized jerk　急跳度特徵值，無因次化急跳度	08-03-3/252
Normalized velocity　速度特徵值，無因次化速度	08-03-3/252
Number of poles　極數	11-01/391
Number of teeth　齒數	09-02/303
Number synthesis　數目合成	02-05/019, 07-01-2/194
Numerical analysis method　數值分析法	06-02-2/148

O

Offset　偏位量	04-02-1/066
Offset follower　偏位從動件	08-01-2/226
Offset slider-crank mechanism　偏位滑件曲柄機構	04-02-1/068
Oldham coupling　歐丹聯結器	04-02-2/071
Open chain　開放鏈	02-05/018
Ordinary gear train　普通齒輪系	09-06-1/319
Oscillating follower　搖擺從動件	08-01-2/226
Oscillating motion　搖擺運動	03-02-2/040, 11-04-1/407
Output link　輸出桿	04-04-1/053

英文索引
English Index

Over-constrained (mechanism)	過度拘束 (機構)	02-08/034

P

Pairing element	成運動對元件	02-02/010
Parabolic curve	拋物線曲線	08-03-2/237
Paradoxical over-constrained mechanism	矛盾過度拘束機構	02-08/035
Parallel hybrid transmission	並聯混合動力變速箱	09-12/351
Parallel indexing cam	平行分度凸輪	08-01-3/229, 08-06-3/289
Parallel manipulator	並聯式機械手臂	04-05/085
Parallelogram linkage	平行四邊形連桿組	04-01-5/063
Path	路徑	03-01-1/037
Path generator	路徑演生機構	07-04/211
Pawl	棘爪	08-06-1/285
Period	週期	03-01-3/039
Pin gear	銷子輪	09-01-1/299
Pinion	小齒輪	09-01-1/296
Pitch circle	節圓	09-02/305
Pitch curve	節曲線	08-02/230
Pitch diameter	節徑	09-02/305
Pitch line	節線	09-02/304
Pitch point	節點	09-02/306
Pitch surface	節曲面	09-02/303
Planar cam mechanism	平面凸輪機構	08-01-1/225
Planar four-bar linkage	平面四連桿組	04-01/051
Planar mechanism	平面機構	02-03/013
Planar pair	平面對	02-02/013
Planar motion	平面運動	03-02-1/039, 11-04-1/402
Planet gear	行星齒輪	09-06-2/321
Planetary bevel gear train	行星傘齒輪系	09-11/344
Planetary gear train	行星齒輪系，周轉齒輪系	09-06-2/321
Plate cam	盤形凸輪	08-01-3/227
PM motor	永磁式電動機	11-01/389
PM synchronous motor	永磁同步馬達	11-01/389
Polar robot	極坐標機器人	04-05-1/084
Pole pair	磁極對	11-01/392
Pole shoe	極靴	11-01/392

Polynomial curve 多項式曲線		08-03-2/242
Position 位置		03-01/37
Position analysis 位置分析		05-01/089
Positive drive cam 確動凸輪 (機構)		08-01-3/228
Precision points 精確點		07-02/200
Pressure angle 壓力角		08-02/231, 09-04-2/314
Primary 一次側		11-01/390
Prime circle 主圓		08-02/231
Prismatic pair 滑動對		02-02/012
Positive drive cam 確動凸輪(機構)		08-01-3/228

Q

Quaternary link 肆接頭桿		02-01/009

R

Rack 齒條		09-01-1/296
Radial air gap - radial winding 徑向氣隙-徑向繞組		11-02/393
Radial air gap - axial winding 徑向氣隙-軸向繞組		11-02/393
Radial cam 盤形凸輪		08-01-3/227
Radial follower 徑向從動件		08-01-2/226
Rapson slide 拉普森滑行裝置		04-02-2/072
Ratchet mechanism 棘輪機構		08-06-1/285
Ratchet wheel 棘輪		08-06-1/285
Reciprocating motion 往復運動		03-02-2/040, 11-04-1/405
Rectilinear motion 直線運動		03-01-2/038
Relative acceleration method 相對加速度法		05-04-1/109
Relative motion 相對運動		03-01-1/037
Relative velocity method 相對速度法		05-03/104
Reluctance force 磁阻力		11-03/397
Reluctance motor 磁阻馬達		11-01/389, 11-03/397, 11-04-1/402
Return spring 回動彈簧		08-01-3/229
Reverted gear train 回歸齒輪系		09-06-1/320
Revolute pair 旋轉對		02-02/011
Ridge cam 帶肋凸輪		08-01-3/229
Rigid chain 呆鏈		02-08/034
Ring gear 環齒輪		09-01-1/296
Rise-fall 無暫停運動		08-01-3/230

英文索引
English Index

Robot　機器人	04-05/081
Robotic manipulator　機械手臂	04-05/082
Rocker　搖桿	04-01-1/053
Roller　滾子	02-01/010
Roller follower　滾子從動件	08-01-2/226
Roller-gear cam　滾子齒輪凸輪	08-01-3/227
Roller-gear cam mechanism　滾子齒輪凸輪機構	08-06-4/289
Rolling contact equation　滾動接觸方程式	06-01-5/134
Rolling pair　滾動對	02-02/012
Rotary PM motor　旋轉式永磁電動機	11-01/389
Rotational motion　旋轉運動	03-01-2/038
Rotor　轉子	11-01/390

S

SCARA robot　水平多關節機器人	04-05-1/084
Schematic representation　簡圖符號	02-04/014
Scotch yoke　蘇格蘭軛	04-02-2/72
Screw motion　螺旋運動	03-02-1/039
Screw pair　螺旋對	02-02/012
Secondary　二次側	11-01/390
Serial manipulator　串聯式機械手臂	04-05/082
Servo motor　伺服馬達	11-04/404
Shaking force　搖撼力	10-05/372
Shaking moment　搖撼力矩	10-05/373
Simple gear (train)　單式齒輪 (系)	09-06-1/319
Simple harmonic curve　簡諧運動曲線	08-03-2/238
Simple kinematic chain　單接頭運動鏈	07-01-2/194
Simple planetary gear train　單式行星齒輪系	09-06-2/322
Singular link　單接頭桿	02-01/009
Six-bar linkage mechanism　六連桿機構	04-03-1/074
Skeleton　機構骨架圖，機構簡圖	02-04/014
Skew bevel gear　歪傘齒輪	09-01-3/301
Slider　滑件	02-01/010
Slider-crank mechanism　滑件曲柄機構	04-02-1/066
Sliding pair　滑動對	02-02/012
Slot (opening)　槽 (開口)	11-01/392

Spatial cam (mechanism)　空間凸輪 (機構)	08-01-1/225
Spatial four-bar linkage　空間四連桿組	04-01/051
Spatial mechanism　空間機構	02-03/014
Speed　速率	03-03-2/042
Speed ratio　速比	09-03/311, 09-07/323, 324
Speed reduction ratio　減速比	09-07/324
Spherical cam　球面凸輪	08-01-3/227
Spherical four-bar linkage　球面四連桿組	04-01/051, 04-04-1/078
Spherical mechanism　球面機構	04-04/078
Spherical motion　球面運動	03-02-1/039, 04-04-1/079, 11-04-3/408
Spherical motor　球型馬達	11-04-3/408
Spherical pair　球面對	02-02/012
Spiral bevel gear　蝸線傘齒輪	09-01-2/300
Spur gear　正齒輪	09-01-1/296
Standard gear　標準齒輪	09-02/308
Start current　起動電流	11-06/415
Start torque　靜態驅動力矩，起動轉矩	10-06-2/377, 11-06/416
Stator　定子	11-01/390
Statically determinate structure　靜定結構	02-08/034
Statically indeterminate structure　超靜定結構	02-08/034
Step motor　步進馬達	11-04/405
Stepped gear　階級齒輪	09-01-1/297
Straight bevel gear　直齒傘齒輪	09-01-2/299
Straight line (motion mechanism)　直線 (運動機構)	04-01-6/064
Straight spur gear　直齒正齒輪	09-01-1/296
Stroke　行程，衝程	04-02-1/066
Structural analysis　構造分析	01-03/006
Structural error　構造誤差	07-02/200
Structural sketch　構造簡圖	02-04/014
Structural synthesis　構造合成	01-03/006, 07-01/187
Structure　結構，構造	01-01/001, 02-08/034
Structure of mechanism　機構構造	02-06/020
Sun gear　太陽齒輪	09-06-2/321

T

Tangential acceleration　切線加速度	03-05/049

英文索引
English Index

Ternary link　參接頭桿	02-01/009
Theory of envelope　包絡線原理	08-05-7/279
Theory of three centros　三心定理	05-02-2/093
Time ratio　時間比	04-02-1/069
Time-response analysis　時間反應分析	10-01/363
T-N curve　轉矩-轉速曲線	11-06/414
Toggle effect　肘節效應	04-01-3/059
Toggle mechanism　肘節機構	04-01-3/059
Toggle position　肘節位置	04-01-3/059
Tooth　齒	11-01/392
Tooth face　齒面	09-02/307
Tooth flank　齒腹	09-02/307
Tooth space　齒間	09-02/307
Tooth thickness　齒厚	09-02/307
Top land　齒頂	09-02/307
Torque constant　轉矩常數	11-05-1/411
Trace point　循跡點	08-02/230
Train value　輪系值	09-07/324
Translating cam　平移凸輪	08-01-3/229
Translating follower　平移從動件	08-01-1/225
Translational motion　平移運動	03-01-2/038
Transmission angle　傳力角	04-01-4/060
Triple rocker mechanism　參搖桿機構	04-01-2/056
Turning pair　旋轉對	02-02/011
Type of contact　接觸方式	02-02/011
Type of motion　運動方式	02-02/011

U

Ultrasonic motor　超音波馬達	11-04/403
Uncertainty configuration　不定構形	04-01-5/062
Unconstrained mechanism　無拘束機構	02-08/033
Undercutting　過切	08-04-2/259
Universal joint　萬向接頭	04-04-2/079

V

Vector loop　向量迴路	06-01-1/127
Vector loop equation　向量迴路方程式	06-01-1/127, 06-01-4/131

Vector loop method　向量迴路法	06-01/127
Velocity ratio　速比	09-03/311, 09-07/323, 324
Velocity　速度	03-03-2/041
Velocity analysis　速度分析	05-02/092
Velocity analysis by instant centers　瞬心法速度分析	05-02-4/098
Velocity curve　速度曲線	08-03-1/234
Velocity equation　速度方程式	06-04/166
Velocity polygon　速度多邊形	05-03-1/104

W

Watt's straight line mechanism　瓦特直線機構	04-01-6/064
Wedge cam　楔形凸輪	08-01-3/227
Whitworth quick-return mechanism　惠氏急回機構	04-03-1/074
Whole depth　總齒深	09-02/306
Work depth　工作齒深	09-02/306
Worm　蝸桿	09-01-3/303
Worm and worm gear　蝸桿與蝸輪	09-01-3/303
Worm gear　蝸輪	09-01-3/303

Y

Yoke　軛部	11-01/392
Yoke cam　軛式凸輪	08-01-3/229